Berndt Strobach
Der Hofjude Berend Lehmann (1661–1730)

bibliothek altes Reich

Herausgegeben von
Anette Baumann,
Stephan Wendehorst und
Siegrid Westphal

Band 26

Berndt Strobach

Der Hofjude Berend Lehmann (1661–1730)

Eine Biografie

DE GRUYTER
OLDENBOURG

ISBN 978-3-11-071007-6
e-ISBN (PDF) 978-3-11-060770-3
e-ISBN (EPUB) 978-3-11-060498-6
ISSN 2190-2038

Library of Congress Control Number: 2018952438

Bibliografische Information der Deutschen Nationalbibliothek
Die Deutsche Nationalbibliothek verzeichnet diese Publikation in der Deutschen National-
bibliografie; detaillierte bibliografische Daten sind im Internet über http://dnb.dnb.de abrufbar.

© 2020 Walter de Gruyter GmbH, Berlin/Boston
Dieser Band ist text- und seitenidentisch mit der 2018 erschienenen gebundenen Ausgabe.
Umschlagabbildung: Thoravorhang, gestiftet von Berend Lehmann für die 1712 fertiggestellte
Halberstädter Barocksynagoge. In: Pierre Saville: Le Juif de Cour, Paris 1970, S. XXIII.
Druck und Bindung: CPI books GmbH, Leck

www.degruyter.com

Inhalt

Vorbemerkung —— 1

1   Einleitung —— 4
1.1   Zielsetzung —— 5
1.2   Forschungsstand: Die verschiedenen Lehmann-Bilder —— 8
        Zusammenfassung —— 36

2   Berend Lehmanns frühe Jahre —— 39
2.1   Herkunft, Bildung und Ausbildung —— 39
2.2   Münzhändler in Preußen und am Niederrhein —— 42

3   Geschäftstätigkeit für August den Starken 1696 – 1706 —— 46
3.1   Geldgeschäfte in Dresden vor der Verbindung zu August dem Starken —— 46
3.2   Kredit für Augusts Anteil am Türkenkrieg —— 47
3.3   Berend Lehmanns Rolle beim Erwerb der polnischen Königskrone —— 51
        Zusammenfassung —— 65
3.4   Heereslieferant im Großen Nordischen Krieg —— 71
3.5   Wieder im Münzgeschäft tätig —— 74

4   Zu Hause in der *Judenschaft* von Halberstadt —— 78
4.1   Die Regierungsverhältnisse in Halberstadt zur Zeit Berend Lehmanns —— 78
4.2   Die Halberstädter Juden zwischen Dreißigjährigem Krieg und friderizianischem Judenreglement —— 85
4.3   Wohnquartiere und Wohnverhältnisse um 1700 —— 89
4.4   Immobilien im Zusammenhang mit Berend Lehmann —— 93
4.5   Das Alltags- und Privatleben des Residenten —— 134
4.6   Kunst im Umkreis Berend Lehmanns —— 137
        Zusammenfassung —— 145

5   Die *Mitzwot* (Leistungen aus religiöser Verpflichtung) als Konsequenz des erworbenen Wohlstands —— 147
5.1   Die Neuedition des Talmud —— 147
5.2   Das Lehrhaus, die ‚Klaus' —— 154
5.3   Die Synagoge —— 157

5.4	Wirken als Repräsentant der Juden —— **163**
5.5	Hilfe für arme Halberstädter Juden —— **171**
5.6	Hilfe für die polnischen Juden —— **172**
	Zusammenfassung —— **176**

6	**Die Tätigkeit für Fürst Ludwig Rudolf von Blankenburg —— 178**
6.1	Gutsbesitz und Herrenhaus —— **178**
6.2	Hebräischer Druck —— **197**
6.3	Der Drucker Israel Abraham —— **210**
6.4	Finanzleistungen für den Herzog —— **216**
6.5	Industriekapitalistische Ansätze? —— **218**
6.6	Das soziale Spektrum der Juden in Blankenburg —— **221**

7	**Die „Firma" Lehmann-Meyer in Dresden —— 226**
7.1	Machtverhältnisse in Kursachsen zur Zeit Augusts des Starken —— **226**
7.2	Der Judenbann in Sachsen. Lehmann als Ausnahme —— **228**
7.3	Schikanen durch Kaufmannschaft und Geistlichkeit —— **230**
7.4	Das Haus —— **233**
7.5	Aufstieg des Geschäfts —— **237**
7.6	Jonas Meyers Getreide-Aktion —— **242**
7.7	Geschäftsverbindungen mit Polen —— **249**
7.8	Der Niedergang der Firma —— **250**

8	**Der Resident in der Rolle des Politikers —— 258**
8.1	Eine Beistands- und Friedensinitiative —— **258**
8.2	Die „Schwedische Mission" in Hannover —— **261**
8.3	Das Projekt der Teilung Polens —— **263**

9	**Berend Lehmanns Bankrott —— 293**
9.1	Die Eigenart des Lehmannschen Konkurses —— **293**
9.2	Die Verwicklung in den Bankrott des hannoverschen Schwiegersohns —— **296**
9.3	Ein Kollateralverfahren beim Reichshofrat —— **306**
9.4	Die Unsicherheit großer Kredite —— **307**
9.5	Lehmanns Prozess mit dem Herzog von Holstein —— **318**

10	**Die Persönlichkeit Berend Lehmanns —— 322**
10.1	Das modifizierte Berend-Lehmann-Bild in Einzelaspekten —— **322**
10.2	Versuch einer Gesamtcharakteristik —— **336**

11	Jüdische Existenzbedingungen im Vergleich —— 338
11.1	Der Wert des Residenten-Status —— 338
11.2	Unterschiede in der judenpolitischen Entscheidungsfindung zwischen Kursachsen und Preußen —— 340
11.3	Die jüdische Beteiligung am Münzwesen —— 341
11.4	Sesshaftigkeit von Juden —— 341
11.5	Religionsspielraum der Juden —— 342

Ausblick —— 344

Anhang

Dokumente —— 349

Historische Abkürzungen —— 414

Chronologie —— 416

Stammtafeln —— 423

Benutzte Literatur —— 429

Benutzte Archivalien —— 440

Benutzte Internet-Ressourcen —— 443

Abbildungsnachweise —— 446

Personenregister —— 448

Geografisches Register —— 456

Abstract —— 460

Vorbemerkung

Von der reichen jüdischen Geschichte meiner Heimatstadt Halberstadt hatte ich weder als Kind während des Dritten Reiches noch als Jugendlicher in der DDR etwas erfahren.[1]

Mit der Persönlichkeit des in Halberstadt wohnhaften, in ganz Europa tätigen Hofjuden Berend Lehmann wurde ich erst 2004 durch Jutta Dick bekannt, die Direktorin des nach ihm benannten Halberstädter jüdischen Museums. Lehmann faszinierte mich so sehr, dass ich mir einiges biografische Wissen über ihn aneignete. Die Faszination ging so weit, dass ich sogar ein Theaterstück über ihn versuchte. Aus der vorhandenen biografischen Literatur ließen sich allerdings nur disparate Einzelaspekte der Persönlichkeit Lehmanns entnehmen. Ein stimmiges Bild wollte nicht entstehen.

An diesem Punkt angelangt, wurde mir klar, dass, wollte ich mehr über Lehmann erfahren, kein Weg an den Archiven vorbeiführte. Nach intensivem Quellenstudium entstanden dann drei Publikationen über Teilbereiche seines Lebens und Wirkens sowie seiner Umwelt.[2] Nachdem ich weitere Aspekte erforscht, aber noch nicht veröffentlicht hatte, ermutigte mich Stephan Wendehorst, die jetzt hier vorliegende Gesamtbiografie zu schreiben.

Auch von anderen Personen habe ich freundliche Hilfe erfahren: Meine Lebensgefährtin Gisela Pfeil war eine verständnisvolle Zuhörerin, mein Sohn Niko

---

[1] In der modernen nichtjüdischen lokalhistorischen Literatur Halberstadts wird der jüdische Anteil an der Gesamtgeschichte stark verkürzt dargestellt. Völlig ausgeblendet wird die jüdische Geschichte in Becker, Karl: *Chronik der Stadt Halberstadt. Harz.* Berlin 1941. Bei Scholke, Horst: *Halberstadt* (Scholke, *Halberstadt*). 2. Auflage Leipzig 1977, gibt es wenigstens zwei Erwähnungen von Juden, und zwar die einer mittelalterlichen Judenvertreibung (S. 79) und die der Zerstörung „eine[r] der schönsten Barocksynagogen" (S. 136). Der Hintergrund – seit wann und in welchem Umfang es in Halberstadt eine jüdische Gemeinde gegeben hat – bleibt bei Scholke völlig im Dunkeln. Zum Thema der systematischen Ignorierung jüdischer historischer Präsenz im Bereich der DDR vgl. die Biografie des jüdisch-kommunistischen Historikers Helmut Eschwege (1913–1992) auf https://de.wikipedia.org/wiki/Helmut_Eschwege (15.08.2017). Die vormoderne Chronistik, welche die jüdische Präsenz durchaus thematisiert hatte, war mir noch verborgen, ebenso auch die neuere jüdische Historiographie.

[2] Strobach, Berndt:*Privilegiert in engen Grenzen. Neue Beiträge zu Leben, Wirken und Umfeld des Halberstädter Hofjuden Berend Lehmann (1661–1730)* (Strobach, *Privilegiert*). 2 Bde. Berlin 2011, 1. Band – Darstellung, 2. Band – Dokumentensammlung; Strobach, Berndt: *„Den 18. März ist der Judentempel zerstört". Die Demolierung der Halberstädter Synagoge im Jahre 1669* (Strobach, *März*). Berlin 2011; Strobach, Berndt: *Bei Liquiditätsproblemen: Folter. Das Verfahren gegen die jüdischen Kaufleute Gumpert und Isaak Behrens in Hannover, 1721–1726* (Strobach, *Liquidität*). Berlin 2013.

Strobach und mein Freund Reinhold Trinius waren kundige und kritische Ratgeber; Dirk Sadowski half mit profunden Hebräisch- und Bodo Gatz mit ebensolchen Lateinkenntnissen; Lucia Raspe, Nathanael Riemer, Vivian Mann, Michael Korey und Uri Faber standen mir mit judaistischem Rat zur Seite. Die Unterstützung von Rex Rexheuser, Hans-Jürgen Bömelburg und Alicja Maślak-Maciejewska ermöglichten mir die Berücksichtigung polnischer Literatur.

Teilergebnisse wie auch das Gesamtprojekt habe ich auf verschiedenen Foren einer breiteren Öffentlichkeit vorgestellt, so in der Gottfried-Wilhelm-Leibniz-Bibliothek Hannover, mehrfach in der Moses Mendelssohn Akademie und der Aufklärungs-Forschungsstätte Gleimhaus in Halberstadt sowie in den Kulturkreisen von Halberstadts Nachbarstädten. Vor der judaistischen und historischen Fachöffentlichkeit habe ich bei Tagungen der Institute für Rechtsgeschichte der Universitäten Wien, Gießen und Innsbruck referiert, so auf mehreren Sommerakademien des Forschungsclusters Jewish Holy Roman Empire.

Der Name des Protagonisten als Problem

Die Benennung des Protagonisten dieses Buches stellt ein Problem dar: Wenn man Berend Lehmann einfach nur als „Lehmann" bezeichnet, nennt man eigentlich nicht ihn, sondern seinen Vater. Hebräisch heißt er: Jissachar ben Jehuda haLevi – Bärmann, Sohn des Löwenmannes aus dem Levitenstamm. Und zwar gehen beide Namen auf den Segen Jakobs für seine Söhne (Gen. [1. Mose] 49) zurück, wo Jehuda mit einem Löwen assoziiert wird, deshalb „Löwenmann", was wiederum zu dem in Deutschland geläufigen Nachnamen „Lehmann" eingedeutscht wird.

Jissachar dagegen wird von Jakob als Esel bezeichnet; aus dem Esel wurde auf schwer erklärbare Weise der in besserem Ansehen stehende Bär; so wird Jissachar zu „Bärmann", dies wird wiederum eingedeutscht zu „Bernhard" oder „Bernd" oder „Berend".

Lucia Raspe selbst, der ich diese erhellende Erklärung verdanke[3], bezeichnet den Halberstädter Hofjuden als „Bärmann" oder „Bärmann Halberstadt", wie er hebräisch beziehungsweise jiddisch in den Danksagungen von ihm geförderter rabbinischer Bücher genannt wird. Bereits der hebräisch gebildete Zeitgenosse Hermann von der Hardt spricht allerdings vom „Herr[n] Resident Lehmann".[4] Desgleichen benutzen selbstverständlich heute gängige Nachschlagewerke wie das *Neue Jüdische Lexikon* von 2000 den Vatersnamen als Nachnamen. An diesen

---

3 Lucia Raspe an Berndt Strobach, E-Mail vom 10.02.2010.
4 Vgl. Dok. B 10.

eingespielten Gebrauch habe ich mich aus praktischen Gründen gehalten, und ich bitte dafür die hebräisch Empfindenden um Verständnis.

Transkriptionsgrundsätze

Der umfangreiche Dokumententeil richtet sich sowohl an Fachleute wie an Studierende und interessierte Laien. Die Arbeit kann nicht umhin, die alten Dokumente in ihrem originalen barocken Deutsch zu zitieren. Die Transkription der Texte wurde nach den Empfehlungen des Arbeitskreises Editionsprobleme der Frühen Neuzeit[5] vorgenommen. Grundanliegen dieser Empfehlungen ist es, den Wortlaut der Dokumente nicht anzutasten, aber durch formale Korrekturen die Lesbarkeit zu erhöhen.

Dokumente

Für die Arbeit an diesem Buch wurden viele oft schwer lesbare Archivalien transkribiert. Etwa ein Viertel von ihnen findet sich im Anhang des gedruckten Buches. Die übrigen drei Viertel können über folgenden Link von der Website des Verlages abgerufen werden: https://www.degruyter.com/view/product/505595

---

[5] Arbeitsgemeinschaft historischer Forschungseinrichtungen in der Bundesrepublik Deutschland e.V., Arbeitskreis Editionsprobleme der Frühen Neuzeit: *Empfehlungen zur Edition frühneuzeitlicher Texte*, www.heimatforschung-regensburg.de/280/ (15.08.2017). Ursprünglich zu finden unter www.ahf-muenchen.de/Arbeitskreise/empfehlungen.htm (17.08.2011). Die Auflösung der AHF mit Ablauf des Jahres 2013 hat diese Adresse obsolet werden lassen.

1 Einleitung

Hofjuden, – das waren in der Regel finanziell hervorragend aufgestellte und gut vernetzte Juden, die in einem auf Dauer angelegten Finanz- und Warendienstverhältnis zu einem höfischen Herrschaftszentrum standen. Sie waren im Allgemeinen – anders als etwa Hofkapellmeister oder gar Hofnarren – keine Angestellten des Hofes, sondern freie Unternehmer. Seine Blütezeit hatte das europäische Hofjudentum zwischen 1600 und 1800.

Der in Essen geborene, in Halberstadt ansässige und dort verstorbene Jissachar ben Jehuda haLevi (1661–1730), der sich deutsch Berend Lehmann nannte, zählt zu den großen Persönlichkeiten der jüdischen Geschichte der Frühen Neuzeit. Als Hofjude wird er in einem Atemzug erwähnt mit dem Stuttgarter ‚Jud Süß', Joseph Oppenheimer (1698–1738), seinem Wiener Namensvetter Samuel Oppenheimer (1630–1703) und dessen dortigem Kollegen Samson Wertheimer (1658–1724), mit dem Hannoveraner Leffmann Behrens (1634–1714) bis hin zu dem späten Meyer Amschel Rothschild (1743–1812).[6] Die Rolle, die er beim Erwerb der polnischen Königskrone durch den Kurfürsten von Sachsen, August den Starken, spielte, hat ihm einen festen Platz in der sächsischen, polnischen, deutschen und jüdischen Geschichtsschreibung gesichert und ist bis heute maßgeblich für die Faszination verantwortlich, die von ihm ausgeht. Seit sich die Geschichtsschreibung mit dem Phänomen des Hofjudentums beschäftigt, gilt Berend Lehmann als Musterbeispiel.[7]

Die allseits anerkannte Bedeutung Berend Lehmanns steht im Missverhältnis zur Gründlichkeit seiner Erforschung. Die einschlägige Literatur ist nicht nur wenig umfangreich, sondern vielfach auch veraltet und tendenziös, und sie be-

---

[6] Vgl. z.B. Stern, Selma: *Der Hofjude im Zeitalter des Absolutismus. Ein Beitrag zur europäischen Geschichte im 17. und 18. Jahrhundert*. Aus dem Englischen übertragen, kommentiert und herausgegeben von Marina Sassenberg (Stern, *Hofjude*). Tübingen 2001. S. 57–104 (Originalausgabe Philadelphia 1950 unter dem Titel *The Court Jew. A Contribution to the History of the Period of Absolutism in Central Europe*, übersetzt aus dem deutschsprachigen Manuskript von Ralph Weiman); Israel, Jonathan: *European Jewry in the Age of Mercantilism.1550–1750*.3. Aufl. Oxford 1998; Mann, Vivian B. & Richard I. Cohen (Hrsg.): *From Court Jews to the Rothschilds. Art, Patronage and Power 1600–1800* (Mann/Cohen, *Court Jews*). München & New York 1996. Z.B. S. 36–39; Ries, Rotraud & J. Friedrich Battenberg (Hrsg.): *Hofjuden: Ökonomie und Interkulturalität: Die jüdische Wirtschaftselite im 18. Jahrhundert* (Ries/Battenberg, *Hofjuden*). Hamburg 2002 (*Hamburger Beiträge zur Geschichte der deutschen Juden 25*). S. 191–208.

[7] Schnee, Heinrich: *Die Hoffinanz und der moderne Staat. Geschichte und System der Hoffaktoren an deutschen Fürstenhöfen im Zeitalter des Absolutismus* (Schnee, *Hoffinanz*). 6 Bde. Berlin 1953–1967. Hier Bd. 3: *Die Institution des Hoffaktorentums in den geistlichen Staaten Norddeutschlands und an kleinen norddeutschen Fürstenhöfen, im System des absoluten Fürstenstaates*. Berlin 1955.

ruht auf einer schmalen Quellengrundlage. In den Lehmann-Bildern, die über die Jahrhunderte gezeichnet wurden, spiegeln sich nicht nur verschiedene historiographische Ansätze, sondern auch unterschiedliche jüdische, polnische und deutsche Mentalitäten und Geschichtsdeutungen.

1.1 Zielsetzung

Leider gibt es kein Bildnis von Berend Lehmann[8], und es gab bisher keine „heutigen Ansprüchen genügende Monographie".[9] Mit dem vorliegenden Buch soll erstmals eine quellenfundierte und kritische Biografie Berend Lehmanns vorgelegt werden, die auf zum großen Teil bislang unerschlossenen Archivalien basiert und zu einem neuen Bild von Berend Lehmann führt.

Was kann der Leser erwarten? Große jüdische Geschichte soll im Mikroformat von personalem und lokalem Kontext greifbar werden. Das Leben eines prominenten Juden der Barockzeit wird im historischen Zusammenhang dargestellt. Das Buch ist einerseits eine Biografie Berend Lehmanns, d. h. eine Schilderung seiner Lebensereignisse. Andererseits werden seine Person und die Bedingungen seines Handelns unter politischen, rechtlichen, wirtschaftlichen, sozialen, religiösen und kulturellen Gesichtspunkten rekonstruiert. An der Biografie Lehmanns kann der Leser daher Aufschluss gewinnen über die Handelspraktiken und -risiken jüdischer Kaufleute und Bankiers, über deren Bildung und Ausbildung, über jüdische Handlungsstrategien gegenüber unterschiedlichen Obrigkeiten, über die Freiräume und Grenzen jüdischer Religionsausübung, über Sesshaftigkeit, den Grunderwerb und die Migration von Juden. Auch wenn aufgrund der vielfach unbefriedigenden Quellenlage manche Lücken bestehen bleiben, vermag es das Buch erstmals, belastbare Erkenntnisse zu bisher nicht beachteten Fragen zu liefern und den Forschungsstand in entscheidenden Punkten zu revidieren oder kritisch zu hinterfragen.

---

8 Das zur Gemäldesammlung der preußischen Königin Sophie Charlotte gehörende, Antoni Schoonjans (1655–1726) zugeschriebene Porträt mit dem eingemalten Schriftzug „Hofjude", von dem früher gelegentlich angenommen wurde, es stelle Berend Lehmann dar (vgl. Mann/Cohen, *Court Jews* [wie Anm. 6], S. 191 sowie hier Abbildung 47) hat nach dem neuesten Forschungsstand nichts mit ihm zu tun. Vgl. dazu den Abschnitt *Porträts* in dem Aufsatz von Ries, Rotraud: *Der Reichtum der Hofjuden*. In: *Juden. Geld. Eine Vorstellung*. Hrsg. von Fritz Backhaus, Raphael Gross & Liliane Weissenberg (Backhaus/Gross, *Geld*). Frankfurt/M. & New York 2013. S. 74–76.
9 Raspe, Lucia: *Individueller Ruhm und kollektiver Nutzen. Berend Lehmann als Mäzen* (Raspe, *Ruhm*), in: Ries/Battenberg, *Hofjuden* (wie Anm. 6), S. 191–208, hier S. 200, Anm. 2.

Anhand konkreter Beispiele erhält der Leser Einblick in die Lebenswelt eines Angehörigen der jüdischen Oberschicht des Barockzeitalters, in christliche Judenfeindschaft wie in funktionale Beziehungen zwischen Christen und Juden, in die Binnenverhältnisse des Fürstentums Halberstadt, in interne Entscheidungsprozesse in Brandenburg-Preußen und Kursachsen, aber auch in das Zusammenspiel und die Konkurrenz unterschiedlicher politischer Akteure im Heiligen Römischen Reich deutscher Nation. Die Analyse des Plans einer Teilung Polens führt den Leser auf das diplomatische Parkett des 18. Jahrhunderts. Die Untersuchung der Tätigkeit Lehmanns als Münzjude macht den Leser mit den Herausforderungen der Währungs- und Wirtschaftsordnung der Frühen Neuzeit bekannt. Das Buch zeigt, welche Möglichkeiten Juden im Zeitalter vor der Emanzipation schon offenstanden, aber auch, an welche Grenzen sie stießen. Eine Besonderheit ist Lehmanns Streben nach adelsähnlichen Lebensverhältnissen, das ihn zum Beispiel zu einem jüdischen Gutsherren machte.

Berend Lehmanns früher Erfolg im Münz- und Kreditwesen machte ihn zum langjährigen Geschäftspartner Augusts des Starken, eines der ehrgeizigsten Herrschers der Barockzeit, dem er mit Darlehen entscheidend half, Kriege zu führen, seinen Status vom Kurfürsten zum König zu erhöhen und seine Kunstsammlungen zu bereichern. Hierbei ergeben sich vielfältige Einblicke in das Geld- und Wirtschaftswesen der Frühen Neuzeit, unter anderem in die Praxis der obrigkeitlich betriebenen Münzverschlechterung.

August machte Lehmann nicht nur zum Hofjuden, sondern verlieh ihm darüber hinaus den Titel eines Residenten. Dieser, wenn auch niederrangige, diplomatische Titel erhöhte seinen Status auf eine für Juden sonst kaum erreichbare Stufe. Lehmann war sowohl Akteur als auch Objekt in den Auseinandersetzungen zwischen dem Kurfürsten, dessen Regierung und den Ständen. Gerade die hier neu erschlossenen Akten aus dem Dresdner Staatsarchiv, die darüber informieren, zeigen, dass politische Entscheidungen im vermeintlichen Zeitalter des Absolutismus durchaus nicht „absolut" vom Herrscher bestimmt werden konnten, sondern vor dem Hintergrund erbitterter Konflikte zustande kamen. Sie sind Musterbeispiele für das, was durch einen überholten Absolutismusbegriff nicht erfasst wurde, nämlich das politische Mitwirken von „ständisch-korporativen Gewalten und andere[n] die monarchische Herrschaft beschränkende[n] Faktoren" an einem Prozess des „Aushandelns".[10]

---

10 Vgl. Schilling, Lothar: *Vom Nutzen und Nachteil eines Mythos* (Schilling, *Nutzen*). In: *Absolutismus, ein unersetzliches Forschungskonzept?* Hrsg. von Lothar Schilling. München 2008 (*Pariser Historische Studien 79*). S. 13–32, insbesondere S. 17.

In dem Jahrzehnt um die Wende von 17. zum 18. Jahrhundert, als seine Geschäfte prosperierten, trat Lehmann als Förderer jüdischer Religion und Kultur hervor. Mit drei Großtaten dankte er seinem Schöpfer, unterstützte die Judenheit und sicherte sich selbst eine bleibendes Andenken: mit der Finanzierung des Neudrucks des Babylonischen Talmud, mit der Gründung einer Jeschiwah, d.h. einer theologischen Lehr- und Forschungsstätte, und durch den Bau einer Synagoge an seinem Wohnort. Damit erhielt das bevölkerungsreiche Halberstädter Judenviertel, dessen Wohn- und Eigentumsverhältnisse nach Quellen aus dem Geheimen Staatsarchiv Preußischer Kulturbesitz exemplarisch rekonstruiert werden, seinen religiösen, kulturellen und architektonischen Mittelpunkt.

Immer wieder wurde Berend Lehmann in den Vorstand der Halberstädter jüdischen Gemeinde gewählt. Zeitweise galt er sogar als der „Landschtadlon", d.h. als oberster Repräsentant und Fürsprecher der gesamten brandenburgisch-preußischen Judenschaft. Die Untersuchung erschließt deshalb auch die differenzierte Reaktion der preußischen Politik auf das Anwachsen des jüdischen Bevölkerungsanteils in Halberstadt.

Der Halberstadt gewidmete Teil des Buches endet mit einem Blick auf das Privatleben Lehmanns und seine Rolle als Mäzen, die sich an noch erhaltenen Kunstgegenständen nachvollziehen lässt.

Quasi-diplomatische Aufträge ermutigten Lehmann dazu, selbst politische Initiativen zu ergreifen. Mehrere solcher politischer Projekte konnten für diese Arbeit aus den Berliner, Hannoveraner und Dresdner Archiven erschlossen werden. Er glaubte aufgrund seiner Verbindungen zu Glaubensgenossen, Verwandten, Geschäftsfreunden sowie christlichen Entscheidungsträgern Einfluss auf dem internationalen Parkett ausüben zu können. Er scheitert und wird mit hohen Geldbußen bestraft.

Lehmanns Bankrott hatte nicht nur politische, sondern auch geschäftliche Gründe. Am Beispiel mehrerer letztlich ruinöser Kredite, deren Geschichte in den Akten über Jahrzehnte detailliert verfolgt werden konnte, gewinnt man Einblicke in typische Finanzvorgänge der Frühen Neuzeit.

Lehmanns hier erstmalig behandelte Begegnungen mit führenden christlichen Politikern seiner Zeit fügen auch deren Biografien Bausteine hinzu. Das gilt für den Preußenkönig Friedrich Wilhelm I. und den Kurfürsten-König August den Starken genauso wie für deren Minister Ilgen und Flemming, aber auch für den hannoverschen Premierminister König Georgs I. von Großbritannien, Andreas Gottlieb Freiherr von Bernstorff und für den braunschweigischen Herzog Ludwig Rudolf.

Als Nebenergebnis gewinnt eine neue Biografie aus Lehmanns Kreis Umriss. Es ist die seines Schwagers Jonas Meyer, dessen erheblicher Anteil an Lehmanns Zweiggeschäft in Dresden und an der Gründung der dortigen Gemeinde greifbar wird. Ähnliches gilt für Lehmanns Prokuristen Assur Marx, den Gründer der Hallenser Judengemeinde, und für Seckel Nathan, den Vorsteher der Hildesheimer Judenschaft.

Der Ausblick nennt Desiderata der Berend-Lehmann-Forschung und weist auf Stellen hin, an denen erfolgversprechend weitergearbeitet werden könnte.

1.2 Forschungsstand: Die verschiedenen Lehmann-Bilder

Berend Lehmann ist schon zu Lebzeiten sehr verschieden bewertet (und entsprechend den Bewertungen auch selektiv dargestellt) worden. Diese Disparität bleibt bis ins 20. Jahrhundert hinein bestehen. Nur zögernd hat sich zwischen Verehrern und Verächtern Lehmanns unvoreingenommene Geschichtsschreibung angebahnt. Diese Entwicklung wird im folgenden Kapitel dargestellt; sie ist einerseits, inhaltlich gesehen, ein Spiegelbild des Verhältnisses von Juden und Christen (beziehungsweise nichtjüdischen Deutschen) vom 18. bis ins 21. Jahrhundert, andererseits zeigt sie, methodisch gesehen, den Wandel im Umgang mit überlieferten Quellen.

1.2.1 18. Jahrhundert: Bewunderung durch die jüdischen Zeitgenossen

Zusammenhängende Charakterisierungen oder Bewertungen Berend Lehmanns von christlichen Autoren aus dem 18. Jahrhundert sind bisher nicht bekannt geworden. Einzelne kurze Äußerungen, die an späterer Stelle in dieser Arbeit erwähnt werden[11], sind überwiegend abschätzig (Dresdner, hannoversche und Berliner Hofbeamte) selten anerkennend (Kurfürstin Sophie von Hannover, Helmstedter Hebraist Hermann von der Hardt).

Dagegen steht „Bärmann Halberstadt" (so sein Name in jüdischen Quellen) bei seinen Glaubensgenossen in höchstem Ansehen, das schlägt sich z. B. in den Halberstädter Gemeindechroniken nieder.

Das Ehrengedenken im Memorbuch
Traditionell wurde das Bild eines ‚zu den Vätern versammelten' Juden durch den Grabsteintext geprägt; eine ausführlichere Fassung des Ehrengedenkens findet

---

11 Vgl. Kap. 3.2 (Dresden), 3.2 (Kurfürstin), 4.4.4 (Berlin), 6.2 (v.d. Hardt), 8.2 (Hannover).

sich im Fall Berend Lehmanns, entsprechend seiner Bedeutung als Wohltäter der Halberstädter Gemeinde und als ihr langjähriger Vorsteher, im hebräisch abgefassten Memorbuch der Halberstädter Klaus, des von ihm gegründeten Lehrhauses:[12]

Sie lautet in der modernen Übersetzung von Dirk Sadowski (2010):

> Der Herr erinnere die Seele des Edlen und Vermögenden, des berühmten Fürsten und Hauptes, des großen Fürsprechers [schtadlan], des Vorstehers des Geschlechts und seiner Wohltäter, der Wohltäter des Herrn, des Obersten der Oberen der Leviten, des ehrwürdigen Meisters, unseres Rabbis Jissas'char Berman, Sohn des Jehuda Lema Halewi, sein Andenken zum Segen, aus Essen[13],
>
> dessen Leben voller guter Taten war, die den Armen und Reichen, den Fernen und den Nahen galten;
>
> der die sechs Ordnungen [der Mischna bzw. des Talmud] druckte und aus seiner Tasche Gold fließen ließ, da er die Thora und die sie Studierenden liebte; der die Gebote befolgte und keine böse Sache kannte;
>
> der in Gnade ernten wird, was er an Wohltaten säte.
>
> Der Ruhm des Libanon [gilt ihm][14], der den vorläufigen Tempel [die Synagoge] baute, das Lehrhaus [Bet ha-midrasch], welches Fundament und Grundstein liefert.
>
> Sein Dahinscheiden aus der Welt verursachte Aufsehen, im Palast und im Saal erweist man ihm Ehre. [...]
>
> Die Häupter Israels[15], im Lande Polen zerstreut und verteilt, legten die Fürsprache zu ihren Gunsten in seine Hände: Vor Königen trat er auf, an ihren Höfen und in ihren Schlössern, mit reinen Händen und reinem Herzen beim Verhandeln.
>
> Viele Waisenknaben und -mädchen hat er mit seinem Geld verheiratet [d. h. mit der notwendigen Mitgift ausgestattet]. [...]
>
> Geboren am 24. Nissan des Jahres [5]421 [des jüdischen Kalenders, im christlich-gregorianischen Kalender: 13.04.1661], gestorben, satt an Tagen [d. h. in hohem Alter], am 24. Tammuz des Jahres [5]490 [28.06.1730], ein gerechter und reiner Mensch.
>
> Der Herr erinnere seine Seele mit den Seelen Abrahams, Isaaks und Jakobs, Moses' und Arons, Davids und Salomos und mit den Seelen aller anderen Gerechten und Heiligen, die

---

12 Auerbach, Benjamin Hirsch: *Geschichte der israelitischen Gemeinde Halberstadt* (Auerbach, Gemeinde). Halberstadt 1866. S. 81f. Das hebräische Original findet sich dort und auch in Meisl, Josef: *Memorbuch der Halberstädter Klaus*. In: Reshumot, N.F. 3, Jg. 1947. S. 191, Eintrag Nr. 75.
13 Die Anfangsbuchstaben der folgenden Abschnitte ergeben im hebräischen Original das Akrostichon von Lehmanns hebräischem Namen: JISACHAR BERMAN LEVI.
14 Die Säulen des Ersten Tempels, von König Salomo im 10. vorchristlichen Jahrhundert in Jerusalem erbaut, waren Zedern aus dem Libanongebirge. Der Ruhm des Ur-Tempels geht auf Lehmann als den Erbauer des Halberstädter „Tempels", der großen Barock-Synagoge, über. Da nach zwei Zerstörungen der dritte Jerusalemer Tempel erst vom endzeitlich erscheinenden Messias erbaut werden wird, sind alle Synagogen der Zwischenzeit „vorläufig".
15 „Israel" bezeichnet hier die ideelle Gesamtheit der zerstreuten jüdischen Gemeinden, deren es in Polen besonders viele gab.

sich im Land der Lebenden befinden, und seine Seele sei eingebunden in den Bund des Lebens mit den anderen Gerechten des Weltfundaments im Paradies, Amen, Sela.[16]

Es lohnt ein Vergleich der ersten Zeilen mit der feierlich gereimten Übersetzung des Halberstädter Rabbiners Benjamin Hirsch Auerbach von 1866, welche die Verehrung der orthodoxen Juden des 19. Jahrhunderts für Berend Lehmann widerspiegelt:

> Sein Leben war ein Kranz von edlen Werken,
> Für Reich' und Arme, Nahe sowie Ferne.
> Aus Lieb' zur Gotteslehr' und deren Freunden
> Gab er das Geld zum Druck des Talmud gerne.
> Ihn leitete des Herrn Gebot; nichts Schlimmes
> Traf ihn, nun erntet er den Lohn der Mühen.
> Zu Gottes Ehre baut er einen Tempel,
> Ein Lehrhaus auch, wo reiche Saaten blühen [...][17]

Wie man sieht, stehen für die Gemeinde im Vordergrund: die Frömmigkeit des Residenten sowie die aus ihr fließenden religiös-institutionellen und sozialen Wohltaten für die eigene und für fremde jüdische Gemeinden sowie sein Erfolg und sein Ansehen in der christlichen Mehrheitsgesellschaft, welche es ihm ermöglichten, als Anwalt der jüdischen Gemeinschaft Einfluss auszuüben.

Legenden im Maassebuch

Der Rabbiner Auerbach referiert in seiner Geschichte der israelitischen Gemeinde Halberstadt auch eine ganze Reihe Geschichten über Berend Lehmann aus einem „jüdisch-deutschen [jiddischen] Maassebuch", das er leider nicht näher bezeichnet, dessen Inhalt und Charakter aber aus seiner Wiedergabe des Dokuments erschlossen werden kann.[18] Danach enthält es zum Beispiel eine fromme Legende über die Prophezeiung von Lehmanns Größe schon vor seiner (fälschlich in Halberstadt angesiedelten) Geburt, und es berichtet über die mutige Erlegung eines gefährlichen Bären auf Lehmanns Geheiß sowie über die wundersame Errettung des großen Mannes aus einer Lebensgefahr. Beides ist historisch nicht verifizierbar.

---

16 Sadowski, Dirk (Georg-Eckert-Institut Braunschweig), E-Mail an den Verfasser vom 23.10. 2010. Die Lebensdaten sind mit Hilfe von Abu Mamis Kaluach (Version 3.2.46.29 vom 5. Cheschwan 5775) umgerechnet worden.
17 Auerbach, *Gemeinde* (wie Anm. 12), S. 81f.
18 Auerbach, *Gemeinde* (wie Anm. 12), S. 44.

1.2.2 Jüdisches 19. Jahrhundert: Heldenverehrung

Benjamin Hirsch Auerbach (1808–1872)
Auch das, was Auerbach selbst in diesem seinerzeit wegweisenden Werk schreibt, ist gerade in Bezug auf den Residenten archivalisch nur spärlich abgesichert, und es herrscht das, was Lucia Raspe treffend die „Berend-Lehmann-Panegyrik"[19] nennt: weihevolle Verehrung. Als typisches Beispiel sei hier nur die Anekdote angeführt, nach der Kurfürst Friedrich III. von Brandenburg bei seiner Huldigung durch die Halberstädter Stände, 1692, auf Lehmanns „unter lauter Baracken hervorragende[s] stattliche[s] Wohnhaus" aufmerksam geworden sei; aus Hochachtung für den erfolgreichen „polnische[n] Resident[en]" habe er ihm die Erlaubnis zum Druck der berühmten Talmudausgabe erteilt, welche dann in 5.000 Exemplaren zum Preise von 50.000 Talern in Frankfurt an der Oder gedruckt worden sei.[20]

Abgesehen davon, dass Lehmann erst fünf Jahre später, 1697, nach der Krönung Augusts des Starken (Friedrich August I. als Kurfürst von Sachsen, Friedrich August II. als König in Polen, 1670–1733), Resident[21] wurde und das von Auerbach gemeinte Wohnhaus erst um 1707 seinen „stattlichen" Ausbau erfuhr, ist es höchst unwahrscheinlich, dass sich der Kurfürst 1692 für die Halberstädter Juden interessiert hat. Der sehr ausführliche offizielle Bericht über die Huldigung[22] erwähnt davon jedenfalls nichts. Vor allem hat nicht Berend Lehmann, sondern der christliche, in Frankfurt an der Oder lehrende Professor Johann Christoph Beckmann das Talmud-Druckprivileg für sich und den Drucker Michael Gottschalk erwirkt, dem Lehmann es, in einer finanziellen Notsituation als Auftraggeber

---

19 Raspe, *Ruhm* (wie Anm. 9), S. 200.
20 Auerbach, *Gemeinde* (wie Anm. 12), S. 50 und 60.
21 Voller Titel: „Königlich Polnischer Resident im Niedersächsischen Kreise".
22 Vgl. Lucanus, Johann Henricus: *Notitia Principatus Halberstadiensis* [Beschreibung des Fürstentums Halberstadt] *oder gründliche Beschreibung des alten löblichen Halberstadt* [...] (Lucanus, *Notitia*). Halberstadt o. J. [Eintragungen etwa 1720 bis 1744]. Zweibändiges Manuskript im Historischen Archiv der Stadt Halberstadt, Sign. 3617. Bd. I. S. 204–216. Die beiden umfangreichen Foliobände des *Notitia*-Manuskripts sind eine wertvolle Quelle für die Geschichte der Stadt Halberstadt, speziell für ihren Zustand während der Lebenszeit ihres Verfassers. Es ist höchst bedauerlich, dass sie nicht längst publiziert worden sind. Das Kapitel über die Halberstädter Juden ist eine wichtige Ergänzung zu der bisher einzigen, inzwischen überholten Darstellung des jüdischen Halberstadt, der Geschichte der israelitischen Gemeinde Halberstadt des Rabbiners Auerbach von 1866 (Auerbach, *Gemeinde*, wie Anm. 12). Bemerkenswert ist, dass Lucanus die auf den Juden lastenden Abgaben genauestens notiert; das spricht für eine gewisse Sympathie. Dennoch wird auch bei ihm die damals landläufige Angst vor ‚zu' großem Wachstum der jüdischen Bevölkerung spürbar, etwa wenn er ein Kapitel überschreibt: „Die Juden breiten sich in Halberstadt sehr aus".

einspringend, 1697 in Leipzig abkaufte. Auch betrug die Auflage (was immer noch beachtlich ist) nur 2.000 Exemplare, dem Drucker bezahlte Lehmann 28.000 Taler.[23]

Auerbachs Autorität in Sachen Berend Lehmann ist so groß, dass erstaunlicherweise gerade diese Angaben über die Entstehung des Talmud-Neudrucks immer wieder unkritisch übernommen wurden, so z. B. im Katalog der New Yorker Hofjuden-Ausstellung von 1996[24] und in der Lehmann-Biografie für die Eröffnung der neuen Dresdner Synagoge, 2001.[25] Dabei waren sie bereits im Jahre 1900 von Max Freudenthal angezweifelt und teilweise korrigiert worden.[26] Auerbach hat an anderer Stelle die klare Einsicht:

> Solche Apotheosen, womit in der Regel ganz nebulistische Geister als Ersatz für gründliche Charakterzeichnung [...] uns aufzuwarten pflegen, sind oft sehr ergötzlich und geeignet, fromme Gemüther zu erheben und dem Erfinder Dank zu zollen für die Wärme seines Herzens und die lebendige Phantasie, die seinen Helden so überaus schön und beneidenswerth zu verklären vermochte.

Er hat aber offenbar nicht gemerkt, dass er, trotz weiser Erkenntnis im Allgemeinen, im Speziellen mit seinem Berend-Lehmann-Kapitel selbst eine solche „Apotheose" geschaffen hat. Mentalitätsgeschichtlich ist das gut zu verstehen: Die Emanzipation der deutschen Juden war noch nicht einmal ganz vollendet, und die Erinnerung an die Zeiten der Ausgrenzung und Bedrückung war noch höchst lebendig. Da musste ein Mann, der die frühneuzeitlichen Möglichkeiten jüdischer Existenz in jeder Richtung mutig zu erweitern suchte, als Vorkämpfer und Heiliger in strahlendem Licht erscheinen. Den Herrschern und Geistesgrößen

---

23 Eine Kopie des Vertrages vom 08.01.1697 über den Talmud-Druck enthält das Schreiben des Druckers Michael Gottschalk an den preußischen König Friedrich Wilhelm I. vom 12.06.1730, Geheimes Staatsarchiv Preußischer Kulturbesitz, Berlin (GStA PK Berlin), I. HA, Rep. 33, Nr. 120b, Pak. 4 (1728–39), (o.Bl.). Die Geschichte der Talmud-Edition wird in Kap. 5.1 dieser Arbeit ausführlich behandelt.
24 Mann/Cohen, *Court Jews* (wie Anm. 6), S. 206, Anm. 4, paradoxerweise mit Bezug auf Freudenthal.
25 Dick, Jutta: *Issachar Berman Halevi. Berend Lehmann, ‚Gründungsvater' der neuzeitlichen Jüdischen Gemeinde in Dresden* (Dick, *Issachar*). In: *einst & jetzt. Zur Geschichte der Dresdner Synagoge und ihrer Gemeinde*. Hrsg. von der Jüdischen Gemeinde zu Dresden. Dresden 2001. S. 42–55, hier S. 50.
26 Freudenthal, Max: *Zum Jubiläum des ersten Talmuddrucks in Deutschland* (Freudenthal, *Jubiläum*). In: *Monatsschrift für Geschichte und Wissenschaft des Judentums* Jg. 42 (1898). S. 80–89, 123–143, 180–185, 229–236, 278–285, hier S. 84. Die Angaben zu Auflage und Preis wurden schon von Freudenthal bezweifelt, endgültig korrigiert von Raspe, *Ruhm* (wie Anm. 9), S. 203, Anm. 22.

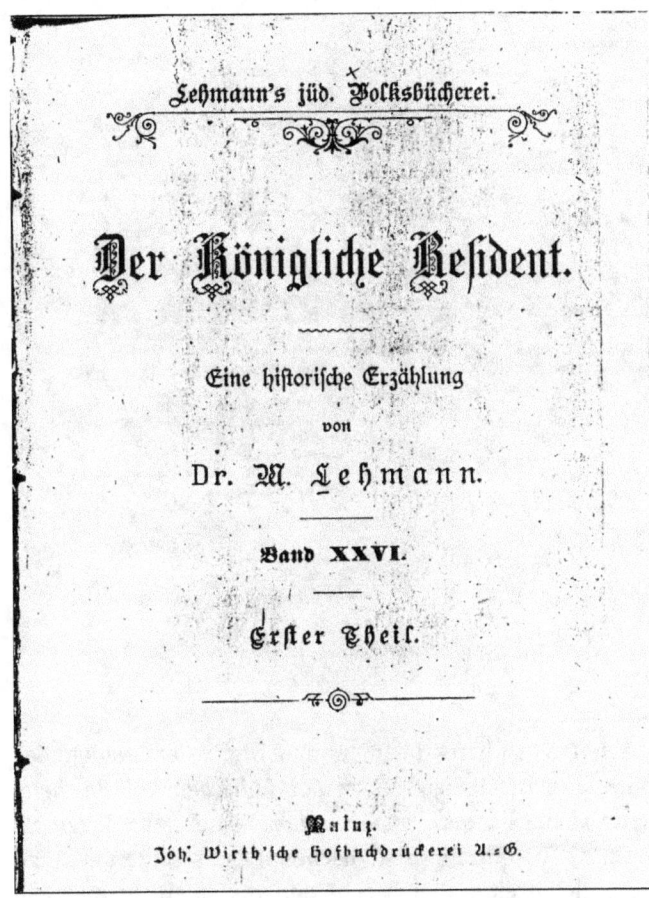

Abb. 1. Der legendenhafte Roman *Der königliche Resident* des Mainzer Rabbiners Marcus Lehmann aus der zweiten Hälfte des 19. Jahrhunderts prägte nachdrücklich das Berend-Lehmann-Bild orthodoxer Juden. Er wurde in englischer und hebräischer Sprache bis ins späte 20. Jahrhundert neu aufgelegt.

in den nationalbegeisterten Schulbüchern der Zeit konnte hier eine prominente jüdische Denkmalsfigur an die Seite gestellt werden.

Marcus Lehmann (1831–1890)
Des Residenten Nachnamensvetter, der Mainzer Rabbiner Marcus Lehmann, als Herausgeber der Zeitschrift *Der Israelit* führender Vertreter der jüdischen Neoorthodoxie, benutzte offenbar dieselben Halberstädter jüdischen Quellen wie Auerbach, und er kannte dessen Gemeinde-Geschichte. In seinem Roman *Der Kö-*

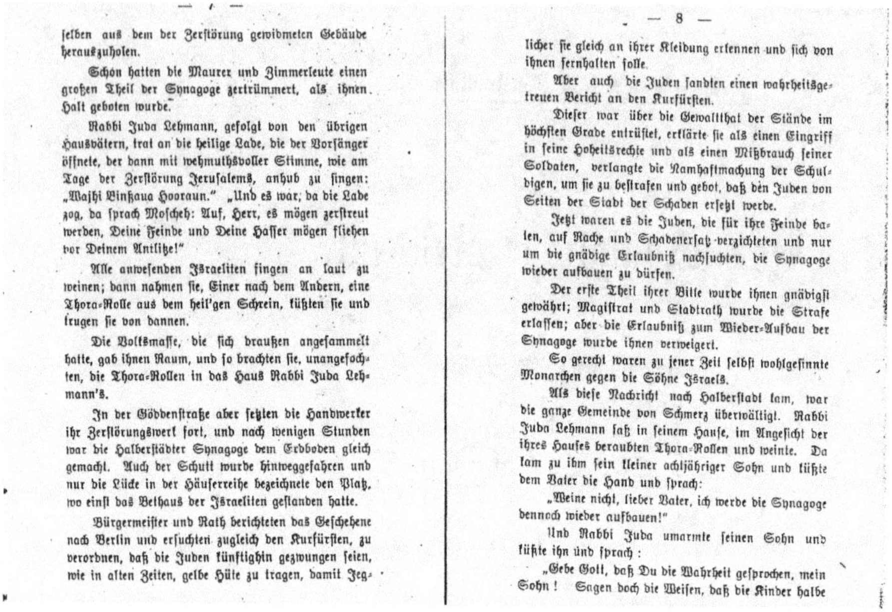

— 7 —

selben aus dem der Zerstörung gewidmeten Gebäude herauszuholen.

Schon hatten die Maurer und Zimmerleute einen großen Theil der Synagoge zertrümmert, als ihnen Halt geboten wurde.

Rabbi Juda Lehmann, gefolgt von den übrigen Hausvätern, trat an die heilige Lade, die der Vorsänger öffnete, der dann mit wehmuthsvoller Stimme, wie am Tage der Zerstörung Jerusalems, anhub zu singen: „Wajhi Binßaua Hooraun." „Und es war, da die Lade zog, da sprach Moscheh: Auf, Herr, es mögen zerstreut werden, Deine Feinde und Deine Hasser mögen fliehen vor Deinem Antlitze!"

Alle anwesenden Israeliten fingen an laut zu weinen; dann nahmen sie, Einer nach dem Andern, eine Thora-Rolle aus dem heil'gen Schrein, küßten sie und trugen sie von dannen.

Die Volksmasse, die sich draußen angesammelt hatte, gab ihnen Raum, und so brachten sie, unangefochten, die Thora-Rollen in das Haus Rabbi Juda Lehmann's.

In der Göbbenstraße aber setzten die Handwerker ihr Zerstörungswerk fort, und nach wenigen Stunden war die Halberstädter Synagoge dem Erdboden gleich gemacht. Auch der Schutt wurde hinweggefahren und nur die Lücke in der Häuserreihe bezeichnete den Platz, wo einst das Bethaus der Israeliten gestanden hatte.

Bürgermeister und Rath berichteten das Geschehene nach Berlin und ersuchten zugleich den Kurfürsten, zu verordnen, daß die Juden künftighin gezwungen seien, wie in alten Zeiten, gelbe Hüte zu tragen, damit Jeg-

— 8 —

licher sie gleich an ihrer Kleidung erkennen und sich von ihnen fernhalten solle.

Aber auch die Juden sandten einen wahrheitsgetreuen Bericht an den Kurfürsten.

Dieser war über die Gewaltthat der Stände im höchsten Grade entrüstet, erklärte sie als einen Eingriff in seine Hoheitsrechte und als einen Mißbrauch seiner Soldaten, verlangte die Namhaftmachung der Schuldigen, um sie zu bestrafen und gebot, daß den Juden von Seiten der Stadt der Schaden ersetzt werde.

Jetzt waren es die Juden, die für ihre Feinde baten, auf Rache und Schadenersatz verzichteten und nur um die gnädige Erlaubniß nachsuchten, die Synagoge wieder aufbauen zu dürfen.

Der erste Theil ihrer Bitte wurde ihnen gnädigst gewährt; Magistrat und Stadtrath wurde die Strafe erlassen; aber die Erlaubniß zum Wieder-Aufbau der Synagoge wurde ihnen verweigert.

So gerecht waren zu jener Zeit selbst wohlgesinnte Monarchen gegen die Söhne Israels.

Als diese Nachricht nach Halberstadt kam, war die ganze Gemeinde von Schmerz überwältigt. Rabbi Juda Lehmann saß in seinem Hause, im Angesicht der ihres Hauses beraubten Thora-Rollen und weinte. Da kam zu ihm sein kleiner achtjähriger Sohn und küßte dem Vater die Hand und sprach:

„Weine nicht, lieber Vater, ich werde die Synagoge dennoch wieder aufbauen!"

Und Rabbi Juda umarmte seinen Sohn und küßte ihn und sprach:

„Gebe Gott, daß Du die Wahrheit gesprochen, mein Sohn! Sagen doch die Weisen, daß die Kinder halbe

Abb. 2.

nigliche Resident[27] (vgl. Abb. 1–2) ist Berend Lehmann nicht nur der Resident des Königs; er ist selbst eine königliche Figur. In seiner *Jüdischen Volksbücherei* brauchte Marcus Lehmann seiner Fantasie noch weniger Fesseln anzulegen als der Lokalpatriot Auerbach. Als Vorbild für die jüdische Jugend schildert er einen klugen und erfolgreichen, gleichzeitig aber bescheidenen Helden. Er malt besonders Lehmanns Eintreten für die bedrückten polnischen Glaubensbrüder in spannenden Episoden aus. Ein interessantes Zeugnis für die Wirkung, die Marcus Lehmanns Buch noch im 20. Jahrhundert ausgeübt hat, gibt der Enkel Benjamin Hirsch Auerbachs, Hirsch Benjamin Auerbach (1901–1973) in einem Aufsatz über die Geschichte der Halberstädter Synagogen:

> Allen, die in ihrer Jugend die Geschichte, Berend Lehmann ‚Der polnische Resident' von M. Lehmann je gelesen haben, wird die Szene unvergessen sein, wie der Knabe Berend Lehmann beim Anblick seines weinenden Vaters ob der Zerstörung der Halberstädter Schul im

27 Lehmann, Marcus: *Der Königliche Resident. Eine historische Erzählung* (Lehmann, *Resident*). 2 Teile Mainz [1902] (*Lehmann's jüd. Volksbücherei* 26 & 27). Teil 1, S. 3.

Adar 5609 (18.3.1669) durch die Schergen der Halberstädter Stände mit den Worten zu trösten suchte, dass er eine neue, prächtigere Synagoge aufbauen werde [...].[28]

Auerbach junior erwähnt nicht, dass die von Marcus Lehmann geschilderte Szene Fiktion ist (der achtjährige Berend Lehmann lebte in Essen, sein Vater war nie in Halberstadt)[29], sie wird von ihm als Quasi-Faktum in die echte Historie integriert. Bei Marcus Lehmann wird aus dem „heiligen" Beschützer und Wohltäter des Gemeindechronisten Auerbach nun ein höchst aktiver Mitgestalter der vaterländischen Geschichte, der mit vielen bekannten Figuren der sächsisch-polnischen Ereignisse des frühen 18. Jahrhunderts unmittelbar und menschlich verknüpft war, Vertrauter des Porzellanerfinders Böttger sowie der Gräfinnen Cosel und Teschen, Lebensretter des Königs. Man konnte auf ihn stolz sein.

Über die vielen erfundenen Szenen hinaus ist bemerkenswert, dass Marcus Lehmann als erster Autor seinen Helden und Namensvetter zum wirkungsmächtigen Politiker stilisiert. Während Auerbach Lehmann einigermaßen zutreffend lediglich diplomatische Hilfsdienste attestiert hat[30], bedauert in Marcus Lehmanns Buch August der Starke, dass er Lehmann leider nicht zu seinem Außenminister machen kann[31], und seine Mätresse, die Gräfin Cosel, behauptet dort außerdem: „Mein Resident Behrend ist der beste Finanzminister, der zu finden ist."[32] Solch eine Überschätzung Berend Lehmanns sollte bei zwei Autoren des 20. Jahrhunderts gravierende Folgen haben, die Fakt und Fiktion, bei Marcus Lehmann noch kunstvoll verknüpft, nicht mehr auseinanderhalten konnten, es eigentlich wohl auch gar nicht wollten, nämlich bei den im Folgenden zu behandelnden Autoren Pierre Saville und Manfred R. Lehmann. Zeitlich vor ihnen liegt allerdings eine Reihe weiterer Autoren, von denen zwei als historisch Forschende durchaus ernst zu nehmen sind.

---

28 Auerbach, Hirsch Benjamin: *Die Geschichte der 3 Synagogen in Halberstadt. Steine erzählen.* In: Zeitschrift für die Geschichte der Juden. Jg. 9 (1972). S. 152–156, hier S. 152.
29 Zu Berend Lehmanns Vater Jehuda vgl. Samuel, Salomon: *Geschichte der Juden in Stadt und Synagogenbezirk Essen.* Frankfurt/M 1913. S. 97. Berend Lehmann selbst erscheint zum ersten Mal 1687 als in Halberstadt ansässig, und zwar im Verzeichnis der Leipziger Messebesucher. S. Freudenthal, Max: *Leipziger Messgäste. Die jüdischen Besucher der Leipziger Messen in den Jahren 1675 bis 1764* (Freudenthal, *Messgäste*). Frankfurt/M. 1928 (Schriften der Gesellschaft zur Förderung der Wissenschaft des Judentums 29). S. 109.
30 Auerbach, *Gemeinde* (wie Anm. 12), S. 46.
31 Lehmann, *Resident* (wie Anm. 27), Teil 2, S. 5.
32 Lehmann, *Resident* (wie Anm. 27), Teil 2, S. 47.

1.2.3 Spätes 19./frühes 20. Jahrhundert: Realistischerer Blick durch die *Wissenschaft des Judentums*

Emil Lehmann (1828–1898)
Zur gleichen Zeit wie der konservative Mainzer Rabbiner Marcus Lehmann beschäftigte sich in Dresden ein weiterer Träger des Namens Lehmann mit dem Residenten: der liberale Rechtsanwalt und Politiker Emil Lehmann, ein Urururenkel Berend Lehmanns. Seine Einstellung zum ererbten Judentum stand der des *Israelit*-Herausgebers Marcus diametral gegenüber. In politischen Schriften wie *Der Deutsche jüdischen Bekenntnisses* oder *Höre Israel!*[33] forderte er seine Glaubensbrüder auf, sich bis hin zum Verzicht auf die Beschneidung und bis zur Verschiebung des Sabbat auf den Sonntag an die deutsche Mehrheitsgesellschaft anzupassen: „treu deutsch und jüdisch allezeit."[34] In einer Studie über seinen Urahn nennt er Berend Lehmann „ein[en] fromm[en], aber auch einen weis[en], welterfahren[en] Mann".[35] Darin übernimmt er zwar vieles aus Auerbachs Gemeindegeschichte ohne weitere Prüfung. In Bezug auf August den Starken und die Dresdner Verhältnisse dagegen recherchiert er gründlich im Sächsischen Staatsarchiv, und er macht hier als erster über Berend Lehmann Schreibender seine Funde durch Einzelbelege nachprüfbar. Das ist ein bedeutender methodischer Fortschritt gegenüber Auerbach, den er im Sinne der gleichzeitig schreibenden Historiker der *Wissenschaft des Judentums* vollzieht. Emil Lehmann ist Jurist, und als solchen interessieren ihn zunächst die Statuten der verschiedenen wohltätigen Stiftungen des Residenten; eine von diesen erbrachte immerhin zu Emil Lehmanns Zeit noch ihre Rendite (sie tat das sogar bis zum Zweiten Weltkrieg).

---

33 In Lehmann, Emil: *Gesammelte Schriften, herausgegeben im Verein mit seinen Kindern von einem Kreis seiner Freunde*. Berlin 1899 (Lehmann, *Schriften*). S. 383–394 & 291–344. Die Schriften haben eine inhaltlich veränderte Neuauflage erfahren (*Gesammelte Schriften …*, Dresden 1909), in die u. a. *Höre Israel!* keinen Eingang mehr fand, weshalb hier und im Folgenden auf die Erstausgabe, fallweise auch auf eine ursprüngliche Einzelveröffentlichung verwiesen wird.
34 Lehmann, Emil: *Der Deutsche jüdischen Bekenntnisses*. In: Lehmann, *Schriften* (wie Anm. 33), S. 383–394, hier S. 394. Ein ausführlicher Vergleich von Marcus und Emil Lehmann findet sich in der Online-Zeitschrift medaon: Strobach, Berndt: *Dreimal Lehmann nach Berend Lehmann*. In: *medaon. Magazin für jüdisches Leben in Forschung und Bildung* 2. Dresden 2008. S. 1–11; www.medaon.de (15.08.2017).
35 Lehmann, Emil: *Der polnische Resident Behrend Lehmann, der Stammvater der israelitischen Religionsgemeinde zu Dresden*. Dresden 1885. S. 35. Die Studie ist später in Lehmann, *Schriften* (wie Anm. 33) auf den S. 166–153 und in deren zweiter, veränderter Neuauflage (*Gesammelte Schriften …*, Dresden 1909, S. 91–134) nachgedruckt worden, jedoch beide Mal ohne ihren Anhang I, der hier als Dokument W 3 wiedergegeben ist.

So lobt auch er die soziale Großzügigkeit des Hofjuden und wendet sie, seiner deutsch-idealistischen und seiner jüdisch-liberalen Grundeinstellung entsprechend, vom einseitig Jüdischen ins Allgemein-Menschliche: „Der wirkliche Beweggrund zu Berend Lehmanns Stiftungen war derselbe, der sein ganzes Leben und Wirken beseelte: sein edler, menschenfreundlicher Sinn, das, was man hier jüdisches Herz, dort christliche Liebe, aber richtiger überall nennen s o l l t e: Humanität, Menschenliebe."[36]

Darüber hinaus interessiert Emil Lehmann als Dresdner und als Anwalt, der im sächsischen Landtag mit dafür sorgte, dass die letzten rechtlichen Benachteiligungen von Juden abgeschafft wurden, der Kampf Berend Lehmanns um sein geschäftliches und privates Niederlassungsrecht in Augusts Residenzstadt. Er bewundert die Streitlust seines Urahns und darüber hinaus das Argumentationsgeschick, mit dem er es versteht, die Dankesschuld, die der Herrscher ihm gegenüber hat, immer wieder in Gunstbeweise umzumünzen. Ebenso begeistert ihn, wie der Hoffaktor versucht, gegen den Widerstand von Kaufmannschaft und Konsistorium den Spielraum für sich und die anderen Juden in Dresden vorsichtig zu vergrößern. Emil Lehmanns Mitleid gilt schließlich, als das Lehmannsche Geschäft in Dresden durch die Missgunst der Stände ruiniert wird, dem Scheitern des alten Kämpfers. So entwickelt er insgesamt ein dichteres und erheblich konkreteres, wenn auch noch durchgängig makelloses Bild Berend Lehmanns.

Es gibt für die Frage, wie objektiv ein Autor Berend Lehmann gegenübersteht, mehrere Test-Episoden, von denen eine im Folgenden untersucht werden soll: Bei einer Hungersnot im Winter 1719/1720 gelang es Lehmann (eigentlich seinem Schwager Meyer, vgl. Kap. 7.6 der vorliegenden Arbeit), von weither Brotgetreide zu beschaffen, das an die Bevölkerung verkauft werden konnte, allerdings zu einem erhöhten Preis. Nach einer zeitgenössischen christlichen Quelle soll Lehmann sich bei dieser Aktion bereichert haben. Emil Lehmann hält das, ohne den Wahrheitsgehalt überprüfen zu können, für eine antijüdische Lüge und kommentiert seine Annahme so: „Die Thatsache steht jedenfalls fest, daß Lehmann und Meyer in Zeiten der Hungersnot durch intelligente Maßnahmen Abhilfe und billiges Korn herbeiführten. Daß ihre Unternehmungen Neid und Anfeindungen begegneten – wen sollte das Wunder nehmen?"[37]

Dass Emil Lehmann seinen Urahn leicht idealisiert, zeigt auch sein Kommentar zu Berend Lehmanns Appell an August den Starken, keine neuen, mög-

---

36 Lehmann, *Schriften* (wie Anm. 33), S. 136. Sperrung von Emil Lehmann.
37 Lehmann, *Schriften* (wie Anm. 33), S. 143 f. Zu dieser Episode vgl. den ausführlichen Vergleich mehrerer Darstellungen in Strobach, Berndt: *Der Halberstädter Hofjude Berend Lehmann und seine Biographen.* In: *Harzzeitschrift für den Harz-Verein für Geschichte und Altertumskunde.* 58. Jg. (2006). S. 47–72.

licherweise schädlichen Juden in Sachsen zuzulassen: „Dieser Eingabe lag nicht Konkurrenzneid – dazu war Berend Lehmann viel zu großherzig – [...] zugrunde [...]".[38] Zwar wusste man auch vor Emil Lehmann schon manches über den Mäzen, den Geschäftsmann, den Verhandlungsdiplomaten, aber beinahe nichts über den Menschen Berend Lehmann. Jetzt war für den sensiblen Leser aus den von Emil Lehmann publizierten Eingaben und Briefen durchaus Persönliches herauszulesen: Neben Berend Lehmanns Stolz auf Herkunft und Leistung sprechen sie von dem deutlichen Bewusstsein der Beschränkung, der er als Jude unterworfen war, sogar als einer der Höchstprivilegierten. Die Briefe offenbaren zudem eine große taktische Beweglichkeit im Umgang mit den christlichen Herrschern: Einerseits pocht Lehmann darin auf Recht und Verdienst, andererseits findet sich der ständige klagende Hinweis auf die Gefährdungen für Ruf und Kredit, bis hin zu einem demütigen Jammern mit Floskeln vom darbenden Weib und den Kindern. Das wollte gar nicht in das innerjüdisch tradierte Bild des stolzen Fürsprechs passen, deshalb wurde es denn auch von nachfolgenden Autoren weitgehend ignoriert.

Max Freudenthal (1868–1937)

Der zunächst in Dessau und später in Nürnberg tätige Oberrabbiner Max Freudenthal hat mehrfach in seinen umfangreichen historischen Forschungen Berend Lehmann als Mäzen hebräischen Druckens dargestellt. Das geschah zuerst in seiner Geschichte der ursprünglich von dem Dessauer Hofjuden Moses Benjamin Wulff erworbenen und über 30 Jahre von dem Jeßnitzer Drucker Israel Abraham betriebenen Offizin.[39] Dort wird die von Auerbach bereits angedeutete Fürsorge, mit der Lehmann die Werke der gelehrten Rabbinen seiner Thora-/Talmud-Forschungsstätte, der „Klaus", zum Druck brachte, ausführlich dokumentiert. Bei Freudenthals Charakterisierung der Werke wird allerdings klar, dass der Halberstädter Hofjude hebräische Literatur hauptsächlich nach ihrem traditionellen Ruf bewertete, ohne ihren Wert selbst beurteilen zu können. Das Mäzenatentum war für ihn die selbstverständliche Konsequenz seines Reichtums, und je größer die rabbinische Gelehrsamkeit, so schien es Lehmann nach der Darstellung Freudenthals, desto nützlicher und förderungswürdiger war sie für die jüdische Gemeinschaft.

---

38 Lehmann, *Schriften* (wie Anm. 33), S. 142.
39 Freudenthal, Max: *Aus der Heimat Mendelssohns. Moses Benjamin Wulff und seine Familie, die Nachkommen des Moses Isserles* (Freudenthal, *Heimat*). Berlin 1900 (Neudruck Dessau 2006). Darin S. 153–304 der V. Abschnitt: *Die Wulffsche Druckerei und ihre Geschichte*.

Wichtiger noch ist eine Artikelserie, die Freudenthal 200 Jahre nach der Lehmann-Gottschalkschen Talmud-Neuausgabe von 1697–1699 verfasste[40] und in der er zum ersten Mal aufgrund genauer Aktenkenntnis die geschäftliche Seite dieses Unternehmens und der Frankfurt-Amsterdamer Nachfolgeedition darstellte, bei der Berend Lehmann in der harten Auseinandersetzung mit dem Drucker/Verleger Gottschalk als zäher und unerbittlicher Prozessgegner sichtbar wird. Auch dieser Aspekt des kämpferischen Kaufmanns wurde später im Gefolge der Auerbach-Marcus-Lehmannschen Heldenverehrung von manchem Biografen (z. B. Saville, Manfred R. Lehmann) nicht in das Berend-Lehmann-Bild aufgenommen.

Josef Meisl (1882–1958)

Der Berliner Archivar Josef Meisl, nach seiner Emigration Begründer der Jerusalemer Central Archives for the History of the Jewish People, veröffentlichte 1924 sechzehn Briefe aus dem Dresdner Staatsarchiv, die Berend Lehmann zwischen 1697 und 1704 aus Halberstadt und Leipzig, teils aber auch während des Nordischen Krieges von den baltischen Kriegsschauplätzen an einen einflussreichen Dresdner Hofbeamten geschickt hatte (die so genannten Bose-Briefe). In ihnen geht es hauptsächlich um von Lehmann gegebene oder vermittelte Anleihen und um deren Sicherheit, gelegentlich auch um die militärische und politische Lage.

Meisls einleitender Kommentar zu diesen Dokumenten ist knapp und distanziert, hier ist keine Spur mehr von „Lehmann-Panegyrik". So steht Meisl zum Beispiel der Auerbachschen Behauptung, Lehmann habe die Krönung Augusts des Starken zum Polenkönig im Wesentlichen finanziert, skeptisch gegenüber und mahnt an, man müsse den wirklichen Anteil des Residenten an dem Kollektivunternehmen ausmachen. Darüber hinaus wagt er es als erster wesentlicher Biograf Lehmanns, sich auch kritisch über ihn zu äußern, indem er bei der Besprechung der Kriegsbriefe bemerkt: „Was Lehmann über die Kriegslage, namentlich über die Belagerung Rigas zu berichten weiß, ist nicht von sonderlicher Wichtigkeit. Seine Mitteilungen sind offenbar allzu rosig gefärbt und tragen einen mit den Tatsachen in Widerspruch stehenden Optimismus zur Schau."[41] Auch gibt Meisl als erster Autor die abfällige Äußerung einiger Hannoverscher Hofbeamter über Lehmann wieder, er sei „bekanntermaßen [...] ein großer Schwätzer, von dem man befürchten müsste, dass er desavouiert [ihm nicht geglaubt] werden dürf-

---

40 Freudenthal, *Jubiläum* (wie Anm. 26).
41 Meisl, Josef: *Behrend Lehmann und der sächsische Hof* (Meisl, *Hof*). In: *Jahrbuch der jüdisch-literarischen Gesellschaft*. Jg. 16 (1924). S. 226–252, hier S. 230.

te"[42], und zwar tut er das ohne den gleichzeitigen Versuch aller anderen jüdischen Biografen (bis hin zu Saville), den Residenten sofort in Schutz zu nehmen.[43]

Wichtig für ein erweitertes und ungeschminktes Bild des berühmten Hofjuden war der Ton der originalen Brieftexte. Lehmanns hier nun in größerem Umfang vorliegende schriftliche Äußerungen konnten dem aufmerksamen Leser zum Beispiel ein Leitmotiv seines Lebens bestätigen, das sich schon in den Zitaten bei Emil Lehmann angedeutet hatte: die bohrende Sorge um die Erhaltung seines Kapitals, die ständige Unruhe angesichts der selbst für ihn als Bankier schwer zu überschauenden, risikoreichen Geschäftsvorgänge.

Die von Meisl veröffentlichten Briefe sind übrigens, soweit sie nicht aus Halberstadt stammen, in einem recht unbeholfenen Deutsch geschrieben. Das hätte denjenigen Lehmann-Verehrern, die seit Marcus Lehmann einen von Leibniz persönlich in Philosophie unterrichteten Hochgebildeten vor Augen hatten, zu denken geben müssen. Aber ähnlich wie Emil Lehmanns Aufsatz ist auch Meisls Beitrag lange Zeit nur selektiv zur Kenntnis genommen worden.

Max Köhler

An der Universität Marburg promovierte 1927 Max Köhler über die Halberstädter Juden.[44] Er gehörte wie Meisl und Stern zu den an den Quellen forschenden Historikern der *Wissenschaft des Judentums*, die sich ihrem Gegenstand ohne Vorurteile näherten. Er tat das mit dem damals modern werdenden soziologischen und wirtschaftshistorischen Blick, wodurch er in Bezug auf Lehmann die religiös orientierte Darstellung Auerbachs und die juristisch orientierte Emil Lehmanns um einen wichtigen Aspekt ergänzte. Da er die Erkenntnisse dieser beiden Autoren sowie die Meisls und Sterns als bekannt voraussetzt, spart er Berend Lehmann zwar weitgehend aus, es ergibt sich aber viel Wissenswertes etwa über die Berufe und die soziale Stellung der Halberstädter Juden.

---

42 Meisl, *Hof* (wie Anm. 41), S. 232.
43 Saville, Pierre: *Le Juif de Cour. Histoire du Résident royal Berend Lehman (1661–1730)* (Saville, *Juif*). Paris 1970. S. 208.
44 Köhler, Max: *Beiträge zur neueren jüdischen Wirtschaftsgeschichte. Die Juden in Halberstadt und Umgebung bis zur Emanzipation.* Berlin 1927 (*Studien zur Geschichte der Wirtschaft und Geisteskultur* 3).

1.2.4 Erste Hälfte 20. Jahrhundert: Jüdische Apologeten sehen Lehmann als positiven Vertreter der durch Antisemiten verunglimpften Hofjudenschaft

Ernst Frankl (geboren 1909)

Der Halberstädter Rabbinersohn und spätere Arzt Ernst Frankl verfasste als 18-Jähriger für dieselbe Zeitschrift wie Meisl vier Jahre vor ihm einen Aufsatz über die Geschichte der Halberstädter Juden[45], in dem er Berend Lehmann folgendermaßen bewertete: „Unbedingte Pflichttreue, strenge Ehrbarkeit sind die Vorzüge seines Charakters. Man warf anderen Hofjuden Unehrlichkeit vor, man beschuldigte sie, dass sie sich bei ihren Handlungen zu oft von Habgier und Gefallsucht leiten ließen. Behrend Lehmann wagte man nicht so leicht anzugreifen."

Mit den „anderen Hofjuden" ist sicherlich in erster Linie Joseph „Süß" Oppenheimer gemeint, der bereits 1827 von Wilhelm Hauff und dann natürlich 1925 in Lion Feuchtwangers Erfolgsroman als zwielichtige Figur gezeichnet worden war. Lehmann als Lichtgestalt mit dem berüchtigten „Süß" zu kontrastieren, war psychologisch verständliche Halberstädter Lokalüberzeugung, basierend auf Auerbach und Marcus Lehmann. Auch ausgewachsene, seriöse Historiker erlagen einer solchen Versuchung, wie die folgenden Beispiele zeigen werden.

Selma Stern (1890–1981)

Der Historikerin Selma Stern gebührt das Verdienst, für ihr Hauptwerk, *Der preußische Staat und die Juden*[46], im ersten Viertel des 20. Jahrhunderts zum ersten Mal umfassende Archivrecherchen zu dem Gesamtkomplex der Juden in der Entwicklung Brandenburg-Preußens zur Großmacht unternommen zu haben.

---

45 Frankl, Ernst: *Die politische Lage der Juden in Halberstadt von ihrer ersten Ansiedlung an bis zur Emanzipation.* In: *Jahrbuch der Jüdisch-literarischen Gesellschaft.* Jahrgang 19 (1928). S. 317–332, hier S. 328. Über Frankl vgl. die Website www.juden-im-alten-Halberstadt.de von Sabine Klamroth (11.12.2017).
46 Stern, Selma: *Der preußische Staat und die Juden* (Stern, *Staat*). Teil I: *Die Zeit des Großen Kurfürsten und Friedrichs I.* Abteilung 1: Darstellung. Berlin 1925, Neudruck Tübingen 1962. S. XI und XV. Sterns Werk, dessen erster Teil in beiden Abteilungen zuerst 1925 erschien, wurde nach dem Zweiten Weltkrieg vom Leo-Baeck-Institut publiziert: Teil I: *Die Zeit des Großen Kurfürsten und Friedrichs I.* Abteilung 1: Darstellung, Abteilung 2: Akten; Teil II: *Die Zeit Friedrich Wilhelms I.* Abteilung 1: Darstellung, Abteilung 2: Akten. Alle Tübingen 1962 (*Schriftenreihe wissenschaftlicher Abhandlungen des Leo-Baeck-Instituts* 7,1 & 2 u. 8,1 & 2). Teil III: *Die Zeit Friedrichs des Großen.* Abteilung 1: Darstellung, Abteilung 2.1 & 2.2: Akten. Tübingen 1971 (*Schriftenreihe wissenschaftlicher Abhandlungen des Leo-Baeck-Instituts* 24,1–3). *Gesamtregister* (Max Kreutzberger, Hrsg.). Tübingen 1975 (*Schriftenreihe wissenschaftlicher Abhandlungen des Leo-Baeck-Instituts* 32). Im Folgenden wird mit dem o.a. Sigel und den Nummern der Teile und Abteilungen zitiert.

Da sie von der preußischen Judenpolitik ausgeht, spielen in der mehrbändigen Dokumentensammlung die Halberstädter Juden als die größte preußische Judengemeinde im frühen 18. Jahrhundert eine wichtige Rolle.

In ihrem späteren Spezialwerk *Der Hofjude im Zeitalter des Absolutismus*, in den 1940er Jahren im amerikanischen Exil unter ungünstigen Arbeitsbedingungen verfasst[47], ist Berend Lehmann naturgemäß einer der Protagonisten ihrer Betrachtung. Allerdings hat sie, abgesehen von dem vor ihrer Emigration gesammelten Halberstadt-Material, keine ausführliche Untersuchung zu dem Residenten vornehmen können.[48]

Sie sieht, weiträumiger denkend als ihr (hier später zu behandelnder) Zeitgenosse Schnee, die Institution des Hofjuden im Zusammenhang der herrschenden Staatsidee, und sie stellt die Tätigkeit der Faktoren nicht nur (wie Schnee) chronologisch und topographisch registrierend, sondern vor allem systematisch ordnend dar. In Bezug auf Lehmann übernimmt sie nur wenig von Auerbach[49], Marcus Lehmanns Fantasien nimmt sie gar nicht zur Kenntnis. Umso mehr hält sie sich an die Archivrechercheure Emil Lehmann und Josef Meisl. Und trotzdem ist sie keine ganz objektive Biografin des Residenten.

Problematisch ist vor allem, dass auch sie die Hofjuden in zwei verschieden bewertete Gruppen einteilt und dass Lehmann dabei von vornherein zu den „eigentlichen", das heißt, vorbildlichen gehört: „Typischer Vertreter des jüdischen Patriziats war [...] weder Jud Süß in Württemberg noch Samuel Oppenheimer in Wien oder Jost Liebmann in Berlin, die aus Ehrgeiz und Machttrieb, aus Lebensfreude und Gier nach Genuß Reichtümer anschafften oder verschenkten. Die eigentlichen Repräsentanten der jüdischen Aristokratie waren Männer wie die Gumperts in Kleve, Berend Lehmann aus Halberstadt, Moses Benjamin Wulff in Dessau, die Lehrhäuser gründeten, Talmudschulen errichteten, hebräische Bücher druckten und vielen Gelehrten jahrzehntelang eine sorglose Existenz und freie Forschung ermöglichten, während sie kühl und nüchtern ihre Bankgeschäfte leiteten, die Münze belieferten, Agenten im diplomatischen Dienst waren und ihr Vorsteheramt verwalteten".[50]

Wie steht es hier mit dem schon bei Emil Lehmann befragten Objektivitäts-Test?

---

47 Stern, *Hofjude* (wie Anm. 6).
48 Lückenhaftigkeit und Oberflächlichkeit der Interpretation wird ihr denn auch von der moderneren Forschung vorgeworfen. Vgl. Linnemeier, Bernd W.: *Jüdisches Leben im Alten Reich. Stadt und Fürstentum Minden in der Frühen Neuzeit* (Linnemeier, Minden). Bielefeld 2002. S. 36–37.
49 Sie ironisiert die durch ihn reichlich überlieferten Legenden, vgl. Stern, *Hofjude* (wie Anm. 6), S. 67.
50 Stern, *Staat* (wie Anm. 46) II/1, S. 173.

Die von ihm überlieferte „christliche" Behauptung, Berend Lehmann habe sich an der Dresdner Hungersnot 1719/1720 bereichert, weist Selma Stern – ungeprüft – zurück, und wieder kontrastiert sie ihn in diesem Zusammenhang mit „Jud Süß": „In vielen Flugschriften wird Süß beschuldigt, durch seine Finanzpolitik das württembergische Volk erpresst und in Armut und Verzweiflung gestürzt zu haben. Von Lehmann wiederum berichten sächsische Chroniken, dass er während der schlimmen Hungersnot im Winter 1719/1720 aus Russland und Polen 40.000 Scheffel Getreide herbeigeschafft und zu geringem Preis an die sein Haus Tag und Nacht belagernde Dresdner Bevölkerung verteilt habe."[51] Von Bereicherungsvorwürfen keine Rede.

Ein zweiter Objektivitätstest ergibt sich bei der Behandlung von Lehmanns Verhalten im Zusammenhang mit dem Bankrott seines Hannoverschen Schwiegersohnes, der sich 1721 ereignete. Den nie eindeutig geklärten Vorwurf der Behörden, dass der Resident beim Herannahen des Konkurses Wertgegenstände seines Schwiegersohnes in Verwahrung genommen und damit der Konkursmasse entzogen habe, weist sie – ungeprüft – zurück, statt die Frage objektiverweise offen zu lassen.[52]

Bei der Darstellung von Lehmanns diplomatischen Bemühungen, am hannoverschen Hof die Sichtweise seines Gönners August des Starken zur Geltung zu bringen, verzichtet sie auf die Wiedergabe der „Schwätzer"-Bemerkung[53], die sie durch Meisls Veröffentlichung gekannt haben muss.

Da sie sich mit dem verbreiteten negativen Hofjuden-Bild von Antisemiten wie Deeg und Schnee auseinanderzusetzen hatte, wäre es sicher klüger gewesen, solche möglichen Kritikpunkte nicht zu unterschlagen, um sich nicht dem Vorwurf der Idealisierung auszusetzen.[54]

1.2.5 Antisemiten des 19. und 20. Jahrhunderts

Nichtjüdische akademische Historiker des 19. Jahrhunderts haben sich nicht eingehend mit den Hofjuden beschäftigt. Bei einem regional interessierten Hei-

---

51 Stern, *Staat* (wie Anm. 46) II/1, S. 69. Vgl. die ausführliche Darstellung des Falles in Kap. 7.6 dieses Buches.
52 Stern, *Hofjude* (wie Anm. 6), S. 237. Vgl. die ausführlichere Darstellung des Falles in Kapitel 9.2 dieses Buches.
53 Die entsprechende Stelle wäre gewesen: Stern, *Staat* (wie Anm. 46) II/1, S. 77.
54 Vgl. Linnemeier, *Minden* (wie Anm. 48), S. 57: „Bei genauerem Hinsehen zeigen sich [in Stern, *Staat*] allerdings deutliche Schwächen und Unzulänglichkeiten sowohl inhaltlicher als auch konzeptioneller Art."

matchronisten taucht Berend Lehmann kurz auf, wird aber sogleich moralisch abgewertet. Er ist ein Vorläufer zweier hier später zu behandelnden, in wissenschaftlichem Gewande auftretenden Antisemiten des 20. Jahrhunderts.

Gustav Adolph Leibrock (1819–1878)

Der Blankenburger Kaufmann und Harzer Regionalhistoriker Gustav Adolph Leibrock (1819–1878) erwähnt in der Chronik seiner Harzer Heimatstadt von 1864 Berend Lehmanns Rolle bei frühen Bemühungen zur Teilung Polens und nennt ihn „eine im Anfange des vorigen Jahrhunderts sehr bekannte und wichtige Persönlichkeit", „eine[n] schlaue[n] und verschlagene[n] Agent[en]".[55]

Mit wenigen Wörtern bedient sich hier, möglicherweise zum ersten Mal in der Berend-Lehmann-Historiographie, ein Autor gleich mehrerer judenfeindlicher Klischees.

Peter Deeg (1908–2005)

Der nationalsozialistische Antisemit Peter Deeg ist mit seinem 1938 in unmittelbarer zeitlicher Nähe zur Pogromnacht vom 9./10. November mit großem Propagandaaufwand bei Julius Streicher im Nürnberger Stürmer-Verlag veröffentlichten Buch *Hofjuden*[56] eigenartigerweise von der Forschung bisher nicht ausgewertet worden[57], obwohl er Berend Lehmann ein Kapitel von 18 Seiten widmet. Es beginnt folgendermaßen:

---

55 Leibrock, Gustav Adolph: *Chronik der Stadt und des Fürstenthums Blankenburg, der Grafschaft Regenstein und der Klöster Michaelstein und Walkenried. Nach urkundlichen Quellen bearbeitet.* 1. Bd. Blankenburg 1864. S. 355.
56 Deeg, Peter: *Hofjuden* (Deeg, Hofjuden). Nürnberg 1939 (*Juden, Judenverbrechen und Judengesetze von der Vergangenheit bis zur Gegenwart*. Hrsg v. Julius Streicher, Teil I, Band 1), beworben bereits am 15.11.1938 in der Halberstädter Zeitung, Artikel *Hofjuden*. S. 3. Dass das Buch im wörtlichen wie im übertragenen Sinn in rechtsradikalen Kreisen hoch im Kurs steht, legt das Angebot eines signierten Exemplars der Vorzugsausgabe in Prachtausstattung zum Preise von 500,– € durch das Antiquariat Uwe Turszynski nahe, 2009 im Internet unter www.ilab.org (10.08. 2009; mittlerweile [11.12.2017] nicht mehr auffindbar). Noch teurer ist Deegs zweites Buch aus demselben Jahr, der Band 2 von Teil I der Reihe: *Die Judengesetze Großdeutschlands*. Nürnberg 1939, über „antiqbook" für 760,– €. Seit dem 2. Juni 2008 gibt es allerdings Deegs *Hofjuden* kostenlos als pdf-Scan im Internet unter www.archive.org/details/Deeg-Peter-Hofjuden (15.08. 2017). Deeg wurde 1948 als „minderbelastet" entnazifiziert; seine erfolgreiche Nachkriegsbiografie machte ihn als Waffenhändler im Zusammenhang mit Franz-Josef Strauß' Spiegel-Affäre bekannt. Vgl. im Internet: de.wikipedia.org/wiki/Peter_Deeg (15.08.2017).
57 Ein Hinweis findet sich in: Sassenberg, Marina: *Selma Stern (1890–1981). Das Eigene in der Geschichte. Selbstentwürfe und Geschichtsentwürfe einer Historikerin.* Tübingen 2004. S. 206.

> Da sitzt in dem zu Brandenburg gehörigen Halberstadt der Jude Jisachar Berman Halevi. Ein Gezeichneter von Natur und Rasse aus, hat er die lockernden Gesetze des Großen Kurfürsten für die dortige Judenschaft sofort dazu ausgenutzt, um sich durch Betrug und Wucher in kürzester Zeit ein gewaltiges Vermögen zusammenzuraffen. Er tarnt sich und heißt sich von nun an Berndt oder Behrend Lehmann.

Diese Anfangssätze genügen, um zu erkennen, dass der Autor trotz umfangreicher archivalischer Belege nicht an Geschichte, sondern ausschließlich an Meinungsmanipulation interessiert ist. So schildert er zum Beispiel folgenden „vollendete[n] Betrug Jisachar Halevis": Um einen Schuldschein des Dresdner Stallmeisters Schmidt an sich zu bringen,

> schickt der alte Jude der Stallmeisterin in Abwesenheit ihres Mannes seinen Judensprössling Berndt [gemeint: Sohn und Dresdner Filialleiter Lehmann Behrend]. Die Frau kann sich des zudringlichen, beim König in so hohem Ansehen stehenden Juden nicht erwehren. Und da dieser sie verlässt, hat er tatsächlich den väterlichen Schuldschein in der Tasche.

Es bleibt dem Leser überlassen, sich die Art der Zudringlichkeit auszumalen.[58] Die Überprüfung der von Deeg für diese Episode angegebenen Quelle[59] ergibt Folgendes:

Der Vorfall ereignete sich 1749, also 19 Jahre nach dem Tod Berend Lehmanns, den Deeg für den angeblichen Betrug verantwortlich macht. In den Akten der sächsischen Finanzdirektion findet sich in der Tat die Anzeige eines königlichen Riemers (verantwortlich für Riemen und Zaumzeug) namens Gottlieb Schmidt, der den „Hofjuden Lehmann", also den Residenten-Sohn Lehmann Behrend, beschuldigt, sich den Schuldschein haben zeigen, ihn dann an sich genommen und später zerrissen zu haben. Ein Sohn des Hofjuden, also ein Enkel Behrend Lehmanns, fungiert dabei lediglich als Überbringer einer Nachricht.

Der Vorwurf des Betruges ist übrigens nach Lage der Akten von den Dresdner Behörden niemals untersucht, geschweige denn nachgewiesen worden.

Sassenberg erwähnt dort Deeg als Vertreter eines antisemitischen Hofjuden-Bildes, gegen das Stern mit ihrem Buch *Der Hofjude* (Stern, *Hofjude*, wie Anm. 6) angeschrieben habe.
58 Über den antisemitischen Topos von jüdischer sexueller Zudringlichkeit siehe Henschel, Gerhard: *Neidgeschrei. Antisemitismus und Sexualität*. Hamburg 2008, passim. S. 70 speziell in Bezug auf Deegs Verleger: „Für die Befriedigung der primitiven Begierde nach Sexualklatsch aus der Unterwelt war im Dritten Reich der wöchentlich von Julius Streicher herausgegebene Stürmer da [...]".
59 Sächsisches Hauptstaatsarchiv, Dresden (SHSA Dresden), 10036, Geheimes Finanzarchiv, Loc. 33761, Rep. XI.

Berend Lehmanns und Jonas Meyers Bemühungen, während der Hungersnot 1719/20 Brotgetreide nach Sachsen zu holen, werden bei Deeg zu „gewaltige[n] Getreideschiebungen", Lehmanns Hilfsaktionen für die in Konkurs geratenen und eingekerkerten hannoverschen Verwandten erklärt er zum „gerissenen jüdischen Schachzug".

Es ist klar, dass es sich bei diesem Zerrbild nicht um den Versuch eines Porträts des wirklichen Berend Lehmann handelt, sondern um die Ausmalung des von der nationalsozialistischen Rassetheorie vorgegebenen Propagandastereotyps „Wucherjude".

Heinrich Schnee (1895–1968)
Dass der Gymnasiallehrer Dr. Heinrich Schnee als Geschichtsforscher ein fleißiger Mann war, wird einhellig anerkannt.[60] Dass er Antisemit war, nicht nur Antijudaist, ist inzwischen von Stephan Laux dokumentarisch belegt worden.[61] Deutlich wird dies schon, wenn sich Schnee auf den auch von Adolf Hitler geschätzten Soziologen Werner Sombart (1863–1941) beruft, der die Begabung der Juden für den „seelenlosen Umgang mit Geld" aus ihrer Rassezugehörigkeit erklärte.[62] In seinem Standardwerk *Die Hoffinanz und der moderne Staat* attestiert Schnee Berend Lehmann deshalb gern Vielseitigkeit und regen Geschäftssinn.[63] Dabei ist seine judenfeindliche Einstellung an der Art abzulesen, wie Schnee über ihn schreibt. So zählt er seitenweise große Beträge von Anleihen auf, die Lehmann August dem Starken vorschoss, um schließlich zu resümieren „Lehmann verstand es immer wieder, ins Geschäft mit dem Kurfürsten und König zu kommen. Kaum war die Bezahlung alter Schulden geregelt, da erschien der Hofbankier mit einem neuen Angebot, dem August der Starke in seinem Luxusbedürfnis fast immer

---

60 So z. B. von Ries, Rotraud: *Hofjuden – Funktionsträger des absolutistischen Territorialstaates und Teil der jüdischen Gesellschaft. Eine Positionsbestimmung.* In: Ries/Battenberg, Hofjuden (wie Anm. 6), S. 11–39, hier S. 12.
61 Laux, Stephan: Online-Biografie des Dr. phil. Heinrich Schnee im Internet auf www.lwl.org/westfaelische-geschichte/portal/Internet, Menüpunkt „Finde!" (11.12.2017).
62 Schnee, Hoffinanz (wie Anm. 7). Bd. 3: *Die Institution des Hoffaktorentums in den geistlichen Staaten Norddeutschlands und an kleinen norddeutschen Fürstenhöfen, im System des absoluten Fürstenstaates.* Berlin 1955. S. 251–253. Zu Sombart vgl. ausführlich Berg, Nicolas: *Juden und Kapitalismus in der Nationalökonomie um 1900.* In: Backhaus/Gross, Geld (wie Anm. 8), S. 287–293.
63 Schnee, Hoffinanz (wie Anm. 7). Bd. 2: *Die Institution des Hoffaktorentums in Hannover und Braunschweig, Sachsen und Anhalt, Mecklenburg, Hessen-Kassel und Hanau.* Berlin 1954. S. 169–222. Vgl. besonders die Zusammenfassung ab S. 198.

erlag."⁶⁴ Die Wortwahl suggeriert den raffgierigen, teuflischen Versucher. Zudem referiert Schnee zusätzlich zu der schon erwähnten „Schwätzer"-Bemerkung⁶⁵ ausführlich ein anonymes kritisches „Gutachten" über „Lehmann und seine Helfershelfer"⁶⁶ aus den Dresdner Hofakten, in dem der Resident beschuldigt wird, wucherische Gewinne gemacht und das Land bei seinen Geschäften „greulich betrogen" zu haben. Den Verdacht, Lehmann habe seinem Hannoveraner Schwiegersohn beim Konkursbetrug unterstützt, macht Schnee zur Tatsache: „Wertsachen und Schmuck hatten die Behrens schon vorher an [...] Berend Lehmann in Halberstadt verschickt."⁶⁷

Breiten Raum nimmt bei Schnee Lehmanns „Missbrauch" der „gewährten Privilegien" ein; er und sein Schwager hätten es „besonders arg [ge]trieben", insofern als sie eine „übergroß[e] Zahl" von Angestellten in ihren Haushalt aufnahmen, die keine eigenen Schutzbriefe besaßen, und die „auf diese Weise die Menge der Juden vermehrten".⁶⁸ Schnee identifiziert sich hier in den 1950er Jahren (sic!) durch seine Wortwahl mit den antijüdisch eingestellten kursächsischen Ständen des 18. Jahrhunderts und versagt den jüdischen Angestelllten sozusagen nachträglich das Bleiberecht.

Durch die Erwähnung einer großen Menge unsystematisch aufgezählter Riesensummen, mit denen er Lehmann umgehen lässt, schafft er ein krasses Gegenbild zu dem noch kaum angetasteten Helden- und Heiligenbild in den jüdischen Lehmann-Biografien: Der Resident wird bei ihm zu einem äußerst geschickten, ja raffinierten Geld-, Waren- und Nachrichtenagenten, dem es gelingt, die jüdische Population und deren Einfluß bedeutend zu vermehren, der allerdings am Ende (Subtext: gerechterweise) genauso kometenhaft verschwindet, wie er emporgekommen ist. In einer der Rezensionen des 1. Bandes von Schnees *Hoffinanz* durch einen deutsch-jüdischen Exilhistoriker heißt es: „This reviewer wishes he could be more certain that the racial ideology of the author did not influence his selection of the documents, and thus be assured that the factual parts of the book have a scientific value." Seine Befürchtung war nur allzu berechtigt.⁶⁹

---

64 Schnee, *Hoffinanz* (wie Anm. 7), Bd. 2. S. 185.
65 Schnee, *Hoffinanz* (wie Anm. 7), Bd. 2. S. 181.
66 Schnee, *Hoffinanz* (wie Anm. 7), Bd. 2. S. 197.
67 Schnee, *Hoffinanz* (wie Anm. 7), Bd. 2. S. 49.
68 Schnee, *Hoffinanz* (wie Anm. 7). Bd. 2. S. 176.
69 Dieser Satz von Bernard Dov Weinryb wird zitiert in Kobrin, Rebecca & Adam Teller: *Purchasing Power. The Economics of Modern Jewish History*. Philadelphia 2015. S. 8.

Bei aller ideologischen Einfärbung hat Schnee durch seine umfangreiche Archivarbeit allerdings auch dafür gesorgt, dass Lehmanns Geschäftstätigkeit konkreter greifbar wurde.

1.2.6 In der zweiten Hälfte des 20. Jahrhunderts: Rückfall in unkritische Heldenverehrung

Pierre Saville (1908–1976?)[70]
1970 erschien die erste und bisher einzige Buchmonographie über Berend Lehmann; sie stammte ausgerechnet von einem Franzosen. Wie inzwischen bekannt geworden ist, handelt es sich bei dem Autor des *Juif de Cour*[71], mit dem Pseudonym „Pierre Saville", um den Privatgelehrten Pierre Schumann, der sich selbst im Familienkreis als einen Nachfahren Berend Lehmanns bezeichnete.[72] In seinem Buch heißt es dementsprechend, Berend Lehmann habe Nachfahren in Frankreich, die direkt auf seinen ältesten Sohn, Lehmann Behrend, zurückgingen.[73] Der Autor geht mit spürbar großer Sympathie für den Talmud-Mäzen und Schtadlan Lehmann ans Werk; das Vorwort des Werkes stammt von dem berühmten Antisemitismusforscher Léon Poliakov. Saville zitiert aus einer Reihe von polnischen Geschichtswerken mit ihrem originalsprachigen Titel, so dass er möglicherweise polnisch-jüdische Wurzeln hatte.

Geschrieben hat er das Buch erst als älterer Mann, seine Forschungen gehen aber bereits auf die 1930er Jahre zurück. Dass er damals selbst in Halberstadt gewesen ist, kann man vermuten; auf jeden Fall hat er dort eine Reihe Fotografien anfertigen lassen, die – auch wegen der guten Druckreproduktion – heute sehr wertvoll sind, da sie Räume und Gegenstände zeigen, die in oder nach der Po-

---

[70] Nach Schoenberg, Randy: *Pierre Saville Schumann*. www.geni.com/people/Pierre-SCHUMANN/6000000012524072490 (11.12.2017) könnten dies seine Lebensdaten sein.
[71] Saville, *Juif* (wie Anm. 43).
[72] Laut E-Mail-Nachricht eines Großneffen von Pierre Saville, des Musikjournalisten Julien Petit, gegenüber Jutta Dick, der Direktorin der Halberstädter Moses Mendelssohn Akademie, vom 07.03.2008. In einem persönlichen Gespräch im Januar 2009 erfuhr Jutta Dick von Petit darüber hinaus, dass Saville/Schumann einer begüterten jüdischen Familie entstammte, und dass Petits und Schumanns/Savilles Vorfahr Albert Lehmann im 19. Jahrhundert nach Frankreich eingewandert ist. Saville/Schumann war Privatgelehrter und Kunstsammler; er hat auch Dramen geschrieben. Im Auktionshaus Christies wurde z. B. ein Spiegel vom Beginn des 18. Jahrhunderts angeboten aus einer „collection Robert Schumann et Pierre Saville": www.christies.com/lotfinder/lot/glace-du-debut-du-xviiieme-siecle-4544155-details.aspx?intObjectID=4544155 (11.12.2017). Hier erscheint er unter seinem Pseudonym neben seinem Bruder Robert Schumann, dem Großvater Julien Petits.
[73] Saville, *Juif* (wie Anm. 43), S. 223.

gromnacht von 1938 verloren gingen.[74] Er hat auch einige Dokumente reproduziert[75], die aus dem Sächsischen Hauptstaatsarchiv Dresden stammen, wobei man bezweifeln muss, dass er dort selbst geforscht hat, denn es handelt sich um die Bose-Briefe, die bereits 1924 publiziert worden waren.[76] Aus dem Berliner Geheimen Staatsarchiv zitiert er die Signatur einer Akte, die er sicherlich nicht eingesehen hat, denn den Inhalt des Schriftstückes referiert er unrichtig, und zwar so, wie er ihn offenbar bei Auerbach (1866) gelesen hat.

Diese Ungenauigkeit kennzeichnet leider das ganze Werk: In äußerst gepflegtem literarischen Französisch entwirft er, erzählend, ein Lebensbild aus viel Legende („tradition orale") und aus mehr oder weniger gesicherten Fakten, die er aus Vorgängerwerken übernommen hat. Wo das direkte biografische Material spärlich fließt, beschreibt er ausführlich die allgemeinen historischen Vorgänge, z. B. die französische Seite der polnischen Königswahl Augusts des Starken und den Nordischen Krieg.

Ein Verdienst des Werkes ist allerdings, dass er zeitgenössische französische und polnische Geschichtswerke des 18. Jahrhunderts benutzt, die bis dahin bei den deutschen Lehmann-Biografen noch nicht berücksichtigt worden waren. Unkritisch ist er wiederum nicht nur gegenüber Auerbach und Marcus Lehmann, sondern auch gegenüber Schnee, obwohl er dessen antisemitische Tendenz durchaus realisiert.[77] Seine Sicht Berend Lehmanns ist in der Nachfolge Auerbachs und Marcus Lehmanns von Begeisterung für die historische Ausnahmefigur des „résident royal" geprägt. Einwände gegen Lehmanns geschäftliche Sauberkeit und moralische Integrität, wie sie von Schnee gern aufgegriffen werden (Brotgetreideknappheit, Konkursbetrug), weist Saville mit schwachen Argumenten entrüstet zurück.[78] Dafür entwirft er ein Bild von dessen heldischer Körpergestalt: „[...] die Rückschlüsse, die man aus gewissen bekannten Umständen ziehen kann, erlauben die Ansicht, dass die Natur ihm regelmäßige und angenehme Gesichtszüge verliehen hat, eine hohe Gestalt, eine edle Haltung."[79] Über die „gewissen Umstände" klärt er den Leser nicht auf.

Als gebildeter und kunstsinniger Herr, der er selbst offenbar war, dichtet Saville Berend Lehmann hohe philosophische Bildung an: Da Lehmann ein

---

74 Saville, Juif (wie Anm. 43), S. XVIII, XXIII, XXIV.
75 Saville, Juif (wie Anm. 43), S. XVI f.
76 In: Meisl, Hof (wie Anm. 41), S. 227–252.
77 Vgl. Meisl, Hof (wie Anm. 41), S. 250, Fußnote 1.
78 Saville, Juif (wie Anm. 43), S. 228 (Brotgetreide) und S. 229 (Konkursbetrug).
79 Saville, Juif, (wie Anm. 43), S. 28: „[...] les déductions qu'on peut tirer de certaines circonstances connues permettent d'apprendre que la nature lui avait donné des traits réguliers et agréables, une haute stature, un noble maintien."

Lehrling und Protégé seines Onkels, des Hannoverschen Hof-Juden Leffmann Behrens gewesen sei, habe er auch die Philosophie des Hannoverschen Hof-Philosophen Leibniz gekannt und sich über sie mit seinem Gönner August dem Starken freundschaftlich unterhalten, mit dem er sich auch, die Juwelierlupe am Auge, intim an der Schönheit makelloser Edelsteine ergötzt habe.[80]

In der politischen Einschätzung geht er sogar noch über Marcus Lehmann hinaus: nicht nur „hat Berend Lehmann praktisch [...] die Rolle eines Oberaufsehers [surintendant] der sächsischen Finanzen gespielt"[81], sondern „Lehman dirigierte tatsächlich, wenn auch nicht dem Titel nach, die kurfürstliche und königliche Diplomatie [...], unserer Ansicht nach unabweisbar".[82]

Er malt uns einen geradezu genialen Berend Lehmann, dessen Einfluss auf das Weltgeschehen den der Marcus-Lehmannschen Romanfigur noch übersteigt. Durch geschickte psychologische Kombination extrapoliert er das, was der Wortlaut der Quellen scheinbar nur zufällig nicht hergibt.

Manfred R. Lehmann (1922–1997)

Dr. Manfred R. Lehmann, als Sohn deutscher Emigranten in Schweden geboren, war ein an der berühmten Johns-Hopkins-Universität in Baltimore ausgebildeter Rabbiner und Altorientalist. Er übte allerdings sein geistliches Amt nie aus und erwarb als Exportkaufmann und Telekommunikationsunternehmer ein beachtliches Vermögen. Er bezeichnet in seinen Memoiren Berend Lehmann als „possibly one of our ancestors"[83] und widmet dort seinem „möglichen" Ahn ein Kapitel von einigen Seiten.[84] Er bezeichnet ihn großzügig als „the greatest of the court Jews [...]" und hält den Residententitel für einen „ambassadorial title". Vom Babylonischen Talmud habe es praktisch keine Exemplare mehr gegeben, und so sei es Berend Lehmann mit seiner Neuausgabe gelungen „to single-handedly save the perpetuation of Torah learning. [...] There can be no doubt that without Behrend Lehmann, Judaism would have died out in Germany."

In einem inhaltlich weitgehend damit übereinstimmenden Artikel, den er für eine in Halberstadt erscheinende Heftreihe über die Geschichte der dortigen Ju-

---

80 Saville, *Juif* (wie Anm. 43), S. 192.
81 Saville, *Juif* (wie Anm. 43), S. 154.
82 Saville, *Juif* (wie Anm. 43), S. 171. Näheres über diese Einschätzung am Ende des 10. Kapitels dieser Arbeit (10.1.4).
83 Lehmann, Manfred R.: *On My Mind* (Lehmann, *Mind*). New York 1996. S. 231.
84 Lehmann, *Mind* (wie Anm. 83), S. 110–113: *Assuring Perpetual Jewish Learning: The Halberstadt Archive of 1713–1847.*

den auf Deutsch zur Verfügung stellte[85], heißt es, er habe „für seine königlichen Herren auf dem Feld der Finanzen und der Außenpolitik [mehr] erreicht als irgendein anderer Hofjude."[86] Lehmann habe die Schlüsselrolle bei Augusts des Starken Wahl zum Polenkönig gespielt: „Das war wirklich ein Schachzug ohnegleichen in der Geschichte der europäischen Diplomatie – vollbracht von einem Juden!"[87] Das Netz verwandtschaftlicher Verbindungen, das die europäischen Hofjuden des späten 17. und beginnenden 18. Jahrhunderts durch gegenseitiges Einheiraten geknüpft hatten, hält Manfred R. Lehmann für eine Schöpfung des Residenten und behauptet: „[...] ohne Zweifel nahmen die Rothschilds Behrend Lehmann und sein Familienimperium als Modell für das Operieren einer internationalen Familienbank."[88] Er bezeichnet ihn als einen dennoch „bescheidene[n] und einfache[n] Mann" (erwähnt aber gleichzeitig, dass er mit einer sechsspännig gezogenen Kutsche gereist sei).[89] „Mit Sicherheit ist zu sagen", so beteuert er zusammenfassend, „dass in der modernen jüdischen Geschichte keine zweite Persönlichkeit solche Größe im (jüdischen) Glauben mit weltlicher Größe vereinigte."[90]

Diese maßlose Übertreibung setzt der von Lucia Raspe so genannten „Berend-Lehmann-Panegyrik" die Krone auf. Wie der Zusammenhang seines Bekenntnisbuches zeigt, benutzt Manfred R. Lehmann in einer Zeit schwindenden Herkunftsbewusstseins den Halberstädter Hoffaktor als Ikone vorbildlichen Judentums.

---

85 Lehmann, Manfred R.: *Bernd Lehmann, Der König der Hofjuden* (Lehmann, *König*). In: Hartmann, Werner (Hrsg.): *Juden in Halberstadt. Zu Geschichte, Ende und Spuren einer ausgelieferten Minderheit.* Bd. 6. Halberstadt 1996. S. 6–12.
86 Lehmann, *König* (wie Anm. 85), S. 7.
87 Lehmann, *König* (wie Anm. 85), S. 7.
88 Lehmann, *König* (wie Anm. 85), S. 8.
89 Dies ist eine der Anekdoten über Lehmann, die noch der Überprüfung harren (beste Überlieferung in Schoeps, Hans-Joachim: *Jüdisches in Reiseberichten schwedischer Forscher*. In ders.: *Philosemitismus im Barock. Religions- und geistesgeschichtliche Untersuchungen*. Tübingen 1952. S. 170–213, hier S. 188. Wiederveröffentlicht als dritter Teil mit unveränderter eigener Seitenzählung in ders.: *Gesammelte Schriften*, Abt. I, Bd. 3. Hildesheim/Zürich/New York 1998). Bei der Lektüre des Aufsatzes von Studemund-Halevy, Michael: *„Es residieren in Hamburg Minister fremder Mächte"*. In: Ries/Battenberg, *Hofjuden* (wie Anm. 6), S. 159, fällt auf, dass dort exakt dieselbe Anekdote über den schwedischen Residenten in Hamburg, den reichen portugiesischen Juden Manuel Texeira, referiert wird. Eine Wanderlegende?
90 Lehmann, *König* (wie Anm. 85), S. 11. Das eingeklammerte Wort „jüdischen" stammt möglicherweise vom Herausgeber, Werner Hartmann.

1.2.7 Nach der Wende von 1989/90: Einerseits unkritische Wiederaufnahme alter Sichtweisen, andererseits auch kritischer Neuansatz

Als in den neuen Bundesländern nach zwölf Jahren nationalsozialistischer und 45 Jahren kommunistischer Herrschaft erstmalig wieder offen über deutsch-jüdische, jüdisch-deutsche Geschichte informiert werden durfte, galt es, schnell Nachrichten über die jeweilige lokale oder regionale jüdische Vergangenheit zu beschaffen.

In Halberstadt hatte der mutige Heimatchronist Werner Hartmann zu DDR-Zeiten Material gesammelt, von dem er sogar 1988 schon einiges veröffentlichen durfte. In seiner Heftreihe *Juden in Halberstadt* erwähnt er Berend Lehmann sehr bald, verständlicherweise recht pauschal und auf Auerbach basierend, als bedeutenden fürstlichen Geldbeschaffer und als Gemeindewohltäter. 1996 kann er sodann auf einen längeren Text zurückgreifen, unglücklicherweise den des eben erwähnten „Panegyrikers" Manfred R. Lehmann.

In einem seriöser angelegten Sammelband über die jüdische Geschichte in Sachsen-Anhalt von 1998 schreibt der Germanistikprofessor Michael Schmidt einen 13-seitigen Beitrag über Lehmann, *Hofjude ohne Hof*. Er akzeptiert voll das Gegensatz-Klischee Jud Süß/Berend Lehmann und, statt sich etwa auf die Recherchen Sterns und Schnees zu beziehen, nimmt er bedauerlicherweise Mutmaßungen Savilles als das Ergebnis von „sorgfältigen Quellenstudien".[91] Der erfolgreiche Erwerb der polnischen Königskrone für August den Starken wird nämlich dort ausnahmsweise einmal nicht auf Lehmanns Finanzierungskünste zurückgeführt, sondern auf „eine [...] der Diplomatie des Abbé [des französischen Botschafters Polignac] überlegene [...] diskrete [...] Rhetorik [...], mittels deren es ihm [Berend Lehmann] gelang, das Vertrauen der einflussreichen Danziger Bankiers zu gewinnen."[92] Schmidt reiht sich damit unter diejenigen Lehmann-Biografen ein, die den gewiß nicht kleinen politischen Einfluss des Hofjuden überschätzen.

Jutta Dicks Berend-Lehmann-Kurzbiografie für die Festschrift zur Eröffnung des Dresdner Synagogenneubaus, drei Jahre nach Schmidt geschrieben[93], beruht auf den älteren Standardwerken; sie enthält aber in guter Komprimierung eine

---

[91] Schmidt, Michael: *Hofjude ohne Hof. Issachar Baermann-ben-Jehuda ha-Levi, sonst Berend Lehmann genannt, Hoffaktor in Halberstadt (1661–1730)*. In: Dick, Jutta u. Marina Sassenberg (Hrsg.): *Wegweiser durch das jüdische Sachsen-Anhalt* (Dick/Sassenberg, *Wegweiser*). Potsdam 1998 (*Beiträge zur Geschichte der Juden in Brandenburg, Mecklenburg-Vorpommern, Sachsen-Anhalt, Sachsen und Thüringen* 3). S. 198–211, hier S. 202.
[92] Dick/Sassenberg, *Wegweiser* (wie Anm. 91), S. 202f.
[93] Dick, *Issachar* (wie Anm. 25), S. 42–56.

1.2 Forschungsstand: Die verschiedenen Lehmann-Bilder — 33

große Menge Informationen, und zwar sowohl Fakten (von denen manche überholt sind)[94] wie Legenden (die man bei ihr nicht immer als solche klar genug erkennt).[95] Sie äußert aber – entgegen Marcus und Manfred R. Lehmann, Stern und Schmidt – Zweifel an der Bescheidenheit und dem unauffälligen Bürgerleben des Residenten, indem sie auf einen aufwendig geschmückten Pokal hinweist, dessen symbolische Darstellungen den Auftraggeber Berend Lehmann als Teil der biblischen Geschichte erscheinen lassen wollen.[96] Auch weist sie auf die Gefährlichkeit der Tradition hin, nach welcher der zurückhaltende Berend Lehmann dem hochmütigen Jud Süß oder gar seinem angeblich angeberischen Schwager Jonas Meyer entgegengesetzt wird. Insofern öffnet ihr Beitrag den Blick auf einen kritischen Neuansatz in der Betrachtung des Residenten.[97]

Ein ähnlich klingender Hinweis auf „a degree of hubris on [Berend Lehmann's] part" im Katalog der New Yorker Hofjuden-Ausstellung von 1996[98] stellt sich bei näherem Zusehen als Fehlinterpretation des Levitensymbols eines Lammes auf dem Frontispiz der Lehmannschen Talmudausgabe von 1697–1699 heraus: Mann und Cohen interpretieren es als einen Bären und meinen, es sei sein Wappentier, der Talmud also sozusagen eine Leistung Issachar Bär-manns.

Die Dresdner Online-Zeitschrift medaon veröffentlichte 2007 einen Aufsatz der jungen Historikerin Cathleen Bürgelt über Berend Lehmann, der offenbar auf ausführlicher Lektüre der einschlägigen Literatur beruht. Da Bürgelt nur das antisemitisch gefärbte Hofjudenbild Schneescher Prägung kritisiert, im Übrigen aber die alten Elogen über den Residenten wiederholt, ohne die Rezeptionsprobleme zu reflektieren, kann der Beitrag nur als eine erste Information über Lehmann und als Literatursammlung gelten.[99]

Der 2009 erschienene Sammelband *Jüdische Bildung und Kultur in Sachsen-Anhalt von der Aufklärung bis zum Nationalsozialismus* bezieht sich in der Mehrheit der Beiträge, wie der Titel nahelegt – auf die Jahrhunderte nach Berend Lehmann. In einem einleitenden Überblicksaufsatz fordert Stephan Wendehorst angesichts der Problematik einer jüdischen Geschichte des politisch-historisch inhomogenen

---

94 Z. B. Lehmanns Geburtsort (Dick, *Issachar* [wie Anm. 25], S. 42), Auflagenhöhe und Gestehungspreis des Talmud (S. 50), Brief in Archangelsk abgesandt (S. 44): In einem der von Meisl, *Hof* (wie Anm. 41) auf S. 247 veröffentlichten Briefe (Leipzig, 06.12.1704) wird Archangelsk lediglich erwähnt als Ausgangsort von russischen Schiffen.
95 Z. B. Traum des Vaters (Dick, *Issachar* [wie Anm. 25], S. 53f.), Erschießung des Bären (S. 55).
96 Eine Beschreibung und Interpretation des Pokals s. Kapitel 4.6.3 dieser Arbeit.
97 Mann/Cohen, *Court Jews* (wie Anm. 6), S. 55.
98 Mann/Cohen, *Court Jews* (wie Anm. 6), S. 206.
99 Bürgelt, Cathleen: *Der jüdische Hoffaktor Berend Lehmann und die Finanzierung der polnischen Königskrone für August den Starken*. In: *medaon. Magazin für jüdisches Leben in Forschung und Bildung* 1. Dresden 2007. S. 1–17; www.medaon.de (15.08.2017).

Raumes Mitteldeutschland für höchst wünschenswerte Forschungsprojekte einen transnationalen, transterritorialen Ansatz, in dem die vielschichtigen „jüdischen Lebenswelten in ihren Beziehungen zur nichtjüdischen Umwelt" thematisiert werden. Unter dem transnationalen Aspekt wird Berend Lehmann speziell mit seinen Beziehungen über die Leipziger Messe thematisiert.[100]

Lucia Raspe
Die an der Universität Frankfurt/Main forschende und lehrende Judaistin Lucia Raspe hat in einem 2002 verlegten Sammelband über den Stand der Hofjudenforschung einen knapp gefassten Aufsatz über Berend Lehmann als Gründer und Stifter der Klaus, als Mäzen der verdienstvollenTalmudausgabe und als Finanzier der berühmten Halberstädter Barocksynagoge geschrieben. Dessen Fußnotenapparat verzeichnet konzentriert einen Großteil der bisherigen Berend-Lehmann-Literatur, und vor allem bewertet er sie. Raspe vergleicht darin die tradierten Legenden mit den juristischen und geschäftlichen Fakten, wobei auch nach der von ihr vorgenommenen Entmythologisierung ein höchst positives Image des Residenten bestehen bleibt. Sie lobt dabei vor allem die Vorausschau, mit der Lehmann seine Stiftung nicht auf seine Familie, sondern auf die Halberstädter Gemeinde als Institution von voraussichtlich einigem Bestand fokussiert hat. Zusammen mit einer klugen Politik des neoorthodoxen Kuratoriums im 19. Jahrhundert, welche trotz großer Versuchungen diesem gemeinnützigen Prinzip treu geblieben ist, konnte – wie Raspe darlegt – in der Tat das Erbe des Residenten bis zum nationalsozialistisch verursachten Ende der Gemeinde lebendig weiterwirken.

Entscheidend für die Frage nach dem sich wandelnden Berend-Lehmann-Bild ist Raspes Erkenntnis, dass das bis zu Manfred R. Lehmann immer wieder gepflegte Bild des ‚Heiligen' „[...] nicht notwendig mit historischer Realität zu tun [hat]; es ist ein Konstrukt, entstanden am Schreibtisch von Benjamin Hirsch Auerbach und Marcus Lehmann, ein Identifikationsangebot."[101]

---

100 Wendehorst, Stephan: *Geschichte der Juden in „Mitteldeutschland" zwischen Römisch-Deutschem Reich und Weimarer Republik: Forschungsstand, Methode, Paradigma.* In: Vetri, Giuseppe & Christian Wiese (Hrsg.): *Jüdische Bildung und Kultur in Sachsen-Anhalt von der Aufklärung bis zum Nationalsozialismus.* Berlin 2009. S. 21–66, hier S. 44 und 53.
101 Raspe, *Ruhm* (wie Anm. 9), S. 199.

1.2.8 Polnische Wahrnehmungen Berend Lehmanns

Soweit bisher sichtbar, ist Berend Lehmann von polnischen Autoren viermal wahrgenommen worden.

Das erste Mal handelt es sich um eine fiktionale Darstellung. In dem historischen Roman *Gräfin Cosel* (1873) des polnischen Popularschriftstellers Józef Ignacy Kraszewski (1812–1887) kommt als wichtige Nebenperson der jüdische Bankier „Behrendt Lehmann" vor, den Kraszewski – unerwartet bei einem offensichtlich nichtjüdischen Autor – außerordentlich positiv beschreibt. Im Gegensatz zu seinem vorgeblich arroganten Partner Jonas Meyer, nach Kraszewski einem servilen Verehrer Augusts des Starken, sei Lehmann „ein fleißiger, bescheidener und zurückgezogen lebender Mann" gewesen, er „machte keinerlei Aufwand, hielt streng auf Ordnung in seinen Geschäften und auf größte Sparsamkeit. Er schämte sich durchaus nicht seiner Abstammung noch seiner Religion und trug gar kein Verlangen danach, sich in eine Gesellschaft zu mischen, deren Vorurteile er nur zu gut kannte."[102] Kraszewski, der Lehmann zu einem „geborene[n] Pole[n]" aus Krakau erklärt, brauchte den Hofjuden mit solch edlen Charaktereigenschaften für die Dramaturgie seines Romans, derzufolge Lehmann selbstlos der Gräfin Cosel in ihrer Verbannung verschwiegene Finanzdienste leistet. Offenbar hat der Autor außer dem Namen nur den Titel „Polnischer" Resident gekannt und diesen missverstanden, denn ansonsten hat seine Romanfigur nichts mit dem historischen Berend Lehmann zu tun.

Von drei polnischen Historikern sind Äußerungen über Berend Lehmann greifbar, und zwar verständlicherweise in Verbindung mit seinem Plan, die Republik Polen unter ihre Nachbarn aufzuteilen. Im Fall von Władysław Konopczyński (1890–1952) handelt es sich um die nationalistisch gefärbte Behauptung eines deutsch-jüdischen Komplotts, im Fall von Urszula Kosińska (geb. 1969) um die kritische Untersuchung dieser Behauptung. Die Erwähnung Berend Lehmanns als einer in seiner Bedeutung noch zu wenig gewürdigten Persönlichkeit stammt von dem prominenten Historiker der Zeit nach dem Zweiten Weltkrieg, Józef Gierowski (1922–2006). Auf alle drei Historiker wird in Kapitel 8 dieser Arbeit zurückzukommen sein.

---

102 Kraszewski, Józef Ignacy: *Gräfin Cosel*. Berlin (Ost) 1987. S. 157.

Zusammenfassung

Der Wandel des Berend-Lehmann Bildes steht in direktem Zusammenhang mit den wichtigsten Entwicklungsphasen der deutsch-jüdischen Geschichte der letzten Jahrhunderte.

Unmittelbar nach Lehmanns Tod, als die Memorbuch- und Maassebuch-Aufzeichnungen über ihn gemacht wurden, lebten die deutschen Juden noch in rechtlich unsicheren Verhältnissen in einer geschlossenen kulturellen Eigenwelt, und so spiegeln die Eulogien der Zeitgenossen des Residenten das starke solidarische Selbstbewusstsein der voremanzipatorischen Judenschaft wider. Geschichte spielt sich dort in der erzählenden Selbstvergewisserung ab, wo sich Fakt und Legende naiverweise vermischen. Es lebt ein Wunschbild vom vorbildlichen jüdischen Führer, das eine gewisse Basis in der wirklichen historischen Figur des Residenten hat.

140 Jahre später sind die deutschen Juden rechtlich weitgehend emanzipiert, und auch die orthodoxen unter ihnen haben sich bis zu einem gewissen Grade an die christliche Mehrheitsgesellschaft akkulturiert. Als akademisch Gebildeter weiß Auerbach, dass in seiner Gemeindegeschichte Faktentreue notwendig ist; er benutzt Archivalien und gibt Quellen an (allerdings damaliger Übung entsprechend nur pauschal in einem Anhang). Er kennt aber als Hüter der Gemeindeaufzeichnungen auch die reizvollen alten Legenden und tradiert sie. So nimmt er eine Mittlerposition zwischen der alten und der neuen, von der Aufklärung bestimmten Haltung zur eigenen Geschichte ein. Für den streng orthodoxen Marcus Lehmann sind Emanzipation und Akkulturation zwiespältig: Sie lassen zwar die Juden am allgemeinen Fortschritt teilhaben, gleichzeitig bedrohen sie aber die identitätsstiftende gesetzestreue Lebensart. Als konservativer Volkspädagoge macht er seine literarische Figur Berend Lehmann zum Träger der zu bewahrenden Ideale. Historiographisch-methodische Skrupel muss er als Romanautor nicht haben.

Für den Reformjuden Emil Lehmann ist zwar die rechtliche Emanzipation noch nicht voll erreicht, aber er sieht keine wesentlichen Hindernisse mehr für ihre Verwirklichung. Als Vertreter eines liberalen Judentums blickt er nach vorn: Die Juden sollen vorbildliche Deutsche und vorbildliche Vertreter der Menschlichkeit werden. Wenn Berend Lehmann in den Augen seines Urururenkels auch einer vergangenen Zeit und Kultur angehört, so bewundert er ihn doch als klugen Streiter für mehr Rechte und größere Spielräume, und insofern ist er nicht ganz frei von der Neigung, den Residenten zu idealisieren. Für ihn als Juristen sind Genauigkeit und Nachweispflicht auch in der Geschichtsschreibung selbstverständlich. Der Historiker Josef Meisl, in der Wissenschaft des Judentums und der strengen deutschen Archivtradition verwurzelt, betrachtet 1924 trotz des virulenten Antisemitismus Emanzipation und Akkulturation offenbar als so weit gelungen, dass er einen einmal prominent gewesenen Juden nicht mehr automatisch in Schutz nehmen muss, sondern dass er auch seine Schwächen erwähnen darf. Wenn er Sympathien für ihn hat, so spielen sie historiographisch keine Rolle.

Der bei ihm in der Zwischenkriegszeit erlangte hohe Grad an Objektivität ist in Bezug auf Berend Lehmann erst um das Jahr 2000 wieder erreicht worden. Es zeigt sich nämlich, dass, emotional höchst verständlich, gerade die Geschichtsschreibung nach der Shoa mit Objektivität ihre eigenen Probleme hat. Selma Stern glaubte in ihrer Frühzeit im preußisch geordneten Deutschland in einer harmonischen Welt zu leben, in der sie gleichzeitig gute Jüdin und gute Deutsche sein kann.[103] Die von ihr zum Thema der preußischen Judengeschichte veröffentlichten Dokumente wurden zur Grundlage aller weiteren Forschung. Als sie ein Vierteljahrhundert später ihr Hofjuden-Buch schreibt, hat sie die Schrecknisse von Entrechtung, Vertreibung und Holocaust erlebt. Die Hofjuden, über die sie schreibt, sind in Bausch und Bogen zu Verbrechern erklärt worden. Dem durch die Niederlage des nationalsozialistischen Deutschland nur scheinbar überwundenen Antisemitismus will sie offenbar keine Nahrung geben und hält wohl deshalb an einem idealisierten Berend-Lehmann-Bild fest, an dem sie gemäß dem Forschungsstand Zweifel gehabt haben muss.

Heinrich Schnee geht zwar wie Meisl und Stern aus der quellenkritischen Tradition der deutschen Historiographie hervor, verzichtet aber nach seiner Promotion auf wissenschaftliche Strenge und akzeptiert bei seinen Forschungen weltanschauliche Vorgaben (Sombart). Von daher fällt es Schnee in einer Zeit überbordenden Antisemitismus' leicht, dieselben Quellen wie Selma Stern benutzend (die wiederum nur pauschal angeführt werden: ein methodischer Rückfall), auf selektiv-parteiliche Weise zu einem von Verachtung geprägten Berend-Lehmann-Bild zu gelangen. Da der Antisemitismus in der restaurativen Stimmung der Adenauer-Zeit untergründig weiterlebt, kann das Werk sogar nach dem Holocaust mit Erfolg publiziert werden.

Savilles Darstellung mündet wieder in eine neu auflebende Heldenverehrung ein. Das hängt, wie die Verbindung zu Poliakov zeigt, mit jüdischer Rückbesinnung zusammen, die wiederum als Reaktion auf die nationalsozialistische Vernichtungspolitik zu verstehen ist. Der Stolz auf die jüdische Herkunft braucht ein

---

103 Vgl. Stern, *Hofjude* (wie Anm. 6), S. XIII. Die Verfasserin spricht von sich selbst in der dritten Person: „Zwei Welten in gleicher Weise verbunden, der jüdischen und der deutschen, empfand sie die Spannung, die ein solches Verhältnis erzeugt, nicht als unauflöslichen inneren Konflikt. Vielmehr sah sie in diesem doppelten Erbe eine Bereicherung ihres Daseins und eine Erweiterung ihres Lebensgefühls."

Identifikationsobjekt, und da bietet dem Franzosen die Geschichte seines Urahns in der Aufbereitung des 19. Jahrhunderts reiche Nahrung. Als Privatgelehrter fühlt er sich wissenschaftlichen Standards offenbar nicht unbedingt verpflichtet.[104] Die Art, wie Manfred R. Lehmann den Residenten überschätzt, bedeutet methodisch gesehen einen noch schwereren Rückfall. Er schreibt seinen Berend-Lehmann-Aufsatz ursprünglich als Geschichtspublizist für die orthodoxe New Yorker Wochenzeitung *Algemeiner Journal*, und das zu einer Zeit, als das Traditionsbewusstsein der amerikanischen Juden nachzulassen beginnt[105], und um dem entgegenzuwirken, scheint ihm ein großzügiger Umgang mit den historischen Fakten wohl gerechtfertigt.

Mit Lucia Raspe ist, mehr ein halbes Jahrhundert nach dem Holocaust, eine Historikerin darangegangen, vorurteilsfrei dort wieder anzuknüpfen, wo lange vor ihr Meisl bereits angelangt war, nämlich sine ira et studio über eine große Figur der deutsch-jüdischen Geschichte zu forschen und zu schreiben, wobei sie aus dem Abstand heraus auch die mentalitätshistorischen Voraussetzungen der hier dargestellten Berend-Lehmann-Rezeption durchschauen kann.

Was kann der vorliegende Neuansatz aus der beschriebenen bisherigen Lehmann-Literatur übernehmen? – Die hier vorgetragenen Bewertungen legen es nahe: Tragfähig sind wesentliche Teile des von den Autoren der *Wissenschaft des Judentums* Erarbeiteten, darüber hinaus die Ergebnisse Lucia Raspes. Selma Sterns Charakterisierung des Typus „Hofjude" bleibt im Wesentlichen gültig, ihre Sicht speziell auf Berend Lehmann kann aber nur kritisch rezipiert werden. Schnees Werk ist lediglich als eine Art Steinbruch zu verwenden; einzelne der von ihm gesammelten Fakten können nützlich sein; seine Deutungen müssen zumeist verworfen werden.

---

104 Poliakov spricht die Textsorte des Buches zutreffend an: „Le récit [die Erzählung] de P. Saville [...]". Saville, *Juif* (wie Anm. 43), S. 11.
105 Vgl. den Artikel *Vereinigte Staaten von Amerika*. In: Schoeps, Julius H. (Hrsg.): *Neues Lexikon des Judentums*. Überarbeitete Neuausgabe. Gütersloh & München 1998. S. 832, darin insbesondere die Angaben über die Zunahme von Mischehen zwischen jüdischen und nichtjüdischen Partnern.

2 Berend Lehmanns frühe Jahre

2.1 Herkunft, Bildung und Ausbildung

Im Gefolge von Auerbachs *Geschichte der israelitischen Gemeinde Halberstadt* (1866) wurde Berend Lehmann lange Zeit als geborener Halberstädter angesehen. Schon in der Generation nach ihm galt der Königliche Resident in Halberstadt bereits als „aus Halberstadt gebürtig."[106] Auerbach beruft sich auf die Erwähnung Juda Lehmann Halevys, des Vaters des Residenten, im Memorbuch: „Dieser überaus fromme und demüthige Mann beschäftigte sich *hier* [Hervorhebung: B.S.] stets mit Thorastudium und Wohlthätigkeit [...]". Daraus schloss er, dass schon der Vater aus Essen nach Halberstadt gekommen sei, wo dann auch die Geburt des Sohnes stattgefunden habe.

Demgegenüber stellte bereits 1913 der Essener Rabbiner Salomon Samuel fest, dass Juda Lehmann 1693 in Essen starb, wo seine Frau seit 1694 als Witwe geführt wurde.[107] Wenn man nicht annehmen will, dass er vorher vorübergehend in Halberstadt gelebt hat – was sich zum Beispiel in der Judenliste von 1669 hätte niederschlagen müssen[108] und was bei den strengen Vergleitungsbestimmungen unwahrscheinlich ist –, dann hat das Memorbuch eine Legende transportiert.

Bernd W. Linnemeier hat 2010 festgestellt, dass der hannoversche Hofjude Leffmann Behrens ein Onkel Berend Lehmanns gewesen ist. Er verortet beider Vorfahren in der Elite der westfälischen „regionalen Oberschicht", was eine solide wirtschaftliche Basis der Familie mitbeinhalten würde.[109] Wie aus einem der ersten dokumentierten Geschäftsvorgänge Lehmanns hervorgeht, war sein in Essen tätiger Onkel Moses Cosman unter anderem als Münzjude tätig. Man kann

---

106 Das ergibt sich aus einem Schreiben des Berliner Schutzjuden Samuel Levin Joel, wahrscheinlich eines Neffen von Lehmanns erster Ehefrau, vom 10.05.1763 an König Friedrich II. von Preußen, der sowohl seinen Vater wie Berend Lehmann als gebürtige Halberstädter bezeichnet, GStA PK Berlin, I. HA. Rep. 11, Nr. 5785 (o.Bl.).
107 Samuel, Salomon: *Geschichte der Juden in Stadt und Synagogenbezirk Essen.* Frankfurt/M. 1913. S. 6f.
108 Judenliste 1669: *Actum Halberstadt den 3 t Aprilis 1669 [...] Liste der alhir auf der Voigdtey wohnenden Juden [...].* Landeshauptarchiv Sachsen-Anhalt, Magdeburg (LHASA Magdeburg), Rep. A 13 II, Tit. 14, Nr. 607. Judenliste 08.07.1692 in den Central Archives for the History of the Jewish People, Jerusalem (CAHJP) H I 30102.
109 Linnemeier, Bernd-Wilhelm: *Eines Rätsels Lösung. Zur westfälischen Herkunft des hannoverschen Hof- und Kammeragenten Leffmann Behrens* (Linnemeier, *Rätsel*). In: *Westfalen. Hefte für Geschichte, Kunst und Volkskunde* 90 (2012). S. 75–91.

also annehmen, dass Berend Lehmann in der Essener Familie seine kaufmännische Ausbildung erfahren hat.

Wenn man versucht, seinen Bildungshintergrund zu charakterisieren, so ist ein Blick auf seine Sprache instruktiv. Er sprach, wie alle aschkenasischen Juden der Frühen Neuzeit, Jiddisch. Aufgrund des täglichen Umgangs mit christlichen Geschäftspartnern musste er zweisprachig sein, war aber im Gebrauch der hochdeutschen Sprache nicht sicher. Dies belegen hauptsächlich die ‚Bose-Briefe', jene von Meisl herausgegebenen, zwischen 1697 und 1704 von Lehmann an den Dresdner Geheimen Kriegsrat Christian Dietrich Bose den Jüngeren (1664 – 1741) gerichteten Mitteilungen.

Dort lassen sich folgende Einzelbeobachtungen machen:

1. Selbst wenn man in Rechnung stellt, dass es um 1700 noch keine eindeutig geregelte deutsche Rechtschreibung gab, so fallen doch bei Berend Lehmann überdurchschnittlich viele Inkonsequenzen auf. Es finden sich nebeneinander:
   Steuer und *steyer*, *Stadt Halter* und *Statthalter*, *Kauf Leite* und *Kaufleit* sowie *Wechselbrif* und *Wexelbrief*.

2. Grammatisch gesehen ist die Deklination der Personalpronomina für ihn ein besonderes Problem:
   Statt *Deroselben angenehmes* [Schreiben] heißt es: *dieselbe angenehmes*.
   Ähnlich fehlerhaft: [eine Summe Geldes] *bin ich Sie schuldig*;
   maßen ein jeder bekant ist [da doch einem jeden bekannt ist].

3. Problematisch sieht es auch mit der Rektion von Präpositionen aus:
   Bey hohe Prospritet / wegen die gelder / benebst ich selbsten [neben mir selbst] */ mit Herr Fleischer / Bey de Mensche* [bei den Menschen].

4. Häufig fehlen Kasus- oder Konjugations-Endungen:
   will nachlebe / meine letzt antwordt / den passirte Irrtum / wurth gezwung / verlohr [statt verloren].
   Das könnte daran liegen, dass dem Schreiber in der Eile des Schreibens Endungen unwichtig erscheinen. Es kommt aber bei Berend Lehmann so häufig vor, dass wohl eher grammatische Unsicherheit im Hochdeutschen dahintersteckt.

5. Auffällig häufig sind Laute oberdeutsch gefärbt:
   e statt ö: *Mechte / kenten / frelich* [fröhlich] */ befedern* [befö{r}dern].
   [ɔe] wird zu [ae]: *steyer / Kaufleit / bedeittung*.
   [ɔ] statt [a]: *lossn* [lassen].
   Stimmloser statt stimmhaftem Explosivlaut: *Kott* [Gott] */ kliglich* [glücklich] */ gelter* [Gelder]

6. Er benutzt Wortbildungen, die schon zu seiner Zeit veraltet waren:
   neger [näher] */ ich sich* [ich sehe] */ ehender* [eher]

Substrat seiner eigenen Sprechsprache ist offensichtlich ein altertümlich gefärbtes Jiddisch. Dabei verwundert der oberdeutsche Einschlag bei einem in Westfalen Geborenen und Aufgewachsenen, wo man eher Niederdeutsches erwarten würde. Im Jiddisch der Megillah seines hannoverschen Schwiegersohnes finden sich solche oberdeutschen Formen kaum.[110] Man kann davon ausgehen, dass Lehmann keine systematische Schreiblehre genossen hat. Offensichtlich verspürte er aber auch nicht das Bedürfnis oder die Notwendigkeit, Schriftliches selbst in eine kohärente, stimmige Form zu bringen. Hinderlich für das Verständnis seiner schriftlichen Äußerungen muss auch seine Unsicherheit in den syntaktischen Beziehungen und Verknüpfungen gewesen sein. Vielfach scheint Mündliches durch. Schrift- und Sprechsprache sind für ihn im Gebrauch nicht sicher unterschieden. Das fällt umso mehr auf, als er sich große Mühe gibt, die standesgemäße Sprach-Etikette einzuhalten, deren Wichtigkeit ihm als Hofjuden bewusst ist.

Bewundern muss man den Mut, den er hat, mit so ungünstigen Bildungsvoraussetzungen selbstbewusst in den ‚allerhöchsten Kreisen' zu verkehren.[111] Er verlässt sich im Schriftverkehr auf seine erfahrenen jüdischen Sekretäre und im Mündlichen auf seine vom Mitteilungsbedürfnis gespeiste Geläufigkeit, die von manchen Gesprächspartnern als ‚Geschwätz'[112], von anderen als unterhaltsames Plaudern empfunden wird.[113]

Was seine jüdische Bildung betrifft, können folgende Aussagen gewagt werden: Er konnte zweifelsfrei Hebräisch lesen; schreiben konnte er es insoweit, als geschäftliche, vor allem rechtsverbindliche Formeln gefragt waren. Die Bewunderung, die er für das meisterliche Hebräisch der polnischen Rabbinen zum Ausdruck brachte, spricht dafür, dass er hinsichtlich seiner hebräischen

---

110 Familien-Megillah des Isaak Behrens, 1737, Universitätsbibliothek Amsterdam H. Ros. 82, passim.
111 Dem ‚bildungsfernen' Eindruck, den die große Textmenge der Bose-Briefe vermittelt, widerspricht das in einwandfreiem Hochdeutsch abgefasste früheste Dokument, das bisher von ihm überliefert ist, ein Brief von 1693 (in dieser Arbeit enthalten als Dokument W 2). Der Widerspruch ist nicht gelöst. Möglicherweise konnte er sich zu dieser Zeit bereits einen „Schreiber" leisten.
112 So die hannoverschen Räte, siehe Niedersächsisches Landesarchiv, Hannover (NLA Hannover), Cal. Br. 24, Nr. 7585.
113 So die hannoversche Kurfürstin, vgl. Schedlitz, Bernd: *Leffmann Behrens. Untersuchungen zum Hofjudentum im Zeitalter des Absolutismus* (Schedlitz, *Leffmann*). Hildesheim 1984 (*Quellen und Darstellungen zur Geschichte Niedersachsens 97*). S. 21: „Er kann recht artig schwetzen."

Sprachkenntnisse wie hinsichtlich der Kenntnis des rabbinischen Schrifttums von eigenen Defiziten ausging.[114]

Sein beruflicher Erfolg ist somit nicht das Ergebnis einer hohen formalen Bildung, weder in der deutschen noch in der jüdischen Kultur, sondern hoher Sensibilität im Umgang mit Geld, exzellenter Warenkenntnis, insbesondere von Juwelen, hoher Kommunikationskompetenz und treffsicherer Einschätzung von Geschäftschancen.

Es ist immer wieder angenommen worden, dass Berend Lehmann durch seinen Onkel Leffmann Behrens, den erfolgreichen hannoverschen Hofjuden, ins Geschäftsleben eingeführt worden und in seiner Frühzeit in dessen ‚Kommission' unterwegs gewesen sei. Aber erst 1696, in der „Lauenburgischen Affäre" (dem gemeinsam vermittelten Verkauf der sächsischen Exklave Lauenburg an Hannover), lässt sich ein Kontakt zwischen den beiden nachweisen, und zwar auf Augenhöhe, nicht in einem Auftragsverhältnis. Und in einem Dekret Augusts des Starken vom 12. Februar 1697 wird beiden gemeinsam erlaubt, auf den Leipziger Messen „offene Gewölbe zu halten", also nicht mehr ‚Stubenhandel' betreiben zu müssen, „und von ihrer Ware nicht mehr als andere [christliche] Kaufleute [an Abgaben] zu entrichten."[115] Im Verzeichnis der jüdischen Leipziger Messegäste ist Lehmann ab 1687 als selbständiger Halberstädter Händler aufgeführt, nicht aber, wie man erwarten könnte, schon vorher als Angestellter von Leffmann Behrens. Die Frage einer ‚Lehre' in Hannover dürfte daher negativ zu beantworten sein.

2.2 Münzhändler in Preußen und am Niederrhein

Ein frühes Dokument aus Lehmanns beruflicher Karriere ist der Eid, den er 1690 als Brandenburgischer Münzagent zu leisten hatte. Durch diesen Eid, der eine Selbstverfluchungsklausel für den Fall des Zuwiderhandelns enthielt, verpflichtete er sich, weder Silber aus dem Land auszuführen noch fremde Münzen einzuführen.[116] Ehe im Folgenden eine in diesen Bereich fallende Unternehmung Lehmanns aus dem Jahr 1693 geschildert wird, sind einige allgemeine Bemer-

---

114 Er beantragt die Klaus, damit die Halberstädter Juden „Ihre Kinder, umb die Hebraische Sprache ex fundamento zu erlernen [nicht] mit großen Kosten nacher Pohlen [...] senden müssen." GStA PK Berlin, I. HA, Rep. 33 Nr. 120c Bd. 1 (1649–1701) sub 1698.
115 Schedlitz, *Leffmann* (wie Anm. 113), S. 41.
116 LHASA Magdeburg, Rep. 9713, Nr. 774, Bl. 27b, Dok. W 1.

kungen zum Münzwesen und zu der Rolle, die Juden in ihm spielten, angebracht.[117]

„Münzmalversationen" (-verschlechterungen) waren eine ständige Plage für das Wirtschaftsleben der Frühen Neuzeit. Das verbreitetste Zahlungsmittel waren Silbermünzen, Silber war aber in Mitteleuropa knapp, und jüdische Kaufleute mit ihren internationalen Verbindungen waren oft Lieferanten des Edelmetalls für die obrigkeitlichen Münzstätten. Die ursprüngliche Idee hinter der Edelmetallmünze bestand darin, dass der Kaufwert eines gemünzten Stückes Gold, Silber oder Kupfer seinem Materialwert entsprechen sollte. Die hohe Qualität, d. h. der Anteil an reinem Edelmetall wurde durch den kaiserlichen Münzfuß festgelegt.[118] Der Prägestempel des jeweiligen Territorialherrschers sollte für ihn bürgen, tat es aber häufig nicht. Besonders in Kriegszeiten war die Versuchung für den Landesherrn groß, die hohe Quantität der für den Sold benötigten Münzen durch eine Minderung der Qualität zu erkaufen, indem z. B. aus dem Pfund 300 dünne statt 240 „normal" dicke Pfennige geschlagen oder dem Silber ein hoher Anteil an Nickel, Kupfer und Zinn beigegeben wurde. In solchen Fällen wurden Juden als Lieferanten des auszumünzenden Materials zur Verschlechterung gezwungen, was ihnen bei der unwissenden Bevölkerung oft den schlechten Ruf von „Wippern und Kippern" einbrachte. Sie wurden von den Landesherren auch gern dazu benutzt, derart „schlimmes Geld", das ja letzten Endes zur Inflation führte, wieder los zu werden.[119] Berend Lehmann war mehrfach an derartigen Unternehmungen beteiligt.

Sein frühester aktenkundiger Geschäftsvorgang ist ein Transport von Münzen „verrufener Sorten" „geringhaltigen" Geldes im Nennwert von 909 Reichstalern von Halberstadt nach seiner Heimatstadt Essen, der im April 1693 in Wesel zwangsweise unterbrochen wurde.[120] Lehmann hatte die Beutel von Halberstadt

---

117 Ein Zusammenfassung der Problematik bei Arnold, Paul: *Die Entwicklung des antiken und des deutschen Geldwesens. Führer zur ständigen Ausstellung des Dresdner Münzkabinetts*. [Dresden 1971]. Hier z. B. S. 19; gute Beispiele auch bei Schedlitz, *Leffmann* (wie Anm. 113), S. 96–97.
118 So legte Karl der Große (742–814) fest, dass aus einem Pfund (auch talentum, 367 g) reinem Silber 240 Pfennige (denare) oder 20 Schillinge (solidi) zu schlagen seien.
119 Zur preußischen Münzsituation zur Zeit Lehmanns vgl. Stern, *Staat* (wie Anm. 46) II/1, S. 117–122, und III/1, S. 227–254. Über die komplizierten Verhältnisse um das Münzsilber vgl. Elkar, Rainer S.: *Die Juden und das Silber. Eine Studie zum Spannungsverhältnis zwischen Reichsrecht und Wirtschaftspraxis im 17. und 18. Jahrhundert*. In: Ehrenpreis, Stefan, Andreas Gotzmann & Stephan Wendehorst (Hrsg.): *Kaiser und Reich in der jüdischen Lokalgeschichte*. München 2013 (Bibliothek altes Reich 7). S. 21–66. Elkar hebt den hohen Anteil von einzuschmelzendem Münzsilber in dem gelieferten Rohmaterial hervor.
120 GStA PK Berlin, I. HA, Rep. 34 (Herzogtum Kleve), Nr. 1859, B. 36–38: Bericht des Richters Walter an Kurfürst Friedrich III.

mit der normalen Post an den Weseler Juden Jacob Gumperts geschickt, der das Geld per Boten an Cosman Elias in Essen weiterleiten sollte. Bei ihm dürfte es sich um einen Bruder von Berend Lehmanns Vater Juda ben Elia Leman handeln, der in Lucia Raspes Ahnentafel als „Mosche Kosman" aufgeführt ist.[121]

Das Geld wird von dem Weseler Postmeister festgehalten, der Inhalt der Beutel geprüft und für „schlimm" befunden, d. h., er enthält in Brandenburg „verrufene" (für ungültig erklärte) Münzen. Die Angelegenheit wird nach Berlin gemeldet, und Kurfürst Friedrich III. (1657–1713) ordnet durch seinen Minister Danckelmann eine Untersuchung an, die der kurfürstliche Rat Albrecht Ludwig Walter in Wesel vornimmt. Er kann durch die Vernehmung von Jacob Gumperts den Verdacht weder bestätigen noch widerlegen, dass zumindest Teilsummen der „devalvierten" Münzen durch Gumperts im brandenburgischen Wesel unter die Leute gebracht werden sollten.

Gumperts wird unter Hausarrest gestellt und weist mehrere Briefe Cosman Elias' aus Essen vor, um sich zu entlasten. In ihnen wird ein Brief Berend Lehmanns an seinen Essener Onkel zitiert, aus dem hervorgeht, dass es sich um verschiedene problematische Münzsorten handelt, die er an seinen Onkel schickt, „umb zu vernehmen, ob [sie] bey euch und an einigen Ohrten herumb guth sein [als Zahlmittel akzeptiert werden], weilen alhier abgesetzet [während sie im brandenburgischen Halberstadt für ungültig erklärt worden sind]".[122] Sollten sie in Essen nicht unterzubringen sein, so will Lehmann sie weiter verschicken.

Cosman antwortet, in Essen seien zumindest „die Mayntzer 5 stüber stücken und dritte Halbe stüber stücken" noch gültig.[123] Die dem brandenburg-preußischen Herzogtum Kleve benachbarte Reichsabtei Essen war zwar ein kleines, aber unabhängiges Reichsterritorium, das seit 1288 das Münzrecht besaß. Auch wenn die Stadt Essen 1563 die Reformation angenommen hatte, wurde das Stift von einer reichsunmittelbaren Äbtissin regiert.[124]

Am 2. August 1693 richtet Berend Lehmann einen Brief an den Geheimen Rat Franz von Meinders (1630–1695) bei der brandenburgischen Regierung in Kölln (Berlin)[125], in dem er die Freigabe der in Wesel beschlagnahmten Münzen fordert und sich auf eine Vereinbarung beruft, deren Inhalt nicht genau erläutert wird.[126]

---

121 Raspe, *Ruhm* (wie Anm. 9), S. 107, leider ohne Quellenangabe.
122 GStA PK Berlin, I. HA, Rep. 34 (Herzogtum Kleve), Nr. 1859, Bl. 42a.
123 GStA PK Berlin, I. HA, Rep. 34 (Herzogtum Kleve), Nr. 1859, Bl. 43b. Ein Stüber galt vier Groschen.
124 Eine analoge Konstellation existierte in Höxter und Hildesheim.
125 Erdmannsdörffer, Bernhard: *Meinders, Franz von.* In: *Allgemeine Deutsche Biographie* 21 (1885). S. 220.
126 GStA PK Berlin, I. HA, Rep. 34 (Herzogtum Kleve), Nr. 1859, Bl. 48a, Dokument W 2.

Dieser kann allerdings aus dem endgültigen Reskript des Kurfürsten vom 21. August 1693 erschlossen werden, aus dem hervorgeht, dass er die Münzen zurückerhält und weiterverschicken darf. Vorausgegangen war freilich, dass sich Lehmann in Berlin „der Straffe halber abgefunden"[127] hatte, und zwar betrug die „Straffe" 300 Reichstaler, die er mit einem bei Leffmann Behrens in Hannover einzulösenden Wechsel bezahlen wollte. Da die Regierung (in Halberstadt?) den Wechsel aber nicht akzeptierte, musste er die „Straffe" bar bezahlen. Für Lehmann gelohnt haben kann sich die ganze Aktion nur, wenn er die Münzen nach ihrer Ungültigerklärung in Brandenburg dort für erheblich weniger als zwei Drittel des Nennwertes kaufen konnte. Denn er hat bereits die 300 Reichstaler „Straffe" und das beträchtliche Porto sowie die Botenlöhne als Unkosten zu verbuchen. Er musste nun zusehen, dass er die Münzen dort, wo sie noch gültig waren, zum Nennwert unterbringen konnte.

Kurz zusammengefasst: Berend Lehmann profitiert davon, dass Münzen im Heiligen Römischen Reich mit seinen mehr als dreihundert Reichsständen über das Münzregal verschiedener Territorien unterschiedlichen Wert besaßen. Wurden Münzen in einem Territorium wegen ihrer geringen Werthaltigkeit „verrufen", d.h. nicht mehr als Zahlungsmittel akzeptiert, konnten sie unter dem Nennwert aufgekauft und in einem Territorium, in dem sie noch gültig waren, zum Nennwert abgesetzt werden. Wer über transterritoriale Verbindungen verfügte, konnte sich diese Unterschiede zu Nutzen machen. Lehmann besaß und nutzte solche Kontakte, territorial mit seiner westfälisch-niederrheinischen Heimatregion und personal mit seiner Elterngeneration.

---

127 GStA PK Berlin, I. HA, Rep. 34 (Herzogtum Kleve), Nr. 1859, Bl. 49a.

3 Geschäftstätigkeit für August den Starken 1696–1706

3.1 Geldgeschäfte in Dresden vor der Verbindung zu August dem Starken

Berend Lehmanns Beziehungen zu Sachsen gehen auf die Leipziger Messe zurück, die er 1687 zum ersten Mal besuchte. Leipzig hatte zu dieser Zeit dank einer Sicherheit garantierenden sächsischen Handelsgesetzgebung die anderen Reichsmessen, Braunschweig, Magdeburg und Frankfurt am Main, in der Besucherfrequenz überholt. Trotz der höchst restriktiven Judenordnung Kurfürst Johann Georg II. von 1682, die Juden z. B. höhere Zölle und Geleitsabgaben als christlichen Kaufleuten abverlangte, ging ein großer Teil des jüdischen Ost-West-Handels über die Leipziger Messen.[128] Lehmanns Geschäftsverbindung mit dem kursächsischen Hof in Dresden, dessen Angehörige die Messen regelmäßig besuchten, begann nach Angaben Heinrich Schnees mit Darlehen für den Bruder und Vorgänger Augusts des Starken, Kurfürst Johann Georg IV. (1647–1691). 1696 erhielt ferner Johann Georgs Witwe von Lehmann ein Darlehen von 48.000 Reichstalern; sie verpfändete ihm dafür Schmuck und Diamanten.[129]

Im gleichen Jahr erlaubt ihm August, dass er während der drei Leipziger Messezeiten „in freien offenen Gewölben" handeln darf, und er wird in der entsprechenden Verordnung an den Leipziger Magistrat schon als Hofjude bezeichnet.[130] Er wird anfänglich sogar mit 1.200 Reichstalern jährlich besoldet.[131] Das Privileg der Hofjudenernennung ist nicht überliefert, aber man kann annehmen, dass es denselben Inhalt gehabt hat wie das 1724 für seinen Sohn Lehmann Behrend in lateinischer Sprache ausgestellte Hoffaktorenprivileg.[132] Es lobt den „*egregius Lehman Berent*" für „seine Geschicklichkeit in der Ausführung ernsthafter Geschäfte und seinen einzigartigen Fleiß im Beschaffen von Waren zum Nutzen und Vorteil Unseres Hofes sowie im Ausüben von Fertigkeiten und Verfahren in Handelsangelegenheiten [...]" und sichert ihm zu, „jedwede Vollmacht, sich aller Rechte, Privilegien, Vorrechte, Freiheiten und Vergünstigungen zu er-

---

128 Brübach, Nils: *Die Reichsmessen Frankfurt am Main, Leipzig und Braunschweig (14.–18. Jahrhundert)*. Stuttgart 1994 (*Beiträge zur Wirtschafts- und Sozialgeschichte* 55).
129 Schnee, *Hoffinanz* (wie Anm. 7). Bd. 2, S. 182.
130 Schnee, *Hoffinanz* (wie Anm. 7). Bd. 2, S. 172.
131 SHSA Dresden, Spezialreskripte des Kammerkollegiums – Geheimes Finanzkollegium 1697, Bl. 199, 09.08.1697.
132 Vgl. Dokument W 3.

freuen, die auch Unsere übrigen Dienstleister und Faktoren genießen." Erlaubt ist ihm die Einfuhr aller erdenklichen Waren nach den Herrschaftsgebieten des Königs/Kurfürsten, desgleichen deren Ausfuhr.

Er darf sie zu jeder beliebigen Zeit und an jedem beliebigen Ort anbieten, und zwar „ohne Behinderung durch irgendwelche Beamte und Amtsgenossen". Er muss (selbst oder durch einen Sub-Faktor) den Hof beliefern, wo dieser sich gerade aufhält. Seine Habe steht unter dem Schutz des Landesherrn, und er kann von keinem anderen Gericht oder einer anderen Behörde zur Verantwortung gezogen werden als von dessen Hofgericht.

3.2 Kredit für Augusts Anteil am Türkenkrieg

Ein Jahr vor den Bemühungen Augusts um die polnische Krone wird Lehmann für den Kurfürsten selbst tätig, als dieser mit den kaiserlichen Truppen im Kampf gegen die Türken in Ungarn steht. Aus dem „Feldlager bei Temeswar" (heute Timișoara in Rumänien) schreibt August am 18. August 1696 an seinen Geheimen Rat in Dresden, die kaiserlichen Kassen seien durch den Krieg erschöpft, und der Kaiser bitte ihn um ein Darlehen von 400.000 Gulden (266.666 Taler) auf ein Jahr, die er mit den üblichen 6 % verzinsen werde.[133] Die Art, wie der Kurfürst die Notwendigkeit des Darlehens begründet, zeigt, worum es eigentlich geht: Der Kaiser stellt August dem Starken als Oberbefehlshaber der Truppen anheim, ob der Kampf eingestellt oder fortgesetzt werden soll. August hält die angestrebte Rückeroberung von Temeswar für so wichtig für seine „Ehre, *Gloire* und *reputation*", dass er die kriegerische Aktion auf eigene Kosten weiterbetreibt.

Die Hälfte der Summe, so sein Befehl an den Geheimen Rat, sei sofort bar aufzubringen, über den Rest ein Wechsel auszustellen, der bereits in der bevorstehenden Michaelis-Messe eingelöst werden müsse. Der Geheime Kriegsrat Christoph Dietrich Bose der Jüngere (1664–1741) habe für die Finanzierung zu sorgen; notfalls seien „von Unseren Cammer Güthern oder anderen wichtigen Einnahmen so viel als von nöthen zu *hypotheciren*", d. h. zu verpfänden. Die Landschaft, das sind die kursächsischen Stände, habe bereits 200.000 Gulden „Milizzuschuss" bewilligt, über die man bar verfügen könne. Auch könne man sich beim Leipziger Rat ein Darlehen besorgen.

---

[133] SHSA Dresden, 10025 Geheimer Rat (Geheimes Archiv) Loc. 10381/48, *Die von der Landschafft verwilligten 200 m fl, so dem HoffJuden Bernd Lehmannen zu Bezahlung seines Wexels angewiesen worden*, o. Bl., Dokument B 1

Der kursächsische „Zur Landt- und Trancksteuer verordnete *Director* und Ober Einnehmer" von Schöneburg präzisiert das Darlehensprojekt am 20. August 1696 insoweit, als in der Tat auf der Michaelismesse 100.000 Gulden bar vorhanden sein könnten, 50.000 sodann auf der Neujahrsmesse und weitere 50.000 auf der Ostermesse 1697. Darüber seien bereits Steuerscheine (Zahlungsanweisungen auf künftige einkommende Steuern) ausgestellt worden; deren Einlösungsmöglichkeit sei aber noch unsicher, da von ebenfalls noch unsicheren Einkünften abhängig. Was den vom Landtag grundsätzlich bewilligten „Milizzuschuss" betrifft, so seien über ein Drittel von ihm schon Steuerscheine an andere Gläubiger ausgestellt worden, der Rest von immerhin 166.125 Gulden sei aber „in iziger Zeit des Jahres noch nicht ganz verfallen", d. h. fällig geworden; auch müsse die Ausstellung von Steuerscheinen von der Landschaft noch einmal besonders bewilligt werden. Er wolle versuchen, wenigstens die Zinsen für sofort aufzunehmende Teildarlehen zusammenzubekommen.

August antwortet am 13. September 1696 wieder aus Ungarn, diesmal aus dem „Feldlager bey Beschkereck" (ungarisch Nagybecskerek, heute Zrenjanin in Serbien) dem Obersteuereinnehmer, dass der Kriegsrat Bose inzwischen bereits einen „*contract*" mit Berend Lehmann über die gesamte Summe abgeschlossen habe.[134] Lehmann, der selbst keine liquiden Mittel in dieser Höhe besitzt, borgt sie sich ganz oder teilweise gegen Wechsel bei dem Wiener Hofjuden Samson Wertheimer (1658 – 1724).[135] Die Aktenlage ist in diesem Punkt nicht ganz klar, aber vermutlich hat der Kaiser Mitte September 1696 die 400.000 Gulden tatsächlich zu seiner Verfügung. Bose hat einen Sicherungsschein ausgestellt, nach dem Lehmann die vom Landtag bewilligten 200.000 Gulden pünktlich zu den Wechselterminen der Leipziger Messe zurückbekommen soll.

Am 16. September teilt von Schöneburg dem Kurfürsten mit, dass Lehmann von der zu Michaelis fälligen Rückzahlungsrate in Höhe von 100.000 Gulden bereits 90.000 zur Übermittlung an Wertheimer bekommen hat. Davon habe man 50.000 bei der Stadt Leipzig und 40.000 bei den Erben eines Feldmarschalls von Schöning kreditweise aufgenommen. 10.000 soll Lehmann noch aus zu Michaelis fälligen Steuereinnahmen erhalten.

Komplikationen ergeben sich, weil der Hofjude eine andere Verteilung der Fälligkeiten als der Steuerdirektor anstrebt. Er verlangt die zu Michaelis fälligen 200.000 Gulden so, wie Boses Sicherungsschein besagt, aus dem vom Landtag bewilligten „Milizzuschuss" und will die ihm schon zur Verfügung stehenden

---

134 In den Dresdner Akten nicht vorhanden, muss deshalb hier rekonstruiert werden.
135 An dessen Sohn Löw († 1763) wird er später seine Tochter Sara („Serchen") verheiraten. Vgl. auch Dokument W 53.

90.000 Gulden (Darlehen der Stadt Leipzig und der Erben Schöning) erst auf die zu den Neujahrs- und den Ostertermin 1697 fälligen Raten anrechnen. Was hier passiert ist, lässt sich nicht vollständig aufklären. Hat Lehman die 90.000 Gulden wirklich bereits ausgezahlt bekommen? Dann wäre es tatsächlich, wie der Steuerdirektor behauptet, eine List von ihm, weil er das Geld in der Zwischenzeit für sich arbeiten lassen konnte. Oder hatte er nur eine Zusage, die in dem Moment überholt war, als er die Anrechnung der 90.000 Gulden auf Neujahr und Ostern verschieben wollte?

Auf jeden Fall setzt sich August der Starke durch. Der Obersteuerdirektor muss dem Hofjuden aus anderen Quellen 73.428 Gulden beschaffen, die er pünktlich zu Michaelis (29. September 1696) an Wertheimer weitergeben kann, 23.571 Gulden bekommt er allerdings nur in Steuerscheinen.[136] Das gilt in gleicher Weise für die von ihm finanzierte zweite Hälfte des 400.000-Gulden-Darlehens.

Der weitere Verlauf dieser Darlehensgeschichte kann aus zwei Privatbriefen rekonstruiert werden. Am 5. März 1697 schreibt der kursächsische Kriegszahlmeister Johann Lämmel an seinen „*Patron*", den Dresdner Kriegsrat Christoph Dietrich Bose den Jüngeren: „Die kayserlichen VersicherungsScheine über die 400000 Gulden hatt der verdampte Jude Berndt Lehmann nunmehro bekommen."[137] Berend Lehmann berichtet wenig später an Bose:

> [...] was man wegen der 436000 Gulden meldet, allein versichere, dass solche nicht gern angenohmmen habe, massen so fort bahrgeld an Ihre Churfürstl. Durchl. da für habe erlegen müssen, wollte gewuntschen haben, Ihre Exc. selbst ahoht [am Ort?], gewesen wehren, massen der Herr Gennr. Kriegszahlm. Lämmell benebst ich selbsten Ihre Churf-Durchl. gnädigst ersuchet haben, oben gedachte Summa geldes für die Armeé zu halten, welches aber nicht haben erlang. konnen [...].[138]

Lehmann hat also nicht nur einen kaiserlichen Versicherungsschein bekommen, der dem Kurfürsten garantierte, dass er das Darlehenskapital zurückerhalten werde, sondern er muss die Rückzahlungssumme des Kaisers wirklich bar zur Übermittlung an den Kurfürsten in der Hand gehabt haben. Die über die Darlehensumme hinausgehenden 36.000 Gulden hat er natürlich nicht an den König/Kurfürsten ausgezahlt, sondern als seinen Verdienst behalten. Dabei erstaunt die Zinssumme von 36.000 Gulden. Bei einer Darlehenslaufzeit von neun Monaten, von Juli 1696 bis März 1697, müsste der Zinssatz nicht nur, wie August gegenüber

---

136 SHSA Dresden, 10025 Geheimer Rat (Geheimes Archiv) Loc. 10381. Reskripte Augusts vom 06. und 14.10.1696, Schöneburg an August 19.10.1696.
137 SHSA Dresden 10026 Geheimes Kabinett Loc.3006/9, Brief Nr. 170.
138 Zitiert bei Meisl, *Hof* (wie Anm. 41), S. 234.

den Geheimen Räten angab, sechs, sondern das Doppelte, 12 Prozent, betragen haben. Eine Aktennotiz im Wiener Hofkammerarchiv gibt dazu einen Aufschluss. Es heißt dort, schon am 29. Januar 1697 habe Berend Lehmann vom Kaiser über August den Starken 36.000 Gulden „völlig cediret" bekommen, und zwar „an stath der Interesse, provision und aggio per pausch".[139] „An stath ... per pausch" bedeutet: Zinsen, Provision und Übermittlungsgebühr werden nicht einzeln abgerechnet, sondern pauschal abgegolten. Einen sicherlich nicht geringen Teil der 36.000 Gulden dürfte Lehmann an Wertheimer für seine Vermittlung haben abgeben müssen. Auch Bose als Auftraggeber hatte seinen Vorteil: In dem schon zitierten Brief kündigt ihm Lehmann ein Darlehen von 2.000 Reichstalern an.

Der Briefwechsel mit Kriegsrat Bose liefert auch ein Beispiel dafür, wie schwer es für den Hofjuden war, über die ihm ausgestellten Steuerscheine wirklich zu Geld zu kommen. In drei Briefen vom 2., 13. und 27. April 1700[140] mahnt er bei Bose 100.000 Reichstaler an, die er auf fällige Steuerscheine ausgezahlt haben möchte. Über einen christlichen Geschäftspartner namens Fleischer[141] hat er erfahren, dass der Rat der Stadt Leipzig seine Steuerscheine akzeptieren würde, wenn von höherer Stelle in Dresden eine Aufforderung käme. Ein Brief des Statthalters Fürstenberg führt in der Sache zu keinem Erfolg. Erst als Lehmann einen „Befehl von Ihro Majestät" an Bose übermitteln kann, werden seine 100.000 Taler an Bose ausgezahlt, der sie wiederum für Lehmann in „gutte[n] wechselbrif[en]" anlegt.

Auf jeden Fall ist die Kriegsanleihe eine komplexe, beinahe absurd anmutende Finanztransaktion: Der in Wien residierende Kaiser bekommt Geld von dem in Wien wohnenden Wertheimer. Es nimmt aber den Umweg über Berend Lehmann in Halberstadt und die kursächsische Verwaltung in Dresden, und zwar deshalb, weil der Kaiser im Gegensatz zu Lehmann und August dem Starken 1696 keinen Kredit mehr bei Wertheimer hat, oder ihn nicht für die Fortsetzung des Türkenkrieges in Anspruch nehmen will.

Friedrich August II. Feldherrntätigkeit im Türkenkrieg endete übrigens im August 1696 mit der unentschieden ausgehenden Schlacht an der Bega. Er gab das Kommando auf, ohne die Belagerung von Temeswar beenden zu können.[142]

---

139 Österreichisches Staatsarchiv/Finanz- und Hofkammerarchiv, Niederösterreichische Herrschaftsakten, Konvolut *Lehman Hofjud*, K 15/A (o.B.), Aktennotiz vom 15.01.1706.
140 Meisl, *Hof* (wie Anm. 41), S. 35–38.
141 Es könnte sich um Gottlob Heinrich Fleischer handeln, der im *Königl. Poln. Churfürstl. Sächsischen Hof- und Staats-Calender auf das Jahr 1735*, Leipzig 1735, unter „Anwälde" am „Königl. Chur- und Fürstl. Sächß. Ober-Hof-Gerichte" (ohne Seitenzahl) aufgeführt ist.
142 Die Schlacht von Olasch (rumänisch Cenei), siehe https://de.wikipedia.org/wiki/Schlacht_von_Olasch (02.06.2017).

3.3 Berend Lehmanns Rolle beim Erwerb der polnischen Königskrone

Das erste Stichwort, das im Gedächtnis derer aufblitzt, die überhaupt den Namen des Polnischen Residenten schon einmal gehört haben, ist: Polenkrone – August der Starke, d. h., Berend Lehmann wird traditionell zugeschrieben, dass er das Geld beschafft habe, mit dem August die an die hunderttausend polnischen Adligen dazu bewogen hat, ihn 1697 zu ihrem König zu wählen.[143] Schon bei der bereits erwähnten hannoverschen Kurfürstin Sophie heißt es unmittelbar nach Augusts Krönung im Spätjahr 1697: „Um mich *chagrine* [trübe] gedancken aus dem kopf zu bringen, habe ich des Königs in Polen Jud *entretenirt*, welger Ihro Majestät *resident* in Saxsen ist und *gage* [ein Gehalt] von 12 hundert thaller jhars von Ihro Majestät haben. Er kann recht artig schwetzen, hatt alle das gelt herbey gebracht, was die kron dem König gekost hatt."[144] Man kann vermuten, dass er das sogar selbst so behauptet hat. Die Behauptung soll hier überprüft werden.

Als im Juli 1696 der polnische König Jan III. Sobieski (*1629) starb, ein Held des Kampfes gegen die Türken, entstand ein Interregnum von über einem Jahr, das mit der problematischen Wahl am 25., 26. und 27. Juni und der anschließenden Krönung des sächsischen Kurfürsten, August des Starken, zum „König in Polen" am 15. September 1697 endete. So eindeutig das schließlich weithin anerkannte Ergebnis der Wahl, so undurchsichtig war ihr Zustandekommen.[145] Die folgende Darstellung wird die Wahlereignisse skizzieren und an entsprechenden Stellen des Ablaufs Daten über Beschaffung, Verteilung und die eventuelle Rückzahlung von Geldern einflechten, speziell, soweit Berend Lehmann mit ihnen zu tun hatte.[146]

---

143 Eine solche pauschale Sicht der Polenwahl findet sich z. B. in Stern, *Hofjude* (wie Anm. 6), S. 72–76.
144 Bodemann, Eduard (Hrsg.): *Briefe der Kurfürstin Sophie von Hannover an die Raugräfinnen und Raugrafen zu Pfalz*. Bd. I. Leipzig 1888. S. 164 (*Publikationen aus den Königlich Preußischen Staatsarchiven* 37).
145 Eine neuere zusammenfassende Darstellung ist: Staszewski, Jacek: *Begründung und Fortsetzung der Personalunion Sachsen-Polen 1697 und 1733* (Staszewski, *Begründung*). In: Rexheuser, Rex (Hrsg.): *Die Personalunionen von Sachsen-Polen 1697–1763 und Hannover-England 1714–1837. Ein Vergleich* (Rexheuser, *Personalunionen*). Wiesbaden 2005. S. 37–50, hier S. 39.
146 Über die europapolitischen Voraussetzungen informiert Piwarski, Kazimierz: *Das Interregnum 1669/97* (Piwarski, *Interregnum*). In: Kalisch, Johannes und Józef Andrzej Gierowski (Hrsg.): *Um die polnische Krone. Sachsen und Polen während des Nordischen Krieges 1700–1721* (Kalisch/Gierowski, *Krone*). Berlin 1962 (*Schriftenreihe der Kommission der Historiker der DDR und Volkspolens* 1). S. 9–44. Aus den Dresdner Archiven dokumentiert am ausführlichsten Haake, Paul: *Die Wahl Augusts des Starken zum König von Polen* (Haake, *Wahl*). In: *Historische Vierteljahrschrift*.

3.3.1 Das Interregnum

Die polnische Verfassung war ein seltener Fall im frühneuzeitlichen Europa: eine *Republik* von an die hunderttausend Adligen, die ihren König *wählte*. Während des Interregnums ging die Herrschergewalt auf den Primas von Polen über, den Gnesener Erzbischof Michael Stefan Radziejowski (1645–1705), welcher dem Reichstag, dem Sejm, vorstand und der auch die Wahl eines neuen Königs zu organisieren hatte. Der künftige König durfte ein Nichtpole sein, er würde aber wichtige Voraussetzungen zu erfüllen haben:

1. Er musste bereit sein, die sehr weit gehenden Privilegien des polnischen Adels anzuerkennen.
2. Er musste in Polen residieren und, wie die Mehrheit der Einwohner des Landes, katholisch sein.
3. Er musste als erfahrene militärische Führerpersönlichkeit versprechen, die Grenzfestung Kamieniec Podolski (heute Kamjanez Podilsky in der Westukraine) von den Türken zurückzuerobern.
4. Er musste begütert sein, so dass er die marode polnische Staatskasse sanieren und die Armee besolden konnte.[147]

Von den sieben Bewerbern, die sich Anfang 1697 bei Radziejowski meldeten, wurden durch die vielen Wahlberechtigten nur zwei wirklich wahrgenommen: Prinz François Louis de Conti de Bourbon, der von seinem Vetter, dem Sonnenkönig Ludwig XIV., ins Rennen geschickt wurde, sowie Prinz Jakob Sobieski, Sohn des verstorbenen Königs, der vom Kaiser unterstützt wurde.

Augusts des Starken offizielle Bewerbung kam als allerletzte, erst wenige Wochen vor der Wahl, aber die Absicht zu kandidieren entstand schon Ende 1696,

---

Jg. 9 (1906). S. 31–84. Schnee, *Hoffinanz* (wie Anm. 7), Bd. 2, S. 200–222 bietet einige Details über Zahlungen und Rückzahlungen, ebenfalls aus dem Dresdner Staatsarchiv. An die Warschauer Ereignisse kommt man nahe heran durch zwei französische Historiker: La Bizardière, Michel-David: *Histoire de la scission ou division arrivée en Pologne le 27 juin 1697 au sujet de l'élection d'un roy*. Paris 1699 (Bizardière, *Histoire*) und Desroches de Parthenay, Jean Baptiste: *Histoire de Pologne sous le règne d'Auguste II par l'Abbé de Parthenay*, Den Haag 1733 (Parthenay, *Pologne*). Eine im baltischen Mitau (lettisch Jelgava) verlegte anonyme deutsche Übersetzung dieses Werkes erschien zwar erst 1771, sie ergänzt bzw. korrigiert aber an wichtigen Stellen die beiden französischen Vorgängerwerke durch Zitate aus den Memoiren des Bischofs von Połock (heute Weißrussland), Andrzej Chrysostom Załuski (Bischof 1692–1699), der als Mitglied von Senat und Sejm unmittelbarer Zeitzeuge war: *Geschichte von Pohlen unter der Regierung Augustus des Zweyten durch den Herrn Abt von Parthenay: Aus dem Französischen übersetzt, und mit einigen erläuternden und berichtigenden Anmerkungen versehen.* Bd. 1. Mietau & Hasenpoth 1771 (Parthenay, *Mietau*).
147 Parthenay, *Pologne* (wie Anm. 146), S. 77–78.

und nach der Darstellung Paul Haakes konferierte er um die Jahreswende mit seinem Geheimen Rat Ludwig Gebhard von Hoym (1631–1711) über die Erschließung außerordentlicher Geldquellen (ohne den Grund wissen zu lassen). Als Hoym vorschlägt, kurzerhand alle kurfürstlichen Bediensteten, vom Geheimen Rat bis zum Koch, „abzudancken" und gegen einen „Vorschuss", den diese zu leisten hatten, wiedereinzustellen, gibt es heftige Proteste der Betroffenen. August muss die „Abdanckung" zurücknehmen. Wirksamer ist eine strenge „Generalrevision", die allenthalben in Sachsen Untreue und Nachlässigkeit aufdeckt, Geld kommt auch in die Wahlkasse durch die „Generalkonsumtionsakzise", eine angesichts des regen Gewerbelebens im Kurfürstentum ertragreiche Verbrauchssteuer, die nicht dem Genehmigungsvorbehalt der Stände unterliegt.[148]

Berend Lehmann ist über den Zustand der kurfürstlichen Kassen bestens informiert und merkt, dass der Kurfürst Gelder beiseitelegt; so klagt er, wie wir wissen, am 28. März 1697 gegenüber dem sächsischen Geheimen Kriegsrat Bose, er habe dem Kurfürsten persönlich für einen eingelösten Wechsel (die Tilgung des kaiserlichen Kriegsdarlehens) 436.000 Gulden bar auszahlen müssen, obwohl der Kriegszahlmeister Lämmel und er selbst meinten, der Wechsel wäre der Kriegskasse gutzuschreiben gewesen.[149] Beide wissen, wie sich aus einem Brief Lämmels an Bose ergibt, zu dieser Zeit noch nichts von Augusts Polen-Plänen.[150]

Im März offenbart August seinem Feldherrn Heinrich Jakob Graf Flemming (1667–1728) sein ehrgeiziges Vorhaben, und nachdem er Flemming schriftlich versprochen hat, dass der für den protestantischen Kurfürsten notwendige Glaubenswechsel zum Katholizismus nur ihn persönlich und nicht das Kurfürstentum betreffen werde, erklärt dieser sich bereit, in Warschau die nötigen Vorbereitungen zu treffen.[151] Flemming ist die geeignete Person dafür, denn er ist mit dem Kastellan von Kulm, Jan Jerzy Przebendowski (1638–1729), verschwägert und spricht selbst polnisch. Mitte April meldet er August offiziell als Kandidaten bei Radziejowski; der Primas und der französische Gesandte Melchior de Polignac (1661–1741) nehmen aber diese Kandidatur nicht ernst, weil sie sich die – unabdingbare – Konversion nicht vorstellen können.[152]

---

148 Haake, *Wahl* (wie Anm. 146), S. 61.
149 Berend Lehmann an Bose, Halberstadt, 28.03.1697. Meisl, *Hof* (wie Anm. 41), S. 234.
150 Briefwechsel Christoph Dietrich Bose des Jüngeren in SHSA Dresden 10026 Geheimes Kabinett, Loc. 3006/9, Brief Nr. 230 vom 28.06.1697.
151 Haake, *Wahl* (wie Anm. 146), S. 54.
152 Haake, *Wahl* (wie Anm. 146), S. 57. Zu Przebendowskis nicht durchgehend günstigem Verhältnis zu August dem Starken vgl. – auf Adam Perłakowski fußend – Jarosław Porazinski: Menschen um den König. Polnische und sächsische Berater Augusts II. – ein Überblick, in Tobias Weger (Hrsg.): Grenzüberschreitende Biographien zwischen Ost- und Mitteleuropa. Wirkung–

Als Anfang Mai 1697 der die Wahl vorbereitende Sejm in einem improvisierten Brettergebäude im Warschauer Vorort Koło eröffnet wurde, waren nur wenige Deputierte anwesend, und die folgenden vier Wochen vergingen mit Streitereien um Rang- und Verfahrensfragen. August blieb indessen nicht untätig; am 1. Juni schwor er in Baden bei Wien gegenüber einem Verwandten, Prinz Christian-August von Sachsen-Zeitz (1666–1725), dem Bischof der ungarischen Stadt Raab (Györ), dem Luthertum ab und empfing „als guter Katholik" die Eucharistie. Auch finanziell sorgte er weiter vor.

3.3.2 Geld für den Wahlkampf

Anlässlich seines Kaiserbesuchs vermittelten die Wiener Jesuiten August dem Starken einen Kredit von einer Million Gulden bei ihren polnischen Kollegen und nahmen dafür Juwelen als Pfand.[153]

Für größere Beträge kommt aber jetzt auch Berend Lehmann erneut ins Spiel mit der sogenannten „Lauenburgischen Affaire". Das Herzogtum Lauenburg an der Unterelbe war Augusts Vater, Kurfürst Johann Georg III., im Jahre 1689 als rechtmäßigem Erben des letzten Lauenburger Herzogs zugefallen; sein Erbe wurde ihm allerdings vom hannoverschen Kurfürsten Ernst August streitig gemacht, und da es mehrere hundert Kilometer vom sächsischen Kernland entfernt lag, konnte er nicht verhindern, dass hannoversches Militär das Gebiet besetzte. Obwohl August gute Chancen hatte, sich juristisch gegenüber Hannover durchzusetzen, nützte ihm die Exklave nichts.

Berend Lehmann hatte seit 1695 häufig am Dresdner Hof zu tun und kannte den dortigen hohen Finanzbedarf. So machte er über seinen Hannoveraner Onkel Leffmann Behrens dessen Landesherrn das Angebot, den Verkauf der sächsischen Rechte an Hannover zu vermitteln. Damit könne die welfische Besetzung des Herzogtums legalisiert werden. Herz Behrens, der Sohn des Leffmann, und Berend Lehmann – nur sie gemeinsam konnten den Kauf finanzieren – betrieben die Sache intensiv seit Mai 1697[154], und bei einem späteren Bittgesuch an den

---

Interaktion – Rezeption. Frankfurt/M., Berlin, Bern etc. (Mitteleuropa – Osteuropa. Oldenburger Beiträge zur Kultur und Geschichte Ostmitteleuropas, Bd. 11), S.358–359.
153 Haake, *Wahl* (wie Anm. 146), zitiert S. 63 darüber eine Quittung vom 09.07.1697 im SHSA Dresden, Loc. 10909 *Kgl. Rescripte Militärangelegenheiten betr.* [...] (1697–1709).
154 Diese Datierung bei Schnee, *Hoffinanz* (wie Anm. 7), Bd. 2, S. 178. Die reichspolitisch komplizierten Zusammenhänge schildert Vötsch, Jochen: *Kursachsen. das Reich und der mitteldeutsche Raum zu Beginn des 18. Jahrhunderts.* Dissertation Erfurt 2001, Frankfurt/Main 2003. S. 348 & 369–372.

3.3 Berend Lehmanns Rolle beim Erwerb der polnischen Königskrone

Nachfolger Ernst Augusts, Kurfürst Georg Ludwig (seit 1714 gleichzeitig König Georg I. von Großbritannien) erinnert Lehmann daran,

> daß ich [...] die Gnade und die Ehre gehabt, Deroselben [...] wegen der Sachsen-Lauenburgischen *Affaire importante*, ohne Ruhm zu melden, nützliche Dienste zu leisten, [...] da von Königlich Dänischer Seite eine Summe von 100000 Reichsthaler mehr *offeriret* worden, dennoch die Sache durch meine Wenigkeit dergestalt *incaminiret* [in die Wege geleitet] worden, daß Eure Königliche *Majestät* [...] haben *reussiren* können.[155]

Endgültig abgeschlossen werden konnte der Kaufvertrag allerdings erst nach der Wahl. Es wird darauf zurückzukommen sein.

August beginnt nach seiner Konversion auch im eigenen Lande weitere Geldquellen zu erschließen, sodass die Polenkrone natürlich letzten Endes von der sächsischen Bevölkerung bezahlt wurde. Anfang Mai 1697 war bei der Erhebung eines Zwangsdarlehens aus sechs Städten und zwei Klöstern der Oberlausitz durch Augusts obersten Zahlmeister Lämmel auch Berend Lehmann zugegen.[156] Es handelte sich z. B. um 60.000 Taler aus Zittau, 24.000 aus Görlitz und je 12.000 von den Klöstern Marienstern und Mariental.[157]

Der Regionalhistoriker Eduard Vehse registriert darüber hinaus neun Ämter (darunter Pirna und Torgau), die auf sechs Jahre gegen Vorauszahlung verpachtet wurden, ebenso die drei Fürstenschulen Meißen, Pforta und Grimma, die Dresdner Hofapotheke, zwei Mühlen, zwei Malzhäuser, die Elbfähre in Wittenberg, das Zollamt in Pirna. Das habe 1,4 Millionen Reichstaler in die Wahlkasse gebracht. Im ganzen Land seien 2 % vom Wert aller Kapitalien und Mobilien als Sondersteuer erhoben worden[158], und innerhalb Monatsfrist hätten die Sächsischen Landstände „etliche Tonnen Goldes" (das entspricht mehreren hunderttausend Reichstalern) aufbringen müssen.[159]

---

155 Schreiben Berend Lehmanns an König Georg I. vom 06.07.1721, NLA Hannover Hann. 92, Nr. 419, Bl. 27–28.
156 Haake, *Wahl* (wie Anm. 146), S. 63.
157 Czok, Karl: *August der Starke und Kursachsen*. München 1988. S. 51.
158 Vehse, Eduard: *Geschichte der deutschen Höfe seit der Reformation*. Abt. 5, Teil 4 & 5 (= Bd. 31 & 32): *Geschichte der Höfe des Hauses Sachsen* (Vehse, *Höfe*). Beide Hamburg 1854, hier: Bd. 32, S. 242. Schnee, *Hoffinanz* (wie Anm. 7), Bd. 2, S. 179 zählt diese Transaktionen ebenfalls auf, leider sind die Angaben sowohl bei Vehse wie bei Schnee ohne Daten, d. h. einige dieser Transaktionen sind wahrscheinlich erst nach der Wahl getätigt worden.
159 „1 Tonne Goldes" ist keine Gewichtseinheit, sondern ein redensartlicher Ausdruck für 100.000 Reichstaler (Vgl. Adelung, Christoph: *Grammatisch-kritisches Wörterbuch der hochdeutschen Mundart*. Bd. 4. Wien 1811. Sp. 226).

3.3.3 Die Wahl

Ab dem 20. Juni 1697 beginnen die etwa 100.000 wahlberechtigten Adligen sich auf den Feldern um die Ortschaft Wola vor Warschau zu versammeln[160], nach Kompanien von zwischen 200 und 900 Angehörigen geordnet (es gibt insgesamt 250 Kompanien). Die meisten Adligen sind zu Pferde gekommen, es gibt aber auch sehr arme, manche tragen eine Sense statt eines Säbels. Für ihre Stimmen erwarten sie Gegenleistungen. Ihre Proviantnot und ihr Weindurst kosten sowohl die Kandidaten wie deren großadlige Parteigänger viel Geld.[161] Der französische Botschafter Polignac lädt jeweils große Gruppen von Wahladligen zu Gastmählern ein, um sie von Conti zu überzeugen.[162] Er bezahlt das mit eigenem Geld, denn aus Paris hat er nur „promesses", das sind Zahlungsversprechen, zwar im beträchtlichen Umfang von drei Millionen Livres, aber auf Befehl von Ludwig XIV. werden sie erst ausgezahlt, falls Conti die Wahl gewinnt (woran der Sonnenkönig nicht recht glaubt) und nicht vor dem vierten Monat seiner erhofften polnischen Herrschaft.[163] Zwei polnische Adlige, die versuchen, bei Natanael Hollwel, dem Danziger Partner des französischen Hofbankiers Samuel Bernard, Wechsel Polignacs einzulösen, werden abgewiesen.[164]

Auf Augusts Seite steht, mit sächsischem Geld versorgt, neben Przebendowski der Vize-Primas Stanisław Dąmbski (1636–1700), Bischof von Kujawien. Von einem weiteren neuen Parteigänger Augusts, dem Woiwoden von Krakau, Feliks Kazimierz Potocki (1630–1702) heißt es bei dem zeitgenössischen französischen Historiker Bizardière, nachdem ihm die Conti-Partei nicht genügend Geld geboten hätte, „*[il] se vendit à Saxe, moins par affection que par avidité.*" (Er verkaufte sich an Sachsen, weniger aus Zuneigung als aus Gier).[165] Andere, so z. B. der litauische Woiwode Benedykt Paweł Sapieha (1655–1707), sprechen angesichts der Probleme mit ihrem Favoriten Conti (er ist weit weg, schickt kein Geld) schon von August als zweiter Wahl.

Am Vormittag des 25. Juni, während die Senatoren bereits den Landsmannschaften die Wahlregeln erklären, gehen Flemming und Beichlingen mit Augusts des Starken Beglaubigung zu Interrex Radziejowski und versprechen im Namen ihres Kurfürsten, er werde nicht nur Kamjeniec Podolski, sondern die ganze

---

160 Staszewski spricht – vorsichtiger – von „zigtausend". Staszewski, *Begründung* (wie Anm. 145), S. 37.
161 Staszewski, *Begründung* (wie Anm. 145), S. 43.
162 Saville, *Juif* (wie Anm. 43), S. 75.
163 Saville, *Juif* (wie Anm. 43), S. 86.
164 Nach Saville, *Juif* (wie Anm. 43), S. 86–87, Brief Polignacs an Ludwig XIV. vom 10. Mai 1697.
165 Bizardière, *Histoire* (wie Anm. 146), S. 143.

Ukraine, die Moldau und die Walachei zurückerobern, und er werde zehn Millionen Gulden als Sold für die polnische Armee bezahlen. Flemming legt eine Bestätigung des päpstlichen Nuntius vor, dass Augusts Konversion vom Papst anerkannt sei. Da sie nicht datiert ist, behauptet er sogar, sie liege schon zwei Jahre zurück. Die Wahlversprechen Augusts werden im Laufe des Tages von Jesuitenschülern hundertmal abgeschrieben und auf dem Wahlfeld verteilt.[166] Dort gibt es von den Kompanien mehrerer Woiewodschaften viele Hochrufe für Conti und wenige für Jakob Sobieski, der allerdings seinen Anhängern schon seinen Verzicht erklärt hat, weil er weder Geld noch genügend kaiserliche Unterstützung erhält.[167] Der französische Chronist Parthenay meint in Bezug auf die Conti-Anhänger: „Wäre man ihrer Hitze gefolgt, so wäre der Prinz Conti an diesem Tage erwählet worden."[168]

Aber erst der 26. Juni 1697 war der eigentliche Wahltag. Er wird um 6 Uhr mit einer Messe in der Warschauer Johannis-Kirche eröffnet, der Senat begibt sich in die *szopa*, das improvisierte Reichstags-Gebäude in Koło. Der Primas stellt die Kandidaten vor, August allerdings immer noch mit Vorbehalt: seine Katholizität sei ja ungewiss. Die Landeshauptleute (Sprecher der Landesteile) geben das vom Primas Verkündete draußen an das Wahlvolk weiter. Man hört wieder einige Hochrufe für Jakob Sobieski und viel laute Akklamation für Conti. Hochrufe für August kommen hauptsächlich von der Woiewodschaft Masowien (östlich von Warschau), denn Przebendowski hat Schnaps und je einen Ecu (entsprechend einem Reichstaler) an die dortigen Adligen ausgegeben. Gegen 11 Uhr kann dieser August-Propagandist eine Trumpfkarte ziehen; er zeigt das Bestätigungspapier vom päpstlichen Nuntius: August ist ein guter Katholik, und (das setzt Przebendowski eigenmächtig hinzu) der Heilige Vater verlangt die Krone für diesen Fürsten.[169] Das Zählen der Stimmen ist bei der Menschenmasse unmöglich. Es werden zwei Reihen zu einer Art Hammelsprung gebildet. Nach der Zählung des Primas stehen 214 Kompanien auf der Conti-Seite, 36 für die anderen vier Kandidaten.[170] Da die polnische Verfassung ein einmütiges Votum der ganzen Nation verlangt, das augenscheinlich nicht vorliegt, verschiebt der Kardinal die eigentliche Wahl auf den nächsten Tag. Was Parthenay schon für den 25. Juni behauptet hat, wiederholt an dieser Stelle sein Kollege Bizardière: Bei einer derart eindeu-

---

166 Haake, *Wahl* (wie Anm. 146), S. 63.
167 Piwarski, *Interregnum* (wie Anm. 146), S. 39.
168 Ich folge von jetzt an der deutschen Übersetzung Parthenays von 1771 mit den Ergänzungen von Załuski (Parthenay, *Mietau* [wie Anm. 146]).
169 Bizardière, *Histoire* (wie Anm. 146) weiß nichts von den 100 Kopien der Jesuitenschüler: Ein weiteres Beispiel für die Divergenzen in den verschiedenen Berichten.
170 Bizardière, *Histoire* (wie Anm. 146), S. 157.

tigen Mehrheit für Conti hätte der Primas ihn spätestens jetzt als gewählten König proklamieren sollen.

Man übernachtet „zu Pferd" an Ort und Stelle. Die Vertreter von vier unterlegenen Kandidaten verhandeln und einigen sich auf den Sachsen als ihren gemeinsamen Kandidaten, um die Wahl Contis zu verhindern, und werfen ihr Geld als Anleihe für Sachsen in einen gemeinsamen Topf, so der Brandenburger Gesandte die für den Prinzen von Baden bestimmten 200.000, der Passauer Bischof 150.000, der venezianische Gesandte gibt 30.000[171], die ursprünglich von der Königin für ihren Sohn Jakob bestimmt gewesen waren. Bizardiere:*"Tout cet argent joint á celuy que le Chevalier Fleming avoit & que les Juifs augmentoient par les lettres de change qu'ils acceptoient de luy sur Dresde, Lipsik & Breslau firent une somme de dix-huit cens mille livres"*.[172] (All dieses Geld zusammen mit dem, das der Ritter Flemming hatte und welches die Juden durch Wechsel vermehrten, die sie auf sich in Dresden, Leipzig und Breslau akzeptierten, machten eine Summe von achtzehnhundert tausend [1.800.000] Livres aus.) Wenn man diesen Zahlen Glauben schenken will, so wären es 900.000 Taler gewesen, über welche Flemming den Juden Wechsel ausstellte. Das Geld wird unter beide Parteien verteilt; wahrscheinlich deshalb an beide, weil einerseits die August-Partei in ihrer Meinung bestätigt werden soll, während man andererseits Angehörige der Conti-Partei umzustimmen versucht.[173] Bei erneuter Zählung durch Beauftragte des Primas (als Wahlleiter) hat am frühen Morgen die sächsische Partei trotzdem nur 40 von 250 Kompanien auf ihrer Seite. So schreibt es jedenfalls der Conti-freundliche Abbé de Parthenay.

Nach Bizardiére behaupten dagegen die Sachsen um Flemming, August hätte mit 150 „Fahnen" (Kompanien) gegen nur 80 für Conti die Mehrheit gehabt, der Primas habe aufgehört zu zählen, als es ihm zu viele August-Anhänger wurden. Bizardiére selbst glaubt allerdings der Zählung des Primas, wenn er davon spricht, die Wahl Contis sei „unter dem Zuruf von mehr als achtzigtausend Edelleuten geschehen".[174] Der Übersetzer der Fassung von 1771 beruft sich wieder auf seinen Kronzeugen, den Bischof Załuski, der in seinem Augenzeugenbericht keine Zahlen nennt, aber als Conti-Anhänger zugibt, in der Nacht vom 26. auf den 27. Juni sei die

---

171 Die Summen verstehen sich als französische Livre, ein Livre entspricht einem halben Reichstaler.
172 Bizardière, *Histoire* (wie Anm. 146), S. 160.
173 Stern, *Hofjude* (wie Anm. 6), S. 75. Staszewski, *Begründung* (wie Anm. 146), S. 43, rechnet den Umschwung von Conti auf August der „Bewirtung" der hungrigen und durstigen Szlachta zu, die im Namen Augusts mit 30.000 von den Wiener Jesuiten an August geliehenen Reichstalern bezahlt wurden.
174 Parthenay, *Pologne* (wie Anm. 146), S. 117.

3.3 Berend Lehmanns Rolle beim Erwerb der polnischen Königskrone

Conti-Partei „ungemein geschwächet und die Sächsische verstärket worden". Piwarski (1962) nimmt an, „daß es damals zu einem gewissen Gleichgewicht der Kräfte auf dem Wahlfeld kam."[175] Angesichts der erregten und unübersichtlichen Zustände auf dem Wahlfeld von Wola dürfte die Wahrheit schon damals kaum festzustellen gewesen sein.

Bei den Chronisten aus dem 18. Jahrhundert taucht der Name Berend Lehmann nicht auf, aber Selma Stern und Heinrich Schnee – die Antagonisten in der Hofjudenhistoriografie des 20. Jahrhunderts – sind davon überzeugt, dass „der Resident gerade im entscheidenden Augenblick in das Wahlgeschäft eingriff" (so Schnee). Am Wahltag (gemeint ist offenbar der 26.06.) seien der Kriegszahlmeister Lämmel und Lehmann mit 40.000 Talern in bar in Warschau eingetroffen, und zwar seien die Münzen – so Stern – in Weinfässern herbeigeschafft worden und hätten entsprechend geduftet. Schnee: „Die Taler wurden rasch unter die Polen verteilt", sodass der vorletzte verbleibende Mitkandidat, Jakob Sobieski, keine Chance mehr gehabt habe.[176] Den letzten Gegenkandidaten, Conti, habe man bei der Wahlfortsetzung am nächsten Tag (das wäre der 27.06) mit Hilfe von 200.000 Talern „aus dem Felde geschlagen", die Lehmann bei Leffmann Behrens locker gemacht habe.[177] Das würde bedeuten, dass Leffmann den größeren unmittelbaren Beitrag geleistet hätte.[178]

Von den beiden von Schnee genannten Summen (40.000 und 200.000) ist in den zeitgenössischen Berichten (auch den von Vehse referierten) keine Rede. Die von den französischen Historikern genannten Summen liegen ja deutlich höher. Angesichts der oben geschilderten „tumultuösen" Wahlereignisse und ihres unklaren Ergebnisses ist auch ein „Aus-dem-Felde-Schlagen" eine starke Übertreibung. Deutlich erkennbar ist, dass Schnee Berend Lehmann als angeblichen Hintermann der Wahl in den Focus des Geschehens rückt. Weder Stern noch Schnee nennen übrigens Quellen für die Einzelheiten ihrer Darstellung.

Dasselbe – keine Quelle! – gilt in diesem Fall leider auch für Haake, der ausschließlich ebenfalls von den schon genannten 40.000 Talern spricht. Diese seien am Nachmittag des 27. Juni von Beichlingen, Lämmel und Lehmann bar angeliefert und sofort verteilt worden.

---

175 Piwarski, *Interregnum* (wie Anm. 146), S. 41.
176 Nach Piwarski, *Interregnum* (wie Anm. 146), S. 39, war Jakob Sobieski ohnehin bereits am 25.06. aus dem Rennen ausgeschieden. Derartige Widersprüche sind typisch für die verschiedenen Berichte über den Ablauf der Wahl.
177 Schnee, *Hoffinanz* (wie Anm. 7), Bd. 2, S. 178–180.
178 Wahrscheinlich liegt hier eine Ungenauigkeit in der Chronologie vor. Schnee datiert die 200.000 falsch, die in Wirklichkeit (wie zu zeigen sein wird) erst nach der Überführung des Lauenburgischen Geldes nach Breslau (Wrocław) vereinbart wurden. Vgl. Kap. 3.3.4.

Es ist schwer, den französischen Berichten mit ihren enormen Summen zu glauben: Wie soll die Heranschaffung und die Verteilung von Münzgeld im Wert von fast einer Million Reichstalern an hunderttausend Adlige technisch vor sich gegangen sein? Eher anzunehmen ist, dass größere Summen, vielleicht auch in Form von Wechseln, praktischerweise an die Landeshauptleute, allenfalls noch an die Anführer der „Kompanien", gingen.

Es gibt nur zwei zuverlässige ereignisnahe Quellen, was Lehmanns Anwesenheit in Warschau betrifft. Da ist zunächst ein Brief des Dresdner Oberhofmeisters Johann Balthasar Bose (1658–1712) an seinen Bruder, den Kriegsrat Christoph Dietrich Bose den Jüngeren (1628–1708), am ersten der drei Wahltage (25. Juni) in Dresden geschrieben, in dem es heißt, August habe sich am 22. Mai auf die Reise in die Lausitz begeben, wohin er schon Truppen vorweggeschickt gehabt habe: „nachdem er vorher Lämmel und den Juden [Berend Lehmann] losgeschickt hat, um ihm Darlehen zu verschaffen, die er für die Ausführung seines Planes brauchen wird, dem man noch nicht auf den Grund gekommen ist."[179] Er habe auch schon das Gut Pillnitz für 15.000 Golddukaten an seine Mutter verkauft. Drei Tage später (28. Juni) heißt es in einem Brief Lämmels an seinen „Patron", Christoph Dietrich Bose aus Warschau:

> Ew. *Exc.* Berichte hiermit in Eyl, wie daß, alß Churf. Durchl. zu Sachsen, unser gnädigster Herr, mich den 8/18. *Junii* von Dresden anher zu gehen be*orde*rt, Ich endlich nach meinem vor 3 Tagen alhier geschehenen *arrivement* alhier gestern unvermuthet vernehmen müßen, daß die hiesige *Respublique* nach gäntzlicher *Abondanierung* aller zu Ihrer bißher *vacanten* Crohne sich angegebenen *Candidaten* Höchstgedacht Se. Churf. Durchl. zu Dero Könige erwehlet und *proclamiret* [...].
>
> *P.S.* H Bernd Lehman befindet sich auch alhier, *recommandirt* sich gehorsamst und läßt vernehmen, ob E[uer] E[xzellenz] die 2000 rthlr., so er ihm [Ihnen?] übermachet, empfangen.[180]

Es ist also gesichert, dass Berend Lehmann während der drei Wahltage in Warschau gewesen ist. Da ist aber von direkt mitgebrachtem und (nach Wein duftendem) verteiltem Geld überhaupt nicht die Rede. Es dürfte sich dabei um eine gut erzählbare Legende handeln.

---

179 „[...] après avoir envoyé au devant Lemmel et le Juif (Berndt Lehmann) pour luy faire du credit autant qu'il luy faudra pour exécuter son dessein que l'on ne sauroit penetrer au fond." so zitiert bei Haake, *Wahl* (wie Anm. 146), S. 63, ohne nähere Quellenangabe.
180 SHSA Dresden, 10026 Geheimes Kabinett, Loc. 3006/09. Korrespondenz Christoph Dietrich Bose des Jüngeren, Absender Lackmann–v.d.Lippe, hier Lämmel, Johann. Brief Nr. 230, 28.06.1697.

Die Doppelproklamation

So undurchsichtig die Vorgänge an den drei Wahltagen waren, so gut nachvollziehbar sind die folgenden Aktionen der Protagonisten. Am 27. Juni um 6 Uhr ruft der Primas auf dem Wahlfeld in den Weichselwiesen Conti zum König von Polen und Großfürsten von Litauen aus. In der Stadt wird bald darauf in der Johanniskirche das Tedeum gesungen. Währenddessen ruft der Bischof von Kujawien auf dem Wahlfeld August als König aus (Załuski: „so daß beyde Theile fast zu gleicher Zeit zur Ausrufung ihres Königs schritten"). Auch der Kujawier geht bald danach in die gleiche Johanniskirche, die Sachsen danken Gott für die Wahl *ihres* Landesherrn mit demselben Traditionsgesang Tedeum. Streng genommen waren beide Proklamationen illegal, denn die polnische Verfassung verlangte ja eine „einmütige" Nominierung; und zu ihr hatte sich auch der Primas bekannt.[181]

Am 28. Juni, wiederum morgens um 6 Uhr, beschwört Flemming in der Johanniskirche als selbsternannter Sondergesandter Augusts erneut die Pacta conventa, deren wesentliche Punkte jetzt die folgenden sind:
1. August zahlt 10 Millionen[182] für die polnischen Truppen,
2. er hält 15.000 eigene Soldaten unter Waffen, solange der Türkenkrieg andauert,
3. Kamjeniec Podolskij wird auf seine Kosten befreit[183],
4. der Katholizismus wird in Sachsen wiederhergestellt,
5. Kurfürstin Eberhardine konvertiert noch vor der Krönung.

In Dresden lässt wenige Tage später auch der Dresdner Gouverneur Anton Egon von Fürstenberg-Heiligenberg (1656–1716), selbst Katholik, das Tedeum singen. Augusts Gattin Eberhardine und seine Mutter Anna Sophia sind dabei nicht zugegen; wütend lehnen sie jeden Gedanken an eine Konversion ab.[184]

Der Transport des neuen Geldes

Zurück zur „Lauenburgischen Affaire", einer der Quellen für nach wie vor dringend benötigtes Geld: Am 2. Juli 1697 war endlich in Hannover der Vertrag über

---
181 Parthenay, *Pologne* (wie Anm. 146), S. 175.
182 Leider gibt Parthenay, *Mietau* (wie Anm. 146), S. 117 keine Währungseinheit an. Wenn es z. B. polnische Gulden (złoty) waren (so der Halberstädter Gemeinde-Historiker Auerbach, *Gemeinde* [wie Anm. 12], S. 46), entspräche das „nur" rund 180.000 Reichstalern. Wenn es deutsche Gulden waren (so klingt es bei Meisl, *Hof* [wie Anm. 41], S. 227 und bei Lehmann, *Schriften* [wie Anm. 33], S. 123), so entspräche das rund 670.000 Reichstalern.
183 Vgl. dazu weiter oben.
184 Parthenay, *Pologne* (wie Anm. 146), S. 175–183.

den Verkauf Lauenburgs von Sachsen an Hannover unterzeichnet worden. Hannover verpflichtete sich, 1,1 Millionen Gulden (733.333²⁄₃Taler) an Sachsen zu zahlen; Lehmann bekam für seine Vermittlerdienste eine „gute Ergötzlichkeit". Die knappe Dreiviertelmillion Verkaufserlös wurde teils aus vorhandenen welfischen Staatsgeldern bestritten, über die Hälfte der Summe mussten Leffmann Behrens und Berend Lehmann allerdings als Darlehen zur Verfügung stellen.[185]

August, der sich bereits in Breslau (Wrocław) aufhält, bereitet sich auf seine Krönung vor. Er möchte 250.000 Reichstaler schon am 28. Juli in der schlesischen Hauptstadt haben, und zwar unbedingt in Münzen und nicht, wie üblich bei so großen Summen, als Wechsel. Am 2. Juli werden sie in Hannover auf die Reise geschickt, und durch einen Glücksfall ist die Instruktion der kurfürstlich sächsischen Regierung für den Transportleiter des Geldes, den Kammerschreiber Conrad Ludwig, erhalten. Sie zeigt, wie schwierig solche Transaktionen waren:

> 1. July 1697 [...] Erstlich empfänget derselbe [Kammerschreiber Ludwig] alhier ...[Lücke zum Einsetzen der Summe, nicht ausgefüllt] Thaler, welche er in Tonnen einpacken und woll emballiren [gut einpacken], auch solches emballirtes Geldt auff die dazu benöthigte Wagen, welche ihm entweder aus hiesigem Churfürstlichen Wagenhauße oder von hiesigem Postmeister gegeben werden sollen, laden, so dann [sodann] über solche Wagen ein weißes Tuch, wie über die ordinaire Straßwagen zu geschehen pflegen, ziehen, auch sonsten in allem diese Ladung, soviel möglich, dergestalt einrichten laßen, als ob es Kauffmanns wahren [Kaufmannswaren], und kein Geldt wehre.

Eine weitere Summe, in gleicher Art verpackt und getarnt, soll Kammerschreiber Ludwig in Halberstadt im Hause Berend Lehmanns abholen. Der Resident selbst ist bereits der Verteilung halber in Warschau. Leider nennt die Instruktion nicht die Höhe von Lehmanns Anteilsumme. Über Leipzig, wo weiteres Geld aufgenommen wird, soll der Transport nach Dresden und Breslau weiterziehen.

> Der hiesige [hannoversche] Postmeister wird betreff Fortbringung sothaner Wagen bis auff eine gewiße Station Vorspann hergeben[186], von dannen der CammerSchreiber dann ferner, von Stationen zu Stationen, frische Pferde zu nehmen, und seine Reise Tag und Nacht mit solcher Beschleunigung fortzusetzen, dass er aufs lengste in 12 Tagen nach seiner Abreise von hier zu Breßlau anlangen könne. Es solle ihm auch ein Courier mitgegeben werden, welchen er von Stationen voran zu schicken, damit, wenn er daselbst ankommet, das benöthigte Vorspann parat stehen möge. Ferner soll ihm ein Officier von der Garde zu Pferde nebst einem Wächter und zweien Gardes zu Fuß von Hoffe mitgegeben werden.

So habe Ludwig

---

185 Die Aktion wird wiedergegeben bei Schedlitz, *Leffmann* (wie Anm. 113), S. 86–88.
186 Zusätzliche Pferde zur Verfügung stellen, um schneller zur folgenden Station zu kommen.

[...] auff seiner gantzen Reise von hier auff Leipzig und Breslaw sich einer solchen Wachsamkeit und Sorgfalt zu befleißigen, wie bei Überführung so großer GeldtSummen die Nohtturff [Notwendigkeit] erfordert. Von allen Ohrten, wo Posten [Postsendungen] abgehen, in specie in Halberstadt, Halle und Leipzig, hat er zu berichten, wie er auff seine Reise fortgekommen.[187]

Während das Geld unterwegs ist, schließt in Warschau erst am 11. Juli der Wahlreichstag. Man geht für einige Wochen auseinander, die französische Partei wartet auf Contis Ankunft. Der Organisator der sächsischen Partei, Vizeprimas Dąmbski, Bischof von Kujawien, sendet Zirkularschreiben in die einzelnen Landesteile, in denen er den Krönungs-Reichstag so zeitig einberuft, dass die Krönung am 15. September vonstattengehen kann.[188]

Wie immer das „wirkliche" Abstimmungsergebnis gewesen sein mag, August ist jetzt, taktisch gesehen, im Vorteil. Sein Geld hat bereits Wirkung gezeigt: Er selbst in Breslau und seine Truppen in der Lausitz befinden sich in unmittelbarer Nähe der polnischen Grenze. Für Conti, den möglicherweise wahren Abstimmungssieger, sieht es ungünstiger aus. Zwei Nachrichten treffen am 15. und am 16. Juli, also drei Wochen nach der Doppelwahl, in Paris ein, ein Warschauer Bote meldet den Wahlsieg Contis. Von der französischen Botschaft in Den Haag erfährt man dagegen, dass August gesiegt habe. Conti will eine Bestätigung aus Warschau abwarten.

3.3.4 Die Krönung

Am 25. Juli bricht August von Tarnowitz (Tarnowskie Góry) in Oberschlesien, nahe Beuthen (Bytom), nach Krakau (Kraków) auf. Am 31. Juli trifft er in Krakau ein, das wird jetzt sozusagen seine Gegenresidenz zu Warschau. Er wohnt aber zunächst incognito in einer Vorstadt. Dort kann er am 8. August tatsächlich den Empfang des Erlöses für Lauenburg, 1,1 Millionen Gulden, quittieren; der Kammerschreiber Ludwig und sein Transport haben alle Fährnisse überstanden. Unmittelbar danach bittet er Leffmann Behrens über den hannoverschen Kurfürsten um ein neues Darlehen. Das Geld, noch einmal 200.000 Reichstaler, geht schon am

---

187 Schedlitz, *Leffmann* (wie Anm. 113), S. 86–88.
188 Bizardière, *Histoire* (wie Anm. 146), S. 187.

10. August von Hannover ab, August muss allerdings, wegen der erschwerten Bedingungen, 12 statt der landesüblichen 6 % Jahreszinsen akzeptieren.[189]

Und Geld wird immer wieder gebraucht: Der Kommandant des Wawel (der Krakauer Königsburg) öffnet ihm die Tore, nachdem August der Gattin einen teuren Halsschmuck und dem Burgherrn selbst 5.000 Ecu verehrt hat.[190] Vor allem lässt er durch den Kastellan von Krakau zwei Millionen[191] an in der Region stationierte Truppen verteilen und bekommt dadurch 8 von 86 Kompanien auf seine Seite.[192] Damit gibt es jetzt zwei getrennte polnische Heere, ein auf den Primas und die Rzeczpospolita verpflichtetes, eins unter dem Befehl des neuen Königs.

Wie sieht es währenddessen auf der Gegenseite aus? Der Abbé Chateauneuf (François de Castagnères, abbé de Châteauneuf [1650–1703]) französischer Sonderbotschafter, reist nach Danzig und appelliert an den Magistrat dieser innerhalb Polens weitgehend autonomen, deutsch-sprachigen und lutherischen Handelsstadt, die Ratsherren möchten die Bankiers zu einem Kredit für Conti bewegen.[193] Sie weigern sich, und zwar nach Bizardières Meinung auch, weil sie Ludwig XIV. die Unterdrückung der französischen Protestanten übelnehmen. Nach Savilles Überzeugung hat Berend Lehmann seine protestantischen Kollegen zur Weigerung bewogen. Er zitiert einen Brief aus Warschau an Ludwig XIV., in dem der Botschafter Polignac sich beklagt, dass Chateauneuf Wechsel aus Paris über 400.000 Livres (200.000 Reichstaler) in Danzig nicht kreditiert bekommt, weil der Korrespondent des französischen Hofbankiers Samuel Bernard, Natanael Hollwel, sie nicht akzeptieren will. Saville hält Hollwel offenbar seines Vornamens wegen für einen Juden, und dieser habe unter Lehmanns Einfluss gestanden, der sich dann auch auf seine protestantischen Kollegen ausgedehnt habe.[194]

August fühlt sich mittlerweile so sicher, dass er Equipagen, Gewänder und Schmuck für die Feierlichkeiten aus Dresden kommen lässt. Während er in Krakau mit großem Pomp am 15. September gekrönt wird, nachdem er die Pacta conventa beschworen hat, bekommt er um diese Zeit zu Hause wieder etwas Geld in die Kasse.[195]

---

189 Schedlitz, *Leffmann* (wie Anm. 113), S. 88. Diese 200.000 dürften diejenigen sein, die nach Schnee angeblich bereits am 27.06. auf dem Wahlfeld verteilt wurden. Die eigentlich auf August 1698 terminierte Rückzahlung des Darlehens war 1701 noch nicht abgeschlossen.
190 Parthenay, *Mietau* (wie Anm. 146), S. 154.
191 Offenbar polnische Gulden, d. h. 357.000 Reichstaler.
192 Ab hier nach Parthenay, *Pologne* (wie Anm. 146).
193 Bizardière, *Histoire* (wie Anm. 146), S. 192.
194 Saville, *Juif* (wie Anm. 43), S. 86–87. Ein Bankier namens Hollwel ist mit keiner Internet-Suchmaschine aufzufinden.
195 Meisl, *Hof* (wie Anm. 41), S. 2–29, datiert auf „September 1697".

Er veräußert für insgesamt 340.000 Reichstaler die Ämter Lauenburg[196], Sevekenberg und Gerstorf, die Abtei Quedlinburg sowie die Reichsvogtei und das Schulzenamt von Nordhausen.[197] Die beiden letzteren Verkäufe werden wieder durch Berend Lehmann abgewickelt.

Conti hat sich zwar Anfang September mit 300 Soldaten und etwas Geld in Dünkirchen eingeschifft, trifft am 29. September vor Danzig ein, der Rat der Stadt verweigert ihm aber die Landung, und er muss vor der alten Abtei Oliva ankern. Polnische Adlige seiner Partei bejubeln zwar seine Ankunft, unterstützen ihn aber militärisch kaum, so dass Flemming, den August am 10. Oktober mit 3000 Reitern in Richtung Danzig (Gdansk) auf den Weg geschickt hat, ihn letzten Endes Anfang November aus Polen vertreiben kann.

Der halbherzige Rivale Conti hat dem sächsischen Kurfürsten, den er für einen Usurpator hält, das Feld geräumt. August erhält von überall Huldigungen, Polens Nachbarmächte Russland und Schweden bieten ihm Beistand an. Der Primas huldigt ihm noch nicht, erst im Mai 1698 erkennt der er ihn als Majestät an, nachdem dieser ihn mit 100.000 Reichstalern und seine „Kastellanin" mit Juwelen bestochen hat.[198]

Um diese Zeit erledigte sich übrigens die Befreiung von Kamieniec Podolski von selbst, weil Prinz Eugen von Savoyen (1663–1736), Augusts des Starken Nachfolger an der Türkischen Front, die Türken in der Schlacht von Zenta in der Vojvodina (Serbien) vernichtend schlug, woraufhin sie zu Verhandlungen bereit waren. Diese führten am 26. Januar 1699 zum Frieden von Karlowitz (Sremski Karlovci). Über eines seiner Ergebnisse heißt es im *Theatrum Europæum:* „[Es] ward endlich den 22./12. Sept. [1699] die unvergleichliche Vestung Kaminiec in Podolien den Königlich Polnischen hierzu verordneten Commissarien wieder eingeräumet."[199]

Zusammenfassung

August der Starke verdankt die polnische Krone mehreren Umständen:

---

196 „Lauenburg" wird bei Schnee und Meisl genannt. Es ist unklar, um welches „Amt" es sich da handeln könnte, jedenfalls nicht um die Stadt Lauenburg, die soeben mit dem Herzogtum gleichen Namens an Hannover verkauft worden ist.
197 Schnee, *Hoffinanz* (wie Anm. 7), Bd. 2, S. 178.
198 Saville, *Juif* (wie Anm. 43), S. 119; Bizardière, *Histoire* (wie Anm. 146), S. 276.
199 *Theatri Europæi* [...] *15. Theil durch Weiland Carl Gustavs Merians Seel. Erben* [...]. Frankfurt am Main 1707. S. 634b.

Sein eigener Ehrgeiz war erheblich größer als der des Prinzen Conti; sein Gegenspieler und dessen Partei gingen ungeschickt und unentschlossen vor. Anders als Conti war er während des ganzen Wahlgeschehens in unmittelbarer Nähe und hatte genügend Militär im Hintergrund. Er war auch bereit zu einer ganzen Reihe von Rechtsverletzungen, und schließlich hatte er zur richtigen Zeit genügend Bargeld zur Verfügung.[200]

An diesem letztgenannten Umstand hatte Berend Lehmann einen erheblichen Anteil, und zwar nicht nur durch Kreditgewährung und -vermittlung, sondern auch durch kluge Verhandlungen um Gebietsverkäufe, -verpfändungen und -verpachtungen. Allerdings haben seine Bewunderer andere Faktoren unterbewertet. Von entscheidender Bedeutung für den Erfolg war die Mitwirkung des Hauses Leffmann Behrens und der Jesuiten. Ganz zentral waren nicht zuletzt die Maßnahmen, die August der Starke selbst ergriff (Generalrevision, Akzise, Sondersteuern), und die entscheidende Rolle Flemmings als Propagandist und Organisator.

Die Problematik früherer Bewertungen

An dieser Stelle lohnt ein kritischer Blick auf frühere Darstellungen und Bewertungen von Berend Lehmanns Anteil am Erwerb der Polenkrone durch August den Starken, weil sie immer noch in den Medien wiederholt werden.[201]

So heißt es bei Manfred R. Lehmann schlicht: „Gleich nachdem er [Berend Lehmann] den polnischen Thron für König August *gekauft* hatte, [...] [Hervorhebung B.S.]".[202] Saville versucht, seinen Leser mit folgender rhetorischen Volte zu überrumpeln:

> [...] les plus perspicaces des historiens allemands, polonois ou suédois connaissent son [Lehmanns] rôle politique et le grand Celsius n'est point trompé qui, dans son 'Journal d'un voyage 1696–1698' écrit: ‚C'est en fait Berend Lehman qui obtint pour Auguste la couronne

---

200 Die Gesamthöhe „der Pretensionen, welche" die beiden sächsischen Könige Polens „zu formiren berechtigt sind", die sie also die Erwerbung Polens gekostet hat, wird in einer amtlichen Zusammenstellung unter dem Premierminister Brühl 1740 auf 100 Millionen Reichstaler Kapital und 161 Millionen Reichstaler Zinsen geschätzt. Haake, *Wahl* (wie Anm. 146), S. 79. Die Bezifferung der von Haake auf den Seiten 76–77 aufgezählten Teilbeträge ist allerdings durch Widersprüche so problematisch, dass auch Haake sie nicht ernst nimmt.
201 So im Internet: Klinger, Gerwin: *Berend-Lehmann-Museum: Mikwe der Moderne.* Artikel vom 28.09.2001. www.tagesspiegel.de/kultur/berend-lehmann-museum-mikwe-der-moderne/259692.html (11.12.2017); Schmittbetz, Michael: *Ein starker Typ.* Artikel vom 07.02.2011. http://lexi-online.de/themen/neuere_geschichte/august_der_starke/ein_starker_typ (11.12.2017).
202 Lehmann, *König* (wie Anm. 85), S. 8.

royale' [...].²⁰³ (die scharfsichtigsten deutschen, polnischen und schwedischen Historiker kennen seine politische Rolle, und der große Celsius täuscht sich nicht, wenn er in seinem Reisejournal 1696–1698 schreibt: Es ist in der Tat Berend Lehman, der August die polnische Krone verschaffte).

In Wirklichkeit stammt der Satz nicht vom zeitgenössischen Beurteiler, dem Orientalisten Olof Celsius (1670–1756), sondern er steht, vorsichtiger formuliert, in einer Fußnote – wörtlich: „die polnische Königswahl ist in der Tat von Lehmann finanziert worden" – , die der Übersetzer und Herausgeber der Celsius-Reportage, Hans-Joachim Schoeps, in den 1950er Jahren einem Zitat anfügt, in dem Celsius lediglich berichtet: „Er [Berend Lehmann] hat dem polnischen König 80.000 Reichstaler vorgestreckt und hofft in Leipzig wohnen zu dürfen."²⁰⁴

Saville akzeptiert nicht nur Schnees Darstellung, Berend Lehmann persönlich habe in der Nacht von 26. auf den 27. Juni 1697 40.000 Reichstaler unter den Wahladel verteilt²⁰⁵, er glaubt ausgerechnet für diese Nacht auch noch an ein Zusammentreffen Lehmanns in Warschau mit dem Wiener Hofjuden Samson Wertheimer, der weitere 300.000 Reichstaler zum Wahlfonds beigesteuert habe. Allerdings gesteht er in einer Fußnote, er bringe da eine Hypothese vor („*mais qui nous paraît très probable*" – die uns aber sehr wahrscheinlich erscheint).²⁰⁶ Sie würde voraussetzen, dass Wertheimer nach einer Audienz bei August am frühen Morgen des 25. Juni die 345 Kilometer von Breslau nach Warschau in – großzügig gerechnet – 40 Stunden zurückgelegt haben müsste, undenkbar bei einer möglichen Tagesleistung per Pferdefuhrwerk (Transport schwerer Münzen!) von 30 km.

Da er in Berend Lehmann den übergreifenden Organisator sowohl der Geldbeschaffung wie der Geldverteilung sieht, kommt er zu der erstaunlichen Schlussfolgerung: „[...] *peu d'historiens connaissent même le nom de l'homme qui provoqua l'echec du candidat de Louis XIV, Berend Lehman*" (ziemlich wenige Historiker kennen wenigstens den Namen des Mannes, der die Niederlage des Kandidaten Ludwigs XIV. bewirkte).²⁰⁷ Und, indem er den französischen Botschafter und den Residenten bedeutungsmäßig auf die gleiche Stufe stellt, erklärt

---

203 Saville, *Juif* (wie Anm. 43), S. 96.
204 Schoeps, Hans-Joachim: *Jüdisches in Reiseberichten schwedischer Forscher.* In ders.: *Philosemitismus im Barock. Religions- und geistesgeschichtliche Untersuchungen.* Tübingen 1952. S. 170–213. Wiederveröffentlicht als dritter Teil mit unveränderter eigener Seitenzählung in ders.: *Gesammelte Schriften*, Abt. I, Bd. 3. Hildesheim/Zürich/New York 1998). S. 188f.: Celsius' Tagebucheintragung vom 04.08.1698.
205 Saville, *Juif* (wie Anm. 43), S. 102.
206 Saville, *Juif* (wie Anm. 43), bezieht sich S. 98 auf Schnee, *Hoffinanz* (wie Anm. 7), Bd. 2, S. 214.
207 Saville, *Juif* (wie Anm. 43), S. 64.

er: „*Ambassadeur du roi le plus prestigieux du monde, chef en Pologne du parti le plus puissant, Polignac vit en quelques mois ces formidables atouts reduits à rien, cependant que, des joutes qu'il eut à engager avec des chances de victoire auxquelles personne ne pouvait croire, Berend Lehman sortit vainqueur.*" (Als Botschafter des weltberühmtesten Königs, in Polen Haupt der stärksten Partei, erlebt er, wie seine enormen Trümpfe zunichte werden, während Berend Lehmann als Sieger hervorgeht aus den Kämpfen, auf die er sich hat einlassen müssen, mit Siegeschancen, an die niemand glauben konnte).[208]

Der Wahrheit näher kam der nüchterne Archivar Josef Meisl, als er 1924 schrieb: „Zweifellos ist Friedrich August mit Hilfe reichlicher Geldmittel auf den polnischen Thron gelangt. Diesen Erfolg verdankt er vor allem der intensiven und geschickten Werbearbeit des Generalfeldmarschalls Fleming, der keine Mühe und kein Geld scheute, um die Konkurrenten seines Herrn auszustechen. Fleming wusste auch die nötigen Geldquellen zu erschließen, und es ist klar, dass ihm dabei in erster Linie Juden behilflich gewesen sind."[209]

Rückzahlungen
Einen kleinen Einblick in die Praxis der Rückzahlung von Krediten, die Lehmann gegeben oder vermittelt hat, gewährt eine Dresdner Akte mit dem Titel „Steuerscheine und *Aßignationes* betr., so dem Juden Berend Lehmann wegen seiner Vorschüße ausgestellet worden 1697–1703".[210] Darin gibt es ein Reskript Augusts des Starken an seinen Statthalter Fürstenberg und den Geheimen Rat in Dresden vom 8. August 1697, also zwischen der Wahl und der Krönung erteilt, in dem die Ausstellung von Steuerscheinen für Berend Lehmann in der Höhe eines neuen Darlehens von 200.000 Reichstalern angeordnet wird.[211] Und zwar soll das „gegen künftige Landes-Verwilligung" geschehen, das Geld muss also erst noch von der Landschaft, d.h. von den Ständen bewilligt werden. Die Steuerscheine werden erst innerhalb von drei bis vier Jahren zur Zahlung fällig werden. Teilsummen sind dann 1698 eingelöst worden, am 27.03.1700 werden aber noch immer nicht eingelöste Scheine „*renoviret*", das heißt auf neue Termine zahlbar gemacht.[212]

---

208 Saville, *Juif* (wie Anm. 43), S. 120.
209 Meisl, *Hof* (wie Anm. 41), S. 228.
210 SHSA Dresden 10026 Geheimer Rat (Geheimes Archiv) Loc. 10464/6 „Geheime Canzley", o. Bl.
211 Man könnte annehmen, dass es sich um dasselbe Darlehen handelt, das August um diese Zeit von Leffmann Behrens bekommen hat. Nach Ausweis der Dresdner und der hannoverschen Akten waren es aber verschiedene Vorgänge.
212 Ersichtlich aus der der Akte vorangestellten Übersicht.

Solche Scheine konnte jedermann in Zahlung geben, und so gibt es noch 1704 eine Anzahl von ihnen, die zwar „Judenscheine" genannt werden, aber nicht mehr Berend Lehmann, sondern unter anderen dem Kriegskommissar Johann Jakob Nierdt gehören und die noch einmal „renoviret" werden sollen.

Die von Schnee aufgelisteten zahlreichen Abrechnungen, die in den Folgejahren mit Lehmannn vorgenommen und von August dem Starken abgesegnet wurden, zeigen, dass der Resident durch die korrekte, wenn auch oft verspätete Rückzahlung und Verzinsung seiner Vorleistungen ganz legal zu dem Vermögen gekommen ist, das ihm den Talmuddruck, die Gründung der Halberstädter Klaus und den Bau der Synagoge ermöglichte.[213]

Dabei ist es interessant zu sehen, dass der Kurfürst-König seinen Hofjuden recht großzügig behandelt. So beobachtete der August-Biograf Karl Czok:

> In bestimmten Fällen mußte der Kurfürst-König bei der Durchsetzung des Revisionswerkes[214] Kompromisse eingehen, z. B. dort, wo es die eigenen engsten Vertrauten betraf. Wie etwa Graf von Flemming oder Baron von Löwenhaupt, die mit hunderttausenden von Gulden oder Talern in Polen umgingen, um die Pläne ihres königlichen Herrn zu realisieren, das kontrollierte niemand; auch nicht, ob sie Beträge für sich verwendeten. [...] Befreiung von der Revision genoß auch der ‚Hofjude' Augusts des Starken, Berent Lehmann: ‚[...] diejenigen Quittungen, so von mir unterschrieben seind, sohllen ohne weitere Untersuchung giltig sein.' Gleiches bestimmte der König für den Kriegszahlmeister Lämmel; denn in dessen Rechnungen befänden sich auch ‚fielle sachen, so ich nicht gerne sehe, das die commission sie zu sehen bekehme'.[215]

Berend Lehmann konnte aus der engen Verbindung zu August dem Starken vor allem einen bedeutenden Statusvorteil ziehen: Kurz nach der Krakauer Krönung machte der König ihn zum *Königlich Pohlnischen Residenten im Niedersächsischen Crayße*[216] und verlieh ihm damit einen diplomatischen Titel, der allerdings nur einen niederen Rang beinhaltete.[217]

Praktische Aufgaben waren mit dem Titel nicht verbunden.

Heinrich Schnee berichtet, Berend Lehmann habe sich 1714 anlässlich einer Audienz bei Friedrich Wilhelm I. darum bemüht, auch einen preußischen Resi-

---

213 Schnee, *Hoffinanz* (wie Anm. 7), Bd. 2, S. 183–185.
214 Gemeint ist die unter Gouverneur von Fürstenberg 1696 gebildete „Revisionskommission".
215 Czok, Karl: *Ein Herrscher – zwei Staaten: Die sächsisch-polnische Personalunion als Problem des Monarchen aus sächsischer Sicht*. In: Rexheuser, *Personalunionen* (wie Anm. 145), S. 103–119, hier S. 109. Czok zitiert SHSA Dresden, Loc. 959, vol. II.
216 Das Residenten-Patent ist nicht erhalten, aber die Ernennung ergibt sich aus einem Brief Augusts des Starken an Friedrich III., Kurfürst von Brandenburg vom 18.11.1697, GStA PK Berlin, I. HA, Rep. 33, Nr. 94–95, Pak. 2 (1698–1713), o. Bl.
217 Vgl. dazu die Zusammenfassung im Kapitel 11.2 dieser Arbeit.

dententitel zu erlangen (was ihm nicht gelungen sei).[218] Demnach kann man annehmen, dass auch August der Starke ihm den polnischen Titel nicht von sich aus verliehen, sondern dass Lehmann ihn sich erbeten hat. In diese Richtung deutet auch die Erläuterung eines zeitgenössischen Lexikons: „Man nimmt zu solchen Chargen selten [...] Leute von adelicher Geburt, [...] sondern meist nur in den Handelsstädten reiche Kaufleute oder auch wohl gar Juden, die sich mit dem bloßen Titul ohne Besoldung begnügen lassen."[219] Der prominente vergleichende Völkerrechtsgelehrte des 18. Jahrhunderts, Johann Jakob Moser (1701–1785) ordnet den Residenten als „publique Person" in den unteren der drei Ränge von „Gesandten" ein (die oberen beiden: Botschafter und „Envoyés"). Man bediene sich, so schreibt er, „derer Residenten vilfältig an kleinen Höfen, in Reichs-Craysen und anderen Gegenden, wo nur zuweilen etwas, doch nichts sonderliches, vorfället [...]" und es gebe unter ihnen „solche, von denen man nicht weiß, was man aus ihnen machen sollte."[220]

Wie vage der Inhalt des Titels auch gewesen sein mag, er hob ihn nicht nur aus der Menge der „Privatjuden" hervor, sondern gab ihm auch eine Sonderstellung innerhalb der Elite, welche die Hofjudenschaft darstellte. Neben wirtschaftlichen Vorteilen wie gewisser Steuererleichterungen und der Abgabenfreiheit in Bezug auf die Waren seines persönlichen Bedarfs bedeutete dies vor allem den direkten Zugang zum sächsisch-polnischen Landesherrn.[221] Im weiteren Verlauf dieser Darstellung wird sich zeigen, welche anderen Privilegien ihm als „Residenten" gewährt, beziehungsweise verweigert wurden.

Was hatte es mit dem „Niedersächsischen Crayße" auf sich? Reichskreise waren regionale Gruppen von Landesherrschaften innerhalb des Heiligen Römischen Reiches, die um 1500 im Reichsregiment Kaiser Maximilians I. als Verwaltungsbezirke und Selbstverwaltungskörperschaften geschaffen wurden. Sie bestanden bis zum Ende des Alten Reiches (vgl. Anton Karl Mally in: Enzyklopädie der Neuzeit, Bd. 10, Sp. 930–932). Die Treffen der Mitgliedsstaaten, „Kreistage", auf denen zum Beispiel territoriale Streitigkeiten sowie Münz- und Zollfragen erörtert, die Beteiligung an der Reichsverteidigung verhandelt und Richter für das Reichskammergericht bestimmt wurden, verloren im Dreißigjäh-

---

218 Schnee, *Hoffinanz* (wie Anm. 7), Bd. 2, S. 173, leider auch im Dokumentenband 3 unter den preußischen Akten (S. 275–283) nicht belegt.
219 Zedler, Johann Heinrich: *Großes vollständiges Universal-Lexicon aller Wissenschaften und Künste, welche bishero durch menschlichen Verstand und Witz erfunden worden.* Bd. 31, Leipzig 1743, Spalte 716.
220 Moser, Johann Jakob: *Grund-Sätze des jetzt üblichen Europäischen Völcker-Rechts in Friedens-Zeiten* [...]. Frankfurt/Main 1763. S. 182 und 201.
221 Schnee, *Hoffinanz* (wie Anm. 7), Bd. 2, S. 173–174.

rigen Krieg an Bedeutung, denn die meist protestantischen norddeutschen Reichskreise stellten sich gegen den katholischen Kaiser, und der Gegensatz wurde nicht mehr überwunden.[222] Zum *Niedersächsischen Reichskreis* gehörten die welfischen Fürstentümer, die Erzbistümer Bremen und Magdeburg, die Bistümer Halberstadt, Hildesheim, Lübeck, Ratzeburg, Schwerin und Schleswig sowie die Hansestädte, die Herzogtümer Lauenburg und Mecklenburg sowie das Land Dithmarschen. Im 16. Jahrhundert tagte der Niedersächsische Reichskreis häufig in Halberstadt, aber nach der letzten Kreisversammlung in Lüneburg, 1682, spielte er wegen der inneren Konflikte zwischen den Fürsten keine Rolle und stellte auch keine Kreistruppen mehr. De facto hörte der Kreis lange vor dem Ende des alten Reiches auf zu existieren.[223]

3.4 Heereslieferant im Großen Nordischen Krieg

Unser Wissen über Berend Lehmanns Tätigkeit in den ersten Jahren des Großen Nordischen Krieges (1700–1721, akute Phase 1700–1706) stammt aus einer Reihe von Briefen, die der Resident zwischen 1697 und 1704 an den kurfürstlich-sächsischen Staats- und Kriegsminister Christoph Dietrich Bose den Jüngeren (1664–1741) schrieb und die im Sächsischen Hauptstaatsarchiv erhalten geblieben sind. Sie wurden 1924 von dem Archivar Josef Meisl transkribiert und veröffentlicht.[224]

Kaum hatte August der Starke in Krakau seine Krönung zum König in Polen über die Bühne gebracht (15. September 1697), da wurde ein lange virulenter Konflikt mit Polens baltischem Nachbarn, dem Königreich Schweden, akut.[225] Das bevölkerungsarme, aber politisch und militärisch ehrgeizige Land hatte als Ergebnis des Dreißigjährigen Krieges nicht nur im Heiligen Römischen Reich Fuß gefasst (Vorpommern mit Rügen, Wismar, die Bistümer Verden und Bremen gingen im Westfälischen Frieden 1648 an Schweden), sondern auch das einst zu Polen-Litauen gehörende Livland (heute im wesentlichen Lettland und Estland) annektiert.

---

222 Dotzauer, Winfried: *Die deutschen Reichskreise (1383–1806)* (Dotzauer, *Reichskreise*). Stuttgart 1998. S. 37.
223 Dotzauer, *Reichskreise* (wie Anm. 222), S. 354–355.
224 Meisl, Josef: *Berend Lehman und der sächsische Hof.* In: *Jahrbuch der jüdisch-literarischen Gesellschaft.* Jg. XVI (1924). S. 227–252.
225 Die folgenden Ausführungen basieren auf Czok, Karl: *August der Starke und seine Zeit. Kurfürst von Sachsen, König in Polen.* München 2006. S. 59–62 (auch als Taschenbuchausgabe 1989 und 2004 Edition Leipzig).

Nun erklärte der livländische Adlige Reinhold von Patkul (1660–1707) August dem Starken im Spätjahr 1699, seine Standesgenossen wollten die schwedische Zwangsherrschaft abschütteln, und der König-Kurfürst sah hier die Gelegenheit, Livland für „sein" Polen zurückzuerobern und verbündete sich mit Zar Peter I. (dem Großen) und dem dänischen König Friedrich IV. gegen den jungen Schwedenkönig Karl XII.

Patkul ermutigt ihn, Anfang Februar 1700 seinen Feldherrn Flemming die Hansestadt Riga anzugreifen zu lassen. Nach ersten Erfolgen kommt die Aktion ins Stocken, und monatelang liegt eine sächsische Armee von 14.000 Mann, auf Verstärkung wartend, vor der belagerten Stadt, wobei der heranreisende August weder die Hilfe der Rzespospolita bekommt (Primas Radziejowski erklärt den Krieg zu Augusts Privatsache) noch die von Patkul versprochene Unterstützung des livländischen Adels.

Während dieser Zeit befindet sich Berend Lehmann zunächst in Breslau, wo er privat – auch bei nichtjüdischen Kaufleuten – Geld aufnehmen muss, um dem König Pferde und Soldatenstiefel liefern zu können.[226] Diese „Pferde u. Stiflen" sind die einzigen Handelsobjekte, von denen in seinen Briefen an Bose die Rede ist. Seine Hauptaufgabe dürfte die Beschaffung von Geld gewesen sein, und er folgt August zunächst über Posen und Gnesen nach Warschau und dann in das „Lager vor Riga", in erster Linie, um seine Vorschusszahlungen zu sichern und Rückzahlungen zu organisieren.

Die Geschäftsvorgänge, über die er Bose berichtet, sind wegen seiner unklaren, oft nur andeutenden Ausdrucksweise nicht im Einzelnen nachzuvollziehen, aber so viel ist erkennbar: Es handelt sich um große Beträge (bis zu einer halben Million Reichstaler), für die er als Gegenwert Steuerscheine in die Hand bekommt, deren Einlösung die bereits bekannten Probleme beinhaltet. So heißt es am 27. April 1700 aus Warschau, „es folget hierbey ein Befehl von Ihro Majestät, daß man mir soll auf mein[en] Steuerschein 100 000 R[eichstaler] erlegen, die Stadt Leipzig [soll das tun], so zweifle nicht, daß solche [Zahlung] eingehen wird."[227] Später heißt es einmal: „Sonst gehen die Zahlungen all hier gar schlecht, indeme man Anweisung[en] auf etliche Jahre hinaus ertheilt." Das heißt, der König-Kurfürst verpfändet praktisch die Staatseinnahmen der fernen Zukunft. Und so formuliert Lehmann seine Grundangst: Er bittet Bose, „zu retten meine [zur Rettung meines] *Credites* behulffig zu seyn, [...] damit ich ein ehrlicher Mann bleiben kann."[228]

---

226 Berend Lehmann an Bose, 27.04.1700, s. Meisl, *Hof* (wie Anm. 41), S. 237.
227 Berend Lehmann an Bose, 27.04.1700 aus Warschau. Meisl, *Hof* (wie Anm. 41), S. 237.
228 Berend Lehmann an Bose, 16.08.1700 aus Mitau. Meisl, *Hof* (wie Anm. 41), S. 239.

Da er sich nahe der Front aufhält, teilt er Bose das eine oder andere über die militärische Lage mit, etwa, dass der litauische Woiwode Benedykt Sapieha noch nicht mit Hilfstruppen für August eingetroffen ist, auch „von [den] Moskovitter[n] höret man noch wenig." Die belagerten Schweden sind durch 20.000 finnische Soldaten verstärkt worden.[229] Im August berichtet er, der mit dem König persönlich gesprochen hat, dass dieser nur auf seine Artillerie warte, um Riga zusammenzuschießen, und er „glaubt schwerlich, dass Ihre Majestät ehender [eher, früher] weckgehen wird, biess dass er Riga mit Gottes Hülf hath."[230] Dazu sollte es nicht kommen. Zu diesem Zeitpunkt war Dänemark als eine der drei antischwedischen Koalitionsmächte bereits ausgefallen; angesichts schwedischer Flottenübermacht in der Ostsee schloss es einen Separatfrieden mit Karl XII. Peter der Große dagegen erschien nun ebenfalls mit Truppen im baltischen Kriegsgebiet, kümmerte sich allerdings nicht um Riga, sondern eroberte den für Russlands Ostseezugang wichtigeren Hafen von Narva.

Noch zweimal schreibt Berend Lehmann aus dem „Lager vor Riga" an Bose[231], allerdings liest man nichts über die veränderte Kriegslage, sondern er bittet Bose mehrmals inständig, sich für die Einlösung seiner auf 100.000 Reichstaler lautenden Steuerscheine einzusetzen. Er habe jetzt schon bei Prager Juden Geld zu 12 Prozent (statt der üblichen 6) aufnehmen müssen. Den erstaunlichen Sieg der Schweden über eine russische Riesenarmee bei Narva (30. November 1700) und die Zurückdrängung der sächsisch-polnischen Truppen in ihr eigenes Territorium hinein hat Berend Lehmann sehr wahrscheinlich nicht mehr im Kriegsgebiet erlebt. Am 9. Juli 1702 wird August von Karl XII. bei Kliszów, zwischen Warschau und Krakau, geschlagen, er muss fliehen, und erst Ende des Jahres kann er in Thorn (Toruń) wieder Kräfte sammeln. Dazu zitiert Saville aus der Geschichte Polens dieses Zeitabschnittes von Kazimierz Jarochowski:[232]

> Nous y voyons le Juif de Cour très actif; ce banquier du roi cherche de l'argent de tous cotés, à Berlin, à Dantzig, á Hambourg, où il fait des emprunts pour le roi [...]...) Auguste avait besoin d'argent pour former une armée contre Charles II. On le vit alors très actif, ce qui étonna tout le monde, car il était un grand sybarite [...]. A Thorn, ceux qui montraient le plus d'ardeur etaient le general Beckendorf, les conseillers Beichlingen, Jordan, Rümohr et enfin le banquier juif Berend Lehman." (Wir sehen dort den Hofjuden sehr aktiv; dieser Bankier des Königs sucht auf allen Seiten nach Geld, in Berlin, in Danzig, in Hamburg, wo er Anleihen für den König aufnimmt [...] August braucht Geld, um eine Armee gegen Karl XII. aufzustellen.

---

229 16.08.1700 aus Mitau. Meisl, *Hof* (wie Anm. 41), S. 239.
230 26.08.1700. Meisl, *Hof* (wie Anm. 41), S. 240.
231 26.08. und 22.09.1700. Meisl, *Hof* (wie Anm. 41), 241–243.
232 Saville; *Juif* (wie Anm. 43), S. 163. Leider ohne genaue Quellenangabe, vermutlich aus Jarochowski, Kazimierz: *Dzieje panowania Augusta II*. Poznań 1856.

Man erlebt ihn jetzt sehr aktiv, was die ganze Welt erstaunt, denn er war ein großer Sybarit [...]. In Thorn waren diejenigen, die den größten Eifer zeigten, der General Beckendorf, die Räte Beichlingen, Jordan, Rümor und schließlich der jüdische Bankier Berend Lehman).

Besonders kritisch ist die sächsische Finanzlage nach der Besetzung Sachsens durch die schwedischen Truppen und dem faktischen Waffenstillstand gemäß dem Vertrag von Altranstädt (1706). So spielt im Jahr darauf Berend Lehmann wieder einmal eine wichtige Vermittlerrolle bei der Verpfändung der kursächsischen „Lehensgerechtigkeit" (einem teilweisen Besitzanspruch) über die Grafschaft Mansfeld auf acht Jahre an Kur-Hannover für 600.000 Reichstaler.[233]

3.5 Wieder im Münzgeschäft tätig

Im Januar 1701 wird in allen Ämtern des Kurfürstentums Sachsen eine Bekanntmachung angeschlagen, in der einige nichtsächsische Münzsorten „verrufen", d.h. für ungültig erklärt werden. Es handelt sich zum Teil um „französische Gehalts-Taler", die vorwiegend im Erzgebirge im Umlauf sind. Sie gelten als besonders „gut" und sie werden – von wem auch immer – „denen Leuthen" gegen die Zahlung von 1¼ sächsischen Talern „obtruirt" (aufgedrängt). Dieser Betrug funktioniert nur auf dem Hintergrund der allgemeinen Münzunsicherheit im ganzen Heiligen Römischen Reich. Elf Jahre vor dieser 1701 verkündeten „Verrufung" hatten sich Kurbrandenburg, Kursachsen und Kurhannover in dem „Leipziger Rezess" zwar darauf geeinigt, dass aus einer Mark (das ist hier keine Währungs-, sondern eine Gewichtseinheit: die „Kölner Mark" hat 233,651 Gramm) Feinsilber nicht mehr als 13 Kurant- oder Verrechnungstaler geprägt werden durften. Viele Landesherren hielten sich aber nicht daran, denn die Streckung des Silbers mit dem Kupfer brachte Vorteile für die Staatskasse: Kupfer war erheblich billiger als Silber, der Materialwert sank; aber die Münze sollte die Geltung des aufgeprägten Nennwertes haben. So war es im Kurfürstentum Brandenburg (seit 1701 Königreich Preußen) auch bei Kleingeldmünzen zu erheblichen, hoheitlich sanktionierten Münzverschlechterungen gekommen. Statt der nach dem „Leipziger Rezess" erlaubten 13 Taler wurden in Berlin 28 Taler (aufgeteilt in jeweils 268 Dreipfennig- oder 212 Sechspfennigmünzen) aus der Mark Feinsilber geprägt.

---

233 Zu den Einzelheiten vgl. Vötsch, Jochen: *Kursachsen, das Reich und der mitteldeutsche Raum zu Beginn des 18. Jahrhunderts*. Diss. Erfurt 2001, Frankfurt/M. 2002. S. 378. Hasche, Johann Christian: *Diplomatische Geschichte Dresdens von seiner Entstehung bis auf unsere Tage, 4. Theil* (Hasche, *Geschichte*). Dresden 1819. S. 32, ergänzt: „Verpachtet wurden auch die Ämter Borna auf 24 Jahre für 500.000 Taler und Gräfenhainichen auf 12 Jahre für 35.000 Taler."

Abb. 3. Vorder- und Rückseite einer 6-Pfennig-Münze, Silber und Kupfer, Leipzig 1702. Zeichen E P H des Münzmeisters Ernst Peter Hecht. Wegen ihres geringen Silber- und hohen Kupfergehalts „Roter Seufzer" genannt. Dies ist eine der Münzen, die auf den Rat von Berend Lehmann nach dem Brandenburgischen Fuß in der zeitweilig von seinem späteren Mitschwiegervater Lazarus Hirschel betriebenen Leipziger Münze geprägt wurden.

Diese „Chur-brandenburgischen rothen Sechs- und Drey-Pfenniger" werden in der gleichen Bekanntmachung verrufen, allerdings werden sie wegen des Kleingeldmangels nicht sofort aus dem Verkehr gezogen, sondern zunächst abgewertet: die Sechspfennig-Münzen gelten nur noch zwei Pfennige und die Dreipfennig-Münzen gelten nur noch einen Pfennig.[234]

Was steckt dahinter? Wie man aus einem Schreiben Augusts des Starken (Konzipient: Beichlingen) an seinen Statthalter Egon von Fürstenberg erfährt, können die Pfennigmünzen nicht einfach für ungültig erklärt werden; die Leipziger Münze arbeitet nämlich zu der Zeit nicht, deshalb gibt es zu wenig Kleingeld-Münzen in Sachsen. Man muss die minderwertigen brandenburgischen Münzen weiter im Umlauf belassen.[235] Um dieses Problems grundsätzlich Herr zu werden, wendet sich August an den in solchen Dingen bewährten Residenten Berend Lehmann, der als Spezialisten seinen Bruder Herz mit heranzieht, einen in Wien ansässigen Hofjuden. In Wien waren Juden schon seit der ersten Hälfte des 16. Jahrhunderts am Handel mit Silber und an dessen Ausmünzung beteiligt. Dabei war offenbar das Sammeln und Aufkaufen von Bruchsilber (schon verarbeitetem Silber, „Pagament") eher ihre Sache als die Beschaffung von Rohsilber. Zum Pagament gehörten auch ungültige, „verrufene" Münzen.[236] Herz Lehmann

---

234 SHSA Dresden, 10025 Geheimer Rat (Geheimes Archiv) Loc. 9814/5, Bl. 3. Über den „Leipziger Rezess" vgl. www.hagen-bobzin.de/hobby/muenzen.html (11.12.2017).
235 SHSA Dresden, 10025 Geheimer Rat (Geheimes Archiv) Loc. 9814/5, Schreiben vom 13.04. 1701, Dokument W 5.
236 Vgl. Staudinger, Barbara: *Von Silberhändlern und Münzjuden an der kaiserlichen Münze im 17. Jahrhundert.* www.david.juden.at/kulturzeitschrift/66–70/68-stauding (27.08.2016). Nach El-

ist bereit, mit 10.000 Mark Feinsilber nach dem oben beschriebenen Brandenburgischen Münzfuß (dem Verhältnis Feinsilbergehalt zu Nennwert der Münze) Sechspfennigstücke im Nennwert von 280.000 Talern auszumünzen. Die neuen sächsischen Münzen wären also wegen des hohen Kupfergehalts genauso rot und „schlimm" im Sinne des Feingehalts wie die brandenburgischen, gut wäre die Neuprägung für August dennoch, weil „auch wir Selbst einigen Vortheil dabey haben möchten."[237]

Herz Lehmann ist der Lieferant eines Teils des Silbers, dessen Preis nach einem anderen Dokument in derselben Akte bei 12 Talern pro Mark liegt, außerdem auch des Kupfers, mit dem das Silber auf mehr als das Doppelte gestreckt werden soll. Die alten Münzen sollen Zug um Zug eingeschmolzen und durch neue ersetzt werden; das geschmolzene Altmetall geht in die Neumünzung mit ein. Es ergibt sich ein „Schlagschatz" – das ist der Unterschied zwischen dem Nennwert (280.000) und dem Materialeinkaufswert (120.000)[238] – von 160.000 Talern, den sich Herz und der Kurfürst teilen: Der Kurfürst bekommt 118.000 Taler, bleiben für Herz 42.000 (wahrscheinlich sogar mehr, weil er von dem jüdischen Silberlieferanten einen Rabatt auf den Silberpreis erhält).

Um die Ausmünzung zu bewerkstelligen, bekommt Herz beziehungsweise sein Wiener Kompagnon Lazarus Hirschel (der Vater von Berends Schwiegersohn Markus) die Leipziger Münze samt dem Münzmeister Ernst Peter Hecht und zwei weiteren christlichen Münzwerkern zur Verfügung gestellt. Der Kurfürst ist vorsichtig, es sollen zunächst nur die oben genannten Münzarten und Münzenmengen hergestellt werden, damit seine kurfürstliche Rentkammer zu der Aktion Stellung nehmen kann. Falls keine Bedenken bestehen, könnte dann unter der Regie von Herz Lehmann und Hirschel die Leipziger Münze wieder voll in Betrieb genommen werden. Die Rentkammer scheint nicht protestiert zu haben, und so befiehlt der Kurfürst am 27. Juli 1702 aus Warschau, es sollten in Leipzig aus 1.250 Mark Feinsilber jetzt auch Kreuztaler[239] gemünzt werden.

---

kar, Rainer S.: *Die Juden und das Silber*. In: Ehrenpreis, Stefan [u. a., Hrsg.]: *Kaiser und Reich in der jüdischen Lokalgeschichte*. München 2013 (*Bibliothek altes Reich* 7). S. 21–65, sind die Verhältnisse 1767 in der Grafschaft Wertheim etwas anders: Juden sind nur unter anderen am Silberhandel beteiligt. Drei von ihnen kaufen bei Glaubensgenossen aus Frankfurt am Main größere Mengen Silber für die Münze der Regierenden Herren von Löwenstein-Wertheim, und zwar davon zwei Drittel als Rohsilber und ein Drittel als Pagament. Elkar macht keine Angaben über den Schürfort des Rohsilbers.
237 SHSA Dresden, 10025 Geheimer Rat (Geheimes Archiv) Loc. 9814/5, Schreiben vom 25.04. 1701. Vgl. Abb. 3.
238 Dabei bleibt hier der Einfachheit halber der Preis des Streck-Kupfers außer Betracht.
239 Silbermünze, ursprünglich in den spanischen Niederlanden eingeführt, mit einem Andreaskreuz versehen.

3.5 Wieder im Münzgeschäft tätig — 77

Die Geschichte der ab 1701 in Leipzig geprägten Sechspfennigmünzen hat noch eine Fortsetzung, wie man in einer Chronik von Dresdner Ereignissen des 18. Jahrhunderts liest:

> Am 29. Juli [1701] fingen die sogenannten Leipziger Seufzer (rothe Sechser) an, deren der Kanzler Graf Dietrich von Beuchling in 2 Jahren für einige Tonnen Goldes (560,000 Thlr.) hatte schlagen lassen. Sie sind im Gehalt 2 Löthig und die Mark auf 32 Thaler ausgeprägt,[240] wurden aber schon 1703 eigenmächtig vom Publikum auf 2 Pf. devalvirt und, obgleich der König 10ten Febr. 1703 sie durch Rescript für 3 Pf. zu nehmen befahl, so blieb doch die Handelschaft bei 2 Pf. stehen, daher sie im August völlig verrufen wurden, so dass man sie jetzt nur in Münzkabinetten findet.[241]

Wenn man die Daten dieses Vorgangs zusammenfasst, wird die ganze Absurdität der Prägung „schlimmer" Münzen deutlich: In Sachsen sind brandenburgische Münzen mit einem sehr geringen Silbergehalt im Umlauf. Der Kurfürst wertet sie ab und ersetzt sie durch sächsische, die einen noch geringeren Silbergehalt haben. Diese werden von den Händlern nur zu einem Drittel ihres Nennwertes akzeptiert; der Kurfürst befiehlt, dass sie wenigstens die Hälfte des Nennwerts gelten sollen, der Handel befolgt diesen Befehl nicht, so dass August schließlich seine eigenen Münzen für ungültig erklären muss.

Berend Lehmann und sein Kreis sind nur die Ausführenden der kurfürstlichen Politik. Der Silberlieferant ist übrigens im Fall der im zweiten Durchgang geprägten „Kreuztaler" Berend Lehmanns späterer Buchhalter, der Hallenser Hofjude Assur Marx, so dass wir hier ein Musterbeispiel des Zusammenwirkens des Familien- und Freunde-Netzwerks mit Berend und Herz Lehmann, Lazarus Hirschel und Assur Marx vor Augen haben.[242]

---

240 Das wäre noch „schlimmer" als die im April 1701 nach brandenburgischem Muster geplanten 28 Taler aus einer Mark. Möglicherweise wurde der Plan zwischen April und Juli in diesem Sinn geändert. Auch der anvisierte Gewinn würde dadurch natürlich steigen.
241 Hasche, *Geschichte* (wie Anm. 233), S. 8–9.
242 SHSA Dresden, 10025 Geheimer Rat (Geheimes Archiv) Loc. 9814/5, Bl. 112. Es scheint eine weitläufige Familienverbindung zwischen Berend Lehmann und Assur Marx gegeben zu haben. So quittiert Assur Marx am 16.02.1721 in Hannover „für seinen Principal und Vetter Berend Lehmann" (NLA Hannover, Hann. 92, Nr. 419, Bl. 77); an anderer Stelle bezeichnet Lehmann ihn als „meinen bekannten Freund". Vgl. Kisch, Guido: *Rechts- und Sozialgeschichte der Juden in Halle. 1686–1730*. Berlin 1970 (*Veröffentlichungen der Historischen Kommission zu Berlin 32*). S. 27.

4 Zu Hause in der *Judenschaft* von Halberstadt

Berend Lehmann war unter den schwierigen Verkehrsverhältnissen seiner Zeit häufig auf weiten Geschäftsreisen unterwegs. Von seinen Unternehmungen kehrte er immer wieder „nach Hause"[243] zurück. Damit meinte er Halberstadt. Da sich hier das Stammgeschäft und die Familie befanden sowie die Freunde, mit denen er das Zentrum der jüdischen Gemeinde gestalten wollte, muss er – obwohl hier nicht geboren – Halberstadt als Heimat empfunden haben. Bei seinen Bauten berücksichtigte er immer auch das allgemeine Erscheinungsbild der Stadt. Um seine Stellung innerhalb dieser Stadt zu verstehen, müssen zunächst die verfassungsmäßigen Rahmenbedingungen der Halberstädter Juden skizziert werden.

4.1 Die Regierungsverhältnisse in Halberstadt zur Zeit Berend Lehmanns

Die Regierung
Die Stadt Halberstadt war eine Gründung der Bischöfe, sie entwickelte sich aber im Hochmittelalter, getrennt von der Domburg und dem ihr zugehörigen Vogteibezirk, als wohlhabende Hansestadt zu weitreichender Unabhängigkeit. Sie konnte im Verlaufe des 12. und 13. Jahrhunderts den Bischöfen das Markt-, Zoll-, und Münzrecht für eine gewisse Zeit abkaufen.[244] Deren Stellung war im Spätmittelalter so schwach, dass sie zwischen 1373 und 1488 sogar die Vogtei, ihren Versorgungsbezirk, an die Bürgerstadt verpfänden mussten.[245] Im Verlaufe des 15. Jahrhunderts eroberten sie jedoch als Nutznießer eines blutigen Konfliktes zwischen Patriziern und Zunftmeistern im Rat die Gerichtshoheit über die ganze Stadt und die uneingeschränkte Herrschaft über die Vogtei zurück – für die Bürgerschaft war das ein Verlust, von dem sie sich nie erholte. Um 1500 übten, da die Bischöfe selten anwesend waren, meist die Dechanten des Domkapitels vertretungsweise die Macht über Stadt und Fürstentum aus. Sie legitimierten ihre Herrschaft auch damit, dass sie die Vertreter des vornehmsten der vier Landstände waren. Die Reformation wurde in Halberstadt von den die Bischöfe ersetzenden Administratoren (hauptsächlich aus dem Haus Braunschweig-Wolfenbüttel) eingeführt, wobei ein Teil der Mitglieder des Domkapitels ausgespart und bis ins 18. Jahrhundert katholisch blieb.

---

243 So bezeichnet in seiner *Species facti*, Dokument B 18.
244 Scholke, *Halberstadt* (wie Anm. 1), S. 77.
245 Der folgende Abschnitt orientiert sich weitgehend an Baumann, Walter: *Verfassungsgeschichte der Stadt Halberstadt. 1500–1808* (Baumann, *Verfassungsgeschichte*). Halberstadt 1937.

Kurfürst Friedrich Wilhelm von Brandenburg („der Große"), dem das Bistum 1648 zugefallen war, ließ sich am Ort durch einen meist hochadligen Statthalter vertreten und ersetzte die Verwaltung des jetzt als „Fürstentum Halberstadt" säkularisierten Bistums durch eine brandenburgische Oberbehörde, die so genannte „Halberstädtische Regierung". Deren Regierungsräte wurden teils aus dem regionalen Adel berufen und teils aus Köllner (Berliner) Behörden nach Halberstadt delegiert.[246] Die Halberstädtische Regierung übte als brandenburgisches Landgericht die hohe Gerichtsbarkeit im Fürstentum aus, sie war auch Appellationsinstanz für die niedere Gerichtsbarkeit. Die Regierungsräte waren also großenteils auch Richter. Aus dem Personal der Regierung wurden ebenfalls die Mitglieder des Konsistoriums (zuständig für Religion und Bildung) bestimmt, desgleichen die der Bau-, der Armen- und der Waisenhauskommission.[247] Die Verwaltungsaufgaben der Regierung bestanden im Erstatten von Berichten und Gutachten an die kurfürstliche, später königliche Regierung in Kölln (Berlin) und im Ausführen kurfürstlicher beziehungsweise königlicher Reskripte.

Die Stände
„Die Land Stände dieses Fürstenthums bestehen aus dem *Clero Primario, Secundario*, der Ritterschafft und denen Städten, und schicket jedweder *status* einen Land Rath als ordentlichen *Deputatum* zu denen Land Tagen ab, wie denn auch dieselben ihren eigenen Land *Syndicum*, Land *Secretarium* und Land Bothen *salariren*."[248]

So beschreibt der Regierungsarchivar Lucanus um 1740 die Verfassungsnorm, wobei hinzuzufügen ist, dass es die Dom-Stiftsherren waren, die den Primarklerus darstellten, während zum Sekundarklerus die Vorstände der übrigen geistlichen Stifte der Stadt und mehrerer Klöster im Land gerechnet wurden. Der „deputierte" Landrat der Städte (dazu gehörten auch Aschersleben und Osterwieck) war regelmäßig der Halberstädter Bürgermeister. Der Landtag war die repräsentative Versammlung mehrerer verschieden großer bevorrechtigter Bevölkerungsgruppen. Die Masse der einfachen Bewohner war in ihm nicht vertreten. Die vier „Deputati", von denen Lucanus spricht, bildeten den „Großen Ausschuss" für die Zeit zwischen den großen Landtagen.

Die Geschichte der Halberstädter Stände ist noch nicht detailliert erforscht worden, so dass oft nur allgemeine Angaben zur Verfügung stehen. So heißt es in einer sonst sehr detaillierten *Verfassungsgeschichte der Stadt Halberstadt* pau-

---

246 S. die Kurzlebensläufe in Lucanus, *Notitia* (wie Anm. 22), Bd. I, S. 459–462.
247 Lucanus, *Notitia* (wie Anm. 22), Bd. I, S. 510.
248 Lucanus, *Notitia* (wie Anm. 22), Bd. I, S. 209.

schal: „Die Versammlung der Landstände, der auch der Rat der Stadt angehörte, hatte bis gegen 1660 einen ziemlich großen Einfluß auf die Regierung des Bistums. [...] Es ist bekannt, dass der Große Kurfürst in seiner Herrschaft gerade von den Landständen oft genug behindert wurde. Deshalb beschnitt er ihren Einfluß wesentlich und damit wurden auch im Fürstentum Halberstadt die Privilegien der Kollegiatsstifter und der Ritterschaft herabgedrückt."[249]

Zwar hatte der Große Kurfürst ihnen 1650 in einem *Recessus homagialis* ihre alten Rechte garantiert, und die Landtage trafen sich zunächst noch alle Vierteljahr, aber indirekt schwächte der Landesherr sie in der Tat. Das begann mit der Säkularisierung des Domstiftes, bei welcher Gelegenheit das Domkapitel um ein Viertel seiner Mitglieder verkleinert und der bis dahin privilegierte, vornehme erste Stand ein gleicher unter vier Ständen wurde. Der Ritterschaft entzog der Landesherr das Vorrecht, ihre Streitigkeiten vor einem „Lehnsgericht" standesintern zu regeln[250] und unterwarf sie der normalen Gerichtsbarkeit der Halberstädtischen Regierung. Die Halberstädter Stände insgesamt demütigte er, indem er sie nach deren eigenmächtiger Synagogenzerstörung 1669 scharf kritisierte und ihren ebenso scharfen Protesten zum Trotz der Judenschaft eine neue, größere Synagoge zugestand.[251]

Auch die ständigen Forderungen der christlichen Kaufleute, die Juden zu vertreiben, weil sie durch die ihnen in den Schutzbriefen garantierte Markt- und Reisefreiheit sowie durch die Erlaubnis, eigene Häuser zu besitzen, zu einer existenzbedrohenden Konkurrenz geworden seien, ignorierte der Kurfürst.[252] Bei der Schilderung der Feierlichkeiten anlässlich des Regierungsantritts seines Nachfolgers, Kurfürst Friedrich III., 1692, heißt es: „[...] und ließ der Churfürst die von den hiesigen Land Ständen übergebenen *gravamina* durch seine *ministros*, den von Fuchs und von Danckelmann in *deliberation* ziehen und zu der Stände *Satisfaction* abthun. Den 13. *Octobr.* 1692 Donnerstages vor Galli des Morgens nach 8 Uhr versamleten sich die Stände", um an der Huldigungs-„*Procession*" teilzunehmen. Das hört sich eher nach demütigem Einverständnis als nach einem Aufbegehren der Stände an.[253]

---

249 Baumann, *Verfassungsgeschichte* (wie Anm. 245), S. 9.
250 Neugebauer, Wolfgang: *Die Stände in Magdeburg, Halberstadt und Minden im 17. und 18. Jahrhundert* (Neugebauer, *Stände*). In: Peter Baumgart (Hrsg.): *Ständetum und Staatsbildung in Brandenburg-Preußen*. Berlin & New York 1983 (*Veröffentlichungen der Historischen Kommission zu Berlin 55*). S. 170–207, hier S. 175.
251 Strobach, *März* (wie Anm. 2), S. 37–38.
252 Stern, *Staat* (wie Anm. 46), Bd. I/1, S. 48–50. Strobach, *März* (wie Anm. 2), S. 48–49.
253 Lucanus, *Notitia* (wie Anm. 22), Bd. I, S. 209.

Wolfgang Neugebauer sieht dieses fast harmonische Verhältnis weniger als das Ergebnis von Druck, sondern eher von einer klugen Ständepolitik des Großen Kurfürsten: „In summa bleibt für das kleine Fürstentum Halberstadt festzuhalten, daß [...] der neue Landesherr unter weitgehender Schonung der landständischen Traditionen eine durchaus behutsame und umso problemlosere Einfügung [des ehemaligen Bistums] in die brandenburgisch-preußische Ländergruppe zu erreichen vermochte."[254] Er erläutert das an der Steuerverwaltung. Hatte der Große Kurfürst den Ständen 1650 im Homagialrezess zugesichert, dass „Schatzungen und Collecten" nicht ohne ihre „deliberationen und folgenden Consens" vorgenommen werden sollten, so richtete er z. B. Ende der 1650er Jahre bei der Halberstädtischen Regierung eine Militär- und Steuerabteilung ein, die bald in ein „Obersteuerdirektorium" umgewandelt wurde; dies hatte einen Regierungsrat zum Direktor, daneben aber einen ständischen Landrat als Kodirektor. Beide unterstanden allerdings dem Generalkriegskommissariat in Kölln/Berlin. Als der Kurfürst 1674 die ihm allein zugutekommende Akzise einführte, verebbten die anfänglichen Proteste (vor allem der Ritterschaft) schnell, als diese Abgabe auf dem Umweg über die Kasse der Stände an ihn abgeführt wurde (eine reine Formsache). Als er in Kriegszeiten die von den Ständen mitgenehmigten Militärausgaben weit überschritt, blieb dies ohne Protest.

Landtage fanden vermutlich nach 1660 nicht mehr statt, aber der „Große Ausschuss", von den Ständen gewählt und vom Kurfürsten bestätigt, übte noch einen gewissen Einfluss aus.[255] Einnahmen und Ausgaben wurden zunächst formell immer noch von beiden Seiten, der Regierung und den Ständen, genehmigt. Um 1700 war dann allerdings von ständischer Beteiligung nicht mehr die Rede, es gab nur noch das schon erwähnte „Obersteuerdirektorium" der Regierung.

Unter Friedrich Wilhelm I. wurde das „Obersteuerdirektorium" durch ein „Provinzialkommissariat" abgelöst, in dem ebenfalls keine ständische Mitwirkung mehr vorgesehen war. Erst nach einer Eingabe der Stände wurden wenigstens wieder „ex statibus [von den Ständen] bestellte Condirectores alle Monate einmal bei dem königlichen Commissariat zur Session und Consultation mit zugelassen." Aber bei den bald darauf eingerichteten „Kriegs- und Domänenkammern" war auch von solcher symbolischen Beteiligung nicht mehr die Rede.

Die Stände agierten nicht immer gemeinsam, sondern einzelne von ihnen opponierten gelegentlich allein gegen den Kurfürsten. So wehrte sich das Halberstädter Domkapitel schon 1652 gegen den Versuch der dortigen Regierung, die Visitation von Kirchen und Schulen an sich zu ziehen (erfolglos). 1662 bean-

---

254 Neugebauer, *Stände* (wie Anm. 250), S. 176–177.
255 Neugebauer, *Stände* (wie Anm. 250), S. 175.

spruchte die Regierung die niedere Gerichtsbarkeit in Dörfern des Domstiftes. Die Kapitelherren protestierten und bekamen tatsächlich dieses „ius primae instantiae" wieder zugebilligt.

Kamen ständische Gruppen gegen Maßnahmen des Kurfürsten nicht an, so wandten sie sich mehrfach appellierend an den Reichshofrat. Dieser attestierte z. B. 1676 acht katholisch gebliebenen Klöstern im Bistum Halberstadt, dass sie nicht verpflichtet waren, dem Kurfürsten ihre Rechnungen offen zu legen.

Die Kurfürsten hatten solche Appellationen an die obersten Reichsgerichte noch toleriert, nicht so der autokratisch eingestellte Friedrich Wilhelm I. Um 1713/14 gab es Streit zwischen Angehörigen der Stände und dem König darüber, ob sie sich gegen Maßnahmen des Staates an den kaiserlichen Reichshofrat wenden dürften. Die katholischen Domherren, die auch nach der Reformation noch zum Domstift gehörten, hatten sich, unterstützt von anderen katholischen Würdenträgern der Region, beschwert, dass sie nur mit vier statt wie im frühen 17. Jahrhundert noch mit acht Stiftsherren neben den sechzehn evangelischen im Domkapitel vertreten seien. Der preußische König verweigerte ihnen das Privilegium appellationis[256], wurde aber vom Reichshofrat ernstlich ermahnt, dass er ihre Beschwerden ernstzunehmen habe. In einer anonymen Druckschrift ließ er die Forderung der katholischen Stiftsherren nach mehr Stellen ihrer Konfession zurückweisen.[257] In diesem Zusammenhang beschwerten sich die gesamten Halberstädter Stände zusammen mit ihren Magdeburger Kollegen, dass der König ihnen das Recht verweigere, gegen seine Maßnahmen an den Reichshofrat zu appellieren.[258]

Eindeutig feindselig ist der Umgang mit den Ständen im Jahre 1720, als der König eine „Interimsregierung vor [für] die Stadt Halberstadt" einrichtet, nach der die Ratsherren und der Bürgermeister der Stadt nicht mehr gewählt, sondern von ihm eingesetzt werden.[259] Da wird der eingesetzte Bürgermeister als Landrat des Vierten Standes sicherlich nicht mehr die Interessen der Stadt gegenüber dem Landesherrn vertreten haben. Dass die Standesvertretung trotz ihres Bedeutungsverlustes noch vorhanden war, beweist die Tatsache, dass die Stände aller

---

256 Das war das Recht, das er als Kurfürst von Brandenburg hatte, keine andere Appellation als die an sein eigenes Kammergericht zuzulassen.
257 Anonyme Druckschrift: *Gründliche Beantwortung derer zu Wien unter dem Nahmen derer Catholicorum im Fürstenthum Halberstadt angebrachten aber an sich unbegründeten unerfindlichen Gravaminum [...]*. Regensburg [1724].
258 Schenk, Tobias: *Reichsjustiz im Spannungsverhältnis von oberstrichterlichem Amt und österreichischen Hausmachtinteressen*. In: Anja Amend-Traut [u. a.] (Hrsg.): *Geld, Handel, Wirtschaft. Höchste Gerichte im Reich als Spruchkörper*. In: *Abhandlungen der Akademie der Wissenschaften zu Göttingen*. Neue Folge Bd. 23 (2013). S. 103–219, hier S. 117.
259 Baumann, *Verfassungsgeschichte* (wie Anm. 245), S. 35–40.

drei ehemaligen Bistümer, Halberstadt, Minden und Magdeburg, 1740, beim Regierungsantritt Friedrichs II., gemeinsam ihre Gravamina einreichten.[260]

Auswirkungen auf Berend Lehmann

Im Umgang mit Berend Lehmann lässt sich beobachten, dass es zu seiner Zeit die Halberstädtische Regierung war, die sich in ihren Gutachten als Anwältin von Interessen betätigte, die früher von den Ständen wahrgenommen worden waren. So wurden z. B. sowohl die Bedenken der Halberstädter Geistlichkeit gegen das von Lehmann gegründete Thora-Talmud-Seminar, die Klaus, wie auch die Bedenken von Hausbesitzern gegen sich ausweitenden jüdischen Hausbesitz und solche der Fleischerinnung gegen den Fleischhandel der jüdischen Konkurrenz regelmäßig befürwortend nach Berlin weitergeleitet.[261] Dabei fällt auf, dass antijüdische Proteste nicht mehr von der Gesamtheit der Stände erhoben wurden, sondern nur noch von einzelnen ständischen Gruppen. Unter ihnen spielten die Bauermeister aufgrund ihrer Tradition eine wichtige Rolle. Die für jeden der acht Stadtbezirke bestimmten (nicht gewählten) Amtspersonen, die einerseits Anordnungen des Rates an die Bürger weitergaben, andererseits deren Beschwerden an den Rat oder die Regierung vermittelten, hatten nach der mittelalterlichen Ratsverfassung bis 1720 zusammen mit den Innungsmeistern den Rat der Stadt „erwählt", und sie gehörten mit diesen zusammen zum erweiterten Rat.[262]

Schon der Große Kurfürst hatte allerdings mit den Amtskammern Institutionen geschaffen, die an der trägen Bürokratie der Landesregierungen vorbei seine Interessen, vor allem solche wirtschaftlicher und struktureller Art, direkt durchsetzen sollten. In der Geschichte von Lehmanns Bauen in Halberstadt wird sich an zwei wichtigen Stellen erweisen, dass der Resident sowohl von der örtlichen Amtsmajorei wie von der zentralen Berliner königlichen Amtskammer gegen Einsprüche der Halberstädtischen Regierung geschützt wurde. In einem der beiden Fälle spielen zusätzliche Leistungen, die Lehmann anbietet, offensichtlich eine Rolle.[263]

Die Amtskammern wurden 1723, in Lehmanns letztem Lebensjahrzehnt, von Friedrich Wilhelm I. zu Kriegs- und Domänenkammern erweitert. Wie der Name besagt, sollten sie z. B. für gute Erträge aus den königlichen oder dem König abgabepflichtigen Rittergütern sorgen, Einkünfte, die wiederum für den Ausbau der

---

260 Neugebauer, *Stände* (wie Anm. 250), S. 182.
261 Zur Klaus s. Kap. 5.2, zu den Bauermeistern s. Kap. 4.4.2 dieser Arbeit, zum Fleischhandel s. *Knochenhauergülde zu Halberstadt ./.Judenschaft daselbst*, GStA PK Berlin I. HA, Rep. 97a.
262 Baumann, *Verfassungsgeschichte* (wie Anm. 245), S. 19–23.
263 S. Kap. 4.4.2 dieser Arbeit.

Armee gebraucht wurden. Durch ihre Hände ging schließlich alles, was mit wirtschaftlichem Ertrag zu tun hatte, so dass die Halberstädtische Regierung nur noch mit Gerichts- und Ordnungsangelegenheiten betraut war und damit an Bedeutung verlor. Berend Lehmann selbst hatte vor seinem Lebensende offenbar nicht mehr mit der Kriegs- und Domänenkammer zu tun, aber bereits bei der Regelung seines überschuldeten Nachlasses war die neue Behörde beteiligt.

Abb. 4. Johann Henricus Lucanus: *Notitia Principatus Halberstadiensis oder gründtliche Beschreibung des alten löblichen Halberstadt* […], Halberstadt o.J. bis 1744. Titelblatt. Die handschriftliche Chronik der Stadt enthält ein ausführliches, verständnisvolles Kapitel über die Halberstädter Juden.

4.2 Die Halberstädter Juden zwischen Dreißigjährigem Krieg und friderizianischem Judenreglement

Nach den Pestpogromen des 14. und 15. Jahrhunderts fand wahrscheinlich auch in Halberstadt im Jahre 1493 eine systematische Vertreibung der seit etwa 1250 ständig dort ansässigen Juden statt. Aber schon zu Anfang des 16. Jahrhunderts gab es wieder einzelne Juden in der Stadt.[264]

„[a]nno 1633 sind nur 4 Juden Familien hier gewesen [...]"[265], also wohl nicht mehr als 20 Personen, schreibt der Halberstädter Chronist des 18. Jahrhunderts, Johann Henricus Lucanus.[266] Zirka hundert Jahre später, im Jahre 1737, lebten im Fürstentum Halberstadt 197 Familien. Diese trugen zu den insgesamt 15.000 Reichstalern an Schutzgeldern, die die Juden in Brandenburg-Preußen insgesamt abzuführen hatten, 2.785 Taler bei. Zum Vergleich: In Berlin lebten zur gleichen Zeit nur 180 Familien, die zusammen 2.610 Taler aufbrachten und in Frankfurt an der Oder 60 Familien, die 720 Taler zahlen mussten.[267] 1737 hatte Halberstadt 1.212 jüdische Einwohner.[268] Das waren etwa zehn Prozent der Halberstädter Bevölkerung.

Dieses erstaunliche Wachstum hat mehrere Gründe. Der erste ist die merkantilistisch orientierte Judenpolitik des Großen Kurfürsten (Friedrich Wilhelm von Brandenburg, 1620–1688); er war „der beständigen Meinung, daß die Juden mit ihren Handlungen [ihrem Handel] Uns und dem Lande nicht schädlich, sondern nutzbar erscheinen".[269] Damit meinte er allerdings ausschließlich wohlhabende Juden, wie der Halberstädter Chronist es formuliert, „Hüner, welche güldene Eier legen."[270]

Auch unter seinem Nachfolger Friedrich III. (1657–1713, ab 1701 Friedrich I., König „in Preußen") wurden relativ großzügig Schutzbriefe erteilt. So wurden „die in Halberstadt wohnenden sämtlichen Judenfamilien" nach Friedrichs Regierungsantritt am 24. Mai 1691 „in Schutz und Schirm" übernommen.[271]

---

264 Vgl. Backhaus, Fritz: *Die Juden im Bistum Halberstadt.* In: Siebrecht, Adolf (Hrsg.): *Geschichte und Kultur des Bistums Halberstadt. 804–1648. Symposium anlässlich 1200 Jahre Bistumsgründung Halberstadt, 24.–28.3.2004. Protokollband.* Halberstadt 2006. S. 505–513.
265 Lucanus, *Notitia,* Bd. I, S. 757. Das gesamte Judenkapitel aus Lucanus s. Dokument W 7
266 Vgl. Abb. 4.
267 Stern, *Staat* (wie Anm. 46), Bd. II/2, S. 60, dort Dokument Nr. 197.
268 Nach der *Generaltabelle derer im Fürstentum Halberstadt [...] befindlichen Judenfamilien 1737;* s. Stern, *Staat* (wie Anm. 46), Bd. II/2, S. 597–637, dort Dokument Nr. 490.
269 Reskript des Großen Kurfürsten an die Geheimen Räte vom 08./18.12.1672, gedruckt in Stern, *Staat* (wie Anm. 46), Bd. I/2, S. 31, dort Dokument Nr. 24.
270 So gesehen von Lucanus, *Notitia* (wie Anm. 22), Bd. I, § 3.
271 Stern, *Staat* (wie Anm. 46), Bd. I/2, S. 336, dort Dokument Nr. 355.

Wichtig für das Wachstum der Gemeinde war auch die Möglichkeit der vergleiteten Juden, ihren Kindern Schutzbriefe zu verschaffen, sie „anzusetzen" (so der damalige Fachausdruck). Bis 1714 war das ohne Probleme für mehrere Kinder möglich. Danach konnte nur der Älteste den Schutzbrief direkt vom Vater erben, ein zweiter Sohn musste mindestens 1.000 Taler Vermögen nachweisen, ein dritter konnte noch bei 2.000 Talern Vermögen angesetzt werden; die Konzession kostete 50 beziehungsweise 100 Taler. Über die Töchter konnten fremde Juden als Schwiegersöhne mitangesetzt werden; auf diese Weise kam zum Beispiel der Essener Berend Lehmann in den Genuss eines brandenburgischen Schutzbriefs.[272]

Sinnvoll waren solche Erweiterungen der Familiengeschäfte allerdings nur dort, wo es Verdienstmöglichkeiten gab. Halberstadt lag verkehrsmäßig günstig, in der Nähe der Handelsstädte Magdeburg, Braunschweig und vor allem Leipzig[273], wo sich noch im frühen 18. Jahrhundert Juden nicht niederlassen durften, sondern nur während der Messezeiten zugelassen waren. Ein Wohnsitz in Halberstadt eröffnete die Möglichkeit, mit relativ geringen Umständen dreimal im Jahr zu den Messezeiten in Leipzig Geschäfte zu betreiben. Wie attraktiv diese Lösung war, belegt Max Freudenthals Auswertung der Leipziger Messebesucherlisten für die Jahre 1675 – 1764. Die Halberstädter Juden füllen 20 Seiten. Diese Spitzenstellung teilen sie nur mit den Prager Juden. Für die Berliner Juden genügen neun Seiten, für die aus Frankfurt am Main fünf.[274] Die Halberstädter preußische Judenliste von 1737 spiegelt deshalb auch relativen Wohlstand wieder. Ausnahmsweise gewährt diese nicht nur über Namen und Haushaltsgröße Auskunft, sondern auch über Beruf und, unter „Conduite", auch annäherungsweise über den ökonomischen Status von 185 männlichen Haushaltsvorständen. Viele „handeln auf den Messen", und zwar sowohl reiche Juweliere und Seidenwarenhändler als auch solche, von denen es heißt: „Nähret sich kümmerlich".[275]

Zwar lebt etwa ein Viertel der Aufgelisteten in solchen „kümmerlichen" Verhältnissen. Nicht jeder setzt sich durch. Es gibt zahlreiche Witwen und Waisen. Aber insgesamt gesehen geht es den Halberstädter Juden so gut, dass um 1700 im

---

272 Vgl. Stern, *Staat* (wie Anm. 46), Bd. 2/1, S. 144 ff., wo auch die späteren drastischen Beschränkungen der Ansetzung geschildert werden.
273 Über die kaiserlich privilegierten „Reichsmessen" vgl. Brübach, Nils: *Die Reichsmessen von Frankfurt am Main, Leipzig und Braunschweig (14 – 18. Jahrhundert)*. Stuttgart 1994 (Beiträge zur Wirtschafts- und Sozialgeschichte 55).
274 Freudenthal, *Messgäste* (wie Anm. 29), S. 95 – 115.
275 Nach der *Generaltabelle derer im Fürstentum Halberstadt [...] befindlichen Judenfamilien 1737*, in: Stern, *Staat* (wie Anm. 46), Bd. II/2, S. 597 – 637, dort Dokument Nr. 490.

4.2 Die Halberstädter Juden zwischen Dreißigjährigem Krieg und Judenreglement

Schnitt jede Halberstädter Judenfamillie ein eigenes Haus besitzt.[276] – Soviel als Andeutung der wirtschaftlichen Gründe des starken jüdischen Bevölkerungswachstums, die im Rahmen einer überfälligen umfassenden Geschichte der Halberstädter Juden noch genauer untersucht werden müssten.

Der zweite Grund für den Zuwachs hängt mit dem Protagonisten dieser Arbeit zusammen, dem Hofjuden und langjährigen Judenvorsteher Berend Lehmann: Er ist für einen erheblichen Teil der Infrastruktur der jüdischen Gemeinde verantwortlich. Er gründet die Klaus, ein Thora-Talmud-Lehrhaus, in dem berühmte Rabbiner „lernend" lehren. Er sorgt für die Drucklegung ihrer Werke. Und er baut vor allem eine neue, große und prächtige Synagoge. Schließlich unterstützt er die armen Juden der Stadt durch Almosen und Stiftungen.[277]

In den Berichten der Halberstädtischen Regierung an den Kurfürsten-König spiegelt sich die Angst vor der Attraktivität dieser Lehmannschen Einrichtungen wider.[278] Sie empfiehlt zum Beispiel am 2. April 1700, dass die bereits erteilte „*conceßio* [...] wegen der neuen Schule [an anderer Stelle auch „*Academie*" und „*Seminarium*"] gnädigst *revociret* [zurückgenommen] und solcher gestalt in Zukunft allem ferneren Anwachs nachtrücklich gesteuret wird".[279] Widerstand kam auch direkt von den Ständen des Fürstentums, insbesondere vom Rat der Stadt. Im Halberstädter Ratslagerbuch von 1721 heißt es: „Sie haben aber anjetzo einen neu erbaueten *Tempel* und sich sehr weit über diese Zahl vermehret, welches auch die hiesigen Kauff- und Handels-Leute mit ihrem höchsten *ruin* empfinden, [...]".[280]

---

276 Vgl. Halama, Walter: *Autonomie oder staatliche Kontrolle? Ansiedlung, Heirat und Hausbesitz von Juden im Fürstentum Halberstadt und in der Grafschaft Hohenstein (1650–1800)* (Halama, Autonomie). Diss. Ruhr-Universität Bochum [2004]. S. 228.
277 Ausführlich darüber in Kap. 5 dieser Arbeit.
278 Nach der Darstellung Selma Sterns (Stern, Staat [wie Anm. 46], Bd. I/1, S. 11–18) wandelte der Große Kurfürst nach der Übernahme des Fürstentums Halberstadt in das Kurfürstentum Brandenburg die dortige Regierung der Stände in eine an Berlin weisungsgebundene Provinzialregierung um. Die Beamten mit ihrem ständischen Hintergrund blieben meist im Amt, und in ihren Berichten und Handlungsvorschlägen äußerte sich ihre konservative, d. h., judenfeindliche Einstellung.
279 GStA PK Berlin, I. HA, Rep. 21, Nr. 203, fasc. 18 (1700–1702), o. Bl.
280 *Rath-Häußliches Lager-Buch der Stadt Halberstadt, auf Allergnädigsten Befehl Seiner Königlichen Majestät in Preußen etc. von Bürgermeistern und Rath auch Dero Syndico verfertiget.* Halberstadt Anno 1721. Vol. 1. S. 34–36. Manuskript im Historischen Stadtarchiv Halberstadt, enthalten in: *Urkundeninventar von 1601 bis 1743*, Sign. Augustin 1041, LL 1 (Ratslagerbuch); vgl. Dokument W 6.

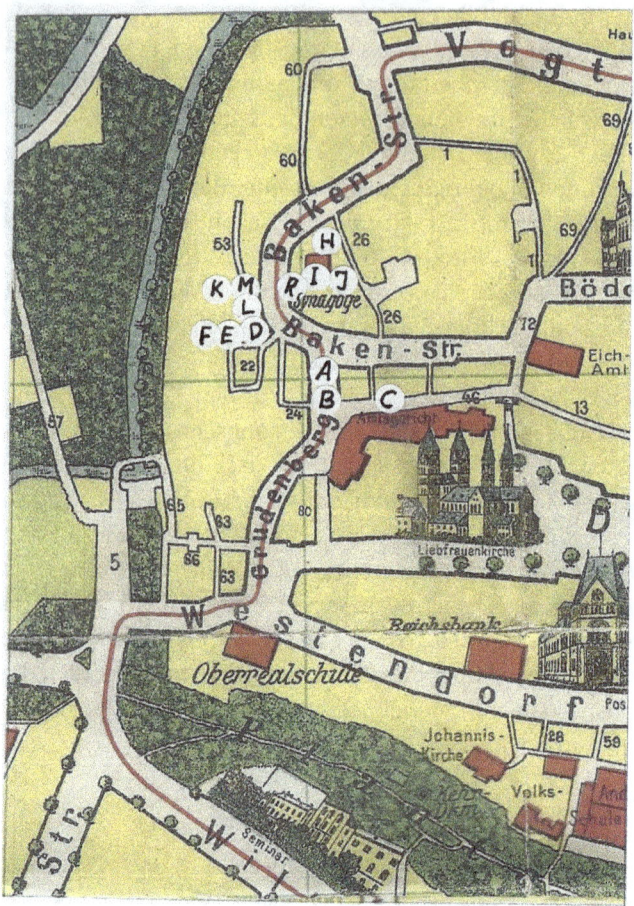

Abb. 5. Das bevorzugte Wohngebiet der Halberstädter Juden um 1700, die Straßen Judenstraße, Bakenstraße, Rosenwinkel, Seidenbeutel, Grauer Hof, Hühnerbrücke, Abtshof, Unter den Weiden, Düsterngraben. Ausschnitt aus einem nicht datierten, „Plan von Halberstadt und Umgebung", Verlag Louis Koch, Halberstadt. Die Buchstaben N bis Q beziehen sich auf Kapitel 4.4.3.

Liste der in Kapitel 4 besprochenen Häuser:

A   „Klein Venedig" (Bakenstraße 37) linke Seite
B   „Klein Venedig" (Bakenstraße 37) rechte Seite
C   „Klein Venedig" ehemals königliche Mühle
D   „Schacht", ex Heister-1, ex Lochow 1, Vorderhaus, Bakenstraße 28
E   „Schacht" ex Heister-1, ex Lochow 1, Hinterhaus, 1699 neu, Erster Standort der Klaus, Bakenstraße 27/28
F   Gartenhaus an der Stadtmauer, neben „Schacht"- Garten
G   Vorgänger-Synagoge im Bereich der Gärten Bakenstraße 26/27, höchstwahrscheinlich identisch mit E

H	Judenstraße 24–27 Hinterhaus-Fachwerk-Synagoge, 1669 neu
I	Große Barock-Synagoge 1709/1712
J	Zweiter Klaus-Standort zwischen Juden- und Bakenstraße
K	Dritter Klaus-Standort, Rosenwinkel 18, heute Moses Mendelssohn Akademie ex Spital
L	Lochow-2 = Heister-2 = 1699 Berend Lehmann, Bakenstraße 27
M	Pott = 1699 Berend Lehmann, Bakenstraße 26
N	Judenstraße Ostseite, 1706 Berend Lehmann, ex Levin Joel, baufällig
O	Judenstraße Ostseite, 1706 Berend Lehmann, ex Levin Joel, wüst
P	Judenstraße wo? 1732 Isaak Joel an Aaron Abraham
Q	Judenstraße wo? 1736 Lehmann Behrend an Jacob Nathan Meyer möglicherweise identisch mit N/O
R	Gartenhaus im Garten an der großen Synagoge, 1734 subhastiert
S	Judenstraße Westseite (Nr. 27?): Ex Meyer Michael, 1699 an Judenschaft, Durchgang zur Vorgänger-Synagoge 2 (H)
T	Judenstraße Westseite (Nr. 25?) 1699 Levin Joel, gegenüber N/O
U	Judenstraße 15/16, Ostseite, „Berend-Lehmann-Palais"
V	Judenstraße Westseite (Nr. 24?) 1699 David Israel, ex Salomon Jonas
W	Judenstraße Westseite (Nr. 26) 1699 David Wulff, ex Wolf David
X	Judenstraße Westseite (Nr. 28?) 1699 Philipp Jost

4.3 Wohnquartiere und Wohnverhältnisse um 1700

Dieser und die folgenden Abschnitte gehen besonders intensiv auf konkrete Halberstädter Örtlichkeiten ein, weil es im Sinne einer Wiederbesinnung auf das jüdische Halberstadt für das öffentliche Bewusstsein wichtig ist, die Erinnerung an noch heute vorhandenen Straßen, Plätzen und Häusern festzumachen

Wie und wo wohnten nun die so zahlreich gewordenen Halberstädter Juden zur Zeit des berühmten Königlich Polnischen Residenten? Als Berend Lehmann – vermutlich in der zweiten Hälfte der 1680er Jahre – sich in Halberstadt niederließ[281], hatten die Halberstädter Juden bereits seit Längerem ihr ehemals bevorzugtes Wohngebiet aus der bürgerstädtischen Marktumgebung der Göddenstraße („Juden"-Straße) an den nordwestlichen Rand der Unterstadt verlegt.[282] Dort, in

---

[281] Genaueres einige Seiten später.
[282] Vgl. Stadtplanausschnitt Abb. 5. Die in den bei Kohnke, Meta & Bernd *Braun: Geheimes Staatsarchiv Preußischer Kulturbesitz. Ältere Zentralbehörden bis 1808/10 und Brandenburg-Preußisches Hausarchiv* (Kohnke/Braun, *Zentralbehörden*). München 1999 (Stefi Jersch-Wenzel & Reinhard Rürup [Hrsg.]: *Quellen zur Geschichte der Juden in den Archiven der neuen Bundesländer* 2,1). S. 292–293 aufgelisteten mittelalterlichen Urkunden vorkommenden Straßennamen „Judengasse" und „Judenstraße" stammen aus dem Stift Petri et Pauli, und im Einzugsbereich der Paulskirche befand sich in der Tat bis 1945 die im Krieg völlig zerstörte Göddenstraße.

der Voigtei, dem traditionellen Bezirk des Domkapitels, kauften oder bauten sie Häuser oder wohnten bei anderen Juden zur Miete. Seit Auerbach[283] wird angenommen, dass eine 1669 von den Halberstädtischen Landständen zerstörte Synagoge in der Göddenstraße gestanden habe, wo damals noch ein Teil der Juden gelebt habe. Diese Annahme ist nicht haltbar. Nach den umfangreichen Akten über diese Synagogenzerstörung im Berliner Geheimen Staatsarchiv lag dieses unauffällige, in ortsüblicher Fachwerkbauweise errichtete Schul- und Gottesdienstgebäude „hinter Jeremiæ Jacobi Wohnhause".[284] Der damalige Judenvorsteher Jeremias Jacob wohnte in einem der sechs schon damals von Juden bewohnten Häuser auf der „Domkapitularischen Freiheit".[285] Wie eine spätere Häuserliste ausweist[286], gehörten dem Domkapitel Grundstücke auf der Hühnerbrücke, im Rosenwinkel, auf der Bakenstraße und in der Judenstraße, keines dagegen in der Göddenstraße. Es ist daher auszuschließen, dass die 1669 zerstörte Synagoge und das Haus des Judenvorstehers in der Göddenstraße standen. Möglicherweise hat Jeremias Jacobs Haus zusammen mit der zerstörten Synagoge in der Judenstraße im Bereich des heutigen Berend-Lehmann-Museums gestanden, wo laut der Halberstädter Judenliste vom 3. April 1669 bereits der damalige Rabbiner und ein weiterer Gemeindevorsteher wohnten, einer Art Gemeindezentrum.

In ihrer baugeschichtlichen Dissertation erläuterte Monika Lüdemann 2003[287], die Kernzelle der sich seit 1534 langsam, nach 1650 schneller entwickelnden jüdischen Ansiedlung in der Voigtei sei eben diese Judenstraße gewesen. Angesichts der Tatsache von nur sechs jüdischen Häusern in der Judenstraße im Jahre 1669 gegenüber 19 „auff der Bürgerschafft" (meist in der Bakenstraße) lässt sich diese Darstellung nicht halten. Dass dann allerdings dreißig Jahre später 15 Häuser in der Judenstraße jüdisch bewohnt waren, mag in der Tat, wie Lüdemann vermutet, damit zusammengehangen haben, dass diese enge Straße samt ihrer Ausbuchtung, dem Neuen Markt, von den Juden als in sich abgeschlossener „Eruw" (hebr. für Häuserverbindung) betrachtet werden konnte, als Bezirk, innerhalb dessen man sich auch am Sabbat bewegen durfte.

---

283 Auerbach, *Gemeinde* (wie Anm. 12), S. 26.
284 GStA PK Berlin, I. HA. Rep. 33,Nr. 120c (1649 – 1701), Bl. 42.
285 *Actum Halberstadt den 3 t* Aprilis *1669 [...] Lista der alhir auf der Voigdtey wohnenden Juden [...].* LHASA Magdeburg, A 13 II, Tit. 14, Nr. 607, Bl. 35 – 38 (Judenliste 1669).
286 LHASA Magdeburg, Rep. A 13 II, Tit. 14, Nr. 607, Bl. 37. Die Liste stammt von etwa 1730; der alte Besitz des Domkapitels dürfte sich zwischen 1669 und 1730 nicht geändert gehabt haben.
287 Lüdemann, Monika: *Quartiere und Profanbauten der Juden in Halberstadt* (Lüdemann, *Quartiere*). Dissertation TU Braunschweig 2003. S. 24ff. Im Internet als PDF-Datei zugänglich unter www.digibib.tu-bs.de/?docid=00001635 (12.12.2017).

4.3 Wohnquartiere und Wohnverhältnisse um 1700

Unter den zahlreichen in der Voigtei befindlichen „Freiheiten" (Liegenschaften *frei* von der Jurisdiktion des Stadtmagistrates, statt dessen etwa in der Gerichtsbarkeit auswärtiger Adliger, des Domkapitels, der königlichen Regierung oder der Klöster und Stifte)[288] bot – so Lüdemann – insbesondere die Domfreiheit sowohl den Juden wie dem Klerus von alters her Vorteile: Die Juden schätzten die dort gewährleistete tatsächliche Freiheit von bürgerlichen Lasten wie „Kriegs- und Wachdienst, Einquartierungen und Kriegssteuern"[289], der Domklerus die kommerziellen Dienstleistungen der Juden. Walter Halama erklärt darüber hinaus die Beliebtheit der Domfreiheit bei den Juden damit, dass das Domdekanat relativ großzügig Erbpacht-Laufzeiten erteilte und verlängerte.[290] Neben der Domfreiheit gab es die Regierungsfreiheit unter der unmittelbaren Jurisdiktion des Kurfürsten/ Königs in der Verwaltung der „Amtskammer"; zu ihr gehörte zum Beispiel Berend Lehmanns Residenz, ‚Klein Venedig'; zu ihr gehörten auch mehrere Häuser „am" oder „auf dem Grauen Hof" (der selbst allerdings Besitz des Blankenburger Klosters Michaelstein war).[291] Bakenstraße, Rosenwinkel und Seidenbeutel dagegen unterstanden weitgehend dem Magistrat, die meisten Häuser dort werden als „auf der Bürgerschaft" liegend bezeichnet.

Es handelte sich aber bei den Freiheiten nicht um in sich geschlossene Areale. Zum Beispiel gab es in der auch als „Domdechaney"-Straße bezeichneten Judenstraße mehrere Judenhäuser „auf der Bürgerschaft".

Die Entwicklung jüdischen Wohnens und Bauens in Halberstadt steht in Wechselwirkung mit Pendelbewegungen in der preußischen Juden-Immobilien-Politik, von der auch Berend Lehmann betroffen war. Sie wird von Walter Halama eingehend dargestellt.[292] Danach bestätigt der Große Kurfürst beim Zuzug von geflüchteten österreichischen Juden 1671 die Zusage seines judenfreundlichen

---

288 In einer Johann Henricus Lucanus zugeschriebenen *Sammlung an Documenten, Berichten, Relationen, den statum publicum des Fürstenthums Halberstadt betreffend*, Manuskript, o.Bl., nicht publiziert, Historisches Stadtarchiv Halberstadt, Sammlung Augustin, Sign. 1037, wird für die 1740er Jahre in der Verteilung der – nichtjüdischen und jüdischen – 1.805 Halberstädter Häuser die Bürgerschaft mit 1.211 Häusern angegeben, die Regierungsfreiheit umfasste danach 93, die Domkapitularische Freiheit 174 Häuser, der Majorei (Amtskammer) unterstanden 166 Häuser.
289 Lüdemann, *Quartiere* (wie Anm. 287), S. 14. Ein früher Beleg: „Am 17.9.1639 verlangten die Vogteischen, dass die zahlreichen Juden auf den geistlichen Freiheiten, die vom Kriegs- und Wachdienst an den Toren und auf den Mauern sowie von Einquartierungen befreit seien, endlich zur Kriegssteuer herangezogen würden." Boettcher, [Hermann]: *Halberstadt im Dreißigjährigen Kriege*. Aschersleben 1914. S. 66.
290 Halama, *Autonomie* (wie Anm. 276), S. 284.
291 Die genauen Rechtsverhältnisse bei Lucanus, *Notitia* (wie Anm. 22), Bd. I, S. 416.
292 Halama, *Autonomie* (wie Anm. 276), S. 231–236.

Edikts von 1650: Juden dürfen Häuser bauen, kaufen oder mieten. Friedrich III. bestätigt 1691 für alle „vergleiteten" Juden diese Erlaubnis. 1697 allerdings revoziert er (mitveranlasst durch einen umstrittenen Hauserwerb Berend Lehmanns)[293] diese liberale Politik: Er verbietet den Juden Bau und Neukauf; sein Nachfolger, König Friedrich Wilhelm I. (1688–1740), erlaubt den Hauskauf für kurze Zeit mit spezieller Genehmigung, um ihn 1718 wieder zu untersagen. Die Verbote werden allerdings nicht strikt befolgt.

Lüdemann hat berechnet, dass die Wohndichte in Halberstadt mit nur 7 Personen pro jüdischem Haus sehr günstig war; in der Frankfurter Judengasse, einem nicht erweiterungsfähigen Ghetto, lag sie zur selben Zeit (1699) bei bis zu 18 Personen pro Haus.[294] Der Höchstbestand an Judenhäusern in absoluten Zahlen wurde beim Regierungsantritt Friedrichs II. (des Großen, 1712–1786), im Jahre 1740, erreicht. Damals besaßen 176 jüdische Familien in Halberstadt 131 Häuser. Das war immer noch ein sehr günstiges Verhältnis von einem Haus pro 1⅓ Familie, etwa im Vergleich zu Halle, wo 3½ Familien sich ein Haus teilen mussten. Nach dem repressiven Generalreglement Friedrichs des Großen von 1750 sollte gar nur jede fünfte jüdische Familie ein eigenes Haus besitzen dürfen.[295]

Für Halberstadt typisch war übrigens während der gesamten Zeit der Anwesenheit von Juden in der Stadt, dass es kein ausgesprochenes Ghetto gab, sondern „Juden und Christen wohnten [...] durchmischt und nutzten nach Besitzerwechseln die gleichen Gebäude";[296] allerdings war im Voigteibezirk[297] die jüdische Konzentration hoch, und zwar waren stellenweise zwischen 70 Prozent (Judenstraße) und 50 Prozent (Seidenbeutel) der Häuser in jüdischem Besitz.[298]

Im Ergebnis können wir festhalten, dass zur Zeit Berend Lehmanns (z. T. durch ihn veranlasst) der Anteil von Juden an der Bevölkerung im Vergleich zu anderen Orten Norddeutschlands außerordentlich hoch war. Trotz großer Schwankungen in der brandenburgisch-preußischen Juden-Immobilien-Politik wohnten die

---

293 Vgl. im weiteren Verlauf Kapitel 4.4.2, Das Heistersche und das Pottische Haus: Protest gegen den Kauf des Heisterschen Hauses.
294 Lüdemann, *Quartiere* (wie Anm. 287), S. 27.
295 Halama, *Autonomie* (wie Anm. 276), S. 228.
296 Lüdemann, *Quartiere* (wie Anm. 287), S. 17.
297 „Voigtei" ist die Halberstädter traditionelle Rechtschreibung für „Vogtei".
298 Schon 1664 reagierten die Halberstädter Juden auf die Forderung von Halberstädter Bürgern, man solle sie keine eigenen Häuser besitzen lassen, mit der Frage, ob sie denn etwa ihre „Häuser in die Luft bauen könnten". „[Wir können] nicht unterm bloßen Himmel wohnen, sondern haben derobehuf Häuser nöthig, und weil man uns Bürgerhäuser zu vermieten [anzumieten] nicht zulassen will, so müssen wir nothwendig [...] ein und anderes von Bürgern kaufen [...]." Stern, *Staat* (wie Anm. 46), Bd. I/2, S. 104 f. (dort Dokument Nr. 118).

meisten Juden entsprechend ihrem hohen sozial-ökonomischen Status in eigenen Häusern. Diese befanden sich ausschließlich im „Voigtei"-Bezirk, nahe der westlichen Stadtmauer; es gab aber kein Ghetto. Die Art ihrer Gebäude, mehrstöckige Ackerbürgerhäuser im niedersächsischen Fachwerkstil, unterschied sich nicht von dem ihrer christlichen Nachbarn, zu denen ein beträchtlicher Abstand, aber keine offene Feindschaft herrschte. Ihre Häuser, für deren Grundstück sie eine Erbpacht entrichteten, unterstanden in etwa gleicher Zahl der Jurisdiktion des Magistrats und des Domkapitels.

4.4 Immobilien im Zusammenhang mit Berend Lehmann

Dieser Abschnitt wird zeigen, welchen Schwierigkeiten jüdisches Bauen in Halberstadt generell ausgesetzt war. Im speziellen Falle Berend Lehmanns erweist sich einerseits, dass ihm als Residenten mehr Möglichkeiten offenstehen als dem normalen „Privatjuden", dass man aber auch ihn ständig behindert, und zwar aus der allgemeinen Angst der Christen heraus, Juden könnten sich in ihrem Gemeinwesen auf Dauer ansiedeln wollen.

In dem oben beschriebenen Bereich nahe der westlichen Stadtmauer befanden sich naturgemäß alle Immobilien der jüdischen Gemeinde und ebenso jene Häuser, die Berend Lehmann nacheinander oder gleichzeitig im Besitz hatte. Diese Häuser werden hier, um Missverständnisse zu vermeiden, mit Großbuchstaben von A bis X bezeichnet, die auf den Stadtplanausschnitten so gekennzeichnet und in einer Liste aufgeführt sind.

Berend Lehmann ist seit 1687, und zwar durch Leipziger Messelisten, als Halberstädter Einwohner nachweisbar.[299] Nach der üblicherweise etwa alle zehn Jahre stattfindenden Zählung der in Halberstadt wohnenden Juden lebte er 1688 mit seiner Frau Miriam, geborene Joel, zur Miete bei Moyses Levin „unterm Rathe".[300] Er besaß noch keinen eigenen brandenburgischen Schutzbrief, sondern galt wie außer ihm 31 weitere Personen als Familienanhang seines Schwiegervaters Joel Alexander[301], auf den er sich voller Stolz mehrfach bezieht.[302] Der Stolz rührt wohl daher, dass Joel Alexander bei den Ereignissen um die 1669 von den

---

299 Freudenthal, *Messgäste* (wie Anm. 29), S. 106.
300 Vgl. Dokument B 2 .
301 In Frankl, Ernst: *Die politische Lage der Juden in Halberstadt von ihrer ersten Ansiedlung an bis zur Emanzipation.* In: *Jahrbuch der Jüdisch-literarischen Gesellschaft*, Jahrgang 19 (1928). S. 329, wird erläutert: „Nur 19 [von 86] Familien haben eigene Schutzbriefe, 16 berufen sich auf ihres Vaters Schutzbrief, 16 auf der Schwiegerväter Schutzbrief, 5 auf der Großväter Schutzbrief."
302 So auf einer gusseisernen Ofenplatte von 1703, vgl. Kap. 6.5 und Abb. 36 dieser Arbeit.

Ständen angezettelte Zerstörung der damaligen Hinterhaus-Fachwerksynagoge eine wichtige Rolle gespielt hatte. Von Mitbürgern durch die Aufforderung provoziert, er möge doch endlich sich zum wahren Heiland, Jesus Christus, bekennen, hatte er Jesus – wie die christlichen Zeugen berichten – als einen „klugen Mann" bezeichnet, der „auf sich selbst als eine Person [hätte] weisen wollen, welcher als ein Mittler gewesen zwischen Gott und Menschen, und weil er solches getan, hätten wir dumme Leute [Christen] ihn als damals für einen Gott, und zwar für Gottes Sohn angenommen." Diese freimütige Äußerung diente den Ständen unter anderem als Anlass für ihre rabiate Aktion. Nur weil diese vom Landesherrn, dem Großen Kurfürsten als Schutzherrn der Juden scharf missbilligt wurde, entging Joel Alexander gerichtlicher Verfolgung.[303]

4.4.1 Klein Venedig I

Die Lehmanns hatten 1688 noch keine Kinder. Ihr bescheidener Haushalt kam noch ohne Dienstboten aus.[304] Ein Jahr später ist Berend finanziell in der Lage, sich ein eigenes Haus zu bauen. Er ist inzwischen Besitzer eines eigenen Schutzbriefes[305] und arbeitet als Münzagent.[306] Auf seinen Antrag für eine Baugenehmigung wird von der kurfürstlichen Regierung ein „*Decretum*" erlassen, nach dem er eine „wüste Stelle zu bebauen" habe.[307] Das 1690 daraufhin entstandene Haus dürfte im Kern schon dasjenige gewesen sein, welches in der Judenhaustabelle von 1699 als „am waßer, ein Hauß unter des Ambtes der *Majorey Jurisdiction* gehörig"[308] bezeichnet wird und in dem er bis an sein Lebensende gewohnt hat, nämlich auf der nördlichen Hälfte des Grundstücks Bakenstraße 37 (Häuserliste Buchstabe A). Es lag in der Tat am Wasser, nämlich zwischen den Wasserläufen Holtemme und ihrem Nebenflüsschen Tintelene, die damals noch

---

[303] Der ganze Vorgang wird ausführlich geschildert in Strobach, *März* (wie Anm. 2), S. 19–20 und 31–32.
[304] *Actum Halberstadt, den 30. Januar 1688, sind der Halberstädtischen Judenschafft Schutzbriefe examiniret, und folgender gestalt befunden worden.* GStA PK Berlin, I. HA, Rep. 33,Nr. 120c, Bd. 1 (1649–1701), Bl. 16rü. Vgl. Dokument B 2. Dort wird er als 24-Jähriger geführt. Nach seinen Lebensdaten im Memorbuch und auf dem Grabstein müßte er allerdings schon 27 Jahre alt gewesen sein. Zum Geburtsdatum vgl. auch: Lehmann, *Schriften* (wie Anm. 33), S. 122. Vgl. zu seinem Vermieter Moyses Levin die laufende Nummer 4 derselben Liste, s. Dokument B 2.
[305] Vgl. Anm. 307.
[306] S. Dokument W 1.
[307] GStA PK Berlin, I. HA, Rep. 33, Nr. 120c, Bd. 1 (1649–1701), o. Bl., datiert 15./25.10.1689.
[308] GStA PK Berlin, I. HA, Rep. 33, Nr. 120c, Bd. 1 (1649–1701) *Specification der sämmtlichen Judenschaft in der Stadt Halberstadt [...]*, o.Bl. März 1699 (Judenliste 1699).

4.4 Immobilien im Zusammenhang mit Berend Lehmann — 95

offen durch die Unterstadt flossen. Die Gegend unterhalb der Peterstreppe wurde deshalb noch lange Zeit volkstümlich Klein Venedig genannt.

Nach der erwähnten Darstellung Auerbachs soll der brandenburgische Kurfürst Friedrich III. 1692 „auf das unter lauter Baracken hervorragende stattliche Wohnhaus des Bermann [das ist Berend Lehmann]" an der Peterstreppe aufmerksam geworden sein.[309] Aus den in Kapitel 1.2 erwähnten Gründen kann man die rührende Auerbach-Anekdote unter Legenden verbuchen. Dass es schon zu so frühem Zeitpunkt in Klein Venedig ein „hervor-ragendes", repräsentatives Steinhaus gegeben hat, dagegen spricht die Bemerkung in einem Dokument von 1698[310], der Erwerb eines anderen Hauses werde Berend Lehmann deshalb erlaubt, „weil sein jetziges, worin Er wohnt, zu klein" sei. Wenn mit diesem „jetzigen" Bakenstraße 37 links gemeint war, so müsste es zunächst nicht sehr geräumig und erst nach 1690 erheblich vergrößert worden sein. So legt es auch der Vermerk in der Judenliste von 1699 nahe, „Berendt Lehmann" habe 2 Häuser (das zweite wäre „Pott" [M] oder „Heister-2 [L]")[311] mit insgesamt (nur) 5 Stuben für sich selbst, seine Frau, 4 Kinder und 5 Personen „Gesinde".[312]

Eindeutig als in seinem Besitz und von ihm bewohnt ist Bakenstraße 37 links (A) erst im Jahre 1707 nachweisbar, und zwar durch drei Bauzeichnungen, die sich im Berliner Geheimen Staatsarchiv erhalten haben (vgl. Abb. 11 bis 14).[313]

Danach und nach späteren Umbauplänen war es um diese Zeit schon – wie heute noch weitgehend existent (vgl. Abb. 12) – ein zweigeschossiges Gebäude, traufständig angeordnet, mit Walmdach. Das Erdgeschoss war zur Straße hin in Sandstein gemauert; auch durch eine repräsentative Außentreppe sowie durch ein Ochsenauge über dem Eingang hob sich das Haus, jedenfalls im Zustand von 1707, in der Tat deutlich aus der bescheidenen Fachwerkumgebung heraus. Lüdemann betont die großzügige Raumaufteilung im Inneren und weist auf die (noch spätere) Größe von Lehmanns Haushalt hin.[314] Er umfasste 1724 20 Personen.[315] Zu diesem Zeitpunkt war allerdings das Haus schon zweimal erweitert worden.[316]

---

309 Auerbach, *Gemeinde* (wie Anm. 12), S. 50.
310 GStA PK Berlin, I. HA, Rep. 33, Nr. 95, Pak. 1 (1627–1710), Brief Kurfürst Friedrichs III. von Brandenburg an die Halberstädtische Regierung vom 13.12.1698.
311 Vgl. dazu auch Abschnitt 4.4.2 dieser Arbeit.
312 Wie Anm. 299: Judenliste 1699, o.Bl.
313 GStA PK Berlin, I. HA, Rep. 33, Nr. 120b, Pak. 2 (1698–1712), o.Bl., datiert 16.12.1707.
314 Lüdemann, *Quartiere* (wie Anm. 287), S. 78. Dort werden 38 Personen angegeben, dabei sind irreführenderweise die Rabbinen der Klaus und deren Familien mitgezählt.
315 Lehmanns eigene Aufstellung vom 24.04.1724, abgedruckt in Stern, *Staat* (wie Anm. 46), Bd. II/2, S. 587–588, als Dokument Nr. 479. Unter „Gesinde" zählt Lehmann unter anderen 3 Schreiber und einen Kellermeister auf: Der Resident handelte auch mit Wein (vgl. dazu Kapitel 9 über

4.4.2 Der *Schachtische Hoff* und seine Umgebung

Anfang des Jahres 1697 stehen im Halberstädter Voigteibezirk der *Schachtische Hoff* und das darauf befindliche große[317], aber altersschwache Haus zum Verkauf.[318] Der Begriff „Hoff" schließt auch die unbebauten Teile des Grundstücks mit ein. Das Grundstück liegt, wie sich aus einem späteren Archivale ergibt[319], an einer ungepflasterten Straße nahe der Stadtmauer, und zwar unmittelbar „neben" beziehungsweise „an" dem Grauen Hof. „Neben" bedeutet in diesem Fall rechts (nördlich) des Zugangs von der Bakenstraße in den Grauen Hof, denn auf der linken (südöstlichen) Seite dieses Zugangs schloss damals das Johanniskloster an den Grauen Hof an. Es kann sich also nur um das Eckgrundstück Grauer Hof/ Bakenstraße, heute Bakenstraße Nr. 28, gehandelt haben.

Lucanus kennt mehr als ein Jahrhundert aus der Geschichte dieses Hauses[320]: Es gehörte um 1600 einem Georg Ludwig von Lochow und wurde in den 1630er Jahren eine Zeit lang als Gottesdienstort der Johannisgemeinde verwendet. Während des Dreißigjährigen Krieges kam es in den Besitz des Freiherren Gottfried Heister, kaiserlicher General und Vize-Präsident des Hofkriegsrats, und gehörte danach dessen Söhnen Sigbert (1646–1718) und Hannibal Joseph († 1719).[321]

„Die Heister haben dieses Haus und Hof im Januar 1691 an Heinrich Schricken, Bürger hieselbst, verkauft; wenig Jahr hernach ist es an den Obristen von Schacht und in neueren Zeiten an die in Halberstadt *etablir*te Französische *Colonie* gerahten; anno 1745 hat es der *Cammer Cancellist* Beck, der es käuflich an sich gebracht, von Grund aus neu gebaut." Es wurde im 19. und im 20. Jahrhundert

---

Lehmanns Konkurs). Er verzeichnet übrigens dort auch 4 Rabbiner mit ihren Familien, die in „seinem Lehrhaus" wohnen; das sind die Klaus-Gelehrten.
316 Vgl. Abschnitt 4.4.4 dieser Arbeit: *Klein Venedig II*.
317 Die Größe (relativ zu den meist kleinen Häusern der Unterstadt) ergibt sich außer aus Lucanus, *Notitia* (wie Anm. 22), Bd. II, S. 87 („großes Freyhauß"), aus Frantz, Klamer Wilhelm: *Geschichte des Bistums, nachmaligen Fürstentums Halberstadt [...]*. Halberstadt 1853. S. 219, wo es bezeichnet wird als „am Grauenhofe ein großes Haus".
318 Im Plan mit den Buchstaben (D/E) bezeichnet.
319 GStA PK Berlin, I. HA, Rep. 33, Nr. 94–95, Pak. 2 (1698–1713) o.Bl. Schreiben Lehmanns an den preußischen König vom 24.07.1703, Dokument W 9.
320 Lucanus, *Notitia* (wie Anm. 22), Bd. I, S. 416. Die Atmosphäre dieser Gegend lässt sich noch nachempfinden an einem Foto des „Judenplatzes" aus den 1890er Jahren, s. Abb. 6.
321 Ersterer war kaiserlicher Generalfeldmarschall, letzterer kaiserlicher Generalmajor, vgl. Zedler, Johann Heinrich: *Grosses vollständiges Universal-Lexicon der Wissenschaft und Künste*. Halle und Leipzig 1731–1754. Bd. 12. Sp. 1206–1208.

4.4 Immobilien im Zusammenhang mit Berend Lehmann — 97

Abb. 6. „Judenplatz" (ca. 1890), das war die im 18. Und 19. Jahrhundert gebräuchliche Bezeichnung für die Verbreiterung der Bakenstraße zwischen Rosenwinkel und Johanniskloster. Zur Zeit dieser frühen Fotoaufnahme nicht mehr überwiegend jüdisch bewohnt.

von der jüdischen Familie Baer bewohnt.[322] Das Grundstück ist von erheblicher Größe. Seine Tiefe entspricht der Breite der gesamten Häuserreihe Grauer Hof 1–10.[323]

Berend Lehmann beantragt die Genehmigung zum Kauf dieser Immobilie, und die kurfürstliche Berliner Regierung befiehlt der Halberstädtischen Regierung auf dem Petershof im Februar und, als diese ihrer ständisch-konservativen Einstellung entsprechend zögert, noch einmal im September 1697, den Kauf zuzulassen. Dabei berücksichtigt sie, dass er „zur Beförderung der gemein [für die Allgemeinheit] nützlichen Wasserleitung [...] ein Erbiethen thut" und „außerdem 200 Thaler zur Beförderung eines [weiteren?] gemein nützlichen Wercks *offerirt*."[324]

---

[322] Hier war der später berühmte Historiker Yitzhak Fritz Baer (1888–1980) zu Hause. Vgl. Klamroth, Sabine: „Erst wenn der Mond bei Seckbachs steht". Juden im alten Halberstadt, Halle/Saale 2006, S.139.
[323] Vgl. Stadtplanausschnitt Abb. 5.
[324] GStA PK Berlin, I. HA, Rep. 33, Nr. 120b, Bd. 1 (1650–1697), o.Bl., datiert 16.02.1697 und 15.09.1697.

Berend Lehmann hat inzwischen längst ein Fait accompli geschaffen und, ohne die ausdrückliche Entscheidung der Behörde abzuwarten, bereits im März für 1.150 Reichstaler von dem Oberst Friedrich Levin von Schacht den „Schachtischen Hoff" samt Haus erworben. Erst ein und ein Dreivierteljahr später erhält Lehmann die offizielle Erlaubnis dafür. Mit Schreiben vom 13.12.1698 befiehlt Kurfürst Friedrich III. der „Halberstädtischen Regierung" noch einmal ausdrücklich, sie möge dem Residenten ausnahmsweise den Erwerb „des Schachtischen oder eines anderen Hauses" ermöglichen.

Eine Ausnahme war das insofern, als grundsätzlich bereits seit dem 28. März des Vorjahres galt, dass „Wir verbothen haben, daß die Juden zu Halberstadt keine Häuser aldort ankauffen mögten".[325] Berend Lehmann erhielt das Sonderrecht, nachdem sich auch sein Gönner, der sächsische Kurfürst und polnische König Friedrich August I., „August der Starke", für ihn eingesetzt hatte („weil [...] der *Supplicant* vom Könige in Pohlen den *caracter* eines *Residenten* empfangen [...], so kann derselbe nicht mit unter diejenige, welche das Verbott betrifft, gerechnet werden").[326]

Der Resident müsse aber dafür sein derzeitiges Haus unbedingt an einen Christen verkaufen (die übliche Vorsichtsmaßnahme, damit nicht andere Juden indirekt neue Hausbesitzer werden konnten). – Leider erfährt man nicht, wo dieses „derzeitige" Lehmannsche Haus lag. Es müsste nach der Darstellung im vorigen Abschnitt das „Hauß am waßer", Bakenstraße 37 links (A) gewesen sein. Falls diese Annahme stimmt, hat der geforderte Verkauf an einen Christen dann doch nicht stattgefunden. Als der Oberst von Schacht im Jahre 1698 verstarb, hinterließ er hohe Schulden. Berend Lehmann hat später mehrfach berichtet, er habe das auf dem Grundstück stehende Haus „bey entstandenen *concursu Creditorum*"[327] gekauft; das kann nur bedeuten, dass Schacht schon 1697 in Konkurs geraten war, als Lehmann den Kauf tätigte. Beziehen kann er es nicht, denn die Schacht-Töchter weigern sich erfolgreich auszuziehen. Gleichzeitig regen sie an, das Haus möge doch vom König den „Refugirten", das heißt, den französisch-reformierten Hugenotten, zur Verfügung gestellt werden.

Lehmann lässt aber, wie ein aus Berlin angeforderter Bericht des Halberstädter Obersteuerdirektors Friedrich Christoph von Münchhausen vom Mai 1699 zeigt[328], auf dem Grundstück bereits ein Hinterhaus neu bauen (E). Dieses Gebäude dürfte identisch sein mit der in dem Münchhausenschen Bericht erwähnten

---
325 GStA PK Berlin, I. HA, Rep. 33, Nr. 120c, Bd. 1 (1649–1701), o.Bl., datiert 28.03.1697.
326 GStA PK Berlin, I. HA, Rep. 33, Nr. 120b, Pak. 1, (1650–1697), o.Bl., datiert 13.12.1698.
327 So in GStA PK Berlin, I. HA, Rep. 33, Nr. 94–95, Pak. 2 (1698–1713), o. Bl., Schreiben Lehmanns an den preußischen König vom 24.07.1703, Dokument W 9.
328 Ebd., Schreiben an den Kurfürsten vom 08.05.1699.

"Synagoge". Sie wird wahrscheinlich deshalb so genannt, weil den in der Klaus wirkenden Rabbinen von Anfang an eine eigene Synagoge im Hause zugestanden wurde.

Zurück zum Bericht Münchhausens über die Situation um den „Schachtischen Hoff": Aus ihm wird klar, dass in Bezug auf das Haus inzwischen eine für Berend Lehmann ungünstige Wende eingetreten ist: Die Regierung des Kurfürsten will es in der Tat in einen Häuserkomplex einbeziehen, der der „Frantzösischen *Colonie*" zur Verfügung gestellt werden soll. Damit wird eine in demselben Archivbestand wiedergegebene *Special Resolution* des Kurfürsten[329] in die Tat umgesetzt, dass nämlich diejenigen evangelisch-reformierten und lutherischen Flüchtlinge, „welche der *Religion* halber anderswo nicht bleiben können", im Kurfürstentum Brandenburg spezielle Unterstützung beim Hausbau und Hauserwerb genießen sollen. Hier zeigt sich, dass die oft gepriesene brandenburgisch-preußische Toleranz asymmetrisch war. Ein bereits genehmigter Kauf wird einfach annulliert, weil dem reformierten Kurfürsten die calvinistischen Glaubensverwandten näher stehen als der noch so privilegierte Hofjude eines Nachbarfürsten.

Mit finanzieller Beihilfe der „Halberstädtischen Landstände" soll nun das Schachtsche Haus (in Wirklichkeit zwei Häuser, vorn das alte Wohnhaus [D] und hinten der Lehmannsche Neubau [E] mit dem „Grauen Hof" verbunden werden, den man dem Kloster Michaelstein für 1.600 bis 2.000 Taler abzukaufen hofft.[330] Dem Residenten wird verboten, den Neubau zu Ende zu führen, er soll Rechnung legen, und dann will man ihn entschädigen, und zwar in folgender Weise:

Actum Halberstadt, den 26. Maji 1699.
Ist mit dem Königlichen Polnischen Residenten, dem Juden Lehman, liquidation zugeleget, wegen des Schachtischen Hoffes und der gebaueten Zwey Häuser und mittels Kauff Brieffes vom 15. Martij Kauff Brieffes vom 15. Martij 1697. Damit, dass

1mo.	Dieser Hoff mit aller Zubeherung bezahlet mit	1150	Rthlr
2.	hat der Käuffer vom Herrn von Schachten einen Platz darzu gekauffet, und solchen dem vorgeben nach bezahlet mit—	70	-„-
	so noch bescheiniget werden muß	1220	Rthlr

[…]

---

329 GStA PK Berlin, I. HA, Rep. 33, Nr. 94–95, Pak. 2 (1698–1713), o.Bl., datiert 06.03.1698.
330 Es erscheint zweifelhaft, dass mit der Bezeichnung „[der] zum Closter Michaelstein gehörende Graue […] Hof […]" tatsächlich der gesamte heutige Straßenzug „Grauer Hof" gemeint ist. Für ihn wäre der Preis zu gering. Möglicherweise waren es die unmittelbar an „Schacht" anschließenden kleinen Häuser Grauer Hof 1–10.

3.	ist das Vordere Haus laut der am 5 Maji geschehenen taxe angeschlagen zu, bey welcher Taxe der Jude acquiesciren willl, weil dieses Haus sein eigen	-678 – 10 -„-
4.	Das hintere oder Neue Haus ist taxiret auf	1141 – 13-
	Mit dieser Taxe ist der Jude nicht Zufrieden, sondern giebt vor, daß seine Frauu dero behuf über 1800 Rthlr hineingesteckt, es wären als an einem Lehrhause auch andere Leute betheiligt	
	Sa	3039 Rthlr.23gr

Diese „Liquidation" (Abrechnung) ist wie folgt zu interpretieren: Für das Grundstück hat er 1.150 Taler bezahlt. Im Vergleich zu den Häusern auf dem Grauen Hof, deren Kaufpreis in der Häuserliste von 1699 meist mit unter 500 Talern notiert wird, muss es sich um ein ziemlich großes Areal gehandelt haben, das dann Platz für einen ansehnlichen Neubau bot. Der Oberst hat ihm außerdem noch einen „Platz", also wohl ein weiteres Teilgrundstück, verkauft. Nach der bescheidenen Kaufsumme von 70 Talern kann dies allerdings nicht sehr groß gewesen sein. Unklar ist, weshalb es nicht von vornherein zum Schachtschen „Hoff" dazugehört. Für das Vorderhaus, das zu diesem Zeitpunkt die Töchter Schacht bewohnen, liegt der Taxwert vergleichsweise niedrig, wohl weil es sich in keinem guten Zustand befunden hat, denn, wie sich später herausstellt[331], will Lehmann es abreißen und neu bauen lassen. Das Hinterhaus ist als Neubau fast fertig; und man bekommt hier einmal Frau Miriam Lehmann, geborene Joel, in den Blick, die offensichtlich in des Residenten Abwesenheit die wichtige Aufgabe der Bauaufsicht hat und die in eigener Verantwortung Geld ausgeben darf (zur Situation der Frauen in der Halberstädter Gemeinde vgl. Kap. 5.5).

Interessant ist auch der Hinweis, Lehmann wolle hier über die Höhe der Abfindung nicht selbst entscheiden, da es sich bei dem Gebäude um ein gemeinschaftliches Lehrhaus handele. Er plant also schon eine Jeschiwah, ein Thora- und Talmud-Studierhaus, wie es als die berühmte Halberstädter „Klaus" vier Jahre später gegründet wurde.[332] Am Ende der Verhandlung, die man mit ihm über die „Liquidation" führt, wird ihm vorgehalten, er habe noch weiterbauen lassen, nachdem ein kurfürstlicher Baustopp bereits ausgesprochen war. Seine

---

[331] GStA PK Berlin, I. HA, Rep. 33, Nr. 94–95, Pak. 2 (1698–1713), o.Bl., Schreiben Berend Lehmanns an König Friedrich I. vom 24.07.1703, Dokument W 9.
[332] Vgl. Auerbach, *Gemeinde* (wie Anm. 12), S. 61.

4.4 Immobilien im Zusammenhang mit Berend Lehmann — 101

Begründung: Man habe nur noch „eine Stube oder Kammer mit Gibs [Gips] begossen, damit der Kalk nicht verderbe".[333]

Er solle nun seinen Gesamtpreis nennen. Das tut er nicht. Er möchte vielmehr das kurfürstliche „*Rescript*" in Kopie. Er bekommt aber nur die wichtigsten Absätze vorgelesen. Wie die beiden nächsten Aktenstücke zeigen, will er sich diese Behandlung nicht gefallen lassen. Es findet nämlich seinetwegen ein diplomatischer Schriftwechsel zweier Potentaten statt. Kurfürst Friedrich August I. von Sachsen (jetzt auch König in Polen), August der Starke, beschwert sich bei Lehmanns Landesherrn, Kurfürst Friedrich III. von Brandenburg:[334] Man behandle seinen Residenten, dem doch als solchem weitgehende „freyheiten und *prærogativen*" zustünden, wie einen gewöhnlichen „*privat* Juden", indem man ihm sein genehmigtes, fast fertiges neugebautes Haus wegnehme. „Freundbrüderlich" ersucht der sächsische Kurfürst den brandenburgischen um die Revision der Beschlagnahme. Drei Wochen später trifft in Dresden eine abschlägige Antwort ein[335]: Dem Residenten könne der über den Schachtschen Hof geschlossene

> Kauff contract [...] unmöglich gelaßen werden, ohne dem lande dadurch ein immerwehrendes gravamen [einen schweren Nachteil] zu verursachen [...] Was die von Ihm erkaufften Häuser gelanget, da haben Wir Ihm dieselben wohl gönnen wollen. Es haben aber unsere Halberstädtischen Landstände dawieder [...] erhebliche Vorstellung bey Uns gethan [Einwände erhoben].

In den Akten findet sich allerdings nichts, was einen derart ausgeübten Druck bestätigen würde, nur die Tatsache, dass die Landstände bereit waren, den Hauskauf für die Hugenotten mit 2.000 Talern zu unterstützen. – Wie dem auch gewesen sein mag, „in dergleichen dingen" (von Staatsinteresse) gebe ein solcher „*caracter*" (die Würde eines „Residenten") „keine *prærogative*". Mit dieser Antwort gibt sich zwar August der Starke zufrieden, nicht aber Berend Lehmann. Er wird weitere drei Jahre um die beiden Häuser auf dem „Schachtischen Hoffe" kämpfen. Als man allerdings ein Dreivierteljahr später[336] endgültig mit ihm ver-

---

333 Der Kalkanstrich oder -bewurf, Kalziumhydroxid, verbindet sich mit dem Kohlendioxid der Luft zu Kalziumkarbonat, dieses würde „ausblühen" (sich von der Wand ablösen); deshalb der Anstrich mit dem an der Luft beständigen Gips = Kalziumsulfat.
334 GStA PK Berlin, I. HA, Rep. 33, Nr. 94–95, Pak. 2 (1698–1713), o.Bl., datiert 28.07.1699, Dokument B 3.
335 GStA PK Berlin, I. HA, Rep. 33, Nr. 94–95, Pak. 2 (1698–1713), o.Bl., datiert 17.08.1699 Dokument B 4.
336 GStA PK Berlin, I. HA, Rep. 33, Nr. 94–95, Pak. 2 (1698–1713), o.Bl. Bericht der Halberstädtischen Regierung an Kurfürst Friedrich III. vom 12.04.1700.

handeln will, kann man ihn lange Zeit nicht persönlich antreffen (er ist als polnisch-sächsischer Heereslieferant im Nordischen Krieg unterwegs).[337]

Den Schachtschen Hof mit dem Altbau und dem Lehmannschen Neubau, worin eigentlich, wie jetzt auch die Halberstädtische Regierung weiß, „eine Juden Schule angeleget werden" sollte[338], will man nun endgültig für 3.400 Taler kaufen und der Hugenottengemeinde zur Verfügung stellen, dabei glaubt man noch weitere 400 bis 500 Taler anlegen zu müssen, um es „zum besten der [französischen] *Colonie*" fertigzustellen.

Im Januar 1701 berichtet der mit einer Untersuchung der Sache beauftragte Kammerrat Lüttkens, er habe den Residenten wieder nicht angetroffen (der Nordische Krieg zieht sich in die Länge!). Sein Schwager Isaak Joel sagt, Berend Lehmann würde wohl bereit sein, der Hugenottengemeinde 300 Taler „*ad redimendam vexam*" (um den Ärger wiedergutzumachen) zu zahlen, wenn sie ihm das neue Haus wieder überließen. Lüttkens empfiehlt sogar dem König (Kurfürst Friedrich III. hat sich inzwischen zum „König in Preußen" erklärt), dieses Angebot Lehmanns anzunehmen, „jedoch unter der *Condition*, keine Juden Schule noch *Synagoge*, weniger ein *Seminarium* darin anzulegen."[339]

Dies ist das zweite Mal, dass die geplante Klaus erwähnt wird und dass die Angst der christlichen Umgebung zum Ausdruck kommt, hier könne womöglich widerchristlich agitiert werden und eine solche Institution könne noch mehr Juden nach Halberstadt ziehen. Der König ist mit der vorgeschlagenen Regelung einverstanden;[340] dennoch ist fast zwei Jahre später die Sache immer noch nicht abgeschlossen.

Denn am 24.07.1703 schreibt Berend Lehmann einen ausführlichen Brief an den König (vgl. Dokument W 9.), in dem er um die Rückgabe der beiden Häuser auf dem „Schachtischen Hoffe" bittet: Die Hugenottengemeinde (von ihm fälschlich die „Pfälzische *Colonie*" genannt)[341] habe das Schachtische Haus „wiederrechtlich in *Poßeßion* genommen" und zwar „gegen *Deponirung* 1 400

---

337 Vgl. Saville, *Juif* (wie Anm. 43), S. 143 ff.
338 GStA PK Berlin, I. HA, Rep. 33, Nr. 94–95, Pak. 2 (1698–1713), o.Bl., Bericht der Halberstädtischen Regierung an Kurfürst Friedrich III. vom 12.04.1700.
339 GStA PK Berlin, I. HA, Rep. 33, Nr. 94–95, Pak. 2 (1698–1713), o.Bl., Schreiben König Friedrich I. an die Halberstädtische Regierung vom 11.01.1701.
340 GStA PK Berlin, I. HA, Rep. 33, Nr. 94–95, Pak. 2 (1698–1713), o.Bl., Schreiben König Friedrich I. an die Halberstädtische Regierung vom 25.01.1701.
341 Aus der Pfalz gelangten schon 1689 französische und deutsche Reformierte gemeinsam nach Magdeburg. Demnach bürgerte sich offenbar der Begriff „Pfälzische Kolonie" allgemein für reformierte Glaubensflüchtlinge in Brandenburg ein. Die Halberstädter Hugenotten waren 1699 über die Schweiz gekommen. wikipedia.org/wiki/Pfälzer_Kolonie (05.12.2015). http://www.museum-halberstadt.de/de/handschuhmacher (05.12.2015).

Rthlr". Wie diese Summe zustande kommt, ist unklar. Sie enthält jedenfalls offenbar nicht den Wert des neugebauten Hinterhauses.

Es wohnten auf dem „Hoff" jetzt der Prediger der Gemeinde und ein Bierbrauer. Er, der Resident, habe auf diese Weise sein Haus verloren und sei noch nicht einmal dafür entschädigt worden. Wenn man es ihm zurückgebe und den Hugenotten ein anderes, zum Bierbrauen geeigneteres zur Verfügung stelle, sei er zu folgenden Leistungen auf seine Kosten für die Allgemeinheit bereit: „die von dem vor solchem Hause lauffenden Röhr Waßer überschwemmete Gaße auf meine Kosten zu pflastern, das Röhr Waßer in einen großen steinern Kasten, sowoll zur Zierde der Stadt alß auch gemeinen Besten in Feuers-Gefahr einzuschließen, durch einen *Canal* das Saubere Waßer von der gantzen Stadt Mauer abführen zu laßen [...]".[342]

Dieses Angebot zeigt einen ähnlichen Bürgersinn, wie er ihn gemäß dem Bericht Auerbachs[343] dadurch bewiesen hatte, dass er nach einer Feuersbrunst im Jahre 1694 Geld beisteuerte, als die wiederaufgebauten Häuser mit Ziegeln statt mit Stroh gedeckt wurden. – Aber auch die weiteren Angebote in diesem Schreiben, nämlich den Hugenotten das Abbruchholz des Vorderhauses zur Verfügung stellen zu wollen und ihnen die Kosten zu erstatten, die sie selbst in das Haus gesteckt haben mochten, sowie die pünktliche Zahlung eines Erbzinses von jährlich 8 Reichstalern – alles das nützte nichts, trotz der Zustimmung des Königs zum Lüttkensschen Vorschlag zwei Jahre zuvor.

Leider fehlt in den Akten die Stellungnahme der Hugenotten zu seinem Schreiben. Sie müssen sehr schwerwiegende Argumente vorgebracht haben, denn am 15. September 1703 heißt es aus Berlin: „Weilen nun gedachten Juden *prætension* ungegründet und die *Commissarij* solche in *Relatione* genugsam abgelehnet, So habt Ihr [die Halberstädtische Regierung] denselben mit seinem Suchen abzuweisen und die *Colonie* bey dem Haus oder Schachtischen Hoffe zu schützen."

Damit endet der Aktenvorgang; und es scheint nicht so, dass der Resident das Vorderhaus auf dem „Schachtischen Hoffe" jemals bezogen hat; denn vier Jahre später wohnt der französische Prediger immer noch in diesem Anwesen. Aber das

---

342 In Lucanus, *Notitia* (wie Anm. 22), Bd. II, S. 24, heißt es „[...] daß alle Gaßen in der Stadt vormahls [...] vornehmlich vor die Fahrenden, sehr unbequem angelegt gewesen, weil der Rennstein oder die Goße allenthalben mitten durch die Straße gegangen." 1699 sei das auf Kurfürstlichen Befehl geändert und „[...] mitten durch alle Straßen ein breiter Steindamm zur Bequemlichkeit der Fahrenden angeleget worden". Diese Maßnahme scheint sich nicht mit auf die Bakenstraße erstreckt zu haben. Bei Lucanus findet sich übrigens eine ausführliche Darstellung der Halberstädter Brunnen- und Wasserverhältnisse.
343 Auerbach, *Gemeinde* (wie Anm. 12), S. 48.

ist eine andere Geschichte, die hier später in dem Abschnitt *Das Gartenhaus an der Stadtmauer* behandelt wird. Die Akten verraten auch nicht, ob Lehmann denn noch finanziell entschädigt wurde.

Im Jahre 1745, d. h. 15 Jahre nach Berend Lehmanns Tode, hatte sich die Situation übrigens völlig geändert. Die Hugenotten benutzten nicht mehr, gemeinsam mit den deutschen Reformierten, die Kapelle des nahen Petershofes, sondern sie besaßen inzwischen ihr eigenes Gotteshaus, die „Franzosenkirche" an der weit entfernten Woort, und der Stadthistoriker Lucanus berichtet:

> [Die französisch-reformierte] Colonie hat bei ihrem establissement [Gründung] von Seiner Königlichen Majestät ansehnliche beneficia [Geschenke] erhalten, auch das Schachtische große Freyhauß[344] nahe am Grauen Hofe mit einem Garten und dem privilegio, Bier zu brauen und zu verhandeln doniret bekommen. [...] Hernach aber hat sie zu ihrem besseren interesse dieses ihnen geschenkte Freyhauß mit Garten, Brau-Pfanne und Geräthe verkauffet und capitalia davon gemachet [...]".[345]

Verkauft haben sie es, wie wir wissen, an den Kammerkanzlisten Beck, der es neu gestaltete.

Anders steht es mit dem von Berend Lehmann bereits als Gemeinschaftsprojekt neugebauten Hinterhaus. Dies hat er offenbar nicht an die Hugenotten abtreten müssen, denn als er im Zusammenhang mit einem Prozess im Jahre 1726 eine große Kaution zu stellen hat, erklärt er, dass er dafür unter anderem „das an der Stadt Mauer beim Rosenwinkel habende StudierHauß, auch den dabey befindlichen Garten und GartenHauß [...] eingesetzet haben will."[346] Die Stadtmauer als Bezugslinie und die Ortsangabe „beim Rosenwinkel" – der Garten wurde nicht als zur Bakenstraße, sondern als südlicher Abschluss des Rosenwinkels betrachtet – deuten darauf hin, dass es sich hier in der Tat um Teile der heutigen Gärten von Bakenstraße 28, 27 und 26 handelt und dass das dort 1726 stehende „Studierhaus" dasselbe ist, das er 1699 auf dem „Schachtischen Hoffe" neu gebaut hat. Es wäre demnach das erste von mehreren Gebäuden, die nacheinander als Klaus benutzt worden sind. Dass das „Lehrhaus" nicht klein gewesen sein kann und gut ausgebaut und eingerichtet gewesen sein muss, geht hervor aus einem Schreiben Berend Lehmanns an König Friedrich Wilhelm I. vom 23. August 1713[347], wo es heißt, das Lehrhaus sei „zu mehr als 10.000 Rt aus eigenen Mitteln erbaut und fundiret" worden. In dem Begriff „fundiret" dürfte die Inneneinrich-

---

344 Das Haus war „frei" von der Gerichtsbarkeit des städtischen Rates. Es hat möglicherweise dem Landesherrn direkt unterstanden.
345 Lucanus, *Notitia* (wie Anm. 22), Bd. II, S. 87.
346 GStA PK Berlin, I. HA, Rep. 33, Nr. 120a (1725–1728 [1758]), o.Bl.
347 Stern, *Hofjude* (wie Anm. 6), S. 349.

tung, wahrscheinlich auch die Bibliothek mit gemeint sein; sie sind Teil der „Fundation" (Stiftung).

Die Häuser Heister-2 und Pott

Parallel zu den Bemühungen um die Häuser auf dem „Schachtischen Hoffe" läuft noch ein anderer Immobilienvorgang Berend Lehmanns in „Schachts" Nachbarschaft. Der Stadthistoriker Lucanus erwähnt in einem Atemzuge mit dem Grauen Hof, „de[n] alte[n] Ziegel Hoff nebst denen Heisterischen und Lochowischen Häusern".[348] Nun untersagt am 28. März 1699, also vermutlich kurz bevor im Frühjahr die Arbeiten an dem Hinterhaus-Neubau beginnen, in dem die Klaus untergebracht werden soll, der Kurfürst dem Halberstädtischen Regierungsrat und Konsistorialsekretär Johann Heinrich Koch[349], den ihm gehörenden Heisterschen Hof an Berend Lehmann zu verkaufen (vgl. Dokument W 8). Hier stutzt man: Den Heisterschen Hof hatte ja vor Berend Lehmann nach Lucanus' Erzählung nicht Koch, sondern Schacht besessen. Erklären lässt sich dieser Widerspruch nur, wenn man annimmt, dass es zwei Heistersche ex Lochowsche Höfe gegeben hat (bei Lucanus ist ja auch zunächst im Plural die Rede von „denen Heisterischen und [danach!] Lochowschen Häusern"). Lochow-1 = Heister-1 wäre also gleich Schacht; Lochow-2 = Heister-2 = Koch stünde also 1699 zum Verkauf und Lehmann würde es haben wollen (L). Der eventuell schon getätigte Kauf von Heister-2 müsse, so befiehlt der Kurfürst, „cassiret" werden.[350] Gegen den Kauf hätten die „Bauermeister der Westendorff- und Vogteyschen Nachbahrschaft" protestiert.[351]

Gleichzeitig verlangt der Kurfürst Bericht aus Halberstadt, wie viele Juden denn angesichts seines Reskripts vom 28. März 1697, sie dürften keine Immobilien mehr kaufen, Häuser in der Stadt besäßen, wie viele möglicherweise sogar zwei Häuser.

---

348 Stern, *Hofjude* (wie Anm. 6), S. 416.
349 Nach seiner Kurzbiografie bei Lucanus, *Notitia* (wie Anm. 22), Bd. I, S. 460–461, 1650 in Gotha geboren, in Halberstadt als Amtsmajor, Kurfürstlicher Rat, Landrentmeister, Kriegsrat, Kammerrat, Präses der Kriminalkommission tätig, 1729 in Halberstadt gestorben.
350 GStA PK Berlin, I. HA, Rep. 33, Nr. 82b, o.Bl., Entwurf eines Schreibens des Kurfürsten Friedrich III. an die Halberstädtische Regierung vom 18./28.03.1699 (Dokument W 8).
351 „Bauer" nicht im Sinne von „Landwirt", sondern „Er-bauer" beziehungsweise Hausbesitzer. Die Bauermeister waren gewählte Obleute einer bestimmten Wohngegend. Vgl. Bandau, Wilhelm (Hrsg.): *Das Ratslagerbuch von Halberstadt vom Jahre 1721*. Halberstadt 1930. S. 1. Es handelt sich bei Bandaus Büchlein um einen kleinen gedruckten Auszug aus dem ansonsten nur als Manuskript vorliegenden „Lagerbuch". Vgl. außerdem zur Problematik der Wahlen der Bauermeister: Baumann, *Verfassungsgeschichte* (wie Anm. 245), S. 20–21.

Berend Lehmann lässt sich mit der Befolgung des Verbotes Zeit. Am 24. November 1702, also über drei Jahre später, ist Heister-2 nach wie vor in seinem Besitz, weil der Verkäufer, der Regierungsrat Koch, ihm die Kaufsumme immer noch nicht „*restituirt*" hat. Als Lehmann sich deshalb beschwert, befiehlt der König seiner Halberstädter Regierung, „dem *Supplicanten* ohne weitläufigen *Prozeß* zu dem Seinigen zu verhelfen." Der Resident hat sich in dieser Gegend noch weiter umgetan: Er kauft, ebenfalls 1699, mit allerhöchster Genehmigung[352], dieses Mal von dem Regierungsrat Pott[353], das unmittelbare Nachbarhaus von Schacht und Heister-2 (M)[354], allerdings macht man ihm zur Bedingung, dass er Heister-2 räumt, was, wie wir wissen, lange Zeit nicht geschieht. Heister-2 und danach Pott sollten nach dem Willen der königlichen Regierung in Berlin offensichtlich der jeweilige Ersatz für das von der Lehmannschen Familie um 1700 bewohnte und aufzugebende Haus sein. Dass Lehmann auf das wahrscheinlich seit 1690 bewohnte Haus „am Waßer" Bakenstraße 37 links (A) dennoch nicht verzichtet hat, beweist der Vermerk im Anhang der Liste von 1699, er besitze das eben erwähnte Pottische Haus zusätzlich zu jenem „am waßer" („noch ein anderes").[355]

Hätte er das „Schacht"-Vorderhaus mit dem Klaus-Hinterhausneubau zurückerhalten, so wäre zusammen mit Pott und Heister-2 ein genügend großes Grundstück für einen Synagogen-Neubau vorhanden gewesen. Da er an „Schacht" nicht wieder herankommt und Heister-2 ja wieder verkaufen soll, ist die Gegend zwischen Grauem Hof und Rosenwinkel offenbar für ihn uninteressant geworden, so dass später auch die Klaus von hier in den neuen Gemeindeschwerpunktbereich zwischen Baken- und Judenstraße verlegt wird.[356]

---

352 GStA PK Berlin, I. HA, Rep. 33, Nr. 82b, o. Bl., Schreiben Kurfürst Friedrichs III. an die Halberstädtische Regierung vom 27.09.1699.
353 Pott ist nach seiner Kurzbiografie bei Lucanus, *Notitia* (wie Anm. 22), Bd. I, S. 451–452 wie Koch seit 1686 Regierungsrat bei der Amtskammer; er stirbt 1708. Alle diese Häuser „neben dem Grauen Hoffe" lagen auf der von der Amtskammer verwalteten Regierungsfreiheit. Man kann daher annehmen, dass sowohl Koch wie Pott mit ihrem Insider-Wissen günstig an diese Immobilien herankamen und sie als Handelsobjekte benutzten.
354 So ergibt es sich aus der Bemerkung in der Häuserliste von 1699: (GStA PK Berlin, I. HA, Rep. 33, Nr. 120c, Bd. 1 (1649–1701) *Specification der sämmtlichen Judenschaft in der Stadt Halberstadt* [...] *März 1699*, o.Bl.), wo es heißt, dem Residenten gehöre „noch ein anderes [Haus]", „[...] an dem sogenannten Heisterschen *modo* Schachtischen Hause belegen [...]", wobei man „*modo*" wohl als „beziehungsweise" interpretieren darf.
355 GStA PK Berlin, I. HA, Rep. 33, Nr. 120c, Bd. 1 (1649–1701), *Specification der sämmtlichen Judenschaft in der Stadt Halberstadt* [...] *März 1699*, o. Bl.
356 Vgl. hierzu Abschnitt 4.4.3.

1721 ist in einem Bericht der Halberstädtischen Regierung über Lehmann außer von „Klein Venedig" (Bakenstraße 37) nur noch von einem Garten samt Gartenhaus als seinem Immobilienbesitz die Rede; dieser könnte der zurückbehaltene Rest des Schachtischen/Heisterschen/Pottischen Grundstücks gewesen sein, der in der folgenden Episode eine Rolle spielt.[357] Ein gewisser Widerspruch besteht zwischen diesem Bericht und der schon erwähnten Kaution, in der er 1726 sein Lehrhaus einsetzt und es als eindeutig an dieser Stelle gelegen beschreibt. Möglicherweise betrachtet es der berichtende Regierungsrat als Eigentum der jüdischen Gemeinde und nicht als Lehmann gehörend.

Zusammengefasst gesagt, versucht Berend Lehmann gleich zu Beginn der Zeit seines geschäftlichen Erfolges, mit der Hilfe seines neuerworbenen Residenten-Privilegs die räumlichen und baulichen Voraussetzungen für die beiden von ihm zu stiftenden zentralen Einrichtungen der jüdischen Gemeinde zu schaffen, für die Klaus und die Synagoge. Dieser erste Anlauf gelingt wegen eines massiven kurfürstlichen Eingriffs noch nicht. Lehmann lässt sich aber nicht entmutigen.

Das Gartenhaus an der Stadtmauer

Ein nicht allzu kleines Gartengrundstück befand sich auch nach dem Scheitern der großen Pläne im „Schachtischen" Bereich in unmittelbaren Nachbarschaft des nunmehr von dem Hugenottenprediger Rossall[358] bewohnten „Schachtischen Hoffes" (F) noch in Lehmanns Besitz. Seine Lage lässt sich sogar recht genau bestimmen: Es lag unmittelbar an der Stadtmauer nördlich des „Schachtischen Hoffes";[359] an der Außenseite der Stadtmauer befand sich dort – von der Stadt her gesehen – hinter dem Stadtgraben (der heutigen „Promenade") ein Teich und wiederum dahinter „Garten und Kamp des Geheimen Etatsrates und Generalkriegskommissars Freiherr von Danckelmann."[360] Der Garten lag „hinter der Juden *Synagoge*" (Hinterhausneubau, E bzw. G), die jetzt erneut erwähnt wird.[361]

---

357 GStA PK Berlin, I. HA, Rep. 33, Nr. 120b, Pak. 3 (1713–1727), o. Bl.: Bericht Fr. v. Hamrath vom 05.01.1721, Dokument W 17.
358 Über Rossall heißt es bei dem Stadthistoriker Lucanus: „Die französischen Prediger hieselbst sind gewesen: 1.) *Pierre Roßal* wurde *anno* [Lücke] von Halberstadt nach Magdeburg an die *Wallonische* Kirche berufen, starb daselbst 1735." Lucanus, *Notitia* (wie Anm. 22), Bd. II, S. 87.
359 Nach dem noch zu erwähnenden Gutachten v. Meisenburg/Koch vom 27.08.1708 in: GStA PK Berlin, I.HA, Rep. 33, Nr. 120b, Pak. 2 (1698–1712) o. Bl., (Dokument W 15). Dort der gesamte im Folgenden geschilderte Vorgang.
360 Es handelt sich hier nicht um den Präsidenten der Halberstädtischen Regierung, Wilhelm Heinrich von Danckelmann (1654–1729), sondern um einen seiner Brüder, den in Cölln (Berlin) amtierenden Generalkriegskommissar Daniel Ludolf von Danckelmann (1648–1709), der möglicherweise aus jungen Jahren, als er einen Posten bei der Halberstädtischen Regierung innehatte,

Die Grundstücke könnten folgendermaßen zueinander gelegen haben:

Stadtmauer	Stadtmauer	Stadtmauer
Garten Rossall	Gartenhaus Lehmann (F)	Rosenwinkel 18 (K)
	Neubau für Klaus (E bzw. G)	
Schacht Vorderhaus (D)	Heister-2 (L)	Pott (M)
= Bakenstraße 28	27	26

Der Resident baute auf diesem Gartengrundstück unter der Verwendung von Resten eines vorhandenen baufälligen Fachwerkgebäudes im Jahre 1708 ein zweistöckiges Gartenhaus „zu mehrerer Bequemlichkeit und Conservation der Gewächse". Es ist fast fertig, als der Hugenottenprediger sich darüber beschwert, dass dieses „Lusthaus" seinen Besitz „ganz unfrey" mache. Die Traufe dieses Hauses rage weit in sein Grundstück hinein und nehme den Bäumen seines Gartens „Thau und Regen". Außerdem findet der Geistliche, das Haus stehe so nah an der Stadtmauer, dass man vom Fenster des Oberstockes aus mühelos die Stadtmauer überwinden könne, so dass „allerhand unterschleiff und *defraudationes* [Betrug] bei der *Accise* [...] zu besorgen" seien.[362] Auch der König, bei dem Rossall sich beschwert hat, befürchtet, dass auf diese Weise unverzollte Waren und Menschen (unverleitete Juden?) geschmuggelt werden könnten.[363] Er verlangt die Rechtfertigung Lehmanns für den nicht genehmigten Bau und die Stellungnahme der Halberstädtischen Regierung.[364]

---

vor der Stadt noch Besitz hatte. Er war für die preußischen Judenangelegenheiten zuständig und unterschrieb mit der Paraphe „DvD" eine ganze Reihe von Anordnungen der königlichen Regierung an ihre Filiale, die Halberstädtische Regierung.

361 Möglicherweise war der Garten auch das kleine Extragrundstück, das sich Lehmann für 70 Taler von Schacht dazugekauft hatte.

362 GStA PK Berlin, I. HA, Rep. 33, Nr. 120b, Pak. 2 (1698–1712) o. Bl., rekonstruierbar aus dem Reskript des Königs vom 11.03.1709.

363 In den Jugenderinnerungen eines Halberstädters namens Holtze (1779–1858), dessen Familie in unmittelbarer Nachbarschaft, am Grauen Hof, wohnte, heißt es: „Ein Teil [der Bewohner] bestand aus Juden, gegen welche [...] nichts, was gegen Redlichkeit verstieß, erinnert werden konnte. Ein Teil aber bestand aus Gesindel und namentlich Contrabandiers (jetzt Pascher), [die] verbotene Waren über die nahe Stadtmauer hinüberpaschten und mit Gewinn [...] verkauften." Im Internet: Furbach, Andreas (Hrsg.): *Rückerinnerungen von Urgroßvater Holtze, 1779–1858.* Abschnitt *Meine Erziehung im elterlichen Haus.* www.ping.de/sites/afu/holtze/erziehung.htm (11.12.2017).

364 GStA PK Berlin, I. HA, Rep. 33, Nr. 120b, Pak. 2 (1698–1712), o. Bl. Datiert 29.08.1708

Die Regierung sendet schon wenige Tage später ein Gutachten[365] der beiden „Hoff und Regierungs Räthe von Meisenburg[366] und Kochen" (Koch ist auch der Vorbesitzer des von Lehmann erworbenen „Heisterschen Hauses"):[367] Es handele sich zunächst einmal nicht um einen Neubau, wie er Juden zu jener Zeit verboten war, sondern nur um die Ersetzung eines vorhandenen Gebäudes. – Lehmann habe auch nicht einmal, wie er normalerweise gedurft hätte, die Trennmauer zwischen seinem und des Predigers Grundstück, die ihm gehört, als eine Wand seines Gartenhauses benutzt, sondern eine neue Wand aufführen lassen. Die „*Contradiction*" des Predigers habe in diesem Punkt „keinen Grund".

Regen könne das Haus nur dann abhalten, wenn er „aus Mitternacht" käme (also von Norden, eine für Halberstadt ungewöhnliche Wetterlage); die Gefahr der Überwindung der Stadtmauer sei nicht größer als bei vielen anderen Halberstädter Häusern. Die Distanz Fenster – Mauer betrage auch immerhin 6 Ellen (mindestens 3,60 Meter); vor der Mauer lägen ja auch noch der Stadtgraben und ein Teich. Also auch hier kann der Prediger nicht punkten. Über Herbst und Winter 1708/1709 hört man nichts von der Sache, weil das Gutachten statt an den König „an das Steuer-*Directorio*" gegangen ist. Es wird Anfang Februar 1709 richtig eingesandt, der König ist aber noch nicht überzeugt. Noch einmal inspizieren Gutachter „aus unserer Mitte" das Gebäude und finden: Lehmann wolle es gar nicht, wie behauptet, als „Lusthaus" benutzen, sondern nur als Schutzraum für seine Gewächse, und dem Hugenotten wolle er insofern entgegenkommen, als er den Dachüberstand verringern und damit die Traufe „etwas einziehen" werde.[368], und so berichtet Ende März die Halberstädtische Regierung nach Berlin, nach erneuter Inaugenscheinnahme sei in Bezug auf Berend Lehmanns Gartenhaus nun „nichts mehr zu erinnern".[369]

Dass es hier zu einer Konfrontation eines Juden mit einem Reformierten gekommen war, lag sicherlich nicht an einem Ressentiment Lehmanns gegenüber den Reformierten. Wurde ihm doch von seinem wichtigsten reformierten Zeitgenossen in Preußen, dem Hofprediger Daniel Ernst Jablonsky, bescheinigt, dass er

---

365 GStA PK Berlin, I. HA, Rep. 33, Nr. 120b, Pak. 2 (1698–1712), o. Bl. Datiert 27.08.1708 (Dokument W 15). Die Diskrepanz in der Datierung erklärt sich möglicherweise aus unterschiedlichem Kalendergebrauch, julianisch und gregorianisch.
366 Nach Lucanus, *Notitia* (wie Anm. 22), Bd. I, S. 459, war Christian Ernst Meisenburg seit 1707 Regierungsrat, wurde 1726 Geheimer Kriegsrat und später Vizepräsident der Halberstädtischen Regierung.
367 GStA PK Berlin, I. HA, Rep. 33, Nr. 120b, Pak. 2 (1698–1712), o.Bl., datiert 01.02 1709
368 GStA PK Berlin, I. HA, Rep. 33, Nr. 120b, Pak. 2 (1698–1712), o. Bl., datiert 01.02.1709.
369 GStA PK Berlin, I. HA, Rep. 51, Nr. 66–67, o. Bl., datiert 28.03.1709 (Dokument W 16). „Erinnern": etwas einwenden.

sich als „Principal-Person" der polnischen Herrschaft Lissa (Leszno), die ihm eine Zeit lang als Pfand gehörte, in besonderer Weise für die dort vom Katholizismus bedrängten Reformierten eingesetzt habe.[370]

Ein Jahr nach Lehmanns Tod heißt es in einem Bericht an die Berliner Regierung, Lehmanns nachgelassenes Vermögen bestehe aus „dreyen Häusern, einem Garten, einer *Orangerie* und einigen *meubles*".[371] Die drei Häuser dürften „Klein Venedig" (A), das 1734 an Nathan Meyer verkaufte „kleine Haus" in der Judenstraße (Q) und die inzwischen in die unmittelbare Nähe der Synagoge umgezogene Klaus (zweiter Standort, J) gewesen sein (siehe darüber den folgenden Abschnitt), die „Orangerie" wahrscheinlich nicht mehr das vom Prediger inkriminierte Gartenhaus, sondern ein ähnliches Gebäude im Garten des Klaus/Synagogen-Komplexes (R). Auf jeden Fall zeigt die Sorge um seine Pflanzen, dass der Resident – vielleicht in Nachahmung seiner adligen Auftraggeber – ein Liebhaber besonderer Gewächse gewesen ist.

Rechts (nördlich) schließt an den Komplex Schacht/Heister/Pott übrigens das Grundstück Rosenwinkel 18 an, heute Sitz der Moses Mendelssohn Akademie (K). Dass hier zu Lehmanns Lebzeiten noch nicht die Klaus untergebracht war, wird im nächsten Abschnitt erläutert. Vielmehr stand hier möglicherweise zunächst das jüdische Spital, von dem es anlässlich der amtlichen Revision der von Juden bewohnten Gebäude 1699 heißt: „Der Klopfer Isaac wohnt im Rosenwinkel in Daniel Spielmanns Hause, so die Judenschafft neu erbauet für die Krancken, wovon der KauffBrieff nicht *produciret* [vorgezeigt] worden.[372] NB: Berndt Lehmann soll diesen KauffBrieff in der Lade haben, und das Haus von Michael Joseph erkaufft [haben] [...]".[373]

4.4.3 Zwischen Baken- und Judenstraße

Die eingehende Betrachtung dieses Bereiches ist für die Halberstädter Erinnerungskultur besonders wichtig, weil man aufgrund der Dokumente aus Lehmanns

---

370 Vgl. Schnee, *Hoffinanz* (wie Anm. 7), Bd. 2, S. 195–196.
371 GStA PK Berlin, I. HA, Rep. 33, Nr. 120b, Paket 4 (1728–1739), o. Bl., Bericht der Halberstädtischen Regierung vom 10.08.1731.
372 Die Berechtigung, in einem gemäß den Judenvorschriften erworbenen Haus zu wohnen, musste immer wieder durch die Vorlage des Kaufvertrages für das Gebäude nachgewiesen werden.
373 GStA PK Berlin, I. HA, Rep. 33, Nr. 120c, Bd. 1 (1649–1701), o.Bl.: *Actum in Judic. Halberstad. den 2ten Martii 1699*.

4.4 Immobilien im Zusammenhang mit Berend Lehmann

Zeit den Standort der nach der Reichspogromnacht 1938 zerstörten Synagoge innerhalb ihres damaligen Umfelds vorstellbar machen kann.

Im frühen 18. Jahrhundert gehörten zur Domfreiheit mindestens elf von Juden bewohnte Häuser im Bereich der heutigen Judenstraße. Im weiteren Sinne rechnete zur Judenstraße (eigentlich „Dom-Dechaney-Straße", später auch „Tempel-Gaße") eine östlich abzweigende Ausbuchtung, der Neue Markt (heute Freifläche rechts des wiederaufgerichteten Eingangstürbogens des so genannten Berend-Lehmann-Palais). Manchmal wurde der Name „Neuer Markt" pars pro toto auch als Oberbegriff für die eigentliche Straße samt ihrer Ausbuchtung verwendet.[374]

Im *Handelsbuch des Domkapitels Halberstadt* im Landeshauptarchiv Sachsen-Anhalt in Magdeburg findet sich als Kopie ein „Kaufbrief *pró* Berend Lehman, Polnischen Residenten, über 2 Heußer in der Judenstraße" vom 11. November 1706.[375] Demnach kauft Berend Lehmann „von seinem Schwager Levin Joel, vergleiteten Juden und Handelsmann hieselbst, deßen in der Judenstraßen allhier auff dem neuen Marckt, und zwar auff der dom*capitulari*schen Freyheit belegenes altes Häußgen, [...] auch den danebst gelegenen wüsten Garten Platz von sechs Fächern"; die „sechs Fächer" bezeichnen die Breite des Hauses an der Straßenfront: 6 Abstände von Fachwerkständer zu Fachwerkständer, immerhin ca. 6 Meter.[376] Es muss sich um eines der beiden nach der Häuserliste von 1699[377] in Levin Joels Besitz befindlichen Häuser (N) und einen benachbarten Garten (O) auf der Freiheit des Domkapitels handeln. Der „*Resident*" ist gewillt, so heißt es weiter, „solches alte Häußgen aber umzuwerfen und an dessen und auch erwehnter wüster Stelle zwey Häußer von neuen zu bauen." In Anbetracht der Tatsache, „daß ihn diese von Grund aufzubauenden Häuser kein geringes kosten" werden, erhält er zusammen mit der Baugenehmigung des Domkapitels einen günstigen Erbenzinsvertrag. Dabei spielt es offenbar für das genehmigende Domkapitel keine Rolle, dass er bereits ein Haus (Bakenstraße 37, und zwar zu dieser Zeit links bewohnt, rechts im Bau [A und B]) besitzt, möglicherweise sogar

---

374 So in den Magdeburger Akten LHASA Magdeburg, Rep. A 14, Nr. 709 und 1012.
375 LHASA Magdeburg, Rep. Cop.-Nr. 660 II.
376 Der Begriff „Fach" als Längenmaß hat sich in Nachschlagewerken nur als ungefähre, nicht als exakte Maßeinheit gefunden. Nach Ersch, Johann Samuel & Johann Gottfried Gruber: *Allgemeine Encyclopädie der Wissenschaft und Künste*. 1. Section, Bd. *Fabrik–Farvel*. Leipzig 1845. S. 23, bestimmte sich ein „Fach", der Abstand von Ständer zu Ständer, durch die Fenster- und Türenbreite, die bei alten niedersächsischen Fachwerkbauten zwischen 80 und 100 Zentimetern lag.
377 GStA PK Berlin, I. HA, Rep. 33, Nr. 120c, Bd. 1 (1649–1701), o.Bl. *Specification der sämmtlichen Judenschaft in der Stadt Halberstadt [...], März 1699*, dort Nr. 12 und 13 der Häuser auf den Freiheiten. Auch LHASA MD, Rep. A 14, Nr. 1012, dort unter den gleichen Nummern.

zwei (dazu noch das Pottische [M], falls nicht bereits wieder verkauft). Nach des Königs Vorschrift sind das zwei Häuser zu viel (vgl. Dokument W 8).

Lehmann hat sich vorsichtshalber von dem Baumeister Wichmann nach erfolgter Besichtigung eine „*relation*" geben lassen „daß solches alte Hauß nichts nütze" und dass man unter Hinzunahme des „wüsten Garten Platzes" in der Tat „zwey förmliche [normale] Häuser" darauf bauen köne.

Allerdings bekommt er die Auflage, dass die neuen Häuser „so weit eingerückt wären, daß zwey Wagen beyeinander paßiren könen". In der Tat verengte sich – nach Ausweis des einzig maßstabgerechten Halberstädter Stadtplans, veröffentlicht 1933, die Judenstraße etwa auf der Höhe des heutigen Berend Lehmann Museums beträchtlich, und diesem gegenüber dürfte das neue Lehmannsche Haus gestanden haben (vgl. Abb. 9, Häuser N und O).[378] Die Erbpacht gilt auf 99 Jahre und kostet pro Haus jährlich einen Taler Erbzins.[379]

Als Bewohner dieses Hauses in der Judenstraße kommt Berends Bruder Emanuel Lehmann in Frage, dessen Name sich auf der Judenliste von 1699 findet und der als „Mendel" (jiddisch für hebräisch Menachem) auch in einem Bericht des Berend-Lehmann-Schwiegersohnes Isaak Behrens als in Halberstadt wohnend erwähnt wird.[380]

In einem anderen Magdeburger Aktenbestand, den *Acta privata Eines Hochwürdigen DomCapituls betr. die Kaufbriefe über die Juden Häuser* (1680–1795)[381], kommt der Name Lehmann zweimal vor. Nach dem Kaufbrief unter Nr. 9 verkauft am 21. August 1732 der Schutzjude Isaac Joel an Aaron Abraham sein „alhier in der Juden Straße zwischen denen [Häusern der] Schutz Juden Abraham Isaac und Lehmann Berendt innen [dazwischen] belegenes Wohnhaus nebst dazugehörigem Hofraum, Stallungen und übrigen pertinentien [Zubehörungen]" (P). Der den Vertrag beglaubigende Domdechant erwähnt, das in Rede stehende Haus sei „von dem verstorbenen *Residenten* Berendt Lehmann als gewesenen Vormund" mit dem vom verstorbenen Vater Isaac Joels hinterlassenen Geld „neu aufgebauet worden". Der jugendliche Verkäufer wird von Lehmanns Schwager und Nachlassverwalter Aaron Emanuel vertreten. Um welchen der mehreren Träger des Namens „Isaak Joel" handelt es sich? Dank den Nachforschungen von Reiner

---

378 Vgl. Abb. 9, den Plan der Judenhäuser in der Judenstraße, dort die Hausnummern 18 und 19.
379 Den Grund und Boden ihrer Häuser durften Juden nicht besitzen, sondern nur pachten. Bei Grundstücken in Erbpacht erlosch das Pachtverhältnis nicht mit dem Tode des Pächters, sondern die Erben traten in es ein.
380 Nr. 14 auf einer nicht datierten Liste der Judenhäuser auf der Domfreiheit LHASA Magdeburg, Rep. A 14, Nr. 1012, S. 25 und in Jost, Marcus Isaak: *Eine Familien-Megillah* (Jost, *Megillah*). In: *Jahrbuch für die Geschichte der Juden und des Judenthumes*. Jg. 1861. S. 64–82.
381 LHASA Magdeburg, Rep. A14 Nr. 709 (Copiare 409).

Krziskewitz kann man als Vater des Verkäufers Lehmanns Schwager Isaak Joel ausschließen. Dessen Frau Rachel ist bereits 1708 Witwe, seine fünf Kinder sind 1732 keinesfalls mehr minderjährig. Bei dem früh verstorbenen Vater des Verkäufers könnte es sich sowohl um Levin Isaak Joel wie um dessen Bruder, Salomon Isaak Joel, handeln.[382] Berend Lehmann hat hier wahrscheinlich treuhänderisch für einen Großneffen seiner ersten Frau gehandelt. Auch hier sticht wieder seine offensichtliche Freude am Planen und Neubauen ins Auge.

Zwei Jahre nach des Residenten Tod wird in demselben Dokument des Domkapitels Berends ältester Sohn, Lehmann Behrend (der Dresdner), als Besitzer des Nebenhauses (Q) genannt. Nach dem Kaufbrief Nr. 11 erwirbt es 1736 mit dem höchsten Gebot einer „Subhastation"[383] der Schutzjude Jacob Nathan Meier als „des *debitoris* [Schuldners Berend Lehmann] kleines Haus nebst Zubehör, welches in der Juden Gaße zwischen Joseph Samuel und Aaron Abrahams Häusern innen [dazwischen] belegen".[384] Der Kaufpreis von 1.215 Talern geht nach einem langwierigen Prozess mit anderen Gläubigern Berend Lehmanns an den Geheimrat Thomas Ludolf von Campen[385], bei dem der Nachlass des Residenten mit 5.500 Talern verschuldet ist.

Dass Berend Lehmann mindestens noch zwei weitere Häuser und einen Garten in der Judenstraße besessen hat, ergibt sich aus einem Rechtsstreit[386], den 1734/1735 der Judenvorsteher Aaron Emanuel, ein Schwager Lehmanns[387], aus-

---

382 E-Mail Reiner Krziskewitz' an den Verfasser vom 11.02.2010. Hier zeigt sich die Tendenz in der jüdischen Selbstbenennung, nach christlichem Vorbild einen Familiennamen zu etablieren: Die Söhne der Joel-Söhne nennen sich offiziell nach Vater und Großvater. Das ist eine Zwischenlösung. Drei Namen erscheinen dann aber doch zu unpraktisch, so dass schließlich der Großvatersname allein zum Familiennamen wird, der Vatersname verschwindet. Dadurch sind die Generationen bei wiederkehrenden Vornamen nicht mehr deutlich auseinanderzuhalten. Die nächste Generation, Amschel Levin, Sohn von Levin Isaak Joel, geht noch einmal auf die alte Tradition zurück. Als Amschel Levin 1735 nach Bernburg übersiedelt, wird dort dann „Levi" zum Familiennamen.
383 Verkauf nach dem Höchstgebot.
384 Es ist nach Ausweis von LHASA Magdeburg, Rep. A 14 Nr. 709, Bl. 28 ff., 1680 von dem Gastwirt Beße aus Zilly an Besach Wulff und 1695 von diesem an Abraham Jacob verkauft worden.
385 Geboren 1674, gestorben 1741; Berend Lehmanns Verhandlungs- und Korrespondenzpartner, Geheimrat bei Herzog Ludwig Rudolf in Blankenburg. Vgl. Stammtafel der Familie von Campen auf Ildehausen im Niedersächsischen Landesarchiv/Staatsarchiv Wolfenbüttel (NLA-StA Wolfenbüttel), Sign. Slg 26 Nr. 93 H. Ich verdanke Gesine Schwarz den Hinweis auf diese Quelle.
386 Immobilienakte *Aaron Emanuel contra den Königl. Rath von Weferling wegen des sub hasta erstandenen Lehmannischen Hauses*, GStA PK Berlin, I. HA, Rep. 33, Nr. 120b, Pak. 4 (1728–1739), o.Bl., mehrere Daten, 1735.
387 Dass Emanuel ein Schwager Lehmanns war, geht hervor aus einem Bericht des Halberstädter Regierungsrates Hamrath an die Berliner Regierung vom 05.11.1721 in GStA PK Berlin, I. HA,

zufechten hat. Damals waren aus dem Nachlass neben dem „kleinen Haus" (Q) zwei weitere Immobilien an Aaron Emanuel als den Meistbietenden verkauft worden: Die eine war das „größte Lehmannische Haus", nämlich nach Aaron Emanuels Angabe das Studierhaus, die Klaus (J); sie befand sich zu dieser Zeit noch nicht im Rosenwinkel, dem heutigen Sitz der Moses Mendelssohn Akademie (K).[388] Gemessen an dem stolzen Kaufpreis von 2.425 Talern muss das Gebäude eine beträchtliche Größe gehabt haben.

Seine Lage erklärt sich durch die zweite Immobilie, einen Garten samt Gartenhaus (R), den Aaron Emanuel für 810 Taler ersteht. Von diesem Garten heißt es in einem Brief Emanuels an den preußischen König,

> daß der Jüdische Tempel und die anderen Lehmannischen Häußer solchen gäntzlich umschließen, so, daß der Eingang in den Garten bey dem Tempel vorbey durch die Lehmannische Häußer genommen werden muß, mithin also niemand den Garthen betreten oder genießen kann, wenn er nicht das Dominium [das Hausrecht] an dem Lehmannischen Studier-Hauße hat. [...] So ist der Jüdische Tempel mit seinen Fenstern an einer Seite an solchem Garthen ohne Zwischenraum gelegen, und würden die [...] Sacra [die gottesdienstlichen Handlungen] gar leicht turbiret [gestört] werden, wenn ein anderer als von unsern Leuthen so thanen Garthen besitzen sollte.[389]

Rep. 33, Nr. 120b, Pak. 3 (1713–1727), o. Bl. Ein zweiter Beleg: Freudenthal, *Messgäste* (wie Anm. 29), S. 99, erwähnt als häufigen Messebesucher „Aron Emanuel [...] meist mit seiner Frau Hanna Joel". Man könnte annehmen, Hanna Joel sei eine Schwester Miriam Lehmann-Joels gewesen. Das ist aber, wie sich aus Nachforschungen von Reiner Krziskewitz' (E-Mail an den Verfasser vom 11.02.2010) ergibt, unwahrscheinlich. Miriams Mutter, Zipora (verheiratet mit Joel Alexander), kommt 1684 bereits als Witwe zur Leipziger Messe. Und ihre fünf Kinder (nach der Judenliste von 1669) kann man eindeutig benennen; Hanna gehört nicht dazu. Sie dürfte eher eine Nichte Berend Lehmanns gewesen sein.

388 Sie ist auf dem *Grundriß von Halberstadt* des Grafikers Kratzenstein (1784), als „Clus" an der heutigen Stelle im Rosenwinkel eingezeichnet. Als Terminus ante quem des Umzuges der Klaus in den Rosenwinkel kann das Jahr 1764 gelten. Zu dieser Zeit vermachte ein Zacharias Wolff dem „Studierhaus" eine Hypothekenforderung, die auf seinem eigenen Haus in unmittelbarer Nachbarschaft des „Studierhauses" „auf der sogenannten Kluß am Rosenwinkel" lag. Vgl. LHASA Magdeburg, Rep. A17 III Nr. 143, Kaufvertrag vom 06.06.1803. In der Liste der Halberstädter jüdischen Häuser von 1764 (CAHJP, H I 3 65) heißt es über die laufende Nummer 11: „Die Bernd Lehmannsche Cluß oder das sogenannte Studier Hauß der Juden ist unter der Regierungsfreyheit belegen und nach Außage des Vorstehers Abraham Samuel Meyers seit undencklichen Jahren ein Juden Hauß. Das Dokument hierüber hat der in Hannover wohnende Bernd Lehmannsche jüngste Sohn, Cosmann Bernd Lehmann." Das würde bedeuten, dass Rosenwinkel 18 schon vor dem dortigen Einzug der Klaus in jüdischem Besitz gewesen ist, möglicherweise, wie Ende des vorigen Abschnittes beschrieben, war es das alte Spital.

389 Vgl. Abb. 9 und 10. GStA PK Berlin, I. HA Rep.33, Nr. 120b, Paket 4 (1728–1739), datiert 02.07.1734, Dokument W 54

Aaron Emanuel wiederholt und variiert diese Angabe zusätzlich in einer „Anlage J":

> [...D]er Garten [ist] dem gerade vor selbigen liegenden Tempel appendiciret [an ihn angebunden], und ein pertinentz-Stück desselben, es geht nicht einmahl ein besonderer Eingang in den Garten, kann auch nicht genommen werden, außer durch die Lehmannischen Häußer [...]. Außer [anders als mit] den Lehmannischen Häusern und dem Tempel als das principale [der Hauptsache], ist das Accessorium [Zubehör] des Garten nicht zu concipiren [vorzustellen], jene [die Häuser] bleiben den Erben, und [der Tempel verbleibt] der Judenschafft, kann also auch dieser davon nicht separiret werden.

Mit dem „Tempel" kann 1734 nur die von Lehmann finanzierte große, neue Synagoge (I) gemeint gewesen sein, die etwa 1712 vollendet wurde und bis zur Zerstörung in der Folge der Pogromnacht vom 9. November 1938 zwischen Judenstraße 26/27 und Bakenstraße 56 gestanden hat (vgl. Abb. 22 bis 25).

Da mehrmals im Plural von den „Lehmannischen Häusern" die Rede ist, muss es neben der Klaus noch mindestens ein weiteres Haus in unmittelbarer Nähe der Synagoge in seinem Besitz gegeben haben. Es könnte sich dabei um das in dem zwischen Klaus und Synagoge gelegenen Garten befindliche Gartenhaus (R) gehandelt haben. Das würde bedeuten, dass man nur durch die Klaus und das sich an sie anschließende Gartenhaus in den Garten kommen konnte. Es könnte aber auch noch ein weiteres, in den Akten nicht greifbares Haus im Synagogen-Klaus-Komplex gegeben haben, das Berend Lehmann gehörte. Aktenkundig wird die Angelegenheit dadurch, dass Aaron Emanuel einen Mitbewerber hat: Ein Regierungsrat Weferling macht ihm den Garten streitig. Er hat zwar weniger geboten, behauptet aber, zur Versteigerung stehender jüdischer Grundbesitz müsse wieder in christliche Hände zurückfallen, selbst wenn der christliche Bewerber weniger biete als ein mitbietender Jude.

Emanuel bekommt letzten Endes Recht, der Garten geht an ihn für die jüdische Gemeinde. Das Studierhaus (J) hat er nach seiner Angabe für Cosman Berend Lehmann, den jüngsten Sohn des Residenten, erworben, der gerade in Hannover reich geheiratet hat.[390] Cosman erscheint allerdings nicht auf den späteren Halberstädter Judenlisten, so dass man bezweifeln muss, dass er jemals wieder in Halberstadt gewohnt hat.

---

390 S. dazu Kapitel 6 dieser Arbeit.

Die Vorgängersynagoge von 1669

Dass die 1669 zerstörte Synagoge nicht, wie von Auerbach angenommen, in der Göddenstraße, sondern schon im jüdischen Bezirk der Voigtei stand, ist bereits im Abschnitt 4.3 dargestellt worden. Es ist auffällig, dass sich in den umfangreichen preußischen Judenakten weder ein Antrag, noch eine Genehmigung für den Bau einer neuen, großen Synagoge findet. Allerdings gibt es eine Bittschrift der Halberstädter Judenvorsteher vom 14. März 1711:

> Ist auch an dehm, daß Unsere von Ew. Königl. *Majestät* privilegirte, und hinter Unsern Häusern belegene *Synagoge*, unß in etwas zu enge gebauet ist, und, da selbige ohn jemandes *præjuditz*[391]mit einigen Fachen von Unsern Höffen gar wohl erweitert werden kann, selbiges aber ohne allergnädigsten *Consens* nicht geschehen darff; Alß bitten wir allerunterthänigst, solches Allergnädigst zu Vergönnen.[392]

Der König erteilt daraufhin am 20. April 1711 die Erlaubnis, „daß die Synagoge auf soweit als die Anzahl derer Juden zu Halberstadt es erfordert, ohne einiges Menschen Schaden und *præjuditz extendiret* werde."[393] Es müsste also davor ungefähr an gleicher Stelle bereits ein derart benanntes und genutztes Sakralgebäude gestanden haben[394], und geschickterweise hat Berend Lehmann als einer der Judenvorsteher und als Finanzier des prächtigen Neubaus (I) offenbar nur die harmlos erscheinende und natürlich rechtlich unproblematischere „Extendirung" beantragt.

Bei Ausgrabungsarbeiten, welche die Technische Universität Braunschweig im Jahre 2006 an der Stelle der 1938 abgerissenen Synagoge durchführte, ergaben sich zwar keine Hinweise auf einen Vorgängerbau;[395] aber die Liste der Judenhäuser in der Jurisdiktion des Halberstädter Domkapitels[396] aus dem Jahr 1699, also über ein Jahrzehnt vor dem Neubau, nennt in der Judenstraße („auch

---

391 Schaden.
392 GStA PK Berlin, I. HA, Rep. 33, Nr. 120c, Bd. 2, o.Bl., 14.03.1711. Ein Hinweis auf dieses Dokument findet sich bei Raspe, *Ruhm* (wie Anm. 9), S. 201, Anm. 9.
393 So berichtet in Lucanus, *Notitia* (wie Anm. 22), Bd. II, S. 769.
394 So schon erkannt von Raspe, *Ruhm* (wie Anm. 9), S. 201, Anm. 9. Es handelt sich wahrscheinlich um die 1669 als Ersatz für die zerstörte Vorgängersynagoge erbaute „Schul" „hinter Salome Jonas und David Wolffen Wohnhaus auffm Neuen Margckte". Vgl. Strobach, *März* (wie Anm. 2), S. 25. Zur Synagogenzerstörung von 1669 vgl. auch Abb. 7.
395 Kruse, Karl Bernhard: *Erhalten, Erforschen, Sanieren*. In: *Dialog*, hrsg. von der Moses Mendelssohn Stiftung Potsdam. 29 (2005). S. 3.
396 *Von hiesiger Hochlöblicher Regierung verlangte Specification derer unter dem Hohen Dohm Capituls Jurisdiction gelegene Juden Häuser betreffendt*, LHASA Magdeburg, Rep. A 14, Nr. 1012.

4.4 Immobilien im Zusammenhang mit Berend Lehmann — 117

Abb. 7. Hammer mit der Aufschrift: „DEN 18. MÄRTZ IST DER JVDEN TEMPEL ZERSTÖRT [...]", vermutlich aus dem Besitz der Halberstädter Zimmermannsgilde. Mit einer Länge des Eisenteils von nur 9 Zentimetern war er kaum für das Zerstörungswerk geeignet, aber er war Symbol der Judenfeindschaft, die in der Zerstörung der Hinterhof-Fachwerksynagoge 1669 kulminierte.

Domdechaneystraße genandt") mehrfach „den Tempel"[397] und macht einige interessante Angaben über ihn.[398]

---

[397] So liegt David Wulffs Haus (Nr. 1 der Liste) „zwischen Levin Joel und dem Tempel", Philipp Josts Haus (Nr. 5) „in der Domdechaney Straße am Neumarckt zwischen Relicta Christoph Wittmanns und Meyer Michaels itzo den Juden Tempel und Jost Lewins Haus innen [...]".

Über das Haus mit der Listennummer 18 wird dort vermerkt:

Eodem producirt David Wolff Meyer Michaels Erbenhauß brieff *de dato* den 20. Aug. 1680, worinnen ihm [...] ein hauß nebst dem Garten zwischen Jost Levin und Ihme, David Wulffen, innen belegen [...] verschrieben worden [...] Auch berichtet bemelter [schon erwähnter] David Wulff daß vorgenandter Meyer Michael, itzo zu Hamburg wohnend, denen Vorstehern der Judenschafft das Haus, weil es vor der Synagoge gelegen und man ander gestalt nicht denn durch dasselbe kommen könnte, abgetreten.

Die Häuser von Wulff (W) und Philipp Jost (ex dessen Vater Jost Levin) (X) liegen eindeutig auf der „Domdechaney Straße", so also auch die Vorgänger-Synagoge hinter dem Haus ex-Meyer-Michael, von dem die Judenvorsteher berichten, „in das Wohnhauß hätte die Judenschafft einen ledigen Juden hineingesetzet, welcher etliche Kinder *informirte*, der nur Achtung auff das Hauß und den Tempel geben müßte, denn eß gingen viel Leute immer auß und ein, Eß müßte auch dieser Mensch den Tempel auff und zu schließen."[399]

Die Vorgänger-Synagoge (H) scheint übrigens nicht unmittelbar auf demselben Platz gestanden zu haben wie die angeblich nur „*extendirte*", in Wirklichkeit neugebaute Barock-Synagoge. Das ergibt sich aus einer flüchtig geschrieben Liste der Judenhäuser auf der „Domfreiheit"[400], die leider nicht datiert ist, die aber nach dem Neubau von ca. 1712 angelegt worden sein muss. Dort heißt es unter der Listennummer 15, „Joel Isaacs Erben": „Meyer Salomon wohnt [unleserlich] in alten Tempel der Judenschafft zugehörig"; das heißt, mit dem Neubau wurde die Vorgänger-Synagoge nicht mehr sakral genutzt, sondern konnte – zumindest teilweise – für Wohnzwecke vermietet werden.

Eine Variante bietet der Reisebericht des Schriftstellers Goeckingk, der bei einem Besuch der Halberstädter Synagoge 1778 anmerkt: „Gegen diesem großen Tempel über liegt noch ein kleinerer für die Armen und Bettler".[401] Das heißt, der alte Tempel (G) könnte doch noch oder wieder sakral benutzt worden sein.[402]

---

[398] Dass es sich in der Tat um die Judenstraße handelt, ergibt sich z. B. auch aus der Eintragung Nr. 10: „David Israel producirt [einen Kaufbrief], worinnen sein auff den Neumarkte sonsten die Domdechaney Straßen genandt [...]".
[399] Damit korrigiert sich die Angabe Monika Lüdemanns, die das Meyer-Michaelsche Haus als Vorgängerbau des Klaus-Nebengebäudes im Rosenwinkel 18 annimmt; Lüdemann, *Quartiere* (wie Anm. 287), S. 31/32.
[400] LHSA Magdeburg, Rep. A 14, Nr. 1012.
[401] Göckingk, Leopold Friedrich Günther: *Briefe eines Reisenden an Herrn Drost von LB, 3. Brief*. In ders.: *Die Freud' ist unstet auf der Erde. Lyrik. Prosa. Briefe*. Berlin 1990. S. 336.
[402] Eine Bestätigung für die Fortexistenz der 1669er „Schul" neben der neuen, großen Barocksynagoge noch 1780 steht in Büsching, Anton Friedrich & Benjamin Gottfried Weinart: *Magazin*

Abb. 8. Die Halberstädter Judenstraße 1930, Blick auf den Durchgang zur Bakenstraße. Links das damalige Kantoren- und das Mikwehaus, heute Berend-Lehmann-Museum.

Es könnte sich bei dem ex-Meyer-Michael-Haus (S) um das Grundstück Judenstraße 27 handeln; in dessen Garten hätte also die Vorgängersynagoge gestanden, während der heutige Zugang zum Synagogengrundstück (und zum Berend Lehmann Museum) Teil des Mikwenhauses, Nr. 26, ist. Demnach müsste das Mikwenhaus an der Stelle des David Wulfschen Grundstücks (W) stehen. In der Judenhausliste von 1763 heißt es von dem sechsten der acht der Judenschaft gehörenden Häuser, es sei der zweite Eingang zum Tempel, und zwar der in der

---

für die neue Historie und Geographie 14. Berlin 1780. S. 273, wo es in dem Halberstadt-Abschnitt unter „Kirchliche Verfassung" heißt: „17) wozu Die jüdische neue und alte Synagoge kommen."

Judenstraße, und es habe früher teils Philipp Jost (später Judenstraße 28 [X]) und teils Wolf David (W) gehört[403], und von Wolf David heißt es, sein vom Vater David Wulff ererbtes Haus habe zwischen Levin Joels Haus (später Judenstraße 25 [T]) und dem Tempel gelegen.[404]

Offenbar hatte man 1763 vergessen, dass es schon immer zwischen David Wulff (W) und Philipp Jost (X) das der Judenschaft gehörende ex-Meyer-Michael-Haus gegeben hatte, dass diese beiden also nicht Teile ihres in der Tat benachbarten Besitzes abgeben mussten. Das Ergebnis dieser Überlegungen ist in der Abbildung „Die vermutete Häuserfolge auf der westlichen Seite der Judenstraße" festgehalten (Abb. 9 und 10). Wenn man nicht annehmen will, dass es in diesem Hofbereich sogar zwei Vorgängersynagogen gegeben hat, dann ergibt sich ein momentan noch nicht aufzulösendes Lokalisierungsproblem: Die 1669 als Ersatz für das zerstörte Gotteshaus erbaute Fachwerk-Synagoge (H) befand sich „hinter Salome [recte: Salomon] Jonas undt Davidt Wolffen Wohnhause aufm Neuen Margckte".[405] Nach der Domkapitel-Häuserliste von 1699 befanden sich die Behausungen von David Wolffs Sohn Wolff David (heute Judenstraße 26 [W]) und von Salomon Jonas' Schwiegersohn David Israel (heute Nr. 28 [V]), beide vom Vater/Schwiegervater geerbt, nur durch ein anderes Haus getrennt im Bereich des heutigen Berend-Lehmann-Museums. Das wäre eine Stelle, die etwa 10 bis 15 Meter weiter nördlich anzunehmen wäre (also zwischen W und X).

Wie dem auch sei: Ganz gleich, ob es in den vergangenen 300 Jahren Änderungen in der Parzellierung gegeben haben mag oder nicht – aus der Betrachtung dieses Bereiches wird deutlich, dass Berend Lehmann, nachdem dies im Areal „Schacht" nicht möglich war, sein Gemeindezentrum im Bereich Judenstraße/Bakenstraße zu verwirklichen begann, wo bereits eine unauffällige Hinterhaus-Synagoge vorhanden war und wo seine Mitstreiter Wulff, Levin und Jost schon Grund besaßen, den sie teilweise zur Verfügung stellen konnten.

---

403 *Tabelle der in den Städten Halberstadt, Aschersleben, Oschersleben und Gröningen befindlichen Juden Häusern. de Anno 1763*, GStA PK Berlin, II. HA, Abt. 16, Tit. CVI, Nr. 3, Bd. 1 (1763), o. Bl.
404 So in den Domkapitel-Kaufbriefen LHASA Magdeburg, Rep. A 14, Nr. 709 vom 29.05.1709.
405 Die Geschichte dieser 1669 erbauten Hinterhof-Synagoge konnte inzwischen geklärt werden. Vgl. Strobach, *März* (wie Anm. 2), S. 33–35.

4.4 Immobilien im Zusammenhang mit Berend Lehmann — 121

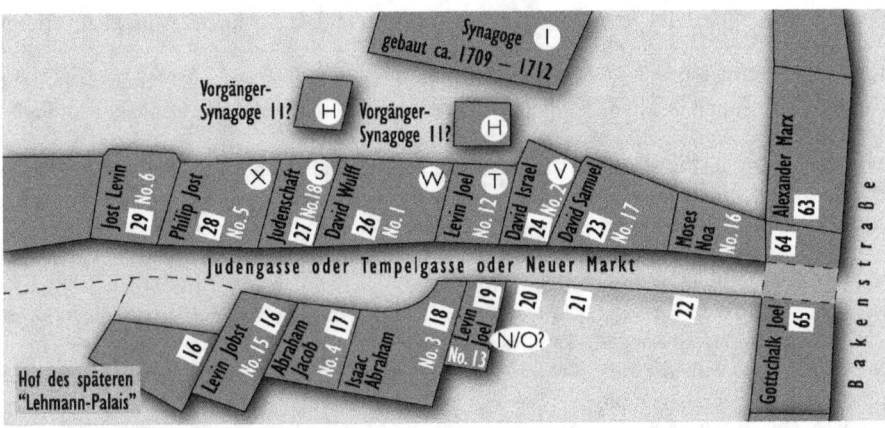

Abb. 9. Jüdischer Hausbesitz 1699. Ziffern hinter „No." sind die Nummern der Judenhäuserliste von 1699. Ziffern auf weißem Grund sind die Hausnummern von 1933. Die Häuserfolge von Judenstraße 29 bis Bakenstraße 63 ist durch Nachbarschaftsangaben gesichert; in Judenstraße 16–19 ist nur gesichert, dass Haus No. 13 gegenüber von 12 liegt; No. 3, 4 und 15 könnten auch rechts von No. 13 gelegen haben, allerdings in dieser Reihenfolge.

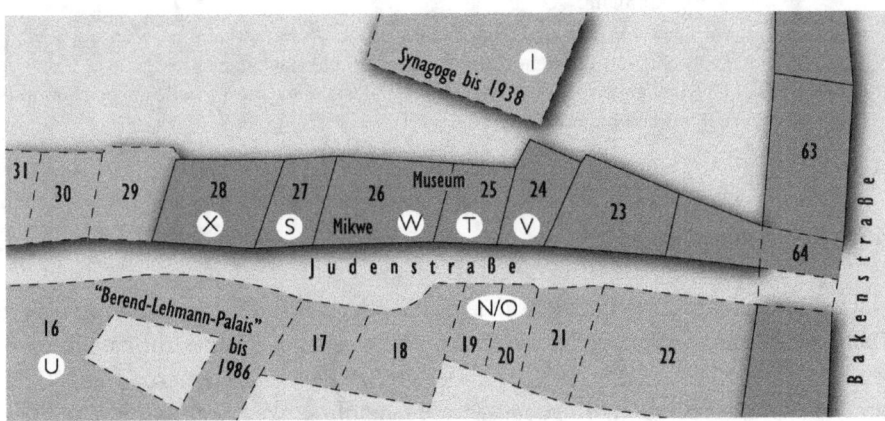

Abb. 10. Judenstraße Zustand 1712/1938/2017. Alle auf dem Planausschnitt bezifferten Gebäude waren 1933 noch vorhanden, nach Krieg und DDR-Abriss existieren 2017 nur noch die dunkel getönten.

Anmerkungen zu den einzelnen Häusern:

No. 6: 1683 ex Witwe Elisabeth Christoph; 1699 von Jost Levin vermietet an Samuel Alexander; 1719 von Jost Levins Sohn Philipp Jost verkauft an Samuel Ruben; später Besitz von dessen Sohn Ruben Simon.

No. 5:	1683 im Besitz von Philipp Josts Vater, Jost Levin; 1722 an Philipp Josts Schwiegersohn Samuel Aaron.
No 18:	Vor 1699 Besitz von Meyer Michael, der von Halberstadt nach Hamburg verzieht und das Haus der Judenschaft schenkt. Durch dieses Haus gelangt man in die Vorgängersynagoge.
No.1:	1657 erworben von Wulff David; 1699 im Besitz seines Sohnes David Wulff.
No. 12:	1680 von Barthold Heyer an Levin Joel verkauft.
No. 2:	1691 aus dem Besitz des Rabbiners Salomon Jonas an seinen Schwiegersohn David Israel, der es 1706 an Barthold Tettenborn verkauft.
No. 17:	Vorbesitzerin: Katharina Heinrich.
No. 16:	1681 wüst; von Christoph Schricken neu bebaut; das neue Haus geht 1687 an Moses Noa; 1718 kauft es Joel Gottschalk.
No. 11:	1681 ebenfalls wüst, von Christoph Schricken neu bebaut, danach an Alexander Marx verkauft.
No. 15:	1685 von Christoph Schricken gekauft. Levin Jobst verkauft es 1706 an Abraham Jacob. 1735 ist es im Besitz von Joseph Samuel.
No. 4:	1620 wüst; von dem Gastwirt Besse aus Zilly gekauft; 1680 an Besach (Berndt) Wulff; 1695 an Abraham Jacob. 1735 aus dem Nachlass Berend Lehmanns an Nathan Meyer (den Kaufpreis bekommt Lehmanns Gläubiger Thomas Ludolf von Campen). 1763 noch im Besitz von Jacob Nathan Meyer.
No. 3:	1690 von Johann Rudolf Besse an Isaac Abraham verkauft; 1735 im Besitz von Aaron Abraham.
No. 13:	vor 1699 von Daniel Jonas an Levin Joel; dieser verkauft es 1706 an Berend Lehmann, der auf dem Grundstück ein neues Haus bauen lässt.
Judenstraße 16:	1706 im Besitz von Alexander Marx; später steht an dieser Stelle das so genannte Berend-Lehmann-Palais.

4.4.4 Klein Venedig II

Nach dem Scheitern des Projektes des „Schachtischen Hoffes" konzentrierte sich Berend Lehmanns privater baulicher Ehrgeiz wieder auf das Grundstück „am waßer" unterhalb der Peterstreppe.[406] Das großzügige, teils steinerne Haus hatte er, wie wir wissen, vor 1707 gebaut, wahrscheinlich als Erweiterung eines bescheideneren Vorgängerbaus.[407] Rechts (südlich) daneben gehörte ihm ein Gartengrundstück, auf dem er sich – ähnlich wie in dem Gartenhaus neben dem

---
406 Bakenstraße 37 (A und B).
407 Noch nach der Mitte des 19. Jahrhunderts war dieser Gebäudekomplex als ehemals Berend-Lehmannscher bekannt, so heißt es in der historischen Erzählung *Der königliche Resident* des Rabbiners Marcus Lehmann, der an der Halberstädter Klaus studiert hatte: „An der Holtemme, nicht weit von der Peterstreppe, [...] liegt ein großes, schönes Haus, das vor nicht ganz zwei Jahrhunderten Rabbi Bärmann [d.i. Berend Lehmann] bewohnte". Lehmann, *Resident* (wie Anm. 27), Teil 1, S. 11.

„Schachtischen Hofe" nach seiner eigenen Darstellung[408] – eine Art Gewächshaus eingerichtet hatte. Es könnte sich hierbei um eine für die Religionspraxis wichtige Sukka, eine Laub- oder Lauberhütte gehandelt haben, in der während des Erntefestes Sukkot (Laubhüttenfest) gefeiert und wo sogar geschlafen wurde.[409] In den Akten wird dieser einfache Holzbau als Altan (erhöht liegende Terrasse) bezeichnet. Von dem „Halberstädtischen Amts Cammer und Majorey Amte" habe er, so schreibt er an den König, zwei kleine „Plätze" zur Abrundung für 100 Taler dazugekauft. Zunächst habe er dort ein Fachwerkhaus errichten wollen, die zuständige Amtskammer habe aber, weil sie „Feuers Gefahr" für den nahen Petershof befürchtete, einen Bau „aus *puren* Steinen" verlangt. Dieser Forderung kam er offenbar gern nach.[410]

Wie eine von drei erhaltenen Bauzeichnungen ausweist, stand dieses Gebäude auf einer Brücke über der damals noch unkanalisiert parallel zum Düsterngraben fließenden Holtemme. Der Neubau hatte keinen eigenen Eingang, war also nur Nebengebäude zur vorhandenen repräsentativen Bebauung auf der linken Seite. Als krönenden Abschluß sollte er eine ungewöhnliche Spitzhaube bekommen.[411] Anders als das halb in Fachwerk ausgeführte linke Gebäude, wurde das neue aus den erwähnten Feuerschutzgründen ganz in Stein gebaut. Kurz vor seiner Vollendung wurde dem Residenten jedoch im Dezember 1707 von der Halberstädtischen Regierung erneut verboten weiterzubauen, sodass ihm hier genauso wie in dem anderen Gartenhaus die Gewächse verdarben. Die Behörde hatte voller Empörung nach Berlin berichtet[412] der Resident habe „vor einigen Jahren" lediglich die Genehmigung bekommen „einen Platz hinter der alhiesigen Canzley" mit einem offenen Altan, nicht aber mit einem „bedeckten Gebäude" zu bebauen. Seit drei Jahren sei er aber schon dabei, ein massives Steingebäude an

---

408 An König Friedrich I. am 18.02.1708 in GStA PK Berlin, I. HA, Rep. 33, Nr. 120b, Pak. 2 (1698–1712), o. Bl. Diese spätere Darstellung wird hier gewählt, weil sie den Sachverhalt aus Lehmanns Sicht am deutlichsten beschreibt.
409 Der Verfasser dankt Stephan Wendehorst für diesen Hinweis. Er gilt in gleicher Weise für das im folgenden Abschnitt zu behandelnde Gartenhaus und für ein ähnliches Gebäude in Blankenburg (s. Kap. 6.1 dieser Arbeit).
410 Auf der Häuserliste B, vgl. Abb. 11 und 12.
411 Die Vermutung, dass es sich um das Zitat eines Judenhutes, des mittelalterlichen Judenabzeichens, handeln könne, wurde von dem auf jüdische Bauten spezialisierten Bauhistoriker Simon Paulus (TU Braunschweig) nicht bestätigt (E-Mail an den Verfasser vom 26.11.2007). Er geht von einer Übernahme aus der Dresdner Barockarchitektur aus, die Lehmann von seinen dortigen Aktivitäten her vertraut war. Wie sich aus der zitierten Akte ergibt, war die Haube so zwar geplant; ob sie ausgeführt wurde, ist mangels späteren bildlichen Nachweises fraglich.
412 (vgl. Dokument W 10), am 28.11.1707 in GStA PK Berlin, I. HA, Rep. 33, Nr. 120b, Pak. 2 (1698–1712), o. Bl.

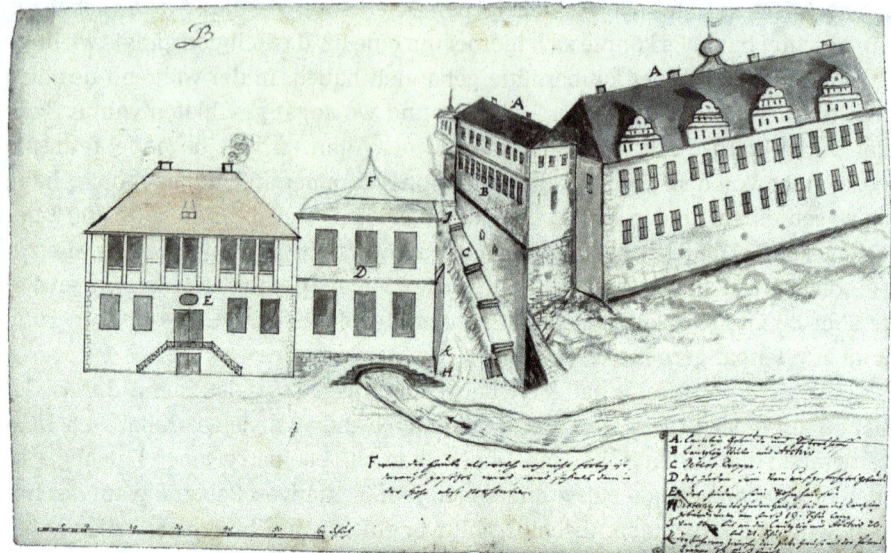

Abb. 11. Aus einem Bericht der Halberstädtischen Regierung an den preußischen König vom Dezember 1707: Vorderansicht Bakenstraße 37, links die fertige Haushälfte, rechts die neue, fast fertige. Die Halberstädtische Regierung wollte mit der Zeichnung zeigen, wie eng die Durchfahrt zwischen Peterstreppe und rechtem Gebäudeteil war und wie die geplante Haube im Brandfall das königliche Archiv gefährden würde. Bemerkenswert die von Lehmann ‚für das publico' dem Haus vorn angefügte Brücke über die Holtemme, deren Reste noch heute zu erkennen sind. Die handschriftliche Bildlegende lautet:
„A. Cantzley Gebäude und Petershoff
B. Cantzley Stube und Archiv
C. Peters Treppe
D. Des Juden sein Neu aufgeführtes Gebäude
E. Des Juden sein Wohn Hauß
F. Wann die Haube als welche noch nicht fertig ist, darauf gesetzet wird, wird sichs alß dann in der Höhe also praesentiren
H. Distantz von des Juden Hause bis an die Cantzleygebäude unten am Fuß 19 Schu. lang
I. Von Oben bis an die Cantzley und Archiv 20 bis 21 Schuh
K. Der Fahrweg zwischen den JudenHause und der Peters Treppe 13 Fuß breit."

dieser Stelle zu errichten, und trotz bereits erfolgter „Inhibition" lasse er immer wieder daran arbeiten. Vor einigen Monaten habe nun aber die „Amts Cammer", welche „sich seiner mit großer Hefftigkeit angenommen", ihm eine entsprechende Baugenehmigung erteilt, mit der Begründung, das städtische Verbot greife hier nicht, hier sei sie, die Kammer, „in Königs Interesse" zuständig.

Um diesen Konflikt zwischen zwei preußischen Behörden in Halberstadt zu verstehen, muss man Selma Sterns Werk Der preußische Staat und die Juden zu

Abb: 12. Aus der gleichen Perspektive wie in Abb. 10: ‚Klein Venedig', Bakenstraße 37, jetziger Zustand. Durch die Gebäuderestaurierung nach der Wende von 1989/1990 ist der Ansatz der von Lehmann gebauten Brücke wieder sichtbar geworden. Rechts kaum verändert gegenüber 1707: Peterstreppe und Petershof.

Rate ziehen.[413] Danach vertraten die unter dem Großen Kurfürsten mit besonderer Autorität ausgestatteten Amtskammern im Gegensatz zu den konservativ-ständisch orientierten Vertretern des königlichen Geheimen Rats und der ähnlich eingestellten „Halberstädtischen Regierung" das direkte, modern-absolutistische Interesse des Landesherrn, insbesondere in Bezug auf die Eintreibung von Steuern und Abgaben.[414] Lehmann unterstand in der Tat im Falle dieses auf der „Regierungsfreiheit" gelegenen Grundstücks über die Amtskammer direkt dem König. Die „Halberstädtische Regierung" will aber die „Inhibition" aus mehreren Gründen unbedingt aufrecht erhalten wissen: Erstens gehe der Bau zu nah an den Fuß der Peterstreppe heran, so dass auf dem Fahrweg zwischen Haus und Treppe kaum noch ein Wagen hindurchpasse. Noch heute gibt es eine Aussparung der Mauerecke, die offenbar das leichtere Einbiegen von der Bakenstraße in den Düsterngraben ermöglichen sollte. Zweitens reiche der Neubau mit seiner ge-

---

413 Stern, *Staat* (wie Anm. 46), Bd.I/1, S. 21–23.
414 1723, unter König Friedrich Wilhelm I., wurden die Zuständigkeiten eindeutig geklärt: „Judensachen" wurden zentral vom Generaldirektorium und regional von den Kriegs- und Domänenkammern behandelt, nicht mehr von den Landesregierungen. Stern, *Staat* (wie Anm. 46), II/1, S. 12–36.

Abb. 13. Detail der Fassade von Lehmanns Haus Bakenstraße 37: die Brückenreste.

planten Spitzhaube bis auf die Höhe der Fenster des städtischen Kanzleiarchivs hinauf, eines zum Petershof gehörenden Fachwerkgebäudes neben der Peterstreppe, wodurch dieses in Brandgefahr gerate. Die Distanz betrug nach der Legende der Zeichnung 20 Schuh, d. h. ungefähr 6,60 m. Drittens enge das wohl ebenfalls erweiterte Hinterhaus des linken Gebäudeteils den von Wagen befahrenen Damm zwischen der damals ebenfalls noch offenen Tintelene und der Holtemme derart ein, dass auch hier kaum eine Wagenbreite bleibe und der Zugang zum Löschwasser behindert werde. Anhand der Bauzeichnungen sollten Majestät sich doch „allergnädigst" selbst ein Bild von den Gefährdungen machen. Die Berliner königliche Regierung, d. h. der ebenfalls konservativ eingestellte Geheime Rat, teilte die Halberstädter Empörung.[415] Der Neubau solle abgerissen werden, sogar das Fundament solle weggebrochen werden, „niemahl" solle an dieser Stelle wieder „einiges Gebäude" errichtet werden. Die an die Kammer gezahlten 100 Taler solle man Berend Lehmann sofort zurückgeben.

---

[415] Vgl. Dokumente W 11 und W 12. GStA PK Berlin, I. HA, Rep. 33, Nr. 120b, Pak. 2 (1698–1712), o.Bl. an die Halberstädtische Regierung, datiert 16.12.1707.

Aber der Resident hat Fürsprecher, die ihm auch als Geschäftspartner nahestehen.[416] Die „in Coelln an der Spree" residierende „HofCammer" stützt sich auf ein Gegengutachten der Hofräte Koch (das ist wieder der Vorbesitzer des „Heisterschen Hauses"), Pott (der des „Pottischen Hauses") und Lindt – alle drei sind Beamte der der Hofkammer nachgeordneten „Halberstädtischen Amts Cammer", Koch ist der „Amtsmajor" (pikanterweise erfüllt er eine Doppelfunktion: Er ist gleichzeitig Mitglied der „Halberstädtischen Regierung")[417]: Die Tatsache, dass der Neubau (B) ein Steinhaus sei und keinen Schornstein habe, mache ihn sogar zu einer brandschützenden „Vormauer" der auf dem Petershof befindlichen Kanzlei und des Fachwerk-Archivs; für die hinter ihm stehende königliche Wassermühle (C) an der Holtemme sei er ein Wetterschutz. Auch habe der Resident vor dem Hause „für das *Publico*" eine Brücke über die Holtemme bauen lassen (auf der Zeichnung zu sehen: die Stufen vor dem Steinfundament, seit der Restaurierung des Hauses nach der Wende ansatzweise wieder sichtbar [vgl. Abb. 11, 12 und 13]).

Was schließlich den Abstand zum Fuß der Peterstreppe betreffe, so stehe die benachbarte königliche Mühle (C) der Treppe mit nur 9 Fuß (ca. 2,70 Meter) näher als der Lehmannsche Neubau (B), das Gleiche gelte für andere Häuser (im Düsterngraben). Die Kammer spricht sich also für den Erhalt des Hauses aus, das den Residenten schon mehrere tausend Taler gekostet habe.

Die erwähnte Mühle schließt sich nach der Grundrisszeichnung des Gebäudekomplexes Bakenstraße 37 von 1707 an dessen rechten (südlichen) Teil, den Neubau, in Richtung Düsterngraben an. Monika Lüdemann[418] hält sie für eine koschere jüdische Einrichtung. Lehmann habe sie zugleich mit dem rechten Teil des Komplexes bauen lassen. Eine koschere Mühle wäre aber, so muss man dagegen einwenden, unnötig gewesen, denn bis auf wenige, seltene Ausnahmen sind Getreide und Mehl koscher.[419] Dass die Mühle nicht von Lehmann neu gebaut wurde, ergibt sich aus dem oben zitierten Bericht der Räte Koch und Pott, die attestieren, dass das neue Haus „Euer Königlichen Majestät Mülle [Mühle] auf der einen Seite *ratione* der [in Bezug auf die] Witterung zum Schutz" dient. Die Mühle dürfte alter bischöflicher (und damit jetzt königlicher) Besitz gewesen sein. Dass diese Mühle nach 1708 dennoch Lehmannsches Eigentum wurde, ergibt sich aus

---

416 Ebd. (wie Anm. 406), Schreiben der Hofkammer an König Friedrich I. vom 25.01.1708 (Dokument W 13).
417 Siehe z. B. seine Unterschrift unter dem Schreiben der Halberstädtischen Regierung an König Friedrich I. vom 01.02.1709, wie Anm. 406.
418 Lüdemann, *Quartiere* (wie Anm. 287), S. 48.
419 Vgl. den Artikel *Koscher* in: *Neues Lexikon des Judentums*, hrsg. von Julius H. Schoeps. Gütersloh 2000. S. 485–486.

Abb. 14. Der Gesamtkomplex ‚Klein Venedig', Bakenstraße 37, von der Peterstreppe aus, 2009.

folgender Eintragung im „Lagerbuch" der Stadt Halberstadt aus dem Jahre 1721, einem amtlichen Zustandsbericht, wie er von Zeit zu Zeit nach Berlin erstattet werden musste. Dort heißt es im „*Caput 9.* Von den Mühlen": „In der Stadt seyn vor diesem drey Mühlen gewesen, ietzo seynd aber nur noch Zwey, weil das Königliche Amt der Majorey eine gehabt, selbige aber vor einigen Jahren an den Juden, den Königlich Pohlnischen *Residenten* Berend Lehmann verkauffet und derselbe auf diesem Platz seine Wohnung *extendiret* hat."[420] Diese Hauserweiterung dürfte noch heute Teil des Hauskomplexes Bakenstraße 37 sein.[421]

Über den Winter 1707/08 war noch nicht endgültig wegen des Hauses entschieden worden, und so geht Berend Lehmann Ende März den König noch einmal selbst „allerunterthänigst" um eine positive Entscheidung an.[422] Es sei jetzt (mit Anbruch des Frühjahrs) Zeit, mit dem Bauen fortzufahren. Er versichert, dass

---

420 *Rath-Häußliches Lager-Buch, der Stadt Halberstadt, auf Befehl Seiner Königlichen Majestät in Preußen von Bürgermeistern und Rath auch Dero Syndico, verfertiget. Halberstadt Anno 1721.* Vol. 1. S. 81. Manuskript im Historischen Stadtarchiv Halberstadt in: Urkundeninventar von 1601 bis 1743, Sign. Augustin 1041, LL 1.
421 Vgl. Abb. 14.
422 GStA PK Berlin, I .HA Rep. 33, Nr. 120b, Pak. 2 (1698–1712), o. Bl., datiert 20.03.1708. Vollständig als Dokument B 5.

er „dieses Gebäude zu Ehren Ew. Königl. *Majestät* und dem *Publico* zur Zierde anfertigen" wolle, so „daß an diesem Ort alles unsaubere abgeschafft und dem *Publico* zum besten sauber gehalten wird". In einem anderen Zusammenhang[423] gibt er zu bedenken,

> daß ich dem *Publico* zum besten [...] über 300 Thl. angewandt, damit der durch die Stadt gehende Fluß hinwiederumb, so weit er bey anwachsendem Waßer Schaden gethan, in guten Zustand und Lauff gebracht worden und die *Soldatesque*, welche eben in diesen Straßen dem Burchardts Thore zu[424], nach dem Münster Platz[425] *paßiren* müssen, und sonst bey angestiegenem Waßer viel Ungemach gehabt, anjetzo trockenen Fußes bequem und ungehindert *paßiren* können [...].

In der Bausache erbietet er sich schließlich, einen auswärtigen Baumeister als Gutachter bezahlen zu wollen. Offensichtlich hat Lehmann in diesem Falle obsiegt. ‚Klein Venedig'[426] hat er bis zu seinem Tode im Jahre 1730 bewohnt. Was nach dem Bankrott und dem Tode Berend Lehmanns mit dem Haus geschah, ist unklar. Es fällt zunächst als Erbe an den ältesten Sohn, den Dresdner Lehmann Behrend, der 1733 selbst „im jüngst abgewichenen Leipziger Marckt [der Ostermesse] *banqueroutiret*."[427] Auf Betreiben mehrerer seiner Gläubiger und der „*creditores*" seines Vaters wird auch angeblich „das so genannte große, unter der Peterstreppe belegene Hauß" zwangsversteigert. Es geht an den Höchstbietenden, Berend Lehmanns Schwager Aaron Emanuel.[428] So berichtet es jedenfalls die „Halberstädtische Krieges- und Domänenkammer" dem preußischen König. Macht schon der für den gewaltigen Gebäudekomplex relativ geringe Kaufpreis von 2.425 Talern stutzig, so entstehen starke Zweifel an dem amtlichen Bericht, wenn man in einem Brief Aaron Emanuels an den König liest, er habe genau diese 2.425 Taler gezahlt für „das größte Lehmannische Hauß", nämlich das in unmit-

---

423 Berend Lehmann fordert am 23.06.1724 von der sonst bei Juden üblichen Überprüfung der Rechts- und Lebensverhältnisse „eximirt" zu werden, und zwar angesichts seiner Immunität als „Resident". In: GStA PK Berlin, I. HA, Rep. 33, Nr. 120b, Pak. 3 (1713–1727), o. Bl. Vollständig als Dokument W 19.
424 Recte: *vom* Burcharditor.
425 Das „Münster" ist der Dom; der geräumige Domplatz wurde jahrhundertelang als Exerzierplatz genutzt.
426 Nach Stadtplanausschnitt und Gebäudeliste: A und B.
427 Brief der Hofjüdin Judith Oppenheimer an den preußischen König vom 06.05.1733 in GStA PK Berlin, I. HA, Rep. 33, Nr. 120b, Pak. 4 (1728–1739), o. Bl. (Dokument W 52).
428 GStA PK Berlin, I. HA, Rep. 33, Nr. 120b, Pak. 4 (1728–1739), o. Bl., Bericht der Halberstädtischen Kriegs- und Domänenkammer an den König vom 31.07.1734.

telbarer Nähe der neuen Synagoge stehende „Studier Hauß".[429] In dem gesamten umfangreichen Schriftsatz des Lehmann-Schwagers ist von ‚Klein Venedig' an der Peterstreppe nicht die Rede. Der Widerspruch zwischen den beiden Angaben lässt sich heute nicht mehr lösen. Höchstwahrscheinlich hat die „Krieges- und Domänenkammer" die beiden Gebäude verwechselt. Möglicherweise rechnete ‚Klein Venedig' nicht zur Konkursmasse, sondern blieb einigen Teilerben als Eigentum erhalten. Das würde dann mit der Angabe Auerbachs übereinstimmen, ‚Klein Venedig' sei bis ins 19. Jahrhundert hinein von Nachfahren Berend Lehmanns bewohnt worden.[430]

4.4.5 Das „Lehmann-Palais"

Dieses im späten 20. Jahrhundert landläufig Berend Lehmanns Besitz zugeschriebene Gebäude wird erstaunlicherweise weder in den Häuserlisten der Stadt noch des Domdekanats noch der Preußischen oder der Halberstädtischen Regierung noch in der *Notitia* des zeitgenössischen Stadthistorikers Lucanus erwähnt. Auch der Halberstädter Gemeindehistoriker des 19. Jahrhunderts, der Rabbiner Auerbach, meint mit dem „stattlichen" Haus Lehmanns eindeutig nicht, wie man denken könnte, dieses Gebäude, sondern ‚Klein Venedig'. Er schreibt nämlich 1866 über das Gebäude: „Es war noch voriges Jahr ein katholisches Schulhaus [...]".[431] In der Stadtbeschreibung des Halberstädter Pastors Zschiesche von 1882 wird genau dies für ‚Klein Venedig' bestätigt: „Die [katholischen] Schulen blieben in der Paulsdechanei [ihrem früheren Domizil] nicht lange; als auf diesem Grundstück das Militairlazareth erbaut werden sollte, bezogen sie Klein Venedig. 1860 trennten sie [die beiden katholischen Gemeinden der Stadt und ihre Schulen] sich [...]".[432] Die Adressbücher der Stadt Halberstadt aus der Mitte des 19. Jahrhunderts verzeichnen in dem Haus Judenstraße 15/16, dem angeblichen Berend-Lehmann-Palais, eine große Zahl von Mietparteien von geringem sozialen Status.[433] Eine Schule wird dort nicht erwähnt.

---

429 Auf Stadtplanausschnitt und Liste: J. Brief Aaron Emanuels an König Friedrich Wilhelm I. vom 02.07.1734, GStA PK Berlin, I. HA, Rep. 33,Nr. 120b, Pak. 4 (1728–1739), o. Bl. (Dokument W 54)
430 Auerbach, *Gemeinde* (wie Anm. 12), S. 50–51.
431 Auerbach, *Gemeinde* (wie Anm. 12), S. 51.
432 Zschiesche, K.[arl] L.[udwig]: *Halberstadt sonst und jetzt mit Berücksichtigung seiner Umgebung*. Halberstadt 1882. S. 156.
433 Vgl. Abb. 15. Peßler, Heinrich: *Adreßkalender der Stadt Halberstadt pro 1850*. Halberstadt 1850. S. 142, nennt für die Brandkassen-Hausnummer 1533 (= Judenstraße 16) nicht weniger als 17

4.4 Immobilien im Zusammenhang mit Berend Lehmann — 131

Abb. 15. Das so genannte Berend-Lehmann-Palais vor dem Abriss Mitte der 1980er Jahre, ein bedeutendes Steinhaus inmitten schlichter Fachwerkbebauung.

In der Bestandsaufnahme historischer Gebäude des Provinzialkonservators Doering von 1902 wird das Haus auf „gegen 1730" datiert, aber auch hier fehlt jede Erwähnung eines Bauherrn.[434] In einem Stadtführer aus dem Jahr 1905 wird das Haus ebenfalls angesprochen:

Mietparteien, unter ihnen einen Lumpensammler, drei Arbeitsmänner, einen Steinsetzer, einen Leineweber und vier „unverehelichte" Frauen. Die entsprechende Eintragung für 1860 (S. 129) zeigt dasselbe Sozialprofil.
434 Doering, Oskar: *Beschreibende Darstellung der älteren Bau- und Kunstdenkmäler der Kreise Halberstadt Land und Stadt.* Halle/Saale 1902. S. 459.

Die linke Seite des Petershofes bringt mich zur Bakenstraße und für eine kurze Weile in die enge Judenstraße, die noch den Charakter des ehemaligen Ghetto trägt. Ein Patrizierhaus in der alten Gasse fesselt den Blick des Altertumsfreundes; seine niederen Mauern haben ein gut Stück der Geschichte der jüdischen Gemeinde in Halberstadt gesehen, wenn auch die ersten Anfänge einer solchen viel älteren Datums sind.[435]

Der jüdische Autor des Buches, Hermann Schwab, erwähnt Berend Lehmann zweimal als berühmtesten Halberstädter Juden (S. 54 und 82), stellt aber keine Verbindung zwischen ihm und diesem eigenartigen Gebäude her. Es gibt Vermutungen, dass das Gebäude erst 1728 fertig wurde und dass Berend Lehmann es möglicherweise gar nicht mehr bewohnt hat.[436] Die Datierung der Fertigstellung auf 1728 erscheint insofern problematisch, als Lehmann nach einer Notiz in der Berlinischen Privilegirten Zeitung schon 1727 Konkurs anmelden musste[437], also zu diesem Zeitpunkt kaum noch das Geld gehabt haben dürfte, um den Bau zu bezahlen.

Die schon erwähnte Bemerkung in einem Bericht der Halberstädtischen Regierung an den preußischen König aus dem Jahre 1731, „so bestehet sein [Berend Lehmanns] Vermögen alhier aus dreyen Häusern, einem Garten, einer *Orangerie* und einigen *meubles*"[438] könnte vermuten lassen, dass mit einem der drei Häuser das Palais gemeint sei. Aber in den Auseinandersetzungen um Lehmanns Nachlass werden drei Häuser ausdrücklich erwähnt, nämlich ein „kleines" Haus in der Judenstraße (Q), das „Studier Hauß" [J] mit Garten und Gartenhaus ([R] der „Orangerie"?) nahe der neuen Synagoge und das große, unter der Peters Treppe belegene Hauß" (‚Klein Venedig'; vgl. dazu im Einzelnen den Schluss des vorangegangenen Abschnitts *Klein Venedig II*).

Natürlich wäre es plausibel, dass ein in der bescheidenen Fachwerkumgebung von Neuem Markt und Judenstraße so ungewöhnliches Gebäude mit seiner Steinfassade von dem seinerzeit möglicherweise reichsten Juden Halberstadts im Baustil jener Epoche veranlasst wurde (aber es hat noch andere reiche Juden in Halberstadt gegeben).[439] Äußerst geschickt ist – wer immer auch der Bauherr sein

---

435 Schwab, Hermann: *Halberstadt in Wort und Bild.* Halberstadt ³1905. S. 53.
436 Lüdemann, *Quartiere* (wie Anm. 287), S. 82.
437 Josef Meisl: *Behrend Lehman und der sächsische Hof.* In: *Jahrbuch der jüdisch-literarischen Gesellschaft.* Jg. XVI (1924). S. 233.
438 GStA PK Berlin, I. HA, Rep. 33, Nr. 120b, Pak. 4 (1728–1739), o. Bl., datiert 10.08.1731.
439 Es scheint keinen früheren gedruckten Beleg für die Zuschreibung zu geben als Hartmann, Werner: *Juden in Halberstadt. Geschichte, Ende und Spuren einer ausgelieferten Minderheit.* Bd. 1. Halberstadt 1988; Neuauflage 1991 (auch vierte, korrigierte Nachauflage 2002). Bild S. 21, Legende S. 43. Nach fernmündlicher Auskunft des ehemaligen Direktors des Städtischen Museums Hal-

mag – zunächst einmal die Wahl des Standortes am spitzen Winkel der Ecke der beiden Straßen, und ungewöhnlich ist die Höhenwirkung des Hauses, das ja nicht wirklich höher ist als die Umgebung, das aber durch mehrere architektonische Kunstgriffe höher wirkt: Sein Eingang – durch eine dreiseitige Treppe hervorgehoben – liegt wie das Erdgeschoss auf einem Bausockel etwa einen halben Meter über dem Niveau aller anderen Hauseingänge; die zwei Geschosse sind genauso hoch wie die drei Geschosse der umliegenden Häuser; ein Mittelrisalit ragt wiederum dreistöckig über das prächtige Walmdach hinaus. Und die Säulen sowie schmale, einzeln gefasste Fenster betonen die Schlankheit des Gebäudes.[440]

Interessant ist der Eindruck, den es bei Franz Kafka hinterließ, als er sich 1912 bei der Durchreise im alten Halberstädter Judenviertel umsah: „Jüdische Gastwirtschaft Nathan Eisellsberg mit hebräischer Aufschrift. Es ist ein verwahrlostes schloßartiges Gebäude mit großem Treppenaufbau, das aus engen Gassen frei hervortritt."[441] Ähnliches gibt es an Profanbauten im Halberstadt jener Zeit nur in wenigen Exemplaren in der Dom- und in der Marktumgebung (Domherrenhäuser, Rathaus, Kommisse). Lüdemann vermutet, dass Lehmann es nach Dresdner und Berliner Vorbildern möglicherweise von einem Dresdner Architekten habe entwerfen lassen. Sein Abriss drei Jahre vor dem Ende der DDR ist eine unverzeihliche Kultursünde.

4.4.6 Eine kleine Landwirtschaft vor Halberstadts Toren?

Im Jahre 1713 erhielt Berend Lehmann die Genehmigung zum Erwerb eines „Meierhofes" „ohnweit Halberstadt" und im Zusammenhang damit die Erlaubnis zum Ankauf „einige[r] Äcker". Die Vermutung, dass der Resident im Zusammenhang mit dem angenommenen Bestreben, koscheres Mehl zur Verfügung zu haben, auch koschere Milch produzieren wollte[442], ist unwahrscheinlich. Wenn man bedenkt, dass auf einem Meierhof nach der Bedeutung des Wortes im 18. Jahrhundert nicht nur Milch, sondern jede Art von landwirtschaftlichem

---

berstadt, Adolf Siebrecht, vom 05.11.2008 ist das Gebäude ihm bereits seit den 1960er Jahren als „Berend-Lehmann-Palais" bekannt.
440 Ich folge in der Baubeschreibung Lüdemann, *Quartiere* (wie Anm. 287), S. 82ff.
441 Kafka, Franz: *Tagebücher* (Gerd Koch [u.a.], Hrsg.). Frankfurt/M. 1990. S. 1039: Eintrag vom 07.07.1912.
442 GStA PK Berlin, I. HA, Rep. 33, Nr. 120b, Pak. 3 (1713–1727), o. Bl. Schreiben König Friedrich Wilhelm I. an die Halberstädtische Regierung vom 10.11.1713. Milch und Getreide sind auch für die meisten orthodoxen Juden nicht reinheitsgefährdend. Vgl. den Artikel *Koscher* in: *Neues Lexikon des Judentums*, hrsg. von Julius H. Schoeps. Gütersloh 2000. S. 485–486.

Produkt erzeugt wurde⁴⁴³, so hätte in der Tat der Wunsch nach koscher hergestellten Lebensmitteln, vor allem Fleisch, der Grund für diesen Vorstoß gewesen sein können. Letztlich überzeugt aber diese Hypothese nicht, da der Hof einerseits der Genehmigung gemäß von einem christlichen Landwirt hätte bewirtschaftet werden müssen, andrerseits hätte das christliche Personal der Kaschruth, der rituellen Reinheit, wegen unter ständiger Überwachung eines Rabbiners arbeiten müssen. Übrigens weiß man nicht, ob es diesen jüdischen Bauernhof je gegeben hat oder ob der Resident das Projekt fallen ließ, vielleicht, weil ihm 500 Dukaten an die königliche „*Chatoul*" (Schatulle) als Preis für die Genehmigung denn doch zu viel waren.

Vielleicht war es eher so, dass es ihn grundsätzlich reizte, „*immobilia* außerhalb der Stadt" zu besitzen, was normalen ‚Privat-Juden' „gäntzlich untersaget"⁴⁴⁴ war und was für Lehmann ein Stück Emanzipation bedeutet hätte. Verwirklicht hat er seinen agrarischen Ehrgeiz auf jeden Fall vier Jahre nach dem Projekt Meierhof mit dem Erwerb eines 75 Hektar großen Gutes in Blankenburg.⁴⁴⁵

4.5 Das Alltags- und Privatleben des Residenten

Da nun die Gebäude beschrieben worden sind, in denen Berend Lehmann wohnte und arbeitete, würde man sich gern den Residenten als Mensch „wie du und ich" in dieser bescheidenen Welt einer mittelgroßen Stadt persönlich vergegenwärtigen. Der Volksschriftsteller Marcus Lehmann hat sich in missionarischer Absicht ein harmonisches jüdisch-patriarchalisches Familienleben für den Residenten ausgedacht. Das mag es in der Tat gegeben haben, aber es lässt sich archivalisch nicht belegen. Sollte sich in dem aus dem Hebräischen noch nicht übersetzten Memor- oder dem verschollenen jiddischen Maasse-Buch Derartiges finden, so wäre sicherlich nichts Aussagekräftigeres zu erwarten als die bei Auerbach wiedergegebene klischeehafte Eloge über Lehmanns erste Frau, Miriam: „[Sie war] ein seltenes Muster aller weiblichen Tugenden, vornehmlich der Häuslichkeit und zärtlichsten Gatten- und Mutterliebe, sie war die Krone ihres Gatten, aus ihrem Auge leuchtete ungeheuchelte Gottesfurcht, auf ihrer Zunge war Sanftmuth und

---

443 Vgl. den Artikel *Meierhof* in: Grimm, Jacob & Wilhelm: *Deutsches Wörterbuch*. Bd. 12. Leipzig 1872. Spalte 1905. Dort gibt es bis in die damalige Gegenwart (letzter Beleg: Gottfried Keller) keinen Beleg, der die Bedeutung auf die Produktion von Milch und Milchprodukten eingeschränkt hätte.
444 Das wird in der Genehmigung noch einmal ausdrücklich hervorgehoben.
445 S. Kapitel 6.1 dieses Buches; dort auch Näheres über die Bedeutung von agrarischem Besitz für Lehmann.

Bescheidenheit, in ihrer Hand reiche Gabe für die Dürftigen."[446] Aber da kaum direkt persönliche Dokumente Berend Lehmanns erhalten sind, sondern fast nur Briefe an Institutionen, Amtspersonen und Geschäftspartner, muss man sich an wenige Nebenbemerkungen in solchen Briefen halten. Auch einige Äußerungen Dritter über ihn kann man verwerten. Einiges lässt sich auch aus objektiven Gegebenheiten erschließen.

Er ist sicherlich häufiger unterwegs als zu Haus in Halberstadt bei seiner Familie und in seinen Geschäftsräumen präsent gewesen. Mit seiner ersten Frau, Miriam, hatte er in etwa 20 Jahren (ca. 1687–1707), soweit wir wissen, acht Kinder, mit der zweiten, Hannle, in ebenfalls etwa 20 Jahren nur noch zwei. Als der jüngste, Cosman, geboren wurde (ca. 1714), waren die großen Geschwister längst aus dem Haus, aber vorher könnten vier oder fünf Kinder jeweils, von der Mutter und von Dienstboten versorgt, gleichzeitig in Klein-Venedig gelebt haben, sicherlich in engem Kontakt mit Berends jüngerem Bruder, ihrem Onkel Emanuel, und mit Onkel, Tanten, Cousins und Cousinen aus Miriams Familie, den Joels, die sozusagen „um die Ecke", in der Judenstraße wohnten. Die Mischpoche kam bei Hochzeiten zusammen, und auch nach den zahlreichen Knabengeburten gab es jeweils große Familienfeste aus Anlass der Beschneidungen. Eine Vorstellung von einem solchen Event gibt die *Megillah* von Lehmanns Schwiegersohn, dem hannoverschen Hofjuden Isaak Behrens (Lebensdaten vermutlich: 1690–1765), die als floral verziertes Manuskript in der Bibliotheca Rosenthaliana der Universität Amsterdam aufbewahrt wird.[447] Als Isaaks Sohn Joel Löb 1721 beschnitten wurde, holte man sich Berend Lehmanns Koch Manis nach Hannover, der für die Verpflegung der Festgesellschaft mehrere Ochsen kaufte und aus Halberstadt Branntwein mitbrachte.[448] Wein, mit dem ja Lehmann auch handelte, dürfte ebenfalls reichlich getrunken worden sein.

Die *Megillah* schildert auch eine gemeinsame Reise der Behrens und der Lehmanns zur Messe nach Leipzig, 1720. Man fuhr in der eigenen Kutsche, transportierte Geld und Waren in eigenen „Beiwagen" jeweils mit eigenen Pferden. Der Geldtransport wird mehrmals erwähnt, es wurden im hannoverschen Auftrag auch Staatsgelder mittransportiert (S. 45). Die Geschäftsreisenden mussten je nach Eile und Straßenzustand auch fremde Fahrzeuge und Pferde hinzumieten. So war beispielsweise der Weg von Aschersleben nach Dessau derart

---

446 Auerbach, *Gemeinde* (wie Anm. 12), S. 48.
447 Manuskript in der Bibliotheca Rosenthaliana der Universitätsbibliothek Amsterdam, Signatur H. Ros. 82. In Klammern: die Seitenzahlen in der Übersetzung (Jost, *Megillah* [wie Anm. 380]).
448 Vgl. Strobach, *Liquidität* (wie Anm. 2), S. 24.

schlecht, dass die leere Kutsche mit vier Pferden bespannt werden musste und die Reisenden selbst sich reitend fortbewegten (S. 46).

Die jüdischen Kaufleute reisten im Allgemeinen in Muße. Waren einmal gar keine Pferde zu bekommen, nutzte man die Wartezeit zu ausgiebigem Speisen. Leider wird nur selten erwähnt, was gegessen wurde: Bei einer Zwangspause in Aschersleben war es ein „welscher Hahn" (ein Truthahn) (S. 55), und in Dessau erwarb man einen 32 Pfund schweren Lachs für die künftige Verpflegung in Leipzig (S. 52). Selbstverständlich wurde am Sabbat und an Festtagen pausiert; an solchen Tagen wurde auch kein Geld angerührt, ebenso wurde nichts unterschrieben (S. 44 und 49).

Die Reisegeschwindigkeit betrug nur wenige Kilometer pro Stunde.[449] Da bot sich auf dem Weg von Hannover nach Leipzig nach zwei Reisetagen Halberstadt als Zwischenstation an (Entfernung: ca. 100 km), von Halberstadt gelangte man ebenfalls in zwei Etappen nach Dessau (ca. 80 km), und am fünften Reisetag waren es dann noch einmal zehn Reisestunden bis Leipzig (ca. 50 km). Dabei betont Isaak Behrens: „meine Ehre und mein Ruf" verlangen, „daß ich mich in Leipzig einfinde" (S. 45). Die Bedeutung der Leipziger Messen als Treffpunkt der jüdischen Handelswelt kann gar nicht hoch genug eingeschätzt werden.[450]

Übernachtet wurde bei Verwandten, die ja oft auch Geschäftspartner waren. 1720 blieb man in Dessau bei dem Anhalter Hofjuden Elijah Wulff (S. 47). Dort ergab sich eine Zwangspause, denn Isaak Behrens stand während der ganzen Pessach-Festwoche im Hausarrest. Da beging man am Vorabend gemeinsam den Seder (die häusliche Abendandacht), und danach wie auch an den folgenden Abenden ging es „recht lustig" zu, bis spät in die Nacht hinein. Als Freizeitbeschäftigung erwähnt Isaak Behrens Brettspiele (S. 47). Bezahlt wurde für die Bewirtung bei der Verwandtschaft natürlich nicht. Aber als Dank hinterließ man 100 Gulden für die Dessauer Armen (S. 50). Mit auf die Reise gingen die persönlichen Diener der Hofjuden (sie reisten „auf dem Bock" der Kutschen) (S. 59).

Wie wurden Nachrichten übermittelt? Für die Kommunikation mit Geschäftspartnern und Behörden benutzte Berend Lehmann die „ordinäre" Postkutschen-Post, bei besonderer Eile Kuriere, das heißt Boten, die persönlich vom Absender zum Empfänger unterwegs waren, oder Stafetten. Dabei wurden Botschaften von einem reitenden Boten zum nächsten weitergereicht (S. 47 und 48). Wenn sich Juden miteinander unterhielten, so war ihr Jiddisch aufgrund der Hebraismen an inhaltlich entscheidenden Stellen für Nichtjuden unverständlich,

---

[449] Vgl. den Artikel *Reisegeschwindigkeit* auf https://de.wikipedia.org/wiki/Reisegeschwindig keit (11.12.2017).
[450] Vgl. dazu Freudenthal, *Messgäste* (wie Anm. 29).

und bei den in Betrugsverdacht geratenen Behrens ergriffen die Behörden Vorsichtsmaßnahmen: In einem Fall wurde der örtliche Pastor geholt, um eventuelle hebräische Botschaften zu überwachen, und Isaak Behrens staunte über dessen hervorragende Sprachkenntnisse (S. 55). Wenn die Bewacher verlangten, dass die Brüder Behrens an ihre Frauen in deutscher Schrift schrieben, so dürfte das bedeuten, dass im Normalfall die briefliche Kommunikation auf Jiddisch in hebräischen Lettern stattfand.

Dass die Frauen der Hofjuden nicht auf den häuslichen Bereich eingeschränkt waren, sondern auch von der „christlichen" Umgebung als öffentliche Akteure ernst genommen wurden, zeigen in Hannover die intensiven Bemühungen der Ehefrauen um Hafterleichterung für ihre Männer, in Halberstadt die Rolle, die Miriam Lehmann als Bauverantwortliche spielte.[451] Nach Lehmanns Bemühungen um die Gärten in Halberstadt und in Blankenburg kann man annehmen, dass das Familien- und das Gesellschaftsleben sich im Sommer und während des Laubhüttenfestes im Frühherbst oft im Freien abspielte.

4.6 Kunst im Umkreis Berend Lehmanns

Bei der Ausstellung *From Court Jews to the Rothschilds. 1600–1800*, die 1996 in New York stattfand, nahm im Untertitel (*Art, Patronage, Power*) Kunst die erste Stelle ein, und Berend Lehmann ist mit ihr im Katalog mehrfach vertreten. Im Grunde war es eine Erweiterung der Mitzwot, die den Residenten die Verbindung mit Kunsthandwerkern suchen ließ. Alle fünf Objekte, die uns heute noch als in seinen Umkreis gehörend bekannt sind, haben einen religiösen Hintergrund.

4.6.1 Der Thorawimpel des Mordechai Gumpel Lehmann.[452]

Zur Beschneidung seines Sohnes Mordechai Gumpel, der von seiner zweiten Frau, Hannle, „am 15. Schwat 471" (24. Januar 1711; zur Umrechnung vgl. Anm. 16) geboren wurde, stiftete dieser „Sohn des [...] Rabbi Issachar Berman Segal aus Halberstadt" (in Wirklichkeit natürlich dessen Vater) für die neue Synagoge einen Thorawimpel. Solche 15 bis 20 Zentimeter breiten und dreieinhalb Meter langen

---

451 Vgl. Eingabe der Ehefrauen Behrens an die Justizkanzlei Hannover (Kopie), undatiert (ca. Ende 1724) in GStA PK Berlin, I. HA, Rep. 33, Nr. 120a (1725–1728 [1758]), o. Bl. Zu Miriam Lehmann vgl. Kap. 4.4.2 dieser Arbeit.
452 Der Wimpel befindet sich im Hamburgischen Museum für Völkerkunde, Sign. 16.6:1. Hier wiedergegeben als Abb. 16.

Abb. 16. Ausschnitt aus dem von Berend Lehmann nach der Beschneidung seines zweitjüngsten Sohnes Mordechai Gumpel 1711 für die Halberstädter Synagoge gestifteten Thorawimpel. Dem Knaben wünscht man mit der auf Leinen gestickten Hochzeitsszene (unter dem Baldachin Braut, Bräutigam, Rabbi) eine fruchtbare Ehe; die Gebote-Tafel rechts davon symbolisiert den Wunsch, er möge nach der Thora leben.

leinenen Windelbinden des frisch beschnittenen Knaben dienten, gereinigt, verziert und beschriftet, zur Verschnürung von Thorarollen. Eine Inschrift enthält neben dem Geburtsdatum den Wunsch „Möge Gott geben, dass er in der Thora erzogen wird hin zum Hochzeitsbaldachin und zu guten Taten. Amen". Das Inschriftenfeld wird vervollständigt mit gestickten symbolischen Figuren, und zwar dem Lamm für die Levitenabkunft der Familie, einem Krug für Wassermann, das Sternzeichen des Geburtsmonats, im Zentrum mit einem Hochzeitsbaldachin und rechts daneben einer Tafel der Zehn Gebote. Der Baldachin wird von vier Federmützen tragenden Männern gehalten. Unter ihm stehen drei Gestalten: ein Rabbi mit einem Becher Wein, eine Braut und ein Bräutigam. Alle drei sind elegant in der Mode der Zeit gekleidet. Außerdem erscheinen Adam und Eva als Symbole der Menschenschöpfung und -fortpflanzung. Die Buchstaben der Inschrift sind mit Tier- und Pflanzenmotiven reich ausgeziert.

Nach Vivian Mann handelt es sich um „an interesting example of how folk culture mixed with elite society."[453] Die in heiter-naivem Stil ausgeführte Stickerei dürfte von jüdischer Hand in Halberstadt angefertigt worden sein, denn es haben sich noch drei weitere sehr ähnliche Darstellungen der Hochzeitsszene auf Thorawimpeln erhalten, die alle von Halberstädter Beschneidungen stammen.

---

[453] Mann/Cohen, *Court Jews* (wie Anm. 6), S. 232.

Abb. 17. Thoravorhang, gestiftet von Berend Lehmann für die 1712 fertiggestellte Halberstädter Barocksynagoge. Der Vorhang grenzte die Nische mit den Thorarollen gegen den Hauptraum der Synagoge ab. Er ist seit der Schändung des Gotteshauses in der Pogromnacht 1938 verschollen. Das Material ist unbekannt. Das Bild ist aus einer älteren Publikation reproduziert, welcher ein Foto aus den 1930er Jahren zugrundelag.

4.6.2 Der Thoravorhang für die neue Synagoge

Dieses textile Kunstwerk ist nach den räuberischen Verwüstungen in der Kristallnacht 1938 nur im Druck einer in den 1930er Jahren für Savilles Berend-Lehmann-Biographie angefertigten Fotografie verfügbar.[454] Möglicherweise taucht das Original eines Tages als Raubkunst wieder auf. Der Thoravorhang mit den vermutlichen Maßen 150 x 250 Zentimeter grenzte die Nische mit dem Schrein, in

---

454 Saville, *Juif* (wie Anm. 43), S. 223, kurze Erwähnung bei Mann/Cohen, *Court Jews* (wie Anm. 6), S. 120, hier reproduziert als Abb. 17.

dem die Thorarollen aufbewahrt wurden, vom Hauptraum der Halberstädter Synagoge ab. Es repräsentiert die Herrscherwürde der Thora: Eine von einem Chanukka-Leuchter gestützte Schrifttafel, umrahmt von zwei mit Weinreben umwundenen Säulen, wird von einer reichgeschmückten Krone dominiert, welche von zwei Löwen gehalten wird. Im oberen Teil der Schrifttafel hat sich Berend Lehmann, der Spender, ein Denkmal setzen lassen mit dem dort eingearbeiteten Lamm sowie mit Levitenkanne und Handwaschbecken. Die Stoffgrundlage muss man sich nach der Schwarz-Weiß-Fotografie als roten Samt vorstellen, das Dekor mit Gold- und Silberfäden gestickt.

4.6.3 Der Pokal mit den Jakobssöhnen

Die hohe Meinung, die der Resident von sich hatte, kann man an einem kunsthandwerklichen Objekt ablesen, das im New Yorker Metropolitan Museum of Art aufbewahrt wird. Auf einem in vergoldetem Silberguss hergestellten Deckelpokal des Wiener Goldschmieds Joachim Michael Salecker aus dem Jahr 1723 sind unter den zwölf Symbolen des Tierkreises (Flachrelief auf dem Deckelrand) die zwölf Söhne Jakobs als Urväter der zwölf jüdischen Stämme mit ihren Attributen gemäß Gen.[I. Mose] 49 dargestellt (Hochrelief unter den Rundbögen). Ihre Anordnung entspricht dabei aber weder, wie sonst üblich, der Geburtsreihenfolge noch der biblischen Erwähnung, wie sie nacheinander durch die Wüste nach Ägypten reiten, sondern die Jakobssöhne sind so angeordnet, dass ihre eingravierten Namen die Reihenfolge Issachar – Juda – Levi ergeben. Nach der Überzeugung von Vivian Mann lässt das nur den Schluss zu, dass der Künstler hier den damals bekanntesten Träger dieses Namens, Issachar [ben] Jehuda [ha]Levi verewigt hat.[455] Berend Lehmann hatte über seinen Bruder Herz Lehmann sowie seine Schwiegersöhne Markus Hirschel und Löw Wertheimer ständig Kontakt mit Wien. Wenn er den Pokal selbst bestellt hat, zeigt das, dass er sich in gewisser Weise symbolisch unter die biblischen Urväter einordnet; sollte man ihm den Pokal geschenkt haben, so wussten die Geber, dass er sich von dieser mythischen Erhebung geschmeichelt fühlen würde.[456]

Möglicherweise hatte Salecker das Pokalmodell schon einmal christlich verwendet und mit Apostelfiguren versehen. Der ästhetische Reiz des Objekts besteht in seiner Plastizität: Auf dem klassizistisch gerade geformten Becher ergeben sich

---

[455] Mann/Cohen, *Court Jews* (wie Anm. 6), S. 187; ausführlicher: Mann, Vivian B.: *A Court Jew's Silver Cup*. In: *Metropolitan Museum Of Art Journal*. Jg. 43 (2008). S. 131–140. Der Pokal ist hier wiedergegeben als Abb. 18.
[456] Dieser Zusammenhang wird hergestellt bei Dick, *Issachar* (wie Anm. 25), S. 55.

4.6 Kunst im Umkreis Berend Lehmanns — 141

Abb. 18. Pokal des Wiener Silberschmieds Johann Michael Salecker (tätig 1723–1753) aus vergoldetem Silber mit den in Silber getriebenen Figuren der zwölf Söhne Jakobs. Drei von ihnen erscheinen in der ungewöhnlichen Reihenfolge Issachar – Jehuda – Levi, gemäß Lehmanns hebräischem Namen Issachar ben Jehuda haLevi. Möglicherweise ein Geschenk des Wiener Hofjuden Samson Wertheimer für Lehmann.

kleine Niveauunterschiede durch die feinen Gravuren, die die Oberfläche überziehen, und groß daraus hervor treten die geschmiedeten Teile: das Beschlagwerk der Deckelkrone und die Urväter-Figuren. Die scharf eingeschnittenen Ränder verstärken die plastische Wirkung.

Abb. 19. Chanukka-Lampe, 1713 aus einem Kilo Silber gefertigt von dem Halberstädter Silberschmied Thomas Tübner (tätig zwischen 1692–1728). Wahrscheinlich ein Geschenk Lehmanns an den Erstbesitzer, den Wiener kaiserlichen Hofjuden Samson Wertheimer (daher der kaiserliche Doppeladler). Acht Kerzen standen in der Sitzfläche des bankartigen Objekts, die neunte, der Schammes, auf dem Teller links oben.

4.6.4 Die Wertheimer-Oppler Chanukka-Lampe[457]

Es handelt sich um ein Objekt, das von dem Halberstädter Silberschmied Thomas Tübner[458] aus mehr als einem Kilo Silber hergestellt wurde und das durch seine hebräische Inschrift und den auf ihm dargestellten Chanukka-Leuchter eindeutig auf einen jüdischen Besteller hinweist. Seine Provenienz lässt sich bis auf den Wiener Hofjuden Samson Wertheimer (1658–1724) als ersten Besitzer zurückführen, mit dem Berend Lehmann mindestens seit 1696 zusammenarbeitete und mit dessen Sohn Löw er seine Tochter Sara verheiratete. Löws Geburtsjahr ist nicht genau bekannt, wird aber auf 1698 geschätzt. Die Entstehung der Lampe kann aufgrund einer Punze eindeutig auf 1713 datiert werden, und so könnte man sich denken, dass – bei nicht unüblicher Frühheirat der Lehmann- und Wert-

---

[457] Die Fachinformationen stammen aus dem Katalog von Sotheby's Auktion *Important Judaica* vom 15.12.2010, dort Lot no. 8691. Die jetzt im Besitz von *The Jewish Museum*, New York befindliche Lampe (Signatur: JM 29–64) ist hier wiedergegeben als Abb. 19.
[458] Lebensumstände weitgehend unbekannt, tätig zwischen 1692 und 1728.

heimer-Sprösslinge – das Objekt etwa 1715 als Geschenk von Berend Lehmann an den ‚Mitvater' Samson Wertheimer nach Wien ging.

Wenn man bedenkt, wie knapp Silber für die öffentlichen Münzen war, dann war allein das Material ein Vermögen wert, und Lehmann hätte sich damit bei seinem bedeutendsten Kollegen standesgemäß in die Familie eingekauft. Die Lampe ist ein origineller Halter für die neun traditionellen Chanukka-Kerzen, von denen acht sozusagen in der Sitzfläche des bankartig geformten Silberkorpus stehen, während die neunte Kerze, der Schammes, mit dem die anderen angezündet werden, auf dem Teller links oben Platz hat. Die niedrige Bank-Vorderseite ist mit herzähnlich angeordneten Blättern geschmückt, während – nur bei Draufsicht erkennbar – zwischen den Kerzenbechern volle Blüten prangen. Die Rückenlehne der Bank ist durch tief kanellierte Säulen mit Früchten als Köpfen dreifach unterteilt. In der Mitte befindet sich das Halbrelief eines Chanukkaleuchters, gekrönt vom kaiserlichen Doppeladler, mit dem man dem kaiserlichen Hofjuden Wertheimer huldigte.[459] Die freien Flächen unter den nach oben gebogenen Streben des Leuchters füllte Tübner der Zeitmode entsprechend mit bogenschießenden Meerjungfrauen. Die Tafeln rechts und links enthalten die hebräischen Segenssprüche, die vor und nach dem Anzünden der Kerzen gesprochen werden. Herrscherlich sind die Füße gestaltet; es sind schildtragende Löwen.

Die Lampe wurde bis in die 1930er Jahre unter Wertheimers Nachfahren weitervererbt und von den nationalsozialistischen Behörden beschlagnahmt. Als wiederentdeckte, aber nicht zuordenbare Raubkunst wurde sie zunächst der New Yorker Zentralsynagoge zur Verfügung gestellt, aber 2007 an die Eigentümer zurückgegeben und 2010 bei Sothebys für 482.500 $ versteigert.[460]

4.6.5 Die Weltallschale für den preußischen König

Im Jahre 1703 machte die Halberstädter Judenschaft unter ihrem prominenten Parnas dem Landesherrn, der seit 1701 den Titel eines Königs in Preußen führte, ein wertvolles Geschenk, die so genannte Weltallschale. Sie wurde 1589 von Jonas

---

[459] Es gibt noch drei weitere Exemplare der Tübnerschen Lampe, von denen zwei als Besonderheit je zwei Bären aufweisen, die den Doppeladler halten. Sie könnten ein Hinweis darauf sein, dass auch diese Wert- und Kunstobjekte Geschenke von Bär-mann Halberstadt (so der jiddische Name Berend Lehmanns) an Geschäftsfreunde gewesen sind.

[460] Die lückenlose Provenienz samt der Raubkunst-Episode wird geschildert in dem Aufsatz von Purin, Bernhard: *Berolzheimer as a Patron of the Arts*. In: Michael G. Berolzheimer (Hrsg.): *Michael Berolzheimer. His Life and Legacy*. Stockton CA 2014. S. 123–130.

Abb. 20. Weltallschale, in Gold geschmiedet von Jonas Silber, Nürnberg 1589. Ursprünglich ein Geschenk Kaiser Rudolf II. (1552–1612) für die zeitweilig mit ihm verlobte spanische Prinzessin Isabella, wurde dieses Kunstwerk 1703 von der Halberstädter Judenschaft (Vorsteher: Berend Lehmann) ihrem Landesherrn, dem König „in Preußen", Friedrich I., zum Geschenk gemacht. Sie ist eine Allegorie der Weltgeschichte (Basis Paradies, auf dem Baum der Erkenntnis der salomonische Tempel) bis zur „Jetztzeit" (1589): Das Heilige Römische Reich mit seinem Habsburger-Kaiser beherrscht die christliche und die nichtchristliche Welt. 1703 eine Schmeichelei für den aufstrebenden Preußenkönig.

Silber aus Nürnberg in Gold geschmiedet.[461] Ursprünglich war sie von Kaiser Rudolf II. (1552–1612) anlässlich seiner Verlobung mit der spanischen Infanta Isabella bestellt worden. Sie ist eine Allegorie der Weltgeschichte von den Anfängen bis zu der erhofften Weltherrschaft der Habsburger als Könige von Spanien und Kaisern des Hl. Röm. Reichs.[462] Auf der Oberfläche des Fußes ist eine Landkarte der damals bekannten Welt (also ohne Australien und die Polregionen) eingraviert, die gleichzeitig für die auf ihr stehenden Figuren Adam, Eva und einige Tiere der Schöpfung das Paradies bilden. Der berüchtigte Apfelbaum bildet den Schaft, auf dem die Schale in der angenommenen Form des Salomonischen Tempels ruht. Auf der Unterseite symbolisieren Gravuren der sieben Kurfürsten das Heilige Römische Reich, während den Innenboden Europa ziert, als Infantin Isabella gekleidet. Auf der Unterseite des Deckels sieht man zwölf legendäre deutsche Könige um eine Germaniafigur geschart, während auf der Oberseite die zwölf Tierkreiszeichen eingraviert sind. Auf zwei sich kreuzenden Bögen dominiert eine Christusfigur das Modell der Wunschwelt: Auf der Basis des Alten Bundes vereinigen sich das Heilige Römische Reich deutscher Nation mit dem gewaltigen spanischen Überseereich zu einem christlichen Weltreich. Als Geschenk für den aufstrebenden Preußenkönig war die Weltallschale eine gewaltige Schmeichelei.

Zusammenfassung

Überblickt man Berend Lehmanns Wohnplätze und Immobilienbesitz in Halberstadt von 1687, seiner ersten greifbaren Erwähnung in der Stadt, bis zu seinem Tode, 1730, so ergibt sich folgendes Bild: Als jungverheirateter, kinderloser 27-Jähriger wohnt er, noch ohne eigenen Schutzbrief, zur Miete bei einem anderen Juden, baut aber schon im folgenden Jahr ein eigenes Haus „unter der Peterstreppe", das er später zu einem repräsentativen Gebäudekomplex erweitert. Gegen Ende der 1690er Jahre, nachdem er aufgrund seiner Verdienste um die polnische Königswahl Augusts des Starken dessen „Resident" geworden ist, bemüht er sich am Rande des jüdischen Bezirks, im Schatten der westlichen Stadtmauer, um den Kauf mehrerer Grundstücke, höchstwahrscheinlich, um dort den Bau von großer Synagoge und Lehrhaus zu verwirklichen. Von diesen Bemühungen bleibt zu seinen Lebzeiten zwischen Bakenstraße und westlicher Stadtmauer auf eine

---
461 Die Schale befindet sich im Kunstgewerbemuseum Berlin, Preußischer Kulturbesitz, Sign. K 3885.
462 Ich folge bei der Beschreibung Mann, Vivian: *A Court Jew's Silver Cup*, in: Metropolitan Museum of Art Journal. Jg. 43 (2008). S. 131–140.

gewisse Dauer nur ein Garten mit einem Gartenhaus. Eine Zeit lang muss hier auch das erste Domizil der Klaus gestanden haben. Gleichzeitig richtet sich Lehmanns Augenmerk aber auch auf den Bereich Judenstraße/Neuer Markt, wo er zunächst 1706 seinem Schwager ein baufälliges Haus und einen zusätzlichen Bauplatz abkauft und wo er gemeinsam mit Freunden erneut Grundstücke für den jetzt gelingenden Synagogenneubau sammelt. Ob er etwas mit dem seit einiger Zeit als Berend-Lehmann-Palais geltenden Haus, Judenstraße 16, zu tun hatte, ist dokumentarisch nicht fassbar.

Bauen war jedenfalls eine seiner Leidenschaften. Sein Ehrgeiz ging dahin, Praktisches, Schönes und Dauerhaftes zu schaffen, und seine vielen auf Grundstücke und Häuser gerichteten Aktivitäten in Halberstadt zeigen, dass diese Stadt wirklich seine Heimat war. Hier wie an anderen Stellen beweist er das große Geschick, sich als privilegierter Jude ungewöhnliche Freiräume in der christlichen Mehrheitswelt zu erstreiten. Die Geschichte seines Bauens belegt aber auch, wie unsicher die Wirksamkeit seines Privilegs im täglichen Ringen um die Selbstbehauptung war. In vielen seiner Eingaben an die königlich-preußische Regierung kämpft er um die Anerkennung seiner „Qualität" beziehungsweise seines „Charakters" als „Königlich Polnischer Resident im Niedersächsischen Kreise". Dabei betont er, dass er nicht wie die anderen Halberstädter Juden in der Stadt „*negotiire* und Handel treibe", sondern sein „Geld in Halberstadt verzehre."[463] Das hebt ihn im Ansehen seiner Mitwelt über sie hinaus.

---

463 Schreiben Lehmanns an König Friedrich Wilhelm I. vom 27.04.1724, GStA I. HA, Rep. 33, Nr. 120b, Pak. 3 (1713–1727), o. Bl. Vgl. Dokument W 18.

5 Die *Mitzwot* (Leistungen aus religiöser Verpflichtung) als Konsequenz des erworbenen Wohlstands

5.1 Die Neuedition des Talmud

Einhundertundsiebzig Jahre nach dem Druck der von Berend Lehmann finanzierten berühmten Neuedition des Babylonischen Talmud erzählt der Halberstädter Rabbiner und Gemeindechronist Auerbach, wie diese Großtat im Jahre 1692 angeblich zustande gekommen ist:

> Als Friedrich III., Kurfürst von Brandenburg, [...] sich in Halberstadt huldigen ließ, [...] fiel sein Blick auf das unter lauter Baracken hervorragende stattliche Wohnhaus des Bermann, das eben wegen der Huldigung mit schönen Fahnen geschmückt war. Er frug den Bürgermeister Diederich nach dem Eigenthümer und vernahm, daß es ein Jude, der polnische Resident Bermann sei. Er ließ ihn rufen und fragte nach seinen Geschäften, nach dem Verhalten der Juden u.s.w., und diese Gelegenheit nicht unbenutzt lassend, sollicitirte Bermann sogleich um die Erlaubniß, in Frankfurt a.O. den Talmud auflegen zu dürfen.

Sie sei ihm, so Auerbach 1866, bei dieser Gelegenheit gewährt worden.[464] Es ist eine der vielen Legenden, mit der die Halberstädter Juden ihren Heiligen in die Geschichte der politischen Herrscher einzubinden versuchten. Den realistischen Blick in die Archive tat, dreißig Jahre später, der Dessauer Oberrabiner und bedeutende Vertreter der *Wissenschaft des Judentums* Max Freudenthal, und da las sich die Geschichte, vom Residenten 1715 selbst erzählt, ganz anders:

> Es hat der *D. Becman* zu Frankfurth an der Oder vor 15 Jahren vor [für] sich ein *Privilegium* von Se. Kays. *Majest.* ausgebracht, daß er den Talmud in Hebreischer Sprache möge außgehen lassen, und niemand anders in 20 Jahren dergleichen auflegen und vertreiben dürffe, wie er aber damit nicht fortkommen können, hat der Fürstl. Dessauische Hoff*Agent* Moses Benjamin Wulff sich der Sache unterzogen, so aber nicht volführet worden, endlich habe ich von obgemelten *D.* Becman vor 300 Rthlr sein Recht und Privilegium an mich und auff meinen Nahmen erhandelt.[465]

Aber auch die Erzählung des Residenten bedarf der Ergänzung und der Korrektur. Zunächst ist seine Zeitangabe ungenau. Seine Übernahme der Beckmannschen

---

464 Auerbach, *Gemeinde* (wie Anm. 12), S. 50.
465 Berend Lehmann an Kurfürst Friedrich August von Sachsen, Leipzig, 23.05.1715, Stadtarchiv Leipzig (StA Leipzig), Tit. XLVI 289, Bl. 28.

Abb. 21. Titelblatt der von Berend Lehmann finanzierten, von Michael Gottschalk in Frankfurt an der Oder zwischen 1697 und 1699 gedruckten Ausgabe des Babylonischen Talmud.

Privilegien lag nicht 15, sondern 18 Jahre zurück, 1697, andererseits bei weitem nicht so weit, wie es die Auerbachsche Legende wahrhaben will. 1692 – so die Legende – wäre er unter Garantie noch nicht reich genug gewesen. Aber 1696 verdiente er an einem Türkenkriegs-Kredit, und 1697 leistete er einen bedeutenden Finanzierungsbeitrag zu Augusts des Starken Polenkrone. Er ist jedenfalls um diese Zeit bereits ein wohlhabender Mann, der sich in Halberstadt ein repräsentatives Haus kauft. Wohlstand bedeutet aber für die Mitglieder der jüdischen Elite auch eine Dankesverpflichtung gegenüber Gott und den Glaubensbrüdern, hebräisch eine *Mitzwa*. Mit welcher der idealerweise zu vollbringenden großen *Mitzwot* soll er beginnen?

Das entscheidet, mitten in den Mühen, die er hat, Kredite für August zusammenzuorganisieren, der Zufall: Sein Verwandter und Kollege Moses Benjamin Wulff, Hofagent bei den Fürsten von Anhalt-Dessau, gerät in eine finanzielle Flaute, als er gerade seine eigene *Mitzwa* unter Segel gesetzt hat, eine vollständige Neu-Edition des Babylonischen Talmud, natürlich im hebräischen Original, aber zum ersten Mal ohne einschneidende christliche Expurgationen auf dem Boden des Heiligen Römischen Reiches.[466] Emil Lehmann zitiert folgende Klage über die Notlage aus der rabbinischen Approbation (dem empfehlenden Vorwort) des Lehmannschen Talmud: „Unsere Lehrhäuser stehen leider leer aus Mangel an Talmudexemplaren, höchstens trifft man in einer Stadt *ein* vollständiges Werk. Geht es, was Gott verhüte, so fort, wird die Thora von Israel vergessen, zehn Gellehrte müssen sich schon jetzt mit *einer* Gamarah behelfen."[467]

Mit Beckmann, von dem Lehmann übrigens nicht nur ein kaiserliches, sondern auch noch ein brandenburgisches Privileg übernahm, hatte es folgende Bewandtnis: Er war Professor für die orientalischen Sprachen an der Universität in Frankfurt/Oder und er wusste, dass auch bei christlichen Bibelwissenschaftlern ein Mangel an Exemplaren des Talmud herrschte, des großen Thora-Interpretations-Werkes aus der Spätantike. Für ihn und seinen Drucker Michael Gottschalk als Christen war es 1695 kein Problem, obrigkeitliche Genehmigungen („Privilegien") für eine Neuausgabe zu erwerben, insbesondere, wenn man sich pro forma an die kirchlich approbierte Ausgabe, Basel 1521, hielt, von der galt, sie sei „vor vielen Jahren *revidirt*, und was darin wider die *catholische Religion* befindlich, *expurgirt, juxta mentem sacri consilii Tridentini recognoscirt* und *approbirt* [...]".[468]

Aber wie später der Hofjude Wulff konnten Beckmann und Gottschalk das Unternehmen, ein zwölfbändiges gelehrtes Werk zu produzieren, nicht schultern. Sie brauchten dafür jüdisches Geld, was die beiden Christen sicherlich von Anfang an mit zwiespältigen Gefühlen an die Aufgabe herangehen ließ.[469] Gott-

---

466 Einzelne Traktate aus dem Talmud waren an verschiedenen Stellen gedruckt worden. Die folgenden Ausführungen beruhen teilweise auf dem Aufsatz von Freudenthal, *Jubiläum* (wie Anm. 26).
467 Lehmann, *Schriften* (wie Anm. 33), S. 128.
468 „Entsprechend der Meinung des Heiligen Tridentinischen Konzils gereinigt, anerkannt und genehmigt." So im Wortlaut des erneuerten kaiserlichen Privilegs für Gottschalk vom 13.10.1710, bei Freudenthal, Jubiläum (wie Anm. 26), S. 87. In Wirklichkeit – so Freudenthal, *Talmud*, S. 8 – enthielt der Lehmannsche Talmud durchaus Texte, die im Basler gereinigten Talmud nicht vorhanden waren, so den Traktat *Aboda Zara* über den Götzendienst, unter dem aus jüdischer Sicht auch der christliche Gottesdienst verstanden werden konnte.
469 Über die Persönlichkeit Wulffs und die näheren Gründe seiner finanziellen Schwierigkeiten vgl. Miller, Marvin J.: *Moses Benjamin Wulf – Court Jew*. In: *European Judaism*. 33 (2000). S. 61–71.

schalk begann 1696 den Satz in Frankfurt, zog aber dann mit Papier und Lettern nach Dessau, wo Wulff selbst mit Lettern aus Amsterdam eine Druckerei eingerichtet hatte. Aber der Vertrag wird nach kurzer Zeit von Seiten Wulffs aufgelöst: Aufgrund mangelnder Finanzen können nicht genügend Drucker angestellt werden, die Arbeit geht nicht voran. Die enttäuschten Christen gehen wieder zurück nach Frankfurt. Da springt Berend Lehmann in die Bresche: Für 300 Taler bekommt er von Beckmann alles schon Vorhandene, und er lässt auf seine Kosten weiterdrucken. Die Druckerei ist inzwischen von Beckmann auf Gottschalk übergegangen, und mit diesem schließt er den Vertrag über den Druck und die Bindung der Bücher ab.[470] Wie Gottschalk später erbittert schreibt, habe er „zu deßen [Lehmanns] eherner Versicherung auch die [...] *Privilegia* aushändigen müßen." Die Frage, wem sie gehörten, sollte sich später noch als wichtig erweisen. Von 1697 bis 1699 wird mit neu eingestellten Arbeitskräften zügig gedruckt.

Während die Beckmannschen Privilegien das Verkaufsmonopol für die Ausgabe in Wirklichkeit nur für zwölf Jahre sichern, schützen vier prominente Rabbiner, nämlich die von Posen (Poznań), Frankfurt am Main, Amsterdam und Nikolsburg (Mikulov in Mähren) die Ausgabe für 20 Jahre, indem sie den Bann über denjenigen Juden aussprechen, der einen Nachdruck oder dessen Verkauf wagen sollte. Diese 20-Jahre-Schutzfrist, so behauptet Lehmann in seinem Bericht an August den Starken, sei im Wortlaut der Privilegien festgelegt worden; und aus dieser Divergenz zwischen der staatlich garantierten und der rabbinisch gesicherten Frist entsteht später Streit mit Gottschalk.

Nach der in jüdischen Kreisen verbreiteten Legende kostete das Unternehmen Berend Lehmann 50.000 Taler für 5.000 Exemplare der 12-bändigen Ausgabe.[471] Schon Max Freudenthal hielt das für übertrieben. Inzwischen hat sich der originale Vertrag zwischen Gottschalk und Lehmann gefunden, demnach waren es 28.000 Reichstaler für 2.000 Exemplare. Wie Lucia Raspe ausführt, „dürften die Gesamtkosten um einiges über der an Gottschalk gezahlten Summe gelegen haben, als Berend Lehmann sich verpflichtete, die sechs mit der Textherstellung betrauten ‚Correctores' und ihre Familien während der zweieinhalb Jahre ihrer Tätigkeit in Frankfurt „auf eigene Kosten, ohne Gottschalcks beytrag, zu bezahlen." [472]

---

470 Der Vertrag datiert vom 08.01.1697 und findet sich in GStA PK Berlin, I. HA, Rep. 33, Nr. 120b, Pak. 4 (1728–1739) unter diesem Datum. Das Titelblatt des Lehmannschen Talmuds s. Abb. 21
471 Auerbach, Gemeinde (wie Anm. 12), S. 60–61.
472 GStA PK Berlin, I. HA, Rep. 33, Nr. 120b, Pak. 4, sub 1731. Vgl. Dazu Raspe, Ruhm (wie Anm. 9), S. 203, Anm. 22.

Nach alter Überlieferung verschenkt Lehmann viele der Exemplare an arme Gemeinden;[473] aber der Frankfurter Talmud *verkauft* sich auch so gut, dass Gottschalk sich 1710 (die zwölf Jahre sind 1707 abgelaufen) für eine Neuauflage drei neue Privilegien besorgt: ein kaiserliches, ein preußisches und ein sächsisches. Für wiederum zehn Jahre soll nun *sein* Talmud das Verkaufsmonopol genießen, und das lässt er bei den Messen in Leipzig und Frankfurt in den Fachkreisen bekanntmachen. Teilweise in Frankfurt an der Oder, teilweise in Berlin beginnt er mit dem Druck der Neuauflage, die allerdings aus finanziellen Gründen sehr langsam vorankommt. Aber auch Lehmann hat neue Pläne – mit seinen eigenen Worten:

> Nachdem nun die damahls herauß gegebenen Exemplaria bald vertrieben, und schon vor einigen Jahren so wohl Christen alß Juden mir angelegen, die auflage des *Talmuds* in der mir allergnädigst *permit*tirten Zeit zu *continuir*en [ihn also neu aufzulegen], so hatte ich dann zum anderen mahl diesen *Michel Gottschalck* den Verdienst wohl gönnen wollen, da aber so wohl die *Littern* alß auch insonderheit das Pappier zu Frankfurth an der Oder nicht von der Güte ist, wie in Holland, so habe ich an *Simon Schotten* auß Frankfurth am Mayn *conceß*ion gegeben, den *Talmud* in *Amsterdam* drucken zu laßen, [...].[474]

Was hat es mit der ihm „allergnädigst *permittir*ten Zeit" auf sich? Er beruft sich auf den 1697 ausgesprochenen Bann der vier Rabbiner und denkt dabei nicht (oder will nicht daran denken), dass dieser Bann ja eine rein innerjüdische Angelegenheit ist, völlig unabhängig von den beiden obrigkeitlichen christlichen Privilegien, auf die sich Gottschalk beruft.

Was Berend Lehmann nicht erwähnt: Er hat, bevor er mit Schotten verhandelt, bereits mit dem christlichen Druckunternehmer Johann Kölner in Frankfurt am Main einen Vertrag gemacht. Kölner springt aber ab, weil Lehmann keine neuen Privilegien besitzt, sondern nur die rabbinische Bannandrohung (20 Jahre!). Er behauptet zwar, die Privilegien von 1696 seien durch den Kauf des Druckes damals auf ihn übergegangen und im Zusammenhang mit der Bannandrohung würden sie noch gelten, und zwar nicht nur für 12, sondern für 20 Jahre. Kölner ist das zu unsicher, er tritt zurück.[475]

Auch was Berend Lehmann über die neue, die Frankfurt-Amsterdamer Talmud-Ausgabe schreibt, ist nicht ganz richtig. Sie wurde, unabhängig von ihm, in Frankfurt am Main von dem dortigen Rabbiner Jehuda Arje Loeb vorbereitet und von dem Darmstädter Rabbiner und erfolgreichen Buchhändler Samuel Schotten

---

473 Auerbach, *Gemeinde* (wie Anm. 12), S. 60.
474 Berend Lehmann an Kurfürst Friedrich August von Sachsen, Leipzig, 23.05.1715. StA Leipzig, Sign. Tit. XLVI 289, Bl. 28.
475 Freudenthal, *Jubiläum* (wie Anm. 26), S. 134–135.

durch Subskription finanziert. Während die Lehmann/Gottschalksche Fassung der Nachdruck einer 120 Jahre alten Vorlage war, wurde jetzt von namhaften rabbinischen Gelehrten ein neuer, kritisch revidierter Text erarbeitet. Lehmanns Beitrag: Zugunsten dieser Ausgabe verzichtet er auf Privileg und Bannandrohung, so dass es auf dem Titelblatt heißt:

> Und wegen des sonderbahren Nuzens, welcher in diesen *Talmud* gefunden wird, hat sich der vornehme H. *Isaschar Bermann* [Randnotiz: „i.e. Bernd Lehman im Hebräischen",] Levitischer Vorsteher in Halberstadt, mit mir verglichen, weil die bestimte Zeit, die Ihme die *Rabbinen* des landes zum Druck gesezet haben, noch nicht verfloßen, und ich habe mich gegen ihn dankbar erwiesen.[476]

Eigene Privilegien hatte dieser Talmud noch nicht, deshalb ließ man ihn vorsichtshalber in Amsterdam drucken.

1714 gibt es bereits 400 Vorbestellungen, und auf der Ostermesse in Leipzig verkauft Schottens Sohn die ersten Exemplare des ersten Bandes. Gottschalk macht eine wütende Eingabe an das kursächsische Bücherkommissariat in Leipzig: „[ich] habe iedoch ietzo erfahren müßen, daß *Simon Schotte*, ein Jude aus Franckfurth am Mayn, nicht nur vorgemeltes Buch, den *Talmuth*, in Amsterdam mir nachdrucken laßen, sondern auch solches in diese Ostermeße in großer *Quantitæt* anhergebracht [...]".[477] Das Kommissariat folgt seinem Antrag und konfisziert die Bücher als illegal. Aber Behrend Lehmann, der eigentlich gar nicht involviert ist, erreicht durch einen ausführlichen Brief an August den Starken, dass die beschlagnahmten Exemplare wieder freigegeben werden.[478] Inzwischen ist auch der erste Band von Gottschalks Talmud-Neudruck fertig geworden, und so werden auf der Michaelismesse 1714 Bände beider Ausgaben nebeneinander angeboten, wobei die Amsterdamer Ausgabe wegen ihres besseren Textes und Papiers sowie klareren Druckes und reichhaltiger rabbinischer Approbationen besser verkäuflich ist als der neuaufgelegte Nachdruck aus Frankfurt an der Oder.

Als Gottschalk eine Bescheinigung des Professors Beckmann aus Frankfurt/Oder vorlegen kann, dass er Lehmann seinerzeit das Privileg nicht mitverkauft habe, erreicht er bei seinem Landesherrn, Friedrich Wilhelm I., dass dieser sich bei August dem Starken für seinen preußischen Untertan und dessen Talmud-Ausgabe einsetzt. Daraufhin erfolgt dann 1716 doch auf kurfürstlich-sächsischen Befehl das Verbot des Amsterdamer Talmud in Leipzig; er darf dort in den nächsten vier Jahren nicht offiziell verkauft werden. Loeb und Schotten bemühen

---

[476] *Übersetzung des Tituls aus dem neuen Talmud der im vorigen Jahr 1714 zu Amsterdam zu drucken angefangen worden* aus StA Leipzig, Tit. XLVI 289, Bl. 30.
[477] StA Leipzig, Tit. XLVI 289, Bl. 1, 20.05.1715.
[478] StA Leipzig, Tit. XLVI 289, Bl. 27–27rü., 20.05.1715.

sich jetzt ebenfalls intensiv in Wien, für ihren Talmud ein kaiserliches Privileg zu bekommen. Es wird in der Tat erteilt, aber erst mit Wirkung vom 13. Oktober 1720, denn erst dann laufen die neuen Gottschalkschen Privilegien aus. Der Drucker hat also zunächst gesiegt; die Produktion in Amsterdam wird eingestellt. Ab 1720 wird die Amsterdamer Ausgabe in Frankfurt zu Ende gedruckt, und zwar bei Johann Kölner, der zehn Jahre zuvor zu Recht gezögert hatte, den Auftrag zu übernehmen. Beide Fassungen, die Frankfurt/Oder-Berlinische des Michael Gottschalk und die aus Amsterdam und Frankfurt am Main von Loeb und Schotten, werden erst Anfang bzw. Mitte der 1720er Jahre beendet (also eine Fertigungszeit von über 10 Jahren gegenüber zwei Jahren für die Gottschalk-Lehmannsche erste Ausgabe). 1898 stellt der Experte Max Freudenthal fest, die Loeb-/Schotten-Ausgabe sei „infolge ihrer Vorzüge die Grundlage fast aller folgenden Drucke geworden, und so hatten die am Main die noch größere Genugthuung, durch den inneren Wert ihrer Arbeiten die an der Oder erfolgreich aus dem Felde schlagen zu können."[479] Was Freudenthal noch nicht wusste: Rechtsstreitigkeiten zwischen Gottschalk und Lehmann um die finanziellen Auswirkungen der Privilegprobleme dauerten noch lange an.

So fand sich vor einigen Jahren im Geheimen Staatsarchiv Berlin ein bitterböser Beschwerdebrief Michael Gottschalks an den preußischen König Friedrich Wilhelm I. aus dem Jahre 1727.[480] Er behauptet darin, dass das kaiserliche und das kurfürstlich-brandenburgische Privileg von 1695, auch als er es habe „aushändigen müßen", weiterhin ihm gehört habe und ihm nach Fertigstellung der Bücher hätte „*restituirt*" werden müssen. Insofern sei 1714 die von ihm verlangte Beschlagnahme und das Verkaufsverbot durch den Leipziger Magistrat rechtens gewesen. Die damals angedrohte Geldstrafe bei Zuwiderhandlung, 2.000 Dukaten, müsse Lehmann nun endlich bezahlen, und zwar 1.000 an die Obrigkeit und 1.000 an Gottschalk.

> Also hat mir auch derselbe durch den unrechtmäßigen Nachdruck des *Talmuds* den größten Schaden, zu meinem *ruin* zugefüget; und habe ich mir daher [...] bißher Hoffnung gemacht, daß *Lehmann* in sich gehen und mir würde gerecht werden. Nachdem aber alles vergeblich, und das höchste Unrecht von der Welt seyn würde, wann der Jude *Lehmann* bey seinem hochstrafbahren Verfahren leer ausgehen würde [...][481],

---

479 Freudenthal, Jubiläum (wie Anm. 26), S. 236.
480 GStA PK Berlin, I. HA, Rep. 51, Nr. 66–67, Gottschalk an Friedrich Wilhelm I., 04.04.1727, Dokument B 7.
481 Gemeint: „straflos".

so verlangt er, dass ein vom ihm gegen den Residenten angestrengter Prozess nicht bei der Halberstädtischen Regierung, sondern in Berlin von einer königlichen Kommission verhandelt werden müsse.

Der königliche Generalfiskal Duhram lehnt Gottschalks Bitte ab.[482] Wenn es wirklich an dem ist, wie Meisl behauptet, dass Berend Lehmann zu dieser Zeit bereits zahlungsunfähig war, dann dürfte Gottschalk schon allein deshalb nicht mehr zu dem gekommen sein, was er für sein Recht hielt. Er versucht es auch nach Lehmanns Tod noch einmal, indem er die Befriedigung seines Anspruchs aus dem Nachlass fordert.[483]

5.2 Das Lehrhaus, die ‚Klaus'

Manchen Angehörigen der jüdischen Elite wird nachgerühmt, dass sie sowohl bedeutende Thora- und Talmudgelehrte wie überaus tüchtige Geschäftsleute gewesen seien. Nach allem, was wir von Lehmann wissen, empfand er wohl eher ein persönliches Defizit im religiös-rabbinischen Bereich. Unermüdlich im Geschäft tätig und unterwegs, muss er ständig das Gefühl gehabt haben, die eigentliche, gottgewollte Tätigkeit eines jeden Juden, das religiöse Lernen, sträflich zu vernachlässigen.

Eine erste Ausgleichstat, der Talmudneudruck, war in die Wege geleitet, als er im Frühjahr 1698 bereits die nächste in Angriff nahm; er beantragte bei seinem Landesherrn die Gründung einer Jeschiwah, eines „Lehrhauses":[484] „Es haben die in Ew. Kurf. Landen vergleitete Juden in Ermangelung der Gelegenheit ihre Kinder, um die hebräische Sprache *ex fundamento* zu erlernen, mit großen Kosten nacher Polen bishero senden müssen." In Zukunft müsse man sogar mit noch höheren Kosten dafür rechnen, und das in Polen ausgegebene Geld gehe ja der inländischen Wirtschaft verloren. So plane er, „zu *Remedirung* dieses Unwesens ein so genanntes Studierhaus [...] in Halberstadt zu bauen." An den Kurfürsten schreibt er weiter, finanziert werde das Unternehmen kollektiv, „aus einigen Mitteln, so dazu zusammen gebracht [...]. Vier gelehrte Schulmeistere, denen ich ihr Unterhalt geben werde" seien arme Leute, die keinen Handel treiben wollten, deshalb bitte

---

[482] GStA PK Berlin, I. HA, Rep. 51, Nr. 66–67, Notiz Duhram 18.10.1727.
[483] Lucia Raspe nennt als Quellen: GStA PK Berlin, I. HA, Rep. 33 Nr. 120b, Pak. 4, sub 1731; Rep. 33 Nr. 82b, Pak. 21, sub 1732.
[484] Berend Lehmann an Kurfürst Friedrich I. von Brandenburg, 14.02.1698 in GStA PK Berlin, Rep. 33 Nr. 120c, Bd. 1, sub 1698.

er darum, dass sie von allen öffentlichen Abgaben befreit würden.[485] Sie sollten in dem Studierhaus „nicht allein reicher, sondern auch armer Leute Kinder in der Hebräischen Sprache *informir*en." Hier wird wieder aus Vorsicht untertrieben, so als ginge es um elementaren Hebräisch-Unterricht für Kinder. In Wirklichkeit, so schreibt er in einem Brief an seine Gemeinde, bestehe er darauf, dass es sich nicht um eine Klippschule, sondern um eine höhere Forschungs- und Lehreinrichtung handeln solle. Schließlich trage er ein Drittel der Gemeindelasten.[486] Die Genehmigung kam nach wenigen Wochen[487], sie gab allerdings Lehmanns Widersacher in der Halberstädter Gemeinde, dem Rabbiner Abraham Liebmann, dessen Vater als Berliner Hofjuwelier beim Kurfürsten intervenierte, ein störendes Mitbestimmungsrecht. Und weil auch die Stände immer noch Schwierigkeiten machten, konnten die ersten Rabbiner wohl nicht vor 1703 mit ihrer Arbeit beginnen, nachdem der preußische König Lehmann das alleinige Inspektionsrecht zugesichert hatte.[488] Es handelte sich um die drei ostmitteleuropäischen Gelehrten und Autoren Jechiel Michel aus Glogau, Samuel ben Moses aus Raußnitz (Rousinov) bei Brünn und Esri Seelig Margalith aus Prag.[489] Ein Gebäude für die Klaus gab es schon seit 1698, als Lehmann das Hinterhaus des „Schachtischen Hoffes" durch einen Neubau ersetzen ließ.[490]

Der Unterhalt der dort forschenden und lehrenden Rabbiner und ihrer Familien wurde aus den 5-prozentigen Zinsen eines Kapitals von 9.000 Reichstalern bestritten, das Lehmann zu diesem Zweck bereitstellte.[491] Hinzu kamen die Zinsen sowohl eines Halberstädter Synagogenbaufonds wie eines auf Dauer gegebenen Darlehens von 3.000 Reichstalern, das Lehmann der Berliner Gemeinde für den Bau der Synagoge in der Heydereuther Gasse zur Verfügung gestellt hatte. Diese

---

485 Berend Lehmann an Kurfürst Friedrich I. von Brandenburg, Berlin 14.02.1698 in Stern, *Staat* (wie Anm. 46) I/2, Nr. 362, S. 343.
486 Emil Lehmann (Lehmann, *Schriften* [wie Anm. 33], S. 131 f.) zitiert den Brief, leider ohne Datumsangabe, als in Hebräisch abgefasst und aus Minsk abgeschickt. 1885 befand sich das wichtige Dokument im Archiv der Gemeinde. Raspe, *Ruhm*, (wie Anm. 9), S. 204, weiß, dass es sich jetzt in den CAHJP befindet; Signatur dort: KGe 359.
487 Stern, *Staat* (wie Anm. 46) I/2, Nr. 364, S. 344: Kölln 04.04.98. Den jährlichen Aufwand für die Klaus-Rabbiner beziffert Lehmann auf 1.200 Reichstaler. Berend Lehmann an König Friedrich Wilhelm I., 23.08.1713; Stern, *Staat* (wie Anm. 46), I/2, Nr. 369, S. 349.
488 König Friedrich Wilhelm I. an die Halberstädtische Regierung, 22.11.1713, LHASA Magdeburg, Rep. A 13, Tit. 14, Nr. 613.
489 Auerbach, *Gemeinde* (wie Anm. 12), S. 62.
490 Vgl. Kap. 4.4.2 dieser Arbeit.
491 Auerbach, *Gemeinde* (wie Anm. 12), S. 61.

Einkünfte hätten, so der Gemeindehistoriker Auerbach, zunächst für drei, später nur noch für zwei Rabbinerstellen ausgereicht.[492]

Lehmann erreichte 1713 gegen Liebmann, dass der neugekrönte Friedrich Wilhelm I. ihm die alleinige Inspektion und das alleinige Recht zur Berufung der Gelehrten garantierte.[493] Insofern war es „seine" Klaus, und er sorgte auch dafür, dass die Werke der „armen" Klaus-Gelehrten gedruckt wurden, so der Genesis-Kommentar *Neser haKodesch* von Jechiel Michel[494] in Blankenburg und Jeßnitz, die hebräische Grammatik *Derech haKodesch* von Alexander Süskind in Jeßnitz und *Libure Hikutim* von Seelig Margalith in Venedig. Der Letzgenannte hatte außerdem das Glück, dass ihm Lehmann nach elfjähriger Tätigkeit an der Klaus ermöglichte, sich in Palästina niederzulassen, indem er ihm eine jährliche Pension von 200 Talern aussetzte.[495]

Wenige Wochen vor seinem Tode schenkte Berend Lehmann die Klaus seinem jüngsten Sohn, Cosman Berend (damals 16 Jahre alt) und bestimmte ihn auch als deren Kurator.[496] Lucia Raspe hebt hervor, dass Lehmann sehr klug gehandelt habe, indem er den Unterhalt der Klaus genau wie den der Synagoge nicht mit der Versorgung seiner Nachkommen koppelte, sodass die Stiftung, durch Nachstiftungen späterer Halberstädter Juden gestärkt, bis 1939 die Ausbildung geistlichen Führungsnachwuchses der deutschen Orthodoxie sicherte.[497]

Das Leben in der Klaus beschreibt Auerbach so:

> In diesem Hause und namentlich in dem Bibliothekzimmer versammelte sich diese drei Stiftsgelehrten tagtäglich (wie auch jetzt noch geschieht [1866]) zu gemeinschaftlichen talmudischen, biblischen und midraschischen Studien, und unterrichteten auch die zu jüdischen Gelehrten sich bildenden Jünglinge. [...] Zum Nutz und Frommen der Gemeinde hielten jene Gelehrten von Zeit zu Zeit, einige sogar jeden Sabbat, agadische Vorträge , welche stark besucht waren, sonst aber kamen diese Gelehrten mit der Oeffentlichkeit wenig in Berührung, weil sie nach der Bestimmung des Stifters dem Thorastudium ununterbrochen obliegen sollten.[498]

Es fällt heute schwer, sich aus den durchweg lobenden Charakteristiken der Stiftsgelehrten und ihrer Werke durch Auerbach ein realistisches Bild von einer nachhaltigen Bedeutung der Klaus für die jüdische Religion und ihre Geschichte

---

492 Auerbach, *Gemeinde* (wie Anm. 12), S. 61.
493 Kabinettsordre vom 22.11.1713, Stern, *Staat* (wie Anm. 46) I/2, Nr. 370, S. 349.
494 Vgl. Kap. 6.2 dieser Arbeit.
495 Auerbach, *Gemeinde* (wie Anm. 12), S. 77.
496 Die Schenkung geschah am 23.03.1730. So Lehmann, *Schriften* (wie Anm. 33), S. 133.
497 Raspe, *Ruhm* (wie Anm. 9), S. 196–197.
498 Auerbach, *Gemeinde* (wie Anm. 12), S. 61–62.

zu machen; sie hat zumindest in neo-orthodoxen Kreisen bis zuletzt einen ausgezeichneten Ruf gehabt.

5.3 Die Synagoge

Der Halberstädter jüdische Schriftsteller Hermann Schwab versuchte in seinem 1905 verfassten Stadtführer *Halberstadt in Wort und Bild* den Eindruck wiederzugeben, den ein Besucher der alten Bischofsstadt bekam, wenn er seine Schritte in die Bakenstraße lenkte:

> Die hervorragendste Persönlichkeit in der Geschichte der jüdischen Gemeinde ist der berühmte Philanthrop Berend Lehmann [...]. Er ist der Erbauer der im Jahre [...] 1712 vollendeten Synagoge, der nun mein Besuch gilt.
> Durch die einfache Türe, das von Säulen flankierte Vestibül und durch die Vorhalle gelange ich in das Innere der Synagoge, eine der charakteristischsten in Deutschland. Die imposante Höhe des Baues wird durch eine mächtige Kuppel inmitten der Decke noch um ein Bedeutendes verstärkt; der bewundernde Blick wandert weiter zu den in erhabener Arbeit gestalteten Zieraten, die eine Nachahmung einstiger Tempelgeräte zu Jerusalem darstellen. Die kleine Lade ist von mächtigen Marmorsäulen umgeben, und vergoldetes Rankenwerk schlingt sich um den sie krönenden Baldachin. Zwei Emporen, die sich im westlichen Teile auf Säulen übereinander erheben, bilden die Frauensynagoge. Weihevolle Ruhe umgibt mich: die mächtigen Seitenmauern wehren den Lärm der Straße und nichts stört den tiefen Frieden, dessen Fittiche über der stillen Stätte des Gebets ausgebreitet sind.[499]

Dokumente über die Bauzeit existieren nicht; als Baubeginn gilt seit Auerbach (1866) das Jahr 1709, als Jahr der Weihe 1712.[500] Es ist schon in Kap. 4.4.3 erwähnt worden, wie geschickt die Judenvorsteher, d.h. vor allem Berend Lehmann, vorgegangen sind, indem sie keinen Neubau, sondern nur eine „Extendierung" der zu klein gewordenen alten Synagoge beantragten. Bemerkenswert ist darüber hinaus die zeitliche Abfolge. Das große neue Bauwerk muss bereits längst im Bau, ja nahe der Vollendung gewesen sein, als erst im März 1711 der Bauantrag nach Berlin ging. Das war riskant. Im schlimmsten Fall hätte König Friedrich I. den Bau wieder abreißen lassen können. Aber die Fait-accompli-Taktik hatte Erfolg.

Eine Stellungnahme der örtlichen Halberstädtischen Regierung ist in den Akten nicht enthalten; sie kann, wenn man ihre diversen Behinderungen des

---

[499] Schwab, Hermann: *Halberstadt in Wort und Bild*. Halberstadt 1905. S. 54. Zur Synagoge s. Abb. 22–25
[500] Das Bauwerk war möglicherweise schon 1710 fertig. Zu den Argumenten s. Brülls, Holger: *Synagogen in Sachsen-Anhalt* (Brülls, *Synagogen*). Berlin 1998 (*Arbeitsberichte des Landesamtes für Denkmalspflege Sachsen-Anhalt* 3). S. 29.

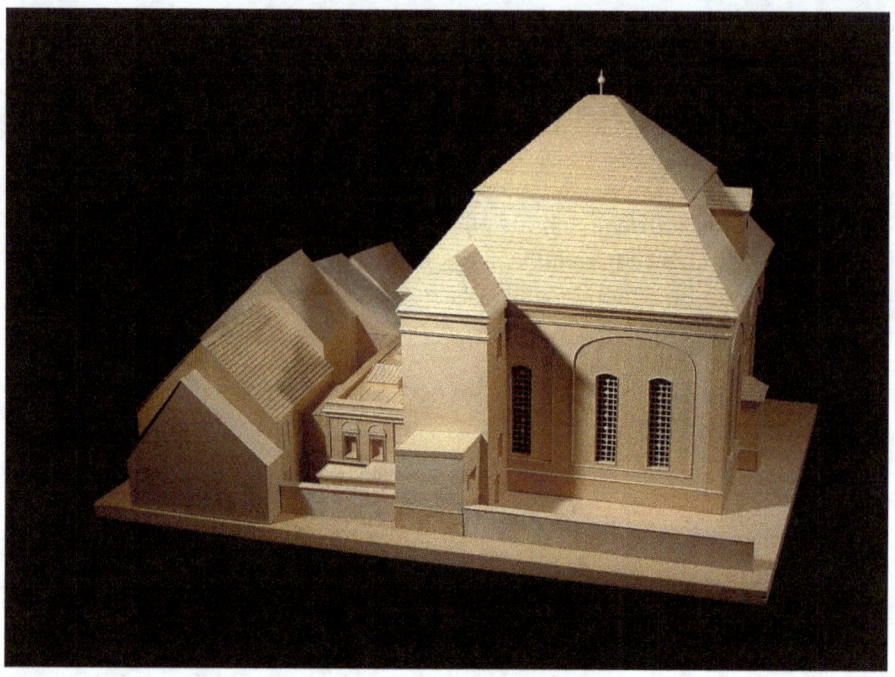

Abb. 22. Holzmodell (angefertigt vom Projekt Bet Tfila, Technische Universität Braunschweig) der vermutlich 1712 fertiggestellten, von Berend Lehmann initiierten und weitgehend finanzierten Synagoge, die nach der Pogromnacht vom 9. November 1938, angeblich baufällig, auf Kosten der jüdischen Gemeinde abgetragen werden musste.

Lehmannschen Bauens bedenkt, nicht anders als ungünstig gewesen sein. Dennoch gibt der kränkelnde König sein Placet.[501] Noch scheint er in dieser Sache seinem Sohn, dem ehrgeizigen Kronprinzen Friedrich Wilhelm, die Entscheidung nicht zu überlassen. Dieser war zwar kein Freund der Juden (Randnotiz als König Friedrich Wilhelm I. in einem Bericht über Lehmann, 1720): „Alle Juden, die sind Schelme"[502], aber besänftigt durch einige seiner fast schon aufgeklärten Minister[503], setzt er trotzdem die den Juden gegenüber günstige Politik seiner Vorgänger im Prinzip fort. Für Berend Lehmann muss es jedenfalls ein Triumph gewesen sein, das Trauma der Synagogenzerstörung von 1669 endgültig wiedergutmachen zu können. Bei den damaligen Protesten hatte sein Schwiegervater Joel Alexan-

---

501 Reskript des Königs an die Halberstädtische Regierung vom 20.04.1711; Stern, *Staat* (wie Anm. 46), Bd. II/2, S. 348.
502 Vgl. Kap. 8.3.3 dieser Arbeit. Vgl. auch Abb. 45.
503 Vgl. Stern, *Staat* (wie Anm. 46), Bd. II/1, S. 54.

5.3 Die Synagoge — 159

Abb. 23. Inneres der Halberstädter Synagoge, Blick über die Bima (das Thora-Lesepult) auf die Thoranische, Aquarell (um 1930) der Halberstädter Malerin Käte Lipke. Die hohen Fenster waren ein besonderes Merkmal des Gotteshauses.

der, auf den er sich voller Stolz auf einer Ofenplatteninschrift in der Klaus berief[504], eine wichtige Rolle gespielt.[505]

Dass es durchaus nicht, wie man nach Auerbach lange Zeit angenommen hat, nach dem Synagogenzerstörungsakt von 1669 für die Gottesdienste nur „geräumige Privatlocale" gegeben hatte[506], sondern eine damals ersatzweise erbaute geräumige Hinterhofsynagoge, ist bereits in Kapitel 4.4.3 dieses Buches dargestellt worden. Sie ist offenbar das ganze 18. Jahrhundert hindurch neben der neuen, steinernen erhalten geblieben. 1669 hatte ein Anwachsen der Gemeinde auf etwa drei Prozent der Halberstädter Gesamtbevölkerung zu einem Gewaltakt geführt; jetzt ging bei einem annähernd zehnprozentigen Anteil ein großes Neubauunternehmen ohne aktenkundig gewordene christliche Proteste über die Bühne.

Die Gemeindevorsteher, allen voran Berend Lehmann, wollten natürlich mit dem Gebäude ihren Glauben und ihren Stolz repräsentieren, aber sie konnten voraussehen, dass ihnen kein Bauplatz mit öffentlicher Wirkung, etwa an einer wichtigen Straßenecke oder auf einem Platz genehmigt werden würde, dazu

---

504 Vgl. Abb.36.
505 Vgl. Strobach, *März* (wie Anm. 2), passim.
506 Auerbach, *Gemeinde* (wie Anm. 12), S. 79.

waren ihnen die Schwierigkeiten bei der Standortsuche für den Neubau von 1669 noch in zu guter Erinnerung.[507] Damals war der Ausbau eines vorhandenen Gebäudes für jüdische Schul- und Gebetszwecke von der Halberstädtischen Regierung abgelehnt worden, weil „im Fall sie [die Juden] die auf dem grauen Hoffe belegene Scheune, so ganz gemauert und ein zimlich großes gebäude ist, von fremder Herrschaft darzu erhandeln sollten, möchte[n] [...] die juden dadurch gelegenheit bekommen, es gar zu sehr zu erweitern und einer Kirchen gleich zu machen."[508] Damit war die städtebauliche Situation klar: Die Synagoge würde auf engem Raum „unauffällig" im Hinterhofmilieu zwischen Juden- und Bakenstraße stehen, man würde sie nur durch enge Durchgänge in den umliegenden zweistöckigen Fachwerkhäusern erreichen können. Allerdings würde sie, anders als die beiden Vorgänger-Synagogen, die schlichten Satteldächer der Umgebung um das Doppelte überragen und als höchstes Gebäude des ganzen Voigteibezirks mit einem steilen Walm-Mansarddach prunken, durch das sie vom höher gelegenen Domplatz aus deutlich wahrgenommen wurde.

Und natürlich wurde sie innerhalb eines großen Areals mit Holzfachwerkhäusern massiv gebaut (nur in Konkurrenz zu den Klöstern St. Nikolai und St. Johannis), und zwar aus hellgrauem bis hellblauem Kalksandstein regionaler Steinbrüche. Aber die festlich beabsichtigte Wirkung des würfelförmigen Synagogen-Baukörpers mit seinen hohen, schlanken Fenstern, von denen je zwei durch Blendarkaden und Lisenen zusammengefasst, durch Korbbögen überspannt und mit je einem schlichten Schlussstein bekrönt wurden, darüber die Traufzone mit ihrem zarten Gesimsprofil – all das konnte sich wegen der Enge nie voll entfalten.

Die kubische Baumasse trug an der Ostwand einen ebenfalls kubischen Vorsprung mit einem eigenen kleinen Walmdach, hinter dem sich im Inneren die nach Jerusalem ausgerichtete Thoranische verbarg. Dort stand die Lade mit den Schriftrollen. Sie wurden zum Gottesdienst herausgehoben und ins Zentrum der Synagoge gebracht, auf den podestartig erhöhten Almenor (die Bima), von dem aus der Thoratext vorgelesen wurde. Über diesem von einem Baldachin symbolisch geschützten heiligen Platz wölbte sich unter der höchsten Stelle des Walmdaches eine eingezogene Kuppel. Ursprünglich standen die Männer der Gemeinde während der Zeremonien an Betpulten, die radial auf den Almenor orientiert waren, erst im späten 19. Jahrhundert wurden, in Anlehnung an christliche Kirchen, Bankreihen eingebaut; sie waren jetzt, als kleines Zuge-

---

507 Vgl. Strobach, *März* (wie Anm. 2), S. 63.
508 Halberstädtische Regierung an Kurfürst Friedrich Wilhelm von Brandenburg,18.06.1669, GStA PK Berlin, Rep. 33, Nr. 120c, Bd. 1 (1649–1701), Bl. 92. Zur städtebaulichen Situation der Synagoge vgl. Abb. 24.

Abb. 24. Das Modell der frühneuzeitlichen Stadt im Städtischen Museum Halberstadt (Erich Wolfram, 1937) lässt die paradoxe Lage der Synagoge (helles Walmdach) erkennen: Als repräsentativer und außergewöhnlicher Baukörper steht sie eingezwängt zwischen schlichten Fachwerkhäusern des Voigtei-Bezirks.

ständnis der Orthodoxie an das Reformjudentum, frontal auf den Thoraschrein hin ausgerichtet.[509]

Der Denkmalspfleger Holger Brülls weist auf die Verwandtschaft des Zentralprinzips der Halberstädter Synagoge mit den Holzsynagogen des 18. Jahrhunderts im osteuropäischen Raum hin.[510] Hier könnte die Halberstädter Synagoge Vorbild gewesen sein. Es könnte auch andersherum gewesen sein, denn die vier prächtigen Marmorsäulen, die Lehmann eigens aus Russland nach Halberstadt

---

[509] Die Wirkung der radialen Ausrichtung lässt sich nachvollziehen an der nach dem Halberstädter Vorbild gebauten Synagoge von Hornburg, die erhalten geblieben und in der jüdischen Abteilung des Braunschweigischen Landesmuseums ausgestellt ist.
[510] Brülls, *Synagogen* (wie Anm. 500), S. 39. Bilder im Netz unter www.google.de/search?q=Holzsynagogen+Polen (20.09.2015), vgl. hier mit der Halberstädter etwa die Synagoge von Kumik.

Abb. 25. Arbeiter beim Abriss des Dachstuhls der von Berend Lehmann gestifteten Barocksynagoge. Sie wurde wegen der Gefahr eines Flächenbrandes in der Fachwerk-Unterstadt in der Pogromnacht vom 9./10. November 1938 nicht angezündet, sondern innen verwüstet, danach abgerissen. Im Hintergrund (von links) der Dom, die Martini- und die Liebfrauen-Kirche.

transportieren ließ und die den Portikus und die Lade trugen, legen nahe, dass er von seinen Geschäftsreisen in den Osten starke Eindrücke mitgebracht hat.

Insgesamt hatte die architektonische Innengestaltung viel mehr Profil und Relief als die Außenhaut der Synagoge. Hier war keine Zurückhaltung nötig, hier war man unter sich und konnte aus sich herausgehen. Die Decke, unterhalb der Kuppel, entfaltete ihre Wirkung, nach der Beschreibung Holger Brülls'[511], durch „mächtige, durch Gurte gegliederte Deckenkehlen, die den Raum wie eine Art Muldengewebe überspannten. Raumbeherrschend waren die großen Fenster[512], die den Zentralraum wie Lichtsäulen umstanden. [...] Zwischen den Fenstern befanden sich schmale Pilaster mit starken, volutenförmig hervortretenden Konsolen unterhalb des kräftig ausgebildeten Architravs."

---

511 Brülls, *Synagogen* (wie Anm. 500), S. 34.
512 Vgl. Kapitel 4 dieser Arbeit über das Problem, das die Einsehbarkeit des Raumes hervorrief, wenn Fremde in den umgebenden Garten eindrangen.

An der Westwand erhob sich eine doppelgeschossige Holzempore für die Frauen, die ja beim Gottesdienst nur Zuschauerinnen waren. Direkt gegenüber stand zwischen zwei mächtigen Chanukka-Leuchtern eine ebenfalls doppelgeschossige, hochbarocke Ädikula, die in ihrem gewaltigen Aufbau (Säulen mit Architrav) und Schmuck (Akanthusblattwerk, ausladende Ohren) christlichen Altären ähnelte, aber eine ganz andere Funktion hatte: Sie bildete den Durchgang zum Allerheiligsten, dem Thoraschrein. Einen Reichtum für sich bildeten zwanzig barocke Kronleuchter, deren warmes Kerzenlicht dem Gottesdienst ein festlich-intimes Gepräge gegeben haben muss. Nach dem Bekunden Auerbachs finanzierte Lehmann nicht nur im Wesentlichen den Bau selbst (die Gemeinde sammelte nur 6 000 Rt.), sondern schenkte der Synagoge auch reichen Schmuck für die Ausstattung.[513]

5.4 Wirken als Repräsentant der Juden

Berend Lehmann war, besonders durch seine Assoziation mit dem Erwerb der Polenkrone durch die Albertiner sowie durch den Talmud-Neudruck und die anderen von ihm gesponserten rabbinischen Bücher bei Juden und teils auch bei Christen eine Persönlichkeit von hohem Ansehen. Es verwundert daher nicht, dass er sowohl innerhalb der Selbstverwaltung der Juden wie als Vermittler zwischen den Juden und den christlichen Obrigkeiten eine prominente Rolle spielte. Das geschah auf verschiedenen Ebenen, und zwar innerhalb der Halberstädter Gemeinde, in Bezug auf andere Gemeinden, auf den Gesamtstaat Brandenburg-Preußen sowie auf die Judenheit insgesamt.

5.4.1 Parnas (Gemeindeältester) in Halberstadt

Schon vor seiner großen Zeit im Dienst Augusts des Starken findet man Berend Lehmann 1695 im Gemeindevorstand, allerdings zunächst als einen der vier Beisitzer in dem untergeordnetem Posten eines Einnehmers der Spenden für Palästina, aber bereits zwei Jahre später, 1697, als einen der drei Parnassim (Ältesten), ein Amt, das er bis schätzungsweise 1720 innehatte, lange Zeit als Oberältester.[514] Auf einem riesengroßen Pokal, aus dem bei den Jahresversammlungen

---
513 Auerbach, *Gemeinde* (wie Anm. 12), S. 79–80. Vgl. auch Kap. 4.6.2 dieser Arbeit.
514 Raspe, *Ruhm* (wie Anm. 9), zitiert S. 202 die Daten aus dem „fragmentarisch erhaltenen Halberstädter Gemeindebuch" in den CAHJP, H VI 2/1, S. 39 und 43. Laut ihren Notizen (E-Mail an

der Chewra Kadischa (der Begräbnisgesellschaft) der Wein kredenzt wurde, ist sein Name als der eines prominenten Mitglieds eingraviert.[515]

Selma Stern beschreibt im Kapitel *Der absolute Staat und die Organisation der jüdischen Gemeinden* in *Der preußische Staat und die Juden* die jüdischen Gemeinden als dem damals erstrebten Leitprinzip des Absolutismus widersprechende Korporationen, weil sie „als selbständige Wesenheit und eigene Willensgemeinschaft die Idee der Staatsallmacht und Ausschließlichkeit der Staatseinheit" gefährdeten.[516] Sie seien zur Zeit Lehmanns einerseits demokratisch gewesen, da alle Steuern und Abgaben leistenden männlichen Juden das Recht hatten, die Amtsträger und Vorsteher ihrer Gemeinde zu wählen und über die Umlage der Gemeindelasten mitzuentscheiden, andererseits seien sie oligarchisch gewesen, weil die Ältesten und Oberältesten immer aus den bekannten und begüterten Familien stammten und weil sich deren Posten trotz des durch die preußische Regierung erzwungenen Wahlmännerprinzips per Nepotismus in der Verwandtschaft weitervererbten.[517] Berend Lehmann hatte noch keine Blutsverwandtschaft in Halberstadt, so dürfte er als Schwiegersohn des einst in der Gemeinde hochangesehenen „Rabbi" Joel Alexander in den Vorstand geraten sein, letzten Endes dann aufgrund seiner herausgehobenen Stellung als Resident an deren Spitze. Sicherlich hat auch seine günstige ökonomische Situation eine Rolle gespielt; denn die Vorsteher der Gemeinde waren für die „Repartierung" (Aufteilung) der vom König verhängten Lasten verantwortlich und brauchten eine eigene Finanzreserve, um die häufigen Löcher im Gemeindeaufkommen stopfen zu können. In dieser Funktion war er auch unter den Nichtjuden der Stadt bekannt, wie man bei dem Stadtchronisten Lucanus nachlesen kann.[518]

Die „Repartierung" erfolgte nach der Kopfzahl der Familie und der Vermögensschätzung durch die Parnassim. Lehmann nahm dabei klaglos ein Drittel der Gemeindelasten auf sich, vergewisserte sich aber durch ein Gutachten des Prager

---

den Verfasser vom 08.04.2015) rechnet er 1697 zu den *„parnasim ha alufim"*. Diesen Begriff erläutert Sadowski, Dirk in *Haskala und Lebenswelt. Herz Homberg und die jüdischen Schulen in Galizien 1782–1806*. Göttingen 2010 (*Schriftenreihe des Simon-Dubnow-Instituts* 12). S. 33: Die *Towim* und die *Alufim* rangierten *unter* den *Rashim* [wörtl.: *Häuptern*]. Möglichweise gehörte er also auch 1697 noch nicht zu den eigentlichen *Parnasim* = Ältesten, Vorstehern.

515 Der 1679 gestiftete Pokal befand sich zuletzt in Städtischen Museum Halberstadt und wird erwähnt in dem Stadtführer von Schwab, Hermann: *Halberstadt in Wort und Bild*. Halberstadt 1905. S. 41. Er ist verschollen.

516 Diese Charakterisierung und Bewertung des „Absolutismus" ist inzwischen obsolet (vgl. dazu in der Einleitung zu diesem Buch die Bezugnahme auf Lothar Schilling). Dagegen bleibt die bei Stern folgende Charakterisierung der jüdischen Gemeindestruktur gültig.

517 Stern, *Staat* (wie Anm. 46), Bd.II/1, S. 124–126.

518 Lucanus, *Notitia* (wie Anm. 22), § 13, s. Dokument W 7.

Rabbiners David Oppenheimer, dass man mehr nicht von ihm verlangen könne.[519] Wenn man ihn in Gemeinschaft mit anderen Gemeindemitgliedern handeln sieht (Bau der Urklaus, Abgabe von Grundbesitz für den Synagogenbauplatz), dann handelt es sich um die ebenfalls wohlhabenden Nachbarn Philipp Jost und David Wulff. In diesem Kreis dürften sich allgemein die Gemeindeentscheidungen abgespielt haben.

5.4.2 „Unser Landschtadlon"

Der Grabspruch preist Issas'char Berman als „großen Fürsprecher [schtadlan]... vor Königen trat er auf, an ihren Höfen und in ihren Schlössern, mit reinen Händen und reinem Herzen beim Verhandeln."[520] Eine Episode seines Wirkens zeigt beispielhaft, wie er sein eigenes Ansehen, seinen Kredit im übertragenen Sinne, zugunsten aller Juden in Brandenburg-Preußen einsetzte.

Am 28. August 1703 erließ König Friedrich I. ein Dekret, in dem er alle geistlichen und weltlichen Obrigkeiten seines Königreiches gegen eine bestimmte behauptete Gebetspraxis der Juden mobilisierte:[521] Der häufig an andere Gebete angehängte Lobgesang *Alenu*, so hatte man ihm berichtet, enthalte eine Formulierung, mit der das Christentum herabgesetzt würde. Besonders schändlich sei es, dass die Gläubigen bei den Worten „Heiden knien nieder vor Eitlem und Nichtigen" ausspuckten und zur Seite sprängen.[522] Mit diesem Satz und dieser Praxis verfluchten, so hieß es, die Juden den Glauben an Jesus Christus. Der König verbot sie deshalb auf das strengste und drohte Zuwiderhandelnden die „Leib- und Lebensstrafe" an.

Zuerst sei daran gedacht worden, so fährt sein Dekret fort, jeden Israeliten mit dem Judeneid schwören zu lassen, dass er den Fluch nicht aussprüche und das Ausspeien und Wegspringen nicht praktiziere; um Meineide nicht zu provozieren, werde man auf diesen Eid verzichten, es würden aber königliche Inspektoren in den Synagogen überprüfen, ob die angebliche Verfluchungsformel wirklich ausgelassen und ob auf die Aktion verzichtet würde. *Alenu* müsse im Interesse der

---

519 Saville zitiert als Anhang XII seiner Lehmann-Biografie ein 33-seitiges Schreiben Berend Lehmanns mit der entsprechenden Anfrage. Es liege im Department of Oriental Books der Oxforder Bodleian Library (Signatur ms. Michael 544). Saville, *Juif* (wie Anm. 43), S. 270.
520 Vgl. Kap. 1 dieser Arbeit.
521 Abgedruckt bei Auerbach, *Gemeinde* (wie Anm. 12), S. 266–269; die ganze Episode bei ihm nur in Kurzfassung, S. 187.
522 Dieser Zusatz lautet in der englischen Fassung des Gebetes: „For they worship vanity and emptiness, and pray to a god who cannot save."

Überprüfbarkeit immer laut und kollektiv von allen gebetet werden. Wenn man die in liberalen deutschen Synagogen Ende des 19. Jahrhunderts verwendete Übersetzung des Gebetes liest, so wird der Vorwurf des Königs gegen den Text schwer verständlich:

> Uns liegt ob, den Herrn Aller zu preisen, Ihm, der noch fortbildet das Werk des Anfangs, Größe zu zollen, der uns nicht geschaffen wie die Völker der Länder und uns nicht eine Stellung gegeben gleich den Familien der Erde, indem er unser Anteil nicht dem ihrigen gleich sein ließ und unser Los nicht dem ihrer ganzen Menge. [!] Wir vielmehr knien und werfen uns hin und bekennen vor dem König der Könige aller Könige, dem Heilgen, gesegnet sei er, daß er die Himmel neigt und die Erde gründet und den Sitz seiner Herrlichkeit im Himmel oben und die Gegenwart seiner unwiderstehlichen Macht in den alle Höhen überragenden Höhen hat, der ist unser Gott, nichts sonst. In Wahrheit unser König, nichts ist außer ihm, wie in seiner Lehre geschrieben ist: ‚So wisse es denn heute, und bringe es dir wiederholt zu Herzen, daß G o t t allein Gott ist, im Himmel in der Höhe und auf Erden in der Tiefe, nichts sonst.'"[523]

Das Gebet setzt die Gottesverehrung der Juden von derjenigen anderer „Völker" (k'goyei) und ihrer „ganzen Menge ab", deutet aber eine Wertung nur ganz vorsichtig an. Wenn man allerdings an der !-Stelle den oben zitierten Satz („Heiden knien nieder ...") gegen die „Gojim" einsetzt, wird die königliche Maßnahme eher verständlich. Es handelt sich um eine Einfügung, die der ursprüngliche Text, wie ihn der Rabbiner des 19. Jahrhunderts wiedergibt, nicht enthält, der aber bei aschkenasischen Juden seit Jahrhunderten sehr beliebt war.[524]

Es wird in dem königlichen Dekret ausdrücklich erwähnt, von „Unserer Judenschafft zu Halberstadt" sei die Zitierung der angeblichen Fluchformel „bereits freywillig abgestellet worden"; darüber hinaus wüsste man dort gar nichts von dem Hinwegspringen. Diese lobenden Sätze gehen auf eine Bittschrift der Halberstädter jüdischen Gemeinde zurück, die vom Vorhaben dieses Dekrets vor dessen Erlass Kenntnis hatte. In der Bittschrift wird argumentiert, dieses Gebet sei viel älter als das Christentum, könne also gar nicht die Christen meinen. Es preise aber denselben allmächtigen und einzigen Gott, den auch die Christen verehrten. Damit es aber nicht von Christen missverstanden würde, solle das Ausspeien, das in Halberstadt nicht praktiziert würde, auch anderswo unterbleiben.[525]

---

523 Hirsch, Samson Raphael: *Sidur tefilot Yisrael. Israels Gebete.* Frankfurt/M. 1895. S. 208–209.
524 Die schwierige Textgeschichte des *Alejnu* wird dargestellt in dem englischsprachigen Wikipedia-Artikel *Aleinu*; www.en.wikipedia.org/wiki/Aleinu (12.04.2015).
525 Eine ausführliche Fassung der Episode bei Emil Lehmann, (Lehmann, *Schriften* [wie Anm. 33], S. 126 f.). Dort allerdings auch das Eingeständnis, dass die Halberstädter Praxis durchaus nicht so harmlos war, wie das „Memorial" sie darstellte. Emil Lehmanns Quelle ist

5.4 Wirken als Repräsentant der Juden — 167

Dieses „Memorial" hatte man Berend Lehmann nach Berlin mitgegeben, der es an eine geeignete Regierungsstelle weiterreichte. In einem Brief des Berliner Rabbiners Schmaja Beer (Simon Berndt) an seinen Halberstädter Kollegen Abraham (Liebmann) Berlin „meldet" dieser im Auftrag „unseres Landschtadlons" Lehmann , dessen „Mission mit G.H." sei teilweise gelungen, d. h. das Dekret als Ganzes habe nicht abgewendet werden können, aber christliche „Inspektoren" im Synagogengottesdienst habe man in Halberstadt (und wahrscheinlich auch in Berlin) nicht zu befürchten.[526]

Da hat also Berend Lehmann von geschäftlichen Verhandlungen her gute Beziehungen zu einem einflussreichen Mitglied der Preußischen Regierung („G.H.") und wird von diesem als „Fürsprecher" der Judenschaft anerkannt. Eine solche Mission setzte Ansehen, Glaubwürdigkeit und Mut voraus. Wenn der Berliner Rabbiner Berend Lehmann hier als „Landschtadlon" bezeichnet, so meint er damit auf keinen Fall einen von den Einzelgemeinden oder den Landesverbänden offiziell dazu bestimmten Fürsprecher. Da es nicht in allen preußischen Provinzen jüdische „Landtage" gab, z. B. auch nicht im Fürstentum Halberstadt, war dazu gar keine Möglichkeit vorhanden. Gemeint ist: Er hat die Autorität, für uns zu sprechen, und sie wird von der Regierung anerkannt.[527]

Selma Stern dokumentiert und berichtet aus vielen Landesteilen des preußischen Staates ausführlich über innergemeindliche Kontroversen der Funktionäre bis hin zu gegenseitigen körperlichen Attacken, so aus der Neumark, der Priegnitz, aus Ostpreußen. Aus Halberstadt berichtet sie nur über zwei Konflikte, von denen einer in diesem Buch schon an anderer Stelle erwähnt worden ist, nämlich den Streit mit dem Rabbiner Liebmann um die eigentliche Aufgabe der Klaus und ihre Inspektion.[528]

Christoph Becmann: *Historische Beschreibung der Chur und Mark Brandenburg*. Bd. I. Berlin 1751. S. 208–215.
526 Lehmann, *Schriften* (wie Anm. 33), S. 126.
527 Bei den polnischen Juden der Frühen Neuzeit war das *schtadlanut* (Fürsprecheramt) eine feste, bezahlte Institution. Vgl. dazu Ury, Scott: *The Shtadlan of the Commonwealth: Noble Advocate or Unbridled Opportunist*. In: Polonsky, Antony (Hrsg.): *Focusing on Jewish Religious Life 1500–1900* (Polin. Studies in Polish Jewry 15. 2000). S. 267–300, und Guesnet, François: *Politik der Vormoderne – Shtadlanut am Vorabend der polnischen Teilungen*. In: Diner, Dan (Hrsg.): *Jahrbuch des Simon-Dubnow-Instituts* 1. 2002. S. 237–240. Ähnliches berichtet Brilling, Bernhard: *Geschichte der Juden in Breslau von 1454–1702*. Stuttgart 1960 über die „Schamesse" als offizielle Vertreter der polnischen jüdischen Landsmannschaften auf den Breslauer Märkten.
528 Vgl. Abschnitt 5.2 dieser Arbeit.

Der zweite Problemfall bezieht sich auf eine Beschwerde des Berliner Oberältesten Moses Gumperts[529], der am 26. Mai 1719 beim König beantragt, dass die Halberstädter jüdische Gemeinde fünf statt bisher drei Vorsteher haben müsse, „da zwar bishero nur drei Ältesten bey dortiger Judenschaft gewesen, worunter der Oberältester Behrend Lehmann einer ist, welcher aber wenig *in Loco* und also *ordinaire* [normalerweise nur] zwei Ältesten allda vorhanden." In ihrer Stellungnahme an den König lehnen die Halberstädter Vorsteher Levin Meyer und Philipp Jobst eine solche Änderung ab, sie sei praktisch unnötig. Außerdem erläutern sie,

> [1.] wie daß allhier zu Halberstadt bey der hiesigen Judenschafft von vielen und langen Jahren her die beständige alte Gewohnheit gewesen, daß jederzeit nach abgeflossenen zwey Jahren auffs neue Drey Vorsteher und ältesten nebst Vier Beysitzern durch Eine freye Wahl erwehlet und bestellet werden;
>
> Und wird (2.) diese Wahl mit vorbewußt und nach vorhero geschehener Zusammenkunfft der hiesigen Judenschafft vorgenommen, auch von Selbigen *per Majora* fünff Persohnen durch vorhergegangene Loßziehung auß Ihnen benennet, die diese Wahl in Ihrer aller Nahmen verrichten, sich zwar zuvorderst durch Eyd, daß Sie sothane Wahl und Benennung der drey Vorsteher und der Vier Beysitzer ohne die geringste Absicht und Affekten also vornehmen und verrichten wollen [...].[530]

Die Halberstädtische Regierung unterstützt die Ablehnung, Berlin stimmt dem zu.

Da keine Unterlagen über die einzelnen Wahlen erhalten sind und die Schreiben der Judenvorsteher an die Behörden nicht unterschrieben wurden, fällt es schwer, zu entscheiden, wie oft und wie lange Berend Lehmann zu den Vorstehern gehörte. Bei zwei Gelegenheiten werden in den Akten der Magdeburgischen Mittelinstanz Vorsteher bei amtlichen Verhandlungen namentlich greifbar[531], Berend Lehmann gehört nicht zu ihnen. Hinter der Beschwerde Gumperts könnte die enttäuschende Erfahrung stehen, dass man häufig mit Lehmann nicht

---

529 Wahrscheinlich identisch mit Lehmanns ehemaligem Geschäftsfreund Moses Levin Gompertz, seinem Mittelsmann in der Polen-Teilungs-Affäre, vgl. Dokumente W 42 und W 44 sowie Kapitel 8.3 dieser Arbeit.
530 *Acta die Bestellung derer 5. Juden Eltesten betr.*, LHASA Magdeburg, Rep. A 17 Ia No. 162, 29.07.1719, o. Bl.
531 Als 1689 die Hälberstädtische Judenschaft als Dank für die Erneuerung ihrer Schutzbriefe eine Gebühr von 2.500 Reichstalern aufbringen soll, gehört Lehmann noch nicht zum Vorstand. Die Ältesten werden benannt als David Wulff, Isaak Joel und Salomon Jonas. LHASA Magdeburg, Rep. A 17 Ia, Nr. 82, o. Bl. 1729 werden Philipp Steyer und Ruben Simon als Vorsteher genannt, ob Berend Lehmann als der dritte nur nicht anwesend ist oder ob er nicht mehr zu den Vorstehern gehört, ist unklar. LHASA Magdeburg, Rep. A 17 III, Nr. 1552, 1728–1730, o. Bl., 26.04.1729.

rechnen konnte, wenn man ihn als eine Art „Landschtadlon" hätte gebrauchen können.[532]

So gab es sieben Jahre später eine brenzlige Situation für alle Juden in preußischen Landen, in der Berend Lehmanns Autorität wieder gefragt war. Friedrich Wilhelm I. hatte 1725 in einer Anwandlung von Überdruss angesichts der Spannungen zwischen den wachsenden Judenschaften und der christlichen Bevölkerung drastische Schritte angekündigt. Nachdem er 1711 die Wiedereinführung des mittelalterlichen Judenflecks angedroht hatte, eine Maßnahme, die ihm die „gesambte Judenschafft" für 8.000 Reichstaler „abkaufen" durfte[533], sollte jetzt nur noch jeweils ein einziger Sohn eines jüdischen Hausvaters einen Schutzbrief haben dürfen, die anderen wären heimatlos geworden.[534] Auf diese Weise sollte die Zahl der Schutzjuden eingefroren werden, womöglich „successive aussterben". Außerdem sollte eine Steuer in Höhe eines Viertels des Lohnes des jüdischen „Gesindes" an die Staatskasse abgeführt werden, um die Schutzjuden zur Verringerung ihres nicht selbst vergleiteten Anhangs zu veranlassen.[535]

Magnus Meyer in Berlin, Vorsteher der preußischen Judenschaft (soweit sie in „Landtagen" als solche organisiert war), schlägt dem König vor, er solle auf diese schädlichen Maßnahmen verzichten: Die Juden seien bereit, als Gegenleistung Silber im Wert von 300.000 Reichstalern zu liefern und auf eigene Kosten ausmünzen zu lassen. Anfang 1726 sollten zu einem Gespräch darüber mit den Etaträten der preußischen Regierung Judenvertreter aus allen Landesteilen nach Berlin kommen. Magnus Meyer bittet aber die Räte, man möge mit der Konferenz warten, bis die Sprecher der Provinzen in Berlin eintreffen, „*in specie* der Königlich Pohlnische Resident Lehmann aus Halberstadt, so wie deßen Brief lautet, so er an mir abgehen laßen, daß er künftigen Montag, gel: Gott, alhier ankommen und alsdann hieselbst die Sache wegen Übernehmung der hiesigen Müntze, [...] ein Hauptschluß gefaßet werden kann."[536]

---

532 Die Durchsicht von Cohen, Daniel: *Die Landjudenschaften in Deutschland als Organe jüdischer Selbstverwaltung von der Frühen Neuzeit bis ins 19. Jahrhundert*. 3 Bde. Jerusalem 1996–2001, erbrachte in dem sehr mageren Kapitel 54:3 im 3. Band, S. 1992 und 1995, nur zwei Dokumente aus Lehmanns Lebenszeit (beide von 1728), aber ohne die Erwähnung seines Namens.
533 Vgl. Lucanus, *Notitia* (wie Anm. 22), Caput XIX *Von der Halberstädtischen Judenschafft*, § 11, Dokument W 7.
534 Vgl. Stern, *Staat* (wie Anm. 46), Bd. II/1, S. 120.
535 GStA PK Berlin, II. HA Generaldirektorium, Abt. 33 (Münzdepartement) Tit. XLII, Nr. 4. abgedruckt in Stern, *Staat* (wie Anm. 46), Bd. II/2, Nr. 152, S. 208, Eingabe vom 23.04.1725.
536 Magnus Meyer an die Etaträte des Finanzdepartements, GStA PK Berlin, II. HA, Generaldirektorium, Abt. 33 (Münzdepartement) Tit. XLII, Nr. 4, 07.01.1726. Den Posten des Münzjuden hatte Lehmanns Freund, Moses Gompertz, gerade aufgegeben.

Bei der Konferenz mit den Räten sind dann aber aus Halberstadt Hertz Wolff und Philipp Lazarus Speyer anwesend, Berend Lehmann erscheint nicht, obwohl man auf ihn als den neuen Münzentrepreneur gerechnet hat. Sein abnehmender „*Credit*" in geschäftlicher und sozialer Hinsicht ist offenbar einer solchen Aufgabe nach seiner eigenen Meinung nicht mehr gewachsen. Nach längerem Hin und Her entscheidet Friedrich Wilhelm I., „daß es mit den Juden lauter Betrügerey wäre und Sie [der König] ihnen ihre *privilegien* nicht *confirmiren* wollten." Er überlässt weiteres Handeln seinem Minister Schlippenbach.[537] Wie das stetige Wachstum der Halberstädter jüdischen Gemeinde zeigt, sind Friedrich Wilhelms I. strenge Vorstellungen günstigerweise nicht umgesetzt worden.

Es gibt zwei weitere Indizien dafür, dass Lehmann sich in seinen letzten Lebensjahren aus seinen Vertreterfunktionen verabschiedet hatte. Anfang 1728 will Friedrich Wilhelm I. das Schutzgeldwesen reorganisieren, und es wird dazu je ein Vertreter der Judenschaften der preußischen Provinzen zu einer Konferenz mit den verantwortlichen Ministern nach Berlin einberufen. Wenige Jahre früher wäre als *der* Vertreter Halberstadts nur Berend Lehmann in Frage gekommen. Wieder aber übernimmt Herz Wolf diese Funktion.[538] Erst im Gefolge dieser Konferenz, über die es außer den offiziellen preußischen Akten auch ein ausführliches, jiddisch abgefasstes Protokoll gibt, entstand eine unregelmäßig tagende Generalversammlung der bis dahin organisatorisch nicht verbundenen preußischen Judengemeinden. Sie erfüllte ähnliche Aufgaben wie in anderen Regionen des Heiligen Römischen Reiches die Landjudenschaften.[539]

Von den 2016 von den Central Archives for the History of the Jewish People gescannt im Internet veröffentlichten Akten der Halberstädter Jüdischen Gemeinde[540] fällt nur ein Dokument in die mögliche Amtszeit Berend Lehmanns als Parnas („Judenschaft Preußens an König – Gesuch wegen neuem Judenprivilegium, 1.1.1728"). Es handelt sich um den Entwurf eines namens der „gesamten Judenschaft derer *Provintzien*" formulierten Briefes „*ad regem*", in dem um die Änderung der vom König festgelegten Zahlungstermine für die Rekrutengelder gebeten wird: Allmonatliche Zahlungen seien nicht möglich, da viele Juden wegen

---

537 GStA PK Berlin, II. HA, Generaldirektorium, Abt. 33 (Münzdepartement) Tit. XLII, Nr. 4. Aktennotiz vom 19.06.1727 „nomine des General Direktors [des Finanzdepartments]".
538 Selma Stern (Stern, *Staat* [wie Anm. 46], II/1, S. 45) berichtet das nach GStA PK Berlin, Gen.Dep. Tit. LVII Judensachen 1–3, Vol. 2, Aktenband 199, Actum 04.08.1728.
539 Cohen, Daniel J.: *Die Landjudenschaften der brandenburgisch-preußischen Staaten*. In: Baumgart, Peter (Hrsg.): *Ständetum und Staatsbildung in Brandenburg-Preußen*. Berlin 2017 (*Veröffentlichungen der Historischen Kommission zu Berlin* 55). S. 216–218. Das jiddische Protokoll ist leider nicht in Übersetzung verfügbar.
540 Auf http://www.a-z.digital/nli_archives/il-ahjp/?q=&arc_filter=IL-AHJP (19.11.2017).

ihrer Messe-Besuche oft längere Zeit nicht an den vorgeschriebenen Zahlungsorten anwesend seien. Der Entwurf hat keine Unterschrift; dass Berend Lehmann an ihm beteiligt war, ist aus den oben erwähnten Gründen unwahrscheinlich.

5.5 Hilfe für arme Halberstädter Juden

Emil Lehmann, der bedeutende Nachfahre Berends im 19. Jahrhundert, nennt aus dem Memorbuch der Halberstädter Klaus als Beispiele für „hervorragende edle Gesinnungen und die wohltätigen Spenden des Herrn Bermann, der Gold strömen läßt aus seinem Segensquell, wo es gilt, die Thora zu ehren", dass „er viele Waisen beyderlei Geschlechts aus eigenen Mitteln erziehen ließ, verheiratete und versorgte".[541] Solche Spenden ergaben sich wohl als Patengeschenke, wenn Berend als Mohel (Beschneider) wirkte.

Als soziale Großtaten muss man unbedingt erwähnen, dass er „aus Barmherzigkeit, damit sie ihren Gottesdienst hier verrichten können" nicht weniger als „sechs arme Judenfamilien in meinen Häusern" mituntergebracht hatte; die Genehmigung dazu kostete ihn 100 Taler für die königliche Invalidenkasse.[542] In einem anderen Zusammenhang gibt er zu bedenken:

> [E]s ist ferner Königlicher Regierung nicht unwißend, daß ich vor mehr als 62 hiesige arme Juden, als welche das gewöhnliche Jehrliche Schutzgeld abzuführen nicht vermögend, durch wöchentlich von mir zugewießen habende Almosen, welche diese verwahrlich hinlegen, und nach Endigung des Jahres damit das Schutzgeld entrichten |:womit ich bey die 28 Jahren schon continuiret, also gleichsam selbst Schutzgeld jährlich vor ihnen erlege, consequenter [folglich] das hohe Königliche Intereße dadurch mit beford ere :| [...].[543]

Die Bemerkung über „das hohe Königliche *Interesse*" ist insofern wichtig, als arme Juden, die das Schutzgeld nicht bezahlen konnten, eigentlich gar nicht geduldet werden durften[544], aber Lehmann weiß, dass er mit mehr als 500 Talern von ihm im Jahr in die Staatskasse gezahltem Schutzgeld Verbote durchaus umgehen kann. Seinen Realitätssinn zeigt er, indem er Vorsichtsmaßnahmen trifft, damit die Armen das Geld nicht anderweitig verbrauchen, sondern wirklich für die Schutzgeldzahlung verwenden.

---

541 Lehmann, *Schriften* (wie Anm. 33), S. 125.
542 Berend Lehmann an König Friedrich I., GStA PK Berlin, Rep. 33 Nr. 120b, Pak. 2 (1698–1712) sub. 18.12.1711.
543 GStA PK Berlin, I. HA, Rep. 33, Nr. 120b, Pak. 3 (1713–27), Pak. 10945, o. Bl., Schreiben Berend Lehmanns an die königlich preußische Regierung vom 27.04.1724. Dokument W 19.
544 Vgl. Lucanus, *Notitia* (wie Anm. 22), § 5.2; Dokument W 7.

Dass sein soziales Verantwortungsgefühl nicht nur der eigenen Gemeinde gilt, sondern dem ganzen Gemeinwesen, in dem er zu Hause ist, das ist im Zusammenhang mit seiner Bautätigkeit erwähnt worden.[545] Man denke an seine Brand-Aufbauhilfe, an Feuerschutzvorkehrungen, Abwasserbeseitigung und die Fußgängerbrücke.

Eine interessante Ergänzung zur Sozialfürsorge in der jüdischen Gemeinde zu Lebzeiten Berend Lehmanns findet sich auf einem 47 Zentimeter langen, 25 Zentimeter breiten Pergamentdokument, das im Herbst 2017 von dem Jerusalemer Auktionshaus Kedem angeboten und von Uri Faber für das Halberstädter Berend Lehmann Museum ersteigert wurde (vgl. Abb. 26). Es handelt sich um die in jiddischer Sprache verfasste, mit den Unterschriften von Halberstädter Frauen versehene Gründungsurkunde einer Agudat nashim aus dem Jahr 1728. Diese Frauengemeinschaft macht sich zur Aufgabe, die kranken Frauen der Gemeinde zu besuchen. Das Dokument enthält Regeln, wie sich die Betreuerinnen bei Krankenbesuchen, aber auch bei Todesfällen verhalten sollen. Es wird ein besonderer Festtag für die Gemeinschaft festgelegt. Das Dokument enthält 40 Unterschriften von Frauen, die sich zum großen Teil voller Selbstbewusstsein als die Tochter von jemand, seltener als Ehefrau identifizieren. Offenbar haben sich auch sehr viel mehr Mitglieder für die Gemeinschaft gemeldet als die Gründerinnen angenommen haben, denn der Platz unter dem Gründungstext reicht nicht aus; eine ganze Reihe von Frauen fügt ihre Unterschriften auf dem engen oberen Rand des Dokumentes ein. Soweit das Blatt schon entziffert ist, hat sich wahrscheinlich eine Frau aus der Lehmann-Familie eingetragen, und zwar „Zerla, bat (Tochter) ha-Schar." Das hebräische Wort „schar" bezeichnet einen hochrangigen Würdenträger, und es liegt nahe, in ihm Berend Lehmann zu sehen. Eine zweite Frau, „Hitzla, Tochter des R. Lima", könnte eine Schwester von Berend Lehmann sein. Alle diese Frauen konnten lesen und schreiben; das spricht für einen hohen Bildungsstand in der ganzen Gemeinde.[546]

5.6 Hilfe für die polnischen Juden

Berend Lehmanns Hilfe für die polnischen Juden wird in seinem Grabspruch angedeutet („ein glänzender Mann, der den Osten erleuchtete")[547], im hebräisch

---

545 Vgl. Kapitel 4.4.2 und 4.4.4 dieser Arbeit.
546 Ich verdanke diese wertvollen Hinweise Uri Faber, Berlin.
547 *Datenbank Jüdische Grabsteinepigraphik.* Halberstadt: Im Roten Strumpf, Inv. Nr. 001 Issachar Berman ben Lima SeGaL (Berend Lehmann) [09.07.1730], Zeile 5. www.steinheim-institut.de/cgi-bin/epidat? id=hbs-1&lang=de (11.12. 2017).

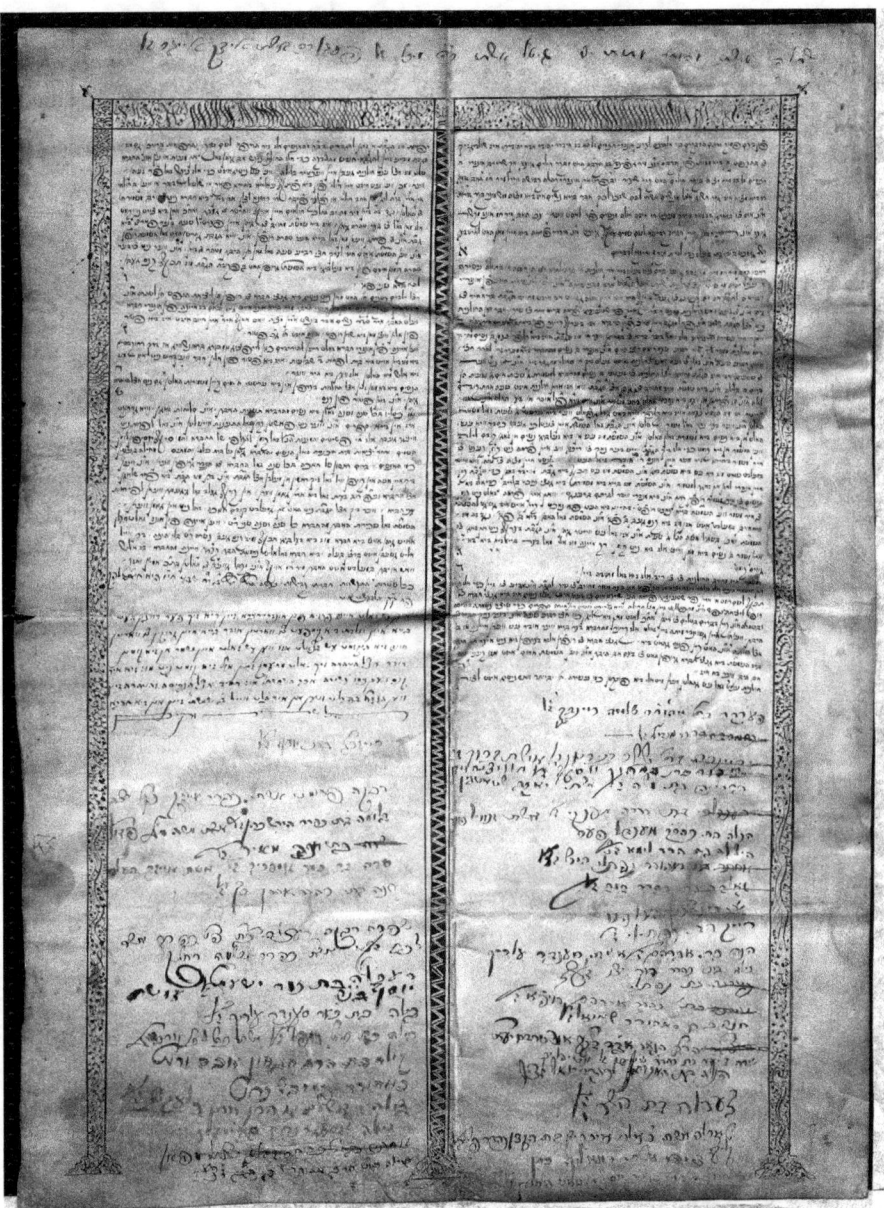

Abb. 26. Gründungsurkunde der Agudat nashim, eines Frauenvereins zur Krankenbetreuung, 1728 von 40 Halberstädter jüdischen Frauen, unter ihnen möglicherweise einer Tochter Berend Lehmanns, unterschrieben. Ein Beweis femininen Selbstbewusstseins und guter Schreib-/Lesebildung. Pergament ca. 41 × 56 cm

abgefassten Memorbuch der Halberstädter Klaus lobend erwähnt („Die Häupter Israels, im Lande Polen zerstreut und verteilt, legten die Fürsprache zu ihren Gunsten in seine Hände: Vor Königen trat er auf, an ihren Höfen und in ihren Schlössern, mit reinen Händen und reinem Herzen beim Verhandeln")[548], und der Gemeindechronist des 19. Jahrhunderts ergänzt:

> Gegen Ende des 17. Jahrhunderts belasteten die theilweise verarmten polnischen Fürsten und Edelleute ihre Juden mit ungeheuren Steuern, und vermochten letztere nicht diese Steuern zu entrichten, so drohte man ihnen mit Marter und Qual [...]. In solcher Bedrängnis wendete man sich an Bermannn, denn er war ja der polnische Resident. Durch sein ansehnliches Geldgeschäft und seine Gewandtheit im Negociiren stand er in Verbindung mit dem polnischen König und den polnischen Fürsten, welche ihn zu allerlei Missionen bei deutschen Fürsten verwendeten [...]. Alles das erwarb ihm großen Einfluß, und er machte davon für die hartbedrängten polnischen Juden den heilsamsten Gebrauch.

Als polnische Städte, in den sich Lehmann aufgehalten haben soll, erwähnt Auerbach Minsk, Kiew (Kyjiw), Lemberg (Lwiw) und Posen (Poznań).[549]

Seit Schnee die zeitweilige Pfandherrschaft Lehmanns über Lissa (Leszno) ausführlich behandelte, kennt man wenigstens *einen* konkreten Fall: Lehmann ordnete bei seinem Administrator an, dass den Lissaer Juden nur ein relativ geringer Grundzins (Pacht) abverlangt wurde, auch machte er den Lissaer Armen Schenkungen von mehreren tausend Gulden.[550]

Auerbach dagegen nennt weder Quellen noch Beispiele. Das holt wenigstens teilweise sein Zeitgenosse David Kaufmann nach, indem er aus der Wochenzeitung *Ha Magid* zitiert: „[Berend Lehmann] baute auch auf seine Kosten eine Synagoge in Krakau (Krakow)."[551] Leider lässt sich diese Angabe aus der Auflistung von Krakauer Synagogen im Internet nicht erhärten. Auch der Historiker der Krakauer Juden, Majer Balaban (1877–1942) erwähnt davon nichts.[552] Ebenso förderte eine Recherche der Literatur über die Geschichte der polnischen Juden, die Alicja Maciejewska von der Jagiellonischen Universität Krakau für den Ver-

---

548 Hebräisch und in einer Versübersetzung bei Auerbach, *Gemeinde* (wie Anm. 12), S. 80. Die hier zitierte Übersetzung stammt von Dirk Sadowski, Braunschweig.
549 Auerbach, *Gemeinde* (wie Anm. 12), S. 53 und 54.
550 Schnee, *Hoffinanz* (wie Anm. 7), Bd. 2, S. 194.
551 Kaufmann, David: *Zur Geschichte jüdischer Familien I. Samson Wertheimer, der Oberhoffactor und Landesrabbiner (1658–1724) und seine Kinder*. Wien 1888. S. 92. Die Übersetzung des Zitats aus dem Hebräischen der Wochenzeitschrift HaMagid [Jg. 2, S. 42] besorgte Dirk Sadowski.
552 Balaban, Majer: *Historja Żydów w Krakowie*. Bd. 2 (1656–1868). Krakau 1931.

fasser durchführte, keinerlei Informationen darüber zutage, in welcher Weise er „Fürsprache einlegte", dabei vor Königen verhandelnd.[553]

Francois Guesnet, der sich ausführlich mit der wichtigen Institution des Shtadlanut in Polen beschäftigt hat, ist Berend Lehmann bei seinen Studien nie begegnet. Er weist darauf hin, dass die polnischen Juden durch ihre eigenen gewählten und beamteten Shtadlanim wirksam vertreten waren und keinen ausländischen Anwalt brauchten.[554] Den französischen Lehmann-Nachfahren und -verehrer Saville brachte ein solcher Mangel an Beispielen nicht in Verlegenheit, und er erfand eines – in Anlehnung an den Romancier-Rabbiner Marcus Lehmann:

> Ein andermal wundert er [Berend Lehmann] sich bei dem Besuch einer jüdischen Delegation: Deren polnischer Gutsherr ist kein Judenfeind. Weshalb belastet er dann die jüdische Gemeinschaft seiner Starostie mit so hohen Steuern? Er befragt einen seiner Schützlinge und bekommt heraus, dass höchstwahrscheinlich der Gutsherr selbst sich in äußerster Armut befindet; der Krieg hat ihn ruiniert: er hat für den König von Schweden gekämpft, und jetzt ist es nutzlos, dass er bei König Stanislaus um eine Audienz nachsucht. Berend Lehman lässt vorfühlen. ‚Was', ruft der Gutsherr aus, ‚dieser Helfershelfer des Sachsenkönigs?' Aber Berend spricht ihn [Stanislaus] an, er steht sich gut mit dem König Stanislaus und freut sich, dem Gutsherrn eine Audienz zu verschaffen; dieser hat Erfolg. Der Gutsherr ist von da an Teig unter seinen Fingern.[555]

In einem anderen Fall erfahren wir von Saville wenigstens einen Ortsnamen: In der Kleinstadt Schirwindt (polnisch Szyrwinty, heute in Litauen, Širvintos), damals angeblich zur Hälfte von Juden bewohnt, habe es (wann?) einen verheerenden Brand gegeben, und Lehmann habe durch einen Boten als Soforthilfe 5.000 *Złoty* dorthin geschickt.[556] Eine Nachfrage bei der litauischen Spezialistin für die Judengeschichte, Jurgita Verbickiene, ergab, dass es erst im späten 18. Jahrhundert in Schirwindt Juden gab und dass ihr auch anderweitig Berend Lehmann bei ihren historischen Forschungen nicht begegnet ist.[557]

---

553 Alicja Maślak-Maciejewska (E-Mail an den Verfasser v. 10.11.2015) sprach auch mit dem Krakauer Professor für jüdische Geschichte, Jacek Krupa und mit dem Direktor des Krakauer Synagogenmuseums, Dr. Kazmierczik. Beiden ist Berend Lehmann in ihren Studien nicht als Wohltäter der polnischen Juden begegnet.
554 Telefongespräch Guesnets mit dem Verfasser am 03.05.2016.
555 Saville, *Juif* (wie Anm. 43), S. 184; das Vorbild bei Marcus Lehmann: Lehmann, *Resident* (wie Anm. 27), Teil 1, S. 61–62.
556 Saville, *Juif* (wie Anm. 43), S. 132. Dort keine Quellenangabe.
557 E-Mail Jurgita Verbickienes an Alicja Maślak-Maciejewska vom 14.01.2016.

1992 veröffentlichte der Frankfurter (M.) Historiker Karl Erich Grözinger eine Broschur über die Beziehungen zwischen polnischen und deutschen jüdischen Gemeinden in den vergangenen vier Jahrhunderten.[558] Einer der Aufsätze des Bändchens stammt von dem polnischen Historiker Józef A. Gierowski; er betont die Wichtigkeit der Krakauer jüdischen Kaufleute für die nach dem Dreißigjährigen und dem 1. Nordischen Krieg sich nur schwer erholende polnische Wirtschaft und bemerkt in diesem Zusammenhang:

> Für diese Zeit wäre es schwierig, in Polen eine Entsprechung zu dem Faktor am sächsischen Hofe, Behrend Lehmann, zu finden, eine Gestalt, die ja für eine nicht kleine Gruppe von Bankiers an verschiedenen deutschen Höfen typisch war. Am Rande sei vermerkt, dass seine Rolle in Polen und seine Kontakte zu den polnischen Juden ein noch aufklärungsbedürftiges Kapitel ist.[559]

Die Durchsicht mehrerer Bände einer Publikationsreihe, die Studien zu den Juden in Polen aus aller Welt enthält[560], erbrachte ebenfalls nicht einmal eine Nennung von Lehmanns Namen. Ähnlich enttäuschend verlief die Nachfrage bei einschlägig tätigen Instituten. Möglicherweise wird eines Tages in polnischen Archiven Konkretes über Lehmanns Hilfe für die polnischen Juden gefunden werden. Wir müssen uns derweil mit den sicherlich nicht ganz unbegründeten zeitgenössischen Lobsprüchen begnügen.

Zusammenfassung

Wenn man Berend Lehmanns Engagement für seine Glaubensgenossen überblickt, so beeindruckt die Spannweite: Sie reicht von der Fürsorge für arme Halberstädter Mitbürger und Brautpaare über die selbstverständliche Übernahme eines Drittels der Lasten der Gemeinde und die erheblichen Leistungen zur Erhöhung ihres Ansehens durch Synagoge und Klaus bis in die Landespolitik. Er nutzt seinen Einfluss in Berlin als „Landschtadlon" aller brandenburgischen Juden in der Alenu-Affäre, ermöglicht, wie sich zeigen wird, neues jüdisches Leben

---

558 Grözinger, Karl Erich (Hrsg.): *Die wirtschaftlichen und kulturellen Beziehungen zwischen den jüdischen Gemeinden in Polen und Deutschland vom 16. bis zum 20. Jahrhundert* (Grözinger, *Beziehungen*). Wiesbaden 1992.
559 Gierowski, Józef A.: *Die Juden in Polen im 17. und 18. Jahrhundert und ihre Beziehungen zu den deutschen Städten von Leipzig bis Frankfurt a.M.* In: Grözinger, *Beziehungen* (wie Anm. 558), S. 3–19, hier S. 8.
560 Z.B.: Polonsky, Antony (Hrsg.): *Focusing on Jewish Religious Life 1500–1900*. (*Polin. Studies in Polish Jewry* 15. 2002). Geprüft wurden auch vol. 10, 19, 20, 23.

in Sachsen und verwendet sich für Juden im augusteischen Polen. Nicht vergessen sollte man seinen anfänglichen Einsatz als Spendenakquisiteur für die Juden in Erez Israel.

6 Die Tätigkeit für Fürst Ludwig Rudolf von Blankenburg

6.1 Gutsbesitz und Herrenhaus

Dass der im brandenburg-preußischen Halberstadt residierende Hofjude Berend Lehmann auch im braunschweigischen Blankenburg am Harz aktiv war, ist zwar in der Literatur bisher nur beiläufig erwähnt worden;[561] im Blankenburger heimatgeschichtlichen Bewusstsein ist es aber lange Zeit präsent gewesen. Die beste Zusammenfassung des dortigen Wissens enthält ein Artikel im *Blankenburger Kreisblatt* aus dem Jahre 1924.[562] Dort wird ausführlich ein Vortrag referiert, den der „Buchhalter Winnig" im Blankenburger Gewerbeverein gehalten hat. Es handelt sich um den Heimatforscher G. C. Winnig, ehrenamtlichen Stadtarchivar, der schon im Jahre 1900 sein Buch *Alt-Blankenburg* veröffentlicht hatte.

Nach Winnig hat anfangs des 18. Jahrhunderts der herzogliche Oberjägermeister Engel von Henning aus zwei von ihm erworbenen Schriftsassenhöfen[563], einem an der Harzstraße, einem an der parallel dazu verlaufenden Vincentstraße, einen großen Wirtschaftshof kombiniert. Zwischen den existierenden Wirtschaftsgebäuden beider Höfe wurde – so Winnig – von Hennings Sohn Rudolf Anton[564] nach Plänen des Braunschweigischen Landbaumeisters Hermann Korb die Errichtung eines repräsentativen neuen Gebäudes begonnen, das mitsamt dem Doppelhof 1717 von Berend Lehmann gekauft und baulich weitergeführt wurde.[565] Dieses Gebäude ging durch mehrere Hände 1759 als „Faktorei" in fürstlichen Besitz über und wurde schließlich 1832 Herzogliche Kreisdirektion. Es ist noch heute im Wesentlichen erhalten und beherbergt die Blankenburger Stadtverwaltung (vgl. Abb. 27). Was Winnig offenbar nicht wusste, wird in einer

---

561 Zum Beispiel Schnee, *Hoffinanz* (wie Anm. 7) Bd. 2, S. 199 oder Saville, *Juif* (wie Anm. 43), S. 272.
562 Winnig, G. C.: [Artikel mit unbekannter Überschrift über einen Vortrag] (Winnig, *Kreisblatt*). In: Blankenburger Kreisblatt vom 05.01.1924, Stadtarchiv Blankenburg Sign. Z2–43/1. Ich danke der Stadtarchivarin Ingrid Glogowski für ihre kompetente Hilfe.
563 Ein Schriftsasse war ein Adliger, der das Vorrecht hatte, sich in Rechtsangelegenheiten an den Instanzen der Niederen Gerichtsbarkeit vorbei direkt an das oberste Gericht eines Staates zu wenden.
564 Nach dem im Folgenden wiedergegebenen Kaufvertrag: „Anton Adolph".
565 In einer Liste der „*Pertinentzien*" des Gutes von 1714 im NLA-StA Wolfenbüttel, 1 Alt 22, Nr. 493 werden unter der Nummer 17 genannt: „Alle Gebäude, wovon der ViehStall, Schweine [-stall], auch ein Theil vom Wohnhause neu [...]" Demnach enthielt der Henning/Lehmannsche Neubau ältere Elemente. Vgl. Abb. 27 und 28

Abb. 27. Das Gebäude der Stadtverwaltung Blankenburg am Harz, 2008. Teilweise erbaut vor 1717 im Stil des braunschweigischen Landbaumeisters Hermann Korb, von Lehmann als Herrenhaus seines Gutsbesitzes in Blankenburg erworben und zu Ende gebaut.

Darstellung Blankenburgs aus dem späten 18. Jahrhundert[566] und einer weiteren aus dem 19. Jahrhundert[567] gestreift, nämlich die Tatsache, dass es sich um das Hauptgebäude eines regelrechten Gutsbetriebes handelte.

Dazu gibt es einen umfangreichen Aktenvorgang im Niedersächsischen Staatsarchiv Wolfenbüttel, der gerade diese landwirtschaftliche Seite des im Volksmund noch im 19. Jahrhundert so genannten Judenhofes betrifft.

Lehmann erwirbt das „Henningsche Gut"

Der Vertrag, mit dem Lehmann am 6. Februar 1717 das Gut erwirbt, beginnt folgendermaßen:

> Zu wissen, daß zwischen der Hochwohlgeborenen Frauen, Frauen Leonoren Sophien von Gatenstedt, Seeligen Herrn Majors Anthon Adolph von Henningk hinterlaßener Frau Wittwen, als Gerichtlich Bestätigter Vormünderin dero Hochadelichen drey Fräulein Töchter, nahmentlich Emilien Henrietten, Hedwig Engel Charlotten und Sophie Antoinetten von

---

566 Stübner, Johann Christoph: *Denkwürdigkeiten des Fürstenthums Blankenburg* (Stübner, Denkwürdigkeiten). Wernigerode 1788. S. 295–296.
567 Leibrock, Gustav Adolph: *Chronik der Stadt und des Fürstenthums Blankenburg* (Leibrock, Chronik). Blankenburg 1864. Bd. 2. S. 355–356.

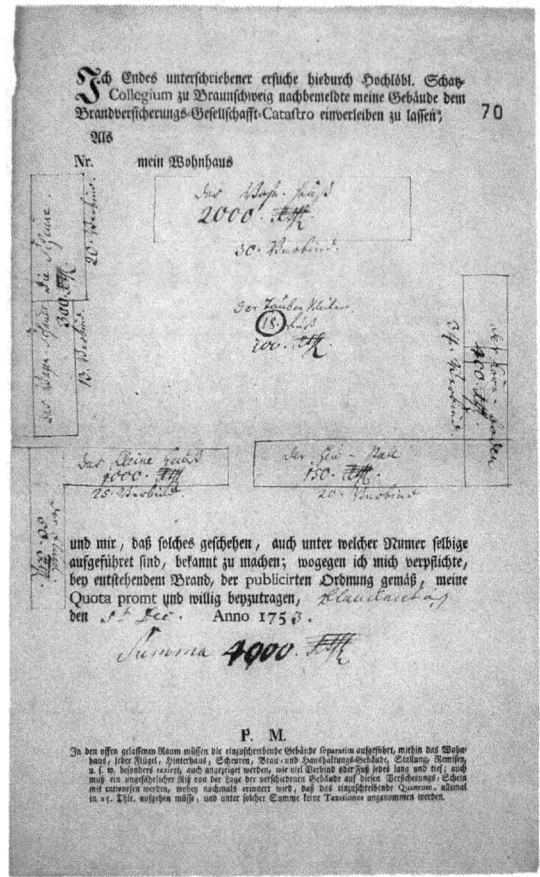

Abb. 28. Die Brandkassen-Skizze der Gebäudeanordnung auf dem ehemals Lehmannschen Hof zwischen Harz- und Vincentstraße von 1753. Das Hauptgebäude („Wohn-Hauß") beherbergt heute die Stadtverwaltung von Blankenburg.
Transkription der Legende (die Ziffern vor „rthl." = Reichstaler bezeichnen den jeweiligen Schätzwert):
oben: Das Wohn-Hauß 2000 rthl., 30 Verbind[ungen].
Mitte: Der Tauben Meiler [?], 18 Fuß, 100 rthl.
unten: Das kleine Hauß 1000 rthl., 25 Verbind.; Der Heu-Stall 150 rthl., 20 Verbind.
rechts quer: Der Korn-Boden 400 rthl., 34 Verbind.; Der Flügel 50 rthl.
links quer: Das Wagen-Schauer 300 rthl., 13 Verbind.; Die Scheuer, 20 Verbind.
ganz unten: Summa 4000 rthl. Blanckenburg den 5. Dec. Anno 1753

Henningk, Verkäufferin an einen, wie auch den Königlich Pohlnischen und Chur-Sächsischen Residenten in Niedersächsischen Krayße, Herrn Berend Lehman, Käuffern, am andern Theile, nachstehender und unwiderruflicher Erb-Kauff über das Hochadliche Henningksche

Erbgut[568], in und vor Blankenburg gelegen, nach fleißiger der Sachen überlegung und reichlich gepflogenem Rahte, auch erhaltenen Decreto de alienando[569], wegen sich hervor gethaner Umbstände, daß solch Hochadelich Erb-Guth um dringender Schulden Verkaufft werden müßen, mit beyder Theile guten freyen, ohnerzwungenen Willen und Belieben Verabredet, geschloßen und Vollenzogen worden [...].[570]

Lehmann brauchte für den außergewöhnlichen Vertrag die Zustimmung des Braunschweiger Herzogs Ludwig Rudolf (1671–1735) (vgl. Abb.29). Dieser hatte von seinem lange regierenden Vater Anton Ulrich (1633–1714) die kleine Grafschaft Blankenburg als vorgezogenes Erbe übertragen bekommen; es gelang Anton Ulrich, eine seiner Enkelinnen an den österreichischen Thronfolger, Erzherzog Karl (später Kaiser Karl VI. [1685–1740], Vater Maria Theresias) zu verheiraten. Dessen Vater, Kaiser Joseph I. (1678–1711), erhob Ludwig Rudolf 1707 in den Fürstenstand, und dieser war nun dabei, aus der Hauptstadt des jetzigen „Fürstenthums Blanckenburg" ein kleines Versailles zu machen. Das burgartige alte Schloss wurde zur modernen Residenz ausgebaut, am Hang des Schlossberges legte man prächtige Barockgärten *à la mode* an (vgl. Abb. 30); mit Ballett- und Theateraufführungen sowie bei rauschenden Redoutenbällen wurde mitten im protestantisch-nüchternen Norddeutschland alljährlich eine ausgiebige Karnevalssaison gefeiert.

Für die dabei entstehenden Kosten reichte weder die Apanage aus Braunschweig noch eine Pension vom Wiener Kaiserhof. Wie ein dickes Aktenfaszikel mit Schuldverschreibungen im Wolfenbütteler Staatsarchiv zeigt[571], musste der Fürst an vielen Stellen, bei Christen und Juden, Kredite aufnehmen.

Lehmann erhielt die Zustimmung Ludwig Rudolfs zu dem Gutskauf gegen die Zahlung von 1.000 Talern; verbunden mit der Genehmigung war ein Privileg, im Fürstentum Blankenburg frei von Leibzoll[572] zu wohnen und Handel en gros zu

---

568 Als Erbgut kann es nicht, wie ein verliehenes Gut, beim Tode des Besitzers zurückgefordert werden.
569 Veräußerungs-Erlaubnis. Weil es sich um ein ursprünglich vom Landesherrn verliehenes Gut handelte, musste dieser der Veräußerung zustimmen (vgl. Dokument W 21).
570 NLA-StA Wolfenbüttel, 112 Alt 128, Bl. 7rü–16. Als Besitzer vor Henning werden hier und in 112 Alt 283 genannt: Jobst Ludolf von Stedern (Domdechant in Halberstadt), Hans von der Heyde und ein gewisser Werner. – Ich danke Ulrich Schwarz für Orientierung in den Beständen des Staatsarchivs Wolfenbüttel.
571 NLA-StA Wolfenbüttel, 113 Alt 987. Siehe auch Schnee, *Hoffinanz* (wie Anm. 7), Bd. 3, S. 290–292.
572 Nicht im Lande vergleitete Juden mussten für vorübergehende Aufenthalte eine hohe Gebühr bezahlen. Über die einschneidende Bedeutung des Leibzolls vgl. den weiter unten zitierten Brief Cosman Lehmanns, Dokument W 22.

Abb. 29. Herzog Ludwig Rudolf zu Braunschweig-Lüneburg, Fürst von Blankenburg (1671–1735), Portrait von Balthasar Denner oder aus dessen Umkreis, um 1730. Der Fürst, häufiger Schuldner des Residenten, ermöglichte Lehmann 1717 den Gutserwerb und das Druckprivileg und vermittelte 1721 Lehmanns Plan einer Teilung Polens an den Wiener Kaiserhof.

betreiben, beziehungsweise durch einen jüdischen Substituten treiben zu lassen.[573] Ein solcher wird in den Akten nirgends greifbar; allerdings gab es jüdische Kleinhändler, die als Lehmanns Subunternehmer agierten (s. Abschnitt 6.6 dieser Arbeit). Das Gut geht „hinfüro zu ewigen Zeiten" auf Berend Lehmann und seine

---

[573] NLA-StA Wolfenbüttel, 112 Alt 128, Bl. 22. Quittung darüber in NLA-StA Wolfenbüttel, 4 Alt 19, Nr. 5147, Bl. 1, datiert 13.02.1717, Dokument W 21.

Abb. 30. Blankenburg 1730, Gouache eines unbekannten Künstlers. Das Bild zeigt das höfisch-galante Aussehen, welches Herzog Ludwig Rudolf der alten, schlichten Harzstadt zu verleihen bestrebt war. Lehmann half bei der Finanzierung der Umgestaltung.

Erben über.[574] Woraus besteht es, und wie groß ist es? Darüber geben die einzelnen Artikel des Kaufvertrages Auskunft. Da ist zunächst der Gutshof mit seinem (nach Winnig unfertigen) repräsentativen Wohnhaus, einer „Scheuer" und mehreren Ställen; vor allem gehört dazu ein Brauhaus „mit der Braupfanne und allen Braugefäßen nebst der Gerechtigkeit, so viel Bier als Herr Käuffer vor sich, sein Gesinde und Arbeitsleute braucht, frey zu brauen [...]". Ebenso „frey", also ohne besondere Abgaben, darf er Branntwein brennen. Die Gebäude bilden einen Vierseithof mit einem Taubenschlag in der Mitte (vgl. Abb. 28).[575] An den Hof schließt sich ein „Küch- und BaumGartten" an.

Ein Nebenbetrieb, auf den Berend Lehmann und sein Verwalter mehrfach zurückkommen, ist die zum Gut gehörende „Mahlmühle im Berkenthale" deren

---

574 Ludwig Rudolf hatte drei Jahre vorher selbst vorgehabt, das Gut zu kaufen, wie ein Kaufvertragsentwurf zeigt: NLA-StA Wolfenbüttel, 1 Alt 22 Nr. 493, Bl. 1–10.
575 Die Anordnung der Gebäude ergibt sich aus einer Skizze, die 1753 unter den Nachbesitzern für die Brandversicherung angefertigt wurde Abb.28). NLA-StA Wolfenbüttel, 112 Alt 128, „Anmerkung" zu Bl. 70. Auch Winnig, *Kreisblatt* (wie Anm. 562) beschreibt den Platz zwischen den ehemals getrennten Höfen als „die Mitte durch einen massiven Taubenturm geziert".

Abb. 31. Birkentalmühle bei Blankenburg/Harz. Sie gehörte von 1717 bis 1741 Berend Lehmann beziehungsweise seinem Nachlass. Die 2008 leerstehende, 2018 nicht mehr existente Birkentalmühle (d. h. wahrscheinlich ein Vorgängerbau des abgebildeten Gebäudes) mahlte unter anderem das Malz für die private Bier- und Branntweinproduktion des Residenten. Die Mühle war zu DDR-Zeiten Mittelpunkt eines Ferienlagers der ‚Deutschen Post' der DDR. Über sie hinweg führt seit 2005 die Autobahn B6n.

Müller „das Maltz ohne Endtgeldt hohlen, Schroten, und wiederbringen muß", das zum Bierbrauen und zum Branntweinbrennen benötigt wird. Der Müller darf offenbar auch für andere Leute mahlen, muss dafür aber Pacht an Berend Lehmann zahlen und ist außerdem zu „Flickarbeit auf dem Hoffe" verpflichtet.

Zur Mühle, deren Nachfolgebau noch bis vor wenigen Jahren als Ausflugslokal existierte[576] gehört das gesamte Birkental[577] mit insgesamt 59 Morgen (15 Hektar) Land (hauptsächlich Wiese und Wald) sowie das Recht, in dem Mühlbach Fische zu fangen (vgl. Abb. 31). Das Rindvieh des Residenten darf zusammen mit dem Vieh des Herzogs auf die Trift geschickt werden, die Schweine dürfen „zur Mastzeit" in den Wäldern des Fürsten und des Klosters Michaelstein wühlen. Das

---

[576] Vgl. http://www.harzlife.de/bilder/muehlenwanderweg-birkentalmuehle.html (25.10.2017).
[577] Noch auf einer im Stadtarchiv Blankenburg aufbewahrten Karte des Birkentals aus dem Jahr 1877 (ohne Signatur) heißt der Wald am Rande des Tales „Judenholz".

Heu für die Winterfütterung bekommt das Gut von einer Wiese „im Cattenstedtischen Bruche", einer „große[n] Theilung im Helsingischen Bruche" und von einer Grummetwiese bei Wienrode.

Das Ackerland umfasst immerhin 307 ½ Morgen (ca. 77 ha)[578], die allerdings aus vielen kleinen Stücken bestehen; das größte Feld, „auf dem Mühlenthal", hat gerade einmal 12 Morgen (3 Hektar). Die Ackerflächen liegen weit verstreut vom Gehren bis zum Eichenberg.

Als Außengeländer gehört zum Gut ein ebenfalls häufig erwähnter „Großer Obst- und Baumgartten" (später „Lustgarten") „gleich rechter Hand vor dem TränckeThore" mit einem offenbar ansehnlichen zweiten Wohnhaus. Nach Winnig lag dieser Garten an der Stelle der späteren Gärtnerei Krebs, also wohl zwischen der Gartenstraße, der Krummen Straße und der Neuen Halberstädter Straße, hinter der späteren Blumenhandlung Sander (zur DDR-Zeit: Energieversorgung).[579]

Das Gutsensemble kostet Berend Lehmann 7.000 Taler; belastet ist es mit einem Erbenzins von jährlich 4 Talern 22 Gutegroschen, die an das Fürstliche Amt zu entrichten sind. Die Mühle ist zu einer jährlichen Lieferung verpflichtet von „zwey Wispel gut Rocken Mehl und 6 Mark an Gelde, die Mark zu 21 Mariengroschen gerechnet, an das Armen Hauß zu Heimburg", einem Dorf nahe Blankenburg.

Die Witwe von Henning hatte das Gut an den Forstschreiber Keydel verpachtet; er musste binnen zwei Wochen räumen. Auch Berend Lehmann hat das Gut nicht selbst bewirtschaftet; die weiter unten geschilderten Verhandlungen in der Wasserangelegenheit führt sein Verwalter Johann Heinrich Förster, und zum Zeitpunkt von Lehmanns Tod (1730) ist das Gut an den Amtsverwalter Archenholtz verpachtet.

Zwei Tage nach dem Erwerb des Henningschen Gutes tätigt Berend Lehmann in Blankenburg noch ein weiteres Geschäft[580]: Um den teuren Umbau des Blankenburger Schlosses zu finanzieren (das wird ausdrücklich im Kaufvertrag erwähnt) verkauft Herzog Ludwig Rudolf ihm „zu ewigen Zeiten" „ein gewißes Quantum Deputat Holtzes, so alljährlich aus den Heyen unseres Fürstenthums Blankenburg dießseits der Bohde, ForstZinß frey" geholt werden kann: 75 Malter (150 m³)[581] Hartholz (Massivholz) und 75 Schock Wasen (Reisigholz in Bündeln).

---

578 Umgerechnet nach Verdenhalven, Fritz: *Alte Meß- und Währungssysteme aus dem deutschen Sprachgebiet* (Verdenhalven, *Währungssysteme*). Neustadt/Aisch ²1993 (*Grundwissen Genealogie* 4).
579 Ich danke Herbert Strobach für seine Orientierungshilfe in Blankenburg.
580 NLA-StA Wolfenbüttel, 112 Alt 128, Bl. 18, datiert 08.02.1717.
581 Nach Verdenhalven, *Währungssysteme* (wie Anm. 578).

Lehmann bezahlt dafür 2.000 Taler, eine erkleckliche Summe, wenn man sie mit den 7.000 Talern für das Gut vergleicht (aber natürlich: auf ewige Zeiten an ihn und seine Kindeskinder!).

Das repräsentative Hauptgebäude
In Karl Steinackers Buch über die Bau- und Kunstdenkmäler des Kreises Blankenburg von 1922 wird die damalige Kreisdirektion (vgl. Abb. 27) wie folgt beschrieben:

> Die Tür in der Mittelachse, erreichbar über einer doppelseitigen Freitreppe, hat antikisierendes Gewände mit Ohren, Gebälkfries mit Akanthusgerank, gebogenen Giebel, durchbrochen von einem Schilde mit schlüsseltragender Hand und der Jahreszahl 1717, das von zwei Bären gehalten und von einem Blumenkorbe gekrönt wird [...] Dieser Kreisdirektion und der Domäne sehr verwandt ist auch der Ostflügel Michaelsteins; alle 3 Bauten werden von Hermann Korb oder unter dessen Einfluß errichtet worden sein.[582]

Die beiden das Wappenschild über dem Eingang haltenden Bären ähneln (seitenverkehrt) denjenigen auf Berend Lehmanns Grabstein (vgl. Abb. 32 und 33), dort halten sie das Wappenschild, auf dem ein Lamm dargestellt ist, das sich an der Levitenkanne emporreckt (so ähnlich auch Lehmanns Siegel). Dieses Lehmannsche Wappenschild dürfte sich anstelle desjenigen des Nachbesitzers Schlüter[583] ursprünglich dort befunden haben, wie auch die Jahreszahl 1717 – das Jahr von Lehmanns Erwerb des Hauses – nahelegt.

Über die repäsentativen Rolle, die das Lehmannsche Gutshaus im Blankenburger Hof- und Stadtleben geführt hat, erfahren wir beiläufig aus Winnigs Vortrag, ausführlicher aus dem hervorragend recherchierten Museumsführer *Blankenburg. Residenz.Lustgarten. Kleines Schloß* von Gabriele Voigt.[584]

Bei einer Darstellung der barocken Pracht, die Herzog Ludwig Rudolf nach dem Vorbild seines Vaters Anton Ulrich um das bedeutend erweiterte Blankenburger Schloss entfaltete, beschreibt sie die Rolle, die Berend Lehmanns „Judenhof" bei dem alljährlichen, drei Wochen währenden höfischen „Carneval" spielte: Die Räumlichkeiten des Residenzschlosses reichten offenbar nicht aus, so

---
[582] Steinacker, Karl: *Die Bau- und Kunstdenkmäler des Kreises Blankenburg*. Wolfenbüttel 1922. S. 115.
[583] Dessen Schlüssel symbolisiert den dem Namen „Schlüter" zugrunde liegende Beruf des „Slieter" = Schließers, vgl. Kunze, Konrad: *dtv-Atlas Namenkunde. Deutsche Vor- und Familiennamen*. München 1998. S. 133.
[584] Voigt, Gabriele: *Blankenburg. Residenz. Lustgarten. Kleines Schloß*. Blankenburg 1996. S. 13 und 16.

Abb. 32. Wappen über dem Mitteleingang des Lehmannschen Herrenhauses: Die Jahreszahl 1717 stimmt mit Lehmanns Erwerbsdatum überein. Die Bären (seitenverkehrt) auch auf Lehmanns Grabstein in Halberstadt (Abb. 32)

dass auch in dem Lehmannschen Herrenhaus Redouten und Maskeraden stattfanden.[585] Der Resident dürfte das als Ehre empfunden haben. So spielte die Hofgesellschaft dort „Bauernhochzeit": „Tatsächliche Brautpaare erhielten vom Herzog die ‚Gnade der Proklamierung der Hochzeit' und wurden zur Staffage für ein Fest, bei dem die Hofgesellschaft in bäuerlicher Verkleidung an einem angeblichen Volksfest teilnahm". Bei dem Lokalhistoriker Leibrock liest man außerdem: „[M]eist waren die Eß- und Trinkgelage, die die Feier beschlossen, auf dem Judenhofe […]."[586] Auch Theateraufführungen fanden im großen Lehmannschen Hause statt.

In älteren Blankenburger Darstellungen wird behauptet, der Resident habe mit dem Weiterbau des „Judenhofes" „seine Kräfte vollständig erschöpft" und ihn

---

[585] Leibrock, *Chronik* (wie Anm. 567), Bd. II, S. 229, zitiert aus dem Blankenburger Tagebuch des Bäckermeisters Elias Christian Oldenbruch: „1726, den 1. Januar: […] Die Redoute ist gehalten zweimal die Woche auf dem Schloß und zweimal auf dem Judenhofe."
[586] Leibrock, *Chronik* (wie Anm. 567), Bd. II, S. 217.

Abb. 33. Berend Lehmanns Wappen auf seinem Grabstein, ältester jüdischer Friedhof „Am Berge" in Halberstadt im Zustand der 1930er Jahre.

deshalb verkaufen müssen.[587] Die Wirklichkeit war ein wenig anders: Den Hof hatte er seinem Sohn vermacht; erst dieser musste ihn nach dem Konkurs und dem Tod seines Vaters veräußern (siehe weiter unten).

In Auerbachs *Geschichte der israelitischen Gemeinde Halberstadt* wird behauptet, Lehmann habe im „Judenhof" ein Wachs- und Öllager unterhalten.[588] Das lassen zwar die Nachlass-Akten nicht erkennen, im Inventar ist nur von

---

587 Leibrock, *Chronik* (wie Anm. 567), Bd. II, S. 355.
588 Auerbach, *Gemeinde* (wie Anm. 12), S. 84.

landwirtschaftlich genutzten Nebengebäuden die Rede, aber denkbar ist, dass Teile dieser Gebäude schon zu Lehmanns Zeit als Warenlager dienten. Jedenfalls sind sie später, ab 1769, als herzogliches „Eisenmagazin, Marmor- und Farbenerdenniederlage" genutzt worden.[589]

Wasser aus dem Tränketeich?
Eine Nebenepisode aus Berend Lehmanns Gutsbesitzerzeit ist insofern interessant, als sie zeigt, dass der Resident den Blankenburger Besitz durchaus nicht nur als Kapitalanlage und Statussymbol[590] gesehen hat, sondern dass er ihm für seine persönliche Lebensgestaltung wichtig war.

In einem Schreiben vom 21. Oktober 1719[591] beschwert sich sein Gutsverwalter Johann Heinrich Förster bei der Regierung des Fürstentums Blankenburg:

> Es wird bekannt seyn, daß meinem jetzigen Principal [...] die Concession ertheilt worden, aus dem [...] sogenannten Träncke-Teiche[592] das Röhr-Waßer in [den] deßen [seinem] Garten angelagerten Teich leiten zu laßen. Da nun solches [hat] bewerckstelliget werden sollen, und aber von Einem Ehrwürdigen Rath allhier dem Rohr-Bohrer anbefohlen ist, keines weges die Arbeith vorzunehmen, und folglich alle angewandte Mühe und Kosten desfals vergeblich seyn würden, als wollen Eure Hochwohllöblichen Excellenzen gnädig und hochgeneigt bleiben [...],

kurz und gut: Der „Rohr-Bohrer" soll seine Arbeit fortsetzen dürfen. Vier Tage später findet „auf dem Rathhause zu Blankenburg" eine Sitzung statt, bei der drei Vertreter der Stadtverwaltung und drei „Gemeindevorsteher" über den Fall beraten und geltend machen, dass das Wasser aus dem Tränketeich auch zum Wäschewaschen und zum Tränken des Viehs gebraucht werde und dass das wertvolle Nass in heißen Sommern und in sehr kalten Wintern im Teiche regelmäßig knapp sei. Die Stadtverwaltung macht insbesondere geltend, das Wasser werde auch „für die Ambts- und Ratsteiche und auch für die Rathsjägerhütte" gebraucht. Schließlich ergeht am 31. Oktober 1719 der „*Receß*"[593] der herzoglichen Regierung, dass Lehmann das entsprechende Rohr legen lassen dürfe und dass er „Nutzen und Gebrauch des Röhr-Waßers" haben solle. Allerdings müsse er sich damit abfinden, dass ihm das Rohr „des Sommers bey dürren Zeiten und des

---

589 Stübner, *Denkwürdigkeiten* (wie Anm. 566), S. 296.
590 Vgl. dazu die Zusammenfassung am Ende des Kapitels.
591 NLA-StA Wolfenbüttel, 112 Alt 278, Bl. 1.
592 Der heute verschwundene Tränketeich bestand nach Winnig, G. C.: *Alt-Blankenburg*. Blankenburg 1900. S. 19, noch zu Beginn des 20. Jahrhunderts vor dem Tränketor.
593 NLA-StA Wolfenbüttel, 112 Alt 278, Bl. 11.

Winters bey Übermäßiger Kälte" im Interesse der Allgemeinheit zugestopft werden könne. Auch müsse er das für seinen Teich nicht benötigte Wasser durch eine abgedeckte Rinne in den nahen Bach ableiten. Auf jeden Fall hat dieses Wasser der Verschönerung des Gartens gedient, in dem sich Berend Lehmann und seine Familie eher aufgehalten haben mögen als in dem weitläufigen Herrenhaus.

Cosman Lehmann verliert das Gut
Über einen wirtschaftlichen Erfolg oder Misserfolg von Berend Lehmanns landwirtschaftlichem Unternehmen ergibt sich aus den Akten nichts. Das Nächste, was sie berichten, ist, dass nach seinem Tod (1730), der Blankenburger Besitz an seinen jüngsten Sohn Cosman Berend (1714–1785) übergegangen ist[594], und zwar, wie dieser mehrfach betont, nicht im Erbgang, sondern als Vermächtnis vor dem Ableben des Vaters. Die Schenkung dürfte kurz vor Berend Lehmanns Tod geschehen sein, wahrscheinlich in einem Zuge mit der am 23. März 1730 erfolgten Schenkung des „Studierhaus[es] samt Synagoge, Thorarollen, Bekleidungen [Thorarollen-Hüllen, Thoravorhänge], Büchern", ebenfalls an Cosman „und dessen männliche Nachkommen."[595] Der Resident hatte wohl gehofft, diese Werte aus dem Konkurs seines künftigen Erbes herauszuhalten.

Es taucht zunächst nicht Cosman selbst in Blankenburg auf, sondern „Michael David, Hoff und Cammer Agente" aus Hannover, der den Herzog am 12. Januar 1733 bittet[596], ihm den Zugang zu dem Gut als seinem Eigentum zu ermöglichen. Er habe dort bereits „*logiret*", jetzt sei ihm aber das Betreten verboten worden. Vier Wochen später bekommt er die Erlaubnis.

Nach Auerbach heiratete Berend Lehmanns Witwe Hannle, geb. Beer, in zweiter Ehe diesen Michael David (1685–1758)[597], er war also Cosmans Stiefvater. Cosman selbst hat ebenfalls, obwohl noch minderjährig, bereits geheiratet, und zwar Michael Davids Tochter Golde.[598] Der Schwieger- und Stiefvater tritt auch später als Cosmans Bevollmächtigter auf, so kann man annehmen, dass er sich in dieser Hinsicht als Eigentümer gefühlt hat; gewesen ist er es nicht, wie sich aus dem Folgenden ergeben wird.

---

594 Vgl. Genealogie im Anhang.
595 Lehmann, *Schriften* (wie Anm. 33), S. 133.
596 NLA-StA Wolfenbüttel, 112 Alt 282, Bl. 2–3.
597 Auerbach, *Gemeinde* (wie Anm. 12), S. 48.
598 So ergibt es sich aus der Immobilienakte *Aaron Emanuel contra den Königl. Rath von Weferling wegen des sub hasta erstandenen Lehmannschen Hauses*, GStA PK Berlin, I. HA, Rep. 33, Nr. 120b, Pak. 4 (1728–39), 1735.

Am 30. Mai 1733 stellt der Notar Gottfried Günter Herold ein „*Inventarium* über des *Resident* Behrend Lehmanns Verlaßenschaft oder Erbe zu Blankenburg" zusammen.[599] Es ist ein umfangreiches Werk, das er offenbar ungern (weil ohne Honorar?) anfertigt. Aber, so schreibt er, er habe diesen Auftrag des Bürgermeisters Rosenthal und des Advokaten Ritthausen, welche die „Curatoren" (vormundschaftliche Vermögensverwalter) Cosman Lehmanns sind, „*ratione officii* [seines Amtes wegen] nicht abschlagen können". Der minderjährige Cosman darf zunächst[600], nicht selbst über den Blankenburger Besitz verfügen.

An die „verpachtet gewesen[en] Gebäude" kommt man zwecks Inventur ohne weiteres heran, die „von den Juden verschloßenen" Wohnräume werden vom Schlossermeister Bollmann geöffnet. Alles findet „*sub requisitis testibus*" – in Gegenwart der notwendigen Zeugen – statt. Unter den „Immobilien" finden sich – wie anno 1717 – das Gutshaus mit Nebengebäuden und Garten, die 307½ Morgen Ackerland, die drei Wiesen, Haus und Garten vor dem Tränketor und die Birkentalmühle. Unter „Moventien" wird das Vieh des Gutes aufgeführt: 4 Pferde, 34 Stück Rindvieh (inklusive Kälbern, zwei „Beutlingen" [Ochsen] und 2 „Reitbullen")[601], 20 Schweine[602], 70 Stück Geflügel, 60 Paar Tauben („dem Augen Scheine nach"). Der Hof hatte auch Schafe gehabt, die allerdings noch zu Berend Lehmanns Lebzeiten für 54 Taler verkauft wurden. Unter den „Mobilien" findet sich nur ein Wagen, und es gibt lediglich zwei Pflüge. Das ist angesichts der relativ großen Ackerfläche sehr wenig. Sicherlich wurde also nur ein Teil der weit auseinanderliegenden Felder vom Gutshof aus bewirtschaftet, ein Teil dürfte an fremde Landwirte verpachtet gewesen sein. Der Heuboden ist voll, etwas Holz ist vorhanden, selbst der Mist wird inventarisiert. „Haußgheräthe" finden sich viele, vom Butterfass über einen „große[n] Waagen Balcke [eine Balkenwaage] mit hölzern Schalen" bis zur „Ratten Falle". In dem vom Schlosser geöffneten Wohnhaus befindet sich eine komplette Einrichtung mit besonders vielen Betten samt Bettzeug. Es könnte also sein, dass hier große Familienfeste mit vielen Übernachtungsgästen gefeiert wurden.

Anderthalb Jahre später, am 8. November 1734, wird die erste von vielen finanziellen Forderungen gegenüber Berend Lehmanns ehemaligem Blankenburger Besitz angemeldet;[603] sie kommt aus dem fernen Wien. Berends Schwieger-

---

599 NLA-StA Wolfenbüttel, 112 Alt 128, Bl. 24–43.
600 Das ergibt sich aus seinem unten zitierten Brief vom 22. Juni 1735 (vollständig als Dokument W 22).
601 Nicht zum Reiten, sondern Zuchtbullen, die den Kühen „aufreiten".
602 Wegen der hier genannten unkoscheren Schweine ist es unwahrscheinlich, dass Lehmann selbst Produkte seines Hofes konsumiert hat.
603 NLA-StA Wolfenbüttel, 112 Alt 282, Bl. 6–7.

sohn Löw Wertheimer (Sohn des berühmten Samson Wertheimer), „Kayßerlicher Hoff- und Curmänzischer *Oberfactor*" fordert 300.000 Gulden aus Wechselschulden. In einem längeren Schriftwechsel geht es darum, dass er einen für den Prozess gegen den Nachlass benötigten Eid in Wien ablegen kann und nicht extra nach Blankenburg reisen muss.[604] Die Forderung kann nicht aus dem späteren Verkauf des Gutes befriedigt worden sein[605], er hätte nie eine so hohe Summe erbracht. Andererseits vergewissert sich ein späterer Kaufinteressent, dass die Forderung nicht mehr besteht, und es wird ihm eine Quittung aus Wien vorgewiesen. Möglicherweise ist Wertheimer aus einer anderen Quelle befriedigt worden.

Etwa um die Zeit, als die Auseinandersetzung mit Wertheimer läuft, schickt Cosman Lehmann einen anrührenden Brief an Herzog Karl I.[606], in dem er sich einerseits über den Blankenburger Bürgermeister Rosenthal beschwert, den man als seinen Amtsvormund bestimmt hat, der aber über die Verwaltung seines Besitzes keinerlei Rechenschaft ablegt. Andererseits beklagt er sich darüber, „daß man mich und meinen dahin geschickten *Mandatarium* [Beauftragten] wegen des *prætendir*ten Leibzolls sogleich in 20 oder 30 Reichsthaler straffe genommen, sobald ich nur über 3 Tage, und mein *Mandatarius* eine Nacht uns daselbst aufgehalten haben." Dabei seien doch das Gut und der Zugang zu ihm laut beigefügtem Privilegium seinem Vater und dessen Nachkommen vom damaligen Herzog feierlich verbrieft worden. Der Brief zeigt, wie unzuverlässig und kurzlebig herrschaftliche Gnadenerweise an Juden sein konnten: Vater Berend Lehmann als unverzichtbarer Geldbeschaffer hatte eine ganze Reihe ungewöhnlicher Vorrechte eingeräumt bekommen, sein Sohn dagegen hat Mühe, sich ein paar Tage straffrei in der Stadt aufzuhalten. Der Herzog genehmigt ihm acht Tage; der Bürgermeister soll nun wirklich Rechnung legen.[607]

Im Jahre 1737 kommt etwas Bewegung in die Sache: In einem Schreiben des Gutspächters, Amtsverwalter Georg Bernhard Archenholtz, an den Drost [Amtmann] Johann Philipp Schlüter im braunschweigischen Ort Hessen liest man über die Verhältnisse des Gutes[608], er selbst, Archenholtz, bezahle (an wen, an Cosman Lehmann oder an den Bürgermeister als „Curator"?) 350 Taler Pacht im Jahr. Ein

---

604 Die gleiche Forderung wird in Halberstadt an die dortige Konkursmasse gestellt, vgl. die Immobilienakte *Aaron Emanuel contra den Königl. Rath von Weferling wegen des sub hasta erstandenen Lehmannschen Hauses*, GStA PK Berlin, I. HA, Rep. 33, Nr. 120b, Pak. 4 (1728–39) und Kapitel 9 dieser Arbeit.
605 Wie sich unten zeigen wird, gibt es über entsprechende Zahlungen eine genaue Aufstellung.
606 NLA-StA Wolfenbüttel, 112 Alt 282, Bl. 20–21, Dokument W 22.
607 Derartiges ist in den Akten nicht enthalten.
608 NLA-StA Wolfenbüttel, 112 Alt 128, Bl. 52. Datum 15.07.1734.

Regierungsrat Günther aus Halberstadt habe das Gut für 14.000 Taler gekauft gehabt, der Kauf habe ihn aber gereut und er habe ihn rückgängig gemacht. Jetzt stehe das Gut wieder zum Verkauf; das letzte Gebot eines Kaufinteressierten seien 8.000 Taler gewesen. Dafür ist das Gut offensichtlich nicht an ihn verkauft worden. Erst zwei Jahre später (am 2. Februar 1739) schreibt Archenholtz wieder an Schlüter, wenn „Hochwohlgeboren" das Gut wirklich kaufen wollten, so müsse man alle Gläubiger Cosman Lehmanns zitieren, „so würde sich zeigen, mit waß für *Creditoren* mann es zu thun hätte." Also rechnet Archenholtz damit, dass der Käufer des Gutes den Kaufpreis nicht an Cosman Lehmann, sondern an dessen Gläubiger würde zahlen müssen. Deshalb solle der Kaufinteressent sich erst einmal vergewissern, was da an Forderungen auf ihn zukäme.[609]

Möglicherweise ebenfalls für Schlüter wird auf einem weiteren Aktenblatt eine „*Specificatio*" aufgestellt, wie die Äcker des „Judenhofes" (so heißt das Gut jetzt) im Jahre 1739 bestellt sind und was für Vieh vorhanden ist.[610] Zu den von Archenholtz vermuteten Gläubigerforderungen kommt am 9. Januar 1741 ein weiterer massiver Anspruch an den von Berend Lehmann hinterlassenen Besitz hinzu:[611] Der Gerichtsrat Weisberg vom Braunschweig-Lüneburgischen Appellationsgericht in Celle fordert den Arrest (das Verkaufsverbot) des Gutes. Im Namen seines Gerichts macht er nämlich eine Forderung geltend, welche der Hannoveraner Hofgerichtssekretär Lüdemann an den Lehmannschen Nachlass zu haben glaubt, und er leitet sie jetzt nach Blankenburg weiter.

Diese Forderung hat eine viele Jahre zurückliegende Vorgeschichte, die bereits in Kapitel 1 als Objektivitätstest herangezogen wurde und die in Kapitel 9.2 näher beleuchtet werden wird: Berend Lehmanns Schwiegersohn Isaak Behrens und dessen Bruder Gumpert, Hofjuden in Hannover, haben 1721 Konkurs gemacht, und Lehmann wird unter anderem beschuldigt, er habe von den Brüdern Juwelen in Verwahrung genommen, um sie der Konkursmasse zu entziehen. Der Resident gibt dagegen an, er habe sie ihnen zwei Jahre vor dem Konkurs völlig rechtmäßig abgekauft.

Nun hat, zwanzig Jahre nach dieser Affäre, der Hofgerichtssekretär Lüdemann, der wohl der Verwalter des Behrensschen Konkurses ist, einen ursprünglich hebräisch abgefassten „Repondage-"(Pfand-)Schein vom 23. Schewat [5]479 (Februar 1719) in der Hand, in dem Berend Lehmann bestätigt, einen 83 Gramm schweren Brillanten im Wert von 10.000 Talern für seinen Schwiegersohn in Verwahrung zu haben. Dieser Stein, so Lüdemann, gehöre der Konkursmasse,

---

609 NLA-StA Wolfenbüttel, 112 Alt 128, Bl. 54.
610 NLA-StA Wolfenbüttel, 112 Alt 128, Bl. 56.
611 NLA-StA Wolfenbüttel, 112 Alt 282, Bl. 30–42.

und da er selbst nicht mehr vorhanden sei, hafte der Nachlass des Residenten für ihn. Er fordert 10.000 Taler aus dem eventuellen Erlös des Gutsverkaufs.

Der Brilliant ist in der Tat verzeichnet in einer von Berend Lehmann den Konkursverwaltern übergebenen „*Specification* derer jenigen *Jubelen,* welche die Gebrüder Gomperts und Isaac Behrens mir [...] geliefert und abgetreten [...]" mit dem Eintrag: „Von Ihnen [den Behrens] selbsten im Monath *Februario* 1719 in Hannover 1 großen *Brillianten* empfangen vor 10000 [Reichstaler]".[612] Wichtig ist dabei das Wort „abgetreten"; dass der Stein nur bei Lehmann *in Verwahrung* sei, ist die Behauptung Lüdemanns.

Die fürstlich-Blankenburgische Kanzlei weist am 2. Juni 1740 die Forderung endgültig ab;[613] sie bezweifelt die Echtheit des „Repondage"-Scheines. Und sie will außerdem nur Schulden anerkennen, die *auf dem Gut* lasten, das sie als Cosmans Besitz ansieht und nicht als Teil des Berend-Lehmannschen Nachlasses. Es soll

> [...] nicht gestattet werden, daß solches, oder deßen Werth und *pretium* [Verkaufserlös] entweder in den Behrend Lehmannschen *Concursum* zu Halberstadt oder auch sonsten von einem Lehmannschen *Creditore* [...] in Anspruch genommen werden möge, [...] nach dem über seines Vatters Vermögen *Concurs* entstanden.

Zurück nach Blankenburg: Die Regierung weist auch weitere Gläubiger Lehmanns ab, die sich von Lüdemann vertreten lassen; das sind offenbar Miterben und gleichzeitig Gläubiger der beiden Hannoveraner Bankrotteure: Lea Hertz, Philip Samson und Emanuel und Hertz Salomon, allesamt Enkel von Berend Lehmanns Onkel, dem bedeutenden Hannoveraner Hofjuden Leffmann Behrens.

Aber noch ist der Lehmannsche Besitz in Blankenburg nicht verkauft. Er steht derweil unter „*Subhastation*", d.h. er soll als Ganzes an den Meistbietenden veräußert werden. Es müssen also bereits mehrere Biet-Termine angesetzt gewesen sein, zu denen niemand ein Gebot abgegeben hat, als im September 1739 Cosman Berend den Herzog bittet, die Gesamt-Subhastation aufzuheben und ihm den Verkauf in Einzelstücken zu erlauben.[614] Er hofft so auf einen höheren Erlös, die „Vereinzelung" schade niemand; das Gut sei ja ohnehin „größten Theils einzeln zusammen gekäufft" (Das ist nicht richtig: Das Gut war zwar zerstückelt, die Stücke gehörten aber bereits spätestens seit dem Vorbesitzer von Henning zusammen, nur einen kleinen Teil des Ackers hatte Berend Lehmann dazugekauft). Herzog Karl I. lässt sich berichten; die „Geheimb Räthe" seiner Regierung sind

---

612 NLA Hannover, Hann. 92, Nr. 419, Bl. 74b.
613 NLA-StA Wolfenbüttel, 112 Alt 128, Bl. 59.
614 NLA-StA Wolfenbüttel, 112 Alt 282, 04.09.1739, Bl. 10–11.

nicht begeistert[615], der Erbenzins solle auf *ein* Teilstück konzentriert werden, und die schon existierenden Teile dürften nicht noch einmal unterteilt werden.

Es gibt trotzdem schließlich fünf Teilbesitzer. Denn wieder zwei Jahre später, am 15. März 1741[616], kommt es endlich zum Verkauf: Der bisherige Pächter Archenholtz und ein Joachim Tobias Schröder kaufen gemeinsam das ganze Anwesen für 13.000 Taler; gleichzeitig verkaufen sie das Gutshaus mit dem dazugehörigen Garten an den schon lange interessierten Drost Schlüter weiter. Der Kaufpreis geht an den Hannoveraner Hofagenten Alexander David „*Mandats Nomine* [im Auftrag und Namen von] Coßman Berend Lehmann" (Alexander David ist der Bruder des ursprünglichen „Mandatarius" und Cosmann-Schwiegervaters Michael David, sein eigentlicher Geschäftssitz ist Braunschweig).[617] Dieser befriedigt nun einige von Cosmans Gläubigern, wie sich aus einer Aufstellung ergibt. Des Weiteren verkaufen Archenholtz und Schröder auch die Mühle im Birkental mitsamt dem Grundbesitz weiter an zwei gemeinsame Besitzer, den Canonicus Dingelstedt und den Bauern Hans Weydemann aus dem nahegelegenen Dorf Heimburg.[618] Die herzogliche Kanzlei wollte eigentlich nur *einen* Mühlenbesitzer, nämlich Dingelstedt, zulassen, weil der Bauer Weydemann viele Kinder hatte und man befürchten musste, dass bei seinem Tode durch die Erbteilung eine weitere Zerstückelung eintreten würde. Aber der Bauer siegte: Er hatte rechtzeitig eine hohe Anzahlung auf den Kaufpreis geleistet, und er wurde Mitbesitzer.

Wie Winnig 1924 abschließend berichtet[619], kaufte nach Schlüters Tod die fürstliche Kammer das repräsentative Herrenhaus; es blieb bis heute im Besitz der öffentlichen Hand.

Was bedeutet dieser Gutsbesitz für den Hofjuden?
Der Versuch des Hofjuden Berend Lehmann, sich auch in der Landwirtschaft unternehmerisch zu betätigen, endet wenig erheiternd – er bleibt in der Geschichte der Stadt Blankenburg eine Episode; sie markiert jedoch in der Geschichte der deutschen Juden einen wichtigen Punkt. Zwar erfahren wir aus den Akten nichts über die Motive dieses für einen Juden der damaligen Zeit ungewöhnlichen Abenteuers – kein anderer der zahlreichen jüdischen Gläubiger des

---

615 NLA-StA Wolfenbüttel, 112 Alt 282, 24.11.1739, Bl. 3–7.
616 NLA StA Wolfenbüttel, 112 Alt 128, Bl. 62–65.
617 Vgl. seine im 4. Abschnitt dieses Kapitels erwähnte Rolle als Wechselgläubiger Herzog Ludwig Rudolfs.
618 NLA-StA Wolfenbüttel, 112 Alt 282, Bl. 47–80.
619 Vgl. Winnig, *Kreisblatt* (wie Anm. 562).

Herzogs ist auf die Idee gekommen, seine adlige Geschäftsverbindung zu einem solchen agrarischen Experiment zu nutzen. Er wollte sicherlich nicht nur Geld anlegen; andererseits hat er auch nicht daran gedacht, den Betrieb selbst zu planen und zu leiten. Der Wunsch, koschere Lebensmittel für den Eigenbedarf zu produzieren, dürfte ebenfalls keine Rolle gespielt haben. Dazu hätte es einer großen, landwirtschaftlich und rituell erfahrenen jüdischen Helferschar bedurft, die ihm im braunschweigischen Blankenburg nicht erlaubt war.

Es gibt zwei Hinweise in seiner Biographie, die einen Schlüssel bieten. Der eine ist bei den Halberstädter Immobilien bereits erwähnt worden (vgl. Kap. 4.4.6): Lehmann hatte schon 1713 beantragt, vor den Toren Halberstadts einen Bauernhof einrichten und dafür Land erwerben zu dürfen.[620] Der Antrag (den Lehmann möglicherweise gar nicht ausgenutzt hat) wird gegen eine hohe Gebühr bei strengen Auflagen vom preußischen König genehmigt, obwohl eigentlich „Wir durchaus nicht verstatten wollen, daß in Unseren Landen die Juden Landgüter sich anschaffen." Und genau das dürfte den Residenten gereizt haben: Aufgrund seines Privilegs und seiner Beziehungen wollte er einen Schritt tun, der den normalen „Privat-Juden" verwehrt war.

Der zweite Hinweis stammt aus einem Brief, in dem er sich am 20. Februar 1725 bei August dem Starken darüber beklagt, dass man seinem Sohn in Dresden die Handelsgeschäfte ungemein erschwert (abgedruckt als Dokument B 15). Darin schreibt er, um die Wichtigkeit des Handels für die Juden hervorzuheben, „jeweden Juden einziger Pflug und Acker" sei „die Handlung".[621] Diese der jüdischen Aktivität von der christlichen Gesellschaft auferlegte Einschränkung scheint ihn, der ständig mit dem landbesitzenden, stolzen Adel zu tun hatte, besonders geschmerzt zu haben. Was sicherlich für 99 Prozent aller deutschen Juden wirklich und wahrhaftig galt[622] – und insofern war sein Argument im Prinzip richtig – stimmte für ihn selbst, den Blankenburger Agrarier, nicht mehr. Es stimmt auch insofern nicht, als Berend Lehmann zum Zeitpunkt dieser Äußerung, 1725, Besitzer beziehungsweise Nutznießer zweier weiterer ländlicher Grundbesitzungen

---

620 Kapitel 4.4.6 dieser Arbeit.
621 S.a. Kapitel 7: *Die „Firma" Lehmann-Meyer in Dresden.*.
622 So schildert Ebeling, Hans-Heinrich: *Die Juden in Braunschweig*. Braunschweig 1987. S. 138 und 153, dass im Herzogtum Braunschweig-Lüneburg noch im ganzen 18. Jahrhundert grundsätzlich die Judenvertreibungsedikte von 1553 und 1591 galten und dass selbst Hausgrundbesitz einem Juden nur in äußerst seltenen Fällen genehmigt wurde, in der Stadt Braunschweig zum ersten Mal dem in dieser Arbeit mehrfach erwähnten Hofjuden Alexander David im Jahre 1725. Zur Frage des seltenen jüdischen Landbesitzes vgl. die differenzierte Darstellung bei Battenberg, J. Friedrich: *Die Juden in Deutschland vom 16. bis zum Ende des 18. Jahrhunderts* (Battenberg, *Juden*). München 2001 (*Enzyklopädie deutscher Geschichte* 60). S. 96.

war: Einerseits gehörten ihm aufgrund von Forderungen, die er an den polnischen Exilkönig Stanisław Leszczyński hatte, die Einnahmen der riesigen fürstlichen Herrschaft Lissa (Leszno) in Polen (die er freilich nur teilweise realisieren konnte); und aufgrund ähnlicher Forderungen an die Grundherren von Seeburg in der Grafschaft Mansfeld war er Pfandeigentümer der Herrschaft Seeburg.[623]

Sicherlich hätte es ihn gereizt, der Welt zu beweisen, dass ein Jude nicht nur auf seinem traditionellen Felde, im Handel und im Bankwesen, Erfolg haben konnte, sondern auch in Ackerbau und Viehzucht; dazu fehlte ihm allerdings die Fachkompetenz. Aber die Tatsache, dass er, wie der plattdeutsche Bauer sagt ‚Klai anne Fööt' (fetten Ackerboden unter den Füßen) hatte, sie dürfte ihn stolz gemacht haben, zumal das herrschaftliche Gutshaus seine quasi-adlige Würde symbolisierte. Das war ein Stück selbst errungener Emanzipation.

6.2 Hebräischer Druck

Berend Lehmann hatte bereits reiche Erfahrungen mit dem Druck hebräischer Bücher. Seine historische Großtat war die Finanzierung der ersten (hebräischen) kaum christlich zensierten Talmud-Ausgabe im deutschen Sprachgebiet gewesen, die mit einer erheblichen Auflagenhöhe in der Rekordzeit von zwei Jahren, von 1697 bis 1699, bei dem christlichen Verleger Michael Gottschalk in Frankfurt an der Oder gedruckt worden war. Außerdem hatte er in Venedig und Amsterdam Bücher seiner Klaus-Gelehrten zum Druck befördert.[624] Im Jahre 1717 war *Derech ha-Kodesch* (Weg des Heiligen, das heißt der ‚heiligen' Sprache), eine hebräische Grammatik, das Werk seines Sekretärs Alexander Süskind, gedruckt worden, und zwar im anhaltischen Köthen bei dem Drucker Israel Abraham.

Noch im gleichen Jahr (auch dem Jahr der Gutserwerbung) startet Lehmann eine weitere wichtige Unternehmung in Blankenburg: Er möchte in der Harzstadt ein dickleibiges hebräisches Buch drucken lassen, einen Kommentar zum 1. Buch Mose. Während der Talmud das 2. Buch Mose, den *Exodus* mit dem mosaischen Gesetz erläutert, würde der jetzt zu druckende Band – sozusagen als zweitwichtigstes rabbinisches Werk – die Schöpfung und die Urväter-Geschichten paraphrasieren und deuten.

---

623 Schnee, *Hoffinanz* (wie Anm. 7), Bd. 2, S. 191–193. Über die Problematik beider Pfandbesitzungen vgl. Kapitel 9 *Behrend Lehmanns Bankrott*.
624 Vgl. Auerbach, *Gemeinde* (wie Anm. 12), S. 47 sowie Kap. 5.1 und 5.2 dieser Arbeit.

Abb. 34. Jechiel Michel: Neser haKodesch, Probeabzug einer in Blankenburg gesetzten Seite mit Korrekturnotizen des Zensors, Professor Johann Dietrich Sprecher.

Abb. 35. Jechiel Michel: *Neser haKodesch*, Jeßnitz 1719, Titelblatt. Das umfangreiche Werk des Klaus-Rabbiners wurde teilweise 1718 in Blankenburg am Harz gedruckt, fertiggestellt 1719 in Jeßnitz in Anhalt. Die Titelvignette mit den Lehmanns Levitenherkunft charakterisierenden Kannen an den Säulenbasen und der symbolischen Krone Lehmanns als ‚heiligem' Sponsor ließ der Drucker Israel Abraham für Bücher aus Lehmanns Umkreis speziell anfertigen.

Lehmann lässt für diese Unternehmung jenen Druckereibesitzer Israel Abraham aus Köthen nach Blankenburg kommen.[625] Über dessen Mission berichtet er Herzog Ludwig Rudolf im November 1717:

> Euer Hochfürstliche Durchlaucht wollen geruhen, Sich unterthänigst vortragen zu laßen, wie ich eine Zeither gewillt gewesen, in Blankenburg unter anderen auch eine *Hebræische* Druckerey zu *établiren*, und habe ich davon mit hiesigen HofBuchdrucker, Herrn *Zilliger*, durch einen Juden Namenß *Israel Abraham,* welchen ich hiezu zu *employiren* gedencke, sprechen laßen, um den anfang mit einem gewißen *Hebræ*ischen Werck zu machen, da dann Herr *Zilliger* sich gegen gemelten Juden anfangs erklähret, wann man ihm 50 Thaler *discretion* geben werde, wolte er den Druck in seiner *officin* geschehen laßen, ohne sich weiter darin zu *meliren* [...].[626]

Lehmann hoffte also wohl, ein hebräisches Buch sozusagen unter der Hand in einem christlichen Betrieb drucken zu lassen. Das umfangreiche Kommentarwerk *Neser ha-Kodesch*[627] des an der von Lehmann gegründeten Halberstädter Thora-/ Talmud-Hochschule wirkenden Rabbiners Jechiel Michel[628] beanspruchte in der Tat, von nur vier Personen gedruckt, eine erhebliche Herstellungszeit; und so war Israel Abraham offensichtlich dazu bereit, für die Dauer des Druckes praktischerweise nach Blankenburg umzusiedeln. Sicherlich hatte ihm Lehmann auch Hoffnungen auf weitere profitable Beschäftigung im Umkreis des Bücherfreundes Ludwig Rudolf gemacht. Die „diskrete" Zusammenarbeit mit Zilliger erweist sich jedoch als unmöglich, als dieser Lehmann und Abraham einen Vertrag aufzudrängen versucht, der praktisch darauf hinauslaufen würde, dass er, Zilliger, die Abrahamsche Druckeinrichtung übereignet bekäme – als Gegenleistung lediglich für die Erlaubnis, bei sich hebräisch drucken zu lassen. Lehmann lehnt dem Fürsten gegenüber „solche enorme *proposition*" ab; er sehe gar nicht ein,

> [...] wie man oftgedachten *Zilliger* dabei nöthig habe. Indem nun dergleichen Druckerey zum aufnehmen [?] des gemeinen Wesens gereichet, zumahlen dergleichen *Hebræ*isches Werck nicht allein in Europa, sondern auch in anderen Theilen der Welt sich bekandt machet, mithin auch Nahrung ins Land ziehet, da die *Materialia* dazu, alß Papire, Öhl und dergleichen, von denen Unterthanen gekaufet werden, die Buchbinder auch *in specie* dabey zu thun bekommen, alß habe dieses Werck lieber hieher alß anders wohin befordern wollen; und

---

625 Über Israel Abraham vgl. Sadowski, Dirk: *„Gedruckt in der heiligen Gemeinde Jeßnitz"* – *Der Buchdrucker Israel bar Avraham und sein Werk*. In: *Jahrbuch des Simon-Dubnow-Instituts* 7 (2008). S. 39–69.
626 NLA-StA Wolfenbüttel, 112 Alt 276, Bl. 25–26. Hier auch die Vorgeschichte Zilligers (vgl. Dokument W 23).
627 Die Transkription hebräischer Titel folgt hier Freudenthal.
628 Nach Freudenthal, *Heimat* (wie Anm. 39), S. 196, hatte das fertiggedruckte Buch über 926 Folioseiten.

ergehet demnach an Euer Hochfürstliche Durchlaucht mein unterthänigstes Bitten, Derselbe wollen gnädigst geruhen, mir ein *Privilegium* auf eine *Hebræ*ische Druckerey zu ertheilen, welches mit Herrn *Zilligers Privilegio* keine *Connexion* habe [...].[629]

Dabei beeindruckt Lehmanns Argumentationsgeschick: Er hat – offenbar in einem vorangegangenen Gespräch – ein gewisses Interesse des Fürsten an hebräischen Büchern festgestellt und bringt es mit dem Geltungsbedürfnis und dem merkantilistischen Interesse Ludwig Rudolfs in Zusammenhang. Gleichzeitig versucht er übrigens im weiteren Verlauf des Briefes, den Preis des Privilegs niedrig zu halten. Er weiß, wie gern seine christlichen Geschäftspartner den wirklichen oder angenommenen Reichtum ‚des' Juden ausbeuten. Der christliche Konkurrent Zilliger hat ihm jedenfalls durch sein eigennütziges und ungeschicktes Verhalten die Möglichkeit gegeben, das Druckgeschäft selbst in die Hand zu nehmen.

Haupt-„Condition": die Zensur

Lehmann bekommt das Privileg (vgl. Dokument B 8)[630], allerdings mit zahlreichen Auflagen, von denen sich diejenigen über die Zensur der zu druckenden Texte als entscheidend herausstellen.[631]

[2.][632] Alles, was gedruckt werden soll, muss vorher einem „von Fürstlichem *Consistorio* dazu besonders zu verordnenden *Censori*" vorgelegt werden; der Zensor muss vom Drucker bezahlt werden.

[3.] Der Zensor muss die Druckerei „öfters [...] *visitir*en und dahin zusehen, daß nicht etwan unter der Hand Verdächtiges, anstößiges oder wohl gar *Blasphemisches* gedruckt werden möge".

[4.] Außerdem muss der Drucker zusätzlich noch auf eigene Kosten entsprechende Unbedenklichkeitsgutachten von auswärtigen Universitäten einholen.

Dem „fürstlichen *Consistorio*" steht der Blankenburger Titularabt und Braunschweig-Wolfenbüttelsche Hofprediger Eberhard Finen (1668–1726) vor;[633]

---

629 NLA-StA Wolfenbüttel, 112 Alt 276, Bl. 26.
630 NLA-StA Wolfenbüttel, 112 Alt 277, Bl. 7–9.
631 Über die historische Einordnung der in Blankenburg ausgeübten Zensur in die Geschichte der Zensur hebräischer Texte in der Frühen Neuzeit vgl. Strobach, Berndt: *Hebräischer Buchdruck zwischen Hofjuden-Mäzenatentum und christlicher Zensur. Wie die Harzstadt Blankenburg nicht zum jüdischen Publikationsort wurde.* In: Zeitschrift für Religions- und Geistesgeschichte, 60. Jg. Heft 3 (2008). S. 235–252.
632 Die Zahlen beziehen sich auf die „*conditiones*" des Privilegs.
633 Biographie in: Jarck, Horst-Rüdiger (Hrsg.): *Braunschweigisches biographisches Lexikon. 8.– 18. Jahrhundert.* Braunschweig 2006. S. 220.

er beauftragt den an der braunschweigischen Landesuniversität Helmstedt wirkenden außerordentlichen Professor der orientalischen Sprachen Johann Dietrich Sprecher (1674–1727)[634] mit einem Gutachten über das zu druckende Werk. Dieser breitet in einem Brief an Finen[635] sein umfangreiches Fachwissen aus, wobei er sich zunächst hauptsächlich auf den in Halberstadt neu kommentierten Ursprungstext bezieht, die Genesisauslegung *Bereschit Rabba* aus dem 4. Jahrhundert[636], von der er meint, „[...] vor der Handt ist mir nicht bewußt, daß einige *Blasphemien* in den *Rabboth* wieder Christum, oder wieder die Christliche *Religion* enthalten [sind]". Von Finen hat Sprecher erfahren, dass „Ihre Durchlaucht [Fürst Ludwig Rudolf] ein gnädiges Gefallen an diesen Wercken haben", und so will er auch

> Fleiß anwenden, daß was Vollkommenes soll heraus kommen und die Gelehrten die Hochfürstliche Vorsorge zu preisen Ursache haben. Ob ich aber so gleich Eurer Durchlaucht Gnädigstes Verlangen, das Werck ins Deutsche zu übersetzen, werde erfüllen können, weiß ich fast nicht. Denn, da es als ein *Manuscript* in der *Bibliothec* soll aufgehoben werden, müsste die *Version* [Übersetzung] mit eben solchem Fleiß, als wenn sie *edirt* [wissenschaftlich korrekt herausgegeben] würde, verfertigt werden.[637]

Bei der Besprechung von Jechiel Michels neuem Kommentar stören ihn unnötige „Abbreviaturen". Wenn der Kommentator ein so umfangreiches Werk verfasse, weshalb er dann nicht alles ausschreiben wolle (die Frage solcher „Abbreviaturen" wird sich späterhin noch als wichtig erweisen). Den Kommentar müsse man sich durchaus kritisch ansehen:

> Es kann wohl seyn, wenn er [der Kommentator] bey ein *dictum* [eine Aussage] kömt, das uns [Christen] mit den Juden *controvers* ist, daß er daselbst seinen *zelum Judaicum* [jüdischen (Glaubens-)Eifer] ausschütte, welches so denn [sodann] bey der *revision* muß *notiret* und nach Befinden *expungiret* [ausgestochen] werden.

---

634 Das erreichbare biographische Material über ihn ist dünn. S. Ahrens, Sabine: *Die Lehrkräfte der Universität Helmstedt* (Ahrens, *Lehrkräfte*). Helmstedt 2004. S. 225; Dunkel, Johann G. W.: *Historisch-kritische Nachrichten von verstorbenen Gelehrten und deren Schriften.* Bd. II. Dessau & Cöthen 1755/56. S. 1469.
635 NLA-StA Wolfenbüttel, 112 Alt 277, Bl. 2–4, Dokument B 9. Der Brief ist undatiert und nicht unterschrieben; Sprechers Autorschaft ergibt sich aus dem Inhalt und aus dem Schriftvergleich mit dem weiter unten zitierten Brief vom 20.03.1718.
636 Der Text ist im Internet auf Englisch zugänglich unter www.sacred-texts.com/jud/tmm/tmm07.htm (12.12.2017).
637 Auf Wunsch Ludwig Rudolfs sollte Sprecher eine den christlichen Standpunkt wiedergebende „præfation" für *Neser haKodesch* verfassen.

Andererseits dürfe aber eine Zensur auch nicht „zu hart" sein. So gebe es Stellen, an denen die alten jüdischen Kommentare Andersgläubige verfluchten. Diese müsse man nicht wegzensieren, da sie sich nicht auf das Christentum bezögen, sondern auf heidnische orientalische Religionen. Die Eliminierung solcher Passagen reiße oft sinnentstellende Lücken in den Text).[638] Bei den Wolfenbütteler Akten liegen mehrere Seiten Probeabzüge in hebräischer Schrift mit Zensurbemerkungen Sprechers.[639] Um gemäß Punkt 3 der Zensurauflagen den Druckvorgang zu überwachen, beauftragt man zusätzlich den Pastor des Blankenburg benachbarten Dorfes Cattenstedt, Johann Günther Stukenbrok, als örtlichen Zensor.

Der Druck beginnt mit Schwierigkeiten
Inzwischen hat Berend Lehmann seine Druckkonzession an Israel Abraham abgetreten [640], dieser hat aus Köthen seine gesamte Druckausrüstung kommen lassen und mit seinen drei Gesellen schon zwölf Bogen[641] des Kommentars zu *Bereschit Rabba* gedruckt;[642] aber, wie ein Brief von ihm an den fürstlichen Geheimrat von Campen zeigt (Dokument W 25), gibt es Schwierigkeiten:

> Euer *Excellentz* werden sich in Gnade erinnern, daß ich vor Dero Abreise gehorsamst um *Conceßion* gebeten, den vorhabenden *Hebræischen* Druck würcklich anzufangen, und darbey habe ich unterthänig angefragt, wie ich mich wegen der *Censur* zu verhalten hätte, worauf Euer *Excellentz* Cammerdiener die Antwort mir gebracht, es hätte Zeit genug; wenn ein gut Theil des Buches fertig, solte solches zur *Censur* gegeben werden, worauf ich auch in Gottes Nahmen den Anfang des Druckes gemacht, [...].[643]

Als er die ersten gedruckten Bogen zur Zensur an die blankenburgische Regierung weitergeben wollte, sei ihm der Weiterdruck verboten worden. Das schaffe ihm erhebliche Probleme: Seine Gehilfen hätten nichts zu tun und müssten trotzdem bezahlt werden, er habe schon Papier angeschafft, das ihm verderben werde, weil er es in seinem „gar kleine[n] Haus" nicht angemessen lagern könne. Der Cat-

---

638 NLA-StA Wolfenbüttel, 112 Alt 277, Bl. 31–32.
639 Vgl. Abb. 34.
640 Brief Berend Lehmanns aus Leipzig an den Fürstlich-Blankenburgischen Geheimrat von Campen, NLA-StA Wolfenbüttel, 112 Alt 277, 08.01.1718, Bl. 10–11, Dokument W 24.
641 Bogen ist ein Druckpapier-Zählmaß. Unabhängig vom Format des Grundblattes enthält ein Bogen acht Blatt. Beiderseitig bedruckt ergeben sich aus einem Bogen 16 Druckseiten.
642 Wie sich aus Freudenthal, *Heimat* (wie Anm. 39), S. 250, ergibt, hat Abraham noch in der 3. Dezemberwoche 1717 in Köthen gedruckt, der Umzug kann also erst Anfang 1718 erfolgt sein.
643 NLA-StA Wolfenbüttel, 112 Alt 277, 09.03.1718, Bl. 16–17, Dokument W 25.

tenstedter Pastor als Zensor (von einem weiteren, wichtigeren weiß Abraham offenbar noch nichts) glaube nicht, in dem Werk etwas Widerchristliches zu finden; so würde es doch genügen, wenn jeweils die schon gedruckten Partien zur Zensur gelangten. Da hat der Drucker wohl gemeint, ‚auf dem kleinen Dienstweg' eine Milderung der „*Conditiones*" des stillschweigend von Berend Lehmann auf ihn selbst übergegangenen Privilegs zu erreichen; möglicherweise hat er auch den Wortlaut gar nicht gekannt. Eine Woche später konferiert der Herzog selbst mit dreien seiner Räte über den Fall und erlässt, ungeachtet der Klagen Israel Abrahams, „den ernstlichen Befehl, bey Vermeidung harter nachträglicher Bestrafung mit dem Druck eher nicht zu *continuir*en, bevor nicht die *Censur* würcklich geschehen."[644] Damit ist offenbar die Zensur des gesamten umfangreichen Manuskriptes vor dem Weiterdruck gemeint.

Gleich am nächsten Tag schreibt Abraham erneut einen Brandbrief, diesmal an den Fürsten selbst[645], und macht ihm klar, was der verhängte Druckstopp für ihn bedeutet: Allein der Pastor von Cattenstedt würde nach eigener Aussage für die Nachzensur ein halbes Jahr benötigen; das bedeute für ihn, Abraham, er müsse das Unternehmen in Blankenburg aufgeben, denn er sei vertraglich gebunden, das Werk zügig zu liefern, und sein Vermögen reiche nicht, um eine solche Durststrecke zu überstehen. Vor allem müsse er seine Helfer entlassen, und hebräische Setzer und Drucker seien nicht leicht wiederzubekommen. Auch der eigentliche Zensor, Sprecher, würde es doch mit dem Lesen leichter haben, wenn er schon Gedrucktes vor sich hätte, und ob man nicht deshalb schon Teile des Manuskripts weiterdrucken könne. Er sei auch bereit, seine Druckausstattung als Pfand zu setzen, mit dem er im Straffalle hafte. Auch könne sein Drucker, der ein Christ sei, unter Eid genommen werden (der Judeneid galt nichts!), der könne ihm doch „zur *Inspection* vorgesetzet" werden.

Wiederum einen Tag später beschließt die fürstliche Kanzlei in Abrahams Anwesenheit, seinem Gesuch könne zwar nicht völlig entsprochen werden, aber man gibt

> zur Beförderung des Werks ihm gnädigst Verstattung, daß, wenn er sein gantzes *Manuscript* nicht hergeben wollte, er davon die Bogen einzeln hergeben könnte, welche alßdann nach Helmstaedt an den *profeßor* Sprecher geschickt und von demselben *censirt* werden sollten. Bei deren Rückkunfft könnten dieselben gedruckt, und solten nachmals vom *pastore* Stukenbrok zu Cattenstedt mit dem *manuscript* wiederum *collationirt* [abgeglichen] werden.[646]

---

644 NLA-StA Wolfenbüttel, 112 Alt 277, 16.03.1718, Bl. 17.
645 NLA-StA Wolfenbüttel, 112 Alt 277, 17.03.1718, Bl. 19–21, Dokument W 26.
646 NLA-StA Wolfenbüttel, 112 Alt 277, 18.03.1718, Bl. 23.

Abraham erklärt sich (sicherlich schweren Herzens) mit dieser umständlichen Prozedur einverstanden.

Der Zensor möchte lieber „Editor" sein
Diese leichte Milderung des Zensurverfahrens wird verständlich, wenn man in einem neuen Brief des Zensors Sprecher an den Konsistorialrat Finen (20. März 1718) liest[647], er würde ja auf „Durchlaucht [Herzog Ludwig Rudolfs] Gnädigstes Verlangen, das Werck ins Deutsche zu übersetzen" im Prinzip gern eingehen, aber es sei doch eine ungeheuer zeitraubende Aufgabe, die er mit seinem Lehrberuf kaum vereinbaren könne. Man müsse sehr sorgfältige Textarbeit leisten. Offenbar, so kann man dem Brief entnehmen, würde der interessierte Herzog tatsächlich gern den Ruhm eines Mäzens „gelehrten" Druckens genießen; aber die Finanzierung ist von ihm nicht zu erwarten. Diese sollen die Juden übernehmen, und Sprecher erklärt das in einem weiteren Brief an Finen vom 4. April 1718.[648] Einer der Gehilfen Israel Abrahams hat ihn in Helmstedt aufgesucht und heftig mit ihm um die Zensurkosten gefeilscht. Sprecher verlangt pro Bogen 2 Taler, wobei die bisher schon gedruckten 15 Bogen (etwa ein Viertel des Werkes) wegen der vielen von ihm entdeckten Fehler eingestampft werden müssten. Das ergäbe insgesamt mindestens 120 Taler an Korrekturkosten. Der Drucker bietet aber nur 4 Groschen pro Bogen (das wäre nur ein Zwölftel des Verlangten); er will keine philologisch perfekte Ausgabe, sondern nur die Bescheinigung, dass das Buch ideologisch sauber ist. Sprecher: „Fertige ihn also ab mit seinen 4 Gutegroschen."

Nach einer kleinen Bedenkzeit kommt der Drucker wieder und bietet für den Unbedenklichkeitsnachweis des Werkes pauschal 50 Taler; Sprecher will sich nunmehr mit einem Taler pro Bogen „*contentir*en", was ihm etwa zehn Taler mehr bringen würde als die angebotene Pauschale. Die Verhandlung endet ohne Ergebnis, aber nachdem ihm der Drucker angedeutet hat, dass ein noch umfangreicheres Werk in Blankenburg gedruckt werden könnte, eventuell sogar eine neue Talmudausgabe, regt Sprecher bei Finen an, der Herzog möge „gnädigst verordnen", die Juden sollten doch *ihn* als „*Editor*" nehmen; für 600 Taler im Jahr würde er ihnen statt der fehlerhaften und unübersichtlichen Manuskriptvorlage ein ordentliches Werk edieren, er würde dafür auch nach Blankenburg ziehen. Allerdings will er seine Helmstedter Professur, die ihm offenbar nur 100 Taler (im Jahr oder im Semester?) einbringt, auf keinen Fall aufgeben, um nicht ein „Juden bediener" zu werden.

---

647 NLA-StA Wolfenbüttel, 112 Alt 277, 20.03.1718, Bl. 25–26, Dokument W 27.
648 NLA-StA Wolfenbüttel, 112 Alt 277, 04.04.1718, Bl. 27, Dokument W 28.

Finen reicht Sprechers Angebot an die Regierung in Blankenburg weiter[649]: Sprecher habe durchaus Recht, Durchlaucht, der Fürst, könne mit derlei Druck Ehre einlegen in der gelehrten Welt (hatte man das nicht schon einmal, ein halbes Jahr vorher, von Berend Lehmann gehört?). Nur mit Lehmann als dem Auftraggeber des zu druckenden Werkes wäre eine solche Vereinbarung möglich gewesen, und man darf bei seiner stolzen jüdischen Grundeinstellung davon ausgehen, dass er einen christlichen Herausgeber nicht akzeptiert hätte. Eine Einigung in Sprechers Sinne ist jedenfalls ganz offensichtlich nicht zustande gekommen, und so gibt es am 12. April eine schroffe Wendung in der eigentlich wieder milder gewordenen Zensurpolitik: In Anwesenheit des Fürsten wird auf dem Schloss in Blankenburg „*resolvirt*": Es soll bei der „eingewilligten *Censur*" bleiben, das heißt, bei der von Lehmann als ursprünglichem Privilegnehmer akzeptierten Zensur des gesamten Manuskripts; „vorher soll nicht *continuirt* werden".[650]

Inzwischen hat es einen Versuch gegeben, den Druck dennoch für Blankenburg zu retten, offenbar gemeinsam von dem fürstlichen Geheimrat von Cramm und von Israel Abraham unternommen. Denn am Tag nach der wieder verschärften Anordnung trifft in Blankenburg der Brief eines weiteren Gutachters ein, und zwar des Helmstedter Professors der Theologie und der orientalischen Sprachen Hermann von der Hardt (1660 – 1747): Am Abend vorher (also am 10.04.) sei ein jüdischer Buchdrucker aus Blankenburg bei ihm gewesen und habe ihn im Auftrag des Geheimrats von Cramm gebeten, zu bestätigen, dass in den *Rabboth* nichts Widerchristliches enthalten sei. Von der Hardt charakterisisert den geplanten Druck folgendermaßen[651]: Dieser Kommentar zum Pentateuch, den fünf Büchern Mose, sei schon vielfach in christlichen Ländern gedruckt worden, mit jeweils verschiedenen zusätzlichen Rabbiner-Kommentaren. Er selbst besitze mehrere solche Exemplare.

„Solche alte Jüdische Bücher", räumt von der Hardt ein, „haben hin und wieder freilich einiges, das Christum *touchirt* [Sinn hier: widerspricht], sonst wären es keine Bücher Jüdischer *auctorum*. So auch dieses alte Buch über *Pentateuchum*". Trotzdem solle der alte Text in jedem Falle erhalten bleiben: „Ein solches altes Buch kann nicht in einer neuen *edition* geändert oder *castrirt* werden." Über den neuen Kommentar schreibt er: „Ich habe gestern abend und heute früh die ersten 8 *Columnen* durchgelesen", und er habe dabei nichts Christenfeindliches gefunden. Allerdings, so erläutert er an einem Beispiel: Dieser Kommentar lobe

---

649 NLA-StA Wolfenbüttel, 112 Alt 277 06.04.1718, Bl. 28.
650 NLA-StA Wolfenbüttel, 112 Alt 277 12.04.1718, Bl. 29.
651 NLA-StA Wolfenbüttel, 112 Alt 277, Bl. 33 – 34, Dokument B10.

die Fürtrefflichkeit des Gesetzes. [...] Unterdeß ist Christliche Lehre nach Pauli fürtrag [nach der Lehre des Paulus] auff gewiße Maaße wider Mosis Gesetz und dessen Kraft. So kan man fast alles und jedes [in dem zu zensierenden Werk so] deuten, daß es christliche *religion*, wo nicht *proxime* doch *remote touchiret* [zur christlichen Religion, wenn nicht eng, so doch entfernt im Gegensatz steht].

Mit anderen Worten: Der Kommentator Jechiel Michel betone die überragende Bedeutung des mosaischen Gesetzes, während die christliche Theologie nach Paulus die Geltung dieses Gesetzes einschränke. Im Werk eines gesetzestreuen Juden sei eine andere Haltung nicht vorstellbar. „Solche Dinge aber *castriren*", so fährt er fort, „würde alle Jüdische Bücher auffheben."

Auch seien grobe Angriffe auf das Christentum bei klugen neueren Rabbinern aus dem Umkreis Berend Lehmanns nicht zu befürchten. Darüber hinaus sei die Satz-für-Satz-Zensur eines so umfangreichen Werkes „viel zu *laboureius* [arbeitsintensiv] und doch kaum zulänglich".

Interessant ist vor allem, worin (im Vergleich mit dem überwiegend philologisch interessierten und auf Abgrenzung bedachten Zensor Sprecher) von der Hardt den Wert der Beschäftigung mit ‚unkastrierter' rabbinischer Literatur sieht:

Solcherlei *castrationes* der Christlichen Kirche[n] [sind] *ratione notitiæ de doctrina Judæorum veteri et recenti* [im Interesse des Wissens über die alte und neue Lehre der Juden] sehr nachtheilig, da Christliche Lehrer aus jenen eigenen Schrifften genau zu ersehen und zu erkundigen haben, was ihre ehemalige und etwa neuere Lehre sey.

Christliche Theologen müssten also wissen, was an ihrer eigenen Lehre alt (jüdisch) und was neu (christlich) ist. Er betont so die Kontinuität der Glaubensentwicklung vom Judentum zum Christentum.

Einen besseren Gutachter als Hermann von der Hardt hätten sich die Drucker nicht wünschen können. Er hatte sich nach Studien in Jena bei dem berühmten christlichen Talmudisten Esdras Edzardus (1629–1708) in Hamburg weitergebildet und hatte in einer *Paraenesis ad doctores Judæos*, einem *Aufruf an die jüdischen Gelehrten*, seine Hochschätzung der rabbinischen Juden ausgedrückt (allerdings auch die Hoffnung, sie würden sich zu Jesus als dem wahren Messias bekehren).[652] Er war als zunächst pietistischer, dann aber rationalistischer Theologe ein früher Vertreter der historisch-kritischen Bibelexegese geworden. Er hatte mit seinen teils modernen, teils skurrilen Ideen selbst mehrfach Schwierigkeiten mit der braunschweigisch-konsistorialen Zensur, auf die er höchst selbstbewusst mit der Verbrennung eigener ‚ketzerischer' Werke reagierte, deren

---

652 Vgl. Battenberg, *Juden* (wie Anm. 622), S. 37.

Asche er der Universitätsbibliothek schenkte.[653] Dass Finen nicht ihn als den eigentlichen Zensor berief, ist von daher nur zu verständlich.[654]

Ende in Blankenburg, Fortsetzung in Jeßnitz

Nach von der Hardts heute so absolut vernünftig wirkendem Kurzgutachten ist es erschütternd, das nächste Aktenblatt zur Kenntnis zu nehmen.[655] Es ist die Notiz über eine neue Zensurempfehlung des Konsistorialrates Finen: Der Druck des „rabbinischen Werkes" solle lieber unterbleiben. Es sei auffällig, dass der Drucker zögere, dem Zensor das Manuskript zu geben. Dabei müsse man keine Bedenken haben, dass Sprecher etwa Probleme mit dem Verständnis der Abkürzungen haben könne. Nach seinen Hebräischstudien bei einem vierjährigen Aufenthalt in Venedig[656] wisse er darüber Bescheid, dass die Juden gerade in den Abkürzungen ihre „Lästerungen gegen den Heiland und die Christen" versteckten. Sprecher hatte also wohl in einem weiteren, nicht überlieferten Brief auf die ihm vorher nur lästigen, jetzt angeblich gefährlichen „Abbreviaturen" hingewiesen und seinen „Gönner" Finen letzten Endes zur Ablehnung des ganzen Druckunternehmens bewegt. Dabei dürfte der Ärger über die nicht gelungene Herausgeberschaft ausschlaggebend gewesen sein.

Jedenfalls beendet Israel Abraham sein Wirken in Blankenburg; Herzog Ludwig Rudolf verzichtet darauf, sich und seine Residenz Blankenburg in der gelehrten Welt durch eine hebräische Druckerei berühmt zu machen. „Noch im selben Jahr 1717", so schreibt Freudenthal, „verlegte Israel Abraham seine Offizin von Cöthen wieder ins Dessauische, nach dem kleinen Städtchen Jeßnitz". Was Freudenthal nicht wusste: Zwischen Köthen und Jeßnitz lag Blankenburg. Im März 1719 beendet Israel Abraham in Jeßnitz den in Blankenburg begonnenen Druck.[657]

Über Abrahams langjährige Jeßnitzer Tätigkeit liest man in Freudenthals Standardwerk über den hebräischen Buchdruck im Anhalt des frühen 18. Jahrhunderts:

---

653 Ahrens, *Lehrkräfte* (wie Anm. 634), S. 102.
654 Zwischen Israel Abraham und von der Hardt gibt es eine interessante spätere Verbindung: Laut Freudenthal, *Heimat* (wie Anm. 39), S. 200, liegt einer Jeßnitzer Veröffentlichung von 1722 eine Vorlage von der Hardts zugrunde.
655 NLA-StA Wolfenbüttel, 112 Alt 277, ohne Datum, Bl. 35, Dokument W 29.
656 Nach Ahrens, *Lehrkräfte* (wie Anm. 634), S. 142, war Sprecher vier Jahre lang Pastor der deutschen Kaufmannschaft in Venedig.
657 Freudenthal, *Heimat* (wie Anm. 39), S. 263.

> Vor allen Dingen war Israel Abraham bemüht, reiche und spendenwillige Gönner zu finden, welche die Kosten des Unternehmens tragen halfen, und er durfte sich glücklich schätzen, ganz besonders im nahen Halberstadt an Berend Lehmann einen Mäzen zu besitzen, dessen Edelsinn niemand vergeblich anrief, [...] und Israel Abraham ließ darum als äußerliches Dankeszeichen noch ein neues Titelblatt herstellen, welches an den Sockeln eines mächtigen, von einer Krone überragten Portals die Abzeichen der levitischen Abstammung Berend Lehmanns, zwei Kannen, trug.[658]

Weshalb der Halberstädter Hofjude nach der Weitergabe des Privilegs nicht noch einmal in das Geschehen eingriff, darüber können nur Vermutungen angestellt werden. Er war ein vielbeschäftigter Mensch, ständig in mehreren Projekten gleichzeitig engagiert, und dies selten längere Zeit an einem Ort. So war er in der hier behandelten Angelegenheit von Anfang an nicht in Blankenburg präsent, sondern er ließ statt seiner den Drucker mit dem Blankenburger christlichen Konkurrenten verhandeln. Auch das beantragte Druckprivileg hat er nicht in Blankenburg abgewartet, sondern sich zuschicken lassen.[659] Er betreibt die wichtige Weitergabe des Privilegs an Israel Abraham per Brief von Leipzig aus, wo er sich sicherlich auch zur Oster-Messezeit 1718 aufgehalten hat, als Abraham mit der Zensur zu kämpfen hatte. In demselben Brief erklärt er übrigens, er selbst hätte nie mit der Druckerei „ein *negotium* zu machen jemahls intendirt [ein Geschäft daraus machen wollen]", es sei ihm lediglich darum gegangen, „den Juden aus Cöthen zu subleviren [zu unterstützen]". Vermutlich hat er, wenn er überhaupt rechtzeitig von den Zensurproblemen erfuhr, den starken Einfluss Finens richtig eingeschätzt, den dieser als Oberhofprediger und als Beichtvater der Herzogin hatte, und daraufhin auf ein Eingreifen verzichtet. Das Scheitern des Blankenburger Experiments hat Israel Abrahams Verhältnis zu Berend Lehmann offensichtlich nicht getrübt; er hat in Jeßnitz nach *Neser ha-Kodesch* noch zwei weitere Werke gedruckt, die von Lehmann teilweise oder ganz gesponsert wurden.

Dank Freudenthals genauer Analyse der Drucke kann man sogar einen der Setzer und einen der Drucker identifizieren, die an dem teilweise in Blankenburg gedruckten Werk beteiligt waren, es sind Jesaja b. Isaak b. Jesaja (von Freudenthal besprochenes Werk Nr. 28, S. 278) und Elia b. Isai (Nr. 25, S. 278); der christliche Drucker, den Israel Abraham als Bürgen für seine Zuverlässigkeit anbietet, könnte Friedrich Georg Kleß(n)er aus Leipzig gewesen sein (Freudenthal Nr. 30, S. 274).

An den günstigen Nährboden Halberstadts für hebräischen Buchdruck hat der Drucker sich übrigens gegen Ende seiner Schaffenszeit noch einmal erinnert.

---

658 Freudenthal, *Heimat* (wie Anm. 39), S. 195. Vgl. Abb. 35.
659 So ersichtlich aus seinem Brief an den Blankenburgischen Geheimrat von Campen in NLA-StA Wolfenbüttel, 112 Alt 277 vom 08.01.1718, Bl. 10–11 (Dokument W 24).

Elf Jahre nach Lehmanns Tod versucht Israel Abraham, seine Druckerei nach Halberstadt zu verlegen. Diese Episode wird im folgenden Abschnitt geschildert.

Freudenthals Bewertung des in Blankenburg gedruckten Midrasch-Kommentars ist übrigens nicht besonders schmeichelhaft:[660]

> [Jechiel Michel bietet] nicht etwa kurze und sachliche Erklärungen [...], sondern weitgedehnte, talmudische Erörterungen unter eingehender Berücksichtigung der ganzen nachtalmudischen Literatur [...]. Das ungeheuer weitschweifige Buch, welches nur den Kommentar zur *Genesis*haggada[661] und dennoch 926 engbedruckte Folioseiten umfaßte, war ein Spiegel seines Scharfsinnes und seiner Gelehrsamkeit. Für die *heutige* [1900!] wissenschaftliche und kritische Betrachtung des Midrasch[662] gewährt es nur dürftige Ausbeute. Trotzdem blieb es eine edle That Berend Lehmanns, daß er auf seine eigenen Kosten den umfangreichen Kommentar seines Klausrabbiners in Jeßnitz drucken ließ. ‚Krone des Heiligen', *Neser ha-Kodesch*, nannte der Verfasser dem Mäcen zu Ehren sein Werk, und Israel Abraham schmückte die Krone des neuen, zum erstenmal verwendeten Titelblattes zur bleibenden Erinnerung mit dem heiligen Namen des gütigen Spenders.

6.3 Der Drucker Israel Abraham

Israel Abraham kehrte 23 Jahre später in das Vorharzgebiet zurück; und diese Geschichte ist eine vielsagende Ergänzung zu der frühen Blankenburger Episode. Am 15. Februar 1741 stellt der Buchdrucker Israel Abraham aus Jeßnitz in Anhalt an die Preußische „Krieges- und Domänenkammer" in Halberstadt den Antrag auf ein Privileg zur Errichtung einer hebräischen Buchdruckerei in der Stadt.[663] Die Judenschaft der Provinz (des Fürstentums) Halberstadt und die Juden der Stadt hätten ihn aufgefordert, „auf ihren Vorschuß" (mit ihrer finanziellen Unterstützung) in Halberstadt mit hebräischen Lettern zu drucken. Sie müssten ihre Bücher mit hohen Kosten von auswärts beschaffen, und der Bedarf der zahlreichen Gemeinde sei so groß, dass sich eine eigene Druckerei lohnen würde. Abraham offeriert einen „*Canon*" (eine Lizenzgebühr) von zwei Talern im Jahr.

---

660 Freudenthal, *Heimat* (wie Anm. 39), S. 196.
661 Die Haggada (Erzählung), ein Teil der so genannten mündlichen Thora, umfasst im Unterschied zur strengen Halacha, den biblischen Gesetzen und ihrer Auslegung, hauptsächlich Erzählungen und Gleichnisse.
662 Midraschim sind dem Talmud ähnliche, nach-talmudische Schriftauslegungen.
663 Geheimes Staatsarchiv Preußischer Kulturbesitz Berlin, I. HA, Rep. 33 Nr. 120b, Pak. 5 (1740–1807), Bl. 482ff. *Die von der Judenschafft zu Halberstadt anzulegen intendirte Hebræische Buch-Druckerey betreffend.* Darin zwei Antragsschreiben Israel Abrahams vom 15.02.1741, Bl. 492–493, Dokument W 30. Aus diesem Archivale stammen alle Zitate dieses Abschnitts.

Wie sich aus einem weiteren Schreiben Abrahams vom 27. März an die Kammer ergibt, hat inzwischen (am 13. März) wohl ein Gespräch mit ihm stattgefunden, in dem die Kammer Zweifel an der Zweckmäßigkeit und Rentabilität des Unternehmens geäußert hat. Daraufhin liefert der Drucker am 27. März schriftlich weitere Argumente: Für die christlichen Drucker der Stadt würde sein Betrieb keine Konkurrenz darstellen, da er nur hebräisch drucken wolle, was die Christen mangels Lettern nicht könnten.

Der königlichen Post würde kein Schaden entstehen: Die Juden würden zwar weniger Porto für die Beschaffung auswärts gedruckter Bücher bezahlen, dafür würde aber der Versand der Halberstädter Bücher und vor allem das Hin- und Herschicken von Manuskripten und Druckfahnen im Verkehr mit den Korrektoren Ersatzeinnahmen bringen.

Für die regionalen Papiermühlen würde sich neuer Umsatz ergeben, auch der „Kühn-Ruß", die Druckerschwärze, würde – örtlich gekauft – einen wirtschaftlichen Vorteil bedeuten. Zwei Tage später schickt die Halberstädter Domänenkammer den Antrag ohne eigene Stellungnahme an die ihr vorgesetzte Behörde, das „Königlich Preußische General Ober-Finanz-, Kriegs- und Domänen-Directorium" in Berlin. Nach weiteren acht Wochen bittet diese Behörde den „Würcklichen Geheimen Etats-Ministre" von Arnim um ein Gutachten.[664] Dieser Beamte holt seinerseits die Meinung zweier Gutachter ein.

Einer von ihnen ist Johann Christian Uhden, der General-Fiskal. Dieser Beamtenposten diente seit Friedrich I. als „Auge und Ohr des Königs"; der General-Fiskal war Aufseher über Bevölkerung und Beamtentum, Überwacher der Kriminalrechtspflege und Beitreiber der dem Landesherrn zufallenden Geldstrafen.[665]

Uhden geht in seinem Schreiben vom 30. August 1741[666] auf drei Fragen ein: „Ob solche Buchdruckerey nothwendig sey? Ob solche einem frembden Juden, als der Israel Abraham ist, zu *concediren*? Ob daraus ein Vortheil für das *publicum* und Königliches *Interesse* [die Staatskasse] zuhoffen? Seine Antwort auf alle drei Fragen ist negativ: Eine hebräische Druckerei in Halberstadt sei nicht nötig, da die

---

664 Georg Dietloff von Arnim (1679–1753), studierter Jurist, zu dieser Zeit Staats- und Kriegsminister. Vgl. *Allgemeine deutsche Biographie*. Berlin 1875 [Reprint Berlin 1967]. Bd. I. S. 567.
665 Stern, *Staat* (wie Anm. 46), Bd. I/1, S. 35. Johann Christian Uhden (1695–1783) war „Geheimer Justiz- und Tribunalrat", später Justitiar der Akademie der Wissenschaften. Vgl. Fabian, Bernhard (Hg.): *Deutsches Biographisches Archiv 1960–1999* (DBA III; Microfiche-Ausgabe). München 1999–2002. Fiche III/935/294 nach Werner Hartkopf: *Die Berliner Akademie der Wissenschaften*, 1992.
666 Geheimes Staatsarchiv Preußischer Kulturbesitz Berlin, I. HA, Rep. 33 Nr. 120b, Pak. 5 (1740–1807). Bl. 482ff. *Die von der Judenschafft zu Halberstadt anzulegen intendirte Hebræische Buch-Druckerey betreffend*. Darin zwei Antragsschreiben Israel Abrahams vom 15.02.1741, Bl. 486–489.

Juden dort „bishero ohne dergleichen *subsistiret*" hätten [ausgekommen seien]; sie könnten auch fürderhin in Berlin oder Frankfurt an der Oder drucken lassen, die dortigen Druckereien seien nicht ausgelastet. Israel Abraham sei ein fremder Jude, kein preußischer Schutzjude.

> Es mus selbiger auch wohl in schlechten Umständen seyn, oder es sonst besondere Ursache haben, daß er sich von dort [Jeßnitz/Anhalt] wegbegeben [...]. An Herbeizihung dergleichen armen Juden und Mitbringung einiger armen Knechte" habe man kein Interesse. „Vielmehr sollen der Königlichen einige Jahre her [vor ... Jahren] declarirten allergnädigsten intention nach die Jüdischen Familien vermindert, und wenn einige aussterben, solche nicht wieder besetzet [mit einem Schutzbrief ausgestattet], sondern die Schutz-Brieffe supprimiret, auch nicht viel [jüdische, ‚unvergleitete'] Knechte gehalten werden.

Auch die dritte Frage verneint Uhden, und zwar hauptsächlich aus religiösen Gründen:

> Das *Publicum* leidet durch solche Buch-Druckerey eher, als es *profitiret*. Es ist demselben daran gelegen, daß das Judenthum sich nicht ausbreite, sondern eher eingeschräncket, und was möglich, viel Juden zum Christlichen Glauben bekehret werden. Bücher und Buch-Druckereyen aber dienen, wie von dem *Reformations*-Werck [Luthers] mehr als zur genüge bekannt, zur ausbreitung; deshalb nicht so gar lange [vor nicht allzu langer Zeit] ein benachbarter Fürstlicher Hoff nach eingeholten *Academischen Responsis* [hier: Gutachten] von einer bereits *in fieri* [im Entstehen] gewesenen Anlegung einer Jüdischen Buchdruckerey wieder abgestanden seyn soll. Die Juden *en gros* [in ihrer Gesamtheit] sind und bleiben voll Haß gegen den Herrn Christum und alle Christen, wo nicht öffentlich doch heimlich, und haben in ihren *Rabbinischen* Büchern vieles, wodurch Christus und der Glaube an denselben gelästert wird.

Wirtschaftliche Pro-Argumente lässt Uhden nicht gelten: Die aufgrund des neuen Betriebes zu erwartenden Einnahmen durch den Papierverkauf, durch Steuern und Porti seien unerheblich, die offerierte Gebühr von zwei Talern gering und das zu erwartende Beschäftigungsangebot nicht so *„important"*, dass es die theologischen Gegenargumente aufwiegen könnte. Sollte dem Abrahamschen Antrag dennoch stattgegeben werden, so müsste durch zwei hebräisch-kundige Zensoren eine strenge Kontrolle ausgeübt werden.

Von Arnim erhält aber ein zweites, wenigstens in wirtschaftlicher Hinsicht positiveres Gutachten. Es ist anonym und undatiert und stammt offenbar von einem Kenner der Halberstädter Verhältnisse.[667] Es muß nach Ende August 1741

---

667 Geheimes Staatsarchiv Preußischer Kulturbesitz Berlin, I. HA, Rep. 33 Nr. 120 (1740–1807), Bl. 482 ff. *Die von der Judenschafft zu Halberstadt anzulegen intendirte Hebræische Buch-Druckerey betreffend.* Darin zwei Antragsschreiben Israel Abrahams vom 15.02.1741, Bl. 492–493.

abgefasst worden sein, da es auf die Stellungnahme des General-Fiskals Uhden bereits reagiert. Der Verfasser stellt zunächst fest, dass in Preußen nur Berlin und Frankfurt an der Oder hebräische Druckereien besitzen. „Die Halberstädter Judenschaft ist [aber] nicht allein denen von Franckfurth und Berlin gleich, sondern noch wohl in etwas *considerabler.*" Es sei also nicht einzusehen, weshalb eine so große jüdische Gemeinde nicht auch eine eigene Druckerei genehmigt bekommen solle. Ob sie sich geschäftlich lohnen werde, das sei Sache ihrer Betreiber. Im (finanziellen) Interesse des Staates sei eine solche Neugründung durchaus. Der Drucker und seine Gehilfen würden privat konsumieren, die Druckerei vor allem Papier und Druckerschwärze kaufen; „*Accise*" und Porti würden dem Staat zugutekommen, ein gewisses mögliches Beschäftigungsangebot den Landeskindern. Die von Israel Abraham offerierte Lizenzgebühr von nur zwei Talern solle man allerdings verdoppeln.

Die Gefahr, dass durch die zu druckenden Bücher Lästerungen verbreitet werden könnten, sieht der anonyme Gutachter gelassen. Zwar solle man die Manuskripte zensieren, aber im Grunde würde „dergleichen Lästerung der Christlichen *Religion* wenig Schaden bringen, die aller wenigsten Leute auch, weil sie kein *Ebræisch* verstehen, dadurch geärgert werden [...]."

Am 12. Oktober nimmt schließlich auf der Grundlage beider Gutachten Minister von Arnim selbst Stellung[668]: Die meisten Argumente des General-Fiscals erklärt er für „Scheingründe", so „daß die Sache an und vor sich selbst ohne alle Bedencklichkeit gar wohl *de concedendis* [zu genehmigen] sey".

Und dennoch rät er aus Gründen der Person von einer Genehmigung ab:

> Ich hätte nämlich ganz sichere Nachricht weß gestalt der *Entrepreneur* [Unternehmer] ermeldeter Druckerey ein gebohrner Christ, *Catholischer Religion* und ehemaliger *Capuciner* [-Mönch] sey. Wannenhero denn gar zu sehr zweiflen Ursach hätte, ob Ihro *Excellentien* einen solchen Abtrünnigen, mithin der Gewohnheit nach äußerst erbitterten Lästerer des Christlichen Nahmens, in Seiner Königlichen *Majestät* Landen aufnehmen, dulden und so gar eine Jüdische Druckerey an zu vertrauen *a propos* [ratsam] finden mögten.

Am 15. November 1741 ergeht – gegen eine Gebühr von 10 Gutegroschen – „*pro* dem Juden Israel Abraham" folgende „*Resolutio*" der „Königlich Preußischen Krieges- und Domainen-Cammer im Fürstenthum Halberstadt":

> [Ihm] wird hierdurch bekannt gemacht, daß von seinem Vorhaben und Gesuch, eine hebræische Buchdruckerey hier anlegen zu dürffen, zwar nach Hofe allerunterthänigst *referirt*

---

668 GStA PK Berlin, I. HA. Rep. 33, Nr. 120b, Pak. 5 (1740 – 1807), Bl. 482 und 496 – 497, Dokument W 31.

worden: Da aber Seine Königliche *Majestät* dergleichen *Conceßion* ihm zu ertheilen nicht gemeint; So wird er mit solchen seinem Gesuch hierdurch abgewiesen.[669]

Wer gehört zu der an einer hebräischen Druckerei interessierten Halberstädter Judenschaft von 1741? – Es handelte sich bei mindestens der Hälfte der rund 1.200 Halberstädter Juden um relativ wohlhabende Leute[670], bei denen traditionell die Buchbildung hoch im Kurs stand. Bei den besonders interessierten Personen dürfte es sich in erster Linie um die Gelehrten der von Berend Lehmann gegründeten Klaus, der Thora- und Talmud-Hochschule, gehandelt haben. Aber auch außerhalb der Klaus gab es jüdische Privatgelehrte in der Stadt, von denen einige als Gutachter und Korrektoren bereits im auswärtigen Buchdruck tätig waren.[671] Eine Person wird in der Judenliste von 1737 gar als „*Philosoph*" bezeichnet, von dreien heißt es „*studiret*".[672]

An dieser Stelle lohnt ein Blick auf die Person des Druckers Israel Abraham. Er hatte 1741 bereits eine bewegte Berufslaufbahn hinter sich. 1717 kam er aus Amsterdam nach Köthen und erwarb die sogenannte Wulffsche Offizin, eine Druckausrüstung, deren Grundbestand an hebräischen Lettern der Dessauer Hofjude Moses Benjamin Wulff 1696 ebenfalls in Amsterdam erworben hatte und die nach kurzem Betrieb unter Wulffs eigener Regie schon durch zwei weitere Hände gegangen war.[673] Bereits ein Jahr nach der Gründung der Abrahamschen Druckerei ging der Drucker, wie bekannt, mit drei seiner Gehilfen nach Blankenburg am Harz. Nach 23 Jahren noch erinnert man sich in Berlin an seine dortigen Probleme, denn auf den von Sprecher und Finen veranlassten Druckstopp bezieht sich offensichtlich die Bemerkung des General-Fiskals Uhden in seinem oben zitierten Gutachten.

Nach der Blankenburger Episode arbeitete er zunächst bis 1726 in Jeßnitz und brachte dort auch – nach einem Zwischenspiel in Wandsbek von 1739 bis 1744 – zahlreiche bedeutende Werke heraus. Weshalb er mitten in der Arbeit an einer Neuausgabe von Maimonides' *Mischneh Thorah* den hier dokumentierten Versuch machte, in Halberstadt Fuß zu fassen, ist schwer zu begreifen.

---

669 Diese „*Resolutio*" ist nicht in der Berliner Akte enthalten, sie fand sich vielmehr in den CAHJP Jerusalem unter der Signatur H III/13/1.
670 Das lässt sich am Hausbesitz festmachen: Um 1750 kam in Halberstadt im Schnitt auf 1,3 jüdische Familien ein eigenes Haus. Vgl. das 4. Kapitel dieses Buches.
671 Vgl. Auerbach, *Gemeinde* (wie Anm. 12), S. 64 und S. 70–79 sowie Freudenthal, *Heimat* (wie Anm. 39), S. 217–221.
672 Stern, *Staat* (wie Anm. 46), Bd. II/2, S. 597 ff.
673 Freudenthal, *Heimat* (wie Anm. 39), ab S. 153, *Die Wulffsche Druckerei und ihre Geschichte* passim.

Zu der Frage, ob Israel Abraham wirklich ein zum Judentum konvertierter katholischer Mönch war, führt Freudenthal[674] die Quellen des Gerüchts an, nämlich das 1726 in Nordhausen erschienene Buch von Johann Heinrich Kindervater, *Führung des Erzvaters Jakob* sowie die *Unschuldigen Nachrichten von Alten und Neuen Theolog. Sachen u.s.w.*, Leipzig 1723.

Die in beiden Büchern geäußerten Behauptungen hielt Freudenthal seinerzeit für falsch. Inzwischen hat der Braunschweiger Judaist Dirk Sadowski den Beweis dafür entdeckt, daß Israel bar Avraham – wie er ihn korrekt-hebräisch nennt – doch ein ehemals christlicher Proselyt war: „Der Korrektor des *More nevuchim* von 1742, Meschullam Salman ben Chajim Levi aus Jeßnitz, [bezeichnet] seinen Dienstherrn als ‚Israel b[en] A[vraham] A[vinu]'", und Sadowski erläutert: „Das Patronym ‚ben Avraham avinu' oder ‚bar (= ben rabbi) Avraham avinu') – ‚Sohn unseres Vaters Abraham' – verweist eindeutig auf einen Konvertiten."[675]

Die Abraham-Akte ist eine bezeichnende Quelle für die preußische Judenpolitik in der Mitte des 18. Jahrhunderts: Der Halberstädter Vorgang spielt ein Jahr nach der Thronbesteigung Friedrichs II., und er zeigt, zumindest in der Stellungnahme des General-Fiskals Uhden, bereits die typische Tendenz dieses Monarchen in der Judenfrage, wie sie dann in seinem Juden-Reglement von 1750 kodifiziert wurde: Verhinderung eines weiteren Anwachsens der jüdischen Bevölkerung in Preußen, ja wo möglich ihre Verminderung.

Die Argumentation Uhdens, der ja eigentlich als Verwaltungs-Politiker urteilen müsste, ist erschreckenderweise theologisch, und zwar traditionell lutherisch-antijudaistisch, etwa im Sinne von Eisenmengers *Entdecktem Judenthum*: Den Juden wird a priori eine antichristliche Grundhaltung unterstellt; eine Einschätzung des „Rabbinischen" Judentums in seiner Eigenart wird gar nicht versucht. Seine wirtschaftlichen Argumente gegen die Genehmigung entwickelt von Uhden sekundär von diesem ideologischen Vorurteil her. Interessanterweise erkennt Minister von Arnim Uhdens „Scheingründe"; trotzdem urteilt auch er letzten Endes ideologisch: Obwohl ihm der anonyme Zweitgutachter klargemacht hat, dass von hebräischen Büchern für Christen gar kein Ärgernis ausgehen kann, da sie sie nicht lesen können, lehnt auch er die Genehmigung der Druckerei ab, weil er von dem „abtrünnigen" angeblichen Ex-Mönch Lästerungen des christlichen Glaubens befürchtet. Ein Versuch, die Wahrheit des Gerüchtes herauszufinden, wird nicht gemacht, der Verdacht genügt bereits für die Ablehnung.

---

674 Freudenthal *Heimat* (wie Anm. 39), S. 297.
675 Sadowski, Dirk: *‚Gedruckt in der heiligen Gemeinde Jeßnitz' – Der Buchdrucker Israel bar Avraham und sein Werk*. In: *Jahrbuch des Simon-Dubnow-Instituts* VII (2008). S. 45, Anm. 16 sowie E-Mail an den Verfasser vom 03.12.2008.

So fair das preußische Verfahren anmutet, – der Antrag wird entgegengenommen, an einen verantwortlichen Minister weitergereicht, der seinerseits, ehe er eine Empfehlung abgibt, zwei Fachleute mit Gutachten betraut –, letzten Endes beruht die Entscheidung auf Willkür. Gründe werden dem abgewiesenen Antragsteller nicht mitgeteilt.[676]

6.4 Finanzleistungen für den Herzog

Als übertrieben erweist sich Heinrich Schnees Behauptung, Berend Lehmann hätte die Erlaubnis zum Erwerb des (angeblich kleinen) Gutes in Blankenburg der Tatsache zu verdanken, dass Herzog Ludwig Rudolf „dem Bankier tief verschuldet war".[677] Zwar ergibt sich aus einem umfangreichen Faszikel im Wolfenbütteler Archiv[678], dass der Herzog ständig in Geldschwierigkeiten war und häufig borgen musste. Aber die gelegentlich bei Lehmann geliehenen Summen von bis zu 4.000 Talern nehmen sich bescheiden aus gegenüber zum Beispiel 32.000 von Berend Lehmanns Hannoveraner Großcousin Gumpert Behrens. Zu einer besonderen „Gnade" war also Ludwig Rudolf dem Residenten gegenüber nicht verpflichtet. In einem in dieser Schulden-Akte enthaltenen französisch geschriebenen Brief an seinen Minister von Cramm[679] spricht der Herzog übrigens von *„mon dernier réfuge* [meine letzte Zuflucht] *le Juif Lehmann Behrends"*[680], und er bittet um die Vermittlung einer Anleihe eines seiner eigenen (christlichen) Beamten, des Amtmannes Hattorf aus Stiege; er hoffe, künftig Verbindlichkeiten nur noch gegenüber Christen zu haben. Von besonderer Sympathie des Herzogs gegenüber seinem Hofjuden zeugt das nicht.

---

676 Noch 60 Jahre nach diesem Niederlassungsversuch erinnerte man sich in Halberstadt an die Ereignisse um Israel Abraham, und jetzt war auch der Grund für die Ablehnung öffentlich bekannt. Vgl. dazu den Artikel von Heyer, C. B. F.: *Fragmente zur Geschichte der Juden*. In: *Gemeinnützige Unterhaltungen*. Bd. 1. [Halberstadt] 1801. S. 244 (vorhanden in der Bibliothek des Gleimhauses Halberstadt).
677 Schnee, *Hoffinanz* (wie Anm. 7), Bd. 2, S. 199. Ebd., S. 91–96 stellt im Übrigen ausführlich die Schuldensituation Ludwig Rudolfs dar.
678 NLA-StA Wolfenbüttel, 113 Alt 987.
679 NLA-StA Wolfenbüttel, 113 Alt 987, Bl. 120, 27.03.1718.
680 Ludwig Rudolf hatte den Namen offenbar ungenau im Gedächtnis. Dass er den Dresdner Sohn Berend Lehmanns, Lehmann Behrend, meint, ist unwahrscheinlich; dieser erscheint in der ganzen Akte nicht. Ausgeschlossen ist, dass er Leffmann Behrens meint. Der Hannoveraner Hofjude war bereits 1714 gestorben.

Wie eine protokollarisch überlieferte Geschäftsverhandlung zeigt, war es von beiden Seiten nicht mehr und nicht weniger als ein sachliches Geschäftsverhältnis.[681]

Am 12. März 1720 lässt der Herzog Berend Lehmann zu sich rufen und zeigt ihm vier „*diamantene brillante* Ringe", die er verkaufen möchte. Er habe sie einst in Nürnberg für 8.000 Gulden erworben. Er möchte Lehmanns Angebot. Lehmann schaut sich die Edelsteine an und winkt ab: Er habe übergenug „Wahre" dieser Art. Er hat einen (ungenannten) jüdischen Juwelenspezialisten mitgebracht, der sich die Ringe ebenfalls ansieht und 5.000 Gulden bietet. Ludwig Rudolf versucht zu handeln: Er müsse mindestens 6.000 dafür haben, außerdem brauche er noch 2.000 Gulden als Darlehen von Lehmann; denn er habe Besuch von dem Buchhalter des Braunschweiger Hoffaktors Alexander David, dem er sofort 8.000 Gulden zahlen müsse, um gewisse „von *Serenissimo* in Händen habende *Documenta*" einzulösen. Es dürfte sich um fällige Wechsel gehandelt haben.

Lehmann ist bereit, dem Herzog Geld zu leihen, bleibt aber bei dem Gebot von 5.000 Gulden für die Ringe. Die Edelsteinpreise seien in Frankreich gefallen, und er biete schon mehr als der mitgereiste Juwelier; den reue das Angebot von 5.000 Gulden, und er sei bereit, 200 Gulden zu zahlen, wenn er dafür von seinem Gebot zurücktreten könne. Der Herzog lässt nun Lehmann erst einmal warten und ruft einen anderen Agenten herein.

Dessen niederdeutscher Name „Ridder" lässt darauf schließen, dass er kein Jude ist. Ridder erklärt sich zu einem Darlehen von 8.000 Gulden zu dem üblichen Jahreszinssatz von 6 Prozent bereit, damit Alexander David befriedigt werden kann. Für die Ringe tut er kein Gebot, er müsse sich erst bei einem Geschäftspartner in Amsterdam erkundigen, wie solche Juwelen zu bewerten seien, das könne drei Monate dauern. Da Ludwig Rudolf den Davidschen Buchhalter nicht warten lassen kann, kommt er auf Berend Lehmanns Angebot zurück. Sein Minister von Cramm begleitet Lehmann nach Hause und verhandelt dort weiter: Der Resident könne doch die benötigte Summe vorstrecken und dafür die Ringe als Pfand nehmen, das nach drei Monaten wieder eingelöst werden würde. Lehmann geht darauf nicht ein, und der Minister lässt offenbar dem Herzog das Ergebnis melden, woraufhin dieser wiederum einen französisch formulierten Zettel schickt, das Geschäft solle zu Lehmanns Bedingungen abgeschlossen werden. Der daraufhin ausgestellte Wechsel lautet über 2.000 Taler, was einem Umrechnungsverhältnis von 3 Gulden zu 2 Talern entspricht. Der Zinssatz ist, genau wie

---

681 NLA-StA Wolfenbüttel, 1 Alt 22, Nr. 503, *Acta / die für den Herzog Ludwig Rudolf von dem Kursächsischen Agenten Behrend Lehmann betriebenen Geld- und Pfandgeschäfte betr.*, Blatt 2–4, Dokument B 11.

ihn der Agent Ridder berechnet hatte, 6 Prozent, die Laufzeit recht kurz: Schon ein halbes Jahr später, zur Laurentiusmesse in Braunschweig (Mitte September), ist der Wechsel fällig.

Ein weiteres Dokument zum Schuldenwesen Ludwig Rudolfs ist insofern interessant, als Lehmann darin versucht, sich gegen die eventuelle Zahlungsunfähigkeit oder -unwilligkeit seines fürstlichen Schuldners abzusichern: In einem Schuldschein vom 20. Februar 1717 (also in unmittelbarer Nachbarschaft des Gutserwerbs) versichern Herzog und Herzogin, dass sie das Darlehenskapital von 4.000 Reichstalern

> nach Ablaufs 6 Monathen *a dato* Halberstadt sambt auffgelauffenen *Intereßen á 6 pro Cent*, mit 4120 Reichstalern, oder, allen falls wider Vermuthen solches nicht geschehen köndte, alßdann selbiges Anlehn den 2ten *Februar* des 1718ten Jahres von denen bereiteten *revenüen* [hereingekommenen Einkünften] Unserer Ämbter Blanckenburg und Heimburg, [...] in einer *Summa*, als *Capital* und Zinsen, mit 4240 Reichstalern richtig hinwieder bezahlen laßen wollen: Gestalten [so dass] dann Wir, der Hertzog Ludewig Rudolph, darzu die Außkünffte [Einnahmen] besagter Unserer beyden Ämbter würcklich *destinirt* [dazu bestimmt] und krafft dieses [Wechsels] angewiesen haben.[682]

Mit dem letzten Halbsatz erhält Lehmann noch eine zusätzliche Sicherung. Praktisch bedeutet das: Der Herzog verpfändet die Einkünfte aus der künftigen Ernte zweier seiner Gutsbetriebe.

Bei all diesen Finanzgeschäften ist bemerkenswert, mit welcher selbstbewussten Unnachgiebigkeit Berend Lehmann verhandelt und wie sein Geschäftserfolg offenbar auf seiner Fachkenntnis, seiner Risikobereitschaft und – nicht zuletzt – seiner Liquidität beruht, einer Kombination von Qualitäten, mit denen der Konkurrent Ridder nicht mithalten kann.

6.5 Industriekapitalistische Ansätze?

Es ist reizvoll, sich den höchst aktiven Geschäftsmann Berend Lehmann auch als einen frühen Industrieunternehmer vorzustellen, etwa so, wie sein Onkel Leffmann Behrens in Hannover eine Wachsbleiche (Reinigungsbetrieb, der Rohwachs in Kerzenwachs umwandelt), in Lüneburg eine Textil- und in Celle eine Tabakmanufaktur betrieb.[683]

---

[682] NLA-StA Wolfenbüttel, 1 Alt 22 Nr. 503, Bl. 1. Vgl. Dokument W 32.
[683] Vgl. Schedlitz, Bernd: *Leffmann Behrens. Untersuchungen zum Hofjudentum im Zeitalter des Absolutismus.* Hildesheim 1984 (*Quellen und Darstellungen zur Geschichte Niedersachsens* 97). S. 91–95

6.5 Industriekapitalistische Ansätze? — 219

Abb. 36. Ofenplatte, Gusseisen, 1703. Hebräische Inschrift (übersetzt): „Bärmann, Sohn des Rabbi Lima aus Essen, Miriam, Tochter des verstorbenen Rabbi Joel". Bis 1938 in der Halberstädter Klaus, seitdem verschollen. Abbildung reproduziert nach einem Foto aus den 1930er Jahren. Die Ofenplatte wurde immer wieder als Beleg dafür genommen, dass Lehmann in Blankenburg eine eigene Eisengießerei gehabt habe. Eine solche frühkapitalistische Unternehmung lässt sich für den Residenten nicht nachweisen.

Und so hatte der Resident – wenn man Auerbach[684] glauben will – im Blankenburger „Judenhof" (den Auerbach nicht als Gutshof kennt) neben einem Wachs- und Öllager auch eine Eisengießerei. Diese Angabe ist immer wieder ungeprüft übernommen worden. Am weitesten treibt Pierre Saville die Spekulation: „Die Gießereien, die Lehmann in Blankenburg besaß, stellen den industriellen Teil des Imperiums dar, über das er regiert."[685] Wenn man die „Berg-Freyheit" Herzog Ludwig Rudolfs vom 10. Juni 1716 liest, einen Aufruf an Investoren, neu zu vergebende Privilegien im Montanwesen des braunschweigischen Harzes wahrzunehmen, so lässt sich in der Tat kaum denken, dass Berend Lehmann, der ja 1717 sowohl als Gutsbesitzer wie als Druckereiunternehmer in Blankenburg aktiv wurde, sich nicht angesprochen fühlte, wenn es dort heißt:

> Demnach der große GOtt unser Fürstenthum Blanckenburg mit vielen Bergwercken von allerhand Metallen und *minerali*en gesegnet / und absonderlich bey Unserer angetretenen Regierung einige neu auffgenommene Silberhaltige Kupffer-Bergwercke sich woll auffgethan / wodurch denn eine ziemliche Bau-Lust unter vielen erwecket, [...] wenn auch wollhabende Leute und *Capital*isten sich anfinden und bey diesen Unsern Berg-Wercken sich zu *interes*siren Lust haben werden / soll ihnen dem Befinden [den Umständen] nach so woll der

---

684 Auerbach, *Gemeinde* (wie Anm. 12), S. 84.
685 Saville, *Juif* (wie Anm. 43), S. 214.

Freyheit halber [durch Abgabenfreiheit] / alss sonsten nach Mügligkeit [Möglichkeit] gewillfahret werden.[686]

Über eine derartige Initiative Lehmanns wird aber in den Akten der fürstlich-blankenburgischen Kanzlei in den Niedersächsischen Landesarchiven nichts greifbar, was daran liegen könnte, dass große Teile des Archivs des für Blankenburg eigentlich zuständigen Bergamtes Braunschweig im Zweiten Weltkrieg vernichtet wurden.[687] Da der 1721 abgefasste Bericht des Halberstädtischen Regierungsrats Hamrath über Lehmann sowohl das Blankenbuger Gut wie das Herrenhaus erwähnt[688], aber keinen Gewerbebetrieb, ist es wahrscheinlicher, dass es einen solchen gar nicht gegeben hat und dass er Lehmann angedichtet wurde.

Der schon erwähnte Vortrag des Heimatforschers Winnig von 1924 berichtet zwar über Pläne Berend Lehmanns in dieser Richtung Folgendes:

[Lehmann] gehörte auch mit zur Harzer Eisenhandelsgesellschaft, welche in Wernigerode ihren Sitz hatte und zu der sämtliche Harzer Oberfaktoren und Hüttenbesitzer, so die Grafen Redern, die v. Hantelmann und Cramer von Clausbruch in Braunschweig, die von Pindheim, Walter, Grofe usw. gehörten. Als es seinem Glaubensgenossen Itzig gelungen war, die Ilsenburger Werke zu pachten, versuchte Lehmann dasselbe hier auch. Der Einfluß dieses Finanzmannes, der dem Herzog Ludwig Rudolf Geld geliehen hatte [...] reichte jedoch nicht so weit, daß er in die Bewirtschaftung des herrschaftlichen Eisenhüttenwerks hinein kam. Der Finanzminister Rudolf Ludwig[s,] von Münchhausen [,] verstand es rechtzeitig, durch Aufnahme einer Anleihe bei den Oberfaktoren die bei Lehmann kontrahierte Schuld zu bezahlen. Der Zug der Zeit ging auf die Verstaatlichung der Hüttenbetriebe hin, und der schlaue Finanzmann [...] ließ die Hand von den Harzer Hütten.[689]

Die Suche nach Belegen für diese Angaben Winnigs in den Archiven in Wolfenbüttel, Clausthal, Berlin und Magdeburg war bisher vergeblich. Die anderen aus dem Winnigschen Vortrag referierten Angaben erweisen sich zwar, soweit man sie an den bisher ermittelten Akten überprüfen kann, als einigermaßen zuverlässig. Aber diese Informationen über Berend Lehmanns Beziehung zum Hüttenwesen muss man mit Skepsis betrachten. Auf jeden Fall ist der Bezug auf Daniel Itzig

---

686 Niedersächsisches Landesarchiv – Bergarchiv Clausthal, Signatur Hann 184 Acc 21, Nr. 2.
687 Laut mündlicher Auskunft des Bergarchivs Clausthal vom 22.01.2007, welches Restbestände aus Braunschweig übernommenen hat.
688 Vgl. Dokument W 17.
689 Winnig, *Kreisblatt* (wie Anm. 562).

(1723–1779), der erst 1763 Eisenwerke in Sorge und Voigtsfelde kaufte⁶⁹⁰, ein grober Anachronismus.

Die vor dem Krieg in der Halberstädter Klaus aufbewahrte gusseiserne Ofenplatte mit einer hebräischen Inschrift und dem Wappen Berend Lehmanns (vgl. Abb. 36), von der es traditionell heißt, sie sei in seiner eigenen Blankenburger Gießerei hergestellt worden, kann natürlich ebenso gut in einer fremden Gießerei auf seine Bestellung hin produziert worden sein.⁶⁹¹ In diese Richtung deutet besonders die Jahreszahl 1703: Lehmanns Geschäfte mit Ludwig Rudolf beginnen erst 1717.

6.6 Das soziale Spektrum der Juden in Blankenburg

Aus den Akten der blankenburgischen Kanzlei im Staatsarchiv Wolfenbüttel erfahren wir auch, dass außer Berend Lehmann einige weitere Juden zur gleichen Zeit in Blankenburg und im braunschweigischen Harz tätig waren.⁶⁹² Über sie wird hier berichtet, um dem Märchen von allgemeinem Reichtum der Juden entgegenzuwirken und die soziale Bandbreite innerhalb ihrer Gemeinschaft sichtbar zu machen.

Da wird im Jahre 1708 für die drei in Derenburg ansässigen Juden Liebman Michel, Isaac Abraham und Michel Joseph ein Schutzbrief ausgestellt, der ihnen den Handel in der Stadt und in der Grafschaft Blankenburg erlaubt, und zwar „auf einer an den Markt anstoßenden Gaße, da wo der Christen ihre Buden zu Ende seyn."⁶⁹³ Gegen die Zahlung von jährlich 30 Talern sichert der Brief ihnen auf sechs Jahre „Schutz und Schirm" des Herzogs zu, was in diesem Falle kein Wohnrecht einschließt. Außerdem ergeht ein Umlauf an alle Ämter im Fürstentum, es sei der Bevölkerung durch Verlesung mitzuteilen, dass nur diese drei Derenburger Juden im Lande handeln dürften, andere Juden seien, „so oft alß

---

690 Vgl. Keuck, Thekla: *Kontinuität und Wandel im ökonomischen Verhalten preußischer Hofjuden – Die Familie Itzig in Berlin.* In: Ries/Battenberg, *Hofjuden* (wie Anm. 6), S. 89.
691 Nach mündlicher Auskunft von Peter Schulze in Ilsenburg, einem Experten in Sachen gusseiserne Ofenplatten, hat vom 16. bis ins 20. Jahrhundert eine große Anzahl von Gießereibetrieben auf Bestellung ornamentale Ofenplatten hergestellt. Zahlreiche Entwurfskünstler und Modelleure waren solcherart unter anderem mit Wappen beschäftigt. Die Berend-Lehmannsche Platte ist ihm in keinem der Modellbücher begegnet. Über Ofenplatten allgemein vgl. auch Wedding, Hermann: *Eiserne Ofenplatten.* In: *Festschrift zur 25-jährigen Gedenkfeier des Harzvereins [...] vom 25.–27.7.1892.* Wernigerode 1893.
692 NLA-StA Wolfenbüttel, 112 Alt 275: *Concessiones und Privilegia für einige Schutzjuden im Fürstenthum Blankenburg de anno 1687 ad 1725.*
693 NLA-StA Wolfenbüttel, 112 Alt 275, Bl. 10–11, 16.04.1708.

deren solche betroffen werden, mit nachtrücklichem Ernst fortzuschaffen."[694] Fünf Jahre danach bittet Isaac Abraham darum, man möge ihm „bey diesen Nahrlosen Zeiten" einen Teil der 30 Taler Schutzgeld, zum Beispiel die Hälfte, am besten aber zwei Drittel, erlassen, da von den drei Derenburger Schutzjuden nach dem Tode „des alten Michel Joseph" und dem Konkurs von Liebman Michel nur er allein übrig sei.[695]

Im Mai desselben Jahres erhalten drei Halberstädter Juden, nämlich Levin Joel, Salomon Isaac Joel und Wolf Levin Joel einen diesmal auf drei Jahre befristeten Schutzbrief zum üblichen Tarif von 30 Talern.[696] Bei den drei Joels handelt es sich um Schwiegerverwandte Berend Lehmanns, und zwar ist Levin Joel jener Schwager, der Lehmann das Haus in der Judenstraße verkauft hat; Wolf Levin Joel ist dessen Sohn, also ein Neffe des Residenten, während Salomon Isaak Joel ein Sohn von Lehmanns zweitem Schwager, Isaak Joel, ist – also ebenfalls ein Neffe. Kurz danach beschwert sich der übriggebliebene Derenburger, Isaac Abraham[697], während er auf der Leipziger Messe war, habe man, offenbar nur, weil er allein die vollen 30 Taler nicht habe zahlen können, jetzt den drei Halberstädtern das alleinige Handelsprivileg für Stadt und Grafschaft Blankenburg erteilt. Er fügt ein „Attestat" des Blankenburger Bürgermeisters Heinrich Müntefort bei, dass er, Isaac Abraham, allezeit „sich in Handel und Wandel ehrlich und redlich geführt" habe.[698] In einer weiteren Eingabe bietet er dann doch wieder das volle Schutzgeld von 30 Talern. Diesmal kann er die Unterschrift von sechs christlichen Blankenburger Bürgern unter einem neuen „Attestat" vorweisen.[699] Einer wiederholten Eingabe Abrahams schließt sich ein weiterer Derenburger Jude, Itzig Hesse, an und führt aus, er handle schon „bey die dreißig Jahre mit geringen Wahren, nehmlich Strümpfen, Halstüchern und dergleichen" in Blankenburg (ohne Schutzbrief?), er „[...] befürchte", so schreibt er,

> ich mögte gäntzlich davon [vom Handel in Blankenburg] abgestoßen werden und mir dadurch mein Stückgen Brodt, welches ich zu Blankenburg säuerlich erwerbe, weggenommen werden, als flehe Euer Durchlaucht ich in Unterthänigkeit fußfällig an, Sie geruhen für mich die hohe Gnade zu hegen und obbemelten Levin Joel dahin bedeuten zu laßen, daß [er] mich in die Handlung mit *admitti*ren müße.[700]

---

694 NLA-StA Wolfenbüttel, 112 Alt 275, Bl. 14rü, 25.05.1708.
695 NLA-StA Wolfenbüttel, 112 Alt 275, Bl. 19, 06.04.1713.
696 NLA-StA Wolfenbüttel, 112 Alt 275, Bl. 28–29, 08.05.1714. Salomon Isaak Joel unterschreibt mehrfach nur: „Salomon Joel".
697 NLA-StA Wolfenbüttel, 112 Alt 275, Bl. 39–40, 11.05.1714.
698 NLA-StA Wolfenbüttel, 112 Alt 275, Bl. 23, 28.05.1714.
699 NLA-StA Wolfenbüttel, 112 Alt 275, Bl. 43, 20.05.1714.
700 NLA-StA Wolfenbüttel, 112 Alt 275, Bl. 41, 15.05.1714.

Das hätte die Zulassung von insgesamt fünf Schutzjuden zum Handel in Blankenburg bedeutet; die Kanzlei beharrt aber: nicht mehr als drei.

Im Juli desselben Jahres stoßen Abraham und Hesse noch einmal nach: Die Joels würden ihr Privileg an andere, weitere Juden (sozusagen als Subunternehmer) weiterverkaufen, dabei seien sie doch so wohlhabend, dass sie jeden Tag aus Halberstadt mit einem Pferdegespann kämen, während die armen Derenburger ihre Waren zu Fuß in die Stadt tragen müssten.[701] Itzig Hesse taucht in den Akten nur noch einmal auf[702], Isaac Abraham dagegen kommt immer wieder mit Eingaben; er scheint neben den Joels letzten Endes doch als vierter handeltreibender Jude geduldet gewesen zu sein.

1716 beschwert sich Levin Joel (diesmal er allein), dass außer den Derenburgern, welche unerlaubt unter dem Vorwand, alte Schulden eintreiben zu müssen, nach wie vor geschäftlich tätig seien, auch „der Ellrichsche, der Harzgerodische, der Gernrodische und sogar die Thüringer mit ihren Karren und andere umbherschweifende Juden im ganzen Lande nach Gefallen Ihre Wucherey mir zum größten Schaden treiben." Gegen den Vorwurf, er verkaufe sein Privileg an Subunternehmer, versichert er „daß ich niemals von anderen Juden Hülffs-Gelder zum Schutzgeld genommen, damit sie ihre verbothene Handlung in hiesigen Landen [...] treiben könnten, so dergleichen andere Juden zum öfteren *practicirt.*"[703]

Im darauffolgenden Jahr (1717) kommt ein weiterer Derenburger Jude als Bewerber hinzu: Ein Hanschel Jacobs bietet immerhin 40 Taler Schutzgeld, wenn man ihm das alleinige Privileg für Blankenburg gebe; für den Fall, dass er nur zusätzlich zu Abraham und Joel zugelassen würde, will er 20 Taler zahlen. Er habe, so schreibt er, bisher „Pacht" an Levin Joel gezahlt (von den anderen beiden Joels ist gar nicht mehr die Rede). Demnach hat es also doch zumindest *einen* Subunternehmer Joels gegeben. Offenbar unter dem Druck dieses neuen Konkurrenten, der schließlich sogar 70 Taler Schutzgeld bietet, einigen sich der Derenburger Isaac Abraham und der Halberstädter Levin Joel auf eine „*Societät*", also ein Kompaniegeschäft, jeder von ihnen zahlt fortan 20 Taler[704]. Wie sich später herausstellt[705], hat Abraham eine Tochter an einen (weiteren) Sohn Levin Joels, nämlich an Arnd (Aaron) Levin Joel verheiratet; auch Arnd ist ein Neffe Berend Lehmanns.

---

701 NLA-StA Wolfenbüttel, 112 Alt 275, Bl. 49–52, 24.07.1714.
702 NLA-StA Wolfenbüttel, 112 Alt 275, Bl. 58, 22.11.1714.
703 NLA-StA Wolfenbüttel, 112 Alt 275, Bl. 61–63, 02.03.1716.
704 NLA-StA Wolfenbüttel, 112 Alt 275, Bl. 74, 30.01.1717.
705 NLA-StA Wolfenbüttel, 112 Alt 275, Schreiben der Witwe Isaak Abrahams vom 24.06.1725, Bl. 89.

Im Jahre 1718 beschwert sich der Blankenburger „Taschmacher" Bodinus, daß Isaac Abraham und Levin Joel mit Taschen handelten. Die fürstliche Kanzlei verbietet ihnen dies und stellt „misfällig" fest, dass „soviel Juden in hiesiger Stadt hausieren gingen, daß es nicht länger zu dulden" sei, man wolle aber keinem Juden den Handel erlauben, „der nicht einen Zettul von dem *Resident* Lehmann, oder anderen Schutzjuden" präsentierte.[706] Diese Erwähnung Berend Lehmanns zeigt, dass er selbstverständlich neben den kleinen Schutzjuden in Blankenburg nicht nur landwirtschaftlich und als Druckereiunternehmer tätig war, sondern auch Handel trieb oder treiben ließ. Außerdem wird durch die mehrfache Erwähnung solcher „Zettul" jetzt klar, wie das Subunternehmerwesen funktionierte: Nicht nur der jeweils privilegierte Schutzjude persönlich betrieb seinen Handel, sondern er durfte Helfer beschäftigen, die sich allerdings durch einen von ihm ausgestellten Schein ausweisen mussten. Solche Helfer agierten dann manchmal mit Erlaubnis des eigentlichen Schutzjuden relativ selbständig, wofür sie ihm eine „Pacht" entrichten mussten.

Isaac Abraham und Aaron Levin Joel (der den Handel nach dem Tod seines Schwiegervaters zunächst allein weiterführt und sich dann mit dem Derenburger Judenvorsteher Amschel Jacob – offenbar identisch mit dem obenerwähnten Hanschel Jacobs – assoziiert) erhalten 1723 einen Schutzbrief für weitere 6 Jahre.[707] Im darauffolgenden Jahr protestieren sie noch einmal ausdrücklich, sie müssten „in Unterthänigkeit vortragen, was maßen die Schiebe Kärners und andere mehr aus Thüringen, nicht weniger viele Juden sich im Fürstenthumb Blankenburg [...] anfinden". Der Fürst möge doch dem „vorstehenden Unwesen steuern".[708] Übrigens scheiden sie selbst weitgehend aus dem offiziellen Blankenburger Gewerbeleben aus, nachdem 1731 die „sämbtlichen Kauff- und Handelsleute der Städte Blanckenburg und Haßelfelde" sich mehrfach massiv beim neuen Herzog, Karl I. beklagt haben, dass ihnen die „Juden und Packen Träger" (Kiepenhausierer?) in den schlechten Zeiten die Nahrung nähmen.[709] Juden sind nun nur noch während der Jahrmarkt- und Karnevalszeiten jeweils tagsüber zugelassen. Trotzdem sind Aaron Levin Joel aus Halberstadt und Amschel Jacob aus Derenburg immer wieder illegal in Blankenburg.

Es wird eine vierfache Schichtung der im Blankenburger Raum anzutreffenden Juden sichtbar: Zuoberst der reiche, durch Wohn- und Besitzrecht privilegierte

---

706 NLA-StA Wolfenbüttel, 112 Alt 275, Bl. 76, 02.12.1718.
707 NLA-StA Wolfenbüttel, 112 Alt 275, Bl. 79–80, 18.08.1723.
708 NLA-StA Wolfenbüttel, 112 Alt 275, Bl. 83–84, 25.03.1724.
709 NLA-StA Wolfenbüttel, 112 Alt 281, Eingabe vom 02.08.1731. Auch die weitere Geschichte in diesem Bestand.

Hofjude, darunter die nur als Tagesbesucher geduldeten bescheidenen Marktjuden, von ihnen durch „Pacht" oder „Zettul" abhängig die ärmeren Subunternehmer und ganz unten die illegalen „umb-herschweifenden" Hausierer, die ihre Ware mit der Schubkarre transportieren und jederzeit mit der Konfiszierung ihrer Habe rechnen müssen. Als weitere Schicht darunter sind natürlich Betteljuden anzunehmen. Von ihnen heißt es in einem Rundschreiben, das die hannoversche Regierung unter dem 11. Februar 1723 an alle Nachbarstaaten übermittelte, sie verlange, dass „[so] viel die Bettel Juden anlanget, [...] wenn dieselbe ertappt mit solchen nach aller *rigueur* und Schärffe verfahren werden solle."[710]

---

[710] GStA PK Berlin, I. HA, Rep. 33, Nr. 120b, Pak. 3, o.Bl.

7 Die „Firma" Lehmann-Meyer in Dresden[711]

7.1 Machtverhältnisse in Kursachsen zur Zeit Augusts des Starken[712]

Um die Probleme zu verstehen, die Lehmann und seine geschäftlichen Vertreter in Dresden hatten, muss man etwas über die Machtverhältnisse im Kurfürstentum Sachsen zu jener Zeit wissen. August der Starke hätte gern die Potestas absoluta in seinen Ländern besessen, um seine deutlichen Vorstellungen von einem modernen Staatswesen zu verwirklichen, aber er besaß sie nicht. Der sächsische Adel, die protestantische Geistlichkeit und das städtische Bürgertum hatten erhebliche Einflussmöglichkeiten, und alle drei Kräfte waren gut lutherisch-judenfeindlich eingestellt, während der König die Juden wegen der ökonomischen Potenz ihrer Elite schätzte.

Von den genannten drei sozialen Gruppen war der alteingesessene Adel sogar auf mehreren Ebenen an der Machtausübung beteiligt. Aus ihm rekrutierten sich zunächst ausnahmslos die 12 Mitglieder des Geheimen Rates. Als traditionelles Beratergremium des Herrschers hatte der Geheime Rat zwar keine Entscheidungsbefugnis, aber August durfte die mit Stimmenmehrheit beschlossenen Einwände seines Mitregierungsorgans nicht einfach überhören. Der Adel war außerdem aber auch bei der Umsetzung seiner herrscherlichen Entscheidungen stark beteiligt, weil August fast nur Adlige, keine Bürgerlichen, auf hohe Beamtenstellen berief, und diese konnten in Bezug auf die Machbarkeit von befohlenen Maßnahmen durchaus Einwände geltend machen. Direkte Macht hatte der Adel in der „Landschaft", der etwa alle drei Jahre vom Kurfürsten einberufenen Ver-

---

[711] Berend Lehmanns Ur-ur-urenkel, der Dresdner Politiker und Rechtsanwalt Emil Lehmann, hat 1885 diesen Teil von Lehmanns Biografie nach den Quellen ausführlich und, wie Stichproben ergaben, zuverlässig dokumentiert (Lehmann, Emil: *Der polnische Resident Berend Lehmann, der Stammvater der israelitischen Religionsgemeinde zu Dresden*. In: Lehmann, *Schriften* [wie Anm. 33], S. 116–153), Ergebnisse aktueller, für diese Arbeit vorgenommener Recherchen sind an den Archivsignaturen erkennbar.

[712] Abschnitt 7.1 beruht im Wesentlichen auf Held, Wieland: *Der Adel und August der Starke. Konflikt und Konfliktaustrag zwischen 1694 und 1707 in Kursachsen* (Held, *Adel*). Köln 1999. Das Buch beschäftigt sich detailreich mit dem Landtag von 1694 und den folgenden Ausschusstagen, und Berend Lehmann wird als Kreditgeber gelegentlich erwähnt, aber die für Lehmann/Meyer wichtige Zeit ab 1708 wird in ihm nicht mehr erfasst. Die späteren Landtagsprotokolle sind noch nicht umfassend ausgewertet worden. Weiterhin wurden verwendet: Czok, Karl: *August der Starke und seine Zeit* (Czok, *August*). ⁴Leipzig 2004 (Erstauflage Leipzig 1989), vorwiegend S. 42–47, und Czok, Karl, *August der Starke und Kursachsen* (Czok, *Kursachsen*). München 1999.

sammlung der Stände, d. h. der einflussreichen sozialen Gruppen (die Masse der ‚kleinen Leute', etwa Handwerksburschen und Bauern, war nirgends vertreten). „Dem Fürsten gegenüber saßen die Vertreter der ersten Kurie des Landtages: die Grafen, [...] ebenso die Vertreter der Stifte von Meißen, Merseburg, Naumburg und Zeitz. Dann folgten die Universitätsdeputierten von Leipzig und Wittenberg [...] Deutlich [...] getrennt, saß links vom Gang die Ritterschaft als zweite [Kurie]. Rechts davon durften die Städtevertreter als dritte Kurie Platz nehmen." So beschreibt Karl Czok den Landtag von 1694.[713]

Bei Augusts Regierungsantritt war von den umfangreichen Befugnissen der mittelalterlichen Stände vor allem noch das hochwichtige Recht übrig geblieben, bestimmte traditionelle Steuern einzusammeln und sie nach eigener Genehmigung dem Landesherrn weiterzugeben.[714] In der ‚Duplizität des Finanzwesens' existierte neben der kurfürstlichen Kammer ein stände-dominiertes „Obersteuerkollegium". Darüber hinaus hatten die Stände das Recht, dem Landesherrn die Steuersätze und die Aufnahme von Staatskrediten zu erlauben oder zu verweigern. In auswärtigen Bündnisfragen und in der Religionsgestaltung hatte der Landtag zwar kein Recht zur Mitentscheidung, aber doch zur Mitsprache. Wichtig war sein Privileg, sich mit kritischen „Präliminarschriften" jederzeit an den Herrscher zu wenden. Der Landesherr musste solche Beschwerden unbedingt beantworten, und im Sinne eines politisch erträglichen Gesamtklimas musste er bis zu einem gewissen Grade auf sie eingehen. Durch „Präliminarschriften" gelangten viele antijüdische Protestforderungen vor den König.[715]

August ging, wie bereits seine beiden Vorgänger, sofort nach Regierungsantritt daran, den noch recht bedeutenden Einfluss der Stände zurückzudrängen, und zwar nicht, indem er versuchte, ihre Rechte direkt zu beschneiden, sondern indem er neue Institutionen schuf, in denen nur er das Sagen hatte. So setzte er einen Statthalter ein, der während seiner häufigen Abwesenheit (z. B. in Polen) mit allen Vollmachten regierte, er etablierte ein rigoroses Steuereintreibungsorgan, den Revisionsrat, und führte die Akzise ein, eine Verbrauchssteuer, die ausschließlich ihm zur Verfügung stand.[716]

Allerdings zeigte sich schon bald, dass er den Ständen auch hier Zugeständnisse machen musste. So brachte ihn seine Konversion zum Katholizismus, 1697, in eine Schwächeposition gegenüber der „Landschaft", und er musste nicht nur ein Religionssicherungsdekret erlassen, das dem traditionell lutherischen Land seinen evangelischen Glauben garantierte, sondern gegenüber dem Landtag

---

713 Czok, *August* (wie Anm. 712), S. 42–43.
714 Vgl. zum „Milizzuschuss" Kap. 3.2 dieser Arbeit.
715 Held, *Adel* (wie Anm. 712), S. 24.
716 Czok, *August* (wie Anm. 712), S. 54–55.

von 1699 musste er auch den „Revisionsrat", der einige Zeit gegen Korruption und Misswirtschaft recht erfolgreich gewesen war, wieder abschaffen. In der Mitte der ersten Dekade des 18. Jahrhunderts war seine Stellung gegenüber den Ständen wieder stärker, und damit sah es auch für die in Dresden neu angekommenen Juden relativ günstig aus. Die wütenden Proteste der Stände gegen das Wachstum von Lehmanns Geschäft sowie seiner Familie und der entstehenden Gemeinde konnten so von August mit Hartnäckigkeit und Geschick zunächst abgewehrt werden.

Dabei half ihm ab 1706, dass er – wieder auf dem Wege der Neueinführung – dem Geheimen Rat ein Geheimes Kabinett von nur drei Ministern vorschaltete, das ausschließlich seine Weisungen auszuführen hatte und selbst gegenüber dem Geheimen Rat weisungsberechtigt war. In ihm war zwar auch der Adel dominant vertreten, aber es waren mit den beiden starken Persönlichkeiten Wackerbarth (Inneres, aus Hannover) und Flemming (Äußeres, aus Pommern) wenigstens nicht-sächsische Adlige, bei denen den Kurfürsten/König kein einheimischer Hintergrund störte. Stark war die Stellung der Stände wieder in den 1720er Jahren;[717] es wird sich zeigen, wie diese Konstellation mit der Judenpolitik Augusts in Wechselwirkung stand.

7.2 Der Judenbann in Sachsen. Lehmann als Ausnahme

Berend Lehmanns Unternehmung, in Dresden ein Zweiggeschäft zu gründen, ist insofern interessant, als hier ein Fürst, in dessen Staat seit Jahrhunderten keine Juden haben wohnen dürfen, seinen Hofjuden und Residenten dazu benutzt, um entgegen der allgemeinen Stimmung im Land jüdische Geschäftstätigkeit in seine Hauptstadt zu holen. Das bedeutet die Konfrontation des Landesherrn mit den mächtigen Ständen. Lehmanns geschäftlicher Erfolg ist groß, aber nur vorübergehend. Es gelingt August dem Starken noch nicht, den von seinen Vorfahren verhängten Judenbann grundsätzlich zu brechen; trotzdem wird jüdische Präsenz in Sachsen durch Lehmanns Geschäftstätigkeit wieder fest etabliert.

Aufgrund der außerordentlichen Leistungen, die Lehmann ihm während der Wahl- und Krönungszeit 1696/97 erbracht hatte, erhöhte August seinen Rang über den des Hofjuden hinaus, indem er ihn zu seinem „Residenten im Niedersächsischen Kreise" berief.[718] Lehmann wohnte in Halberstadt, aber schon 1703 erklärt

---

717 „1717 gab August der Starke nach und öffnete das Kabinett ständischem Einfluss." Rexheuser, *Personalunionen* (wie Anm. 145), S. 21.
718 Schnee, *Hoffinanz* (wie Anm. 7), Bd. 2, S. 172: Mitteilung Augusts vom 28.11.1697 an den preußischen Hof über die Ernennung.

er in einem Schreiben an den preußischen König, dass „[ich] nicht wie die Halberstädtischen Juden daselbst Gewerbe zu treiben gesonnen bin, sondern nur unter Ew. Königl. Mayt. *Protection* zu leben wünsche."[719] Mit „leben" meint er wohnen, ansässig sein; und dem Geheimen Rat der Halberstädtischen Regierung, von Hamrath, erklärt er 1721, dass „all sein Geld in Leipzig stünde, von dannen er das, was er nöthig hätte, kommen ließe [...]. Was er an Juwelen hatt, nimbt er, so oft er nach Sachsen reiset, gleichfalß mit sich, weill er damit dort seinen größesten *profit* machet."[720] Das dürfte auch 1703 schon gegolten haben, allerdings damals noch nicht mit Bezug auf Dresden, sondern auf die Leipziger Messen.

Seit der Judenvertreibung von 1430 durften Juden in Kursachsen nicht sesshaft sein[721], befristet aufhalten durften sie sich nur in Leipzig während der Messen; in der Dresdner Alt- und Neustadt durften sie in bescheidenem Umfang auf den Jahrmärkten handeln. Nachdem der Resident sich im Großen Nordischen Krieg als Truppenlieferant für August den Starken weiter bewährt hatte, gab es für ihn die erste große Ausnahme vom Judenbann; am 27. März 1708 versicherte ihm August in einem regelrechten Schutzbrief (jährliche Gebühr: acht Reichstaler), wie ihn Lehmann für Halberstadt seit Jahren besaß, „wir wollen in Erwägung der uns viele Jahre her von ihm geleisteten treuen Dienste ihm die besondere Gnade und Freiheit verstatten, daß er sich mit seinem Weibe, Kindern und benötigtem Gesinde in unserer Residenz allhier mit einem Hause und Garten ankaufe und wesentlich wohnhaft niederlassen möchte [...]". Von der Erlaubnis zum Handel ist nicht ausdrücklich die Rede, sie ergibt sich aber aus der Tatsache, dass er „in Abwesenheit seiner" einen „Gevollmächtigten" für sich agieren lassen kann.[722]

Da sich die Niederlassungserlaubnis ursprünglich auch auf Leipzig beziehen sollte, hatte der dortige Rat große Bedenken, und dessen Schreiben an den König vom 17.10.1707 enthält im Kern das Protestpotenzial, das im Laufe der kommenden zwanzig Jahre von den sächsischen Judengegnern immer wieder gegen Lehmann und die Seinen aufgeboten wurde: Man möge bedenken, so heißt es dort, dass nicht nur der Resident selbst, sondern neben Weib und Kindern der „Gevollmächtigte", ebenfalls mit Weib und Kindern, außerdem bei beiden zusätzlich „Eidtmänner" (Schwiegersöhne) und Schwiegertöchter „ihr jüdisches böses Wesen mit unzuläßlichen Wucher auffnehmen und Verparthirung gestohlener Sachen und dergleichen [...] treiben" würden, „als in sonderheit ihre *Syn-*

---

719 Schreiben Berend Lehmanns an König Friedrich I. v. 24.03.1703, GStA PK Berlin, I. HA, Rep. 33, Nr. 94–95, Pak. 2 (1698–1713) o. Bl.
720 Bericht der Halberstädtischen Regierung, 05.11.1721, GStA PK Berlin, Rep. 33, Nr. 120b, Pak. 3 (1713–1727), o. Bl., Dokument W 17.
721 Lehmann, *Schriften* (wie Anm. 33), S. 116f.
722 SHSA Dresden, 10025 Geheimes Konsilium, Loc. 5535/12, Bl. 147–148 (Dokument W 33).

agoge, auch Feste und verdammlichen Aberglauben mit erschrecklichen täglichen Lästerungen unseres Heylandes und Seeligmachers ingleichen mit abscheulichen Verfluch- und Verwünschungen denen Christen anzustellen und auszuüben nicht anstehen werden [...]."[723]

Wie außergewöhnlich Augusts des Starken Erlaubnis war, ersieht man daraus, dass auch der Geheime Rat Graf Adolf Magnus von Hoym (1668–1723) und zwei weitere Minister den König vom Erlass dieses Schutzbriefes abzubringen versuchten. Das heißt, selbst Adlige aus der unmittelbaren Umgebung Augusts würdigten seine merkantilistischen Motive für die Judenförderung überhaupt nicht und verharrten in der althergebrachten antijüdischen Krampfhaltung. Auch meldet sich bereits der Futterneid der Gold- und Silberarbeiter, deren Innung sich beschwert, dass die Juden (vermutlich zu günstigen Preisen) ausgebranntes und gebrochenes Edelmetall aufkaufen. Der König kommt den Protestierenden ein wenig entgegen, indem er Lehmann einen Revers unterschreiben lässt, in welchem dieser sich verpflichtet, „die Freiheiten nicht zu überschreiten"; im Übrigen befiehlt der König: „*Fiat* [es geschehe!] *Augustus Rex*".[724] Der Judenbann ist damit gebrochen.

Noch im gleichen Jahr zieht Lehmanns Schwager Jonas Meyer als sein „Gevollmächtigter" aus Hamburg nach Dresden, ihm folgt aus Halberstadt Berend Lehmanns ältester Sohn, der 18-jährige Lehmann Behrend.[725] Die Filiale ist etabliert, ihre beiden Dresdner Hauptakteure, Lehmann Behrend und Jonas Meyer, fangen an sich einzuleben, stoßen aber in der Gestaltung des täglichen Lebens auf Schwierigkeiten. Denn mit Augusts grundsätzlichem „*Fiat*" ist der Widerstand im lutherisch-ständischen Kursachsen längst nicht überwunden. Er richtet sich zunächst gegen die Religionspraxis der Juden, die im Schutzbrief – sicherlich mit Absicht, um nicht auf zu erwartende Probleme hinzuweisen – unerwähnt geblieben ist.

7.3 Schikanen durch Kaufmannschaft und Geistlichkeit

Als Jonas Meyers Frau im Winter 1708 einen Sohn bekommt, verbietet Augusts Regierung (das sind Augusts Statthalter Fürstenberg und dessen Adlatus Bern-

---

723 SHSA Dresden, 10025, Geheimes Konsilium, Loc. 5535/12, Bl. 91–92b. (Dokument B 12)
724 Lehmann, *Schriften* (wie Anm. 33), S. 137.
725 In der Leipziger Dissertation von Költzsch, Fritz: *Kursachsen und die Juden zur Zeit Brühls* (Költzsch, *Kursachsen*). Diss. Leipzig. Engelsdorf-Leipzig 1928. S. 30 und S. 268 wird ein weiterer, jüngerer Sohn Berend Lehmanns, Elias Behrend Lehmann, als Mitarbeiter der Leipziger Firma erwähnt.

hard Zech [1649–1720])[726] seine Beschneidung in Dresden, die Meyers müssen für die Zeremonie mit dem Neugeborenen nach Teplitz in Böhmen reisen, und selbstverständlich beschwert sich Berend Lehmann (selbst ein großer Mohel [hebräisch für: Beschneider]) darüber bei August, – diesmal ohne Resonanz.[727]

Um 1710 beginnt eine für die Dresdner Verhältnisse typische Abfolge von Ereignissen. Die judenfeindliche Einstellung vieler Regierungsmitglieder hatte sich gegen Augusts resolute Haltung nicht durchgesetzt. Jonas Meyer hatte sich in der „Wilsdorffer Gaße" bei dem königlichen Kammerschreiber Rüger in einem bescheidenen Haus eingemietet, in dem nur er und die Seinen wohnten („Besagter Meyer habe 5 Kinder, dazu eine Truzsche Amme und einen *Præceptor*, ingleichen drey Mägde und zwey Diener, so alles Juden; der *Præceptor* pflegte das Federvieh zu schlachten, mit einigen *Ceremonien*.").[728] Möglicherweise hatte Meyer das Haus von Rüger sogar gekauft, und das Mietverhältnis bestand nur zum Schein. In dem Haus wird renoviert und „geweißt" (die Lehmwände werden gekalkt). Das geschieht durch den Maurer George Richter, und von ihm erfährt das Dresdner Konsistorium, die evangelisch-lutherische Kirchenregierung, dass „Montags und Donnerstags frühe umb 7 Uhr mehr Leute im Hintergebäude in der Oberstube zusammen kämen und sängen." Den Geistlichen wird klar, dass hier der „Jüden *Cultus* [...] *celebriret*" wird, der sich gründet „auf den verdammlichen und gotteslästerlichen Irrthum, daß Unser Heyland sich fälschlich vor den *Messiam* ausgegeben, und demnach ein anderer [Messias] zu erwarten, auch die Anbetung der Heiligen Dreyeinigkeit und sonderlich des Herrn Jesu eine Abgötterey sey [...]."[729]

Auf Bitten des Konsistoriums stellt der Rat der Stadt Dresden Nachforschungen an (Dokument W 35). „Der Nachbar, H. Johann Adolph Gieße, Materialist [Gewürzhändler], wird befraget, ob er jemand mehrers von Juden zumahl Sonnabends sehe ein- und ausgehen oder sonst von ihrem Gottesdienst was *observire*." Gieße hat

> bishero nichts gemercket; die, so gegenüber wohneten, würden es beßer *observi*ren können. Hr D. Schurig, als der Nachbar auf der anderen Seite, wird ersuchet, ohnbehindert [ohne Verzug] melden zu laßen, wenn die seinigen etwas vermercken sollten. Hr. Lehmann, der KinderLehrer, so gegenüber wohnt, wird gleichfalls ersuchet, darauf acht zu haben, ob freytags zur Nacht starcke *illumination* zu mercken oder Sonnabends viel Juden Volck ab- und zugehe.

---

726 Vgl. die Rolle der beiden in der folgenden Episode.
727 Lehmann, *Schriften* (wie Anm. 33), S. 138: Schreiben vom 06.01.1709.
728 SHSA Dresden, 10025 Geheimes Konsilium, Loc. 5535/12, Bl. 141, Dokument W 34.
729 SHSA Dresden, 10025 Geheimes Konsilium, Loc. 5535/12, Bl. 123–131, Dokument W 36.

Die Regierung – Unterschrift wieder Fürstenberg und Zech – verbietet, zunächst ohne Wissen der Juden, die Zeremonien und ordnet die „Aufhebung" der Judenzusammenkünfte an. Dieser Anordnung zufolge

> haben wir [der Rat] nicht allein die drauf folgende Nacht durch, sondern auch des Tages drauf, also zur Zeit des bey ihnen einfallenden Sabbaths auff das Hauß acht haben laßen, und alß berichtet worden, daß gegen 9 Uhr Vormittags einige Juden dahin gegangen, Zwey Gerichtspersonen samt dem *Actuario*, Wachtmeister und etlicher Mannschafft dahin abgeschicket, denenselben die *expedition* anbefohlen, Welche uns darauf *referiret*: wie auf beschehenes Anklopfen eine Frau sie eingelaßen, die ihnen auch Bericht gegeben, wo die Juden beysammen wären. Sie hätten hierauf 2 Mann an der Thüre, den mehreren Einlauff ins Hauß zu verhüten, stehen laßen und wären mit den übrigen an dem angewiesenen Ort, den sie auch an dem Gesange bald selbst mercken können, so 2 Treppen hinauf ins Hintergebäude gegangen, die Thüre auffgeklinket und etliche reinlich gekleidete Weiber mit Büchern sitzend, bey welchen auch einige Kinder, und in dem daran stoßenden andern Gemache bey offener Thür einen roth bedeckten Tisch mit einem starcken Licht ingleichen ein ander auf einen hangenden Leuchter gestecktes Licht, beydes brennend, dann 2 Juden, darunter der eine Jonas Meyer gewesen, vor dem Tisch und darauf liegende aufgethane Büchern stehend, und mit ihren gewöhnlichen *velaminibus* [Hülle, Decke] bedecket angetroffen, die übrigen hätten herumb geseßen, wären zum Theil auch also bekleidet und mit Büchern versehen gewesen.[730]

Die Andacht wird „aufgehoben", und die Ritualgegenstände werden konfisziert. Auf Behrend Lehmanns Protest hin reskribiert August der Starke, wiederum zum dokumentierten Unwillen seiner Minister, Lehmann und Meyer dürften „den Gottesdienst nach jüdischer Art [...] für sich und die Ihrigen verrichten". Als kleines Trostpflaster für die besorgte Dresdner Geistlichkeit fügt er einschränkend hinzu: „jedoch in aller Stille und ohne Geschrei." Die konfiszierten Gegenstände werden zurückerstattet.[731]

Einige Jahre später, während das Dresdner Zweiggeschäft prosperiert, gibt es wieder Grund zur Klage: 1715 ist eine Tochter des Jonas Meyer gestorben, sie darf aber nicht in Dresden begraben werden, sondern die Familie muss einen jüdischen Friedhof in Böhmen aufsuchen, wiederum in Teplitz. Lehmann bittet deshalb darum, künftig jüdische Tote in seinem vor dem Pirnaischen Tore angekauften Garten beerdigen zu dürfen. Der Resident hat bei gleicher Gelegenheit eine Beschwerde: Der Magistrat hat gegen einen Hauswirt und eine Hebamme Geldstrafen ausgesprochen, weil die Hebamme einer jüdischen Mieterin im Kindbett beigestanden hatte. August hilft auch hier wieder, der Verpflichtung seines Schutzbriefes entsprechend: Hebammenhilfe muss gewährt werden, ein

---

730 SHSA Dresden, 10025 Geheimes Konsilium, Loc. 5535/12, Bl. 143–145.
731 Lehmann, *Schriften* (wie Anm. 33), S. 138 f.: 25.04.1711.

Begräbnisplatz soll gefunden werden. Gegen das Judenbegräbnis in Dresden erhebt der Landtagsausschuss (die ständige Vertretung der Stände) auf Antrag des Stadtrates energischen Protest, die Genehmigung eines Begräbnisplatzes würde unweigerlich eine Synagoge nach sich ziehen.[732] Kurze Zeit später empören die Kaufmannschaft und die Innungen sich in einer ähnlichen Eingabe an den Landtag, „daß es das Ansehen gewinnt, als ob sie [die Juden] hier eine recht ordentliche Heimath veranstalten wollten [...]."[733] Der Landtag macht daraus ein formelles Protestschreiben an den Kurfürsten und führt den Gedanken noch etwas weiter aus: Die Erlaubnis der Hebammenhilfe ermutige die Juden, in Dresden Kinder zu zeugen, die Knaben würden zeremoniell beschnitten werden, und so werde es zu weiterer Vermehrung der ortsansässigen Juden und zur Einrichtung einer Synagoge kommen.[734]

7.4 Das Haus

Durch die für moderne Begriffe sehr ungenaue, aber in der Frühen Neuzeit übliche Formulierung des Schutzbriefes, dass Berend Lehmann „mit seinem Weibe, Kindern und benöthigtem Gesinde" in der Residenzstadt wohnen dürfte, hatte sich eine Grauzone ergeben: Wer gehörte zum „benöthigten Gesinde"? Schon die Kaufmannschaft und die Innungen hatten dem Landtag gegenüber im April 1716 beklagt, dass eine Anzahl Juden in Dresden außerhalb des Lehmann/Meyerschen Haushalts zur Miete wohnten, denen Jonas Meyer eine Bescheinigung (einen „Zettel") ausgestellt hatte, dass sie zu seinen „*Domestiquen*" gehörten. Der Rat der Stadt versuchte das Anwachsen der Domestikenschar durch ein Juden-Beherbergungsverbot einzudämmen, aber auf Berend Lehmanns Ansuchen stellte der Kurfürst klar, Angehörigen von Lehmann und Meyer dürfe nicht verboten werden, mietweise in Dresden zu wohnen. Wieder gibt es ein kleines Trostpflaster für die Stände: Der Resident und sein Schwager müssten allerdings „spezifizieren", welche hinzuziehenden Juden sie für die „ihnen aufgetragenen Verrichtungen" wirklich brauchten.[735]

---

732 Lehmann, *Schriften* (wie Anm. 33), S. 139: Klage Lehmanns vom 20.11.1715, Reskript Augusts vom 04.12.1715.
733 Lehmann, *Schriften* (wie Anm. 33), S. 140 f.: 28.02.1716.
734 Lehmann, *Schriften* (wie Anm. 33), S. 140: Präliminarschrift „gegen die Juden" vom 08.04.1716.
735 Lehmann, *Schriften* (wie Anm. 33), S. 141, 23.03.1716.

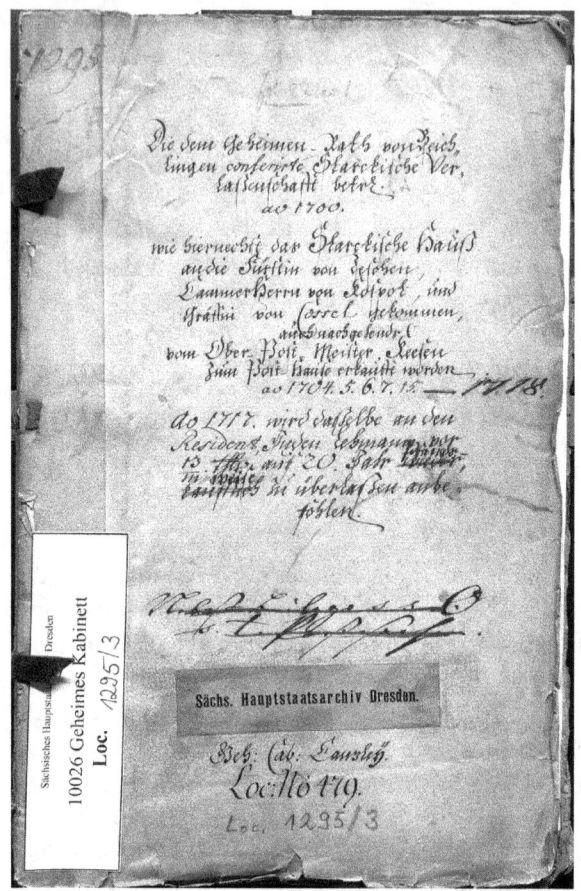

Abb. 37. Deckblatt der Akte des Posthauses in der Dresdner Pirnaischen Gasse (heute: Landhausstraße) mit den Namen aller Besitzer bis hin zu Berend Lehmann (1717).

Das Problem könnte, wie Lehmann im Mai 1716 an den König schreibt[736], dadurch gelöst werden, dass man ihm den im Schutzbrief garantierten Kauf eines für das gesamte Gesinde genügend großen Hauses in Dresden jetzt eindeutig genehmige. August ist durchaus dafür (zur Not über einen christlichen Strohmann), auch der Geheime Rat würde zustimmen[737], aber der König kann sich zunächst gegen die Landesregierung – Statthalter und Minister – nicht durch-

---

736 Lehmann, *Schriften* (wie Anm. 33), S. 141, 15.05.1716.
737 Lehmann, *Schriften* (wie Anm. 33), S. 141f., 27.05.1716.

setzen[738], die Lehmanns und Meyer müssen sich laut Reskript vom 30. August 1716 weiter „mit miethweiser Unterbringung genügen lassen[…]." Nachdem Lehmann dem Kurfürsten versichert hat, dass er selbst gegen die Aufnahme fremder Juden mit unsicherem Ruf in Sachsen sei, dass er aber für die Redlichkeit und Nützlichkeit seiner eigenen Angehörigen garantiere[739], bekommt er in Abänderung des beengenden Reskripts vom 30. August 1716 ein Jahr später die Erlaubnis, das repräsentative „Posthaus auf der Pirnaischen Gasse" (später Landhausstraße 13) pfandweise zu erwerben. Das heißt, gegen die Zahlung von 13.000 Reichstalern nimmt er das Haus vom eigentlichen Besitzer, dem Kurfürsten, als Pfand für Schulden, wie August sie regelmäßig bei Lehmann hat, allerdings muss das Pfand nach 20 Jahren zur Rückgabe bereitgehalten werden.[740]

Es ist übrigens nicht irgendein Haus; um 1680 erbaut vom kursächsischen Landbaumeister Johann Georg Starcke, besaßen es vor dem Oberpostmeister Johann Jakob Kees, nach dem es benannt ist, Augusts Minister Wolf Dietrich von Beichlingen (1700–1704) und nacheinander zwei seiner Maitressen, die Fürstin Teschen (1704–1706) und die Gräfin Cosel (1706–1707). Ebenfalls in der Pirnaischen Gasse befanden sich das Flemmingsche und das Hoymsche Palais.[741] Das Haus sollte 1707 die königliche Postverwaltung aufnehmen, und August der Starke wollte es nunmehr eigentlich als öffentliches Gebäude in seinem eigenen Besitz haben. Da ihm aber nicht genügend Geld zum Kauf zur Verfügung stand, verkaufte es die Gräfin Cosel zunächst seinem Oberpostmeister, und August zahlte es ratenweise bei Kees ab.[742]

Nur in diesem Haus sollten ab 1717 Juden in Dresden wohnen dürfen, und für sie bestand eine Meldepflicht (beides wurde nicht eingehalten). In diesem repräsentativen Gebäude, dessen Innnenhof mit einer Büste Augusts des Starken verziert wurde, wohnten die Familien Lehmann Behrend und Meyer von 1717 bis 1734, und hier betrieben sie ihr zunächst recht bedeutendes Bankgeschäft und

---

738 Statthalter Fürstenberg und Minister Werthern machen sich die anti-jüdischen Argumente der Stände voll zu eigen. Vgl. Schreiben Fürstenbergs an August vom 27.06.1716, SHSA Dresden, 10025 Geheimes Konsilium Loc. 5535/12, Bl. 221–224.
739 Lehmann, *Schriften* (wie Anm. 33), S. 142, 26.04.1717. Emil Lehmann meint, das sei bestimmt nicht aus Konkurrenzneid geschehen.
740 SHSA Dresden, 10026 Geheimes Kabinett, Loc. 01295/03.
741 https://de.wikipedia.org/wiki/Palais_Beichlingen; https://de.wikipedia.org/wiki/Palais_Flemming-Sulkowski *(beide 03.11.2015)*.
742 SHSA Dresden, 10026 Geheimes Kabinett, Loc. 01295/03 o. Bl.: Brief Johann Jakob Kees' an August vom 28.8.15 (Kees bittet um Kaufsumme, „Aptirungskosten" und Zinsen) und Brief von Augusts Kabinettchef Heinrich Jakob Graf Flemming in dieser Sache an die Geheimen Räte vom 17.03.1718. Vgl. das Deckblatt der Akte, Abb. 37. Das Haus blieb bis zum Luftangriff vom Januar 1945 erhalten. Vgl. Abb. 38.

Abb. 38. Dresden, Landhausstraße 13, ‚Alte Post'. Foto von vor dem Luftangriff, Januar 1945. Von 1717 bis 1730 Wohn- und Geschäftsresidenz der Firma Lehmann (Berend Lehmann, Lehmann Behrend, Jonas Meyer). Die Büste stellt August den Starken dar.

ihre Luxuswarenhandlung. Zu einem großen Fest, das hier am 1. September 1720 stattfand, kamen sogar der Kurprinz (später Kurfürst Friedrich August II. von Sachsen, 1696–1763) und die Kurprinzessin als Gäste.[743]

Eine Firma im handelsrechtlichen Sinne wurde übrigens nie gegründet. Lehmann senior, Lehmann junior und Meyer handelten gegenüber Kunden immer

---

[743] Emil Lehmann, *Schriften* (wie Anm. 33), S. 143, führt als Beleg an: „Hasche, diplomatische Geschichte Dresdens, 4, S. 70", gemeint ist damit: Hasche, *Geschichte* (wie Anm. 233).

auf jeweils eigene Rechnung[744], aber für die christliche Mitwelt und spätere Biografen handelte es sich hier immer um ein und dasselbe Geschäft in *dem* Judenhaus. Fritz Költzsch sieht dieses Gebäude als ein Geschäftszentrum von überregionaler Bedeutung: „[Die] ganze Weltfirma und -familie [wird] nach Dresden orientiert. Die Filialleiter in Wien [Schwiegersohn Marx Hirschel], Halle [Assur Marx] und Hannover [Gumpert und Isaak Behrens] erhalten sächsische Hofprädikate und -privilegien. Ob diese Lokalfirmen alle für sich in den speziellen Dienst des Hofes zu Dresden treten, ob sie in den Sachsendienst der gesamten Firma miteingespannt sind, ob schließlich in ihrer Privilegierung nur eine Lehmannsche Bedingung erfüllt wird, stehe dahin. Die Wirklichkeit ist offenbar eine Mischung dieser drei Möglichkeiten."[745] Das ist sicherlich nie in diesem globalen Sinne Wirklichkeit, aber durchaus Wunschtraum Berend Lehmanns gewesen.

7.5 Aufstieg des Geschäfts

Trotz der Steine, welche die Stände Lehmann senior und junior sowie Jonas Meyer in den Weg legen, wächst das Unternehmen in der zweiten Dekade des 18. Jahrhunderts stetig. Es erledigt in erster Linie Bankgeschäfte, das heißt, es vergibt und vermittelt Kredite, nimmt Kundengelder auf Zinsen ins Depot, erledigt gegen Agio (Vermittlungsgebühr) den Transfer von Kundengeldern an andere Orte. Als Darlehen gehen wieder große Summen an den Hof. Nach Unterlagen, die Heinrich Schnee im Sächsischen Staatsarchiv recherchiert hat, vermittelt zum Beispiel die Dresdner Firma 1709 zusammen mit dem hannoverschen Bankhaus Leffmann Behrens und dem Leipziger christlichen Bankier Johann Bernhard Berthold August dem Starken ein Darlehen von einer Million holländischer Gulden aus Amsterdam.[746] Wichtig ist weiterhin die Finanzierung des Militärs; so schießt Lehmann, wiederum zusammen mit Berthold, der Generalkriegskasse zwischen 1713 und 1715 über eine halbe Million Reichstaler zum Unterhalt der Truppen in Polen vor.[747]

---

744 Auch die Konkurse waren persönlich bezogen: Berend Lehmanns Konkurs ergab sich bei seinem Tode in Halberstadt, der des Sohnes Lehmann Behrend wurde auf der Leipziger Ostermesse 1731 erklärt (vgl. dazu Kap. 9 dieser Arbeit). Jonas Meyer überlebte ohne Konkurs.
745 Költzsch, *Kursachsen* (wie Anm. 725), S. 34.
746 Schnee, *Hoffinanz* (wie Anm. 7), Bd. 2, S. 184.
747 Nach dem Online-Findbuch des SHSA Dresden im Bestand 10024 (Geheimes Kriegsratskollegium) die Nummern 2227, 2237, 2244 und 2247.

Juwelen

Schon die Vorfahren und Vorgänger Augusts des Starken hatten Juwelen, das heißt, Edelsteine und Edelsteinschmuck, für ihre Kunstkammer angeschafft. Darüber hinaus „[besaßen] bereits sein Vater, Johann Georg III. und sein älterer Bruder, Johann Georg IV., wie archivarische Quellen belegen, Ansätze zu Juwelengarnituren", d. h. zu schmuckmäßig gefassten und kunstvoll zu „Geschmeide" angeordneten geschliffenen Edelsteinen. Die Juwelen dienten dem Kurfürsten-König nicht nur als Augenweide, sondern sie waren, so Dirk Syndram, der Direktor des Grünen Gewölbes Dresden, eine Sachwertinvestition, „die ohne viel Aufwand durch Europa transportiert werden konnte." In diesem Sinne wurden auch Teile der Sammlung immer wieder verpfändet.[748] So verlangt August 1722 von den Ständen die Bewilligung von Geld, damit er seine bei oder über Berend Lehmann versetzten Juwelen einlösen kann.[749] Auch Edelsteine, die in Augusts polnischer Königskrone 1697 geglänzt hatten, wurden nach der Krönung aus der Fassung gelöst und zu Geld gemacht, bis man sie schließlich 1719 zur Hochzeit des Kurprinzen mit der Kaisertochter Maria Josepha zurückholte.[750]

Für die Beschaffung von rohen und bearbeiteten Edelsteinen spielten die Lehmanns und Meyer durch ihre internationalen Verbindungen eine wichtige Rolle. Sie mussten oft das Geld zur Erwerbung der Steine vorschießen. Es soll hier genügen, einige der größeren Transaktionen zu nennen, wie sie in Ulli Arnolds repräsentativem Werk *Die Juwelen Augusts des Starken* beschrieben sind. Drei heute als Einzelstücke in *den Staatlichen Kunstsammlungen Dresden* vorhandene ovale, tropfenförmige Smaragde im Rosenschliff [751] waren Teil eines Ohrgehänges, und diese Steine (ursprünglich vier an der Zahl) waren 1701 für 2.000 Taler von Berend Lehmann zunächst an den Großkanzler Wolfgang Dietrich von Beichlingen (1665–1725) und von diesem weiter an den Kurfürsten verkauft worden.[752]

Jonas Meyer besorgte dem Kurfürsten im Mai 1711 für 450 Reichstaler „zwei Kabinettsstück von Perlen"[753] und aus der Werkstatt von Augusts des Starken Hofgoldschmied Johann Melchior Dinglinger (1664–1731) für je 1.200 bis 6.000 Taler Armbänder und Ringe mit dem (gravierten? emaillierten?) Porträt des Kö-

---

748 Syndram, Dirk, *Vorwort.* In: Arnold, Ulli: *Die Juwelen Augusts des Starken* (Arnold, *Juwelen*). München & Berlin 2001. S. 6–7, außerdem S. 97.
749 SHSA Dresden, 10015 Landtag, Nr. A79a, Bl. 37b.
750 Arnold, *Juwelen* (wie Anm. 748), S. 18.
751 Inventarnummer VIII 136, in dieser Arbeit Abb. 39.
752 Arnold, *Juwelen* (wie Anm. 748), S. 115. Die Zuordnung der Steine auf Lehmann/Meyer ist nicht völlig sicher.
753 Syndram, Dirk: *Die Schatzkammer Augusts des Starken.* Leipzig 1999. S. 95–96.

Abb. 39. Drei von ursprünglich vier „große[n] länglichte[n] geschnittene[n] Smaragde[n]" aus dem Besitz Augusts des Starken, die ursprünglich Großkanzler Wolfgang Dietrich von Beichlingen 1702 von Berend Lehmann kaufte.

nigs.[754] Meist lassen sich allerdings die von Lehmann und Meyer gelieferten Steine in der heutigen Sammlung nicht identifizieren, weil sie in den Archivakten nur pauschal genannt werden. Jedenfalls stand August zum Zeitpunkt der Ostermesse 1715 bei Meyer mit insgesamt 212.083 Reichstalern für Juwelen in der Kreide, von denen ein Teil in Raten von jeweils 13.333⅓ Talern plus Zinsen von Messe zu

---

754 Watzdorf, Erna von: *Johann Melchior Dinglinger. Der Goldschmied des deutschen Barock.* 2 Bde. Berlin 1962. Bd. 2. S. 381. Die Rechnungen im SHSA Dresden, Loc. 899, vol. XXI = *Hof und Oberhofcämmerei Casse Sachen 1720.*

Messe zurückgezahlt wurden. Nur im Falle einer Teilsumme von 82.000 Talern nennt die entsprechende Aufstellung auch die damit angefertigten Juwelen: „nehml. [nämlich] den Pohl. [polnischen] Orden, das Creutz und Degen [vermutlich mit edelsteinbesetztem Griff] nebst noch 2 stk. [starken] Joubelen [Juwelen], 1 Portrait [vermutlich in Gold gefasst] und einen Ring mit einem Portrait unter einem Diamant-Stein".[755]

Zwischen 1719 und 1721 fertigte die Dinglinger-Werkstatt eine Serie von 28 Rock- und 16 Westenknöpfen an, die insgesamt 44 Saphire und 484 Diamantrosen (in Gold gefasst) enthielt, von denen ein Teil durch Jonas Meyer geliefert worden war.[756] Zwischen 1721 und 1728 schuf der über England nach Dresden emigrierte Hugenotte Pierre Triquet für August eine spektakuläre Garnitur aus Schildpatt. Das ist ein hornähnliche Material, welches aus den flachen Schuppen des Rückenschildes der echten Karettschildkröte (Eretmochelys imbricata) gewonnen wird und wegen seines transparenten, gelb, rot, braun oder schwarz geflammten oder gewölbten Aussehens für kostbare Gebrauchsgegenstände sehr beliebt war. Triquets Garnitur umfasst neben geschmückten Degengriffen, einem Uhr- und einem Notizbuchgehäuse 24 Rockknöpfe und ebenso viele Westenknöpfe, „die durch den belebenden Steinbesatz mit Brillanten auch die erstrebte Fernwirkung erlangten".[757] 46 Brillanten, die durch den Dresdner Hofjuwelier Johann Heinrich Köhler († 1736) der Triquetschen Arbeit hinzugefügt wurden, hatte 1727 Jonas Meyer geliefert.[758] Der Hof dürfte Meyer nicht nur als Händler, sondern auch als Juwelenkenner geschätzt haben, denn er wurde zusammen mit Johann Melchior Dinglinger und Johann Heinrich Köhler bei der Inventur zur Bewertung des königlichen Juwelenschatzes herangezogen, die vom 6. bis zum 20. Dezember 1719 stattfand.[759]

Ein eindrucksvolles Dokument für Berend Lehmanns Rolle im Zusammenhang mit Augusts Juwelen findet sich in einer Mappe unter den „Originalurkunden" des Sächsischen Hauptstaatsarchivs Dresden.[760] Da ist zunächst eine Quittung der in Frankfurt am Main wohnenden Juwelenhändler Emanuel Beer[761] und

---

755 Arnold, *Juwelen* (wie Anm. 748), S. 19. Arnolds Quelle sind Abschriften, die Erna von Watzdorf aus im Zweiten Weltkrieg verlorengegangenen Archivalien gemacht hatte, hier aus *Chatoullensachen 1697–1747*.
756 Arnold, *Juwelen* (wie Anm. 748), S. 52.
757 Arnold, *Juwelen* (wie Anm. 748), S. 146.
758 Arnold, *Juwelen* (wie Anm. 748), S. 149.
759 Syndram, Dirk: *Die Schatzkammer Augusts des Starken*. Leipzig 1999. S. 128.
760 SHSA Dresden, OU 14487, Nr. 1–3, Dokument B 13.
761 Es handelt sich um „Mendel" Beer, den Vater von Lehmanns zweiter Ehefrau, Hannle. Die Inschrift auf einem von Berend Lehmann für die Halberstädter Synagoge gestifteten Thoraschrein nennt „his wife, Hannele, daughter oft he president of the community and leader Mendel Beer.

Moses Meyers Erben vom 27. März 1718 über an „Se. Königl. *Maj.* von Pohlen und Churf. Durchl. zu Sachsen verkauffte *Joubeln* [Juwelen] für Reichsthaler zwey mahl hundert tausendt *Courant*, welche uns durch Dero *Residenten, Behrend Lehmann* fällig [völlig] bezahlt und vergnügt worden seyn." Das in den Akten folgende „Versicherungs Decret" Augusts des Starken erklärt das Problem, dass nämlich „der Zustand Unserer *Caßen* [...] nicht gestatten will, sothane *Summa* vor der Hand an gedachte Juden abzuführen", und so ist Lehmann bereit „ins Mittel zu treten und diesen Vorschuß zu thun."[762] Lehmann nimmt 0,5 % Monatszinsen; so ergibt sich eine Gesamtschuld von 247.360 Reichstalern, die in acht Raten von 1720 bis 1723 zurückgezahlt werden soll, und zwar bekommen Lehmann und Compagnon Meyer acht Assignationen (Anrechtscheine) auf die Einkünfte der Salinen in Polen, die zu bestimmten Terminen fällig werden, zahlbar durch den Salinendirektor Steinhäuser. Das Salzregal, das Besitzrecht an dem in den Salinen produzierten Salz, war eine der wenigen Einnahmequellen, die August aus seinem Königreich Polen hatte. Da das Geld in polnischen Gulden (złoty, „Tymphe") erwirtschaftet wurde, legt die Obligation auch den Wechselkurs fest: 1 Reichstaler zu 5 Tymphen.

In einem ganz anderen Zusammenhang ergab sich zufällig ein Hinweis darauf, dass, so elegant der Abzahlungsplan aussieht, das Inkasso der Assignationen Schwierigkeiten bereitete, wie das ja auch bei der Einlösung von Steuerscheinen immer wieder vorkam.[763] Und zwar liegt bei den Akten über den Konkurs von Lehmanns Schwiegersohn Isaak Behrens in Hannover die deutsche Übersetzung eines ursprünglich hebräischen Briefes vom 8. Dezember 1720, in dem der Resident dringend die Rückzahlung von Schulden anmahnt.[764] Er brauche das Geld, um dem „Herrn CammerRaht Steinhäuser, der das Saltz in Pohlen unter Händen hat" ein Darlehen zu verschaffen („Wäre ein guter Handel"). Auf diesen Steinhäuser, so schreibt er, sei er „angewiesen", d.h. der solle ihm „jedes Jahr zahlen". „Aber ich habe noch nichts bekommen." Die erste Rückzahlungsrate wäre am 1. April 1720 fällig gewesen, die zweite am 1. Juli. August der Starke, bzw. sein Salinenverwalter, war also nach neun Monaten bereits mit 50.000 Talern im

---

Frankfurt am Main 1712." Die Übersetzung stammt aus Fraenkel, Henry & Louis: *Genealogical Tables of Jewish Families. 14th–20th Centuries. Forgotten Fragments of the History of the Fraenkel Family* (Simon, Georg, Hrsg.). 2 Bde. München ²1999. Bd. 1: *Text and Indexes*. S. 77.
762 Schnee berichtet von weiteren Juwelenkäufen Augusts über Berend Lehmann bei seinem Schwiegervater Emanuel Beer zwischen 1709 und 1722: Schnee, *Hoffinanz* (wie Anm. 7), Bd. 2, S. 217.
763 Schnee, *Hoffinanz* (wie Anm. 7), Bd. 2, S. 184–186.
764 NLA Hannnover, Hann. 92 Nr. 419, Bl. 78.

Verzug. Wieso Lehmann bereit war, ausgerechnet dem zahlungssäumigen Steinhäuser ein großes Darlehen zu gewähren, bleibt ein Rätsel.

Zurück zu der Urkundenmappe über den Juwelenkauf. In ihr liegt auch eine von dem Goldschmied Johann Melchior Dinglinger am 27. Mai 1718 ausgestellte Quittung über Assignationen im Wert von 31.060 Talern, sie lauten ebenfalls auf die Einkünfte der polnischen Salinen. Man kann annehmen, dass Dinglinger hier sein Honorar für die Bearbeitung der von Beer gelieferten, von Lehmann finanzierten Juwelen bekommen hat. Leider war es nicht möglich, diese Juwelen in den Dresdner Kunstinventaren zu identifizieren.

7.6 Jonas Meyers Getreide-Aktion

Diese Episode wird, obwohl sie eigentlich nur Jonas Meyer betrifft, in dieser Berend-Lehmann-Biografie mitbehandelt, weil sie in vielen früheren biografischen Äußerungen zu dem Halberstädter Residenten – positiv oder negativ – eine wichtige Rolle spielt. Ebenso wenig, wie die Biografen differenziert haben, haben die Dresdner Zeitgenossen der beiden Schwäger es getan; man sprach pauschal von „den Juden", und die in Rede stehende Episode hat stark zur Meinungsbildung über „die Juden" in Dresden beigetragen.

In der einstmals populären *Geschichte der königlichen Haupt- und Residenzstadt Dresden* von Martin Bernhard Lindau (1885) liest man zwischen ausführlichen Beschreibungen von Augusts des Starken prächtigen Hoffesten auch einen kurzen Abschnitt über die allgemeine „Theurung" in Sachsen, eine Folge der Missernte im äußerst trockenen Sommer 1719:

> Im Januar 1720 erließ der König wegen fortdauernder und zunehmender Theurung für das Getreide Zoll, Geleite, Landaccise, Fähr- und Brückengeld und sorgte für Herbeischaffung größerer Getreidemassen ‚Allein weil die Sache durch Judenhände gegangen, so ist die Frage, ob der Preis des Getreides der Armuth zu Statten gekommen, wie es des Königs Majestät gewünscht, gewollet und verlanget haben.' Namentlich übernahm mit königlicher Verwilligung der Hofjude Jonas Mayer die Versorgung Dresdens; er hatte bis im Mai (1720) bereits über 40.000 Scheffel Getreide auf Schiffen von der Unterelbe und selbst von Danzig herbeischaffen lassen und den Scheffel Korn für 3 Thaler 15 Groschen an die Bürger verkauft; nur die Bäcker und Branntweinbrenner hatten nichts erhalten. Der Andrang Kornbedürftiger war vor des Juden Hause und vor dem Gewandhause täglich so groß, daß man, um Ordnung zu halten Militair aufstellen mußte. Auch der Rath ließ im Mai den Kornvorrath auf der Kreuzkirche den Scheffel mit 3½ Thaler verkaufen. Im Juni endlich wurde die Ausfuhr aus Böhmen und Schlesien wieder eröffnet und da der Sommer eine gesegnete Ernte brachte, so sank der Preis des Kornes schon im August wieder auf 2 Thaler 20 Groschen. Da aber Mayer noch große Getreidevorräthe hatte, so wurden dieselben in Folge eines besonderen Befehles im August auf die Städte und Aemter vertheilt und mußten in Dresden allein die Weiß- und

Platzbäcker, die Branntweinbrenner und Essigmacher, die vorher nichts erhalten hatten, 5000 Scheffel Korn zu dem alten Preis von 3 Thalern 15 Groschen und 1000 Scheffel Weizen annehmen.[765]

Schon bei Lindau muss der Leser den Eindruck haben, dass „Judenhände" sich bei der Aktion bereichert hätten. Schnee übernimmt Lindaus Angaben samt ihrem judenfeindlichen Unterton[766], Deeg macht daraus gar „gewaltige Getreideschiebungen".[767] Es gibt über diese Getreide-Aktion große Aktenmengen im Dresdner Staatsarchiv, und aus ihnen ergibt sich folgendes Bild: Nach der schlechten Ernte hatte es schon im Juli und im September 1719 das königliche Verbot gegeben, Getreide auszuführen; das im Lande benötigte sollte im Lande gehalten werden. Am 28.11.1719 wird in einer Aktennotiz der Finanzverwaltung festgehalten, dass der „Hoff-*Agent*" Jonas Meyer „bey iziger allgemeiner Getreyde Noth" sich erbiete, „auf der Oder und aus Böhmen oder anderwerts her" Getreide zu besorgen.[768] Ihm wird zunächst ein Vorschuss von 20.000 bis 30.000 Talern aus der Steuerkasse bewilligt[769], dieser steigt im Frühjahr 1720 bis auf 120.000.[770] Am 23. März 1720 wird in ganz Sachsen ein Dekret plakatiert, in dem der Kurfürst anprangert, dass in bestimmten sächsischen Gebieten und von bestimmten Leuten (man kann vermuten: Rittergutsbesitzern, Händlern) Getreide gehortet wird, was bei dem mageren Angebot zu Wucherpreisen führt. August setzt deshalb angesichts der jetzt dringend erforderlichen Aussaat des Sommergetreides einen Höchstpreis fest: Für einen Scheffel (107 Liter) des teuersten Korns dürfen in Dresden nicht mehr als 2 Taler 20 Groschen verlangt werden.[771] Proviantoffiziere der Armee sowie Jonas Meyer und seine Mitarbeiter dürfen die Vorräte in den Getreidelagern kontrollieren.

Um „dem Armuth" (den armen Bauern) an den Stellen zu helfen, wo es am dringendsten ist (z. B. im Erzgebirge), stellt der Staat mit großer Anstrengung aus den verschiedenen Kassen schließlich (Stand vom Juni 1720) 42.000 Taler für

---

765 Lindau, Martin Bernhard: *Geschichte der königlichen Haupt- und Residenzstadt Dresden von den ältesten Zeiten bis zur Gegenwart*. Dresden ²1885. S. 552. Das Zitat stammt aus Faßmann, David: *Leben Friedrich Augusts I* (bei Lindau ohne bibliografische Angaben, wahrscheinlich: *Das Glorwürdigste Leben und Thaten Friedrich Augusti, des Großen, Königs in Pohlen und Chur-Fürstens zu Sachsen*. Hamburg & Frankfurt/Main 1733. S. 845).
766 Schnee, *Hoffinanz* (wie Anm. 7), Bd. 2, S. 196–197.
767 Deeg, *Hofjuden* (wie Anm. 56), S. 83.
768 SHSA Dresden, 10036 Finanzarchiv. Loc. 41642 Rep LVIII, V-Nr. 4a, Bl. 1.
769 SHSA Dresden, 10036 Finanzarchiv. Loc. 41642 Rep LVIII, V-Nr. 4a , Bl. 33–34.
770 SHSA Dresden, 10036 Finanzarchiv. Loc. 41642 Rep LVIII, V-Nr. 4a Bl. 75.
771 Es wird im Folgenden aus den umfangreichen Tabellen immer nur der Dresdner Preis für die teuerste Getreidesorte zitiert. Eine solche Tabelle hier abgedruckt als Abb. 40.

zinslose Darlehen zur Verfügung; diese sollen allerdings noch im gleichen Jahr (bei erhoffter guter Ernte) in drei Raten zurückgezahlt werden. Neue Plakatanschläge gibt es am 22. Mai 1720: Der rigide Preisstopp führt dazu, dass in den Städten dringend benötigtes Getreide in den ländlichen Regionen immer noch zurückgehalten wird, da von dem gestoppten Preis weder der Fuhrlohn noch andere Unkosten bestritten werden können (der Kutscher muss z. B. essen und übernachten). Der Geheime Rat erlaubt Aufschläge.[772]

Meyer hat inzwischen die Befürchtung, dass ein Teil seines Getreides zu spät kommen könnte, das heißt, wenn bereits einheimisches Getreide aus neuer, vielversprechender Aussaat auf dem Markt ist, so dass er

> sowohl in Ansehung des bereits erlittenen alß noch etwa zu erleidenden Verlustes schadlos gehalten und der Rest des Getreydes, wann solcher etwa wegen Wind, Wetter oder anderen Verhinderungen kurtz vor, in, oder auch gar nach der Erndte hier in Dreßden und in Guben ankommen solte, der Preiß aber inzwischen gefallen wäre, solches dennoch so hoch, alß es ihme zu stehen gekommen, gegen Baare Bezahlung abgenommen werden möchte [...].[773]

Er bekommt diese Zusicherung, die sich noch als sehr wichtig erweisen soll. Was er in Bezug auf den Wind fürchtete, war übrigens nicht zu viel, sondern zu wenig davon, beziehungsweise seine möglicherweise falsche Richtung; transportiert wurde ja auf Segelkähnen, und zwar elbaufwärts. Am 20. Juni hat sich das Blatt in der Tat gewendet: Das Meyersche Korn ist überall angekommen, wird aber nicht sofort abgenommen. Man kann mehrere Gründe annehmen: Es war wohl doch relativ viel Getreide im Lande gehortet vorhanden gewesen, einiges wird auch von anderen Händlern eingeführt und billiger als das Meyersche auf den Markt gebracht. Mit Mitteln der Kriegskasse wird darüber hinaus, konkurrierend mit Jonas Meyer, „im Anhaltischen um Deßau" für 15.000 Taler Roggen aufgekauft, um Kommissbrot für die *„Soldatesque"* backen zu können.[774] Das ist eine Entwicklung, die er offensichtlich nicht vorausgesehen hat, er hat zu viel Getreide gekauft, das wegen der hohen Unkosten (Zölle, Umladen, Zwischenlagern) nun sehr teuer weiterverkauft werden muss: Er darf jetzt 3 Taler 8 Groschen nehmen, und am 31. Juli erlässt August einen Befehl, nach dem Bäcker und Mehlhändler streng bestraft werden, die nicht ausschließlich das für 3 Taler 8 Groschen zu kaufende Meyersche Getreide verwenden. Die Auflage gilt auch für die Platzbäcker, das sind

---

772 Druck vom 22.05.1720, SHSA Dresden, 10036 Finanzarchiv. Loc. 41642 Rep LVIII, V-Nr. 4a, Bl. 65.
773 Die Garantie (27.05.1720) ist hier abgedruckt als Dokument W 37.
774 So aufgeführt auf einer Kostenübersicht, SHSA Dresden, 10036 Finanzarchiv. Rep LVIII Loc. 41642, V-Nr. 4a, Bl. 75.

Verkäufer mit offenen Marktständen, die Brot von außerhalb in die Stadt bringen.[775]

Die Überlegungen, die August den Starken zu dieser massiven Preisstützung veranlassten, sind klar: Aus den als Vorschuss bewilligten 120.000 Talern ergab sich in etwa die von Meyer einzukaufende Kornmenge. Bei der Bewilligung war man davon ausgegangen, dass der Kornpreis im Lande infolge des geringen Kornangebots so enorm ansteigen könnte, dass arme Bauern nicht in der Lage wären, für die Neueinsaat Getreide zu kaufen. Dass dann doch, aus was für Quellen immer, Getreide billiger als Meyers von Weitem hergeholtes auf den Markt kam, dafür macht August ihn nicht verantwortlich. Er verhilft ihm mit dem Zwangspreis dazu, dass alle Brotkäufer an seinem Risiko beteiligt werden. Dass er Jonas Meyer den Rücken stärkt, muss er noch zwei Jahre später in seiner Regierungserklärung zum Landtag 1722 den Ständen gegenüber folgendermaßen verteidigen

> Wie harte der von Gott *ao: 1719* verhängte allgemeine Mißwuchs und die in selbigem und folgendem Jahre daher entstandene große Theurung das arme Land gedrucket, solches ist männiglich noch unentfallen [daran erinnert man sich]. Es wird aber darneben Unseren getreuen Ständen in nicht mindern guten und dankbaren Andenken schweben, was für ungemeine Sorgfalt und Bemühung Wir innerhalb und außerhalb des Landes vorkehren laßen, um unsere getreue, liebe Unterthanen von dem angeschienenen *totalen ruin* vermittelst göttlicher Benedeyung zu erretten. Da nun die Steuer-Obereinnahme in solcher *notorischen Calamität* ein und anderen Vorschuß gethan, auch Unser Agente, Jonas Meyer, zu Versorgung hiesigen Churfürstentums und Lande, zu einer Zeit, da fast iederman die Hand abgezogen, ansehnliche *quantitäten* von Getreide auf der Oder und Elbe kommen laßen, so werden die getreuen Stände nicht nur die aus dem Steuer *ærario* [dem Steuerschatz], vorerwehnter maßen, in solchem *frangenti* [solcher Notlage] gethane Vorschüße hinwieder zu ersezen sondern auch die noch vorhandenen Meyerschen Getrayde Vorräthe zu übernehmen und Meyern versprochener maßen schadloß zu halten sich nicht entbrechen.[776]

Die „getreuen Stände" werfen Meyer allerdings vor, „daß es dem *Lifferanten* nicht schwer würde gefallen seyn, mit dem übrigen Getreyde zu rechter Zeit vor der Erndte loßzuschlagen, daher, wenn er hierbey einigen Schaden erlitten, er sich solchen selbst zu *imputiren* hätte."[777] Es ist aber nicht sehr wahrscheinlich, dass er im November 1719 absichtlich zu viel Getreide eingekauft hat, um aus einem hohen Garantiepreis hohen Gewinn zu ziehen, denn er konnte beim Einkauf nicht

---

775 SHSA Dresden, 10036 Finanzarchiv, Rep LVIII Loc. 41642, V-Nr. 4a, Bl. 141, Dokument W 38.
776 SHSA Dresden, 10015 Landtag, Nr. A79a, § 18, Bl. 35–36.
777 SHSA Dresden, 10036 Finanzarchiv, Loc.41642, Rep. LVIII, V-Nr. 4a, Bl. 220b.

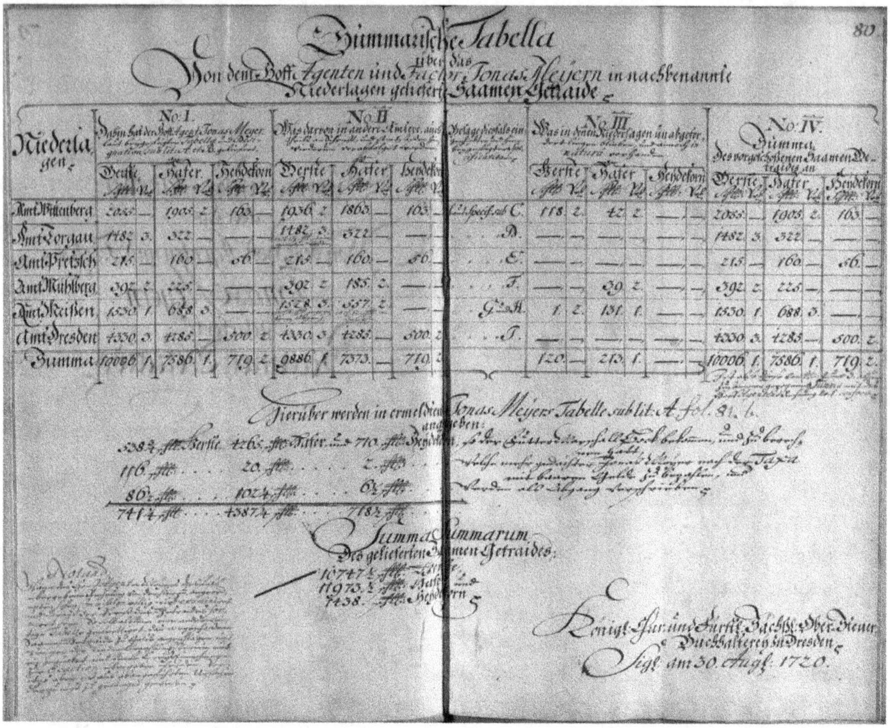
Summarische Tabella über das von dem Hoff-Agenten und Factor Jonas Meyern in nachbenannte Niederlagen gelieferte Saamen-Getraide

Niederlagen	No. I. Gerste	Hafer	Heydekorn	No. II. Gerste	Hafer	Heydekorn		No. III. Gerste	Hafer	Heydekorn	No. IV. Summa Gerste	Hafer	Heydekorn
Amt Wittenberg	2055	1905 2	163	1936 2	1863	163	C.	118 2	42 2	—	2055	1905 2	163
Amt Torgau	1482 3	322	—	1482 3	322	—	D.	—	—	—	1482 3	322	—
Amt Pretzsch	215	160	56	215	160	56	E.	—	—	—	215	160	56
Amt Mühlberg	392 2	225	—	392 2	185 2	—	F.	—	39 2	—	392 2	225	—
Amt Meißen	1550 1	688 3	—	1528 3	557 2	—	G. H.	1 2	131 1	—	1550 1	688 3	—
Amt Dresden	4330 3	4285	500 2	4330 3	4285	500 2	I.	—	—	—	4330 3	4285	500 2
Summa	10006 1	7586 1	719 2	9886 1	7373	719 2		120	213 1	—	10006 1	7586 1	719 2

Hierüber werden in ermeldeten Jonas Meyers Tabelle sub lit. A fol. 81 b. angegeben:

Summa Summarum des gelieferten Saamen Getraides:

Königl. Pohl. und Churfürstl. Sächß. Ober-Steuer-Buchhalterey zu Dresden, Sigl. am 30. Aug. 1720.

Abb. 40. „Summarische Tabella über das von dem HoffAgenten und Factor Jonas Meyern gelieferte Getraide der Königlichen und Churfürstliche-Sächßischen Ober-Steuer-Buchhalterey“ vom 30. August 1720. Instruktives Beispiel dafür, wie genau die Beamten auseinander- und abrechneten, im Gegensatz zum eher großzügigen Finanzgebaren sowohl Augusts des Starken wie seines „General-Hofprovediteurs“ Meyer.

damit rechnen, dass ihm August im Mai 1720 mittels des Zwangspreises helfen würde. Die Stände werfen ihm weiterhin vor,

> [d]ie Lieferung wäre nur einigen Personen der hiesigen Gegend, nicht aber dem gesammten Lande zu Statten gekommen, es hätte darunter untüchtiges, in Sonderheit unter dem ins Land gebrachten Saamengetreyde sich befunden, welches der Jude nichts desto weniger denen armen Leuten zur Aussaat, und zwar den Scheffel Gerste um 3 Thaler 14 Groschen 9 Pfennige verkauffet, dadurch aber ihrer viele, weil es nicht aufgegangen, in bitteres Armuth versetzet worden [...].[778]

778 SHSA Dresden, 10036 Finanzarchiv, Loc.41642, Rep. LVIII, V-Nr. 4a, Bl. 220b.

Diese Behauptungen sind möglicherweise berechtigt, sie werden aber nicht belegt, und sie sind heute nicht mehr nachprüfbar.

Von nun an gibt es jedenfalls auf Jahre hinaus das Problem eines staatlich subventionierten Getreideüberschusses. Nach einer Aktennotiz vom 29.06.1720 sind von 28.000 Scheffeln, die Meyer insgesamt importiert hat, noch 5.000 vorhanden.[779] Diese werden ab 1721 unter der Regie des Hof-Futtermeisters Bock auf verschiedene Lagerböden verteilt und sollen möglichst „versilbert" werden. Das Korn ist aber sogar Ende 1723 noch vorhanden und nicht verkauft worden, weil „bey solchem Getreyde auff denen Böden zeithero vieles Gewürme und ander Ungeziefer sich häufet"[780] und es „von den Schiffen ziemlich thumpfficht und angelaufen gewesen." Bock hat einiges als Futter verwerten können.[781]

Der Rest des Aktenvorgangs beschäftigt sich mit der Erstattung von Kosten, die Meyer bei der Aktion über die ihm anfangs genehmigten 120.000 Taler hinaus entstanden sind. Er verlangt 72.367 Taler, die Rentkammer bemängelt aber seine recht pauschale Rechnungslegung: Es fehlten viele Belege, er habe zu hohe Löhne für die Ladearbeiten berechnet, die in den Elbehäfen Schnakenburg, Bleckede und Hitzacker gezahlten Zölle müssten spezifiziert werden, die Notwendigkeit eines Bestechungsgeschenks („ein silbern Schreibezeug") wird angezweifelt.[782] Meyer verspricht „*Rectificirung*", geht aber einen einfacheren Weg, indem er sich von August die Gnade ausbittet, nicht so genau abrechnen zu müssen. Sie wird ihm gewährt[783], was wiederum die Stände, die auf dem Landtag von 1722 die Staatsausgaben formell bestätigen müssen, zu ironischen Bemerkungen veranlasst:

> [Der Jude Meyer hat es] Euer Königlichen Majestät und Churfürstlichen Durchlaucht allerhöchster Gnade zuzuschreiben, daß Dieselbe in der OsterMeße 1722 zu Erhaltung seines *Credits* ihme 60000 Thaler vorschußweise bezahlen laßen, auch über dieses, wie die Rechnungs-*Examinatores* bey der Ober Rechnungs Cammer *discursive* [gesprächsweise] [...]

---

779 Aus Gründen der Übersichtlichkeit werden Mengen hier gerundet. Vgl. auch die Getreidelisten der sächsischen Finanzbürokratie, Abb. 40.
780 SHSA Dresden, 10036 Finanzarchiv, Loc. 41642, Rep. LVIII, V-Nr. 4a, Bl. 220b Geheimer Rat an August, 05.10.1723.
781 SHSA Dresden, 10036 Finanzarchiv, Loc. 41642, Rep. LVIII, V-Nr. 4a, Bl. 220b, Bock an den Geheimen Rat, 02.12.1723.
782 SHSA Dresden, 10036 Finanzarchiv,Loc. 41642 Rep LVIII, V-Nr. 4a, Bl. 103–112, Dokument B 14.
783 Das ergibt sich aus SHSA Dresden, 10036 Finanzarchiv, Loc. 41642 Rep LVIII, V-Nr. 4a, Bl. 273–374.

sich vernehmen laßen, der Vertretung der ihme von ihnen zugeordnet gewesenen starcken Fehler gäntzlich entnommen [er brauchte die Fehler nicht zu korrigieren].[784]

Dennoch, und obwohl er ein „endliches *Liquidum*" (eine Abrechnung) nie vorlegt, verlangt er zwei Jahre später von den über den Abschlag von 60.000 Talern hinausgehenden geforderten 10.367 Talern Zinsen bis Mai 1724. Das müsste bedeuten, dass er diese 10.367 Taler in der Zwischenzeit bekommen hat. Auch die geforderten Zinsen werden ihm von August, beziehungsweise seinem Geheimen Rat unter Watzdorf, noch gewährt.[785]

Dabei zeigen sich in den Akten die Spannungen, welche zwischen August dem Starken und den mit ihm und für ihn Regierenden herrschen: Meyer legt eine bestimmte Forderung vor, die Steuerwächter wollen sie erst nach sauberer Rechnungslegung anerkennen, werden aber ignoriert, indem Meyers Forderung gnadenweise vom Geheimen Rat nach dem Wunsch des Königs akzeptiert wird. Die Ständevertretung übernimmt zwar die kritische Beurteilung der königlichen Steuerverwaltung, schließt sich aber letzten Endes der königlichen Gnadenentscheidung an, vermutlich aus taktischem Kalkül – aber unter Protest.[786]

Zusammenfassung

Die früheren, Lehmann und Meyer kritisierenden Autoren sehen die Getreideaktion hauptsächlich als privates Geschäft Jonas Meyers und nehmen kaum wahr, dass August beziehungsweise seine Regierung diejenigen sind, die angesichts des „Misswuchses" und der sich daraus ergebenden Kornknappheit die Initiative ergreifen und versteckte Reserven aktivieren sowie Geld zum auswärtigen Kornkauf zusammenzubekommen versuchen. Die kurfürstlichen Beamten holen es aus allen möglichen Ecken des Staatshaushalts, und Meyer ist bereit, wenn man ihm

---

[784] Die Vorwürfe der Stände sind enthalten in einem Bericht der Steurräte H. Pfüzner und Chr. Springsfeld vom 08.09.1724 in SHSA Dresden, 100036 Finanzarchiv, Loc. 41642, Rep. LVIII, V-Nr. 4a, Bl. 220b. Hier abgedruckt: Dokument B 14.
[785] SHSA Dresden, 10036 Finanzarchiv, Loc. 41642 Rep LVIII, V-Nr. 4a, Bl. 224. Hier abgedruckt: Dokument W 40.
[786] Die grundsätzlich kritische Haltung der Stände zu Augusts Finanzgebaren kommt deutlich zum Ausdruck in der Einleitung zu „[...] der Ritterschaft und Städte Verwilligungsschrift" zum Landtag 1722: „Die in beyden letzten *Conventen* in allerunterthänigster *Devotion* übernommene Schulden-Last [...] ist, Unserem Ermeßen nach, alleine starck genug, das Land in die höchste Gefahr zu sezen und die grundlose Güthe Gottes aufs demütigste zu preißen, daß sie [...] größer Unglück abgewendet." SHSA Dresden, 10015 Landtag, A79a (1722), §13, Bl. 210.

einen Vorschuss gibt, diejenigen Kosten zu finanzieren, die möglicherweise darüber hinausgehen werden. Es könnte bei seiner Bereitschaft auch Stolz darauf mit im Spiel gewesen sein, dass er dank seinem Netzwerk wie niemand anders die Rolle des Retters in der Not spielen konnte. Es ist unmöglich, die vielen scheffelgenauen Einzelzahlen aus den Akten heute nachzuvollziehen, aber es wird klar, dass das Meyersche Getreide aus mehreren Gründen sehr teuer ist. Er holt es von weither und muss auf der Elbe an mindestens sechs Grenzstellen Zoll entrichten. Außerdem ist er kein Getreidehändler, so muss er Sackträger extra anheuern, muss Säcke und Schaufeln neu kaufen, die er später nicht mehr gebrauchen kann.[787] Auch ist er offensichtlich unerfahren in den speziellen Risiken des Flusstransportes und den Anforderungen der konservierenden Lagerung. Er hat sich also übernommen.

August der Starke beziehungsweise sein Geheimer Rat (die entscheidenden Dekrete unterzeichnet Watzdorff) betrachten aber seine Bereitschaft zu wirksamer Aktion offenbar so hoch, dass sie seine alles andere als kameralistisch saubere Abrechnungsmethode in Kauf nehmen. Durch ihre Großzügigkeit hat Jonas Meyer trotz aller Probleme keinen Verlust bei der Sache gehabt, sondern möglicherweise sogar einen gewissen Gewinn. Dass er die ganze Aktion auf einen Riesengewinn angelegt hätte, wie es seine Feinde behaupteten, lässt sich an den Akten nicht ablesen.

Im Zusammenhang der Absolutismus-Problematik ist die Getreideaktion ein Musterbeispiel sowohl für die „konstitutive Funktion von Petitionen, Suppliken und Gravamina" wie für einen Prozess des „Aushandelns von Interessen und Ansprüchen" zwischen dem Monarchen, vertreten durch die Minister des Geheimen Kabinetts als der ersten Partei, den kameralistischen Verwaltungsbeamten als einer zweiten und den Ständen als einer dritten Partei.[788]

7.7 Geschäftsverbindungen mit Polen

Berend Lehmann hat zwei polnischen Magnaten, die er wohl im Zusammenhang mit seiner Tätigkeit für August den Starken kennengelernt hat, Darlehen gegeben[789], der Gattin eines Magnaten hat er Tafelsilber geliefert.[790] Aus den Einkünften der königlich-polnischen Salinen ist er bezahlt worden, mit dem Sali-

---

787 Die Einzelheiten ergeben sich aus kursorischer Lektüre der nicht paginierten Seiten aus den Jahren 1723 bis 1727 in SHSA Dresden, 10025 Geheimer Rat (Geheimes Archiv) Loc. 9995/10.
788 Schilling, *Nutzen* (wie Anm. 10), S. 17.
789 Vgl. Kap. 9.2 und 9.3 dieser Arbeit.
790 Vgl. Kap. 9.4.

nendirektor hat er wegen eines Darlehens verhandelt.[791] So viel wissen wir sicher über seine Verbindungen nach Polen; es gibt aber die berechtigte Vermutung, dass es weitreichendere Geschäftsbeziehungen dorthin gegeben hat.[792]

Die einzige geringfügig weiterführende Information, die darüber zu erhalten war, stammt von der Warschauer Historikerin Maria Cieśla. Ihr ist Berend Lehmann bei Studien zu ihrer Dissertation über die wirtschaftliche Tätigkeit der litauischen Juden im 17. Und 18. Jahrhundert begegnet, und zwar als Pächter der Zölle im Großfürstentum Litauen im frühen 18. Jahrhundert. Sie weiß auch, dass Lehmann mit dem litauischen Hofjuden Gordon in Verbindung stand.[793] Man darf erwarten, dass durch verbesserte internationale Kontakte unter Historikern demnächst Näheres zu diesem Punkt zu erfahren sein wird.

7.8 Der Niedergang der Firma

Die aufwendige Getreideaktion 1719/20 mit ihren peinlichen Nachwirkungen beim Landtag 1722 sowie das lästige Lehmannsche Projekt zur Teilung Polens 1721 (in Kap. 8 dieser Arbeit zu behandeln) dürften die Haltung Augusts gegenüber ‚den Juden' nachteilig beeinflusst haben; ab 1724 kommen ständig Protestschreiben hinzu, die der Dresdner Rat im Namen der Kaufmanns- und Handwerker-Gilden an den König richtet. Aus ihnen geht hervor, dass das „Judenhaus" in der Pirnaischen Gasse inzwischen eine große Zahl von jüdischen Angehörigen und Angestellten beherbergt. Die 1724 pflichtgemäß gelieferte „Spezifikation" (vgl. Abb. 41 und 42) zählt für Lehmann Vater und Sohn 30 Personen auf. Meyers Anhang umfasst 44 Köpfe, darunter 10 Familienangehörige, vier Personen für die Betreuung und Erziehung der Töchter, eine Köchin und 18 Hilfskräfte für den Haushalt, acht Büroangestellte, einen Kellermeister und einen Rabbiner.[794]

Einige dieser Angestellten scheinen entweder außer Haus für Meyer und Lehmann Waren geliefert oder aufgekauft zu haben, andere haben vermutlich als Scheinangestellte auf eigene Rechnung kleinere Geschäfte gemacht. Auch woh-

---

791 Vgl. Kap. 7.5, dort den Abschnitt *Juwelen*.
792 Bömelburg, Hans-Jürgen: *Polen-Sachsen und die Probleme einer deutsch-polnisch-jüdischen Verflechtungsgeschichte: Der Hoffaktor und Bankier Berend Lehmann.* Vortrag, 2015 in Warschau gehalten (Manuskript im Druck; dem Verfasser vorliegend). S. 16.
793 E-Mail an den Verfasser vom 19.01.2016. Die Dissertation liegt digital vor: Maria Cieśla: *Mojżeszowicz, Gordon, Ickowicz: The Jewish Economic Elites in the Grand Duchy of Lithuania 17th–18th Century*, Warschau 2013 (*Acta Poloniae Historica* 107). Leider hat sie kein Personenregister, so dass Näheres nicht feststellbar ist.
794 SHSA Dresden, 10025 Geheimes Konsilium, Loc. 5535/12, Bl. 320.

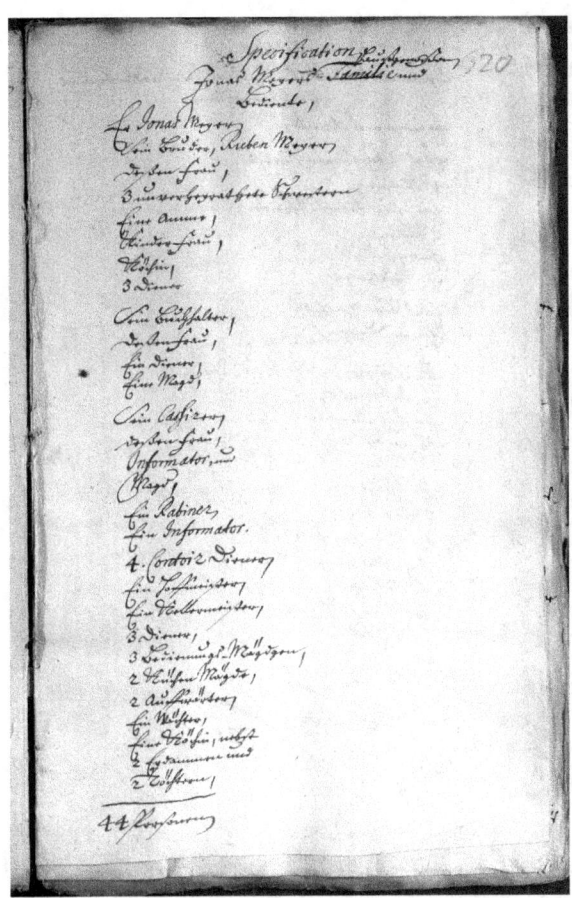

Abb. 41. „Specification Jonas Meyers Familie und Bedienten" sowie...

nen nicht alle im ‚Alten Posthaus'. Schon 1718 hatte der Geheime Rat beim Bürgermeister der Stadt angefragt, wie es käme, dass „vor dem Pirnaischen Thore alhier gantze Häuser voll Juden sich fänden". Antwort: Resident Lehmann stellt „*Passir*-Zeddel" aus.[795] Aus den Beschwerden der Bürger lässt sich übrigens auch ersehen, womit außer mit Geld und Juwelen bei der Firma noch gehandelt wurde:

---

[795] SHSA Dresden, 100025 Geheimer Rat (Geheimes Archiv) Loc. 9995/10, 13.06.1718, Bl. 270 und 283.

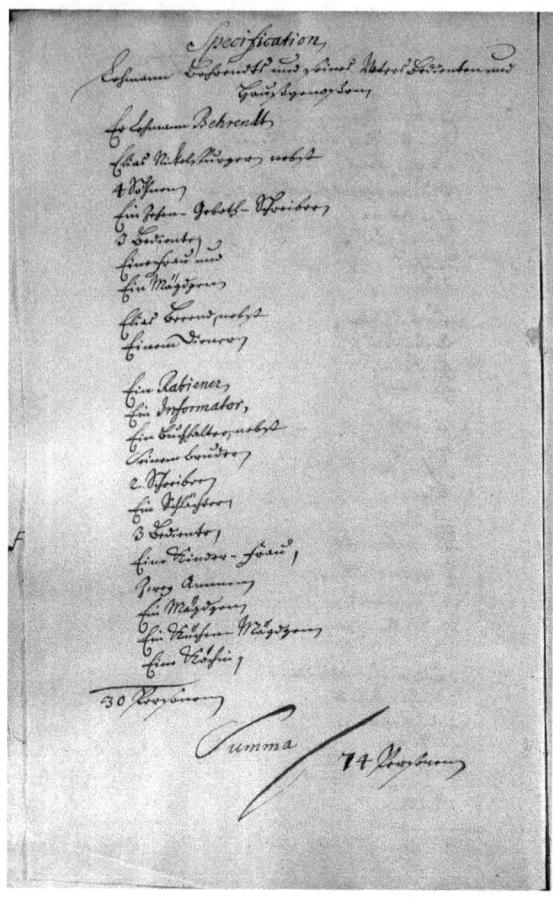

Abb. 42. ... „Specification Lehmann Behrendts und seines Vaters Bedienten und Haußgenoßen" [1720].

„kostbare goldne und seidne Zeuge" (Stoffe), Damast, Tuch, Leinwand, Papier, Tabak, Oliven.[796]

Die Proteste der Kaufleute und Handwerker werden immer massiver, der Geheime Rat unterstützt sie mit Nachdruck, und so erlässt der König am 8. April 1724 ein Reskript, nach dem Lehmann und Meyer nur je 5 bis 6 „Domestiken" haben dürfen und den Warenhandel ganz aufgeben müssen. Es soll ihnen nur das Bankgeschäft bleiben. Natürlich kämpft Berend Lehmann für die Rücknahme

---

796 Lehmann, *Schriften* (wie Anm. 33), S. 145 f.

dieses Reskripts – letzten Endes vergeblich. Er wendet sich – sein Privileg als Resident! – im Mai und im Juni 1724 in zwei Briefen nacheinander direkt an August den Starken[797]: Während in Preußen und in Böhmen den Juden die „öffentliche Handlung" gestattet sei, handle sein Sohn nur in einem Stübchen, und zwar entgegen der Behauptung der Dresdner Kaufleute nicht als deren Konkurrent, sondern nur mit Waren, die man in Dresden anderswo nicht bekommen könne.

Der König verfügt daraufhin am 12. Juli 1724, die im Lager vorhandenen Waren dürften noch verkauft, aber keine neuen angeschafft werden.[798] Wenige Tage später versucht Lehmann Behrend, der Sohn, selbst, den König zu einer Rücknahme des Neuanschaffungsverbots zu bewegen, indem er der königlichen Schatulle ein zusätzliches Schutzgeld von 300 Reichstalern jährlich anbietet.[799] Auch der Vater protestiert erneut: „Als alter verlebter treuer Diener, den Ew. Königliche Majestät nun über 30 Jahre wider alle Anläufe meiner natürlichen Feinde allmächtig geschützt [haben]", bittet er darum, die Neuanschaffung von Waren wieder zu erlauben. Wenn nicht frische Ware da sei, gelte die vorhandene als überlagert und ließe sich nicht mehr absetzen. Er bietet sogar einen Bonus von 500 Talern.[800] Ein etwa um dieselbe Zeit zu datierendes, den Residenten unterstützendes Gutachten, nach Emil Lehmanns Eindruck von Flemming verfasst, gibt zu bedenken, dass solche 500 Taler der (jährlichen?) Steuer von zehn normalen Kaufleuten entspreche, und dass Hofangehörige zufriedene Kunden Lehmanns seien. Der König macht Lehmann Behrend daraufhin im November 1724 mit einem lateinischen Diplom zu „Unserem Faktor"[801], wobei er sein geschäftliches Geschick bei der Bedienung seiner eigenen Person und des Hofes außerordentlich lobt und ihm erstaunliche Privilegien zusichert: Er darf alle erdenklichen Waren ein- und ausführen sowie zu allen Zeiten und an allen Orten von Augusts Herrschaftsbereich Waren öffentlich feilbieten. Subalterne dürfen ihn dabei nicht behindern, und zur Verantwortung ziehen darf man ihn nur vor dem Hofgericht des Herrschers.

Noch versuchen also August und Flemming, den Lehmanns den Rücken zu stärken. Aber wie die weitere Entwicklung zeigt, wird ihm gerade die im Diplom

---

797 Lehmann, *Schriften* (wie Anm. 33), S. 146: 08.05. und 19.06.1724.
798 Lehmann, *Schriften* (wie Anm. 33), S. 146.
799 Lehmann, *Schriften* (wie Anm. 33), S. 146: 19.07.1724.
800 Lehmann, *Schriften* (wie Anm. 33), S. 146: 27.07.1724.
801 Lehmann, *Schriften* (wie Anm. 33), S. 147, 28.11.1724. Das Diplom (Dokument W 3) ist im Wortlaut dem Artikel von Emil Lehmann beigefügt: Lehmann, Emil: *Der polnische Resident Berend Lehmann* […], Dresden 1885, S. 73–74. Emil Lehmann missversteht den Ausfertigungsvermerk „Factoratus Egregio Lehman Berent", ernannt wird Lehmann Berend zum *factor*, nicht zum *factoratus*.

garantierte Freiheit, Waren jeglicher Art überall offen anzubieten, von Augusts eigenen Geheimen Räten und von den subalternen *magistrati et contubernales* der Stände verweigert, und der König kann in einer zu dieser Zeit offensichtlich schwachen Machtposition deren Widerstand nicht brechen. Das Diplom ist nicht mehr als eine nette Geste. Am 20. Februar 1725, also vier Monate nach der Ausstellung des Hoffaktorenprivilegs, übermittelt Berend Lehmann dem König und Kurfürsten ein langes Schreiben , das bei Emil Lehmann nur als einer von vielen Protest- und Bittbriefen miterwähnt wird; es ist aber hochbedeutsam wegen darin enthaltener grundsätzlicher Überlegungen.[802] Zwischen „allerunterthänigster" Anrede und „*devotester Submission*" vor dem „geheiligten Gnaden Thron" Augusts setzt er sich mit dem Vorwurf der Stände auseinander, er habe ja 1708 nur den Aufenthalt in Dresden genehmigt bekommen, nicht den Handel. „Nachdem aber, allergnädigster König, Churfürst und Herr, eines iedweden Juden einzige *Profession* bekannter maßen in Handel bestehet, sogar daß, wenn ihm diese Freyheit entzogen wird, er auf eine andere Art sein Leben nicht zu *conserviren* vermag", so argumentiert er, sei ihm selbstverständlich stillschweigend auch der Handel erlaubt worden. Er bittet noch einmal darum, seinem Sohn den diskreten Stubenhandel weiterhin zu erlauben, er wolle unbedingt „meines Sohnes gemachten [bisher erreichten] *Credit conserviren,* auch weil er sonst keine andere *Profession* erlernet |: wie denn die Handlung aller und jeder Juden eintziger Acker und Pflug ist:| [...]."

Mit diesem zweimal formulierten Gedanken von der Einschränkung der Juden auf „die Handlung" will er nicht nur Mitleid erregen, sondern er weist den Kurfürsten darüber hinaus auf den tragischen Zwang hin, den die christlichen Berufsverbote auf die Lebensgestaltung der Juden ausüben. In solchen grundsätzlichen Bemerkungen spürt man Überdruss an der Einseitigkeit der Händler-Rolle. Lehmanns Gedanken gehen aber noch weiter:

> Denn gleich wie niemand sich selbst ein Gesetze vorzuschreiben vermag, davon ihm nicht hinwiederumb abzugehen freystünde, also ist ein LandesFürst als GesetzGeber an die LandesGesetze, als welche bekantermaßen nur die Unterthanen *obligiren*, keinesswegs gebunden, sondern es stehet ihm ieder Zeit frey, dieselben zu *limitiren* zu *refringiren* [zu brechen] oder gantz wiederumb aufzuheben [und so] kann ich nicht absehen, warum Ew. Königl. Majt. sich nicht auch diesfalls der von Gott Ihnen verliehenen Macht und Gewalt, zumahl mein Sohn zur Beförderung Dero hohen Interesses gereichet, gebrauchen sollten.

Darin steckt die Aufforderung, das zu verwirklichen, was viele Historiker des 19. und frühen 20. Jahrhunderts als das Wesen absoluter Herrschaft und typisches

---

[802] SHSA Dresden, 10025 Geheimes Konsilium, Loc. 5535/12, Bl. 409–412, Dokument B 15.

Merkmal politischen Handelns in der Barockzeit postulierten[803], nämlich, sich über die Einwände der „Dreßdnischen KauffLeuthe" souverän hinwegzusetzen. Lehmann kann also die komplizierten realen Machtverhältnisse in Augusts Kursachsen nicht durchschaut haben, oder er wollte sie nicht durchschauen. Er spricht es nicht aus, aber er legt es nahe, dass er sich angesichts aller von ihm gegenüber August dem Starken geleisteten Dienste von diesem verraten fühlt.

Das ganze Jahr 1725 hindurch zieht sich eine weitere Serie von Bittbriefen und hartnäckigen Gegenvorstellungen des Stadtrates, der Kaufleute und des Geheimen Rates.

Lehmann Behrend versucht, eine Vereinbarung mit der Kaufmannsgilde zustande zu bringen, in dem er ihr ebenfalls eine Art Schutzgeld anbietet und versichert, dass er nicht als ihr Konkurrent mit Wolle und Schnittware, sondern nur mit italienischen Seidenwaren und mit französischen schweren Stoffen handle. Diese Ware bietet er den christlichen Stoffhändlern zu günstigen Messepreisen an.[804] Aber die Minister (damit dürften die Berater im Geheimen Rat gemeint sein) sind weiterhin gegen die Erlaubnis, ‚die Juden' mit Waren handeln zu lassen; großzügigerweise wollen sie allerdings den Juden statt 10–12 nun 18 „Domestiken" zugestehen.[805]

Lehmann, der einst von sich sagte, „ich bin versichert, daß in ganz Sachsen keiner Ihro Königlichen Majestät so viel uf Papier *creditiret*, als ich gethan habe"[806], erbittet einen Zeitraum von 5 bis 6 Jahren, um das Warenlager zu räumen, der König will drei Jahre genehmigen, aber die Kaufleute protestieren, und die Landesregierung setzt eine letzte Frist bis Ostern 1728. Eine Präliminarschrift der Stände fasst noch einmal die Grundargumente zusammen: Sie hätten „mit Bekümmerniß wahrnehmen müssen, daß [...] die Juden das an sich gebrachte Haus noch bis dato bewohnen und darinnen sowohl ihren gotteslästerlichen *Cultum*, als auch nach eigenem Gefallen Handel und Wandel zu treiben die beste Gelegenheit haben."[807] Im April 1728 reskribiert der König, den Lehmanns und Meyer sei der Handel endgültig untersagt, zum Abverkauf gibt es eine Frist von drei Monaten.[808]

---

803 Vgl. Schilling, *Nutzen* (wie Anm. 10), S. 15.
804 Lehmann, *Schriften* (wie Anm. 33), S. 147: 14.06.1725.
805 Lehmann, *Schriften* (wie Anm. 33), S. 147: 13.06.1725.
806 Meisl, *Hof* (wie Anm. 41), S. 245: Berend Lehmann an Bose 06.04.1704.
807 Lehmann, *Schriften* (wie Anm. 33), S. 148: 21.07.1725.
808 Lehmann, *Schriften* (wie Anm. 33), S. 150: 12.04.1728.

Die Stände haben in gewisser Weise gesiegt; Berend Lehmann hinterlässt bei seinem Tode, 1730, hunderttausende Taler Schulden, Lehmann Behrend bankrottiert 1731.[809]

Sowohl bei Emil Lehmann wie bei seinen Nachfolgeautoren bekommt der Leser den Eindruck, August sei einfach müde geworden angesichts des fortwährenden Beschwerdebombardements der Stände und seiner eigenen Regierung. Es gibt aber auch politische Gründe für sein Nachgeben, und es gilt, sich noch einmal die Macht der Stände vor Augen zu führen. August wollte ein großes stehendes Heer[810], und er war auf die Rittergutsherren angewiesen: Durch sie erfolgte auf dem platten Lande die Rekrutierung; Unterkunft und Verpflegung der Soldaten wurde durch Einquartierung auf deren Gütern bewerkstelligt. Jeder Rittergutsbesitzer hatte nach uraltem Feudalprinzip für die Stellung und Unterhaltung eines berittenen Kriegers oder für eine finanzielle Ersatzleistung zu sorgen.[811]

Der König schreibt in seiner Regierungserklärung an den Landtag von 1725, er habe gehofft, seine „getreuen Unterthanen" gar zu gern „aus landesväterlicher Neigung ihnen längst zugedachte Erleichterung in denen bisherigen Abgaben würcklich angedeyen zu lassen [...]."[812] Die „gegenwärtigen *Conjuncturen*", gemeint ist das angespannte Verhältnis zu Preußen nach dessen Erwerbung von Stettin und Vorpommern im Jahre 1720[813], zwinge ihn aber dazu,

> Unsere Landesväterliche Sorgfalt vor allen Dingen dahin zu richten, damit unser Chur- und Fürstenthumb und Lande in dem jetzigen Ruhestande beständig und unverrückt zu verhalten und wider alle Gefahr bedecket sein mögen, mithin hierzu anders, als durch gute Verfassung und *Mobil*-Machung der Armee, auch nöthige Reparatur derer nützliche Veranstaltungen, so bey jetzigen, friedlichen Zeiten vorbedächtlich zu machen, unmöglich zu gelangen ist, so folget von selbst, daß eine Erhöhung der bisherigen *ad militaria* gewidmeten Bewilligung höchst nöthig und unvermeidlich sey.

Und zwar will er 1. die Verpflegung der Soldaten verbessern, 2. die Qualität des gesamten Armeewesens steigern, indem er eine Kriegsakademie zum Zwecke der Offiziersausbildung gründet, 3. will er die Festungen des Landes in modernen Stand setzen. Die außerordentlichen Anstrengungen des Miltärhaushalts müssten

---

809 Vgl. Kap. 9 dieser Arbeit.
810 Die Heeresreform der 1720er Jahre mit ihrem Höhepunkt, dem „Zelthainer Lager" wird dargestellt von Müller, Reinhold: *Die Armee Augusts des Starken. Das sächsische Heer von 1730 – 1733*. Berlin 1984. S. 10 – 15.
811 Vgl. Czok, *Kursachsen* (wie Anm. 712), S. 76 und Held, *Adel* (wie Anm. 712), S. 26 und S. 43.
812 SHSA Dresden, 10015 Landtag Nr. 80a, Bl. 1 (Dokument W 41).
813 Vgl. Czok, *August* (wie Anm. 712), S. 82.

wie bisher von den Untertanen durch die Abgabe mehrer „Pfennige und Quatember" (eine vierteljährlich zu entrichtende Gewerbesteuer) getragen werden.

Der 1725 tagende Landtagsausschuss bewilligte zwar die erneut steigenden Militärausgaben, bat aber, Majestät möchten „Dero *Militair-Etat* und den darbey sich ereignenden hohen Aufwand dergestalt einzurichten geruhen, damit der unter solcher Bürde schmachtende *Contribuent* nur in etwas sich erhohlen möge."[814] Sie erwarteten also Gegenleistungen; und man darf vermuten, dass die allmähliche Erdrosselung des Lehmann-Meyerschen Dresdner Geschäftes nicht (oder nicht nur) auf Augusts Überdruss zurückzuführen ist, sondern auf die geschilderte Zwangslage. Natürlich musste ihm die Finanzierung eines großen stehenden Heeres wichtiger sein als die Existenz einer jüdischen Luxuswarenhandlung in Dresden.

* * *

Nach der Darstellung Fritz Költzschs, der in seiner Dissertation von 1928 die Entwicklung jüdischer Präsenz in Dresden nach dem Tode Augusts des Starken (1733) untersucht hat, zerfällt zwar die „Firma" Lehmann-Meyer in den 1730er Jahren, die gleichgültig-liberale Judenpolitk von Heinrich von Brühl (1700 – 1763), dem Premierminister des August-Sohnes und -Nachfolgers Friedrich August II. (als Kurfürst von Sachsen, Friedrich August III. als König von Polen), ermöglicht aber ein Anwachsen der jüdischen Bevölkerung in der Residenzstadt bis zum Jahre 1763 auf 809 Personen[815], von denen die meisten auf ehemaliges „Gesinde" des 1708 einzig erlaubten Juden, Berend Lehmann, zurückgehen, das zunehmend, mit der Rückgabe des „Posthauses" 1737 ganz und gar, außerhalb des Firmengebäudes wohnt und längst selbständig Handel treibt. Es sieht nicht so aus, als ob Vater und Sohn Lehmann sowie Jonas Meyer ihr Gesinde zielbewusst vergrößert hätten. Das Anwachsen ihrer Helferschar dürfte sich eher durch die Eigendynamik des Geschäfts ergeben haben. Wenn auch der Unternehmensumfang schrumpfte, so ist doch – so gering jüdische Präsenz in Sachsen im Vergleich mit Brandenburg sich insgesamt für diesen Zeitraum darstellt – durch Berend Lehmann eine neue jüdische Gemeinde in Dresden, die erste im Kurfürstentum, zustande gekommen, und die Rückkehr des Landes zum absoluten Judenbann, die die konservativen Kräfte so gern erreicht hätten, hat nicht stattgefunden.

---

814 SHSA Dresden, 10025 Geheimes Konsilium, Loc. 5535/12, Bl. 366.
815 Költzsch, *Kursachsen* (wie Anm. 725), S. 268.

8 Der Resident in der Rolle des Politikers

8.1 Eine Beistands- und Friedensinitiative

Im Frühjahr 1703 war Polen im Verlauf *des Großen Nordischen Krieges* bereits zur Hälfte schwedisch beherrscht, zur Hälfte noch unter der Kontrolle Augusts des Starken. Der Schwedenkönig Karl XII. hatte sich aus seinem Winterquartier nahe Krakau wieder nach Warschau begeben. In Thorn (Torun) und Marienburg (Malbork) sammelte August inzwischen Truppen, um den Kampf gegen ihn erneut aufzunehmen. Vor diesem Hintergrund geht es in einem der Briefe Berend Lehmanns an den kursächsischen Geheimen Kriegsrat Christian Dietrich Bose den Jüngeren vom März 1703 ausnahmsweise nicht um die Rückzahlung von Krediten, sondern um Kriegs- und Außenpolitik. Da Berend Lehmann hier als eine Persönlichkeit mit hohen politischen Ambitionen sichtbar wird, bedarf das Dokument einer eingehenden Interpretation. Auf das französische Original folgt die deutsche Übersetzung.

> Monseigneur
> Ayant heureusement commence la negociation entre Le Roy nostre maistre et sa Maj: Prussienn et Dieu merci appres auoire cette Maj: porté au plus grands interests du Roy nostre maistre quelle est sur le point de porter çes forçes contre Le Roy de Suede qui consistent en vingt mil homes affin dobliger le monarch de gres ou de force de faire la paix avec Le Roy nostre maistre nattend autre chose pour cette effet une letter dexhortation de Sa Maj: imperial et des Messieurs leurs hauts puissances des provinces unies ce qui produira tel effét que L'empéreur ou leurs H. p. Messieurs les Etats generaux pouront ensuitte tirer du nord une armée de cinquante cinq mil hommes et jassure que ce prince agira tellement pour lempire Rommaine que dans peu detems Sa Maj. Imperial Se rendera doutable a ses ennemys et surtout lorsque Le Roy nostre maistre sera en Etat de donner quinzes mil homme pour agir contre lénnemy interne de lempire qui est Lelecteur de Bauiere cest pourquoy Je prie humblement vostre Excellence demployer son credit chez Messieurs les Etats generaux pour telle lettre qui sera de grand occasion auprès du Roy de prusse a son dessein Je ne doute pas que le zel que votre Excellence a au service du Roy nostre maistre fera ensorte quelle employera tous les amys pour telle lettre quelle menuoiera ici affin de nepoint tousiour auoire recours par longue main en escrivant en pollogne – ce qui produira un si heureux sucez que Le Roy nostre maistre rendera non seulement heeureux touts ses subjets mais donnera d'estre en particulier avec grand respect
> Monseigneur vostre tres humble et tres obeissant serviteur
> Berendt Lehman.
> Halberstadt le 4 Mart 1703

*

Verehrter Herr,

8.1 Eine Beistands- und Friedensinitiative — 259

Nachdem ich die Verhandlung [Meisl: um Gommern] zwischen dem König, unserem Herrn, und Ihrer Preußischen Majestät glücklich begonnen habe und nachdem ich, Gott sei Dank, diese [preuß.] Majestät zum größten Interesse des Königs, unserer Majestät, hingeleitet habe, so dass er im Begriff ist, seine Truppen, welche in 20.000 Mann bestehen, gegen den König von Schweden zu führen, um jenen Monarchen freiwillig oder mit Gewalt zum Frieden mit dem König, unserem Herrn, zu bringen, wartet [er] zu dem Effekt auf nichts [als] einen Ermahnungsbrief Ihrer Kaiserlichen Majestät und der Herren Generalstaaten der Vereinigten Provinzen, welcher jene Wirkung hervorbringen wird, dass der Kaiser oder die Herren Generalstaaten danach von [oder: aus dem] Norden eine Armee von 55.000 Mann heranführen könnten.

Und ich versichere, dass jener Fürst [der preußische König] in solcher Weise für das Römische Reich handeln wird, dass innerhalb kurzer Zeit Ihre Kaiserl. Majestät sich ihren Gegnern gegenüber furchteinflößend erweisen wird, vor allem, wenn der König, unser Herr, in der Lage sein wird, 15.000 Mann zu stellen, um gegen den inneren Feind des Reiches vorzugehen, welches der Kurfürst von Bayern ist, weswegen ich Ew. Exzellenz untertänigst bitte, Ihr Ansehen bei den Herren Generalstaaten für einen solchen Brief einzusetzen, welcher von großer Bedeutung für den König von Preußen bei seinem Plan sein wird.

Ich haben keinen Zweifel, dass der Eifer, den Ew. Exzellenz im Dienst für den König, unseren Herren, haben, dafür sorgen wird, dass Sie alle Freunde mobilisieren werden, um einen solchen Brief zu erhalten, den Sie mir hierher schicken werden, um nicht immerzu mit langer Hand nach Polen schreiben zu müssen. Dies wird einen so glücklichen Erfolg bewirken, dass der König, unser Herr, nicht nur alle seine Untertanen glücklich machen wird, sondern in besondere Hochachtung versetzen wird,
Verehrter Herr,
[Ihren] untertänigste[n] und
gehorsamste[n] Diener
Berendt Lehman.
Halberstadt, den 4. März 1703

Dieses Schriftstück dokumentiert – neben der im Folgenden zu behandelnden Schweden-Initiative von 1709 und dem Polen-Teilungsprojekt von 1721 – die erste der drei bisher bekannten Initiativen Berend Lehmanns auf politischem Gebiet. Der Text ist aus zwei Gründen schwer verständlich: Erstens formuliert der Resident in recht ungeschicktem, sehr formellen Französisch, und zweitens sind die von ihm angesprochenen politischen und militärischen Machtkonstellationen historisch kaum nachzuvollziehen.

Der Anfang ist noch klar: Berend Lehmann ist gerade von Berlin nach Halberstadt zurückgekommen. Er hat, um August dem Starken Geld zu verschaffen, den Verkauf des Burggrafenamtes von Gommern (bei Magdeburg) an Preußen erfolgreich in die Wege geleitet und bei der Gelegenheit die Überzeugung gewonnen, dass der Preußenkönig Friedrich I. bereit wäre, August in seinem schwierigen Abwehrkampf gegen Karl XII. mit einer Einsatztruppe von 20.000 Mann zu Hilfe zu kommen, um den Schwedenkönig zum Frieden mit Sachsen-Polen zu zwingen. Voraussetzung für ein preußisches Eingreifen ist nach Darstellung Lehmanns, dass er selbst einen Ermahnungsbrief (*une lettre d'exhortation*) zur Übermittlung an den Preußenkönig in die Hand bekommt. Dieser Brief („ermahnen" soll er offenbar Friedrich I. zum Handeln) müsste gemeinsam vom Kaiser und von der Regierung der Niederlande unterzeichnet werden und gleichzeitig die Verpflichtung dieser Mächte enthalten, „von Norden" 55.000 Mann Verstärkung für August auf den polnischen Kriegsschauplatz zu führen. Als Gegenleistung verpflichtet sich August nach Lehmanns Plan, wenn dann Karl XII. zum Frieden gezwungen worden sein wird, dem Kaiser 15.000 Mann für den Kampf gegen den Kurfürsten von Bayern zur Verfügung zu stellen. Durch diese Unterstützung müsse die Autorität des Kaisers im Reich wiederhergestellt werden.

Das größte Problem, diese Initiative zu verstehen, liegt darin, dass man aus der Geschichte jener Epoche nicht entnehmen kann, wie 55.000 Mann kaiserliche und niederländische Truppen „von Norden" herangeführt werden könnten. Zu diesem Zeitpunkt gab es weder in Norddeutschland noch in Skandinavien oder dem Baltikum Kampfhandlungen mit kaiserlichen und niederländischen Truppen; die Konfliktparteien dort waren Schweden, der König von Sachsen-Polen, die Republik Polen und Russland. Eher verständlich ist die Sache mit dem bayerischen Kurfürsten: Bayern war im Spanischen Erbfolgekrieg gerade von der kaiserlich-österreichischen zur feindlichen französischen Seite (dem ‚äußeren Feind') übergewechselt, insofern hätte der Kaiser die innerdeutsche Hilfe aus Sachsen gut gebrauchen können. Die Quintessenz des Briefes heißt: Ich, Berend Lehmann, möchte mittels einer Verpflichtung des Kaisers und der Niederlande zur Kriegshilfe für August versuchen, auch Preußen zum Kriegseintritt gegen Schweden zu bewegen, damit angesichts dieser Übermacht Karl endlich zum Frieden mit August bereit ist.

Berend Lehmanns französischer Biograf, Pierre Saville, misst diesem Brief außerordentliche Bedeutung bei.[816] Er sieht in der Herbeiführung der 55.000 Mann „*du nord*" kein Problem, sie sollen vom nordischen Kriegsschauplatz des Großen Nordischen (???) Krieges abgezogen werden, und um die Bedeutung Lehmanns, den er für den eigentlichen Dirigenten der augusteischen Außenpolitik hält, zu unterstreichen, begeht er eine kleine Fälschung: Da, wo Meisl im vorletzten Briefabschnitt aus dem Manuskript transkribiert „*telle lettre qui sera de grand occasion au Roy de Prusse*" fügt Saville in seine eigene Transkription das Wörtchen „*me*" ein: „*telle lettre qui me sera ...*", also „dieser Brief, der *für mich* von großer Bedeutung (oder: eine große Gelegenheit) beim preußischen König ist ..." Er sieht also Lehmann als den entscheidenden Unterhändler bei künftigen Verhandlungen in Berlin. Saville druckt sogar ein Faksimile dieses Briefes ab, in

---

816 Saville, *Juif* (wie Anm. 43), S. 163–174.

diesem erscheint allerdings ein so selbstbewusstes „*me*" durchaus nicht.[817] Es handelt sich also nicht um eine Transkriptions-Ungenauigkeit Meisls.

In seinem Kommentar hebt er hervor, dass die zahlreichen Futurformen (*produira, agira, sera, fera, envoyera*) dem Brief eine visionäre Autorität verliehen (,Sie, Bose, werden das und das tun, was ich verlange, und das wird die und die große Wirkung haben'), aber die Tatsache, dass weder Meisl noch Saville selbst irgendetwas von einer Reaktion auf diesen Vorstoß melden können, spricht dafür, dass es sich um einen politischen Wunschtraum gehandelt hat.

Wie eindimensional Lehmanns Vorstellung von den politischen Verhältnissen war, kann man ermessen, wenn man zum Vergleich die Berichte des von August dem Starken zu Peter dem Großen übergewechselten Deutsch-Balten Reinhold von Patkul für den Zaren liest. Dort geht es in demselben Zeitraum (1703) einerseits um die verzwickte Situation Augusts mit drei verschiedenen Armeen (seiner angestammten sächsischen, seiner kleinen, ihm vom Sejm zugestandenen polnischen Kronarmee und der von ihm völlig unabhängigen Armee der Republik Polen) und andererseits um die schwer kalkulierbare Bereitschaft der verschiedenen polnischen Adelsfraktionen, für Schweden, für Russland oder für Sachsen Partei zu ergreifen.[818] – Den Vorstoß Lehmanns, August dem Starken politisch-militärisch zu helfen, kann man da nicht anders als dilettantisch bezeichnen, sympathisch, aber wirkungslos.

8.2 Die „Schwedische Mission" in Hannover

Wenn man einmal die wirklichen oder möglichen Berend-Lehmann-Nachfahren Pierre Saville und Manfred Lehmann beiseitelässt, weil sie zu offensichtlich die politische Wirksamkeit des Residenten, ihres Idols, überbewerten, so kommt man bei Selma Stern auf die immer noch sehr hohe Einschätzung seiner Rolle als Diplomat, wenn sie über eine Initiative von ihm aus dem Jahre 1709 schreibt:

> Die Schlacht von Poltawa, in der Karl XII. zum ersten Mal entscheidend geschlagen wurde, befreite August aus seiner bedenklichen Lage. Er sagte sich vom Altranstädter Frieden los, erneuerte sein Bündnis mit dem Zaren und dem dänischen König und versuchte, auch Preußen und Hannover zum Eintritt in die Koalition zu bewegen. Diesmal benötigte man

---

817 Saville, *Juif* (wie Anm. 43), Tafel XIX.
818 Eine repräsentative Auswahl von Patkuls Briefen findet sich bei Förster, Friedrich: *Friedrich August II. „der Starke", Kurfürst von Sachsen und König von Polen geschildert als Regent und Mensch*. Leipzig [1839]. 12. Kapitel. S. 104–118.

nicht nur die finanzielle, sondern auch die diplomatische Hilfe Berend Lehmanns. In geheimer Mission reiste er zwischen Dresden und Hannover hin und her, übermittelte beiden Höfen wichtige Nachrichten, erkundete die Stimmungen und Absichten des unberechenbaren hannoverschen Kurfürsten und suchte herauszufinden, ob Hannover der Koalition beitreten würde oder nicht.[819]

Nach den Akten nimmt sich das bescheidener aus.

Berend Lehmann meldet sich Ende August 1709 unaufgefordert und unerwartet, „[...] wie er vorgibt, mit Vorwissen und Gutfinden des Königes *Augusti*" bei einem Beamten des hannoverschen Hofes[820], was mehr nach einer Lehmannschen Eigeninitiative als nach einem offiziellen Auftrag klingt, und bringt drei Neuigkeiten aus Dresden mit: Erstens wolle August der Starke sein „Recht an die Cron Pohlen wol wieder handhaben"[821], d. h. er bemühe sich, seine problematische Wahl und Krönung zum König in Polen von 1697 wieder wirksam werden zu lassen. Zweitens befinde sich der schwedische König in einer ungünstigen *„Conjunctur"*, d. h. militärisch und politisch in einer Lage, von der August profitieren könne. Der Sachse wolle für die Reparationen finanziell entschädigt werden, die er gemäß dem Altranstädter Frieden leisten musste („das arme Sachsenland ...""!).[822] August sei sich sicher, dass er den Zaren dafür gewinnen könne, und er erhoffe sich auch Unterstützung von Hannover, „absonderlich, wenn Dieselben von Schweden zur *Mediation* geruffen werden [...]" sollten.[823] Drittens sähe es der Kaiser gern, wenn Schweden die Landgewinne, die es im Westfälischen Frieden machen konnte (Hinterpommern, Rügen, Wismar, Bistümer Bremen und Verden) wieder hergeben müsste. August würde den Anspruch Hannovers auf das „Deroselben am nächsten Liegende" (Bremen, Verden?) unterstützen.

Das klingt nach großer Politik, und die kurfürstlichen Räte (auf jeden Fall beteiligt: Bernstorff und Hattorf)[824] hören sich die ziemlich weitschweifig vorgebrachten Äußerungen Lehmanns an, ohne sich auf ein Gespräch einzulassen: „[...] weilen er aber ein bekanter großer Schwätzer ist und man sich auf seine

---

819 Stern, *Hofjude* (wie Anm. 6), S. 77.
820 NLA Hannover, Cal. Br. 24, Nr. 6455, Bl. 1, 01.09.1709.
821 NLA Hannover, Cal. Br. 24, Nr. 6455, Bl. 4, 26.08.1709.
822 NLA Hannover, Cal. Br. 24, Nr. 6455, Bl. 4, 26.08.1709.
823 NLA Hannover, Cal. Br. 24, Nr. 6455, Bl. 6, 26.08.1709.
824 Erster Minister Georg Ludwigs und vorsitzender Geheimer Rat war zu dieser Zeit Graf Andreas Gottlieb von Bernstorff (1649–1726), der Lehmann von dieser Episode her kannte und von daher gegen ihn voreingenommen war, als er 1721 mit dem Residenten als Hauptschuldner im Konkurs- und Betrugsprozess gegen die Gebrüder Behrens zu tun bekam. Vgl. Kap. 9.2 dieser Arbeit.

Reden nicht verlaßen kann, so hat man unsererseits billig Bedencken tragen müßen, sich gegen denselben über so wichtige Sachen herauszulaßen."[825] Man hat ihm klar gemacht, dass er „dafür *authorisiret*" sein müsste. Der Kurfürst ordnet denn auch an, man möge ihm „in Unserem Nahmen einen solchen vorgängigen Bescheid ertheilen, dadurch die Sache zwar nicht zurück gewiesen, Wir aber auch zu nichts *engagiret* werden mögen."[826] Tatsächlich autorisiert ist der sächsische Kammerherr Georg Sigismund von Nostitz (1672–1751), der etwa eine Woche nach Lehmann in Hannover vorspricht und mit den Räten die Problematik der russischen Unterstützung von hannoverschen Gebietsansprüchen erörtert. Man könne doch schnell, so warnt der Sachse, unerwünschte russische „Hilfstruppen" im Lande haben. Übrigens erwähnen die Räte in ihrem Bericht, von Lehmann „hätte der Herr von Nostitz sich auch nichts mercken laßen", d. h. er habe gar nicht auf ihn Bezug genommen.[827]

Der Kontrast des Verhaltens der Politiker gegenüber Lehmann einerseits und von Nostitz andererseits zeigt deutlich, wie sein diplomatisches Wirken einzuschätzen ist: Er gibt Gedanken eines Hofes unverbindlich an einen anderen weiter, wird aber nicht als Verhandlungspartner, nicht einmal als Gesprächspartner behandelt, sondern auf Abstand gehalten. Insofern dürfte es ihm schwer gefallen sein, wie Stern annimmt, Stimmungen und Absichten der Staatsoberhäupter herauszufinden. Er ist halt doch nur „der Jude Berend Lehman".[828]

Trotzdem sind beide Episoden, der Vorschlag an Bose und die Hannover-Initiative, bemerkenswert wegen des außergewöhnlichen Lehmannschen Selbstbildes als des Mitgestaltenwollenden, das hier sichtbar wird und das in der späteren ‚Polen-Teilungs-Affäre' noch deutlicher hervortritt.

8.3 Das Projekt der Teilung Polens

Ein umfangreiches, mit Lederstegen gebundenes Aktenfaszikel im Sächsischen Hauptstaatsarchiv Dresden trägt den Titel *Den Juden Behrend Lehmann und Jonas*

---

825 NLA Hannover, Cal. Br. 24, Nr. 6455, Bl. 7, 11.09.1709.
826 NLA Hannover, Cal. Br. 24, Nr. 6455, Bl. 1, 01.09.1709.
827 NLA Hannover, Cal. Br. 24. Nr. 7585, o.Bl.
828 So die hannoverschen Räte, NLA Hannover, Cal. Br. 24, Nr. 6455, Bl. 7, 11.09.1709.

Meyern wegen vermeintlicher Partage *des Königreichs Pohlen betreffend, anno 1721–23.*[829]

Sie enthält ein kleines, aber sehr aussagekräftiges Kapitel der Beziehung zwischen Friedrich August I. (II.), August dem Starken, Kurfürst von Sachsen und König in Polen (1670–1733), und seinem wichtigsten Hofjuden, dem „Königlich Polnischen Residenten" Berend Lehmann, wobei August selbst im Hintergrund bleibt und im Wesentlichen von seinem Kabinettschef, Marschall Heinrich Jakob Graf Flemming (1667–1728), vertreten wird.

Das von Lehmann ins Gespräch gebrachte Projekt einer Aufteilung Polens unter Sachsen, Preußen, Russland und Österreich[830], bei gleichzeitiger Abschaffung der Adelsrepublik Polen, hat in den Jahren 1721/22 erhebliche internationale Irritationen hervorgerufen, und es erlaubt deshalb auch Einblicke in das Beziehungssystem wichtiger europäischer Mächte in dieser äußerlich relativ ruhigen Periode nach der Beendigung des Nordischen Krieges (akut 1700–1709, formell bis 1721) und des Spanischen Erbfolgekrieges (1701–1714). Für die Hofjuden-Geschichte wichtiger: Zwar erweisen sich die Wirkungsmöglichkeiten des Hoffaktors im politisch-diplomatischen Kräftespiel der Kabinettsbeziehungen letzten Endes als gering. Dennoch geht in dieser Episode ein Hofjude deutlich über die im Barockzeitalter für ihn vorgesehene und in der Literatur bisher beschriebene Rolle des dienstleistenden Bankiers, Lieferanten und Agenten hinaus und wird selbst politisch initiativ. Die Affäre ist aber auch mentalitätspsychologisch interessant: Sie lässt Rückschlüsse zu auf das Selbstbild eines typischen einflussreichen Juden jener Zeit sowie auf das Fremdbild, das er von seinen herrschaftlichen Geschäfts- und Verhandlungspartnern hatte, in gleicher Weise auf das Fremdbild, das diese von dem für sie unentbehrlichen Hofjuden unterhielten. Der Vorzug der benutzten archivalischen Quelle ist ihre Vollständigkeit und ihre Quasi-Mündlichkeit: Wichtige Verhandlungen, teils in hochemotionaler Situation geführt, wurden 1721 als Verlaufsprotokolle redenah festgehalten.

Diese Episode ist in der deutschen historischen Forschung kaum beachtet worden.[831] In der älteren polnischen Historiographie, so z. B. bei dem national-

---

829 SHSA Dresden, Signatur 10026, Geheimes Kabinett Loc. 3497/5; alle im Folgenden zitierten Dokumente stammen aus diesem Bestand. Er wird abgekürzt als *Partage* zitiert. Er ist unpaginiert, und es kann nur nach dem Datum der Dokumente zitiert werden.

830 „Österreich" wird hier und im Folgenden vereinfachend für die von den Habsburger deutschen Kaisern unmittelbar beherrschten Habsburger Erblande benutzt, also im Wesentlichen das Erzherzogtum Österreich, die Österreichischen Vorlande, die Herzogtümer Steiermark, Kärnten und Salzburg sowie die Grafschaft Tirol.

831 Eine Erwähnung in Droysen, Gustav: *Geschichte der Preußischen Politik*. Bd. 4, Th. 2. Leipzig 1869, wird bei Kosińska (s. u.) erwähnt, aber nicht näher belegt.

polnischen Autor Kazimierz Jarochowski (1828–1888), war die Annahme verbreitet, dass schon der frischgewählte König Friedrich August II. (der Starke) radikale Veränderungen an der polnischen Staatlichkeit erwogen und seinen Residenten dabei als Werkzeug benutzt habe. So schreibt der prominente Krakauer Historiker der Zeit zwischen den beiden Weltkriegen und Doyen der polnischen Geschichtsschreibung zum 18. Jahrhundert, Władysław Konopczyński (1890–1952) in seiner antisemitisch tendenziösen *Geschichte Polens in der Neuzeit*, August habe aus Verbitterung über die Käuflichkeit und Schwäche der Polen verbrecherische Teilungspläne gehegt[832]:

> Zwei seiner Hofjuden, Lehmann und Meyer, pendelten im Jahre 1721 zwischen Dresden und Berlin, mit Augusts Plan zur Teilung Polens herumfahrend: schon gab es Einverständnis aus Sachsen, aus Preußen, sogar die Gemahlin des Kaisers Karl (Elisabeth von Braunschweig) soll ihre Hände darin eingetaucht haben; dagegen war allein der Beschützer der Republik selbst, Peter der Große, der verkündigte, dass der Plan Gott, dem Gewissen und der Redlichkeit widerstreite. Woraufhin der Zar, um die Wunde im Leibe der polnischen Nation zu vertiefen[833], die deutsch-jüdische Intrige den Polen sogleich offengelegt hat. Ist es nun verwunderlich, dass nach solchen Erfahrungen nicht nur die verräterischen Magnaten, sondern auch Hunderte im Ganzen redlicher, aber dummer [wörtl.: ‚dunkel wie die Nacht'] Adliger im Zaren den Behüter der Ganzheit Polens erblickt haben, da er uns hätte erwürgen und ausrauben können, es aber nicht getan hat und den treulosen König davon abgehalten hatte?

Die Erwähnung Meyers und die insgesamt zarenfreundliche Tendenz der Darstellung deuten darauf hin, dass Konopczyński nur die russischen Akten gekannt hat. Deren Sicht wiederum bestätigt seine eigene anti-augusteische Tendenz. Dass die Angelegenheit sehr viel diffiziler war, wird aus dem vorliegenden Beitrag deutlich werden.

Eine zweite, flüchtige Erwähnung der Affäre findet sich in der bereits zitierten *Chronik der Stadt und des Fürstenthums Blankenburg* des Harzer Regionalhistorikers Gustav Adolph Leibrock von 1864, der anlässlich der Besprechung von Lehmanns Gutshaus in Blankenburg anmerkt: „Lehmann war nicht blos in Geldangelegenheiten des Herzogs, sondern auch in diplomatischen Beziehungen zu auswärtigen Höfen sehr gesucht, ein schlauer und verschlagener Agent, der schon damals [zur Zeit Herzog Ludwig Rudolfs] Verhandlungen zwischen Oes-

---

832 Konopczyński, Władysław: *Dzieje Polski Nowozytnej*. Warschau 1986. Bd. 2. S. 112f. Ich verdanke diesen Hinweis Rex Rexheuser, Lüneburg. Die Übersetzung dieses Abschnitts aus dem nur polnisch vorliegenden Werk wurde für diesen Beitrag freundlicherweise von Bartosz Wieckowski, Moringen, angefertigt. Die Bewertung des Autors stammt von Hans-Jürgen Bömelburg.
833 Bartosz Wieckowski versichert dem Verfasser, dass diese Stelle im Original durchaus final formuliert sei („um zu"); trotzdem ist der *Sinn* wohl eher instrumental: „wodurch er ... vertiefte".

terreich, Rußland und Preußen wegen einer Theilung Polens vermittelte [...]".⁸³⁴ Leider gibt er die Quelle für seine schiefe und klischeehafte Darstellung nicht preis; möglichweise wusste er von der braunschweigischen Vermittlerfunktion zum Kaiserhof aus Blankenburger Hofakten.

Vor einigen Jahren erschien nun allerdings in Warschau ein ganzes Buch über Lehmanns Polen-Teilungs-Projekt unter dem Titel (übersetzt) *Sondierung oder Provokation? Der Fall Lehmann, 1721. Über vermutete Teilungspläne Augusts II.*⁸³⁵ Wie der Titel nahelegt, überprüft die Verfasserin, Urszula Kosińska die nationalistisch gefärbten Beurteilungen à la Konopczyński; es geht bei ihr allerdings nicht wie in der vorliegenden Arbeit um die Persönlichkeit Berend Lehmanns.

Sie kommt zu differenzierten Ergebnissen, auf die im Folgenden Bezug genommen werden wird.

8.3.1 Die persönliche Vorgeschichte

Der von dem damals bereits sechzigjährigen Berend Lehmann unmittelbar nacheinander am preußischen und dann am sächsischen Hof vorgebrachte Teilungsplan hatte eine rein persönliche Vorgeschichte; die gesamtpolitische Lage zur Zeit seiner Initiative wird hier deshalb erst an späterer Stelle ausführlich behandelt.

Während August der Starke im Nordischen Krieg seine unter Mithilfe Lehmanns neuerrungene polnische Königswürde wie auch die Kontrolle über das Land zunächst wieder verloren hatte (1705–1709), pflegte sein Hofjude normale Geschäftsbeziehungen mit dem von den siegreichen Schweden eingesetzten Gegenkönig Stanisław Leszczyński (1677–1766). Als dieser 1709 die Königskrone wieder an August abtreten und Polen verlassen musste, blieb eine Darlehensschuld von über 100.000 Reichstalern weitgehend unbeglichen, und Lehmann hatte noch im Jahre 1721 eine hohe Restforderung. Sie wird von ihm nicht beziffert, wenn man aber die Zinsen und Zinseszinsen seit 1709 mitberücksichtigt, dürfte es

---

834 Leibrock, *Chronik* (wie Anm. 567), Bd. I, S. 355.
835 Kosińska, Urszula: *Sondaż czy prowokacja? Sprawa Lehmanna z 1721 r., czyli o rzekomych planach rozbiorowych Augusta II*. Warszawa 2009 (Kosińska, *Sondierung*). Das Buch liegt nur auf Polnisch vor. Es wird hier mitberücksichtigt nach einer Inhaltszusammenfassung, die freundlicherweise für den Verfasser von Alicja Maślak-Maciejewska, Krakau, hergestellt wurde.

Abb. 43. Grabmal des zeitweiligen Polenkönigs, späteren Herzogs von Lothringen, Stanisław Leszczyński (1677–1766) in der Kirche Notre Dame Bonsecours, Nancy, gestaltet von Louis Claude Vassé (1717–1772). Leszcyński war bei Berend Lehmann hoch verschuldet. Die Geschichte des Darlehens ist über mehr als ein Halbjahrhundert archivalisch zu verfolgen.

sich trotz einiger Einkünfte aus den verpfändeten Gütern mindestens um einen Betrag in der Höhe des Darlehenskapitals gehandelt haben.[836]

Wie er in einem am 21. Februar 1721 verfassten Brief an seinen mit ihm verwandten Geschäftspartner Moses Levin Gompertz (auch: „Gumpert", ca. 1700–

---

[836] Die Geschichte dieses Darlehens wird in Kapitel 9.2 unter dem Aspekt des Niedergangs von Lehmanns Geschäft ausführlich dargestellt. Leszczyński heiratete in das französische Königshaus ein und wurde Herzog von Lothringen. Vgl. Abb. 43, sein pompöses Grabmal in Nancy.

1762)⁸³⁷ schreibt, hat ihm zwar 1713 eine Kommission polnischer Adliger das Recht auf sein Pfand bestätigt, aber der sächsische Feldmarschall Flemming, den er (weil er als Jude kein Land besitzen durfte) als „Protector" eingesetzt hatte, zog einen anderen Gläubiger Leszczyńskis vor und überließ diesem „das beste Stück", das Gut Luschwitz. Es handelte sich um den Generalleutnant der Kronarmee und späteren Woiwoden von Lublin, Jan Tarło (1684–1750), der für seinen Anspruch eine Entscheidung des Krontribunals vorweisen konnte. August der Starke, an den sich Lehmann um Hilfe wendet, behauptet, nichts ausrichten zu können, da „solches aus dem Tribunal müßte gekommen sein."⁸³⁸ Lehmann hatte noch eine schwache Hoffnung, dass auf der abschließenden Tagung des Friedenskongresses von Braunschweig⁸³⁹ sein Landesherr, König Friedrich Wilhelm I. von Preußen (1688–1740), über die dort anwesenden polnischen Delegierten seine Forderung „*urgiren*" (dringend machen) könne.

Aber gleichzeitig verfolgt er schon ein radikaleres Mittel, um an „das Seine" heranzukommen: Polen müsse geteilt werden. Polen war ja gleichzeitig Monarchie – allerdings war Augusts Königswürde nicht erblich – und Republik, im Wesentlichen von den Magnaten, einer kleinen Gruppe großgrundbesitzender Adliger, beherrscht. Die Machtverhältnisse in der polnischen Republik waren offenbar für Lehmann so undurchschaubar, dass er angenommen haben muss, nur ein absolut regierender Souverän könne ihm zu seinen Außenständen verhelfen, und für Lissa im an Preußen angrenzenden westlichen Groß-Polen müsse dieser Souverän bei einer Teilung des Reiches eben *sein* Preußenkönig sein. Einen

---

837 Der Brief: *Partage* (wie Anm. 829), *Copie*-Schreiben 1, 21.02.1721. (die ganze Briefserie Lehmann-Gompertz hier abgedruckt als Dokument W 42) In den Dresdner Akten trägt nur ein Brief ein Datum. Die übrigen Daten finden sich aber in den von Košinska benutzten preußischen Akten: GStA PK Berlin, I. HA Rep. IX, Nr. 27–29. Das meiste über Gompertz erfährt man in: Kaufmann, David & Max Freudenthal: *Die Familie Gompertz*. Frankfurt/M. 1907. S. 140 ff.; einiges auch bei Schnee, *Hoffinanz* (wie Anm. 7), Bd. 1, S. 87. Der von Lehmann für Gompertz gebrauchte Begriff „Vetter" bezieht sich vielleicht darauf, dass er eine Gompertz zur Schwiegermutter hatte. Seine zweite Frau, Hannle, geborene Beer, war die Tochter von Simelie Cleve (Gompertz Cleve). Das ergibt sich aus Fraenkel, Henry & Louis, *Genealogical Tables of Jewish Families, 14th-20th Centuries. Forgotten Fragments of the History of the Fraenkel Family* (Georg Simon, Hrsg.). 2 Bde. München ²1999. Bd. 2: *Genealogical Tables*. Abschnitt VII, Tafel A. Leider geht die Verbindung zu Moses Levin Gompertz nicht direkt aus diesem Werk hervor. Auch kann das dort (Abschnitt VII, Tafel M) für ihn angegebene Geburtsjahr (1713) nicht stimmen.
838 Lehmann an Gompertz, 21.02.1721, in Dokument W 42.
839 „Ein von Wien initiierter Friedenskongreß zu Braunschweig ab 1712 zog sich ergebnislos hin." So Römer, Christof: *Der Kaiser und die welfischen Staaten 1679–1755. Abriß der Konstellationen und der Bedingungsfelder.* In: Klueting, Harm & Wolfgang Schmale (Hrsg.): *Das Reich und seine Territorialstaaten im 17. und 18. Jahrhundert.* Münster 2004 (*Historia profana et ecclesiastica. Geschichte und Kirchengeschichte zwischen Mittelalter und Moderne* 10). S. 43–67, hier S. 55.

kleinen Teil Polens meinte er selbst ihm bereits verschaffen zu können, wenn er ihm sein Pfandrecht auf die Grafschaft Lissa „*cedire*".[840] Mit einem solchen Rechtstitel wäre in der Tat Friedrich Wilhelm I., König in Preußen, einer der polnischen Magnaten geworden (zumindest bis zur Abzahlung der Leszczyńskischen Schuld). Ob er allerdings das dort einkassierte Geld wirklich Lehmann hätte zukommen lassen, das darf bezweifelt werden. Als Lehmann dem in Dresden anwesenden polnischen Krongroßmarschall Józef Wandalin Mniszech (1670 – 1747) diesen Plan unterbreitete, protestierte dieser bei August dem Starken, weil „dieses gantz Polen in Unruhe setzen wird", und so unterblieb die Abtretung.[841]

8.3.2 Plan präsentiert und abgelehnt

Lehmann bedient sich bei seinem Polen-Teilungs-Projekt zunächst seines Briefpartners Gompertz als Mittelsperson; dieser ist Hofjude in Berlin und wird vonseiten der später involvierten Diplomaten ironisch als „*mignon*" (Schätzchen, Busenfreund) des Preußenkönigs bezeichnet, bei dem er „*entrée libre*" (freien Zugang) habe.[842] Ihn fordert Lehmann am 21. Februar auf, in Berlin die Teilungsidee vorzubringen[843], denn August der Starke wolle ja den polnischen Thron für das sächsische Kurfürstenhaus *erblich* machen; dies sei nur möglich, wenn man Polen in vier Bereiche teile, welche Sachsen, Preußen, Österreich und Russland unter deren jeweiligem Souverän einverleibt werden würden.

Der Begriff der Teilung kommt in dem Brief noch nicht vor, er stand allerdings auf einem „eigenhändigen, aber ohne Unterschrift geschriebenen Zettul", den Lehmann dem Brief beifügte[844] und den Gompertz in der Tat König Friedrich Wilhelm I. überreichte – und zwar auf ausdrückliche Weisung Lehmanns nur ihm persönlich, unter Umgehung der sonst unweigerlich vorgeschalteten „Geheimen Rähte". Kosińska findet diese Äußerung Lehmanns offenbar nicht glaubwürdig,

---

840 Diesen Gedanken und die Berliner Reaktion darauf referiert Lehmann in demselben „*Copie*-Schreiben No. 1" an Gompertz, 21.02.1721 (in Dokument W 42).
841 Hans-Jürgen Bömelburg (Gießen) identifizierte Mniszech, er weist den Verfasser dankenswerterweise auch auf dessen politische Nähe zu Tarło hin (E-Mail vom 05.01.2016).
842 Laut zusammenfassendem Memorandum Flemmings an August den Starken, *Partage* (wie Anm. 829), 23.12.1721, Äußerung des sächsischen Gesandten in Berlin, Ulrich Friedrich Suhm (1691–1740).
843 *Partage* (wie Anm. 829), „*Copie*-Schreiben No.1", 21.02.1721 (in Dokument W 42).
844 So von Lehmann selbst berichtet in seiner *Species facti* (Darstellung des Sachverhalts), *Partage* (wie Anm. 829), 11.12.1721 (Dokument B 18).

denn mit einiger Wahrscheinlichkeit (die sie allerdings nicht belegt) ist ihrer Meinung nach nicht Lehmann der eigentliche Urheber des Projektes gewesen, er sei vielmehr von dem preußischen Minister Rüdiger von Ilgen auf die Idee gebracht worden.[845] Jedenfalls erwähnte Gompertz in diesem Gespräch gegenüber Friedrich Wilhelm I. Sachsen als bereits eingeweihte interessierte Macht, obwohl Lehmann ihm in seinem ersten Brief versichert hatte: „[...] schwere [schwöre] ich zu Gott dem Allmächtigen, daß der König [August II.] und Dero *Ministri* nichts von wißen, vielweniger geheiße [mich geheißen, mir befohlen haben zu] schreiben, sondern für mich *pure* allein."[846]

„Hierauff", das heißt, aufgrund des von Gompertz behaupteten sächsischen Interesses, so berichtet Lehmann später selbst „[verlangten] Seine Königliche *Majestät* sehr, mich [persöhn-?]lich zu sprechen, ich sollte doch sofort und zwar mit einem *Creditiv* [einer Beglaubigung] von dem König in Pohlen *Majestät* nacher *Berlin* kommen".[847] In Dresden bringt Lehmann die Idee in Wirklichkeit erst zwei Wochen später, am 7. März 1721, bei seinem langjährigen Gönner August dem Starken vor, der ihn (und seinen Schwager Jonas Meyer) als einzigen Juden mit ständigem Wohnrecht in Sachsen privilegiert hat (vgl. Dokument W 33), und stellt dabei preußisches Interesse heraus.

August reagiert indifferent und verweist ihn an Flemming, der am Tag nach der Audienz aus Warschau zurückkommt. Über das Gespräch, das er mit Lehmann führt, fertigt Flemming für August einen protokollartigen Bericht an[848], in dem es heißt, Lehmann habe behauptet, mit Hilfe des Teilungsplanes könne man sich mit Preußen wieder gut stellen. Als Flemming Spannungen zwischen Preußen und Sachsen wegdiskutieren will[849], erwidert Lehmann mit großem Selbstbewusstsein: „Sie glauben, die Juden wüssten nichts; sie wissen alles, und die meisten großen Angelegenheiten gehen durch ihre Hände." Flemming verlangt einen formellen Vorschlag des preußischen Königs, Lehmann möchte, nur mit einem vertrauensbildenden sächsischen Pass ausgestattet, weiterhin lieber informell sondieren. Obwohl Flemming jegliche Verhandlungslegitimation verweigert und ihm klarzumachen versucht, welche internationalen Verwicklungen, bis hin zum Krieg, sich aus einer Teilungsinitiative ergeben könnten, bleibt Lehmann bei seinem Angebot. Mit den Verwicklungen fertigzuwerden, sagt er, das werde Sache

---

845 Konsińska, *Sondierung* (wie Anm. 835), Kap. 2, S. 36 und außerdem Abschnitt *Zakończenie*, S. 85.
846 „*Copie*-Schreiben No. 1" an Gompertz, 21.02.1721.
847 *Partage* (wie Anm. 829), 11.12.1721.
848 Ebd., „Dresden, le 23me Mars 1721", Dokument W 43, Original französisch.
849 Über das Verhältnis Preußen/Sachsen-Polen vgl. den hier folgenden Abschnitt über die historische Situation.

der Minister sein. „Worauf ich [Flemming] ihm antwortete, wie es sich gegenüber einem Menschen jener Rasse gehört." Die Antwort dürfte ein scharfer Verweis, möglicherweise ein Fluch gewesen sein (oder gar ein Schlag?).

Lehmann verzieht keine Miene; voll überzeugt von seiner diplomatischen Kompetenz sagt er: „Euer Exzellenz betrachten mich als eine arme Sorte Mensch; aber Sie können mir glauben, dass ich eine Menge tue. Und ich hatte schon die Ehre, Ihnen zu sagen, dass die Juden an vielen Höfen verwendet werden. Euer Exzellenz können glauben, dass auch ich weiß, was in der Welt passiert." Vom Ende dieser Unterhaltung gibt es zwei leicht divergierende Versionen: Nach der einen[850] hat Flemming Berend Lehmann hundert Stockschläge („*cent coups de batons* [sic]") angedroht, wenn er sich weiter in die Angelegenheit „*melire*" (sich mit ihr befasse). – Die andere bietet der Resident selbst in seiner „*Species facti*":

> [D]a aber offt ged[achte] Seine *Excellence* [Flemming] dieses *Project* nicht klar genug [fanden], mir mündlich [nach meinem mündlichen Vortrag] es zu *papier* setzen wolte, warffen Sie die Feder weg und sagten |: mit Erlaubnis zu sagen :| Sie wollten sich mit diesem hundsföttischen Werck nicht *meliren*, und legten sich zu bette.[851]

In seinen Berichten an Gompertz darüber, wie weit das Projekt gediehen sei, seufzt Lehmann mehrmals: „[... I]ch wolte, daß der Herr General FeldMarschall Graff von *Flemming Excellence* noch 4 Wochen länger ausgeblieben wäre."[852] Das heißt, er glaubt bei August selbst auf mehr Gegenliebe zu stoßen, aber er wagt nicht, entgegen Flemmings Verbot noch einmal mit dem König über den Teilungsplan zu sprechen. So heißt es in einem weiteren Brief an Gompertz:

> [... I]ch habe zwar gestern Seine Königliche *Majestät* wohl ½ Stunde gesprochen und hatt mir alle seine jubelen [Juwelen] gezeiget, wie ordentlich solche liegen, mir aber von nichts dergleichen gedacht [von dem Teilungsplan nichts erwähnt] und ich habe auch nicht davon beginnen wollen, weillen besorget habe, Sie mögten es dem Herrn FeldMarschall sagen, [...] so hätte ich also fort [von da an] ein Feind an demselben.[853]

An anderer Stelle meint er dazu, Flemming habe persönliche Gründe, sich einer Teilung Polens entgegenzustellen: Er plane, eine polnische Adlige zu heiraten, und werde durch die Heirat selbst zu einem „großen pohlnischen Edelmanne"

---

850 *Partage* (wie Anm. 829), Bericht Flemmings an August vom 23.03.1721 (Dokument W 43).
851 *Partage* (wie Anm. 829), 23.12.1721 (Dokument B 18). Möglicherweise hat es mehrere solche Unterhaltungen gegeben.
852 Ebd., „*Copie*-Schreiben des Herrn *Lehmanns* aus *Dresden* No.3 und No.4", 10. und 14.03.1721 (in Dokument W 42).
853 *Partage* (wie Anm. 829), „Copie-Schreiben des Herrn *Residenten Lehmans* aus *Dresden No. 5*", 17.03.1721 (in Dokument W 42).

werden[854] (als solchem würde ihm natürlich an der Erhaltung der Adelsrepublik liegen).[855] Gegenüber Gompertz äußert er, die Angelegenheit könne erst weiterverfolgt werden, wenn Preußen mit dem Vorschlag beim Zarenhof auf eine positive Reaktion gestoßen sei; eher wolle er selbst in Berlin nichts weiter unternehmen.[856] Nach dem Gespräch mit Lehmann lässt Flemming durch den sächsischen Gesandten Ulrich Friedrich Suhm (1691–1740) in Berlin nachforschen, ob der Resident tatsächlich aufgrund eines preußischen Auftrages in Dresden tätig geworden sei. Suhm erfährt vom preußischen Minister Heinrich Rüdiger Ilgen (1654–1728), dass Gompertz den Lehmannschen Vorschlag mit der Andeutung vorgebracht habe, er stamme aus Dresden. Im Auftrag Flemmings dementiert Suhm dies, ihm wird aber nicht geglaubt. Der preußische König wünscht dringend, dass Flemming nach Berlin kommt.[857]

Lehmann ist inzwischen von Dresden für 14 Tage „nach Hause", also nach Halberstadt, gereist und kommt dann nach einem Besuch der Leipziger Ostermesse etwa Mitte April nach Berlin, wo er zum ersten Mal selbst mit Friedrich Wilhelm I. über seinen Teilungsplan spricht; der König verweist ihn an seine Minister Ilgen und (dessen Schwiegersohn) Friedrich Ernst von Inn- und Kniephausen (1678–1731). Diese möchten, dass er in Dresden weitersondiert. Lehmann vertröstet sie (wohl wissend, wie gefährlich es für ihn wäre, das Projekt am sächsischen Hof weiterzuverfolgen): Preußen müsse zuerst noch den Zaren ins Boot holen, dann würde auch Sachsen aus der Reserve kommen.[858]

Die weitere Entwicklung, die sich von Lehmanns Wohnort Halberstadt aus vollzieht, hier wieder mit seinen eigenen Worten:

> Es wurde mir zu Hause wegen verspührten Kränklichen *accidentien* [gesundheitlichen Problemen] von den *medicis* die Baade *Chur* zu *Carlsbaade* gerathen, wohin ich mich meiner Gesundheit zu pflegen begeben, da selbst sich dazumahl die Kayserin *Majestät* benebst Dero Eltern, dem Herrn *Herzog* von Blankenburg Durchlaucht und Dero Geheimte Raht von *Campen* anwesende befanden. Weilen ich nun kurtz vorher von mehr bemelten *Gompertz* ferner weiters eigenhändiges Schreiben erhalten habe, mit Vermelten [mit der Mitteilung]:

---

854 *Partage* (wie Anm. 829), Protokoll über das Verhör Berend Lehmanns, 12.12.1721 (Dokument W 49), dort Paragraph 32.
855 Flemming war zweimal mit Polinnen verheiratet: 1702 heiratete er eine Fürstin Sapieha (1718 geschieden), darauf 1725 Thekla Fürstin Radziwiłł; vgl. Fellmann, Walter: *Jakob Heinrich Graf Flemming. Nachwort.* In: Kraszewski, Józef Ignacy: *Feldmarschall Flemming.* (Neuausgabe) Berlin 2001. S. 287–290.
856 *Partage* (wie Anm. 829), „*Copie*-Schreiben No. 3" (in Dokument W 42), 10.03.1721.
857 So rückblickend berichtet in Flemmings zusammenfassendem Bericht an August, *Partage* (wie Anm. 829), 10.10.1721 (Dokument W 46).
858 So aus der undatierten „*Species facti*", *Partage* (wie Anm. 829), Dokument B 18, zu entnehmen.

daß man *Czari*scher Seiths gute Vertröstung [zustimmende Andeutungen] zu *Berlin* erlanget habe, so habe ich gedachten Herrn Geheimte Raht von *Campen*, mit welchem ich insonderheit in guter *Connoissence* [Bekanntnschaft] stehe, mein gantzes Vorhaben anvertrauet, welcher auch in der Absicht, ob Seiner Durchlaucht des Herrn *Herzog* das *prætendirte* Ambt Regenst[ein] bey dieser Gelegenheit wieder zurück gegeben werden möge, ein *project* darüber eigenhändig auffgesetzet, mithin aller[höchst] gedachter Kayserin *Majestät* übergeben worden [...], allerwegen mit allerbewußter *intention*, durch solche *argumenta* den Kayser *Majestät* ebenfalls darzu zu *persuadiren*.[859]

Herzog Ludwig Rudolf von Braunschweig und Lüneburg (1671–1735), Fürst von Blankenburg, der Schwiegervater Kaiser Karls VI., kennt Berend Lehmann, dessen Dienste als Bankier und Juwelenspezialist er häufig in Anspruch nimmt, seit Langem. Er hat ihm, wie in Kapitel 6 geschildert, 1717 das Privileg erteilt, ein landwirtschaftliches Gut zu besitzen; für kurze Zeit betreibt Lehmann auch eine hebräische Druckerei in dem Harzstädtchen Blankenburg. Für seinen Minister von Campen ist der vielreisende Hoffaktor ein willkommener Informant.[860] Das von Ludwig Rudolf begehrte Amt Regenstein lag sozusagen vor seiner Haustür, nur wenige Kilometer von seinem Schloss entfernt, aber in preußischem Besitz. Und um die dort auf und in einem Sandsteinfelsen in strategisch idealer Lage befindliche Festung (vgl. Abb.44) ging es dem repräsentationsbewussten Herzog; sie hoffte er für die durch Campen und Lehmann geleisteten diplomatischen Dienste von Friedrich Wilhelm I. abgetreten zu bekommen.

„*Pro humillima informatione*" (Zu untertänigster Information) nennt von Campen ein mehrseitiges, nicht adressiertes, nicht signiertes Memorandum, das etwa Mitte Mai 1721 verfasst worden sein dürfte[861]:

> Es ist weltkundig, wie daß durch die in dem Königreich Pohlen die letztern Jahre über ausgebrochene heftige innerliche Unruhe und unversöhnliche Zwiespalten selbige *Respublique* in eine solche *situation* versetzet sey, daß Sie in Ihrer bißherigen Verfaßung wohl nicht länger bestehen, sondern endlich einen oder anderen von Ihren mächtigen Nachbahrn zum Raube werden, am allerersten aber unter Seiner Czarischen *Majestät* unbeschränkte *Protection* und gäntzliche *Dependentz* verfallen dürfte.

---

859 *Partage* (wie Anm. 829), *Species facti* (Dokument B 18).
860 Es handelt sich um Thomas Ludolf von Campen, der nach Lehmanns Tod als Konkursgläubiger den Erlös eines Haus- und eines Gartenverkaufs bekommt. Vgl. Kapitel 9.1 dieses Buches.
861 *Partage* (wie Anm. 829), undatiert (Dokument B 16). In die Dresdner Akte ist es eingefügt hinter einem „Pro Memoria", datiert Warschau, 26.05.1721, das sich nicht auf die Teilungsangelegenheit bezieht. Demnach dürfte es etwa Anfang Juni inoffiziell nach Dresden gelangt sein.

Abb. 44. Burgruine Regenstein nahe Blankenburg, zu Lehmanns Zeit als intakte Festung in preußischem Besitz. Der Blankenburger Fürst Ludwig Rudolf hoffte das Amt Regenstein von König Friedrich Wilhelm I. abgetreten zu bekommen, und deshalb lancierte er als Schwiegervater des Kaisers Lehmanns Teilungsplan an den Wiener Hof. Preußen hätte von dem Plan erheblich profitiert.

Man müsse befürchten, dass der Zar, der ja schon „in der *Respublique* [beim polnischen Adel] *praepotenten Credit*" habe (hervorragendes Ansehen genieße), durch die Verheiratung einer seiner Töchter an einen polnischen Magnaten noch an Einfluss gewinnen werde. Preußen, Sachsen/Polen und Österreich müssten einer solchen Bedrohung ihres Territoriums dadurch begegnen, dass man Polen in vier Teile aufgliedere, dem Zaren seinen Teil zugestehe und die übrigen drei gegen ihn deutlich abgrenze. Die Teilung müsse durch Verträge besiegelt werden. Um die gegenseitigen „*sentiments*" nicht zu verletzen, müsse man allerdings bei den Vorverhandlungen „*precaution*" und „*Delicateße*" wahren, so dass man zur Sondierung „sich einer besonderen, kein sonderliches Aufsehen erweckenden *Persohn* vorerst bedienet". Damit ist natürlich niemand anders als Berend Lehmann gemeint.

Auffällig ist vor allem die zarenkritische Tendenz des Schriftstückes und eine massive Erwähnung der Türkengefahr, deutliche Zeichen dafür, dass Campen die

Interessensituation seines Adressaten, des Kaisers, besonders berücksichtigt. Bemerkenswert auch, dass die jeweiligen Teilgebiete nicht definiert werden; der Plan ist also auch bei dem blankenburgischen Geheimrat recht unausgegoren.

Gegenüber Gompertz betont Berend Lehmann, er habe die Kaiserin schon zweimal gesprochen, und „wenn Sie Hosen an hätte, so wäre es richtig [so würde sich der Plan „richtig" entwickeln]: solches kann der Herr [Gompertz] glauben, daß sonderliche Gnade bey Ihr gehabt habe [...]".[862] Später muß er allerdings kleinlaut zugeben, dass er der Kaiserin in Karlsbad gar nicht begegnet ist, und „[w]enn er auch [an Gompertz] etwas, sich groß zu machen, geschrieben haben sollte, so wäre doch dieses, was er jetzt aussage, die lautere Wahrheit."[863] Eine Kopie von *Pro humillima informatione* ist inzwischen über Gompertz an die preußische Regierung gelangt; die dortigen Minister wollen nicht glauben, dass Lehmann das Memorandum „gantz alleine gemachet". Sie vermuten, es stamme aus Dresden, auch wenn Flemming ein sächsisches Interesse an der Sache immer wieder abstreite.[864]

Wie ein um diese Zeit von Gompertz an Lehmann geschriebener Brief[865] zeigt, ist das Memorandum in Berlin, insbesondere bei dem Minister Ilgen, auf lebhaftes Interesse gestoßen. Lehmann wird ermutigt, die Sachsen weiter aus der Reserve zu locken. Preußen warte allerdings noch auf eine deutlichere Reaktion aus „Moskau" (so Gompertz, in Wirklichkeit natürlich seit 1712 bereits St. Petersburg) und vor allem vom Kaiserhof.

Dass Preußen ein derart anti-russisches Schriftstück wie *Pro humillima informatione* nach Russland übermittelt hat, ohne es zu entschärfen, kann man nur damit erklären, dass schon jetzt an eine gemeinsame Sache mit Sachsen nicht geglaubt wird und dass die (von Kosińska herausgestellte) preußisch-russische Allianz August als den Übermittler der Denkschrift in Misskredit bringen wollte.[866]

Anfang August bestellt Herzog Ludwig Rudolf den Residenten nach Blankenburg, um ihm aus einem Brief seiner Tochter, der Kaiserin, die Wiener Reak-

---

862 *Partage* (wie Anm. 829), „*Copie*-Brief aus Carlsbaad No. 6", 18.6.1721, in Dokument W 42.
863 *Partage* (wie Anm. 829), Protokoll des Dresdner Sekretärs Günther über die Vernehmung Lehmanns am 12.12.1721 (Dokument W 49), Artikel 32. Kosińska hat diese Tatsache leider nicht berücksichtigt.
864 *Partage* (wie Anm. 829), „*Copie*-Brief ... aus Halberstadt No. 8", 25.07.1721, in Dokument W 42.
865 Es handelt sich um den einzigen erhaltenen Gompertz zuzuschreibenden Beitrag zu dem Briefwechsel mit Lehmann (Dokument W 44). Die Abschrift einer (hoch-)deutschen Übersetzung mit den Anfangsworten „Die *Proposition* des Herrn habe ich gehörigen Orths *præsentiret* ..." findet sich in *Partage* (wie Anm. 829), undatiert, nur mit „L" (= Levin?) paraphiert.
866 Vgl. Kosińska, *Sondierungen* (wie Anm. 835), Ende Kapitel 2.

tion wiederzugeben: Der Kaiser habe das Memorandum als „Kinder-Poßen" bezeichnet. Die Kaiserin moniert gegenüber ihren Eltern, dass es durch einen so dubiosen „*Canal*" gegangen sei. Das Projekt müsse durch einen Gesandten Berlins vorgebracht werden, der offiziell wegen einer ganz anderen Sache erscheine, den man aber bei dieser Gelegenheit mit dem Kaiser wegen der Polen-Teilung ins Gespräch bringen werde. Ludwig Rudolf, dem offenbar dringend an der Regelung der Regenstein-Frage gelegen ist, empfiehlt Lehmann, sofort nach Berlin zu reisen. Lehmann zögert; er will erst abwarten, wie Flemming „*intentionirt* ist". Er klagt Gompertz auch, er habe wegen des Projekts schon 800 Taler ausgegeben, und er müsse jetzt seine Unkosten „*menagiren*".[867]

8.3.3 Negative Folgen

Inzwischen ist nun Flemming, dem Wunsche Friedrich Wilhelm I. folgend, in Berlin eingetroffen, und Ende August heißt es in einem Bericht Ilgens an seinen König (vgl. Dok. W 45)[868]: „Der Halberstädtische Jude *Lehman* ist heute hier gekommen; mit demselben hat nun der Feldmarschal Flemming in des Grafen *Gollovkin*[869] und meiner Gegenwart eine lange *conversation* gehabt [...]". Lehmann habe unter Tränen geschworen, dass das Teilungsprojekt auschließlich seine eigene Erfindung sei und dass er keinerlei Auftrag aus Sachsen dazu bekommen habe, ja dass ihm sogar verboten worden sei, den Plan weiter zu verfolgen. Ilgen selbst betrachtet die Sache als eine „*sottise*", eine Torheit, ist sich aber nicht sicher, ob das Projekt „[...] in der That eine bloße Erfindung von dem Juden ist, oder daß der Königlich Pohlnische hof, weil er wohl sieht, daß er mit dem Windfänger nicht fortkommen kann, sich auf diese Arth aus der Sache herausziehen will." Neben diesem letzten Satz Ilgens findet man die Randbemerkung „Alle Juden die sindt Schelme FW". Es handelt sich offensichtlich um die Initialen von König Friedrich Wilhelm I.[870] In der nun folgenden „*conversation*" wird sich zeigen, dass Lehmann über eine andere ‚Nation' ebenso pauschal urteilt wie sein König. Von Flemming befragt, wie er denn auf die Teilungsidee gekommen sei, überrascht er

---

867 D.h. mit den Kosten haushalten, sparen. „*Copie*-Brief ... aus Halberstadt No. 9", „5ten Aug. 1721" (in Dokument W 42).
868 *Partage* (wie Anm. 829), Bericht Suhms an Flemming vom 27.08.1721, darin eine Kopie von Ilgens Bericht (Dokument W 45).
869 Alexander Gavrilovič Golovkin (gest. 1760).
870 Vgl. Abb. 45.

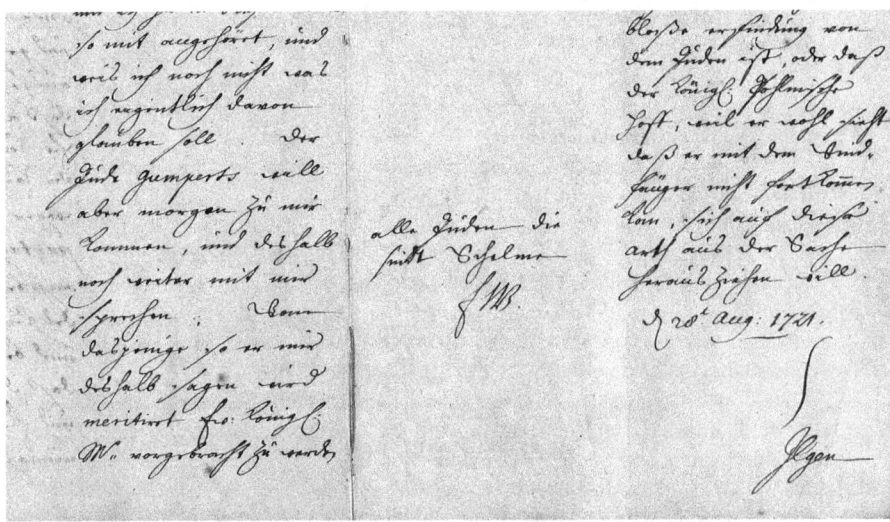

Abb. 45. Ausschnitt aus dem Bericht des preußischen Ministers Heinrich Rüdiger von Ilgen an König Friedrich Wilhelm I. vom 28. August 1721. Es handelt sich um eine Randnotiz des Königs: „Alle Juden die sindt Schelme".

die drei Diplomaten mit der Antwort (das Protokoll[871] ist im Original wieder französisch):

> ‚Der liebe Gott hat sie mir eingegeben, und er hat beschlossen, die Polen zu bestrafen, als die bösesten Leute der Welt.' An dieser Stelle fing Herr von Ilgen an, sich vor Lachen zu krümmen, und ich glaube nicht, dass er je im Leben so sehr gelacht hat.
> Lehmann versicherte im Weiteren, dass das vom lieben Gott beschlossen worden sei, dem nichts unmöglich sei, und dass die Polen diese Strafe wohl verdienten. Graf Gollovkin lachte auch, aber nicht so stark wie Herr von Ilgen, und er fragte den Juden ganz ruhig, wie er mit Gott geredet habe [gemeint wohl: in welcher Sprache]?
> ‚Oh', antwortete der Jude, ‚davon bin ich vollkommen überzeugt'. [Frage von Lehmann offenbar missverstanden]
> ‚Ja', erwiderte ich [Flemming], ‚aber wir anderen sind es nicht, und wir finden in dieser Sache viele Schwierigkeiten zu verkraften, so dass wir auch gern zu diesen Konferenzen des lieben Gottes zugelassen sein möchten'.
> Herr von Ilgen lachte weiter, und der Jude fasste Mut und fragte, warum er so lache. ‚Was habe ich getan', fuhr er fort, ‚meine Absicht – war sie nicht gut? Ich wollte dem König von Preußen und dem König von Polen dienen; Gott kennt mein Herz'. Und darüber brach er in Tränen aus, um uns seiner guten Absichten zu versichern.

---

[871] Im Bericht Flemmings an August vom 02.09.1721 (Dokument B 17).

,Aber', erwiderte Graf Gollovkin, ,es ist nicht die gute Absicht, welche die Angelegenheit in Gang setzen wird'.

Lehmann: ,Sie wird ohne Zweifel betrieben werden müssen; und ich würde gern wissen, ob der Kaiser, der Zar und die beiden Könige in dieser Sache übereinstimmen, und was sie hindern könnte, sie auszuführen'.

Ich: [Flemming] ,Mein lieber Lehmann, es gibt durchaus andere Überlegungen, die man darüber anstellen muss, mit denen Sie nicht vertraut sind'.

Lehmann: ,Das weiß ich wohl, und deshalb habe ich immer gesagt, dass ich kein Minister bin; es liegt bei den Ministern der beteiligten Fürsten, das Übrige zu tun'.

An der Stelle lachte Herr von Ilgen wieder, was den Juden schrecklich schockierte und ihn veranlasste zu sagen: ,Aber, mein Gott, ich weiß nicht, worüber man da lachen muss', und danach brach er wieder in Tränen aus und gab wieder Versicherungen seines guten Willens ab und dass er doch nichts Schlechtes habe tun wollen.

Ilgen: ,Mein Gott, was sollen wir von dieser Sache halten, und was zum Teufel wird der Kaiser darüber sagen; oder vielmehr: Was wird der Zar zu etwas sagen, was wir selbst ernst genommen haben? Und Sie, Herr Lehmann, was sagen Sie, und was halten Sie von der Sache?'

Da Lehmann nichts erwiderte, sagte ich [Flemming]: ,Ich weiß wohl, was er denkt, er glaubt, dass wir anderen Minister saubere Schufte sind; und, nachdem wir ihm die Würmer aus der Nase gezogen haben, werden wir die Sache ohne ihn machen'.

Mit ernster Miene antwortete Lehmann: ,Meiner Treu, Sie haben gesagt, was ich denke'.

Das brachte Herrn von Ilgen wieder außerordentlich zum Lachen [...].[872]

Dem russischen Gesandten gegenüber ist es Flemming und Ilgen wichtig, dass Lehmann immer wieder betont, der Plan gehe wirklich von ihm persönlich aus, er handle in niemandes Auftrag. Ihm und Gompertz, den *„ministres de la circoncision"* (Ministern der Beschneidung)[873], wird noch einmal dringend nahegelegt, die Sache nicht weiter zu verfolgen.

So sehr sich die drei Diplomaten gemeinsam über Lehmann lustig gemacht haben: Es herrscht gegenseitiger Argwohn. So sagt Ilgen später zu Flemming, er misstraue dem Grafen Golovkin, „weil dieser während der Szene mit dem Juden nur mit der Zahnkante gelacht habe". Lehmann selbst sucht Flemming noch einmal auf und versichert ihm, „daß Ilgen ein Verräter sei, der mit *ihm* ganz anders geredet habe als jetzt."[874] Dass Lehmann hier durchaus Recht hat, ergibt sich,

---

872 *Partage* (wie Anm. 829), zusammenfassender Bericht Flemmings an August vom 10.10.1721, Dokument W 46.
873 *Partage* (wie Anm. 829), Flemming an Ilgen 06.09.1721.
874 *Partage* (wie Anm. 829), zusammenfassender Bericht Flemmings an August vom 10.10.1721, Dokument W 46.

wenn man sich an Gompertz' Bericht über die Berliner Reaktion auf *Pro humillima informatione* erinnert.[875]

Dennoch hat der preußische König Lehmann, wohl um die Tatsache zu vertuschen, dass er selbst sehr wohl an der Teilung Polens interessiert wäre, eine Geldstrafe von 5.000 Ecu[876] auferlegt, *„pour luy apprendre à vivre"* (um ihn leben zu lehren).[877] Kosińska hat aus den Berliner Akten entnommen, dass Lehmann eine Ermäßigung der Summe um 1.000 Taler erreichte und dass er die 4.000 Taler Anfang 1722 gegen die Ausstellung eines Pardon-Briefes in zwei Raten bezahlte.[878] Nebenbei gesagt, erscheint Kosińskas Annahme von der preußischen Urinitiave durch Ilgen angesichts dieser Strafe besonders zweifelhaft: Wenn man schon Lehmann als Werkzeug benutzte, weshalb ihn dann derartig massiv schädigen?

Flemming trifft während seines Besuches dann tatsächlich in Wusterhausen mit dem König zusammen, dieser unterhält sich jovial mit ihm, es wird getrunken und in der *„tabagie"* geraucht, aber seltsamerweise fällt kein Wort über Lehmann und die Teilung Polens.[879] Lediglich Augusts Wunsch, die polnische Thronfolge für Sachsen erblich zu machen, wird diskutiert. Flemming betont aber, die Verfassung der polnischen Adelsrepublik müsse eingehalten werden. Im Gespräch mit Ilgen sagt Flemming, er könne dafür garantieren, dass sein König an der ganzen Teilungsgeschichte nicht interessiert sei. Ob Ilgen das auch für *seinen* Herrn garantieren könne? „[A] *quoi il repondit qu'il ne pouvoit pas faire cela"* (Worauf er erwiderte, das könne er nicht), das heißt, im Gegensatz zu Ilgen selbst würde Friedrich Wilhelm I. gern auf eine Teilung Polens eingehen.[880]

Im August und September 1721 hatten sich Lehmanns Aktivitäten unter den europäischen Großmächten herumgesprochen: London[881] und Paris ließen besorgt in Berlin nachfragen. Mit der Reaktion auf britischer Seite hat sich neuerdings der polnische Historiker Grzegorz Chomicki beschäftigt. Er hat aus den Londoner Akten entnommen, dass der britische Gesandte in Dresden, James

---

875 Vgl. das einige Seiten zurück mit den Anfangsworten „Die *proposition des Herrn* ..." aus *Partage* (wie Anm. 829) zitierte Schreiben Gompertz' an Lehmann (Dokument W 44).
876 Nach Verdenhalven, Fritz: *Alte Maße, Münzen und Gewichte des deutschen Sprachgebiets*. Neustadt/Aisch 1968. S. 21, war der Ecu eine alte französische Silbermünze im ungefähren Wert eines Talers.
877 *Partage* (wie Anm. 829), Bericht Suhms an Flemming 07.09.1721.
878 Kosińska, *Sondierung* (wie Anm. 835), Zusammenfassung.
879 *Partage* (wie Anm. 829), zusammenfassender Bericht Flemmings an August vom 10.10.1721 (Dokument W 46).
880 *Partage* (wie Anm. 829), Bericht Suhms an Flemming vom 27.08.1721, darin als Anhang H, Dokument W 45.
881 *Partage* (wie Anm. 829), Briefe des sächsischen Gesandten in London, LeFoque, 07.10. und 04.11.1721; Suhm an Flemming 14.10.1721.

Scott, nachdem ihm Flemming über seine Reise zum preußischen Hof berichtet hatte, den bestimmten Eindruck gewann, dass Berlin und Dresden bereits über eine Teilung Polens verhandelten (was nach dem oben Ausgeführten stark übertrieben ist).[882]

Aus Wien kam indessen eine eindeutige Absage[883]; der Kaiser vermutete, der Plan käme in Wirklichkeit aus Dresden; er, der Kaiser wolle aber „die *Republique* Pohlen bey Ihrer Verfaßung *mainteniren* [belassen]". Auch die polnische Republik selbst protestierte.

Vor allem zeigt sich der Zar verärgert. In einem geharnischten Schreiben (vgl. Dokument W 47) beklagt sich Peter I. (der Große, 1672–1725) Anfang November bei August, der angeblich Lehmannsche Plan „scheint mit Fleiß *inventiret* zu sein, um Unß nicht allein bey der *Republique* Pohlen verhaßt zu machen und gegen Unß aufzuhetzen, sondern auch die *jalousie* [Missgunst] von gantz Europa auf Unß zu ziehen." Lehmann habe zwar alle Schuld auf sich genommen, aber der Zar glaubt nicht, dass der Teilungsplan wirklich „eine *invention* solcher schlechten [einfachen] Leute, welche außer ihrer Kauffmannschaft sonsten nichts zu unterwinden gewohnt", sei. Im Weiteren protestiert er dagegen, dass man nach dem Verhör in Berlin, bei dem sein Gesandter Golovkin ja beteiligt gewesen ist, Lehmann ungestraft habe laufen lassen. Der Resident und sein Schwager und Dresdner Geschäftspartner Jonas Meyer müssten wegen ihrer unbefugten Einmischung in die politischen Affären hoher Herren „*arrestirt*" und streng bestraft werden „nebst denen, welche etwan dieselben dazu angestifftet".[884]

Zwar möchte Flemming die Sache gern für erledigt erklären, denn „Je mehr man an den Dreck röhrt, desto mehr stinkt er"[885], aber der sächsische Hof hat keine Wahl: Um den Zaren zu beruhigen, stellt August Lehmann und Meyer unter Hausarrest. Beide bitten inständig darum, dass man den Offizier, der vor ihrem repräsentativen Dresdner Anwesen postiert ist, abziehen möge. Der Anschein

---

882 Chomicki, Grzegorz: *Opinia dyplomatòw brytyjskich w tzw. aferze Lehmanna*, [w] *Między Zachodem a Wschodem. Studia ku czci Profesora Jacka Staszewskiego*. T. 2 (Red.: J. Dumanowski [u. a.]). Toruń 2003. Chomicki benutzte aus dem Public Record Office, London: State Papers Foreign 88/28. Ich verdanke diesen Hinweis Alicja Maslaw-Maciejewska.
883 *Partage* (wie Anm. 829), Brief vom 01.10.1721 des sächsischen Gesandten in Wien, Zech, an Flemming, daran angefügt ohne Datum „Extract aus Cannengießers Relation vom Kaiserhof". Konrad Cannegießer war hannoverscher Gesandter in Wien.
884 *Partage* (wie Anm. 829), Brief Zar Peters an Friedrich August II. vom 05.11.1721 im russischen Original und in deutscher Übersetzung (Dokument W 47). Die Bitte um Arrestverschonung: Partage (wie Anm. 829), 11.12.1721, Dokument W 48.
885 *Partage* (wie Anm. 829), Flemming an Suhm, 30.11.1721.

eines Verbrechens, der dadurch erweckt werde, ruiniere ihren Kredit und damit ihre Existenz.

Dass Meyer mit der Teilungs-Affaire gar nichts zu tun hat, stellt sich bald heraus, sein Arrest wird aufgehoben. Lehmann verfasst in aller Eile unter dem Titel *Species facti* eine Darstellung der ganzen Geschichte aus seiner Sicht.[886] Einleitend erklärt er, vorgegangen sei er bei seinem Plan

> [...] in aller Vorsicht, da dieses an und vor sich gefährliches Werck notwendig in dieser *importanten affaire* auf das Vorsichtig- und behutsamste, damit |: so Gott verhütte :| von mir keiner aus diesen *potentien* eine widrige *opinion* gegen die andern erwecke, sondern einzig und allein mein *finale* Absicht dahin gangen, eine gute *Harmonie* und *alliance* unter denselben, als ohne welche mein gantzes *dessein* [Plan] null und nichtig mir ge[...][887] und *excitirt* werden möge, zum Grunde genommen.

Die Gefahr, die ihm wegen des russischen Protestes droht, ist ihm bewusst, deshalb betont er ganz besonders, er sei immer bereit gewesen „[...] wan nicht Seine Königliche *Majestät* in Preußen Seine *Czari*sche *Majestät* zur vollen *approbation disponiren* [zur Zustimmung bewegen] würde, dieses gantze Werck umb sonst und als *pure Chimerie* zu achten, ja von der Sache so vort [sofort] zu *abstrahiren* [sein] [...]". Das umfangreiche Schriftstück lässt erkennen, dass Lehmann es in großer Erregung ohne die sonst bei ihm übliche professionelle Assistenz eines Sekretärs aufgesetzt haben muss. Er schweift ab und verheddert sich manchmal in unübersichtlich konstruierten Sätzen.

Am 12. Dezember 1721 lassen die Minister Augusts des Starken, August Christoph Wackerbarth (1662–1734) und Ernst Christoph von Manteuffel (1676–1749) Berend Lehmann aus dem Arrest holen. In Anwesenheit des russischen Gesandten in Dresden, Wassilij Lukič Dolgorukov (1670–1739) unterziehen sie ihn einer strengen Befragung.[888] In 66 „*Articulis*" wird er gemäß jedem Punkt des Zarenprotestes einzeln befragt. Er antwortet, „Er sage, was die Wahrheit sey, müße seine Narrheit selber bekennen"; unzählige Male beteuert er, er ganz allein habe sich die Sache ausgedacht (vom lieben Gott ist jetzt nicht mehr die Rede). Wiederum zeigt sich, dass er sich mit Einzelheiten der geplanten Teilung nicht beschäftigt hat. So wird er gefragt (Artikel 34), ob er „das Pohlnische Preußen"[889] „zur ewigen *Poßeßion* an Preußen *offerirt* habe". Antwort: „Wie könnte er dies

---

886 *Partage* (wie Anm. 829), am Ende des Dokuments datiert: 11.12.1721 (Dokument B 18).
887 Dieses Dokument ist am Rand beschädigt, manche Worte lassen sich schwer ergänzen.
888 Vgl. Dokument W 49. Protokoll darüber: *Partage* (wie Anm. 829), datiert 12.12.1721.
889 Teile des späteren Ostpreußen und der Norden des späteren Westpreußen (mit Danzig).

offeriren? Das hätten diese großen Herren unter einander auszumachen." Hat er Preußen angeregt, dem Zaren Litauen zu versprechen (Artikel 35)? – Antwort: „Da wiße er gar nicht von [...] Er hätte die Land-Charte von Pohlen nicht einmal im Kopffe, daß er wüßte, wie das eine oder andere gelegen wäre."

Insgesamt kommt bei dem Verhör nichts heraus, was nicht schon bei der Berliner „*conversation*" gesagt worden wäre. Dem Protokoll beigefügt sind die Briefe Lehmanns an Gompertz, aus denen hier bereits zitiert wurde.[890] Das Protokoll wird kurz vor Weihnachten 1721 an den Zaren übersandt.[891] Im Begleitbrief wird noch einmal beteuert, dass der sächsische Hof an Lehmanns Plan von Anfang an nicht interessiert gewesen sei: „Wir haben ihn [Lehmann] aber, so bald Wir so thanen seinen unsinnigen Antrag vernommen, wie einen Windfänger angesehen, und ihm, bey seinem Wechsel Handel, den er beßer als dergleichen *affaires* verstehet, zu bleiben angerathen". Ob man ihm „mit schärfferer *Inquisition*" (Untersuchung) zu Leibe rücken solle? Eigentlich fände man es besser, ihn als harmlosen Narren milde zu behandeln. Hätte man ihn „*sacrificiret*", dann hätte man nur den in ganz Europa verbreiteten Verdacht verstärkt, Augusts Regierung selbst stecke hinter dem Plan. „*Project*-macher, dergleichen es in Holland und anderen Orthen viel hundert gibt, so öffters alle Reiche und Lande ohne viel Schaden derer *Interessenten* [Betroffenen] in ihrem Gehirn zu theilen pflegen [...]", solle man nicht ernst nehmen. So sei zum Beispiel im gleichen Jahr in Warschau ein anderer Mensch mit einem identischen Plan stillschweigend abgewiesen worden. Mit Dank für das angebliche Vertrauen und die Offenheit des Zaren wird die Affäre für beendet erklärt.

Die internationale Aufregung scheint sich daraufhin allmählich gelegt zu haben. Im Februar 1722 schreibt Flemming an Suhm, der ihm aus Berlin immer noch von internationalen Protesten gegen das längst erledigte Projekt berichtet: „*J'ai condamné l'affaire du Juif à un éternel oubli*" (Ich habe die Sache des Juden zu ewigem Vergessen verdammt).[892] Wie lange der Hausarrest für den Residenten aufrechterhalten wird, ist aus der Akte nicht zu ersehen. Er bleibt auf jeden Fall im Stande der Ungnade. Erst im April 1722 darf er sich in einem französisch abgefassten Brief dem König – metaphorisch gesprochen – zu Füßen werfen, um Kredit und Ehre wieder herzustellen.[893]

Über ein Jahr später wird er von Flemming noch einmal ins Gebet genommen:

---

890 Der Stil dieser Briefe entspricht dem der *Species facti:* weitschweifig, wenig präzise, in den logischen Beziehungen unsicher. Sie sind deshalb wahrscheinlich von Berend Lehmann selbst, nicht von einem seiner sprachgewandten Sekretäre, in aller Eile übersetzt worden.
891 *Partage* (wie Anm. 829), Schreiben vom 23.12.1721, Dokument W 50.
892 *Partage* (wie Anm. 829), Suhm an Flemming 07.02.1722.
893 *Partage* (wie Anm. 829), 23.04.1722.

[…] dem *Resident* Berend Lehmann [ist] anzuzeigen, er habe seine Sachen so [schlecht] gemacht, daß er nicht allein Ihrer Königlichen *Majestät* Ungnade, sondern auch nachdrückliche Bestraffung verdienet; Gestalt durch ihn Land und Leute in Gefahr hätten geführt werden können; Jedoch wären Ihre Königliche *Majestät* ihn in so weit wieder zu Gnaden anzunehmen geneiget […].

Man legt ihm eine Bitte um Pardon zur Unterschrift vor, in der man ihm nahelegt, er solle

zu Bezeugung meiner Reue auch, Ihrer Königlichen Majestät den Deroselben sonst bekannten Stein oder die Berlinische Köpffe[894], als ein allerunter-thänigste Erkänntligkeit offeriren, und Deroselben, ob Sie den Stein oder aber die Berlinische Köpffe, ohne Entgeld, anzunehmen belieben, allerunterthänigst anheim stellen und darinnen die Wahl laßen […][895],

was auf eine Geldstrafe hinausläuft. Am selben Tage noch wird seiner Bitte entsprochen, und „Der *Resident* Lehmann nahm den *pardon* mit unterthänigstem Dank an […]".[896]

An seine Außenstände bei Leszczyński ist Lehmann jedenfalls auf diesem riskanten Wege nicht heran gekommen. Noch 1769, neununddreißig Jahre nach Lehmanns Tod, werden Forderungen in dieser Sache an „König Stanislaus" von seinen Erben geltend gemacht.[897]

8.3.4 Wie Lehmann und die Diplomaten einander sahen

Dass zwischen Fürsten und Funktionären ihrer Höfe auf der einen Seite und Hofjuden auf der anderen ein herzliches Verhältnis geherrscht habe, wird nur selten behauptet.[898] Ludwig Rudolf, Lehmanns fürstlich-blankenburgischer Auf-

---

894 Die Vermutung, der entsprechende Kunstgegenstand könne sich in Augusts des Starken Kunstsammlungen nachweisen lassen, hat sich nicht bestätigt. Dirk Syndram, der Direktor des Grünen Gewölbes, erklärte dem Verfasser (E-Mail vom 27.03.2008), die Gegenstände ließen sich seinerseits nicht identifizieren.
895 *Partage* (wie Anm. 829), Schreiben Lehmanns an August den Starken vom 30.06.1723, Dokument W 51.
896 *Partage* (wie Anm. 829), Protokoll vom 30.06.1723, Dokument W 51.
897 Vgl. Kapitel 9.4.2 dieser Arbeit.
898 Ausnahmen: Pierre Saville, der in seiner eher populär erzählenden als wissenschaftlich ernstzunehmenden Berend-Lehmann-Monographie eine Freundschaft zwischen Lehmann und August dem Starken postuliert (Saville, *Juif* [wie Anm. 43], S. 187–190) sowie Max Freudenthal, der ein herzliches Verhältnis zwischen dem Dessauer Hofjuden Moses Benjamin Wulff und dem

traggeber, nannte ihn eher sein „*dernier réfuge*" (seine letzte Zuflucht), Friedrich Wilhelm I. soll seinen „*mignon*" Gompertz eigenhändig verprügelt haben.[899] Michael Graetz charakterisiert die Beziehung Fürst/Hofjude folgendermaßen:

> The princes who took advantage of the services of Jews, using them as ‚state-controlled' entrepreneurs, did so from purely utilitarian motives and not out of any appreciation and respect for their ethnic-religious affiliation.[...] [M]ost absolute rulers were [...] inconsistent. They harbored feelings of contempt, mistrust, even hatred towards Jews, but were nevertheless unwilling to relinquish their services as court factors.[900]

Die soeben geschilderte Episode bestätigt an mehreren Stellen eine derart abschätzige Meinung der prominenten Adligen über ihre jüdischen Partner. Dabei ist die Drohung Flemmings, Lehmann mit hundert Stockschlägen bestrafen lassen zu wollen, sicherlich die stärkste Manifestation dieser Haltung. Im Gespräch mit seinem preußischen Ministerkollegen Ilgen ist er sich darüber einig, dass Gompertz ein „Quackler" und Lehmann ein „Schurcke" ist; der entsprechende französische Ausdruck „*coquin*" findet sich dicht daneben.[901] Etwas weniger krass, aber deutlich ist Flemmings Ausdruck „hundsföttisch" für den Lehmannschen Teilungsplan und die Bemerkung, er habe dem Juden auf seine unvorsichtige Äußerung *so* (wahrscheinlich mit einem drastischen Fluch) geantwortet, wie es einem Menschen seiner „*race*" zukomme. Dem groben Verhalten des „Soldatenkönigs" entspricht seine Randbemerkung „Alle Juden die sindt Schelme" (vgl. Abb. 45), wobei „Schelm" damals noch nichts Humorvolles an sich hatte, laut Grimmschem Wörterbuch war es gleichbedeutend mit „verworfener Mensch"[902] Da er bei ‚Jude' sogleich an ‚reich' denkt, lässt er Lehmanns für seine „*sottise*" praktischerweise mit einer drastischen Geldstrafe büßen.

Typisch auch die Einschätzung der besonderen Fähigkeiten eines Juden: Genauso, wie der Zar die Juden nur der „Kaufmannschaft" für fähig hält[903], rät Flemming Lehmann, er solle bei dem bleiben, was er verstehe, nämlich dem „Wechsel Geschäft".[904] Die Tatsache, dass Lehmann das Projekt nicht selbst

---

„Alten Dessauer", Leopold I. von Anhalt-Dessau, beschreibt (Freudenthal, *Heimat* [wie Anm. 39], S. 39).
899 Schnee, *Hoffinanz* (wie Anm. 7), Bd. 1, S. 88, ohne Quellenangabe.
900 Graetz, Michael: *Court Jews in Economics and Politics*. In: Mann/Cohen, *Court Jews* (wie Anm. 6), S. 29 und 30.
901 So in Flemmings Bericht an August den Starken vom 2. September 1721, *Partage* (wie Anm. 829), Dokument B 17.
902 Grimm, Jacob & Wilhelm: *Deutsches Wörterbuch*. Bd. 14. Leipzig 1893. Sp. 2506–2513.
903 Vgl. *Partage* (wie Anm. 829), Peter I. an Friedrich August II., 05.11.1721 (Dokument W 47).
904 Vgl. *Partage* (wie Anm. 829), August an Peter, 23.12.1721 (Dokument W 50).

formulieren kann, sondern es von einem adligen christlichen Juristen aufsetzen lassen muss, wird von allen beteiligten Adligen für typisch jüdisch gehalten (dass es mit mangelnden Ausbildungsmöglichkeiten zusammenhängen könnte, also kein ethnisches, sondern ein politisch-kulturelles Problem ist, wird nicht in Betracht gezogen). Wie auch das Gelächter über die (möglicherweise gespielte) Naivität des ‚vom lieben Gott inspirierten', im Verhör in die Enge getriebenen Residenten zeigt, sehen die adligen Diplomaten ihn eher als kurioses Gegenstück zum *Cortegiano*, ihrem Selbstbild als Hofmann, „geprägt von ästhetischer Individualität, von spielerischem Selbstbewußtsein und individueller Selbstverwirklichung [...]".[905]

Recht sachlich scheint der Blankenburgische Geheimrat von Campen Berend Lehmann einzuschätzen, indem er in seinem Memorandum auf ihn anspielt als „eine [...] besondere [...], kein Aufsehen erweckende Persohn", deren man sich zur Übermittlung von Geheimplänen „bedienet".[906] Ob Lehmanns diplomatischer Aktivismus, den Flemming für „Projektenmacherei" erklärt, ebenfalls für typisch jüdisch gehalten wird, oder ob der Minister ihn eher als Lehmanns persönliche Charaktereigenschaft betrachtet, muss unentschieden bleiben. Augusts des Starken Haltung gegenüber Lehmann ist etwas freundlicher als die seines Kabinettchefs Flemming: Er schätzt ihn offensichtlich als Experten für Edelsteine und Juwelen; er unterhält sich angelegentlich mit ihm[907], das unangenehme Abwimmeln überlässt er Flemming. Dass er Lehmanns Fehltritt ausnutzt, um ihm „unentgeldlich" einen wertvollen Stein – oder die „Berlinischen Köpfe" – abzuknöpfen, liegt allerdings wieder auf der Linie der standesüblichen Verachtung des Juden.

Die adligen Diplomaten in den Augen des Hofjuden

Die elf Briefe, welche Lehmann an Gompertz geschrieben hat, sind eine interessante Quelle für das Bild, das der Hofjude Berend Lehmann von seinen adligen Auftraggebern und Verhandlungspartnern hat, wobei man berücksichtigen muss,

---

[905] So charakterisiert von Schmidt, Michael: *Interkulturalität, Akkulturation oder Protoemanzipation? Hofjuden und höfischer Habitus*. In: Ries / Battenberg, *Hofjuden* (wie Anm. 6), S. 48.
[906] „Pro humillima informatione", *Partage* (wie Anm. 829), undatiert, ca. 26.05.1721, Dokument B 16.
[907] Für eine gewisse Wertschätzung spricht auch, dass August der Starke seinen Sohn und die Kurprinzessin zu einem großen Fest schickt, das Lehmann und Meyer am 1. September 1720 im Dresdner „Posthaus" veranstalten (so berichtet von Lehmann, *Schriften* [wie Anm. 33], S. 143). Allerdings lag dieses Datum im Jahr *vor* der Partage-Affäre, bei der Lehmann die kurfürstlich-königliche „Gnade" einbüßte.

dass bei der Übersetzung dieser Briefe kritische Bemerkungen noch gemildert worden sein könnten.

Am deutlichsten ist der mehrfache Hinweis Lehmanns, er wünsche, Flemming wäre erst dann aus Warschau zurückgekommen, als er mit August noch ausführlicher hätte über die *„partage"* sprechen können. Natürlich hat er vor Flemmings Drohung Angst, er mag aber auch grundsätzlich die professionelle Vorsicht und Reserve des Ministers nicht. Auch unterstellt er ihm ja persönliche Motive für seine Ablehnung des Lehmannschen Projekts, wie er sich überhaupt die Kabinettspolitik der Minister von persönlicher Sympathie und Antipathie geleitet vorstellt („Ihre *Cza*rische *Majestät* können den Feld Marschall-Graff von Flemming *Excellence*, wie auch Manteufel [...] nicht leiden.").[908] Und als ihm Flemming die Ansicht unterschiebt, die Minister seien wohl hinterhältige Leute, die ihm gegenüber die Teilung ablehnten, sie aber insgeheim, nachdem sie ihn weggeschickt hätten, dann selbst betreiben würden, da stimmt er lebhaft zu, das heißt, er sieht sie als Intriganten.

Dass man, um Außenpolitik zu betreiben, Fachkenntnisse und Überblick braucht, will er dagegen nicht so recht einsehen, allenfalls betrachtet er sie als technisch notwendig. Das, was er und andere im Hintergrund tätige Juden ausrichten, scheint ihm entscheidender zu sein. Er hat die Erfahrung gemacht, dass er aufgrund seines Geldes, seiner innerjüdischen Verbindungen und seines geschäftlichen, insbesondere finanziellen Geschicks eine Rolle spielen kann, die – jüdische Einschränkungen vernachlässigt – der eines einflussreichen Adligen ähnelt, und er will austesten, wie hoch er in diesem Machtsystem gelangen kann. Abgesehen von dem ursprünglichen Motiv, zu seinen Außenständen zu kommen, lebt er in dieser Affäre den Ehrgeiz aus, das geopolitische Gesicht der Welt ein wenig mitzuverändern. Ein verständliches Motiv für einen Menschen seiner Begabung.

Nur, dass er seine Möglichkeiten hier weit überschätzt hat und schließlich mit erheblichen finanziellen Verlusten den Rückzug antreten muss. Da ist dann auch vom oft gerühmten Stolz des jüdischen Repräsentanten und Weltmannes[909], den er in der Berliner Verhör-*„conversation"* immerhin noch mutig beweist, nichts mehr zu spüren.

Ein besonderes Kapitel ist seine Behauptung bei diesem Berliner Verhör, der liebe Gott habe ihm den Teilungsplan eingegeben. Ist das wirklich eine Aussage,

---

908 *Partage* (wie Anm. 829), „*Copie*-Schreiben ... No. 8" (in Dokument W 42).
909 So preist ihn z. B. der (nicht namentlich genannte) zeitgenössische Rabbiner der Amsterdamer Gemeinde: „Er schafft Gerechtigkeit seinem Volke zu jeder Zeit, stemmt sich gegen Gewalttätigkeit und tritt als Fürsprecher seines Volkes auf in den Palästen der Könige und Fürsten". Zitiert bei Auerbach, *Gemeinde* (wie Anm. 12), S. 43.

die seiner religiösen Überzeugung entspricht? Spricht er mit Gott wie Tevje, der Milchmann? – Ist es nur eine abkürzende Formel für „Das habe ich mir so ausgedacht", „Da kam mir diese Idee..."?, oder ist es eine Schutzbehauptung, mit der er naiv-gläubig und damit unschuldig erscheinen will? – Schwer zu sagen; auf jeden Fall wiederholt er diese Behauptung später nicht mehr. Das schallende Gelächter der Minister hat ihm gezeigt: Egal, ob man wirklich naiv *ist* – Naiv-Erscheinen ist in Hofkreisen taktisch nicht klug.

8.3.5 Die historische Situation zurzeit von Lehmanns Teilungsplan

In Kapitel 8.3 ist der Plan der Polenteilung bisher aus der subjektiven Perspektive Berend Lehmanns dargestellt worden. Um zu verstehen, wie sich die beteiligten Mächte 1721 verhielten – interessiert, abwartend, ablehnend –, ist es aber wichtig, sich die politisch-militärische Lage auch objektiv klarzumachen.

Was noch heute schwer zu verstehen ist und schon damals von schlichten Betrachtern der Lage, wie auch Berend Lehmann letzten Endes einer war, schwer verstanden wurde, war der Charakter Polens als einer Republik mit einem König: Nach der mittelalterlich-ständischen Verfassung des Landes als einer „Rzeczpospolita" hatte der gesamte vielköpfige Adel, die Szlachta, August zum König gewählt (jedenfalls war die Wahl trotz ihrer Problematik allgemein anerkannt worden), dieser war aber in der tatsächlichen Machtausübung in vieler Hinsicht von den einstimmig zu fassenden Beschlüssen des Parlaments, des Sejm, abhängig, in dem sowohl der kleine und mittlere Adel wie vor allem die Magnaten, der Latifundienadel, ihren jeweiligen Partikularinteressen Geltung verschaffen konnten. In Sachsen, wo August in einem erblichen Kurfürstentum souverän war, gelang es ihm, die Stände in ihrer Macht bis zu einem gewissen Grade einzuschränken, und er versuchte dasselbe in Polen zu erreichen. Sein Ziel war und blieb es, aus der Personalunion – er selbst sowohl König von Polen wie Kurfürst von Sachsen – eine Realunion – er selbst Alleinherrscher eines sächsisch-polnischen Gesamtstaates – zu machen.

Der polnische Historiker Józef Gierowski teilt die Entwicklung der sächsisch-polnischen Beziehungen zwischen der Wiedererlangung der polnischen Königskrone durch August den Starken nach der von seinem Bundesgenossen, Zar Peter I., gewonnenen Schlacht von Poltawa (1709) bis zum Friedensschluss von Nystad im Jahre des Lehmannschen Teilungsplans, 1721, folgendermaßen ein[910]: Eine

---

910 Gierowski, Józef Andrzej: *Personal- oder Realunion? Zur Geschichte der polnisch-sächsischen Beziehungen nach Poltawa* (Gierowski, *Realunion*). In: Kalisch/Gierowski, *Krone* (wie Anm. 146),

erste, etwa drei- bis vierjährige Periode war mit Verhandlungen zwischen den sächsischen Ministern und der Rzeczpospolita angefüllt, in denen die beiderseitigen Kräfte abgeschätzt wurden und an deren Ende August aus einer schwachen außenpolitischen Situation heraus weitgehende Zugeständnisse machte: Die Rzeczpospolita behielt alle traditionellen Freiheiten, vor allem sollten die sächsischen Truppen aus Polen abgezogen werden; ausländischer, das heißt vor allem sächsischer, Einfluss in Wirtschaft, Innenpolitik und Heer sollte ausgeschlossen sein.

Diese erste, friedliche Periode der Wiedergewöhnung der Polen an ihren sächsischen König und der sächsischen Politik an die komplizierten polnischen Verhältnisse wurde 1713 angesichts einer neuen türkischen Militärbedrohung hinfällig: Sächsische Truppen blieben im Land und sollten durch hohe polnische Kontributionen unterhalten werden. Als Gegenreaktion drohte der polnische Adel mit dem Parteiwechsel auf die schwedisch-türkische Seite. August, auch militärisch schwach, konnte sich nur mit Hilfe des Zaren halten.

„Daraus erklärt sich wohl auch, dass bei der sächsischen Diplomatie der Gedanke an eine Teilung der Rzeczpospolita wiederauflebte: Überlassung einiger Gebiete an die Nachbarn, um die restlichen Territorien enger mit Sachsen zu verbinden und die Privilegien der Szlachta einzuschränken. Er wurde jedoch von Peter I. als ‚nicht practicabel' verworfen."[911]

Zumindest wurden auf sächsischer Seite in den Jahren 1714 und 1715 Änderungen der polnischen Verfassung erwogen, um den Sejm zu angemessener Kooperation fähig und den polnischen Thron für die Wettiner (das sächsische Herrschergeschlecht) erblich zu machen. Solche Pläne (u. a. zur Abschaffung des obstruktiven *Liberum veto* und zur Etablierung eines entscheidungsfähigen permanenten Sejm-Ausschusses) wurden von Augusts Minister Robert Toparelli Lagnasco ausgearbeitet.[912]

Schon damals versprach der preußische Minister Ilgen, Berlin werde solche Reformen auch durch militärische Aktionen unterstützen, wenn man Preußen Teile Polens abtreten würde. Lehmann scheint solche Teilungsideen nicht bemerkt zu haben, sonst hätte er nicht seinen eigenen Plan als etwas völlig Neues ins Gespräch gebracht. Die Forderungen Preußens gingen allerdings Flemming als dem sächsischen Verhandlungsführer zu weit; es kommt zu einer Verstim-

---

S. 254–291; ausführlicher und auf neuerem Forschungsstand in: Gierowski, Józef Andrzej: *The Polish-Lithuanian Commonwealth in the XVIIIth Century, From Anarchy to Well-Organised State* (Gierowski, *Commonwealth*). Krakow 1996. S. 61–105.
911 Gierowski, *Realunion* (wie Anm. 910), S. 268.
912 Gierowski, *Commonwealth* (wie Anm. 910), S. 81ff.; Gierowski, *Realunion* (wie Anm. 910), S. 271.

mung zwischen den beiden Seiten, die im Hintergrund der Lehmann-Affäre auch 1721 noch zu spüren ist.[913] Das unter den Polen verbreitete Gefühl, vom sächsischen Absolutismus bedroht zu sein, führte im Herbst 1715 zu offenen Kampfhandlungen, „bei denen sich nicht nur die polnische Armee und das Adelsaufgebot gegen die sächsischen Truppen wandten, sondern auch breite Schichten der Bevölkerung, Bürger und Bauern [...]".[914] Der Adel schloss sich in der Konföderation von Tarnogrod zusammen, und mit dieser kam es endlich in dem vom sogenannten Stummen Sejm verabschiedeten Vertrag von Warschau Ende 1716/ Anfang 1717 zu dem eigentlich schon vor dem Türkeneinfall von 1713 erreichten Kompromiss: August bekam zwar eine sächsische Leibgarde von 1. 200 Soldaten auf polnischem Boden und das Recht auf regelmäßige Steuern zugestanden, musste aber seine übrigen Truppen aus Polen zurückziehen, der Adelsnation eine eigene, polnische Armee zugestehen[915] und auf jede Einschränkung der Sejm-Rechte verzichten. Mehr als die bestehende Personalunion war also für August vorläufig nicht zu erreichen.

Der Zar, vertreten durch den auch bei Lehmanns zweitem Verhör in Dresden anwesenden Fürsten Dolgorukov, hatte übrigens schon damals (1716/17) versucht, zum Garanten dieses Warschauer Vertrages bestimmt zu werden. Das wurde angesichts der Gefahr, dass im Falle von Unruhen der „Garant" militärisch-annektierend eingreifen könnte, von polnischer wie von sächsischer Seite abgelehnt. Im Jahre 1719 kam es im Sinne dieser Abwehrhaltung zu einem Pakt zwischen Sachsen, England und Österreich[916], der den 1716 erreichten *Status quo* bis auf weiteres konsolidierte. Ein Jahr später einigten sich in einer Gegenvereinbarung Russland und Preußen darauf, „that the Saxon rulers should not be allowed to establish themselves on the Polish throne."[917] Das Verhältnis zwischen Preußen und Sachsen/Polen, das unter anderem bereits durch sächsische Schutzzölle und preußische Fachkräfte-Abwerbeaktionen belastet war[918], wurde durch dieses russisch-preußische Bündnis weiter verschlechtert, was wiederum den gegenseitigen Argwohn im Hintergrund der Lehmann-Affäre verständlich macht.

---

913 Gierowski, *Realunion* (wie Anm. 910), S. 271, verweist hier auf seine eigenen Ausführungen in Gierowski, Józef: *Preußen und das Projekt eines Staatsstreiches in Polen im Jahre 1715*. In: *Jahrbuch für Geschichte der UdSSR und der volksdemokratischen Länder Europas* 3. Berlin 1959. S. 296–317.
914 Gierowski, *Realunion* (wie Anm. 910), S. 279.
915 Über den Zustand dieses Heeres der Rzeczpospolita vgl. Müller, Michael: *Polen zwischen Preußen und Rußland*. Berlin 1983. S. 12.
916 Gierowski, *Commonwealth* (wie Anm. 910), S. 95.
917 Gierowski, *Commonwealth* (wie Anm. 910), S. 93.
918 Vgl. Czok, *August* (wie Anm. 712), S. 49 ff. und S. 162.

Als Lehmann seinen Teilungsplan vorbrachte – einen von vielen, die zu jener Zeit auch von anderen Dilettanten ventiliert wurden[919] – waren jedenfalls die infrage kommenden Mächte nicht bereit, den Unruheherd und Zankapfel Polen auf so radikale Weise, wie Lehmanns Plan das vorsah, aus der Welt zu schaffen und damit die *Balance of power* zu gefährden. Kosińskas Frage: (War Lehmanns Polenteilungsprojekt) „Sondierung oder Provokation"?, kann man so beantworten: Von Lehmann her war sie weder das eine noch das andere, sondern ein Aktionsplan. Dresden und vor allem Berlin nutzten seine Aktivität, von der sie sich aus taktischen Gründen distanzierten, um die Bereitschaft der jeweils anderen Seite zur Teilung Polens zu sondieren; durch Peter I. wurde die Sache als Provokation Augusts II. empfunden (was sie auch nach Kosińskas Meinung eindeutig nicht war).[920]

Der Lehmannsche Plan, so ungenau er in *Pro humillima informatione* durch von Campen formuliert wurde, ging vermutlich von folgender Verteilung der großen polnisch-litauischen Landmasse aus: Der Zar hätte zusätzlich zu Ingermanland, Estland und Livland, die ihm durch den Sieg über Karl XII. von Schweden im Frieden von Nystad zugefallen waren, das Großfürstentum Litauen hinzugewonnen; das Baltikum wäre damit vollständig in seiner Hand gewesen. Andererseits hätte er in den drei von Preußen, Österreich und Sachsen zu annektierenden Teilen keinen Einfluss mehr gehabt. Gerade an diesem Einfluss scheint ihm aber tatsächlich zu diesem Zeitpunkt mehr gelegen zu haben als an einer Annektion Litauens; so jedenfalls kann man es aus seinem oben zitierten Protestbrief vom 5. November 1721 entnehmen, wo er auf die Einhaltung der adelsrepublikanischen Verfassung pocht und sich um seinen guten Ruf bei der Rzeczpospolita besorgt zeigt. Die Annektion, so muss er befürchtet haben, hätte ihm den guerillaartigen Widerstand des polnischen Adels eingebracht.

Für Friedrich Wilhelm I. von Preußen hätte eine Aufteilung Polens auf jeden Fall Gewinn gebracht, ganz gleich, wie groß sein Anteil dabei gewesen wäre. Berend Lehmann hoffte ja, dass er über seinen Landesherrn an sein Pfand Lissa herankommen würde; das hätte eine Annektion Großpolens (etwa der späteren preußischen Provinz Posen) vorausgesetzt. So weit gingen die in Aussicht genommenen Teilungsmächte noch nicht, denn in dem Dresdner Verhör wird Lehmann gefragt, ob er seinem Landesvater „das Pohlnische Preußen" zugedacht habe (worauf er ausweichend antwortet).[921] Damit wären Gebiete des späteren

---

[919] Vgl. die oben gegenüber von August dem Starken gegenüber dem Zaren schon angeführte Erwähnung eines anderen in Warschau vorgebrachten Teilungsplans.
[920] Kosińska, *Sondierungen* (wie Anm. 835), S. 86.
[921] Dokument W 49, Artikel 34.

Ostpreußen und der Norden des späteren Westpreußen (mit Danzig) gemeint gewesen, und es hätte sich über Hinterpommern eine Landbrücke zwischen Kern-Preußen und seinen Ostprovinzen ergeben. Kein Wunder, dass der „Soldatenkönig" an Lehmanns Plan das lebhafteste Interesse zeigte, wenn er es auch durch Ilgen immer wieder abstreiten ließ.

Augusts II. Nachteil bei einer Teilung Polens wäre zwar erheblicher Landverlust gewesen; eingetauscht hätte er dagegen nach Lehmanns Vorstellung ein Restpolen, in dem er – ohne die Rzeczspospolita – souverän gewesen wäre und wo klare Machtverhältnisse geherrscht hätten. Und er hätte darauf bestanden, dass ihm die anderen Teilungspartner die „*Succession*" seines Sohnes auf dem Thron garantierten, womit Polen wettinisches Erbland geworden wäre; er hätte die ersehnte Realunion Sachsen-Polen statt der existierenden Personalunion bekommen. Der Verwirklichung eines von ihm 1697 ausgearbeiteten Entwicklungsplanes für Polen[922] hätte nichts mehr im Wege gestanden; seine ständigen Geldnöte (die Lehmann mit ins Schwitzen brachten, die ihm aber auch Verdienst verschafften) wären, so konnte er glauben, ausgestanden gewesen. Im Frühjahr 1721 war er allerdings, wie seine indifferente Haltung gegenüber Lehmanns Projekt zeigt, nicht auf eine Teilung Polens aus.

Feldmarschall Flemming, 1721 noch unangefochtener Kabinettschef, wollte eindeutig nicht darauf eingehen, jedenfalls nicht zu diesem Zeitpunkt. Er als Kenner polnischer Verhältnisse hatte subtilere Vorstellungen davon, wie man der angestrebten Realunion näherkommen könnte: Genau zur gleichen Zeit, als er mit dem Problem Lehmann beschäftigt war, hatte er einen halboffiziellen Emissär beim Vatikan darauf angesetzt, den vakanten Posten des Kardinalprimas von Polen mit einem sachsenfreundlichen Kandidaten besetzen zu lassen. Um die Rekatholisierung Sachsens voranzutreiben, hätte der Vatikan möglicherweise sogar Flemming selbst (nach erfolgter Konversion) in dieses Amt gehoben. Weder Flemming noch August riskierten allerdings einen solchen für die Rzeczpospolita provokanten Schritt, der den sächsischen Feldmarschall zum obersten Funktionsträger des Sejm gemacht hätte.[923] Immerhin: Auf dieser Linie der schleichenden Machterweiterung lagen Flemmings Bemühungen viel eher als auf der von riskanten Teilungsprojekten á la Lehmann.[924] Kosińska hat diese Flemming-

---

922 Referiert bei Czok, *August* (wie Anm. 712), S. 49ff.
923 Der Vorstoß wird geschildert in: Lemke, Heinz: *Die römische Mission des Baron Hecker im Jahre 1721. Ein abenteuerlicher Plan zur Einführung der sächsischen Erbfolge in Polen*. In: Hrsg. Kalisch/Gierowski, *Krone* (wie Anm. 146), S. 292–304.
924 Auch vier Jahre später gibt es dafür noch eine Bestätigung. Am 25.10.1725 erklärte Flemming im Geheimen Kabinett, von verschiedenen Seiten, vor allem aus Preußen, seien wieder Pläne einer Teilung Polens geäußert worden; sie zu akzeptieren sei aber unmöglich, da das Krieg mit den

sche Initiative offenbar nicht gekannt, die denn doch die Bedeutung der Lehmann-Affäre erheblich vermindert.

---

anderen Teilungspartnern bedeuten würde. So referiert in Staszewski, Jacek: *August II., Kurfürst von Sachsen und König in Polen.* Berlin 1996. S. 115.

9 Berend Lehmanns Bankrott

9.1 Die Eigenart des Lehmannschen Konkurses

So reich der Halberstädter Hofjude Berend Lehmann zu bestimmten Zeiten seines Lebens war, so verschuldet ist er gestorben. Nach Josef Meisls Aufsatz *Behrend Lehman und der sächsische Hof* von 1924[925] ist bereits drei Jahre vor seinem Tode, 1727, in der Vossischen Zeitung (in Wirklichkeit hieß sie zu dieser Zeit noch Berlinische Privilegirte Zeitung) sein Konkurs vermerkt worden.[926]

Ein regelrechtes gerichtliches Konkursverfahren, wie es zum Beispiel sein hannoverscher Schwiegersohn hatte durchstehen müssen, ist ihm aber erspart geblieben. Er war geschäftlich noch weiterhin tätig; zum Beispiel schreibt der Sohn Augusts des Starken, in Frankreich als Marschall Moritz von Sachsen erfolgreich, am 8. Juli 1727 an seine Mutter, die Gräfin Aurora von Königsmarck mit Bezug auf Lehmann: „Le Juif m'a avancé 20000 thalers sur ma pension."[927] Und noch am 12. April 1728 erhält der Resident von der sächsischen Regierung eine letzte Genehmigung zum Ausverkauf seiner Dresdner Waren.[928] Wäre der Konkurs wirklich offiziell erklärt worden, hätte man diese Waren längst als Teil der Konkursmasse beschlagnahmt. Wie wenig liquide er aber am Ende war, ergibt sich aus Archivalien im Geheimen Staatsarchiv Preußischer Kulturbesitz Berlin[929]: Wenige Monate vor Lehmanns Tod wurde auf Betreiben des Markgrafen von Ansbach wegen einer Schuldforderung von 6.000 Talern, die noch aus den letzten Jahren des 17. Jahrhunderts (!) herrührte[930], gegen ihn die „*Execution*" des Arrests angeordnet, die der Halberstädter Garnisonskommandant von Marwitz zu vollziehen

---

925 Meisl, *Hof* (wie Anm. 41), S. 233.
926 Trotz intensiver Recherche ist es bisher nicht gelungen, ein Exemplar der Berlinischen Privilgirten Zeitung zu bibliografieren, um den Wortlaut der Konkursmeldung zu verifizieren. Andererseits gibt es keinen Grund, Meisl, dem späteren Gründer der Central Archives for the History of the Jewish People in Jerusalem, bei seiner Angabe nicht zu glauben.
927 So zitiert Saville, *Juif* (wie Anm. 43), S. 240 den Duc de Castries: Maurice de Saxe. Paris 1963, leider ohne Seitenzahl. Auch Meisl, *Hof* (wie Anm. 41), S. 233: „Der Jude hat mir 20 000 Taler auf meine Pension vorgeschossen."
928 Lehmann, *Schriften* (wie Anm. 33), S. 150.
929 Anordnung der preußischen Regierung vom 10.11.1729 (Dokument 20) und Schreiben der königlich-preußischen Regierung (Unterschrift: v. Cniphausen) an König Friedrich Wilhelm I. vom 17.01.1730, GStA PK Berlin, I. HA, Rep. 33, Nr. 120b, Pak. 4 (1728–1739), o.Bl..
930 Vgl. den Eintrag einer Schuldforderung des Markgrafen von Ansbach im Jahre 1699 in Kohnke/Braun, *Zentralbehörden* (wie Anm. 282), S. 348, Nr. 3174. Saville, *Juif* (wie Anm. 43), S. 248, missversteht die Angelegenheit und hebt lobend hervor, Lehmann habe noch kurz vor seinem Tode als bedeutende Transaktion dem Schwager Friedrichs des Großen 6.000 Taler *geliehen*.

hatte. Vermutlich handelte es sich dabei um das Verbot, sein Haus zu verlassen, was durch die Postierung eines Soldaten vor der Haustür gesichert wurde.[931] Die Bitte Lehmanns um Verschonung, weil er fürchtet, geschäftlich „ruinirt" zu werden[932], wird nicht erfüllt; sie klingt auch naiv: Er *war* ruiniert. Der Resident, dem die Begleichung der offenbar von ihm anerkannten Schuld in seinen besten Zeiten ein Leichtes gewesen wäre, bittet um drei Monate Frist. Er kann das benötigte Geld beschaffen, nach einem Monat wird der Arrest aufgehoben. Geld war also knapp, aber vier Monate vor seinem Tode, am 23. März 1730, schenkte Berend Lehmann seinem jüngsten Sohn, Cosman (Berend Lehmann) Levi, und dessen männlichen Nachkommen die Klaus mit sämtlichem Zubehör.[933] Auch dieser Vorgang ist nur denkbar, wenn er noch die Verfügungsgewalt über sein Vermögen hatte.

Berend Lehmann starb am 8. Juli 1730, und erst danach wurde seine Verschuldung allmählich bekannt. Judith Oppenheimer (1671–1738), die Witwe des Wiener Hofjuden Emanuel Oppenheimer (1657–1721), die ein knappes Jahr nach Lehmanns Tode, am 5. Mai 1731, die Forderung an den Preußischen Hof schickt, man möge „auf des Behrend Lehmanns hinterlaßene Effecten" Arrest legen (sie beschlagnahmen), scheint noch nicht recht Bescheid zu wissen. Sie hofft bei der Hinterlassenschaft des Residenten Werte zu finden, die er an seine Nachkommen vererbt hat. Sie habe nämlich gegen das Vermögen von Berends ältestem Sohn und Erben, Lehmann Behrend, eine Forderung von 17 033⅓ Talern. Dieser habe „im jüngst abgewichenen Leipziger Marckt [auf der Ostermesse 1731] *banqueroutiret* und sich, ohne zu wissen [ohne dass man weiß] wohin, von dannen wegbegeben [...]".[934] Die Halberstädtische Regierung berichtet am 21. Mai 1731 nach Berlin, auch „der Braunschweigisch Lüneburgische Geheimbde Raht von Campen"[935] fordere Arrest von Berend Lehmanns Hinterlassenschaft wegen einer

---

931 So jedenfalls wurde 1721 die „Exekution" vollzogen, als Berend Lehmann in Dresden wegen seiner Pläne zur Teilung Polens in Schwierigkeiten geriet. S. Kapitel 8.3.3 dieses Buches.
932 GStA PK Berlin, I. HA, Rep. 33, Nr. 120b, Pak. 4 (1728–1739), o. Bl., datiert 25.11.1729, Dokument B 6.
933 Emil Lehmann (Lehmann, *Schriften* [wie Anm. 33], S. 133) hat offenbar die entsprechenden Dokumente in Halberstadt gesehen. Raspe (Raspe, *Ruhm* [wie Anm. 9], S. 202) lokalisiert sie in den CAHJP unter P 17/517, Bl. 3–8; H VII 13/3, Bl. 18b–20a; H VII 16/8.
934 GStA PK Berlin, I. HA, Rep. 33, Nr. 120b, Pak. 4 (1728–1739), o. Bl., datiert 06.05.1731, Dokument W 52. Die Vermutung, dass es sich bei Judith Oppenheimer um eine Verwandte Berend Lehmanns handele, konnte nicht verifiziert werden. Vgl. die Internetseite www.loebtree.com (12.12.2017). Wegen Lehmann Behrend vgl. im 1. Kapitel dieses Buches den Abschnitt über Peter Deeg und das 7. Kapitel passim.
935 Über ihn vgl. Fußnote gegen Ende des 7. Kapitels dieser Arbeit und Angaben über seine Autorschaft der Memorandums *Pro humillima informatione* in Kapitel 8.3.2.

9.1 Die Eigenart des Lehmannschen Konkurses — 295

Forderung in Höhe von 5.500 Talern, und der Magdeburger Kaufmann Häßler habe wegen einer Forderung bereits Möbel und 20 Fass Wein ausgeliefert bekommen.

Am 10. August 1731 wird von der Halberstädtischen Regierung weiter nach Berlin gemeldet, Berend Lehmanns Vermögen bestehe „alhier aus dreyen Häusern, einem Garten, einer Orangerie und einigen *meubles*".[936] Zunächst am 8. Juni 1731, dann noch einmal am 1. April 1732 fordert Lehmanns Schwiegersohn Löw Wertheimer, ebenfalls Wiener Hofjude, aufgrund einer umfangreichen hebräisch abgefassten Schuldverschreibung sogar 300.000 Gulden aus der Hinterlassenschaft seines Schwiegervaters und beschwert sich, dem Kaufmann Häßler sei es gelungen, unrechtmäßig „einige Wagen voll von denen zu Halberstadt liegenden Weinen meines verstorbenen Schwieger Vatters nacher Magdeburg wegzuführen."[937]

Offenbar wird weder die Oppenheimersche noch die Wertheimersche Forderung berücksichtigt, als im Sommer 1734 Lehmanns Halberstädter Immobilien zwangsversteigert werden[938], denn als es im gleichen Jahr über seinen Gutsbesitz in Blankenburg ebenfalls zur „Subhastation" kommt, wiederholt Wertheimer im November 1734 seine Forderung in gleicher Höhe, diesmal gegenüber dem Braunschweiger Herzog Karl I. Auch hier hat er keinen Erfolg; Braunschweig lässt nur Forderungen zu, die sich unmittelbar aus dem Blankenburger Besitz ergeben haben.[939] Berend Lehmanns „größtes Haus" in Halberstadt, das Lehrhaus (die Klaus) samt Garten und Gartenhaus, wird 1734 von dem Judenvorsteher Aaron Emanuel für 3.235 Taler ersteigert, und dieser gibt an, im Auftrag des jüngsten Lehmann-Sohnes, Cosman Berend Lehmann, zu handeln. Was mit dem Erlös geschieht, geht aus den Akten nicht hervor. Die Probleme, die sich für Emanuel nach der Subhastation ergeben, sind bereits in Kapitel 4.3.3 dargestellt worden. Der Erlös aus dem Verkauf eines „kleinen Hauses" in der Judenstraße und des Lehrhaus-Gartens, zusammen rund 2.000 Taler, geht an den Blankenburger Geheimrat von Campen.

Um die Gründe für den finanziellen Niedergang des Unternehmens Lehmann im Einzelnen zu erklären, müsste man die Geschäftsbücher kennen. Sie sind nicht erhalten, und so kann man nur gewissen Indizien nachgehen. Für die Dresdner

---

936 GStA PK Berlin, I. HA, Rep. 33, Nr. 120b, Pak. 4 (1728–1739), o. Bl. Um welche Immobilien es sich dabei handelt, wurde im 4. Kapitel dieses Buches untersucht.
937 GStA PK Berlin, I. HA, Rep. 33, Nr. 120b, Pak. 4 (1728–1739), o. Bl., Dokument W 53
938 Die Versteigerung und ihre Folgen: GStA PK Berlin, I. HA, Rep. 33, Nr. 120b, Pak. 4 (1728–1739), o. Bl, datiert 02.07.1734, Dokument W 54
939 Vgl. dazu das Ende des 7. Kapitels dieses Buches.

Filiale ist die Angelegenheit ziemlich klar: Wie in Kapitel 7 dargestellt, musste der Handelsbetrieb dort völlig eingestellt werden, und beim zwangsweisen Abverkauf der offenbar noch reichlich vorhandenen Waren sind mit Sicherheit große Verluste entstanden. Der Bankrott des Juniorchefs war die logische Folge. Zeitlich davor lag eine Hilfsaktion für zwei in Hannover in Liquiditätsschwierigkeiten geratene junge Verwandte. Sie war für den Residenten eine Selbstverständlichkeit, allerdings nicht voraussehbar, dass sie ihm, wie im Folgenden dargestellt werden wird, große Verluste bringen würde. Emil Lehmann sieht sie als den Beginn seines finanziellen Abstieges, wie er sich in den 1720er Jahren vollzog. Welchen Risiken das Kreditgeschäft des Seniors generell ausgesetzt war, das soll in drei weiteren Abschnitten zunächst an der Geschichte mehrerer seiner Außenstände verfolgt werden, die als Rechtsfälle aktenkundig geworden sind. In einem vierten Abschnitt wird noch ein Prozess beschrieben, der ihn teuer zu stehen kam.

9.2 Die Verwicklung in den Bankrott des hannoverschen Schwiegersohns[940]

Die Probleme beginnen 1721 mit der Verwicklung in den Konkurs seiner hannoverschen Verwandten. Lehmann hatte eine doppelte Verbindung zur Familie der hannoverschen Hofjudenfirma Behrens: Der Seniorchef, Leffmann Behrens (1634–1714), war sein Onkel mütterlicherseits. Mit ihm und seinen Söhnen Herz (1657–1709) und Jakob (gest. 1697) hatte er beim Erwerb der polnischen Krone für August den Starken zusammengearbeitet. Seine Tochter Lea verheiratete er mit Jakobs Sohn Isaak (ca. 1695–1765). Dieser wiederum führte zusammen mit seinem Bruder Gumpert (ca. 1690–ca.1730) das hannoversche Bank- und Luxuswarengeschäft nach Leffmanns Tod weiter. Der Erfolg des Großvaters blieb ihnen allerdings nicht treu. Sie erlitten *„Fatalitäten"* durch Fehlinvestitionen in Juwelen und die Konkurrenz der neu aufkommenden Aktien.[941] Mehrere große und viele kleine Darlehen wurden von den Schuldnern nicht bedient, und die Brüder betrieben das Inkasso nicht mit der nötigen Energie. Auf der Leipziger Ostermesse 1719 muss Berend Lehmann Wechsel von ihnen einlösen, die zu Protest gegangen, d. h. von den Gläubigern als nicht bezahlt amtlich gemeldet worden sind.

---

940 Der gesamte Vorgang im NLA Hannover, Hann. 92, Nr. 419–421. Er wird ausführlich behandelt in Strobach, *Liquidität* (wie Anm. 2).
941 Den Ausdruck „Fatalität" benutzt der Verteidiger Johann Henrich Rickmann in der Defensio in NLA Hannover, Hann. 92, Nr. 419, Bl. 406–409.

9.2 Die Verwicklung in den Bankrott des hannoverschen Schwiegersohns

Am 11. Juni 1719 schließen die Brüder Gumpert und Isaak Behrens daraufhin mit Berend Lehmann in Halberstadt einen Vertrag folgenden Inhalts[942]: Für die Rettung ihres Kredits auf der Ostermesse und eine Reihe anderer Finanzleistungen treten sie ihm 31 Obligationen im Wert von 195.676 Rt ab.[943] Den höchsten Wert unter diesen Schuldverschreibungen besitzt eine Obligation der Mecklenburgischen Ritterschaft über 68.500 Rt, rückzahlpflichtig in zwei Raten zur Oster- und zur Michaelismesse 1723.[944] Sie hat eine besondere, geradezu groteske Geschichte, welche im Abschnitt 9.4.1 gesondert behandelt werden wird. Die Brüder garantieren zwar die ‚Bonität' der Dokumente, aber Lehmann traut ihr nicht. Er rechnet damit, dass das Eintreiben vieler kleiner Beträge zu Problemen, eventuell zu kostspieligen Prozessen führen könnte. Er sichert sich deshalb mehrfach ab. Unter anderem müssen die Behrens, für den Fall dass „|: wie doch verhoffentlich nicht geschehen wird :| auch wir nicht in dem Stand seyn möchten, die schuldige Wechsellzahlung zu thun"[945], für die Obligationensumme mit all ihrer „Habe und ihren Güthern" einstehen, dazu gehören, wie ausdrücklich erwähnt wird, drei Gewerbebetriebe (Tuchfabrik, Tabakverarbeitung, Wachsbleiche). Am 2. Februar 1721 haben die Brüder Behrens in Hannover Besuch von Berend Lehmanns Buchhalter, nach heutigen Begriffen: Prokuristen, Marx Assur (auch Marcus Ascher). Es werden folgende Vereinbarungen getroffen, die die prekäre Lage veranschaulichen, in der die Brüder sich inzwischen befinden: Berend Lehmann hat zwei Monate vorher, auf der Neujahrsmesse 1720/21, wiederum einen Wechsel für sie eingelöst. Dessen Wert betrug 18.000 Rt, die ihm die Behrens neu schulden. Davon können die Brüder dem Prokuristen immerhin 12.000 Rt bar als Rückzahlung mitgeben. Für die restlichen 6.000 Rt nimmt er weitere Schuldverschreibungen mit, und schon zwei Wochen später ist Marx Assur wieder in Hannover und quittiert, „für seinen *Principal* und Vetter Berend Lehmann" erneut Obligationen, diesmal im Wert von 32.250 Rt, erhalten zu haben.[946]

Ihre Lage verschlechtert sich weiter, und, um die Zinsen selbst aufgenommener Darlehen bezahlen zu können, verabreden sie, dass sie sich mit ihm am 1. April 1721 in Hornburg, 25 Kilometer vor Halberstadt, treffen werden, um bei ihm

---

942 NLA Hannover, Hann. 92, Nr. 419, Bl. 64–68.
943 Der Nennwert der zedierten Obligationen liegt um 3.000 Rt über dem Preis der Lehmannschen Leistungen. Sie könnten als Agio (Verkaufsprovision) gemeint gewesen sein.
944 Die Zahlen ergeben sich aus dem Parallelfall des sächsischen Generalleutnants Gottlob von Schmettau, dessen Obligationen über 22.000 Rt. genauso arretiert werden wie die Berend Lehmanns. Beide Fälle behandelt der kurhannoversche Regierungschef Bernstorff in seinem Bericht an König Georg I. vom 20.01.1721, NLA Hannover, Hann. 92, Nr. 419, Bl. 41 ff.
945 Abtretungsvertrag vom 11.06.1719, NLA Hannover, Hann. 92, Nr. 419, Bl. 20rü.
946 NLA Hannover, Hann. 92, Nr. 419, Bl. 77.

einige restliche Obligationen und Juwelen zu versetzen, darunter den Brautschmuck ihrer Ehefrauen. Auf dem Weg dorthin werden sie auf bischöflich-hildesheimischem Gebiet von Reitern der kurfürstlich-hannoverschen Regierung gefangengenommen und im Anschluss für insgesamt fünf Jahre in Hannover eingekerkert. Es wird ihnen einen doppelter Prozess gemacht: Das Konkursverfahren zeitigt Schulden von insgesamt rund 800.000 Reichstalern (denen allerding Außenstände in mindestens gleicher Höhe gegenüberstehen). Gut ein Viertel davon meldet Berend Lehmann als seine Forderung bei dem Konkurs an. Gleichzeitig werden die Behrens' aber wegen „*fraudulose*[n] [betrügerischen] *banquerouth*[s]" angeklagt.[947] Graf Andreas Gottlieb von Bernstorff (1649–1726, Abb. 46) war als Stellvertreter des zum britischen König George I. avancierten Kurfürsten Georg Ludwig (1660–1727) Regierungschef und gleichzeitig Mitglied der Justizkanzlei. Er kannte Berend Lehmann von dessen ‚schwedischer Mission' (1709) her; er war einer der Räte gewesen, die ihn als „Schwätzer" bezeichneten, und er leitete jetzt persönlich die ‚Inquisition' gegen die Behrens.

Der Hauptvorwurf lautete, sie seien gar nicht zahlungsunfähig, sondern sie hätten ihr Geld und ihre Wertsachen im Ausland, das hieß im preußischen Halberstadt bei Berend Lehmann, „beyseit gebracht", „um sich damit lustig zu machen".[948] So etwas sei von ihnen als „verschmitzten" (verschlagenen) Juden zu erwarten gewesen.[949]

Wegen dieses Vorwurfs sind nach Bernstorffs Auffassung die an Lehmann zedierten Obligationen nicht sein Eigentum geworden. Er habe sie vielmehr nur als Pfand zur Sicherung eines Darlehens bekommen. Als Pfand seien die Obligationen, so Bernstorff, Eigentum des Pfandgebers geblieben, sie gehörten also jetzt der Konkursmasse. Lehmann akzeptiert die Argumentation nicht, er betrachtet sich als Eigentümer der Obligationen.

Aufgrund der Beschuldigung des gemeinschaftlichen Konkursbetruges verhängt die hannoversche Regierung über Berend Lehmanns sämtliche Effekten einen Arrest (eine Beschlagnahmeanordnung), der nicht nur im Kurfürstentum Hannover, sondern auch im Ausland, das heißt zum Beispiel in Preußen, gelten soll.[950] Das bedeutet, dass die vielen in seinem Besitz befindlichen Obligationen

---

[947] Bericht der hannoverschen Justizkanzlei vom 18.11.1721, NLA Hannover, Hann. 92, Nr. 419, Bl. 107–116b, abgedruckt bei Strobach, *Liquidität* (wie Anm. 2), S. 86.
[948] Beide Ausdrücke benutzen die Juristen der Universität Marburg in ihrer „Urthel" vom Dezember 1721, NLA Hannover, Hann. 92, Nr. 419, Bl. 251b–259b, abgedruckt bei Strobach, Liquidität (wie Anm. 2), S. 90 und 92.
[949] Bericht der hannoverschen Justizkanzlei vom 18.11.1721, NLA Hannover, Hann. 92, Nr. 419, Bl. 107–116b, abgedruckt bei Strobach, *Liquidität* (wie Anm. 2), S. 86.
[950] NLA Hannover, Hann. 92, Nr. 419, Bl. 94.

9.2 Die Verwicklung in den Bankrott des hannoverschen Schwiegersohns — 299

Abb. 46. Andreas Gottlieb Freiherr von Bernstorff (1649–1726), Portrait eines unbekannten Künstlers. Als Stellvertreter des englischen Königs Georg I. war Bernstorff Regierungschef des Kurfürstentums Hannover. Als Strafverfolger von Berend Lehmanns bankrottierendem hannoverschen Schwiegersohn, Isaak Behrens, ist er überzeugt davon, dass Isaak Werte veruntreut und in Halberstadt hortet.

keine Zinsen bringen und dass er mit ihnen keine Darlehensrückzahlung fordern kann. Die Justizkanzlei lädt ihn zur Klärung der Sache vor. Hannover, so sagt sie, sei als Konkursort auch der Gerichtsort für diese Angelegenheit. Berend Lehmann mobilisiert dagegen, wie er das regelmäßig bei interterritorialen Problemen tut, sowohl seinen Gönner August den Starken wie auch seinen Landesvater, Friedrich Wilhelm I. Beide sind ihm eigentlich zu dieser Zeit nicht besonders gnädig gesonnen, weil er mit Plänen zu einer Teilung Polens internationale Spannungen heraufbeschworen hat;[951] aber sie treten ihm in diesem Falle gegen Großbritannien/Hannover an die Seite.

So protestiert August eher routinemäßig am 16. Juli 1721 und, als das nichts hilft, nochmals am 20. November 1721 gegen den Arrest der Werte, durch den Lehmann auch in seinem Kredit geschädigt werde.[952] Außerdem, so lässt er ausführen, müssten Forderungen der hannoverschen Justiz an Lehmann ordnungsgemäß vor dem Gericht seines Wohnorts, das heißt im preußischen Halberstadt bei der Halberstädtischen Regierung vorgebracht werden und nicht in Hannover.[953]

---

[951] Vgl. Kap. 8.3 dieser Arbeit.
[952] NLA Hannover, Hann. 92, Nr. 419, Bl. 84–85 und Bl. 146.
[953] Der Parallelfall des sächsischen Generalleutnants Gottlob von Schmettau wird, teilweise in den gleichen Briefen, die sich mit Lehmann befassen, genauso behandelt. Gerichtsort hier: Dresden. Es gilt der Grundsatz des Römischen Rechtes, „actor sequitur forum rei": Der Kläger geht (mit seiner Klage) an das Gericht des Beklagten/Beschuldigten (normalerweise das seines Wohnortes).

Streit Preußen/Hannover um den Gerichtsort

Preußen nimmt sich der Sache Lehmanns energischer an und schickt zunächst den Halberstädtischen Regierungsrat Kulenkamp nach Hannover, und als dieser unverrichteter Dinge zurückkehrt, wird der preußische Protest aus Berlin schriftlich wiederholt[954]: Selbst wenn Berend Lehmann persönlich bereit wäre, in Hannover vor Gericht zu erscheinen, dürfe er es als preußischer Untertan nicht, weil damit die Hoheitsrechte des Preußenkönigs über seinen Untertan verletzt würden. Er dürfe es auch deshalb nicht, weil nicht *er* in der Pflicht sei, den Vorwurf zu entkräften, sondern weil die Gläubiger ihm seine Schuld nachweisen müssten. Der Arrest seiner Obligationen und Effekten in nicht-hannoverschem Territorium sei ohnehin rechtswidrig und werde von Preußen nicht anerkannt. Der preußische König droht damit, aufgrund der von Hannover arretierten Obligation gegen die Mecklenburgische Ritterschaft zu „*executi*ren", das heißt, sie zunächst zur Zahlung rückständiger Zinsen zu zwingen. Der ursprüngliche Darlehensvertrag der Behrens' mit den Mecklenburgern besagt, dass sowohl die Ritterschaft als Ganzes wie auch jeder einzelne Ritter für das Darlehen haftet. Lehmann beabsichtigt deshalb, sich an einen Freiherrn Levin von Hahn zu halten, der nicht nur in Mecklenburg, sondern auch im preußischen Seeburg bei Mansfeld landwirtschaftlichen Besitz hat.[955] Von Lehmann veranlasst, befiehlt der preußische König dem mecklenburgisch-preußischen Gutsbesitzer, die Zinsen zu zahlen[956], und die Affäre weitet sich zu einem hannoversch-preußischen Konflikt aus. Die hannoverschen Behörden laden Berend Lehmann auf den 13. und dann noch einmal auf den 28. Juni 1722 vor[957], und zwar durch öffentliche Bekanntmachung. Berend Lehmann schreibt einen flehentlichen Brief an Georg I. und bittet, die „in dreier Herren *Territoriis* angeschlagene[n] *Edictales* [die Vorladung] zu *revociren*".[958] Die Halberstadt benachbarten „Territorien" sind das Bistum Hildesheim, das Stift Quedlinburg und das Herzogtum Braunschweig-Wolfenbüttel. Die Halberstädtische Regierung verbietet ihm erneut, der „Evocation" Folge zu leisten und droht ihm bei Nichtbefolgen 1.000 Dukaten Strafe an;

---

954 NLA Hannover, Hann. 92, Nr. 419, Bl. 24–25, 26.08.1721.
955 Bernstorff muss an den Mecklenburgischen Obligationen besonders interessiert gewesen sein, weil er als Besitzer der Güter Wendendorf, Dreilützow und Wotersen selbst zur Mecklenburgischen Ritterschaft gehörte. Vgl. dazu Bernstorff, Hartwig Graf von: Andreas Gottlieb von Bernstorff. 1649–1726. Staatsmann, Junker, Patriarch (Bernstorff, Bernstorff). Bochum 1999 (Schriftenreihe *der Stiftung Herzogtum Lauenburg* 23). S. 188.
956 Reskript Friedrich Wilhelm I. vom 21.06.1722, NLA Hannover, Hann. 92, Nr. 419, Bl. 344.
957 Das geht aus dem Schreiben der Halberstädtischen Regierung an die hannoversche Justizkanzlei vom 03.08.1722 hervor: NLA Hannover, Hann. 92, Nr. 419, Bl. 348.
958 Schreiben Berend Lehmanns an Georg I. vom 16.08.1722, NLA Hannover, Hann. 92, Nr. 419, Bl. 346.

gleichzeitig lädt sie jetzt ihrerseits die Kuratoren Schrader und Thorbrügge sowie die sämtlichen Behrens-Kreditoren auf den 1. September 1722, 8 Uhr, nach Halberstadt.[959] Natürlich bleiben die Vorladungen in beiden Richtungen unbefolgt.

Parallel dazu ist auf diplomatischer Ebene ein neuer, vom englischen König angestoßener Versuch im Gange, die Frage des Gerichtsortes gütlich zu regeln. Die Berliner Geheimräte haben vorgeschlagen, eine gemeinsame preußisch-hannoversche Kommission zu bilden, die eine gläubigergerechte Lösung der Gerichtsortfrage so vorbereitet, dass das Problem an eine neutrale Juristenfakultät überwiesen werden kann. Hannover wäre nur dann mit einer solchen gemeinsamen Tagung einverstanden, wenn Berend Lehmann zur „Inrotulation"[960] seiner Akten in Hannover anwesend wäre und wenn die Akten nach Wolfenbüttel geschickt würden, wo der braunschweigische Hof entscheiden sollte, an welche Juristenfakultät man sich anonym wendet. Die beiden Parteien würden nicht erfahren, woher die Entscheidung käme, aber beide Parteien müssten ihr Folge leisten.

Kritisch ist dabei für die Preußen, dass Hannover als Tagungsort der Kommission nicht neutral wäre. Außerdem finden sie den Vorgang der Inrotulation problematisch. Wenn Lehmann in Hannover anwesend sein und seine Stellungnahme aus Anlass der „Inrotulation" abgeben müsse, dann habe ja die Justizkanzlei ihren Zweck erreicht und ihn vor ein hannoversches Gericht bekommen, „welches ja, *in Effectu*, eine *Evocatio Subditi* [die Vorladung eines fremden – hier preußischen – Untertanen] wäre, die man aber alhier billig zu *evitiren* hätte [vermeiden müsste]."[961]

Die Berliner Geheimen Räte schlagen im Gegenzug Hildesheim als neutralen Tagungsort vor (wohlgemerkt, es würde bei der Tagung noch nicht um irgendwelche Rechtsentscheidungen gehen, sondern nur darum, an welchem Ort über die Obligationen-Angelegenheit Recht gesprochen werden sollte). Bernstorff lehnt ab: Lehmann müsse zur Inrotulation nach Hannover. Das verstärkt natürlich die prozessualen Bedenken der Preußen.[962]

---

959 Schreiben der Halberstädtischen Regierung an die kurhannoverschen Geheimen Räte vom 13.08.1722, NLA Hannover, Hann. 92, Nr. 419, Bl. 346rü (Dokument W 56).
960 Wörtlich (lat.) die Einrollung, moderner: Einheftung der Akten: Die Akten einer „Inquisition" werden geschlossen und an ein höheres Gericht oder (wie hier) an ein anderes Spruchkollegium zur Urteilsempfehlung weitergegeben.
961 Schreiben der Berliner preußischen Geheimen Räte an ihre hannoverschen Kollegen vom 22.08.22, NLA Hannover, Hann. 92, Nr. 419, Bl. 335.
962 Gegenschreiben Hannover an Preußen v. 07.09.1722, NLA Hannover, Hann. 92, Nr. 419, Bl. 336–337.

Im Oktober heißt es aus Hannover, ganz gleich, ob Berend Lehmann an einem letzten angesetzten Termin, dem 16. Dezember 1722, in Hannover erschiene oder nicht, die Akten würden dann geschlossen.[963] In einem letzten Schreiben in der Sache stellen die hannoverschen Geheimen Räte am 10. Februar 1723 mit Empörung fest: König Friedrich Wilhelm I. und sein Magdeburgisches Provinzialgericht hätten bereits Berend Lehmanns Eigentum an den Mecklenburgischen Obligationen anerkannt und die „Exekution" gegen den Freiherrn von Hahn angeordnet, damit sei die Frage des Forums einseitig entschieden und die erwogene gemeinsame Kommission überflüssig geworden.[964] Geheimhaltung und „Blindheit" seien bei einer inzwischen so bekannten Sache ohnehin nicht zu gewährleisten gewesen, und der Kreis der infrage kommenden Universitäten sei klein. So hätte es sehr wohl passieren können, dass die „blinden" Gutachter für Halberstadt als Gerichtsort entschieden hätten. Und dass dort das Urteil genauso zugunsten Berend Lehmanns gefallen wäre, wie jetzt in Magdeburg geschehen, das sei ja aus der vorangegangenen Kontroverse zwischen Hannover und Preußen schon klar gewesen. Dieses Risiko hätte Hannover ohnehin nicht eingehen können.

Mehr Material ist in den im Staatsarchiv Hannover vorhandenen Akten über den Rechtsstreit zwischen Berend Lehmann und den Gläubigerkuratoren beziehungsweise der hannoverschen Regierung und ihrer Justizkanzlei nicht enthalten.

Ergänzungen aus einer späteren Veröffentlichung

Da ist es günstig, dass der hannoversche Rabbiner Meier Wiener 1864 noch weitere, möglicherweise später im 2. Weltkrieg vernichtete Akten ausgewertet und danach Folgendes in einem Zeitschriftenaufsatz mitgeteilt hat[965]: Wiener zufolge verlangte natürlich auch der hannoversche Konkurskurator die Zahlung der mit 100.000 Rt. bezifferten vollen Schuld;[966] die Justizkanzlei bestätigte – offenbar, nachdem Berend Lehmann am 16. Dezember 1722 nicht in Hannover erschienen war – den Anspruch des Konkurses. Begründung: Die Schuld werde von Berend

---

963 Hannover an Preußen, ohne Datum, ca. Oktober 1722, NLA Hannover, Hann. 92, Nr. 419, Bl. 342.
964 Hannover an Preußen 10.02.1722, NLA Hannover, Hann. 92, Nr. 421, Bl. 42–46.
965 Bernstorff, Bernstorff (wie Anm. 955). Die Entwicklung des Falles auf der preußischen Seite, die Wiener nur pauschal behandelt, wird hier später in Abschnitt 9.4.1 ausführlich dargestellt.
966 Die Rechnung ist nicht ganz klar. Gemäß dem Zessionsvertrag Behrens/Lehmann von 1719 lauteten die an Lehmann übermachten Obligationen der Mecklenburgischen Ritterschaft über 68.500 Rt. Der sächsische Generalleutnant Schmettau, dessen Forderungen z. B. von Bernstorff in NLA Hannover, Hann. 92, Nr. 419, Bl. 30–42 als Parallelfall mitbehandelt wurden, besaß solche im Nennwert von 22.000 Rt. Das ergäbe zusammen nur 90.500 Rt. Gab es noch einen weiteren Gläubiger für die fehlenden 9.500 Rt?

Lehmann in Preußen „mit Gewalt" eingetrieben, der Akt der Eintreibung sei rechtswidrig und ungültig. Die Mecklenburgische Ritterschaft zahlte tatsächlich 1726 (inklusive der Zinsen) 136.112 Taler an die Konkursmasse. Der Konkursverwalter machte Berend Lehmann wegen weiterer angeblich dem *Corpus bonorum* entzogenen Werte haftbar. Auf welche Werte sich diese Forderung bezog und wie hoch sie war, führt Meier Wiener nicht aus. Möglichweise handelte es sich um Effekten, die Berend Lehmann noch nach der Obligationenzession von 1719 von den Behrens' abgetreten bekommen hatte.

Noch bevor es ein Urteil gab, starb Berend Lehmann (1730), inzwischen selbst hochverschuldet, und der Konkursverwalter hielt sich an dessen Erben. So versuchte er unter anderem, Lehmanns Blankenburger Gut in die Konkursmasse zu bekommen.[967]

Das scheiterte zwar am Widerstand der blankenburgischen (braunschweig-wolfenbüttelschen) Behörden, aber zwei der Söhne Berend Lehmanns mussten trotzdem letzten Endes 40.000 Rt in die Konkursmasse zahlen. Es handelte sich um Cosman und Gumpertz (Mordechai Gumpert) Lehmann, die zusammen mit ihrer verwitweten Mutter Hannle Lehmann, geb. Beer, nach Hannover gezogen waren und damit der Jurisdiktion der dortigen Justizkanzlei unterstanden. Hannle Lehmann hatte bekanntlich in zweiter Ehe Michael David geheiratet, den ehemaligen Buchhalter der Behrens' und Erwerber von deren versteigertem Haus.

Berend Lehmann als Fürsprecher der Brüder Behrens

Abgesehen von der Vertretung seiner eigenen finanziellen Interessen hat Berend Lehmann sich in vier Briefen, die er direkt an Georg I. schickte, humanitär für seine beiden inhaftierten Verwandten eingesetzt. Vor allem hat er aber seinen Landesherrn, König Friedrich Wilhelm I., dreimal zur Interzession bei König Georg I. veranlasst. Das könnte von einem einflussreichen Bekannten vermittelt worden sein, den er in der Berliner preußischen Zentrale hatte und den er bei späterer Gelegenheit mit „Hochgebohrener Herr, Gnädiger Herr Geheimer Etats- und Kriegesminster" anredet, dessen Name aber nicht genannt wird.[968]

Zweimal mahnt der Preußenkönig daraufhin bei Georg I. die Freigabe der arretierten Effekten Berend Lehmanns an.[969] Beim dritten Mal setzt er sich – trotz seiner generellen Abneigung gegen Juden – mit ungewöhnlicher Schärfe für die

---

967 Vgl. Kapitel 6.1 dieses Buches.
968 GStA PK Berlin, I. HA, Rep. 33, Nr. 120b Pak. 4 (1728–1739), Schreiben Berend Lehmanns vom 25.11.1729.
969 Am 26.08.1721 (NLA Hannover, Hann. 92, Nr. 419, Bl. 21–24) und am 14.12.1722 (Bl. 11–16).

akut bedrohten Brüder Behrens ein.[970] Er kritisiert die Entscheidung des Oberappellationsgerichts in Celle vom 12. Februar 1724, die Brüder foltern zu lassen. Es gebe ja die für sie „*favorable*" Urthel[971] der Ingolstädter Juristen (keine Folter, Freilassung gegen Kaution), die durch zwei weitere Gutachten („Responsa") „anderer unparteiischen Rechtsgelehrten" gestützt werde. Diese Intervention geht mit Sicherheit auf eine Initiative Berend Lehmanns zurück. Es sei nämlich zu befürchten, heißt es da weiter, dass die Behrens-Brüder „aus Furcht der Marter nicht nur sich selbst, sondern auch andere[n] wider die Wahrheit *graviren* [belasten] würden". Mit den „anderen" ist, wie Preußen direkt ausspricht, Berend Lehmann gemeint, dessen Anspruch auf die zedierten Obligationen endgültig verloren gehen würde, sollten die Brüder Behrens aussagen, die Zession sei simuliert gewesen. Natürlich konnten weder Berend Lehmann noch seine Fürsprecher in der preußischen Regierung erwarten, dass Hannover ihrer Argumentation folgen würde. Gingen die Preußen von der Unschuld der Brüder Behrens aus, so die Hannoveraner vom genauen Gegenteil: Sie *wollten* ja, dass sich ihre Gefangenen, der geglaubten Wahrheit gemäß, selbst belasteten. Als sie sich zur Folterung entschlossen, nahmen sie im Interesse der Bestätigung ihres Verdachts bereits in Kauf, dass die Brüder möglicherweise unschuldig gefoltert würden, beziehungsweise sich und andere unter der Folter wahrheitswidrig belasteten. So war es bei jeder Anwendung der Folter. Ein Protest hätte sich also logischerweise gegen die Folter als Institution richten müssen, weil sie zur Wahrheitsfindung *grundsätzlich* untauglich war.

Dadurch, dass Lehmann nach Kurhannover weder reisen wollte noch durfte, fiel er als Organisator eines eventuellen Vergleichs mit den Gläubigern aus. Ein solcher Vergleich wäre nach Meinung Gumpert Behrens' und der des christlichen Pflichtverteidigers der ‚Inquisiten' möglich gewesen, wenn die hannoversche Justizkanzlei bei der Eintreibung der Behrensschen Außenstände aktiv geworden wäre und wenn die jüdischen Gläubiger auf einen Teil ihrer Forderungen verzichtet hätten. Der Vergleich kam nicht zustande, weil die Mehrzahl der Gläubiger, durch Bernstorff und die Konkurskuratoren bestärkt, glaubte, wenn man die Behrens folterte, würden sie bekennen, dass sie die Gläubigergelder verschoben hätten, und man käme so an die volle Schuldensumme heran. Ein Vergleich würde bedeuten, so sagt es einer der Gläubiger, sie müssten „die ohnzweiffentliche Hoffnung, durch die Peinliche Frage [Folter] zu dem Ihrigen hinwiederumb zu gelangen, ohne alle Uhrsache fahren laßen [und] sie blieben dadurch auf biß

---

970 NLA Hannover, Hann. 92, Nr. 421, Bl. 214–215.
971 *Urthel* und *Responsen* sind Rechtsgutachten, die unmittelbar in Urteile verwandelt werden können.

9.2 Die Verwicklung in den Bankrott des hannoverschen Schwiegersohns — 305

zu 5 biß 600000 Reichsthaler betrogen."[972] Die Folter hätte sich vermeiden lassen, wenn Berend Lehmann selbst die Forderungen der Gläubiger (insgesamt rund 800.000 Reichstaler) zu einem hohen Prozentsatz befriedigt hätte; aber dazu war er offensichtlich nicht bereit, möglicherweise auch nicht in der Lage.

Zurück zur Intervention des Preußenkönigs, mit der die Folter vermieden werden sollte[973]: Sie schlägt vor, dass der Celler Spruch „zu auswärtiger rechtlicher Erkenntnis verschicket werden möge". Selbstverständlich, so wird diplomatischerweise versichert, sei man weit davon entfernt, den Celler Richtern Parteilichkeit vorzuwerfen, aber ein derartiger „auswärtiger unpartheiischer Spruch" sei auch deshalb dringend anzuraten, da doch „viele derselben [Mitglieder des Gerichtes] entweder *Creditores* oder aber *Debitores* der *Inquisiten*" seien. Es könnte sonst „das Ansehen gewinnen, als ob sie in ihrer eigenen Sache Richter gewesen wären und es auch ferner sein wollten".[974] Diese von Berend Lehmann inspirierte scharfe preußische Intervention hat die Folter nicht verhindert. Als sie am 1. Juni 1724 „exekutiert" worden war[975], drohte wegen des ‚Misserfolges' der ersten Tortur eine zweite. Daraufhin erhob Berend Lehmann selbst in einem bitterbösen Brief an Georg I., in dem er dem König die Einzelheiten der „Marter" vor Augen führte, den Vorwurf der Parteilichkeit und der Grausamkeit.[976] Das Schreiben ist ein rhetorisches Glanzstück; freilich konnte der Resident sich solchen Freimut nur erlauben, weil er sich in Halberstadt in preußischer Sicherheit wusste.

Den finanziellen Schaden, den Lehmann in dieser hannoverschen Sache erlitten hat, kann man nicht genau beziffern, aber allein die Tatsache des Misserfolgs dürfte zum allmählichen Nachlassen seines unternehmerischen Elans in den 1720er Jahren beigetragen haben. Direkt parallel mit den Hilfsbemühungen für die Behrens und den Rettungsbemühungen um sein an sie gekoppeltes Kapital scheitert sein Polen-Teilungs-Projekt, ebenfalls unter hohen finanziellen Verlusten, welches ja das Ziel gehabt hatte, das umfangreiche Leszczyński-Darlehen zurückzubekommen.

---

[972] NLA Hannover, Hann. 92, Nr. 419, Bl. 229–230.
[973] NLA Hannover, Hann. 92, Nr. 421, Bl. 214–215, abgedruckt (mit Abschreibfehlern) auch in Schnee, *Hoffinanz* (wie Anm. 7), Bd. 5, S. 80–81.
[974] Wie Anm. 964.
[975] Vgl. das Folterprotokoll, Dokument W 55.
[976] NLA Hannover, Hann. 92, Nr. 421, Bl. 228–232, hier transkribiert als Dokument B 19.

9.3 Ein Kollateralverfahren beim Reichshofrat[977]

Berend Lehmann hatte noch mit einem weiteren Gerichtsverfahren zu tun, das sich aus der Aktion der hannoverschen Justizkanzlei gegen seine Verwandten, die Behrens, abspaltete.[978]

Als die beiden Kaufleute am 1. April 1721 in dem bischöflich-hildesheimischen Ort Nettlingen verhaftet wurden, schickten sie einen Boten nach Hildesheim, zu dem Judenvorsteher der dortigen Altstadt, Seckel Nathan. Er kam, und sie übergaben ihm einen Brief, den er an Berend Lehmann in Halberstadt übermitteln sollte. In dem hannoverschen Betrugsprozess gegen die Behrens behauptete nun die dortige Justizkanzlei, Seckel Nathan habe in Wirklichkeit in Nettlingen Schmuckstücke und Wertpapiere zugesteckt bekommen und weitergegeben. Sie luden deshalb auch ihn zur „Inquisition"[979] nach Hannover, und zwar sollte er von einer „Guarde" hannoverscher „Reutter" dorthin eskortiert werden, was er ablehnte.

Als die Soldaten ihn auf Befehl des hannoverfreundlichen Magistrats der Hildesheimer Altstadt aus seiner Wohnung abholen wollten, konnte er auf bischöflich hildesheimisches Territorium, die Dom-Freiheit, flüchten und sich damit die Vorsichtsmaßnahme zu Nutze machen, dass er sich außer beim Magistrat auch beim Bischof einen Schutzbrief besorgt hatte. Die bischöfliche Verwaltung klagte für ihn beim Reichshofrat in Wien, und er bekam erstaunlicherweise innerhalb weniger Wochen ein positives Urteil von dort: Der Reichshofrat rügte den Verhaftungsversuch als eine violentia[980], und nachdem der Magistrat vergeblich versucht hatte, das Urteil revidieren zu lassen, durfte Seckel Nathan nach einigen Monaten seine Geschäfte im eigenen Hause wiederaufnehmen.

---

977 Das Verfahren, in dem die Rechtsgrundsätze des *Privilegium de non evocando* und des *Privilegium de non appellando* eine entscheidende Rolle spielen, wird ausführlich dargestellt in Strobach, Berndt: *Der Judenvorsteher im Kirchenasyl*. In: *Hildesheimer Jahrbuch für Stadt und Stift Hildesheim* 85 (2013). S. 189–194.
978 Die Akten darüber: NLA Hannover, Hann. 92, Nr. 419, Bl. 129–136 und NLA Hannover, Hann. 27 Hild. Nr. 833.
979 In der Frühen Neuzeit jedes Verhör; der Ausdruck hat noch nicht die Spezialbedeutung eines kirchlichen Strafverfahrens.
980 Etwa Machtmissbrauch, unberechtigte Gewaltanwendung.

9.4 Die Unsicherheit großer Kredite

An drei Fällen soll hier beispielhaft dargestellt werden, mit welchen Risiken Kredite behaftet waren, um deren Rückzahlung der Resident in seiner letzten Lebensdekade zu kämpfen hatte.

9.4.1 Seeburg

Wie wir wissen, hat die preußische Justiz Lehmanns Eigentum an der Obligation der Mecklenburgischen Ritterschaft anerkannt und den mecklenburgischen *und* preußischen Ritter Levin von Hahn auf Seeburg am 7. April 1723 zum Schuldendienst und zur Rückzahlung des Darlehens an Berend Lehmann verurteilt. In den preußischen Akten gibt es erst aus dem Jahr 1725 wieder einen Schriftwechsel in dieser Sache.[981]

Was war in der Zwischenzeit geschehen? Von Hahn weigerte sich zu zahlen und verklagte, vertreten durch den Wiener Agenten Hieronymus von Praun, Berend Lehmann beim Kaiserlichen Reichshofrat in Wien.[982] Gegen diese Klage protestiert, veranlasst durch Berend Lehmann, die preußische Regierung am 12. April 1725, mit Lehmanns eigenen Argumenten: Beide entscheidenden Dokumente, die eigentliche Obligation und der Abtretungsvertrag mit den Behrens, seien rechtmäßig in seinem Besitz.

Im Dezember des folgenden Jahres[983] hat der Reichshofrat noch nicht entschieden, und er verlangt Geduld, denn es handle sich um einen schwerwiegenden Konflikt zwischen zwei Reichsständen (gemeint sind das Kurfürstentum Hannover und das Königreich Preußen). Obgleich er den Pfandbesitztitel hat, ist Berend Lehmann auch im Frühjahr 1726 noch nicht in das Amt Seeburg „immitiret" worden, d. h., in den Genuss der Erträge gekommen. Diese werden vielmehr, nachdem die magdeburgische Regierung das Amt Seeburg unter Sequester gestellt hat, auf ein Sperrdepot eingezahlt.

Etwa um dieselbe Zeit beantragt der Wiener Agent von Praun beim Reichshofrat, er möge Berend Lehmann wegen seiner unrechtmäßigen Forderung be-

---

981 Alle Vorgänge dieses Abschnitts sind dokumentiert in GStA PK Berlin, I. HA, Rep. 33 Nr. 120a, sie können nur nach Daten zitiert werden.
982 Da der Aktenvorgang erst 1725 beginnt, sind das Datum und der Wortlaut der Klage nicht überliefert.
983 Schreiben des Reichshofrats an die preußische Regierung vom 07.12.1725 in GStA PK Berlin, I. HA, Rep. 33. Nr. 120a.

strafen.[984] Auch Hannover ist natürlich daran interessiert, die Beschlagnahme der mecklenburgischen Obligation für die Konkursmasse von höherer Stelle legitimiert zu bekommen; deshalb beantragt auch der hannoversche Agent in Wien, Guldenberg, am 23. Mai 1726 beim Reichshofrat, er möge doch endlich über die von Hahnsche Beschwerde entscheiden. Wenige Tage später ist der Reichshofrat tätig und verurteilt die preußische Provinzregierung in Magdeburg zu 20 Goldmark Strafe, weil sie Seeburg voreilig unter Sequester gestellt hat.[985] In der Hauptsache geschieht noch nichts.

Die preußische Regierung hat sich inzwischen aus Hannover Kopien des Urteils gegen die Behrens-Brüder und das Folterprotokoll beschafft[986], aus denen ersichtlich wird, dass die behauptete Unterschlagung der Obligation nicht bewiesen wurde, und nachdem eine selbstgesetzte Wartefrist vergangen ist, beschließt Berlin am 17. Juli 1726, dass „die Beschwerde derer von Hahn in Wien keines Weges stattfinden könnte". Während die magdeburgische Regierung bisher die Möglichkeit offen gelassen hat, einem erwarteten Urteil des Reichshofrats zu folgen, formuliert jetzt die Zentrale in Berlin eine grundsätzliche Haltung: Der Reichshofrat sei nicht zuständig.[987] Der preußische König bestreitet den Standpunkt des Reichshofrats, dass es sich um einen „*conflictus jurisdictionis*" handele, einen Konflikt zwischen der hannoverschen Rechtsprechung im Falle Behrens, auf die sich die von Hahns stützen, und der preußischen Rechtsprechung, welche Berend Lehmann in Schutz nimmt. Nach den Reichssatzungen gehöre der Fall nicht vor den Reichshofrat, und es sei nicht hinzunehmen, „daß unsere *Iura Territorialia* und absonderlich das *privilegium de non evocando et de non appellando* durch *opiniatreté* [Starrköpfigkeit] derer von Hahn [...] *lædiret* werden."[988]

---

984 Hieronymus von Praun an den Reichshofrat, GStA PK Berlin, I. HA, Rep. 33 Nr. 120a, 29.04. 1726. Susanne Gmosers Liste der Reichshofratagenten, aktualisierte Fassung Wien 2016, auf http://reichshofratsakten.de/wp-content/uploads/2016/11/RHR-AgentenPdf_Nov2016.pdf (08.12. 2017), erwähnt Graeve, Johann Friedrich mit dem Wirkungszeitraum 1718–1725, Praun, Daniel Hieronymus mit den Jahren 1710–1733.
985 Von Praun an die von Hahns, GStA PK Berlin, I. HA, Rep. 33. Nr. 120a, 26.07.1726.
986 Das Folterprotokoll ist hier transkribiert als Dokument W 55.
987 GStA PK Berlin, I. HA, Rep. 33 Nr. 120a, Entwurf eines Schreibens des Königs in Preußen an den Kaiser als „Prinzipal" des RHR vom 27.10.27, Konzipient ist der General Fiskal von Uhden (vgl. seine Rolle als Gutachter über den Niederlassungsantrag des Druckers Israel Abraham in Kap. 6.3). Das Schreiben befindet sich im Anhang als Dokument W 58.
988 Ius de non evocando: Kein nichtpreußisches Gericht hat das Recht, einen preußischen Untertan vor Gericht zu ziehen (evocare). Ius de non appellando: Ein preußischer Untertan darf an kein anderes als das höchste preußische Gericht appellieren. Beide Iura sind Bestandteil der Goldenen Bulle von 1356, in der die Rechte der Kurfürsten festgelegt wurden (der König „in" Preußen ist gleichzeitig Kurfürst von Brandenburg).

Gemeint ist offensichtlich, von Hahn als preußischer Untertan hätte nicht das Recht gehabt, am eigenen preußischen Appellationshof, dem Oberappellationsgericht in Berlin, vorbei sich an eines der kaiserlichen Gerichte zu wenden. Es handle sich um einen rein privatrechtlichen Konflikt zwischen den von Hahns und Berend Lehmann, und die Forderung, Berend Lehmann zu bestrafen, stehe dem Reichshofrat nicht zu, die gegen ihn „ergangenen *decreta*"[989] müssten zurückgenommen werden. Wenn jede Privatklage im Reich appellationsweise vor den Reichshofrat gebracht werden könne, würde eine Flut von Klagen nach Wien kommen „und des appellirens kein Ende seyn."

Das Jahr 1727 ist gekennzeichnet durch Berend Lehmanns Kampf, endlich Bares aus Seeburg zu bekommen: Er ist zwar formell von der magdeburgischen Regierung dort „immitiret" worden, die Einkünfte werden aber nach wie vor gesperrt in Magdeburg deponiert. Nach einiger Zeit bekommt er (sozusagen als Vorschuss) 600 Reichstaler,[990] er will aber jetzt weitere Fakten schaffen. So ersetzt er die Hahnschen Angestellten aufgrund der Immission durch neue – Levin von Hahn protestiert. Am 22.10 1727 berichtet von Praun aus Wien, es gebe immer noch kein Urteil in der Hauptsache, aber der Reichshofrat tendiere leider dazu, die Immitierung Berend Lehmanns in Seeburg für legitim zu erklären. Auf diese Weise enttäuscht, sind die von Hahns Ende des Jahres bereit, die Schuldsumme mit gewissen Abstrichen bei der preußischen Regierung in Magdeburg zu deponieren, um Seeburg zurückzubekommen.[991] Lehmann scheint dem Frieden noch nicht zu trauen, und da er das Land verpachten will, bestellt er ein Gutachten: Was könnte da überhaupt herauskommen?

Im Winter können die Felder nicht vermessen werden, deshalb bekommt er erst im Frühjahr 1728 ein umfangreiches Gutachten von Hallenser Experten. Das Ergebnis: Im ganzen Jahr 1727 sind in Seeburg nur 2.100 Reichstaler erwirtschaftet worden, an Pacht ist also so wenig zu erwarten, dass die Abzahlung der mecklenburgischen Schuld sich über Jahrzehnte erstrecken würde. Der Resident bemerkt ein weiteres Problem für den Fall, dass er wirklich persönlich als Gutsbesitzer „immitiert" werden würde: Er müsste die niedere Gerichtsbarkeit im Amtsbezirk ausüben. Ein Jude über Christen richten? Unmöglich. Er erkennt den

---

989 In den Akten finden sich nur Hinweise auf eine Geldbuße, die der Reichshofrat gegen Lehmann verhängt hat, aber nicht das eigentliche Urteil und keine Nennung des Strafmaßes.
990 Berend Lehmann an König Friedrich Wilhelm I., 14.07.27.
991 Schreiben Levin von Hahns an den König vom 17.12.27; er hat – unabhängig von der Ritterschaftssache – bei den Behrens ein Guthaben von 1.000 Talern, das er auch verzinst haben will; außerdem verlangt er die Gegenrechnung der von Lehmann schon „genossenen Früchte" von Seeburg.

problematischen Wert seines agrarischen Pfandes. Auch verursachen der Anwalt und die Gutachter hohe Kosten.

Am 5. April 1728 berichtet eine für diesen Fall eingesetzte Kommission der Berliner preußischen Regierung[992] an ihren König, Friedrich Wilhelm I.: Wenn er es genehmige, würde zwischen den „Gevettern von Hahn auf Seeburg" und dem „Resident[en] Berend Lehmann" ein Vergleich geschlossen werden. Die Mecklenburgische Ritterschaft werde 68 000 Reichstaler (nicht die Rede ist von Zinsen und Zinseszinsen) an Berend Lehmann bezahlen, und zwar 32.000 in bar und den Rest in genau und zeitnah terminierten Wechseln, – und die von Hahns kämen wieder in den vollen Besitz des Amtes Seeburg. Im Juli 1728 unterzeichnen die von Hahns und auf Lehmanns Seite seine Bevollmächtigten Marcus Joel (offenbar ein Halberstädter Neffe) und Benedict Mayer[993] diesen Vergleich. Eine genaue Abrechnung liegt nicht bei den Akten. Nach Lage der Dinge kann das enorm verzögerte und aufwendige Verfahren kein profitables Geschäft für Berend Lehmann gewesen sein. Ein endgültiges Urteil des Reichshofrates ist in den Berliner Akten nicht enthalten. Es wäre ja nach dem Vergleich auch überflüssig gewesen.

9.4.2 Lissa

Berend Lehmann hatte August dem Starken als Heeresfinanzier und -lieferant im „Großen Nordischen Krieg" (akute Phase: 1700–1709) gedient, den August gemeinsam mit Zar Peter I. (dem Großen, 1672–1725) gegen König Karl XII. von Schweden (1682–1718) geführt hatte. Als dieser Krieg für ihn verloren ging, musste August nach dem Vertrag von Altranstädt (1706) die polnische Königskrone an den vom siegreichen Schwedenkönig eingesetzten Adligen Stanisław Leszczyński (1677–1766) abgeben, den Magnaten der Grafschaft Leszno (deutsch: Lissa) in Großpolen.

Mit dem Einverständnis Augusts des Starken[994] gab Berend Lehmann ein halbes Jahr nach dem Friedensschluss von Altranstädt, am 12. Juli 1707, dem

---

992 Die Kommission besteht aus (soweit die Unterschriften zu entziffern sind) Al[bert] Niemeck, S. Marschall, J. Lüdeken und O. Mylius.
993 Vermutlich identisch mit „Bendix Meyer", „mein Schreiber", der in der nächsten Episode (Ende Kap. 9.4) als Bote fungiert.
994 So an mehreren Stellen angeführt in den Akten der Preußischen Regierung über die Gesuche einiger Nachfahren Berend Lehmanns um Hilfe bei Rückforderungen aus dem hier zu behandelnden Darlehen: GStA PK Berlin, I. HA. Rep. 11, Nr. 5785, z. B. in einem Schreiben des Berliner Schutzjuden Elias Philipp Hirschel an König Friedrich II. vom 08.01.1755 (o. Bl.). Vgl. Dokument B 20.

neuen polnischen König in Leipzig ein Darlehen von 104.533⅓ Reichstalern, rückzahlbar am 12. Juli 1709. In einem umfangreichen, lateinisch abgefassten Vertrag verpfändet der König dem Bankier für den Fall der Nichtrückzahlung die Einkünfte der gesamten Grafschaft Leszno;[995] von Zinsen und einem Zinssatz ist in dem Vertrag nicht die Rede, üblich waren zu jener Zeit jährlich 6 %.[996] Lehmann sichert sein Pfand zusätzlich durch eine Eintragung im „Grad von Frauenstadt", einem amtlichen Register von Urkunden beim Grodgericht von Wschowa.[997]

Als das Darlehen zur Rückzahlung fällig wurde, hatten sich die militärisch-politischen Verhältnisse radikal gewendet: Der schwedische König war in der Schlacht von Poltawa (1709) von Peter dem Großen geschlagen worden, August konnte auf den polnischen Thron zurückkehren, Stanisław Leszczyński floh über mehrere Zwischenstationen nach Frankreich, wo er als Schwiegervater Ludwig XV. schließlich 1735 Herzog von Lothringen wurde. Den Zahlungsaufforderungen des Halberstädter Bankiers Berend Lehmann kam er nicht nach. So versuchte dieser ersatzweise an die vertraglich verpfändeten Einkünfte aus Leszno heranzukommen. Denn um das Jahr 1717[998] hatte nach Lehmanns eigenen Angaben ihm eine Kommission von „12 Pollnische[n] Herren [...] die Stadt Lißa, die Stadt Reisen und ein Guth Luschwitz zu erkandt", das heißt gemäß dem Vertrag von 1707 den

---

995 Der Wortlaut und eine Übersetzung des Vertrages sind hier transkribiert als Dokument W 59.
996 Vgl. Strobach, Liquidität (wie Anm. 2), S. 14, dort auch Fußn. 17–18. Mit 6 % (teilweise nur 5 %) rechnen auch die hier im Folgenden zu behandelnden Aufrechnungen von Benedikt Mayer und Samuel Levin Joel.
997 Es handelt sich nicht um Frauenstadt, polnisch Wadowice, nahe bei Krakau, die Geburtsstadt von Papst Johannes Paul II., sondern um die Leszno benachbarte polnische Stadt Wschowa, deutsch Fraustadt. Nach www.wikipedia.org/wiki/Wschowa (Zugriff 12.12.2017) wurde Fraustadt „während der Herrschaft der Wettiner zur heimlichen Hauptstadt Polens: Hier fanden die Sitzungen des Senats der Republik statt." Solange Lehmann selbst Zahlungen aus Lissa erhielt, wurde auch der jeweilige Stand der Rückzahlungen an den „Grood" in Fraustadt mitgeteilt. Vgl. Quittung vom 21.01.1724, Schnee, Hoffinanz (wie Anm. 7), Bd. 5, S. 94. Über die Grod-(Burg-, Stadt-) Gerichte vgl. den Abschnitt Archive der altpolnischen Grod- und Landgerichte in: Genest, Annekathrin & Susanne Marquard (Bearb.): Ehemalige preußische Provinzen: Pommern, Westpreußen, Ostpreußen, Preußen, Posen, Grenzmark Posen-Westpreußen, Süd- und Neuostpreußen. München 2003 (Stefi Jersch-Wenzel [Hrsg.]: Quellen zur Geschichte der Juden in Polnischen Archiven 1). S. 119. Die dort aufgeführten Bestände beginnen im Übrigen erst mit der Teilung Polens von 1793, und ergaben kein Material für die hier behandelte Zeit.
998 Das Jahr 1717 als das der „Immißion" Lehmanns in Leszno ergibt sich aus „Kurtze Species facti ...", verfasst von Lehmanns Wiener Schwiegersohn Mordechai (Marx, Markus) Hirschel, die dem Brief des Elias Philipp Hirschel an Friedrich II. vom 08.01.1755 (GStA PK Berlin, I. HA. Rep. 11, Nr. 5785) beigefügt ist. Sie ist hier transkribiert als Dokument B 20.

Nießbrauch der Einkünfte aus diesen Orten erlaubt.[999] Die Einkünfte der Grafschaft Leszno waren aber offenbar auch an andere Gläubiger Leszczyńskis verpfändet worden.[1000] Berend Lehmanns besondere Situation erforderte, dass er Augusts des Starken Feldherrn und Minister Flemming zu Hilfe nehmen musste, „als von mir unterthänig ausgebetener *Protector*, gestalten [weil] ich als ein Jude denen Polnischen Gesetzen nach keine Güter in Polen besitzen könne".[1001]

Flemming seinerseits beauftragt den „Administrator hiesiger Stadt [Lissa]", Benjamin Arnold, mit der Weitergabe der erwirtschafteten Einkünfte.[1002] Interessant ist dabei, zu sehen, wie verwickelt Transaktionen und Abrechnungen waren: Im Dezember 1715 führt Arnold 3.000 Reichstaler aus dem Lehmannschen Guthaben an Flemming ab, die von da an ein Lehmannsches Darlehen an Flemming darstellen.[1003] Wieviel von der Leszczyńskischen Schuld auf diese Weise an Berend Lehmann zurückgezahlt wurde, lässt sich nur annäherungsweise ermitteln. Die schon erwähnte „Kurtze *Species facti* ..." eines späteren Besitzers der Obligation erwähnt sehr ungenau, es seien „anfänglich, ehe andere *Creditores immitiret*, 30.000, nach diesen aber jährlich nur 8, 9, 10 auch mehr tausend polnische Gulden" gewesen. Genaueres weiß Heinrich Schnee, der im 2. Band seiner *Hoffinanz* (1954) eine beträchtliche Menge Daten zu diesem Komplex publiziert. Er nennt für die Jahre zwischen 1715 und 1725 die Abzahlung von insgesamt „383 651 fl". Oberflächlich betrachtet, ist das gewaltig, was hier „aus den Gütern [...] *herausgeholt* wurde" [Hervorhebung B.S.].[1004] Wenn man allerdings deutlicher liest, dass es sich um „polnische Gulden" handelte, von denen 19.000 nur 3.000 Reichstaler wert waren, dann schmelzen 383.651 polnische Gulden zu 60.580 Reichstalern zusammen. Das war weniger als das, was allein an Zinsen und Zinseszinsen bis 1715, als die Rückzahlungen begannen, schon auf-

---

999 SHSA Dresden, 10026, Geheimes Kabinett Loc. 3497/5, Copie-Schreiben des Herrn Residenten Lehmann No.1, 21.02.1721. Es handelt sich um einen Brief Lehmanns an seinen Geschäftsfreund Moses Levin Gompertz, Berlin.
1000 In SHSA Dresden, Signatur 10026, Geheimes Kabinett Loc. 3497/5, Copie-Schreiben des Herrn Residenten Lehmann No.1, 21.02.1721, nennt Berend Lehmann einen „Herrn von Tarło", der von Flemming das Gut Luschwitz, „welches das beste Stück ist" zugesprochen erhalten hat (es dürfte sich um den Woiwoden von Lublin und Sandomierz, Jan Tarło, 1684–1750, handeln); die in Anm. 989 erwähnte „Kurtze Species facti" spricht sogar von „einige[n] Stanislaische[n] Creditores", welche „die Revenues einiger Dorfschaften überkommen haben."
1001 So in einer Quittung über Lissaer Einkünfte vom 21.01.1724, abgedruckt Schnee, Hoffinanz (wie Anm. 7), Bd. 5, S. 93–94.
1002 So in einer Quittung vom 14.07.1715, Schnee, Hoffinanz (wie Anm. 7), Bd. 5, S. 93–94.
1003 Quittung vom 16.12.1715, Schnee, Hoffinanz (wie Anm. 7), Bd. 5, S. 93–94.
1004 Schnee, Hoffinanz (wie Anm. 7), Bd. 2, S. 193–194.

gelaufen gewesen sein musste (ca. 66.609 Taler).[1005] Eine Abrechnung, die dem sehr späten Versuch (1769) eines Lehmann-Gläubigers beigefügt wurde, doch noch Rückzahlungen aus der Schuldverschreibung zu realisieren[1006], rechnet für 1720 mit einer Restschuld Leszczyńskis von 88.777 Reichstalern (wobei das Verhältnis von Rückzahlungen des Darlehens und Zinszahlungen auf den Rest unklar bleibt).

Stanisław Leszczyński hielt sich zu dieser Zeit unter französischem Schutz in den elsässischen Städten Landau und Wissembourg auf. Da er dort trotz seiner Vertreibung als souveräner König Polens anerkannt wurde, konnte Lehmann ihn nicht belangen. Es galt die antike Rechtsmaxime *Rex non potest peccare*, nach der ein König unantastbar war und, da er angeblich kein Unrecht begehen konnte, nicht verklagt werden durfte.[1007] So kann man verstehen, dass Berend Lehmann auf die ungewöhnliche Idee kam, Polen zu teilen, um sein Kapital samt den Zinsen vollständig hereinzuholen.[1008] Ab 1727 war Lehmann zahlungsunfähig, und er hatte selbst hohe Schulden, hauptsächlich bei Mitgliedern seines Familien-Netzwerks[1009], so zum Beispiel bei seinem Schwiegersohn Mordechai (Markus, Marx) Hirschel, einem bedeutenden Wiener Schutz- und Hofjuden. Anstelle einer baren Schuldrückzahlung erhielt Hirschel 1729 von Berend Lehmann offenbar das Original der Leszczyńskischen Obligation von 1707. So jedenfalls behauptet es Hirschel. Wie sich aus einer viel späteren Eingabe an den Preußenkönig Friedrich II. ergibt, glaubt allerdings auch Berend Lehmanns Schwager, der Halberstädter Jude Levin Joel, da er mit Lehmann „in *Compagnie* gestanden" habe, mit dessen Tode (1730) die Hälfte der Forderung an Leszczyński geerbt zu haben (die andere gesteht er Lehmann Behrend, dem ältesten Sohn des Halberstädter Residenten, zu). Über diese Verzweigung der Forderung ist an späterer Stelle zu berichten.

1005 Ähnlich schiefe, zum Teil falsche Bilder ruft Schnee auch an anderen Stellen durch seine Darstellung hervor. Vgl. dazu Strobach, Liquidität (wie Anm. 2), S. 72–73 und Kap. 1 dieser Arbeit. Die ungefähren Zinsen und Zinseszinsen für acht Jahre wurden ermittelt nach Thomas Gottfried EDV: www.zinsen-berechnen.de/online-rechner/zinseszins.php (11.12.2017).
1006 20.03.1769: Assur Mayer bittet König Friedrich II. von Preußen, bei König Stanislaus, Herzog von Lothringen, zu seinen Gunsten zu interzedieren: GStA PK Berlin, I. HA., Rep. 11 Nr. 5785 (Privata mit Frankreich, in specie Intercessionen, 1768–1770) o. Bl.
1007 Die Maxime ist im kodifizierten römischen Recht nicht in diesem Wortlaut vorhanden, aber in mehreren Abschnitten des spätantik-byzantinischen Codex Iustinianus dem Sinne nach enthalten, so nach Ulpianus' Liber XIII ad legem Iuliam et Papiam: „Princeps legibus solutus est" (Der Fürst ist von den Gesetzen befreit). Vgl. Liebs, Detlef: Lateinische Rechtsregeln und Rechtssprichwörter. München 1982. S. 191, sowie Art. 65,2 der Spanischen Verfassung: „La persona del Rey de España es inviolable y no está sujeta a responsabilidad."
1008 Vgl. Kapitel 8.3 dieser Arbeit.
1009 Vgl. Kapitel 9.1 dieser Arbeit.

Nun hätten die Einkünfte aus Leszno, so meint Berend-Lehmann-Schwiegersohn Markus Hirschel, an ihn „*qua cessionarium* [als Besitzer des Schuldtitels] abgeführt werden sollen, ist mir dennoch hiervon bis dato kein Kreutzer zugekommen."[1010] In seiner undatierten *Species facti* erwähnt Hirschel nicht, wie hoch die Restschuld war – möglicherweise wusste er es selbst nicht. Die schon erwähnte, später eingereichte Abrechnung kommt für 1731 auf eine Restschuld von 65.724 Reichstalern. Nach der Darstellung Heinrich Schnees versuchte Markus Hirschel, sie an Geldes statt zu verwenden, indem er sie im gleichen Jahr König Friedrich Wilhelm I. von Preußen für 50.000 Taler anbot (der nicht näher bezifferte Rest sollte in Raten an ihn ausgezahlt werden). Offenbar hoffte er, dass dem König, sozusagen auf Augenhöhe mit „König" Stanislaus, das Inkasso gelingen würde, an dem er selbst als Nichtadliger und Ausländer scheiterte.[1011]

Die Preußische Regierung ging nicht auf sein Angebot ein, und er vererbte die Obligation seinem Bruder Philipp Lazarus Hirschel, einem Breslauer Schutz- und Hofjuden, der allerdings 1749 „[...] bey dem Pulver Thurme verunglücket worden".[1012] Im Erbgang gelangt die Obligation nun an seinen Neffen, den Berliner Schutz- und Hofjuden Elias Philipp Hirschel. „Stanislaus" hat inzwischen (1735) eine Tochter an König Ludwig XV. verheiratet, und an den Schwiegervater des französischen Monarchen kann man auch nach Meinung Hirschels nur auf der Ebene der Monarchen herankommen. Er wendet sich deshalb im Jahre 1753 an König Friedrich II. von Preußen mit der Bitte, der König möge über den französischen Botschafter in Berlin „König Stanislaus" zur Zahlung der Restschuld (wieviel? – wiederum nicht spezifiziert) an ihn veranlassen. Da er bei des Königs „Krieges- und *Domainen* Cammer eine ansehnliche Summa zu zahlen schuldig" ist, hofft er wohl, dass die preußische Verwaltung die Obligation als Begleichung seiner Schulden akzeptieren könnte.

Aus einer Aktennotiz des mit der Bearbeitung der Eingabe befassten Staatsministers Heinrich von Podewils (1696–1760) vom 29.01.1754 geht erstens hervor, dass die Obligation inzwischen in den Besitz der Brüder Benedict und Assur Mayer übergegangen ist, wobei unklar ist, ob es sich hier um eine Transaktion innerhalb der Verwandtschaft handelt oder ob Hirschel die Obligation an Geschäftspartner weiter in Zahlung gegeben hat.[1013] Zweitens heißt es in der mi-

---

1010 GStA PK Berlin, I. HA. Rep. 11, Nr. 5785, Anhang A.
1011 Schnee, Hoffinanz (wie Anm. 7), Bd. 2, S. 195.
1012 Einige Daten über ihn in: Grunwald, Max: Samuel Oppenheimer und sein Kreis. Ein Kapitel aus der Finanzgeschichte Österreichs. Wien & Leipzig 1913. S. 272.
1013 Benedict ist 1755 Berliner preußischer Schutzjude. Er könnte identisch sein mit „Benedict Mayer", der in GStA Pk Berlin, I. HA, Rep. 33, Nr. 120a (1725–1728 [1758]) im Jahre 1728 als Bevollmächtigter Berend Lehmanns genannt wird, und zwar in einem Prozess vor dem Reichshofrat

nisteriellen Stellungnahme, dass alle „deshalb anzuwendenden Bemühungen doch nur fruchtloß ablaufen würden, maaßen [weil] des Königs Stanislai *Majestät* in anderen gleichen Fällen schon öfter *declariret*, daß, da Sie Ihre in Pohlen liegenden Güter öffentlich verkaufen und die Creditores *edictaliter* [durch Bekanntmachung] *citiren* und *præludiren*[1014] laßen, Sie sich nicht schuldig erachte, dergleichen *prætensionen* zu bezahlen. Es wird also der *Supplicant* angewiesen, Seine Königliche *Majestät* hiemit nicht weiter zu behelligen".[1015]

Ein Jahr später kommt es doch noch einmal zu einer „Behelligung". Im Januar 1755 gehen kurz nacheinander Elias Philipp Hirschel (am 8.1.) und zwei Brüder Mayer (am 17.01.) Friedrich II. noch einmal in der gleichen Sache um Hilfe an. Dabei bezeichnet Benedict Mayer sich und seinen Bruder Assur als *„cessionaires"* (Abtretungsbegünstigte, Verfügungsberechtigte) Hirschels.[1016] Die Obligation ist also offenbar wieder in neue Hände übergegangen. Assur Mayer hält sich in Geschäften in Paris auf, und er hofft, 12.000 Reichstaler bei Leszczyński locker zu machen. Niemand weiß offenbar mehr, wie hoch die verbleibende Schuldsumme eigentlich ist. Die 12.000 Taler erbittet er, weil er genau diese Summe seinem Berliner Bruder schuldet, und obgleich er selbst Untertan des Erzbischofs von Köln ist, rechnet er mit preußischer Hilfe. Da man schon weiß, dass „König Stanislaus" die Forderung juristisch zurückweisen wird, wendet man sich jetzt, wie ein preußischer (oder mayerscher?) Briefentwurf zeigt, an sein Mitgefühl: „[...] dass der unglückliche Zustand, in dem sich die Familie Lehmann und Mayer befindet, Seine [des Königs Stanislaus] Mitleid erregt hat und dass es so sein wird, dass Seine Majestät König Stanislaus, gleichermaßen berührt von ihrem Zustand und von der Billigkeit ihrer Forderung nicht mehr unterlassen wird, diese Sache zu beenden."[1017] Der vorbereitete Brief wird aber gar nicht mehr ausgefertigt, sondern Staatsminister Podewils legt Friedrich II. nahe, daß *„on doit laisser*

---

in Wien um eine Schuld der Mecklenburgischen Ritterschaft. (Vgl. Kap. 9.4.1 dieser Arbeit), ebenso identisch mit „mein[em] Schreiber Bendix Meyer", der am Ende des folgenden Abschnittes, 9.5, als Bote erwähnt wird. Assur Mayer ist 1755 Hof- und Schutzjude des Kölner Erzbischofs Clemens August (auch Bischof von Paderborn, Münster und Hildesheim). Als weniger bedeutender Kölner Hoflieferant wird er erwähnt in: Winkler, Christiane: Studien zur Versorgung des kurkölnischen Hofes zur Zeit des Kurfürsten Clemens August. In: Zehnder, Frank Günter (Hrsg.): Eine Gesellschaft zwischen Tradition und Wandel. Alltag und Umwelt im Rheinland des 18. Jahrhunderts. Köln 1999. S. 273–288, hier S. 286.

1014 Dem Sinn nach: die Forderung vortragen.
1015 GStA PK Berlin, I. HA. Rep. 11, Nr. 5785, Konzept Podewils, 23.01.1754.
1016 GStA PK Berlin, I. HA. Rep. 11, Nr. 5785, Benedict Mayer an Friedrich II., 17.01.1755.
1017 „[...] que l'Etat malheureux ou se trouve la famille de Lehman et Mayer ont ému Sa Compassion, et qu'il a lieu d'être, que S.M. Le Roy Stanislas également touché de leur Etat et de l'Equité de leur demande ne differrera plus à terminer cette affaire [...]".

tomber cette affaire", worauf der König sofort eingeht, wie die Randnotiz zeigt: „Mündtlicher Befehl: Es ist am besten, daß wir die Sache nun fallen laßen."[1018]

Das entsprechende Schreiben Podewils' an den König erklärt auch, welches seltsame Hauptargument Leszczyński immer wieder vorgebracht hat (was er gemäß *Rex non potest peccare* nicht einmal müsste), um die Rückzahlung des großen Darlehens zu verweigern: Der eigentliche Schuldner sei August der Starke gewesen; in Wirklichkeit habe August die 104.533⅓ Reichstaler ausgezahlt bekommen, er, Leszczyński, habe nur dafür gebürgt. Das habe er in der Annahme getan, dass August nach dem Vertrag von Altranstädt, der die Niederlage Augusts besiegelte, endgültig auf den polnischen Thron verzichtet habe und ihm, Leszczynski , als *„paisible possesseur"* [als unangefochtenen Besitzer], die Krone lassen wolle. Weshalb solle er aber nun die Schulden für denjenigen bezahlen, der ihn in Wirklichkeit ja doch um den Thron gebracht habe? Der preußische Staatsminister hält diese Geschichte sogar für möglicherweise wahr: „Im übrigen scheint sogar aus der Obligation des Juden selbst hervorzugehen, dass der verstorbene König August der eigentliche Schuldner gewesen ist [...]". Allerdings gibt es keinerlei schriftlichen Beweis, nicht einmal einen Hinweis auf die Wahrheit von Stanislaus' Behauptung. Eine derartige Mitteilung hätte man am ehesten beim Darlehensgeber Berend Lehmann erwarten können. Aber weder in dem ausführlichen Briefwechsel mit seinem Geschäftspartner Gompertz über den Polen-Teilungsplan, noch in den protokollierten Gesprächen mit Flemming im Zusammenhang mit dem Teilungsprojekt ist jemals davon die Rede.[1019]

Die Obligation von 1707, mit einer erheblichen Restschuld belastet, taucht danach noch zweimal in den archivierten preußischen Akten auf. Am 20. März 1769 versucht Assur Mayer wieder, sie über Friedrich II. eingelöst zu bekommen.[1020] Bei dieser Gelegenheit legt er, was bisher noch nie geschehen war, eine Abrechnung darüber vor, wie hoch sich seiner Meinung nach die Forderung inzwischen belief. Die Zinsen der 65.724 Reichstaler Restschuld von 1731 wären nach 39 Jahren auf 128.983 angewachsen, zusammen mit der ursprünglichen Schuldsumme von 104.533 hätte das eine Gesamtschuld („*Totale de Créance*") von 282.239 Reichstalern ergeben. Die preußischen Minister Finckenstein und Hertzberg „resolvieren" am 23. März 1769, „daß Se. Königl. Majest. gar nicht gesonnen seyn, sich

---
1018 Brief Podewils' an Friedrich II., 18.01.1755, gegengezeichnet: [Karl Wilhelm] v. Finckenstein (1714–1800).
1019 Vgl. Dokumente W 42, W 43, B 17, W 46.
1020 GStA Berlin, I. HA, Rep. 11, Nr. 3235 Privata mit Frankreich in specie Intercessionen, 1768–1770 bzw 1775.

seiner [Assur Mayer'] weitläuftigen und aus fremden Landen *originierenden* Forderungen [...] anzunehmen."

Um auch die Verzweigung der Geschichte zum Ende zu bringen: Schon am 17. Mai 1763 hatte, wie erwähnt, der Sohn von Berend Lehmanns Schwager Levin Joel, Samuel Levin Joel, ein Berliner Schutzjude, ebenfalls versucht, Friedrich II. als Inkasso-Vermittler einzuschalten.[1021] Er verlangt für sich und den Berend-Lehmann-Sohn Lehmann Behrend 182.637 Reichsthaler, will aber auch den König beteiligen: „Ich erdreiste mich dahingegen, Ew. Königl. *Majest.* davon eine *Summe* von 10000 rthl. In Höchstderoselben *Recruten*-Casse zu offeriren." Darauf dekretieren Finckenstein und Hertzberg: „[...] daß Ihm zu seiner [...] Forderung nicht verholfen werden könne".[1022] Joel erhöht sein Angebot auf „20000 rthlr. an die *Chargen*-Casse."[1023] Aber die Minister entscheiden trotzdem, dass es „bey dem vorigen Bescheid sein unverändertes Bleiben habe".[1024]

Auffällig ist einerseits, wie problematisch Forderungen aus Schuldverschreibungen waren, wenn die Höhe von Abzahlungen und Restforderungen nirgends bindend dokumentiert war. Mit der Registrierung in Fraustadt hat Lehmann das Problem zu lösen versucht; aber die Geltung dieser Dokumentationsstelle hat nicht weit genug gereicht. Für die Verhältnisse im Alten Reich typisch gewesen zu sein scheint die Unerreichbarkeit eines adligen Schuldners im Ausland und die geringe Bereitschaft des Staates zur Amtshilfe für den Untertan. Die Geschichte dieser Schuldverschreibung zeigt aber vor allen Dingen, wie unsicher selbst ein von einem erfahrenen Darlehensgeber mit allen juristischen Klauseln „abgesichertes" Darlehen war. Es ist einer von drei Fällen, in denen sich Berend Lehmann adligen Landbesitz verpfänden ließ. Das scheint im Fall Blankenburg gut gegangen zu sein[1025], zwei derart „abgesicherte" Darlehen hat er aber nur unvollständig zurückbekommen. Das lag im Fall „Stanislaus" einerseits an der Unerreichbarkeit des Schuldners, andererseits daran, dass – genau wie im Fall Seeburg – die Einkünfte aus landwirtschaftlichem Großgrundbesitz bescheidener waren, als der hierin unerfahrene Hofjude gedacht hatte. Eine große Rolle spielte auch die Rangfolge der Gläubiger, die im Fall „Stanislaus" offenbar von einem „Protector" unfair geregelt wurde. Insgesamt gesehen ist es eine Teilantwort auf die Frage, wie ein zu bestimmten Zeiten so finanzkräftiger *Global player* wie Berend Lehmann schließlich zahlungsunfähig werden konnte.

1021 GStA PK Berlin, I. HA. Rep. 11, Nr. 5785, Joel an Friedrich II., 10.05.1763.
1022 GStA PK Berlin, I. HA. Rep. 11, Nr. 5785, 20.05.1763.
1023 GStA PK Berlin, I. HA. Rep. 11, Nr. 5785, 04.07.1763.
1024 GStA PK Berlin, I. HA. Rep. 11, Nr. 5785, 23.07.1763.
1025 Vgl. Kap. 6.4 dieser Arbeit.

9.4.3 Sapieha

Der weitere Fall eines ‚faulen' Kredits soll hier kurz skizziert werden. Vermutlich gleichzeitig mit dem 104.000-Reichstaler-Kredit an Stanisław Leszczyński vergab Berend Lehmann ein Darlehen von 60.000 Talern an den litauischen Großschatzmeister Benedykt Paweł Sapieha (1655–1707), das 1714 in einer Schuldverschreibung seines Sohnes Michal Sapieha (1670–1738), gleichzeitig auch im Namen von dessen Bruder Kazimierz Sapieha(?) als ererbte Schuld anerkannt wurde. Das darüber in Leipzig lateinisch ausgefertigte Dokument nennt einen ungewöhnlich hohen Jahreszinssatz von 10 Prozent, enthält allerdings keine Pfandzusicherung.[1026]

Seine Geschichte geht ansatzweise hervor aus der anonymen polnischen Druckschrift mit dem Titel *Odpowiedź Żyda Weythembera Dworow Cesarskiego y Bawarskiego Faktora na podanie przeciw iemu Przełożenie Sprawy od J. O. Xiążęcia Jmci Sapiehy Woiewody Połockiego, Hetmana Polnego W. X. Litt.*[1027]

Die in den 1770er Jahren abgefasste Schrift berichtet von Rechtsstreitigkeiten wegen dieser Schuld zwischen Nachkommen Sapiehas und Nachkommen von Berend Lehmanns Schwiegersohn Löw Wertheimer, der offenbar die Obligation geerbt hatte. Das bedeutet, der Resident musste zu Lebzeiten auch dieses Kapital und die fälligen Zinsen ganz oder teilweise abschreiben.

9.5 Lehmanns Prozess mit dem Herzog von Holstein

Eine weitere Teilantwort auf die Frage nach den Gründen seines Bankrotts kann ein Prozess vermitteln, den Berend Lehmann über 14 Jahre geführt hat und der letzten Endes sehr verlustreich für ihn ausging. Berend Lehmann hat die relative Fairness der preußischen Justiz gern in Anspruch genommen und war, wie wir aus

---

[1026] NLA Hannover, Hann 92, Nr. 421, Bl. 41. Über die nach ihrer Bürgerkriegsniederlage um 1700 von Verlust und Demütigung geprägte Stellung der Sapiehas im augusteischen Polen vgl. Bömelburg, Hans-Jürgen: Erinnerungsbrüche im polnisch-litauischen Hochadel. Neukonstruktionen familiärer Erinnerungen unter den Bedingungen egalitärer Adelsrhetorik und eines fehlenden Speichergedächtnisses.In: Wrede, Martin und Carl, Horst: Zwischen Schande und Ehre. Erinnerungsbrüche und die Kontinuität des Hauses. Legitimationsmuster und Traditionsverständnis des frühneuzeitlichen Adels in Umbruch und Krise. Mainz 2007 (Veröffentlichungen des Instituts für europäische Geschichte Mainz. Abteilung für Universalgeschichte. Beiheft 73), S.256–259.
[1027] Die anonyme Druckschrift in der Biblioteka Narodowa Warschau, Signatur *W.3.1939 adl*.ist unvollständig und enthält weder Druckort noch Erscheinungsjahr. Ich verdanke eine Zusammenfassung ihres Inhalts Alicja Maślak-Maciejewska.

dem Streit mit dem Drucker Michael Gottschalk wissen, ein gefürchteter Prozesstaktiker, er schob Verfahren gern auf die lange Bank. Dass das keine Erfolgsgarantie bedeutete, zeigt eine vier Bände dicke Akte aus dem Geheimen Staatsarchiv Preußischer Kulturbesitz Berlin.

Die Sache geht ins 17. Jahrhundert zurück. Nachdem August der Starke seine Krönung zum polnischen König erreicht hatte, war Lehmann in dem großen polnisch-litauischen Reich eifrig tätig. So vertraute ihm im Jahre 1699 die dritte Ehefrau des litauischen Woiwoden Jan Kasimierz Sapieha (1637–1720), Teresa Sapieha, geb. Korwin Gosiewska († 1708) 24.000 „Gulden pohlnisch" (4.000 Reichstaler) an, für die er ihr silbernes Tafelgerät beschaffen sollte.[1028] Ein eventuell verbleibendes Guthaben sollte ihr erstattet werden. Den Vertrag über diesen Handel fand Sapieha nach dem Tode seiner Frau in ihrem Nachlass, behauptete, weder das Silber-Service noch eine Abrechnung sei je geliefert worden, als Erbe habe er nun ein Guthaben bei Berend Lehmann in Höhe von 24.000 *złoty* plus Zinsen seit 1699, und gab den Vertrag als eine Art Obligation an Herzog Friedrich Ludwig von Holstein-Sonderburg-Beck (1653–1728) weiter, einen preußischen Generalfeldmarschall, welcher angab: „ist mir von ihm wegen der mit meinem Hause geschlossenen *alliance* geschencket worden".[1029]

Lehmann weigerte sich, an Friedrich Ludwig zu zahlen; dieser hatte wahrscheinlich von seinem Ruf als Prozesstaktiker Schlimmes gehört und wandte sich im Jahre 1712 an die preußische Regierung mit dem Verlangen, man solle es nicht zu einem normalen Zivilprozess kommen lassen, „der vielleicht in Jahren nicht zu Ende sein dörffte", sondern Lehmann vor eine königliche Kommission laden und diese ohne „Weitläuffigkeit" entscheiden lassen. Er bekommt ein königliches Dekret, unterschrieben von fünf der höchsten Berliner Räte, von Illgen bis Bartholdi, nach dem eine entsprechende Kommission aus dem Magdeburger Garnisonkommandanten von Stiller und den beiden Halberstädter Regierungsräten von Lindt und von Meisenburg gebildet werden sollte. Diesem Dreiergremium präsentiert der Resident eine Kopie aus seinen Geschäftsbüchern vom Jahr 1699: Am 24. August bestätigt er dort – in hebräischer Schrift und in deutscher Übersetzung – auf der „Credit"-Seite, 24.000 Gulden „pohln." Von der „Kastellanin von Wilda [Wilna]" erhalten zu haben und dafür Silber oder Gold liefern zu wollen. Auf der „Debet"-Seite ist für „Med. [Mitte] 9br. [November]" vermerkt: „geliefert allerhand

---

1028 Vgl. den englischsprachigen Wikipedia-Artikel Teresa Korwin Gosiewska, wikimedia.org/wikipedia/commons/thumb/7/7e/Teresa_Korwin_Gosiewska (08.06.2015).
1029 GStA PK Berlin, I. HA, Rep. 11; Nr. 5119–5122 (Auswärtige Beziehungen), Acta Commissionis in Sachen Herzog Friedrich Ludwig von Holstein-Sonderbug Beck contra Berend Lehmann, (1712–1724), o.Bl. Möglicherweise gab es eine Eheverbindung zwischen den Häusern Sapieha und Holstein.

Silber" für 10.666 Gulden. Am 16. November sei Gleiches noch einmal geliefert worden „durch Herrn Lazarus Hirschel", und zwar für 9.600 Gulden; am 18. November habe er außerdem „Baar" zurückgezahlt: 3.731 Gulden, „Womit richtig und mein Handschein zurückhaben."

Das könnte durchaus so geschehen sein, denn der Herzog hat nur eine „*copey*liche Obligation" in der Hand; aber Berend Lehmann kann weder den Handschein noch eine andersartige Bestätigung der Lieferung vorweisen. Sein damaliger Buchhalter Assur Marx ist bereit, die Richtigkeit der Geschäftsbucheintragungen zu beschwören.[1030] Außerdem bietet Lehmann Zeugen aus der Warschauer Hofgesellschaft Augusts des Starken an, die bestätigen könnten, dass die Fürstin Sapieha selbst sich zu Lebzeiten nie über eine etwaige Nichterfüllung des Vertrages beschwert habe. Die Kommission setzte mehrere Termine an, zu denen Berend Lehmann sich verantworten sollte, der Resident versäumte diese aber mit verschiedenen Begründungen. Schließlich bestritt sein Anwalt, der Halberstädter Regierungsadvokat Hieronymus Erdtmann Viesemeyer, die Zuständigkeit der Kommission; die Sache müsse vor einem ordentlichen Gericht, und zwar dem seines Wohnorts Halberstadt, verhandelt werden.

Friedrich Wilhelm I. drängte immer wieder auf schleunige Erledigung der Sache, aber genauso obstinat, wie Viesemeyer auf einen ordentlichen Prozess drang, beharrte die holsteinische Seite, vertreten durch den königlich preußischen Konsistorialsekretär und *Advocatus Regimini in ordinarium* Christian Gottlieb Küster, auf der Jurisdiktion der Kommission. So viel ist aus dem ersten Prozessaktenband zu entnehmen. Wenn man die beiden mittleren wegen der „Weitläuffigkeit" übergeht und den vierten zur Hand nimmt, trifft man 1718, also sechs Jahre nach Verfahrensbeginn, einen enttäuschten, aber zahlungsbereiten Residenten. Die Kommission – offensichtlich hat Viesemeyer es nicht geschafft, ein normales Zivilverfahren in Gang zu bringen – hat die Kopie aus den Geschäftsbüchern nicht anerkannt, hat Assur Marx nicht schwören lassen und Lehmann zur Zahlung von 10.969 Reichstalern verurteilt.[1031] Die Summe setzt sich aus einem Posten von 5.529 und einem von 5.440 zusammen, einer dürfte der geschuldete Originalbetrag sein, der andere die Zinsen.

Damit ist der Prozess aber nicht zu Ende, sondern der Holsteiner behauptet jetzt, es sei ein falscher Umrechnungskurs zugrunde gelegt worden, und zwar sei ein polnischer Gulden gleich vier Gutegroschen gerechnet worden (das wäre ein Kurs von 6 polnischen Gulden gleich einem Reichstaler), es hätte aber ein Gulden

---

1030 GStA PK Berlin, I. HA, Rep. 11; Nr. 5119–5122: Sein einziges Schriftstück in hebräischer Schrift.
1031 GStA PK Berlin, I. HA, Rep. 11; Nr. 5119–5122, Quittung vom 13.08.1718.

8 Gutegroschen gelten müssen (3 polnische Gulden gleich einem Reichstaler), und ihm stünden noch einmal 5.440 Reichstaler zu. Berend Lehmann muss, für den Fall, dass das stimmt, ein Pfand von diesem Wert stellen. Er deponiert zwei Rosen- „Bandelocken" (Ohrgehänge), während ein neues Verfahren in vier Stadien beginnt, das sich über noch einmal sechs Jahre hinzieht. Der Holsteiner holt von vier Juristenfakultäten „Urthel" ein, drei davon geben Berend Lehmann Recht. Als er noch eine weitere als *Remedium extraordinarium* einbringen will, schlägt ihm die Kommission das ab. Begründung: Das wäre dann die fünfte Instanz durch die der Fall geht (jede „Urthel" gilt als eine Instanz), und das könne das für Lehmann bereits günstige Verhältnis nicht mehr ändern. Berend Lehmanns Schreiber Bendix Meyer holt den wertvollen Schmuck im Januar 1724 ab[1032], so dass er noch auf der laufenden Leipziger Messe zum Verkauf angeboten werden kann.

Zusammenfassend gemutmaßt: Es ist unwahrscheinlich, dass der Resident die Anzahlung der Fürstin Sapieha einfach vergessen und die Ware nicht geliefert hat. Er wäre damit eine große Gefahr für seinen Ruf, seinen ‚Kredit', eingegangen, und zwar für einen Betrag der angesichts seiner hervorragenden Liquidität im Jahre 1699 relativ gering war. Der Eintrag in den Geschäftsbüchern, von dem er die Kopie vorlegt, dürfte nachträglich aus dem Gedächtnis angefertigt worden sein. Wie der in Kapitel 9.1 geschilderte ähnliche Fall der Schuldforderung des Markgrafen von Ansbach nahelegt, war Berend Lehmanns Buchführung nicht nachhaltig genug, um nach vielen Jahren noch exakte Nachweise zu liefern. Es hatte sicherlich auch einmal eine Empfangsbestätigung der Fürstin Sapieha gegeben, aber sie war wohl irgendwie abhandengekommen. Je weiter die 1720er Jahre mit den hannoverschen und den Dresdner Verlusten sowie den großen, ‚faulen' Krediten fortschritten, umso weniger war Berend Lehmann dazu in der Lage, solche ‚Fatalitäten' auszugleichen.

[1032] GStA PK Berlin, I. HA, Rep. 11; Nr. 5119–5122, Quittung vom 11.01.1724.

10 Die Persönlichkeit Berend Lehmanns

10.1 Das modifizierte Berend-Lehmann-Bild in Einzelaspekten

10.1.1 Berend Lehmann in der Wahrnehmung seiner Zeitgenossen

Der Resident ist für die Juden seiner Zeit eine höchst lobenswerte Respektsperson; abgesehen von seinem Halberstädter Intimfeind, dem Rabbiner Liebmann, der ihm Anmaßung vorwirft[1033], ist die einzige dokumentierte kritische Äußerung über ihn aus ihren Reihen die Klage Moses Gompertz' darüber, dass er wegen seiner vielen Geschäftsreisen als Vorsteher der Halberstädter Gemeinde zu selten präsent ist.

Unter den Christen reichen die abwertenden Bemerkungen vom „verdampten Juden" (Lämmel), seinem „jüdischen bösen Wesen" (Leipziger Rat) über den „Schwätzer" (hannoversche Räte) und aggressiven Prozessierer (Drucker Gottschalk), bis zum „Windfänger" und „Projektemacher" (Flemming).

Es gibt aber auch einige Beispiele christlicher persönlicher Wertschätzung: Die hannoversche Kurfürstin findet, dass er ein unterhaltsamer Gesprächspartner ist; August der Starke privilegiert und schützt ihn nicht nur, sondern wendet sich ihm privat zu, indem er ihm seine Juwelensammlung zeigt. Wichtige Beamte in der brandenburgisch-preußischen Regierung würdigen seine fachmännische Einschätzung der *Alenu*-Problematik, der Helmstedter Orientalist Hermann von der Hardt schätzt „Herrn Lehmann", von dessen vorsichtiger Klugheit als Mäzen seiner Klaus-Gelehrten er überzeugt ist.[1034] Und der preußische Hofprediger Jablonsky, der schon 1695 als Orientalist Gutachter der brandenburgischen Regierung für die Erteilung des Talmud-Privilegs an Beckmann und Gottschalk gewesen war,[1035] bittet Lehmann um einen Hilfsdienst für die Reformierten Christen in Lissa „aus besonderer Consideration für meinen Hochgeehrten Herrn Residenten, dessen Freundschaft ich allezeit sehr werth gehalten."[1036] Es wäre zu wünschen, dass man erführe, womit sich Lehmann Jablonskis Freundschaft verdient hat. Eine Nachfrage bei der Jablonski-Forschungsstelle der Universität Stuttgart, Direktor Joachim Bahlke, brachte dazu leider keine Erkenntnisse.

1033 Lehmann, *Schriften* (wie Anm. 33), S. 132f.
1034 NLA-StA Wolfenbüttel, 112 Alt 277, Bl. 34, Dokument B 10.
1035 Bahlke, Joachim [u. a.] (Hrsg.): *Brückenschlag. Daniel Ernst Jablonski im Europa der Frühaufklärung.* Dößel 2010. S. 277.
1036 Schnee, *Hoffinanz* (wie Anm. 7), Bd. 2, S. 196.

10.1.2 Geistiges Format

Über Berend Lehmanns von Haus aus mitgebrachte Bildung wurde schon ausgeführt, dass er jiddisch aufgewachsen sein muss und dass er im Hoch- und Schriftdeutschen nie völlig sicher war, auch dass er Probleme mit konsistentem Formulieren und Argumentieren hatte. Das hinderte ihn allerdings nicht, auch gegenüber den mächtigsten Herrschern seiner Zeit freimütig seine Meinung zu äußern, der man anmerkt, dass er politische Konstellationen sowie soziale Konventionen und Missstände im Prinzip durchschaute; für komplizierte Zusammenhänge fehlten ihm aber Kenntnisse und Überblick. Seine territorialpolitisch-finanziellen Verhandlungserfolge in den 1690er Jahren sind eindeutig dokumentiert (Lewenhaupt, Königsmarck).[1037] Dabei muss ein ausgeprägter Instinkt für die Machtverhältnisse eine Rolle gespielt haben; psychologische Gegebenheiten mussten eingeschätzt werden, zum Beispiel wie die jeweiligen Potentaten miteinander standen, über welche Minister oder Mätressen man den Zugang zu suchen hatte. Diese Fähigkeiten kann man ihm auch nach den Akten über das Polenteilungsprojekt unbedingt zubilligen.

Gerade bei dieser Geschichte kommt man allerdings ins Grübeln, wenn er angibt, dass er „die Landkarte nicht im Kopf" hatte, d. h. keine Vorstellung davon, wie die Landesteile zueinander lagen, wie das Land eigentlich aufgeteilt werden sollte.[1038] Waren da bei dem Sechzigjährigen früher vorhandene Fähigkeiten verloren gegangen? Oder hatte er, etwa in der „Lauenburgischen Affäre" und bei den Verhandlungen um Quedlinburg, fachlich kompetente Berater an seiner Seite? – Der Widerspruch bleibt bestehen.

10.1.3 Religiosität

Es gibt bei Berend Lehmann, abgesehen von Formeln wie „So wahr mir Gott helffen solle"[1039] nur *eine* theoretische Glaubensäußerung, nämlich die Behauptung gegenüber den ihn befragenden Ministern, dass Gott ihm konkrete Handlungsanweisungen habe zukommen lassen. Ob er das wirklich glaubte oder ob er das nur vorgab, ist schwer zu entscheiden. Möglicherweise ist diese in einer prekären Situation gemachte Behauptung eine Umschreibung für den irrationalen, instinktiven Anteil, den seine Entscheidungen sicherlich hatten (banal ge-

---

[1037] Schnee, *Hoffinanz* (wie Anm. 7), Bd. 2, S. 178–180.
[1038] Dokument W 49, „ad art. 35".
[1039] Brief an Gumpert und Isaak Behrens vom 8. Dezember 1720, NLA Hannover, Hann. 92, Nr. 419, Bl. 80, Dokument W 57.

sagt: sein Bauchgefühl). Seine Hochschätzung rabbinischer Gelehrsamkeit (Lehrstätte, Druck-Sponsoring) deutet darauf hin, dass er wie viele sich im Brotberuf aufreibende Juden im Bereich des religiösen Lernens bei sich ein Defizit beklagte. Auf seinem Grabstein wird er gelobt: „[E]r schrieb Israel vor, sich mit ihr [der Lehre] zu befassen" (damit war die Gründung der Klaus gemeint), aber es ist nicht von eigener religiöser Gelehrsamkeit die Rede, es fehlen die dafür gebräuchlichen Ausdrücke „torani" und „rabbenu".[1040] So hebt auch der Gemeindechronist Auerbach, der die Lehmann betreffenden Unterlagen des Gemeindearchivs gut kannte, hervor, welche großen Verdienste um das rabbinische Schrifttum er hatte, „ohne selbst zu den großen jüdischen Gelehrten seiner Zeit zu zählen."[1041]

Seine Religiosität war eminent praktisch. Traditionell jüdisch geprägt, äußerte sie sich in einer an der Halacha orientierten Lebensweise. Um zu beurteilen, ob er bei seinen häufigen außerjüdischen Kontakten in dieser Beziehung Unannehmlichkeiten in der christlichen Umwelt zu ertragen hatte, wüsste man gern, ob er den traditionellen Judenbart trug oder ob er sich, höfisch-angepasst, glatt rasierte.[1042] Vivian Mann und Richard I. Cohen begründen ihre Überzeugung, dass es sich bei dem im Berlin-Charlottenburger Schloss befindlichen Porträt eines bartlosen „Hofjuden" nicht um Berend Lehmann handelt, damit, dass er seiner religiösen Einstellung entsprechend niemals auf den Bart verzichtet hätte.[1043] Heinrich Schnee behauptet, August der Starke habe seinem Residenten, der auch für 5.000 Taler Belohnung nicht freiwillig auf den Bart verzichten wollte, eigenhändig den Bart abgeschnitten, und zwar genau am 9. März 1699 in Warschau. Leider kann man die Episode nicht verifizieren, weil Schnee nur pauschale Quellenangaben macht.[1044]

Nachprüfen kann man, ob August zu dieser Zeit überhaupt in Warschau war. Das *Theatrum Europæum* der Merianschen Erben, eine zeitgenössische Jahreschronik bemerkenswerter Ereignisse, bestätigt: August der Starke war tatsächlich zu jener Zeit in Warschau, am 24 Februar lässt er wegen des Friedens von Karlowitz Tedeum singen, erst am „*6.16 Sept*" verlässt er Warschau in Richtung

---

1040 Ich verdanke diesen Hinweis Edward Fram, Be'er Sheva.
1041 Auerbach, *Gemeinde* (wie Anm. 12), S. 43.
1042 Dass die Halacha das Rasieren nicht wirklich verbot, wird erläutert in dem Artikel *Bart*. In: Schoeps, Julius H. (Hrsg.): *Neues Lexikon des Judentums. Überarbeitete Neuauflage.* Gütersloh 2000. S. 99.
1043 Mann/Cohen, *Court Jews* (wie Anm. 6), S. 191 und S. 66. Vgl. Abb. 47.
1044 Schnee, *Hoffinanz* (wie Anm. 7), Bd. 2, S. 173, die Quellenangaben S. 288–289.

Abb. 47. Antonius Schoonjans: Porträt eines Unbekannten (1702) im Schloss Berlin-Charlottenburg. Links am Gewandärmel Schriftzug: „Hof-Jude". Es galt zeitweise als Porträt Berend Lehmanns. Hier Beispiel eines glattrasierten Hofjuden.

Dresden.[1045] Dass die Bartabnahme bei einer Tischgesellschaft vorgenommen worden sein soll[1046], wie es in einer anderen Darstellung – wieder ohne Beleg – heißt, ist allerdings äußerst unwahrscheinlich. Der Jude Berend Lehmann wäre bei einem solchen formellen höfischen Ereignis sicherlich nicht zugelassen worden. Es dürfte sich um eine Legende handeln. Wenn sie in jüdischen Kreisen

---

1045 *Theatri Europæi* [...] *15. Theil, Weiland Carl Gustavs Merians Seel. Erben.* Frankfurt/Main 1707. S. 633a–634b.
1046 So bei Breuer, Mordechai & Michael Graetz: *Deutsch-jüdische Geschichte in der Neuzeit: Tradition und Aufklärung 1600–1780.* München 1996. S. 115.

Abb. 48. Unbekannter Künstler: Samson Wertheimer (1658–1724), Hier Beispiel eines Hofjuden mit traditionellem Vollbart.

erzählt wurde, dürfte sie dazu gedient haben, das Unverständnis prominenter Christen für die rituelle Bedeutung des Bartes und die daraus folgende Grausamkeit des Abschneidens zu demonstrieren. Wurde sie von Christen erzählt, so war sie ein Beleg für den handgreiflichen Humor des starken Königs, und man amüsierte sich über die Hilflosigkeit des Juden.

Die Haltung von Lehmanns jüdischer Mitwelt scheint nicht so eindeutig *pro* den Bart gewesen zu sein, wie Mann und Cohen annehmen, und der Bart dürfte insofern nicht als Glaubenstreuetest taugen. Unter den Abbildungen im Katalog der New Yorker Hofjudenausstellung von 1996, von Mann und Cohen selbst herausgegeben, findet sich eine ganze Reihe prominenter bart-rasierter Juden des 18. Jahrhunderts.[1047] Bei den Darstellungen Joseph Süß Oppenheimers ist interessant, dass er in der Zeit seiner Machtausübung unter Karl Alexander bartlos, nach seinem Fall im Gefängnis dagegen mit Bart dargestellt wird.[1048] Ein Kompromiss war möglich: der Kinnbart, eine Art halber Vollbart unter dem Kinn, der bei manchen Juden auch zu einem das Gesicht schmal umrahmenden Backenbart, einer Art Schifferkrause, erweitert sein konnte.[1049] Berend Lehmann – bärtig

---

[1047] Zum Beispiel Mann/Cohen, *Court Jews* (wie Anm. 6), neben dem Charlottenburger „Hofjuden", S. 191, Daniel und Isaak Itzig, S. 101, Isaak Gans, Celle, S. 103.
[1048] Mann/Cohen, *Court Jews* (wie Anm. 6), S. 38 und S. 106. Vgl. Abb. 49.
[1049] Beispiele bei Mann/Cohen, *Court Jews* (wie Anm. 6): halber Vollbart – Elias Hayyum, S. 49, Backenbart – Alexander David, S. 58, sowie Leffmann Behrens auf https://de.m.wikipedia.org/wiki/Leffmann_Behrens (24.11.2017). Vgl. auch die hier abgebildeten Beispiele, Abb. 46–48.

Abb. 49. Andreas Scheidt: Leffmann Behrens (1634–1714). Hier Beispiel eines Hofjuden mit „Kompromissbart".

oder ohne Bart? Die Frage bleibt offen, die Geschichte erlaubt aber mentalitätsgeschichtliche Einblicke.

Lehmanns Frömmigkeit äußerte sich vor allem in überaus großzügigen Taten für die Gemeinschaft (vgl. Kap. 5). Dabei beeindruckt die Energie und die Konsequenz mit der er, sobald er es sich finanziell leisten konnte, die Trias der *Mitzwot*, (Talmud, Jeschiwah und Synagoge) zu verwirklichen begann. Auch seine im engeren Sinne sozialen Taten, die Stiftungen und die direkte Hilfe für arme Juden, waren für ihn Selbstverständlichkeiten, die ihn sowohl Gott wie der Mitwelt gegenüber zu einem Frommen und Gerechten machten.

10.1.4 Der Geschäftsmann

Die ‚Panegyriker' nicht nur des 19. Jahrhunderts haben Berend Lehmanns berufliche Tätigkeit als eine Selbstverständlichkeit vornehm übergangen, bei Freudenthal und Meisl kommt sie ein wenig in den Blick, bei Schnee steht sie im Vordergrund, erschöpft sich aber in der Nennung hoher Darlehensbeträge mit der Anmutung von ‚Wucher'. In dieser Arbeit wurde versucht zu konkretisieren und zu differenzieren.

Im Gegensatz zu den vielen kleinen und mittleren Juden, die mit Vieh und Landprodukten, mit Galanterie- und Altwaren und als Pfandleiher unterwegs waren, handelte Lehmann von vornherein mit Geld. Das waren zunächst Münzen, aus deren unterschiedlicher Geltung in den verschiedenen Herrschaftsgebieten sich Verdienstmöglichkeiten für ihn ergaben, sodann ging er hauptsächlich mit Geld um, das entweder bar oder in Effektenform (Obligationen, Wechselbriefe, Steuerscheine) gehandelt wurde. Seine große Chance war, dass die Fürsten zwar großen Besitz in Form von Land, Immobilien, Einrichtungs- und Kunstgegenständen hatten, aber (speziell August der Starke) Mangel an zeitnah bereitstehenden Zahlungsmitteln für politische und militärische Aktionen sowie für den Neuerwerb von Wertgegenständen. Lehmann hatte solche Zahlungsmittel nicht unbedingt selbst, aber er schuf sich über familiäre Verbindungen (reiche Einheirat mehrerer Töchter) ein Netz finanziell potenter Juden und auch einzelner Christen, aus deren Beiträgen er größere Kredite zusammenstellen konnte. Die Zinsen lagen bei den landesüblichen, von den meisten Obrigkeiten erlaubten 6 Prozent *pro anno*, gelegentlich um ein Prozent niedriger, in ganz dringenden fürstlichen Bedarfsfällen aber auch bei 12 Prozent.

Das Problem war von Anfang an die Rückzahlung. Sie geschah bei den Fürsten meist über Steuerscheine, d.h. den Anspruch auf künftige Steuereinnahmen. Da diese unsicher waren und unübersichtlich über die verschiedensten Kassen hereinkamen, dauerte die Rückzahlung oft mehrere Jahre. Um der Gefahr der Zahlungsunfähigkeit oder -unwilligkeit des Schuldners zu begegnen, ließ sich Lehmann mehrfach die Einkünfte großer Ländereien verpfänden (die allerdings in ihrer Höhe schwer zu kalkulieren waren). Über viele Jahre funktionierte das Darlehenssystem gut, aber in Lehmanns sechstem Lebensjahrzehnt immer weniger. Der Resident handelte außer mit Geld auch mit anderen wertvollen Gütern, vor allem Edelsteinen und Edelmetall, die wie Münzen und Obligationen auch als Zahlungsmittel oder Pfänder verwendet werden konnten. Dazu kamen Wein, wertvolle Stoffe und gelegentlich Waren der Militärausstattung und -versorgung.

Dass Berend Lehmann in den letzten Lebensjahren fast oder ganz zahlungsunfähig war, hatte als äußere Gründe die schlechte Zahlungsmoral seiner Schuldner sowie die Feindseligkeit der sächsischen Stände und das Ausbleiben der Hilfe Augusts des Starken, als inneren Grund einen seinem Alter geschuldeter Mangel an Beurteilungsvermögen und Flexibilität. Auch war seine Buchführung nicht immer zuverlässig.

10.1.5 Der Politiker

Alle bisherigen Biographen Berend Lehmanns berichten darüber, dass er neben seinen finanziellen Dienstleistungen auch in diplomatischer Funktion für Fürsten tätig gewesen sei. Alle sind sich einig, dass er für August den Starken Geld besorgt hat, indem er den Verkauf oder die Verpfändung sächsischer Exklaven an benachbarte Regierungen geschickt verhandelte. Dass er dabei nicht nur als Hilfsperson, sondern „mit unbeschränkter Vollmacht" agierte, bestätigt (tadelnd) Aurora von Königsmarck, Augusts des Starken ehemalige Mätresse, Äbtissin des Verkaufsobjekts Quedlinburg.[1050]

Auch Josef Meisl schätzt[1051] Lehmann in dieser geschäftlich-diplomatischen Funktion sehr hoch ein. Selma Stern geht darüber hinaus, indem sie glaubt, er sei ein wertvoller Erkunder von Tendenzen und Stimmungen an den Höfen gewesen. Die genaue Betrachtung seines Hannover-Besuches 1709 in dieser Arbeit hat gezeigt, dass das nur sehr bedingt zutrifft. Ähnlich wie bei seinem Versuch, die Bereitschaft Preußens und des Kaisers zu einer Teilung Polens zu eruieren, weisen die Geheimen Räte ihn ab, da er nicht „autorisiert" ist.

Wenn Michael Graetz 1996 den damaligen Stand der Forschung folgendermaßen zusammenfasst: „The goal of court factors' endeavors was neither political action nor political authority, but primarily economic success"[1052], so ist in dieser Arbeit sicherlich deutlich geworden, dass das in Bezug auf Berend Lehmann nicht zutrifft. Lehmann wollte erheblich mehr sein als ein „useful assistant".[1053] Als solche Helfer betrachtete er die Minister, deren relative Machtstellung er geringschätzte. Er wollte mit den Fürsten selbst, als den absolut Handelnden, auf Augenhöhe diskutieren. Dass Lehmann aktiv handelnd in die Politik eingegriffen habe, hatte schon sein französischer Biograf, Pierre Saville, festgestellt, aber es hat sich nicht in dem Maße bestätigt, wie Saville es sich ausdachte (geheimer

---

1050 So berichtet von ihrer Schwester, der Gräfin Löwenhaupt, von Emil Lehmann zitiert (Lehmann, *Schriften* [wie Anm. 33], S. 124).
1051 Meisl, *Hof* (wie Anm. 41), S. 227–252.
1052 Graetz, Michael: *Court Jews in Economics and Politics*. In: Mann/Cohen, *Court Jews* (wie Anm. 6), S. 39.
1053 Graetz a.a.O.

Außenminister, Augusts Königsmacher). Richtig ist aber (Anti-Schweden-Koalition 1709, Teilung Polens), dass er *versucht* hat, in das politische Geschehen seiner Zeit entscheidend einzugreifen.

Vergleicht man Lehmanns politisches Handeln mit demjenigen anderer Hofjuden, so findet man, dass J. Friedrich Battenberg die Wiener Samuel Oppenheimer (1630–1703) und Samson Wertheimer (1658–1724), vor allem aber dessen Sohn Wolf Wertheimer (1681–1765) für Personen hält, welche „die [...] Gelegenheit hatte[n], in die europäische Politik gestaltend einzugreifen".[1054] Bei näherem Hinsehen nutzten sie sie allerdings nur indirekt, auf dem traditionelljüdischen Wege des Finanzmanagements und nicht aufgrund eigener politischer Zielsetzung.

Hoch bewertet wird allgemein die politische Wirksamkeit Joseph Süß Oppenheimers (1698–1738), der für seinen Landesherrn, Herzog Karl Alexander von Württemberg, durch die Reorganisation von Finanzen und Verwaltung Bedeutendes im Kampf gegen die mittelalterlich verfassten Stände leistete, so dass Selma Stern von ihm sagt: „Süß ist der erste und bis auf Lassalle praktisch einzige Jude, der, wenn auch in begrenztem Bereich, in den Gang der Geschichte eingreift".[1055] Der Eingriff besteht darin, dass er den idealen absoluten Machtanspruch seines Herzogs durchsetzen will, indem er alle anderen politischen Bestimmungskräfte im ‚Ländle' ausschaltet.[1056] Dieser Eingriff war zwar so bedeutend, dass er den Versuch mit grausamem Tod und lange nachwirkender übler Nachrede zu büßen hatte. Aber die Aktivitäten des ‚Jud Süß' blieben im innenpolitischen Rahmen.

Berend Lehmanns absolutische Grundeinstellung stimmte zwar mit der Joseph Süß Oppenheimers überein, allerdings, in die Struktur des sächsischen Staates einzugreifen, dazu hatte *er* wiederum weder Ehrgeiz noch Möglichkeit. Sein Bestreben ging ins Außenpolitische: Er wollte die Machtverhältnisse in Ostmitteleuropa verschieben und glaubte dafür die innerjüdischen Verbindungen zu besitzen und die Mittel aktivieren zu können.

1054 Battenberg, J. Friedrich: *Ein Hofjude im Schatten seines Vaters – Wolf Wertheimer zwischen Wittelsbach und Habsburg* (Battenberg, *Hofjude*). In: Ries/Battenberg, *Hofjuden* (wie Anm. 6), S. 240.
1055 Stern, *Hofjude* (wie Anm. 6), S. 104.
1056 Stern, Selma: *Jud Süss. Ein Beitrag zur deutschen und zur jüdischen Geschichte* (Stern, *Süss*). Berlin 1929. S. 136–150.

10.1.6 Der Bauherr

Der Baukomplex, den er als Bauherr verantwortete, Klein Venedig, hat neben seiner Zweckmäßigkeit (Brandschutz!) eine bemerkenswerte ästhetische Qualität: Er geht als Steinbau über die bescheidene, fast ärmliche Bauweise der Fachwerkumgebung deutlich hinaus ins Behäbige, Solide, hütet sich aber vor auftrumpfender Monumentalität und fügt sich deshalb organisch ins Stadtbild ein.

Wie stellt sich Berend Lehmans Bauen im Vergleich mit dem anderer Hofjuden-Zeitgenossen dar (an Abbildungen orientiert, es sind nur Annäherungen möglich)? Trotz der bescheidenen Verhältnisse in der Halberstädter Unterstadt kann das Ensemble Klein Venedig an Baumasse durchaus mit dem Palais von Friedrichs des Großen Münzjuden Veitel-Heine Ephraim (1703–1775) im Berliner Nikolaiviertel (erbaut 1762–1766) konkurrieren[1057], allerdings ist es wegen seiner Anpassung an die kleinstädtische Fachwerkumgebung ein Stockwerk niedriger. Vergleichbar sind außerdem das „Judenhaus" des Samson Wertheimer (1658–1724) im burgenländischen Eisenstadt (vor 1696)[1058], zwar wie Klein Venedig nur zweistöckig, aber von ähnlich großzügigen Ausmaßen. Dreistöckig, aber vom Grundriss her kleiner sind Samson Wertheimers Haus in Marktbreit/Unterfranken (um 1710)[1059] sowie das Steinhaus seines Stiefsohnes Isaak Jakob Oppenheimer (1678–1739) in der Frankfurter Judengasse (1717).[1060] Alle diese Gebäude haben allerdings prächtig durchgestaltete Fassaden, waren – in anderem städtebaulichen Kontext – repräsentativer als Lehmanns.

Etwas anders sah es in Blankenburg aus, das dortige Herrenhaus stand an Größe und Gestaltung dem Prachtbau des Sefarden Manoel Teixeira (1631–1705) am Hamburger Jungfernstieg kaum nach;[1061] allerdings war auch dort die Fassade reicher und plastischer. Wenn man das vierstöckige repräsentative Dresdner „Posthaus" im Prominentenviertel noch dazu nimmt, so gehört Lehmann vom architektonischen Anspruch her eindeutig in den kleinen Kreis der großen Hofjuden.

[1057] Zahlreiche Abbildungen unter www.google.de, Bildsuche mit den Suchworten Ephraim und Palais.
[1058] Bildsuche wie in Anm. 1044, Suchworte Samson und Wertheimer.
[1059] Bildsuche wie in Anm. 1044, Suchworte Wertheimer und Marktbreit.
[1060] Mann/Cohen, *Court Jews* (wie Anm. 6), S. 98.
[1061] Bauzeichnung abgebildet in Ries/Battenberg *Hofjuden* (wie Anm. 6), S. 157.

10.1.7 Der Grundherr und sein adelsähnlicher Anspruch

Der Blankenburger Gutsbesitz (Kap.6. 1), von früheren Verfassern eher unter ‚ferner liefen' erwähnt, erhält, vor allem wegen des schlossartigen Hauptgebäudes und des symbolischen Wertes von Grundbesitz für den Residenten, neue Bedeutung als Ausdruck seines starken Dranges nach adelsähnlicher Geltung. Funktionen, wie sie normalerweise mit adligem Grundbesitz verbunden waren, kamen allerdings in Blankenburg noch nicht zum Tragen. Welche Rechte über die Bauern des Gutes konnte beziehungsweise musste er ausüben? Hat er die niedere Gerichtsbarkeit und das kirchliche Patronat über sie gehabt? Das Patronatsproblem existierte nicht: Eine Kirchgemeinde gehörte nicht zu dem kleinen Gut. Ob etwa der Verwalter Archenholtz stellvertretend über die Gutsarbeiter zu Gericht gesessen hat? – Die Blankenburger Akten schweigen darüber. Das waren Probleme, die offenbar erst mit den Pfandbesitzungen Lissa und Seeburg (Kap. 9.4) für Lehmann akut wurden: In Lissa brauchte Lehmann einen christlichen „Protektor", persönlich kam er also nicht in die Verlegenheit, als Jude über christliche Untertanen zu Gericht zu sitzen und ihren Seelsorger zu bestimmen. Als ihm das Problem in Bezug auf Seeburg bewusst wurde, zeichnete sich bereits der Kompromiss mit den von Hahns ab, und es wurde gegenstandslos.

Weiterhin könnte man sich fragen, wieso der Resident, der eine Art eigenes Wappen an seinem Blankenburger Herrenhaus anbringen ließ und der auch in Dresden ein vorher in adligem Besitz befindliches Haus bewohnte, in seinem Drang nach Geltung nicht noch einen Schritt weiter ging und versuchte, einen Adelstitel zu bekommen. Emil Lehmann, der Dresdner Nachfahre Berends, erzählt in der Tat: „Auf einer großen Tafel in der Klaussynagoge, welche dem Andenken ihres Stifters gewidmet ist, steht geschrieben, daß ihm der Kurfürst von Brandenburg das freiherrliche Wappen verliehen habe."[1062] Saville bildet in seiner Lehmann-Monographie dieses „[é]cusson d'armories conférées à Berend Lehmann par Frédéric Ier [...]" ab, ein hübsches, in freundlichen Farben gemaltes Fantasiewappen, offensichtlich aus dem 19. Jahrhundert stammend. Emil Lehmann scheint darüber hinaus eine „fünfzinkige Krone" auf einem „Siegelabdruck Bermanns" unter einem Dokument im Dresdner Staatsarchiv für das legitime Zeichen seiner Freiherrenwürde zu halten.[1063] Der Gemeindechronist Auerbach schreibt vorsichtiger von einem „Signet" (Zeichen, Abzeichen); in Wirklichkeit ist es die Krone des guten Namens[1064], wie sie sich auch in dem Blankenburger

---

[1062] Lehmann, *Schriften* (wie Anm. 33), S. 125.
[1063] Lehmann, *Schriften* (wie Anm. 33), S. 125.
[1064] Nach Pirkei Avot (Sprüche der Väter) 4,17. So: http://spurensuche.steinheim-institut.org/jsymb.html (03.06.2017).

Wappenschild, auf dem Grabstein, auf der Titelvignette der Jeßnitzer Drucke und in großem Format auf dem Thoravorhang findet (vgl. Abbildungen in Kap. 6).

Saville fasst aber die Zweifelhaftigkeit des „noblen" Berend Lehmann, von dessen angeblichem Adel sich keinerlei archivalischer Beleg findet, so zusammen: „[O]n ne voit pas que Berend Lehman ait jamais *porté* le titre nobilitaire, mais, s'il l'eut fait, on peut penser qu'à l'époque l'univers juif aurait sans doute suspecté sa fidélité à la foi de ses pères."[1065]

Auch war von der verleihenden, christlicher Seite her die Nobilitierung eines aschkenasischen Juden noch undenkbar. Soweit brachte es nicht einmal Wolf Wertheimer, der 1720/21 nahe Wien für prominente christliche Adlige große Jagden veranstaltete.[1066] Noch 30 Jahre nach Lehmanns Zeit der größten „Gnade" bei August dem Starken lehnte Kaiser Karl VI. die Bitte Herzog Karl Alexanders von Württemberg ab, seinen Freund und Hofjuden Joseph Süß Oppenheimer in den Adelsstand zu erheben, „damit [...] seine wichtige Negotia und dabey habender großer Credit in desto besserem Flor, Wachstum und Bestand conserviret verbleiben [möchten]".[1067]

Es gab allerdings adlige Juden bereits Generationen vor Lehmann in Spanien und Portugal, nachdem sie dort scheinbar zu Christen geworden waren, und sie legten größten Wert darauf, auch als zum Judentum Rekonvertierte in Amsterdam oder Hamburg ihren Adelstitel zu Recht zu tragen.[1068] Diese Juden waren aber als Sefarden in Sprache, Bildung und Lebensweise ein völlig anderer, adelsnäherer Menschenschlag, als die auf Geld- und Handelswesen festgelegten Aschkenasim. Es gibt keinen archivalischen Beleg dafür, dass Lehmann zu ihnen Beziehungen unterhielt. Einen von ihnen mag er beneidet haben, wenn er zu Besuch in Wien (Schwiegersöhne Markus Hirschel und Löw Wertheimer, Bruder Herz Lehmann) war: Diego de Aquilar (1699–1759), den Reorganisator des österreichischen Tabakmonopols und Betreiber einer großen Wiener Tabakmanufaktur. Dieser war 1726 von Kaiser Karl VI. geadelt worden, allerdings erhielt er, da Karl auch König von Spanien war, eine spanische, keine deutsche Baronie.

1065 Saville, *Juif* (wie Anm. 43), S. 271: „Es ist nicht ersichtlich, dass Berend Lehman jemals den Adelstitel getragen hat, aber, wenn er es getan hätte, kann man sich denken, dass seinerzeit das jüdische Universum ihn ohne Zweifel der Untreue gegenüber dem Glauben seiner Väter verdächtigt hätte."
1066 Battenberg, *Hofjude* (wie Anm. 1050), S. 245.
1067 Schreiben Karl Alexanders an den Kaiser „wegen suchender Nobilitirung des Süß Oppenheimer", Stuttgart, 25.10.1735, abgedruckt in Stern, *Süss* (wie Anm. 1052), S. 222–223.
1068 So Diogo (Abraham) Teixeira de Sampayo. Vgl. Studemund-Halévy, Michael: *„Es residiren in Hamburg Minister fremder Mächte"* – Sefardische Residenten in Hamburg (Studemund-Halévy, Hamburg). In: Ries/Battenberg, *Hofjuden* (wie Anm. 6), S. 170, Fußnote 35.

Die Nobilitierung eines askenasischen Juden geschah zum ersten Mal 1774, als der aus Aurich in Ostfriesland stammende Liefmann Calmer (1711–1784) unter dem französischen König Ludwig XV. Baron de Picquigny und Vicomte d' Amiens wurde.[1069] Innerhalb des Heiligen Römischen Reiches war der Heereslieferant und Tabakmonopolinhaber Israel Hönig (1724–1808) der erste askenasische Jude, der geadelt wurde, und zwar erhob ihn Kaiser Josef II. 1789 „in den erbländischen Adelstand mit Verleihung des Prädicates Edler von *Hönigsberg*. Die Verleihung des Adelstitels gestattete *Hönigsberg*, die Religionsfondsherrschaft Velm in Oesterreich käuflich an sich zu bringen."[1070]

Für Derartiges war sieben bis acht Jahrzehnte vorher, in der Epoche von Lehmanns höchstem Ansehen, die Zeit noch nicht reif.

10.1.8 Umgang mit der Obrigkeit

In den Verhandlungen mit dem Blankenburger Herzog (Kap. 6.4) erweist sich Lehmann als der wache Erkenner von Chancen, ein Mann mit unternehmerischer Phantasie. Neu und erstaunlich sind die Härte seiner Verhandlungsweise und (bei aller Risikobereitschaft) das Pochen auf Sicherheiten: Auch ein Fürst ist, wenn es um Geld geht, für ihn nicht mehr als ein Geschäftspartner. Er fühlt sich da, als der Besitzer flüssigen Kapitals, dem Fürsten ebenbürtig, wenn nicht überlegen.

Im Kampf um die Verwirklichung seiner eigenen Bauten und derjenigen der Gemeinde sehen wir Lehmann, den exzellenten Kenner des höfischen Titelzeremoniells und der absolutistischen Verwaltungsverhältnisse, als gewiegten Taktiker mit allen erdenklichen Mitteln arbeiten: Er stellt Anträge, pocht auf Ausnahmeregelungen und beschwert sich beharrlich. Gegen adlige und bürgerliche Geschäftspartner führt er ausgiebig Gerichtsprozesse, und sein Talmud-Verleger Gottschalk beklagt sich, Lehmann „gedenckt [...] mich durch vieles Klagen, und wenn ich alle *Instantien* mit ihm durchgegangen wäre, zu *rui*ni*ren*."[1071] Das ist möglicherweise übertrieben. Aber: So viel Willkür die christliche Exekutive gegenüber den Juden auch an den Tag legte, vor Gericht gab es eine Annäherung an Gleichheit, da hatte auch der Jude, vertreten durch einen gutbezahlten christlichen Advokaten, eine reelle Chance. Die zahlreichen erhalten gebliebenen Gerichtsarchivalien deuten darauf hin, dass Lehmann diese Erfahrung genossen hat,

---

1069 https://en.wikipedia.org/wiki/Liefmann_Calmer (18.05.2017).
1070 *Biographisches Lexikon des Kaiserthums Österreich*. Bd. 9 (1863). S. 121. Ich verdanke die Hinweise auf frühe Judennobilitierungen Michael Silber, Jerusalem.
1071 GStA PK Berlin, Rep. 51, Nr. 66–67, Bl. 163, Brief Michael Gottschalks an König Friedrich Wilhelm I. vom 30.09.1727.

auch wenn sie ihn manchmal (Kap. 9.4 und 9.5, Holstein, Seeburg) teuer zu stehen kam.

Er kommt seinen Partnern aber gelegentlich auch um des lieben Friedens willen mit kleinen Zugeständnissen entgegen (Traufe einziehen, Kosten ersetzen, für Verlust entschädigen)[1072], in anderen Fällen arbeitet er mit finanziellen Zuwendungen im Grenzbereich zur Bestechung (Kap. 7.5, Steinhäuser), lässt seine Beziehungen zu den Entscheidungsträgern spielen, schafft notfalls vollendete Tatsachen, verschleppt die Ausführung von angeordneten Maßnahmen.[1073]

Gelingt ihm ein Projekt nicht (Polenteilung), so stehen ihm zu seiner Rettung auch Demutsgesten bis zur Selbstverleugnung zur Verfügung.[1074]

10.1.9 Tätigkeitsstil

Sowohl die Dresdner *Species facti* wie die Briefe an den hannoverschen Schwiegersohn sowie den Vetter und Geschäftspartner Gompertz geben einen Einblick in Berend Lehmanns planendes und organisierendes Denken.

Es ist kein Wunder, dass die Vielzahl und die Vielseitigkeit seiner meist riskanten Unternehmungen ihn umtreiben und nachts nicht schlafen lassen.[1075] Selbst der Satzbau spiegelt seine Unrast: Er möchte so vieles gleichzeitig berichten, dass die Informationen sich überschlagen. Denn da laufen zum Beispiel im Jahre 1721 (Lehmann ist immerhin schon sechzig, für die Lebensverhältnisse des 18. Jahrhunderts ein alter Mann) fast synchron folgende Unternehmungen: die polnische Teilungsinitiative (mit den zu beobachtenden Verzweigungen Berlin, Dresden, Petersburg, Wien, Blankenburg), die Leipziger Messen, das Geschäft in Dresden mit seinen Problemen nach den Getreidelieferungen, der Prozess mit dem Herzog von Holstein; und dazu kommen nach der Verhaftung der hannoverschen Brüder Behrens wegen angeblichen Konkursbetruges Lehmanns per-

---

1072 Vgl. Kapitel 4.4.2 und 4.4.4.
1073 Vgl. Kapitel 4.4.3 und 4.4.4.
1074 Vgl. Dokument B 17.
1075 So schreibt er an seine vom Konkurs bedrohten Hannoveraner Verwandten: „Ich mag so nicht schreiben, wie mir zumuhte ist. So wahr mir Gott helfen solle, Ich kann vor Sorge nicht schlaffen. Das Geldt zu Detmoldt wird ja eingehen [...] Ihr wisset doch, was ich an Euch gethan habe, daß mancher Vatter seinem Kinde nicht thun wird." Zeitgenössische Übersetzung eines hebräischen oder jiddischen Schreibens von Berend Lehmann an Gumpert und Isaak Behrens vom 08.12.1720, NLA Hannover, Hann. 92, Nr. 419, Bl. 80, Dokument W 57.

sönliche Hilfsaktionen für die Verwandten und die Bemühungen, eigene beschlagnahmte Kapitalien wieder frei zu bekommen.[1076]

Oberstes Gebot ist dabei für ihn immer die Erhaltung des eigenen Kredits nicht nur im geschäftlichen sondern auch im wörtlichen Sinne von ‚Glaubwürdigkeit'.

10.2 Versuch einer Gesamtcharakteristik

Berühmt geworden ist Berend Lehmann als Geschäftsmann. Dass er Hofjude wurde und nicht wie sein Vater und dessen Brüder, nicht wie seine Söhne und Neffen im Mittelfeld der handeltreibenden Judenschaft sein Auskommen gesucht hat, dass er in relativ jungen Jahren zum Residenten eines führenden Reichsfürsten aufstieg, verdankt er starkem Selbstbewusstsein und brennendem Ehrgeiz. Ins Mythische erhoben werden diese Eigenschaften durch seine Selbsteinordnung unter die biblischen Urväter (s. den Söhne-Jakobs-Pokal).[1077]

Sein Ehrgeiz war gepaart mit großem Weitblick und der Entschlossenheit zu außergewöhnlichen Unternehmungen. Dafür brauchte es Wagemut sowie die Fähigkeit, instinktsicher erworbenes Wissen um Personen und Verhältnisse reaktionsschnell einzusetzen. Die christlichen Fürstenhöfe nutzten gern sein Verhandlungsgeschick und seine Fantasie für die Lösung ihrer Probleme, ohne ihn aber persönlich wertzuschätzen.

„Groß" bleibt er ohne Einschränkung im Kampf gegen das antijüdische Unrecht des ihn umgebenden „christlichen" Systems unter Ausschöpfung aller seiner privilegierten Möglichkeiten bis in gefährliche Grenzbereiche. Wie die Polen-Teilungs-Geschichte zeigt, geht sein Ehrgeiz aber noch weit über den Kampf gegen das Unrecht hinaus: Er ist bestrebt, eine wichtige Rolle zu spielen, indem er quasi als Staatsmann in die große Politik eingreift.

Die Eigenschaften, die Selma Stern dem Typ des barocken Hofjuden zuspricht, „d[er] erste[n] erkennbare[n] Persönlichkeit der neueren jüdischen Geschichte", sind bei Berend Lehmann in hohem Maße nachweisbar: „Von den Hofjuden früherer Zeiten unterscheidet er sich durch Vielseitigkeit seiner Betätigung im Bereich der Finanzen, der Diplomatie und des Handels und der Politik wie auch durch seine grenzenlose Unrast, sein Interesse an Spekulation und Tat,

---

1076 Vgl. Dokument B 18. *Species facti*, 3. Seite. Über die Rolle, die Berend Lehmann im Zusammenhang mit der Verhaftung seines Schwiegersohnes Isaak Behrens und von dessen Bruder Gumpert Behrens gespielt hat vgl. Kapitel 9.2 dieser Arbeit.
1077 Kapitel 4.6.3.

seine Freude am Erfolg, sein Streben nach Geld und Gewinn, seinen beruflichen Ehrgeiz [...], seine Waghalsigkeit, seine Unbekümmertheit und seine barocke Abenteuerlust, was ihn in eine Linie stellt mit den Condottieri der Renaissance und den frühen Pionieren Amerikas."[1078]

Dass es in seinem siebenten Lebensjahrzehnt mit Berend Lehmann geschäftlich bergab ging, hängt nicht nur mit äußeren Zwängen und Bedrängungen zusammen, sondern auch mit dem Nachlassen dieser Energie (Augusts „alter verlebter treuer Diener")[1079], und da dürften auch die Schattenseiten einiger seiner für den Erfolg verantwortlichen Charakterzüge zutage getreten sein: Sein starkes Selbstbewusstsein führt zur Überschätzung seiner Wirkungsmöglichkeiten, der Wille, das Missgeschick abzuwenden, lässt ihn zum hartnäckigen Prozessierer und eigensinnigen Projektemacher werden.

Er hatte den starken Willen, sich über alle Einschränkungen, denen er als Jude in der alteuropäischen Stände- und Gruppengesellschaft unterworfen war, hinwegzusetzen und so viel Einfluss auszuüben, als wenn er kein Jude gewesen wäre; insofern könnte man versucht sein, ihn einen Vorboten der Emanzipation zu nennen.[1080] Das gilt vor allem, sofern man den Begriff „Emanzipation" juristisch begreift: Lehmann wagt an mehreren Stellen Schritte, die für Juden erst im späten 19. Jahrhundert gesetzlich erlaubt wurden. Aber man zögert, weil zeitgenössische intellektuelle Konzepte wie die des Naturrechts und der Frühaufklärung sicherlich außerhalb seines Denkhorizonts lagen und sein Bestreben noch zu sehr auf sich selbst, zu wenig grundsätzlich und allgemein auf alle Juden ausgerichtet war. So bleibt er eine ehrgeizige und selbstbewusste Persönlichkeit der Vormoderne mit großem Wirkungswillen, ein Barockmensch.

Das veränderte Bild ist differenzierter geworden, harmonisch gerundet ist es nicht, wird es bei einem Menschen, der in so starken Spannungsverhältnissen lebte, bis zuletzt gegen den eigenen Ruin ankämpfend, nie sein können.

1078 Stern, *Hofjude* (wie Anm. 6), S. 15.
1079 Berend Lehmann an August den Starken, 27.07.1724, zitiert bei Lehmann, *Schriften* (wie Anm. 33), S. 146.
1080 J. Friedrich Battenberg verwendet den Begriff „Vorboten der Emanzipation", bezogen auf die intellektuelle Selbst-Emanzipation Baruch Spinozas und Uriel da Costas. Battenberg, J. Friedrich: *Das europäische Zeitalter der Juden. Zur Entwicklung einer Minderheit in der nichtjüdischen Umwelt Europas.* Teilband. 2: *Von 1650 bis 1945.* Darmstadt 1990. S. 53–57.

11 Jüdische Existenzbedingungen im Vergleich

Nachdem das individuelle Hauptziel dieser Arbeit, das sich aus den Dokumenten ergebende neue Berend-Lehmann-Bild, behandelt worden ist, werden nun Ergebnisse zusammengefasst, die zwar mit Lehmanns Person zusammenhängen, aber sich mehr auf allgemeine Zeitverhältnisse beziehen.

11.1 Der Wert des Residenten-Status

Dem Sinn des Wortes nach war Berend Lehmann dort, wo er selbst „residierte" als „Königlich Pohlnischer Resident im Niedersächsischen Crayße" der bestätigte („privilegierte") Vertreter Augusts des Starken im Niedersächsischen Reichskreise, einer lockeren Verbindung norddeutscher Staaten. Da der Niedersächsische Kreis nur noch auf dem Papier existierte, handelte es sich um einen reinen Ehrentitel; wenn Lehmann im Auftrag Augusts des Starken z. B. über territoriale Fragen verhandelte, hatte er jeweils spezielle Vollmachten. Da das „Privilegium" seiner Ernennung verschollen ist, wissen wir nicht, welche „Prärogativen" eines Residenten darin für ihn enthalten waren. Auf jeden Fall war der Titel selten, und er schien für die Zeitgenossen eine gewisse Autorität zu beinhalten. Das kann man aus folgender Szene entnehmen, die sich nach der Schilderung von Lehmanns Schwiegersohn Isaak Behrens 1720 auf der Fahrt zur Leipziger Messe abspielte, als er an der Grenze zwischen Preußen und Anhalt von anhaltischem Militär aufgehalten wurde. „Da steht vor mir", erzählt Isaak, „ein Unteroffizier in blauer Montur, dieser frägt an der Kutsche meines Schwiegervaters diesen, wer er wäre, und erhielt zur Antwort: ‚Der Resident'."[1081] Das heißt, Berend Lehmann ist davon überzeugt, dass die Nennung seines Titels ihm die ungehinderte Weiterfahrt garantiert. Er darf in der Tat passieren, aber wahrscheinlich nur, weil der anhaltische Herzog es gar nicht auf ihn, sondern auf seinen Schwiegersohn und dessen im hannoverschen Staatsauftrag mitgeführtes Geld abgesehen hat.

Interterritorial anerkannte Bestimmungen oder Verabredungen über die Privilegien eines Residenten gab es offensichtlich nicht, deshalb führte Lehmann seinen „Charakter" als Resident mehrfach ins Feld, wenn er Rechte beanspruchte, die über den Status eines „Privatjuden" (normalen Schutzjuden) hinausgingen. Die kurbrandenburgische Regierung sicherte ihm zwar 1699 „alle *immunitäten* und *privilegien*" zu, die ihm „für seine Person und Familie zustehen können wie an anderen Orten dergleichen Königl. Residenten gegeben werden." In diesem

---

[1081] Jost, *Megillah* (wie Anm. 380), S. 44.

Falle handelte es sich um das Recht auf ein repräsentatives Haus in Halberstadt, das ihm generell zugestanden wurde, der Kauf eines bestimmten (des „Schachtischen") wurde ihm jedoch verweigert.[1082] Man sieht an der Formulierung, dass dabei nach sehr unbestimmten Vorstellungen dessen entschieden wurde, was üblich war.

Als er 1724 von der Pflicht zur Registrierung seines „Gesindes" „eximiert" (befreit) werden wollte, wurde ihm eine Erleichterung zugestanden, nachdem er gefordert hatte, „in der Qualitet des Königl. Polln. Residentens im Nieder-Sächsischen Craise" respektiert zu werden.[1083] In diesem Falle konnte auch er selbst sich nur sehr allgemein auf „einem solchen Residenten zukommende Immunitäten" berufen und anführen, dass „kein anderer einer auswärtigen *puissance Resident* unter dergleichen *Examen* zu ziehen seyn wirdt."

Ein zeitgenössisches Lexikon betont, man dürfe einen Residenten nicht mit einem an einem fremden Hof akkreditierten und bezahlten „*envoyé*" (Gesandten) verwechseln. Er sei zwar ein „öffentlicher Bedienter", werde aber kaum mit wichtigen Missionen betraut.[1084]

Zusammenfassend könnte man den „Residenten"-Titel ein von einem Herrscher verliehenes Privileg nennen, das bedeutende Leistungen für diesen Herrscher voraussetzt und den direkten Zugang zu ihm sowie einen besonderen Schutz für den „Residenten" beinhaltet. Fremde Herrscher gestehen einem „Residenten" von Fall zu Fall ebenfalls gewisse Vorrechte zu; diese sind aber nirgends verbindlich festgelegt.

Aktive Residenten mit einer tatsächlich intensiv ausgeübten diplomatischen Funktion waren einige Amsterdamer und Hamburger Sefarden, die zwar nach der christlichen Zwangskonversion ihrer Vorfahren in den Niederlanden und im Heiligen Römischen Reich zu ihrem alten, jüdischen Glauben zurückgekehrt waren, dennoch für die Herrscher ihrer katholischen Herkunftsstaaten Spanien

---

1082 Kurfürst Friedrich II. von Brandenburg an Kurfürst Friedrich August I. von Sachsen, König in Polen, 27.08.1699. GStA PK Berlin, I. HA, Rep. 33, Nr. 94–95, Paket 2 (1698–1713), o. Bl.
1083 Berend Lehmann an König Friedrich Wilhelm I., 27.04.1724, GStA PK Berlin, I. HA, Rep. 33, Nr. 120b, Pak. 3 (1713–1727), o. Bl. Die Datierung und die Einzelheiten sind hier problematisch, denn Lehmann hatte bereits drei Tage vor seinem Protestschreiben an den König die 19 Personen seines Haushalts und außerdem die in der Klaus wohnenden vier Rabbiner mit ihren Familien (15 Personen) registrieren lassen. Vgl. Stern, *Staat* (wie Anm. 46), Bd. II/2, S. 587 nach GStA PK Berlin, Rep. 33 Nr. 212c, 24.04.1724.
1084 Zedler, Johann Heinrich: *Großes vollständiges Universal-Lexicon aller Wissenschaften und Künste*. Halle und Leipzig 1731–1754. Bd. 31. Spalte 715.

und (nach der Loslösung, 1640) Portugal als Handelsagenten, Nachrichtenbeschaffer und gelegentlich als politisch Verhandelnde fungierten.[1085]

11.2 Unterschiede in der judenpolitischen Entscheidungsfindung zwischen Kursachsen und Preußen

Der inzwischen veraltete Begriff des „Absolutismus" verführte dazu, anzunehmen, dass staatliche politische Entscheidungen um 1700 grundsätzlich vom Landesfürsten getroffen wurden. Das Verhältnis Augusts des Starken zu seinem Hofjuden und Residenten Lehmann zeigt aber, wie sehr er durch eine noch stark mittelalterlich-ständisch geprägte Verfassung der Opposition der „Landschaft" ausgesetzt war. Dabei ist nicht immer klar, aus welchem Grund er sich in bestimmten Fällen bei der Begünstigung ‚seiner' Juden durchsetzt, während er in anderen ihre Benachteiligung erlaubt. Es scheint von der Stimmung im Lande zu bestimmten Zeiten abhängig gewesen zu sein. Eine wichtige Rolle spielte dabei, dass die sächsischen Stände gewisse Steuern im Lande selbst eintrieben und ihre Verwendung durch den Landesherrn genehmigen oder verweigern konnten. Wenn er solche Steuern dringend brauchte, musste er ihnen gegenüber nachgeben.

Opposition – gerade in der Judenfrage – gab es auch in Augusts adlig geprägter Regierung unter Gouverneur Fürstenberg und bei seinen konservativ eingestellten Geheimen Räten. Von der Hand hoher Verwaltungsbeamter finden sich ironische Kommentare zu seinen judenfreundlichen Entscheidungen in den Akten.[1086] Ihnen gegenüber konnte er sich allerdings per Reskript einfach durchsetzen.

Entscheidungen, welche die Juden in Brandenburg/Preußen betreffen, entstehen ähnlich wie in Sachsen in einem Spannungsfeld zwischen ängstlicher Ablehnung und vorsichtigem Gewährenlassen. Fortschrittlich sind in Preußen zu Lehmanns Zeit in der Behandlung der Juden nicht (wie noch eine Generation zuvor der Große Kurfürst) die Herrscher, sondern Mitglieder der besonders bevollmächtigten Berliner Hofkammer und ihrer Halberstädter Amtskammer sowie einzelne Geheime Räte des Königs. Auf konservativer Position stehen dagegen die bodenständigen Beamten der Halberstädter Provinzregierung. Da Juden in Halberstadt seit langem in großer Zahl ansässig sind, kann man radikale Maßnahmen kaum anwenden. Es wird von Fall zu Fall im Hinblick auf die beste-

---

1085 Vgl. Wallenborn, Hiltrud: *Sefardische Residentenfamilien in Amsterdam*. In: Ries/Battenberg, *Hofjuden* (wie Anm. 6), S. 115–133, und Studemund-Halévy, *Hamburg* (wie Anm. 1064), S. 164–174.
1086 Vgl. hier das gesamte Kapitel 8.

henden Verhältnisse entschieden, und die weniger vom König als von gemäßigten ‚Judenkommissaren' bestimmten Ergebnisse sind insgesamt so günstig, dass Juden in der Stadt über ein Jahrhundert früher als in Dresden als selbstverständlich akzeptiert sind.

11.3 Die jüdische Beteiligung am Münzwesen[1087]

In der Frühen Neuzeit einigten einige deutsche Landesfürsten als Besitzer des Münzrechts im Interesse einer stabilen, einheitlichen Reichswährung mehrfach auf den Sollanteil von Silber in ihren Geldstücken; sowohl Kursachsen wie Kurbrandenburg waren in diesem Sinne zuletzt an dem „Leipziger Rezess" von 1690 beteiligt. Berend Lehmann hatte zweimal in seinem Berufsleben mit Münzen zu tun; an beiden Stellen ergaben sich in dieser Arbeit Erkenntnisse über die Praxis obrigkeitlich sanktionierter „Münzmalversationen".

Im ersten Fall wurden bestimmte Münzen wegen ihres geringen Silber- und hohen Kupfergehalts im Kurfürstentum Brandenburg verboten („verrufen"), Berend Lehmann konnte solche Münzen weit unter ihrem Nennwert aufkaufen und – nach Erstattung einer „Straff"-Gebühr an den Staat – völlig legal in einem anderen Herrschaftsgebiet zum Nennwert wieder in Umlauf bringen. Dabei half ihm sein Verwandten- und Freundesnetz, herauszufinden, wo die „verrufenen" Münzen noch gültig waren.

Im zweiten Fall ärgerte sich August der Starke darüber, dass in Sachsen große Mengen „malversierte" ausländische Kleinmünzen im Umlauf waren. Die schlechten Münzen wurden nun aber nicht, wie man hätte denken können, durch „gute" sächsische ersetzt, sondern die schlechten ausländischen wurden – zum erhofften Vorteil der Staatskasse – durch noch schlechtere neugeprägte inländische ersetzt. Berend Lehmann und sein Netz waren hier als Ratgeber, Metalllieferanten und Betreiber der Münzstätte beteiligt.

11.4 Sesshaftigkeit von Juden

Im Prinzip wollten die meisten Christen nach den Vertreibungsaktionen des Spätmittelalters Juden nicht wieder bei sich sesshaft werden lassen. Diese Haltung war auch um 1700 noch weit verbreitet; so drohte Preußenkönig Friedrich Wilhelm I. immer wieder mit der „Ausschaffung" aller Juden aus Preußen (die

---

[1087] Vgl. Kapitel 2.2 und 3.5 dieser Arbeit.

allerdings nie verwirklicht wurde), und ebenso wollten die kursächsischen Stände sowie die konservativen Kräfte in der Regierung und Verwaltung Augusts des Starken am Judenbann festhalten. In diesem Sinne sollte, wenn schon Juden anwesend waren, ihre Zahl nicht erhöht werden (Friedrich Wilhelm I.: Schutzbriefe „aussterben lassen", Judenreglement Friedrichs II.: Zahl vermindern!). Solche judenfeindlichen Kräfte hielten logischerweise an dem alten Prinzip fest, dass Juden auf keinen Fall Grundbesitz haben, möglichst nicht einmal auf gepachtetem Grund eigene Häuser besitzen dürfen sollten.

Zwei für Berend Lehmanns Lebensumstände wichtige Fürsten waren anderer Meinung, zunächst Friedrich Wilhelm, der Große Kurfürst von Brandenburg. Er begünstigte im Sinne merkantilistischer Wirtschaftsförderung die regelrechte Ansiedlung von Juden (mit Haus- und Grundstücksbesitz) in seinem Land. Angesichts starken jüdischen Bevölkerungszuwachses blieb sein Sohn und Nachfolger, Friedrich III. (I.) nur halbherzig und schwankend bei dieser Politik, während ab dem Soldatenkönig die Tendenz des Großen Kurfürsten sogar umgekehrt wurde. Allerdings waren inzwischen so viele Juden speziell in Halberstadt sesshaft geworden, dass man den Status quo nolens volens belassen musste. Berend Lehmann hatte zwar um seine Bauten zu kämpfen, war aber schließlich mit mehreren Häusern und ‚seiner' Synagoge fest etabliert.

Im braunschweigischen Blankenburg war der Resident dank seinen Geschäftsverbindungen zum Fürsten die ganz große Ausnahme: einziger im Fürstentum erblich ansässiger Jude, darüber hinaus sogar landwirtschaftlicher Grundeigentümer und Herrenhausbesitzer. Die kleinen Handelsjuden aus der Umgebung durften dagegen während der Marktzeiten nicht einmal in einem Wirtshaus der Stadt übernachten. Der zweite Fürst, der grundsätzlich aus ebenfalls merkantilistischen Motiven die Juden begünstigte, war August der Starke. Er brachte es immerhin so weit, dass „sein Resident" in Dresden ein großes Haus bewohnen durfte; aber die Stände verhinderten, dass es sein Eigentum wurde. Erst ein Jahrhundert später (1837) durften die Nachfahren der durch Lehmann nach Dresden gekommenen Juden in eigenen Häusern wohnen.

Wenn man die drei Orte Halberstadt, Blankenburg und Dresden überschaut, so hatten die Juden in drei verschiedenen deutschen Territorien sehr verschiedene Chancen, sesshaft zu werden: der Befund einer typischen Übergangszeit.

11.5 Religionsspielraum der Juden

Zwar waren auch die Halberstädter Christen nicht gerade judenfreundlich eingestellt, aber nachdem den Juden von dem toleranten Großen Kurfürsten 1669 der Wiederaufbau ihrer durch die Halberstädtischen Stände zerstörten Synagoge erlaubt worden war, fanden sich die Bürger der Stadt und sogar ihre Geistlichkeit allmählich mit der Anwesenheit von Juden ab. Gegen das Anwachsen der jüdischen Gemeinde protestierten sie zwar gelegentlich, und die konservativen Kräfte in der „Halberstädtischen Regierung" behinderten die Errichtung ihrer akademischen Bildungsstätte, aber sogar der Neubau einer prächtigen Barocksynagoge ging schließlich ungehindert vonstatten, die demokratisch verfasste, oligarchisch geführte Gemeinde konnte sich mit Armenfürsorge und eigenem Spital vorbildlich organisieren.

In Blankenburg gab es keine Judengruppen, hier ging es nicht um Gottesdienst, sondern um den Druck eines hebräischen Bibelkommentars. Der Fürst war interessiert, und ein Beginn wurde gemacht, aber ein judenfeindlicher Konsistorialrat und ein neidischer Professor setzten sich mit kleinlichen Bedenken gegen das rabbinische Werk durch. Es fehlte die relative akademische Freiheit, wie sie etwa in Halle (August Hermann Francke) oder Frankfurt an der Oder (Beckmann, Gottschalk) jüdisches Publizieren begünstigte.

In Dresden traf Lehmann auf eine viel entschiedenere lutherische Judenfeindlichkeit als in Halberstadt. In einem Land, wo den Hunderten jüdischen Besuchern der Leipziger Messe nur mit Widerwillen religiöse Zusammenkünfte erlaubt wurden, war die Argumentation von vornherein auf die mosaische Religion als eine angeblich antichristliche abgestellt. Dem Landesherrn wurden, falls man Lehmann mit seinem Anhang ins Land ließe, Katastrophen als Gottesstrafen prophezeit. Rat und Konsistorium schnüffeln Jonas Meyers familiärer Gebetsstunde wie einer Verbrecherverschwörung nach. August der Starke setzt sich zwar in diesem Punkt durch und kann wenigstens die bescheidenste Religionsausübung schützen, aber an eine Synagoge und normale Gemeindestruktur ist lange nicht zu denken. Erst 1751, lange nach Augusts und Lehmanns Tod, konnten die Dresdner Juden wenigstens einen eigenen Begräbnisplatz einrichten. Eine richtige Synagoge bekamen sie erst 1840, 130 Jahre nach den Halberstädter Juden.

Ausblick

Ein Projekt wie das vorliegende bleibt notwendigerweise unvollständig. Irgendwo muss im Interesse der Veröffentlichung ein Schlusspunkt gesetzt werden, und noch während dies geschieht, tauchen Hinzufügungen auf, die eigentlich noch hätten berücksichtigt werden müssen. Die Überlegung, an welchen Punkten weitergearbeitet werden könnte – ja, müsste, führt mich an folgende Stellen künftiger Geschichtsforschung:

Es gibt in der Biografie Berend Lehmanns durchaus noch Lücken, die durch Zufallsfunde wenigstens teilweise geschlossen werden könnten. Über seine Jugend in Essen ist außer seiner Abkunft nichts Sicheres bekannt, dasselbe gilt generell bis zu seinem 26. Lebensjahr und für die späten 1720er Jahre in Halberstadt. Abgesehen vom Protagonisten dieser Arbeit stellt die Geschichte der Halberstädter Juden das umfassendste Desiderat dar. Das bisherige Standardwerk, Benjamin Hirsch Auerbachs *Geschichte der israelitischen Gemeinde Halberstadt* ist über 150 Jahre alt und, da der orthodoxe Autor kein Vertreter der damals methodisch fortgeschrittenen *Wissenschaft des Judentums* war, ist es zwar lebendig geschrieben, aber unzuverlässig. Auerbach berücksichtigt eine große Anzahl rabbinischer Gelehrter aus Berend Lehmanns Zeitgenossenschaft, aber vom kommerziellen und sozialen Alltagsleben erfährt man bei ihm nichts. Eine Ahnung davon, was sich in der über tausend Köpfe starken Gemeinde z. B. auf dem Gebiet der Krankenfürsorge abgespielt hat, bekommt man durch den Zufallsfund in einem Auktionskatalog, wie er hier gerade noch berücksichtigt werden konnte (vgl. Kap. 5.5). Die Central Archives for the History of the Jewish People, in Jerusalem noch in sehr schlichten Behelfsgebäuden und mit einem Karteikartenkatalog arbeitend, haben gerade begonnen, ihre Bestände zu digitalisieren, und sie werden innerhalb des nächsten Jahrzehnts in einem Neubau der Hebräischen Universität angemessen untergebracht werden. Ihre Halberstädter Bestände gehören zu den umfangreichsten, und sie harren der Erschließung, für die allerdings hebräische und jiddische Sprachkenntnisse sehr erwünscht wären. Es dürfte dort aber kaum Archivalien geben, die vor 1648, die brandenburgische Inbesitznahme der Stadt, zurückgehen. Dokumente zur mittelalterlichen Judengeschichte Halberstadts müssten unter den Urkunden des Bistums Halberstadt im Landesarchiv Sachsen-Anhalt in Magdeburg zu finden sein.

Wie wichtig für Berend Lehmann selbst und für das Hofjudentum allgemein das Zusammenwirken in einem Netzwerk war, das wurde in dieser Arbeit an mehreren Stellen klar. Dieses umfangreiche Gebilde müsste von allen seinen

Wirkungspunkten her beschrieben werden. Das war in diesem biografischen Rahmen noch nicht zu leisten.

Ein Archiv, in dem unbedingt in Bezug auf Lehmanns Geldbeschaffung für Augusts des Starken Polenkrone noch über das in dieser Arbeit hinaus Berücksichtigte Material zu finden sein müsste, ist das Sächsische Hauptstaatsarchiv in Dresden. Dabei könnte man einerseits die Hofberichte und die Korrespondenzen prominenter Politiker (Flemming, Wackerbarth, Fürstenberg), andererseits die Landtagsakten durchforsten. Es ginge vor allem darum, die Entscheidungsfindung in dem Machtgerangel zwischen Kurfürst, Adel und Ständen genauer zu untersuchen. Das ist für die Periode zwischen 1694 und 1707 durch Wieland Held geleistet worden[1088], es fehlt aber noch für den gesamten Rest der augusteischen Regierungszeit. Dabei scheinen mir zwei Fragen besonders wichtig zu sein: Weshalb gibt der Landtag in bestimmten Konflikten nach und genehmigt dem Kurfürsten z. B. Gelder, obwohl er seine Politik missbilligt. Und – die Gegenseite derselben Frage – wie kommt es dazu, dass der Kurfürst sich in manchen Fällen per Dekret gegen die Stände durchsetzt, ohne dass diese weiterhin Widerstand leisten. Man bewegt sich da in einem Bereich ohne feste Regeln; es gibt aber Prinzipien, und diese müssten deutlicher werden.

Was ebenfalls im Dresdener Staatsarchiv gründlich erforscht werden müsste, ist das, was in Költzschs Dissertation von 1928, *Kursachsen und die Juden in der Zeit Brühls* angerissen worden ist: die Geschichte der Dresdner Juden zwischen dem Bankrott des Berend-Lehmann-Sohnes Lehmann Behrend und dem Bau der Semper-Synagoge, 1840. Soweit ich sehe, gibt es über das Spätmittelalter und das frühe 19. Jahrhundert nur die recht pauschale Darstellung von Emil Lehmann auf den ersten Seiten des Aufsatzes über seinen Ur-ur-urgroßvater Berend Lehmann[1089] und das Büchlein *Ein Halbjahrhundert in der israelitischen Religionsgemeinde zu Dresden*.[1090] Dabei ist in Dresden genau wie in Halberstadt die sich sehr allmählich vollziehende Selbstemanzipation der Gemeinden und ihrer Individuen hochinteressant.

In polnischen Archiven ist sicherlich einiges über Berend Lehmanns Geschäfte im augusteischen Polen vorhanden. Ich habe mit Hilfe einer jungen polnischen Forschungsassistentin, für deren Arbeit ich sehr dankbar bin, einiges

---

1088 Held, *Adel* (wie Anm. 712).
1089 Lehmann, *Schriften* (wie Anm. 33), S. 116–120.
1090 Lehmann, Emil: *Ein Halbjahrhundert in der israelitischen Religionsgemeinde Dresden. Erlebtes und Erlesenes*. Dresden 1890. Einen kleinen Beitrag leistet auch: Strobach, Berndt: Rezension. Christopher R. Friedrichs: A Jewish Youth in Dresden. The Diary of Louis Lesser. In: medaon – Magazin für jüdisches Leben in Forschung und Bildung. Ausgabe 9 (2015) URL: http://www.medaon.de/pdf/medaon_17_Strobach.pdf.

herausbekommen (vgl. Kap. 5.6 und 7.7), aber zu wenig. Dass der Informationsaustausch zwischen polnischen und deutschen Historikern ganz entscheidend an mangelnden Sprachkenntnissen krankt, ist von Hans-Jürgen Bömelburg überzeugend dargelegt worden.[1091] Ein Periodikum mit englischen Abstracts aller die Geschichte des deutsch-polnischen Verhältnisses betreffenden Publikationen wäre dafür das geeignete Organ. Noch nicht überall auf der Welt ist die Funktion des Englischen als *der* internationalen Wissenschaftssprache begriffen worden.

Schließlich soll noch auf die Bedeutung von Prozessakten gerade für die Geschichte der deutschen Juden hingewiesen werden. Es hat sich in diesem Buch gezeigt, dass Juden vielfach prozessiert haben oder in Prozesse verwickelt waren, das gilt, wie auf mehreren Tagungen des Forschungsclusters Jüdisches Heiliges Römisches Reich zu erfahren war, sowohl für „kleine" Fälle, die vor dem jeweiligen Rabbiner oder vor Rabbinatsgerichten innerjüdisch entschieden wurden (wiederum sind hier für den Historiker Hebräisch- und Jiddischkenntnisse entscheidend) wie für solche, die von normalen herrschaftlichen Gerichten oder gar den kaiserlichen Appellationsinstanzen verhandelt wurden. Für Preußen typisch ist die alternative Gerichtsbarkeit von ordentlichen, prozessual verhandelnden Gerichten und administrativ entscheidenden königlichen Kommissionen. Auch dieser Bereich erscheint mir noch untersuchungsbedürftig.

Das öffentliche historische Interesse liegt seit dem Zweiten Weltkrieg beim Zusammenleben von jüdischen und nichtjüdischen Deutschen im späten 19. und im frühen 20. Jahrhundert, speziell beim Antisemitismus. Auch die spätmittelalterlichen Pogrome erscheinen im Licht dieser Erfahrungen besonders beachtenswert. Die relativ gewaltfreie Periode der späten Vormoderne, in der dieses Buch spielt, erscheint ‚weit weg' und weniger interessant. Das Nebeneinander einer festgefügten Mehrheitsgesellschaft und einer ethnisch und religiös differenten Minderheit hat aber Modellcharakter für zeitnahe relevante Entwicklungen und ist von daher sehr wohl der Aufmerksamkeit wert.

[1091] Bömelburg, Hans-Jürgen: *Polen-Sachsen und die Probleme einer deutsch-polnisch-jüdischen Verflechtungsgeschichte: Der Hoffaktor und Bankier Berend Lehmann.* Manuskript eines Vortrages, gehalten auf einer deutsch-polnischen Historikertagung in Warschau, 2015.

Anhang

Dokumente

Inhaltsverzeichnis der im Buch gedruckten Dokumente

Weitere Dokumente befinden sich auf der Website des Verlages unter:: https://www.degruyter.com/view/product/505595

B 1	18.08.1696 Temeswar	*August der Starke übernimmt des Kaisers Türkenkrieg und braucht dafür Geld* August der Starke an seinen Geheimen Rat in Dresden
B 2	30.01.1688 Halberstadt	*Frühester Beleg für Lehmann in Halberstadt – vergleitet auf den Schutzbrief des Schwiegervaters* Schutzjudenliste der Halberstädtischen Regierung
B 3	28.07.1699 Warschau	*August der Starke will seinem ‚Residenten' zum Schachtschen Hause verhelfen* August der Starke an Kurfürst Friedrich III.
B 4	27.08.1699 Cölln (Berlin)	*Der Brandenburgische Kurfürst hat anderes mit dem Schachtschen Hause vor* Kurfürst Friedrich III. an August den Starken
B 5	20.03.1708 Halberstadt	*Lehmann möchte Klein-Venedig endlich fertigbekommen* Berend Lehmann an König Friedrich I.
B 6	25.11.1729 Halberstadt	*Lehmann fleht um Zahlungsfrist* Berend Lehmann an N.N., hohen preußischen Beamten
B 7	04.04.1727 Frankfurt/O.	*Drucker Gottschalk behauptet, Lehmann wolle ihn ruinieren* Drucker Gottschalk an König Friedrich Wilhelm I.
B 8	24.11.1717 Blankenburg	*Drucken erlaubt, unter engen Zensurbedingungen* Herzog Ludwig Rudolf von Braunschweig und Lüneburg für Berend Lehmann
B 9	01.1718 [Helmstedt]	*Gutachten des akademischen Zensors* Professor Johann Dietrich Sprecher an Konsistorialrat Eberhard Finen
B 10	11.04.1718 Helmstedt	*Der vernünftige Gutachter: zu spät* Professor Hermann von der Hardt an den Geheimen Rat von Cramm
B 11	12.03.1720 Blankenburg	*Geschäftlich mit dem Fürsten auf Augenhöhe* Protokoll des Geheimen Rates von Cramm
B 12	17.10.1707 Leipzig	*Religiös fundierter Protest: August der Starke soll den Judenbann in Sachsen nicht aufgeben* Rat der Stadt Leipzig an August den Starken
B 13	27.03.1718 Dresden	*Ein Geschäft wird organisiert* Urkunden Augusts des Starken
B 14	08.09.1724 Dresden	*Schwere Vorwürfe der sächsischen Finanzverwaltung gegen Meyer* Finanzinspektoren Pfüzner und Springsfeld an August den Starken
B 15	20.02.1725 Dresden	*Lehmann stellt seine bedrängte Situation in Dresden dar und fordert den Schutz des Kurfürsten/Königs ein* Berend Lehmann an August den Starken
B 16	26.05.1721 Karlsbad	*Lehmanns Plan in der Diplomatensprache des Geheimrats von Campen* Thomas Ludolf von Campen: Memorandum zur Teilung Polens
B 17	02.09.1721 [Dresden]	*In Berlin: Drei Diplomaten stellen Lehmann zur Rede* Feldmarschall Heinrich Jakob von Flemming an August den Starken

B 18	11.12.1721	*Lehmann versucht, die „gute Absicht" seines Plans zu beweisen*
	Dresden	Berend Lehmann an die Sächsische Regierung
B 19	16.06.1724	*Lehmann wirft dem englischen König Unmenschlichkeit vor*
	Halberstadt	Berend Lehmann an König Georg I. von Großbritannien
B 20	08.01.1755	*Die Geschichte der Schuldverschreibung Stanisław Leszczyńskis über Lehmanns Tod hinaus*
		Elias Philipp Hirschel an König Friedrich II.

B 1: August der Starke übernimmt des Kaisers Türkenkrieg und braucht dafür Geld

Schreiben Augusts des Starken an seine Geheimen Räte aus dem Feldlager vor Temeswar vom 18. August 1696 – zu Kap. 3.2
Quelle: SHSA Dresden, 10025 Geheimer Rat (Geheimes Archiv) Loc. 10381/48, o. Bl.

Von GOTTES Gnaden Friedrich August, Herzog zu Sachsen, Jülich, Cleve und Berg, auch Engern und Westphalen, Chur-Fürst *p*[1]

Unsern Gruß zuvor, Hoch- und Wohlgeborene, Ehrwürdiger, Veste, Hochgelahrte Räthe, liebe Andächtige und getreue;

Es haben Ihre Kayserl. Majt. mit Vorstellung, wie durch die langen und schweren Kriege Dero Lande und Kriegs Caßen dermaaßen erschöpfet wären, daß sie zu Außführung der unternommenen Feld-*Operation* das geringste an baaren Gelde nicht ferner beyzutragen vermöchten, Uns gnädig ansinnen laßen, ein Darlehn von Dreyhundert Tausend Thalern gegen genugsame Versicherung, binnen Jahr und Tag es wiederumb nebst 6 *pro 100 Inreresse* abzutragen, so bald möglich beyzuschießen.

Nun ist Uns zwar der Zustand Unserer eigenen Caßen nicht unbekannt und welchermaaßen dieselbe durch die unumgängliche vielfältige Ausgaben von allen Geldern entblößet stehen. Wir haben aber dennoch wohlbedächtiglich erwogen, auch nach eingegangener genauer Erkundigung befunden, daß es dem Kayserlichen Hofe allerdings unmüglich fallen will, Uns, da wir nunmehr im Begriff, eine wichtige Belägerung oder was sonsten die *Conjuncturen*[2] mit sich bringen möchten, andere *operation* zu unternehmen mit einigen Geldmitteln unter die

---

[1] *P*, an anderen Stellen auch *p.p.* = *praemissis praemittendis* = das Hierherzusetzende hierhergesetzt. Abkürzungsformel für lange Titel.
[2] Die militärische, politische Lage.

Arme zu greiffen, ohne welche jedoch nichts fruchtbarliches zu hoffen, vielmehr aber zu befürchten, daß Wir dadurch an Unserer *Gloire* und *Reputation* umb ein mercklliches gekräncket, auch alle bisher gehabte Sorgfalt, Mühe und *Spesen*, auch *Hazardirung* Unserer eigenen Person, nur vergeblich angewendet seyn würde.

In dieser Ansehung und zu Bezeigung Unserer gegenüber Ihrer Kayserlichen Majestät tragenden *Devotion*[3] Wir Uns entschloßen, das gnädigst angesonnene Darlehn zu Handen zu schaffen, der Zuversicht, es werden darzu noch anlängliche Mittel in Unseren Landen, so schwer es auch zugehen möchte, außzufinden und anzuschaffen seyn.

Wie Wir Euch denn hiermit gnädigst befehlen, Ihr wollet Euch gleich nach Verlesung dieses nebst Zuziehung einiger aus dem Mittel Unserer Steuer- und Cammer-*Collegiorum* zusammen verfügen und Euren Pflichten gemäß reiflich überlegen, auf was Arth und Weiße Wir zu Erreichung Unserer gnädigsten *Intention* gelangen möchten, also zwar und solchergestalt, daß gleich die Helfte oberwehnter Summe an baaren Mitteln, die andere Helfte aber durch Wechsel-Briefe, Leipziger Michaelis Marckt zahlbar, übermachet werden möchten[4], alß Unser Geheimer Kriegs-Rath Christoph Dietrich Bohße der Jüngere, welchen Wir zu solchem Ende abgeschicket, mit Befehl, binnen 3 Wochen bey Unserem Feldlager sich wiederumb einzufinden, außführlichen mündlichen Bericht erstattet haben wird.

Damit aber diejenigen, so auß treuer gegen Uns tragender *Devotion* einige *Capitalien* zu Herbeybringung obgedachter Summe vorschießen oder sonst ihren *Credit* darzu *employiren* möchten, umb so viel mehr der Wiederbezahlung versichert seyn können, alß geben Wir Euch, wie hiermit beschiehet, vollkommene Macht und Gewalt, von Unseren Cammer-Güthern oder anderen richtigen Einnahmen so viel alß von nöthen zu *hypotheciren* und denen *Creditoren* biß zur Befriedigung derer *Capitalien* und *Interessen* einzuräumen[5], halten aber darfür, daß auf die an Unsere *General-Kriegs*-Cassa von einer getreuen Landschafft bewilligte Zwey Hundert Tausend Gülden und so denn auf die Leipziger Münze, wenn selbige der Kaufmannschafft oder dem Rathe daselbst unter gewißen Be-

---

3 Der Verehrung, die wir ihm entgegenbringen.
4 150.000 Reichstaler müssten also sofort bar beschafft werden, während für weitere 150.000 Reichstaler Wechsel (Zahlungsversprechen) ausgestellt werden müssten, die bereits sechs Wochen später (die Leipziger Herbstmesse beginnt am 29. September) fällig würden.
5 Die kurfürstlichen Landwirtschaftsbetriebe würden, falls die Einkünfte zur Deckung der Kredite nicht ausreichen, in den zeitweiligen Besitz der Gläubiger übergehen. „hypothezieren"=als Pfand einsetzen.

dingungen *ad interim* eingeräumet würde, ein zulängliches Darlehn zu erlangen seyn möchte.[6]

Wiewohl Wir dies alles und insonderheit den *modum tractandi* Eurer Uns bekannten *Dexterität* anheimbstellen[7], auch alles, was Ihr hierunter thun und schaffen werdet, gnädig [?] halten[8] wollen. Der gnädigsten Zuversicht Lebende, Ihr werdet Unß in diesem *frangenti*[9], und da Unsere Ehre, *Gloire* und *Reputation* darunter haubtsächlich *versiret*[10], mit Eurem treuen Rathe nicht entstehen, sondern die Sache ihrer Wichtigkeit nach überlegen, vermitteln und beschleunigen helffen.

Darunter geschieht Unser Will und Meynung Und Wir seynd Euch mit Churf. Hulden und Gnaden jederzeit wohlhörig zugethan.

Geben im Feldlager vor *Temeswar* den 8./18. *Aug anno* 1696[11]

Friedrich Augustus

B 2: Frühester Beleg für Lehmann in Halberstadt – vergleitet auf den Schutzbrief des Schwiegervaters

Der Halberstädtischen Judenschafft Schutzbriefe [...] 1688 (Auszug) – zu Kap. 4.4
Quelle: GStA PK Berlin, I. HA, Rep. 33 Nr. 120c, Bd. I (1649–1701), Bl. 16r.

Actum Halberstadt, den 30 *Januariii ao.* 1688. sind der Halberstädtischen Judenschafft Schutzbriefe *examini*ret, und folgender gestalt befunden worden.
[...]
4. *Moises Levin* von 56 Jahren, hat Frau und 3 Töchter, so noch unverheyrathet und ein eigen Hauß unterm Rathe[12], stehet mit in dem Schutz-Brieffe *sub 3 de dato* Grüningen, den 27. *Novembris* 1666.[13] Zählet zu seiner *Familie* seine beyden

---

6 Außer der Verpfändung von Gütern kommen zwei weitere Geldquellen in Frage: 200.000 Gulden (= 133.000 Reichstaler) vom Landtag bewilligte Steuergelder und die zeitweilige Verpachtung der Leipziger Münze an private Unternehmer.
7 Die Vorgehensweise wird der Geschicklichkeit der Adressaten überlassen.
8 Etwas gnädig halten = es gutheißen.
9 *Frangente* italienisch für: Notlage.
10 „Darunter versieren" = davon abhängen.
11 Das doppelte Datum rührt daher, dass es sowohl nach dem neuen, gregorianischen Kalender angegeben wird wie nach dem alten, julianischen. Das julianische ist das spätere.
12 Berend Lehmanns Vermieter, sein Haus steht unter der Jurisdiktion des Stadtrates, das bedeutet höchstwahrscheinlich: in der Bakenstraße.
13 Er beruft sich auf den in Gröningen ausgestellten Schutzbrief der unter 3 genannten Person.

Schwiegersöhne, nahmentlich *Moyses David* und *Simson Salomon*. *Moyses David* à 36 Jahren, hat ein eigen Hauß unterm Rath, Frau, 3 Kinder alß 2 Söhne und 1 Tochter, *Item* 1 Magd.

Simson Salomon à 27 Jahren wohnet bey *Moyses David* im Hause, hat eine Frau und eine Tochter, aber kein Gesinde.

[...]

7. *Isaac Goël* à 28 Jahr hat ein eigen Haus unterm Rath, Frau, 2 Söhne und 1 Tochter, 1 Magd. Berufft sich auff des Vaters Schutz-Brieff *sub nro.3*.[14] In dessen *Familie* wohnen und berufen sich auf eben den Schutz-Brieff

sein Bruder [seine Brüder] *Arend, Gottschalck* und *Levin Joel* und sein Schwager *Berend Lehman*.

Arend Goel à 26 Jahr, hat Frau, 3 Söhne, 2 Töchter, ein eigen Hauß unterm Rath, 1 Magd.

Gottschalck Goel 24 Jahr, hat Frau, 2 Söhne und 5 Töchter, 1 Magd, ein eigen Haus unterm Rath.

Levin Joel[15] à 23 Jahren, hat Frau, 2 Söhne, 1 Magd, 1 Knecht, hat ein Haus auff Jahre auff der Freyheit.

Berend Lehmann à 24 Jahren hat Frau, wohnet bey *Moises Levin* im Hause.

B 3: August der Starke will seinem Residenten zum Schachtschen Hause verhelfen

Schreiben Kurfürst Friedrich Augusts I. von Sachsen, Königs in Polen, an Kurfürst Friedrich III. von Brandenburg, 28. Juli 1699 – zu Kap.4.4.2
Quelle: GStA PK Berlin, I. HA, Rep. 33, Nr. 94–95, Pak. 2 (1698–1713), o.Bl.

[außen auf dem sonst leeren ersten Blatt] 28. *Julii* 1699
Schreiben vom König in Pohlen wegen Dero *Residenten Bernd Lehmanns Immunitäten* zu Halberstadt
[auf dem zweiten Blatt]
Dem Durchlauchtigsten Fürsten, Unserm Freundlichlieben Vetter und Bruder, Herrn Friedrichen dem Dritten, MargGrafen zu Brandenburg [usw.]
Wir, Friedrich August, von Gottes Gnaden König in Pohlen [usw.] Entbieten dem Durchlauchtigsten Fürsten, Unserm freundlich lieben Vetter und Bruder,

---

14 Der Vater der Joel-Brüder, Joel Alexander, war bereits 1678 gestorben; er ist deshalb nicht mehr selbst in der Judenliste von 1688 verzeichnet.
15 Levin Joel erscheint in Kapitel 4.4.3 als Verkäufer eines Hauses an Berend Lehmann, in Kapitel 6.6 als Markthändler in Blankenburg.

Herrn Friedrich dem Dritten [usw.] Unsere Freundschafft und was Wir liebes und gutes vermögen zuvor.

Es werden sich Euer Liebden Zweifels ohne annoch wohl erinnern, welcher maßen Wir unterm *Dato* des 28/18ten *Novembr:* 1697 bey Deroselben geziemende Ansuchung thun laßen, damit Unser *Resident* in dem Niedersächsischen Crayse *Berndt Lehmann* in dieser *qualität* in Halberstadt nicht allein geduldet und für Unsern *Residenten* geachtet, sondern ihme auch die deßfalls zukommenden freyheiten und *prærogativen* zustatten kommen möchten. Demnach nun Euer Liebden damahl zu Unserem besonderen Vergnügen Unserm freundbrüderlichen ersuchen stattgegeben, auch an Dero Regierung in Halberstadt den gemeßenen [gemäßen] Befehl deßfalls, und daß ihme Unserm *Residenten* ein Hauß daselbst zu seiner *commodität* zu kauffen und zu bauen erlaubet seyn solle, ergehen laßen; Und Wir nun durch gedachten Unsern *Residenten* allerunterthänigst benachrichtiget worden, daß nunmehro Euer Liebden ergangenen Befehl entgegen ihme nicht allein die zu seiner Wohnung erkauffte und fast aufgebaute Behausung wieder abzutreten, sondern auch vor [für] Dero Regierung in anspruch genommen, und gleich andere *privat* Juden sich zu stellen zugemuthet werden wolle,

Gleichwie nun dieses der von Euer Liebden einmahl ertheileter *Conceßion* entgegen [ist], und gnädigst Unser *Resident* dadurch in einigen miß*credit* und außer Stand gesetzt wird, Unß diejenige treue unterthänigste Dienste zu leisten, so Wir Uns von ihme versehen[16], alß finden Wir Uns gemüßiget, Euer Liebden nochmahlen freundbrüderlich zu ersuchen, Dieselbe belieben, noch mahls Uns zu Liebe an gedachte Dero Regierung zu Halberstadt gemeßenen Befehl ergehen zu laßen, daß offtberührter Unser *Resident* bey denen erkaufften Häusern, wie auch sonst allen seinem *caracter* zukommenden Freyheit- und *immunit*äten geschützet und gehandhabet[17], auch bey niemanden anders als Uns selbsten in anspruch genommen oder *Subject* gemachet[18] werden möge; Dahingegen Wir Euer Liebden zu allen freundvetterlichen gefälligkeiten willig und erböthig verharren. Geben auf Unserm Schloße zu Warschau den 28ten *Julii* 1699

[in persönlicher Handschrift]
Ewr. Lbd. freundwilliger Vetter und Bruder
Augustus Rex
[Gegenzeichnung] vBeichlingen

---

16 Die wir von ihm erwarten.
17 Behandelt.
18 Jemanden in Anspruch nehmen: Forderungen an ihn stellen. jemanden subjekt machen: ihn (einer Maßnahme) unterwerfen. Offenbar beansprucht August der Starke damit Rechtshoheit über seinen Residenten.

B 4: Der Brandenburgische Kurfürst hat anderes mit dem Schachtschen Hause vor

Entwurf eines Briefes Kurfürst Friedrich III. von Brandenburg an Kurfürst Friedrich August I. von Sachsen, König in Polen, 17./27. August 1699 – zu Kap. 4.4.2
Quelle: GStA PK Berlin, I. HA, Rep. 33, Nr. 94–95, Pak. 2 (1698–1713), o.Bl.
[flüchtige Konzeptschrift mit vielen Abkürzungen, nicht alles entziffert]

[am Rand] Coelln[19] 17/27 *Augusti* 1699. an den König in Pohlen wegen der Freyheiten, die der *Resident Lehman prætendiret*[20]
Durchlauchtigster –
Aus Ewr. Königl. M[ajestä]t und [Ew. Kurfürstl. Gnaden?] freundbrüderlichem [?] Schreiben des jüngst verwichenen Monats *Julii* haben Wir mit Erstaunen [?] ersehen, welcher gestalt Dero Resident im Nieder-Sächsischen Crayse, Berend *Lehman* bey Ew. Kön. *Mt.* und [Kurfürstlichen Gnaden] sich beschweret, daß ihm wegen seiner zu Halberstad erkaufften Häuser einige Schwierigkeit gemachet, auch die ihm wegen seines *Caracters* zukommenden *praerogativen* und Freyheiten nicht verstattet würden, und was für Ew. Mt. und [Kurfürstliche Gnaden?] deshalb von Uns Belang wollen.[21]
Nun erinnern Wir Uns gantz woll, wohin Wir Uns gegen Ew. Kön. *Mt.* und [Kurfürstliche Gnaden?] damahlen, als Dieselbe gedachten Lehman zu Dero Residenten bestellet, erklähret haben, und können Ew. Kön. Mt. [usw.] festiglich *persuadiret* seyn, daß Wir es auch daran gahr nicht ermangeln laßen, vielmehr alle *immunitäten* und *privilegien*, die bemelter *Lehman in personalibus*[22] für seine Person und Familie zustehen können, wie an anderen Orten dergleichen Königl. *Residenten* gegeben werden, ebenfalls genau und willig gestatten wollen. Glauben also nicht, daß etwas, so Er diesfalls mit Fuge *prætendiren* kann, ihme bisher werde verweigert seyn, wird auch nicht ermanglen, gehörige *remedirung*[23] zu erfahren.
Was aber die von ihm erkaufften Häuser belanget, da haben wir vor Uns[24] Ihm dieselben wohl gönnen wollen, Es haben aber Unsere Halberstädtischen Land Stände dawieder so viel erhebliche Vorstellung bey Uns gethan, und sind nun diese Häuser zu einem anderen dem *publico* unentbehrlichen Gebrauch dergestalt

---

19 Cölln, der westliche Teil der Doppelstadt Berlin-Cölln.
20 Verlangt
21 Was für Belang ... wollen: was Sie bei uns erreichen wollen.
22 *In personalibus*: in Hinsicht auf Personen.
23 Abhilfe.
24 Vor Uns: was uns betrifft, von uns aus.

benöthiget gewesen, daß es bey dem von Ihm desfalls getroffenen Kauff *Contract*, ohne dadurch bey dem Lande ein immerwehrendes *gravamen*[25] zu veruhrsachen, unmöglich gelaßen werden können. Dannenhero Ewr. Kön. Mt. [usw.] Dero Uns bekannt hohen *æquanimität*[26] nach ohne Zweifel folglich befinden werden, daß zwar bemeltem Lehman sein ausgelegtes Kauf *pretium* sambt den auf die Häuser verwendeten Bau- und *Meliorations*-Kosten[27] wieder erstattet wird, und woran es gar nicht ermangeln soll, Er sich damit billig zu begnügen habe.

Wir wollen auch nicht glauben, daß gedachter Lehman wegen Seiner in unseren Landen treibenden Handlung oder auch wegen seiner Gründer [Grundstücke] und anderen *Immobilien* unterm *praetext*[28] des von Ewr. Mt. Ihm beigelegten *Caracters* einige Freyheit und *exemption prætendiren* werde, zumahlen bekandt, daß solcher *Caracter* in dergleichen Dingen keine *prærogative* gibt und dadurch so wenig die auf den *immobilibus* lastende *onera* als auch die auf die Handlung gelegte *imposten* gehoben werden können[29],

Ewr. Königl. Mt. [usw.] werden Uns hierüber hoffentlich Beyfall geben, und sind Wir im übrigen erbietig, bemeltem Dero *Residenten* in allen Begebenheiten dergestalt begegnen zu laßen, daß Er sich mit Fuge im geringsten nicht wird zu beschweren haben, deßen Ewr. Kön. Mt. [usw.] festiglich *persuadiret* seyn wollen, als Dero Wir.[30]

Coelln 17/27 *Augusti* 1699.

[am Rand] An den König in Pohlen.

[nicht identifiziertes Handzeichen]

---

25 Einen schweren Nachteil.
26 Wörtlich: Gleichmut; hier gemeint: Einsicht.
27 Melioration: Verbesserung.
28 Unter dem Vorwand.
29 Und dadurch (durch den Titel eines Residenten) genauso wenig (auch nicht) die auf Immobilien lastenden Abgaben wie die Handelssteuern erlassen werden können. Offenbar wehrt sich Friedrich hier gegen die am Schluss des vorigen Dokuments erhobene Forderung Augusts, den Residenten insgesamt seiner eigenen Juisdiktion zu unterstellen.
30 Der Satz wurde offensichtlich bei der Reinschrift automatisch mit den üblichen Formeln ergänzt.

B 5: Lehmann möchte Klein Venedig endlich fertigbekommen

Eingabe Berend Lehmanns an Friedrich I., König in Preußen, vom 20. März 1708 – zu Kap. 4.4.4
Quelle: GStA PK Berlin, I. HA. Rep. 33, Nr. 120b, Pak. 2 (1698–1712), o.Bl.

Allerdurchlauchtigster, Großmächtigster König
allergnädigster Herr,
Ew.Königl. *Mayestät* habe ich zu verschiedenen mahlen alleruntherthänigst angeboten, wegen meines angefangenen Baues von der Halberstädtischen Regierung ergangene *inhibition*, wie bereits den 20. *Decembris anni posterioris* geschehen, ferner allergnädigst auffzuheben und vorgedachter Regierung alles ernstes zu *demandir*en, mir diesen Bau ungehindert fortsetzen und vollenden zu laßen.

Wann ich aber mit allergnädigster Königl. *resolution* deshalb noch nicht versehen worden, itzo aber die Zeit ist, da mit dem Bau am beßten verfahren werden kann,

dieses Gebäude auch zu Ehren Ew. Königl. *Mayestät* und dem *Publico* zur Zierde anfertigen und dadurch Niemand zu nahe kommen laßen [will], vielmehr verhindere, daß an diesem Ort, wo das Gebäude zu stehen kömbt, alles unsaubere abgeschafft und dem *publico* zum besten rein und sauber gehalten wird; bitte ich nochmahls alleruntherthänigst, Ew. Königl. *Mayt.* geruhen allergnädigst, der Halberstädtischen Regierung ergangene *inhibition* nochmahls allergnädigst auffzuheben und derselben nachdrücklich zu *rescribir*en, daß Sie mir in Fortsetzung des Gebäudes nicht in geringsten hinderlich seyn, vielmehr, weil solches dem *publico* zum besten mitgeschiehet, mir darin beförderlich seyn sollen, zumahl ich das Gebäude dergestalt auffführen laße, daß es der Königl. Regierung daselbst nicht im geringsten hinderlich ist, und da [wenn] hierbey noch ein Bedencken seyn möchte, so will geschehen laßen, daß auff meine Kosten ein Baumeister nacher Halberstadt gesand werde, welcher die *situation* und das Gebäude in Augenschein nehme und daran pflichtgemäß alleruntherthänigst berichte, da sich so dann finden wird, daß es mit der von den Hoff- und Cammer-Räthen schon abgestatteten *relation* übereinkommet und, was da wieder vorgegeben worden, der Wahrheit nicht gemäß, weniger[31] daß ich mich unterstanden, den Bau der gemeinen[32] Straße zum Verderb und dem Wasserfluß hinderlich einzurichten.

---

31 Noch viel weniger wird sich herausstellen, dass ...
32 Öffentlichen.

Und weil mir dieser Bau bereits einige Tausen Thaler kostet, so verhoffe mit deßen Fortsetzung bey itziger Zeit allergnädigst erhöhret zu werden und verbleibe
Ew. Königl. *Mayestät*
allerunterthänigster
Berend Lehmann, Königl. [Polnischer] und Churfürstl. Sächsischer *Resident*.
Halberstadt den 20.ten *Martii* 1708

B 6: Lehmann fleht um Zahlungsfrist

Brief Berend Lehmanns an einen nicht genannten hohen preußischen Beamten vom 25. November 1729 – zu Kap. 4.5 und 9.1
Quelle: GStA PK Berlin, I. HA, Rep. 33, Nr. 120b, Pak. 4 (1728–1739), o.Bl.

Hochgebohrner Herr,
Gnädiger Herr Geheimer *Etats*- und Krieges-*Ministre*
Ew. *Excellenz* ist in Gnaden bekandt, daß von Sr. Hochfürstl. Durchl. zu Ansbach eine Anforderung *ad* 6000 rthl. an mir gemachet worden, und das deshalb geführte *negotium*[33] rühret von 1699 her, da ich ohnmöglich die *Connexion* mehr wißen kann, wie alles eigentlich abgethan.[34] So viel aber finde ich, daß ich mich am 22. *Dec.* 1699 *obligiret*, das *duplicat* von einer *Obligation ad* 30/m[35] rthl. an das Hochfürstl. Haus Ansbach herbeyzuschaffen. Und daß die Sache in allen ihre Richtigkeit längst erlanget haben müße, zeiget ein *Revers* von Hochfürstl. Hause Eisenach, so *Ao.* 1703 und 1705 ertheilet worden. Bey diesen Umbständen nehme ich in unterthänigstem Vertrauen zu Ew. *Excellenz* gehorsamste Zuflucht und zugleich in anhoffender gnädiger Erlaubnüß die Freyheit, anliegendes *Memorial*, worin als eine Beylage angezogener[36] *Revers* befindlich, zu *addressiren*[37], mit gantz gehorsamster Bitte, Ew. *Excellenz* wollen durch Dero hohes Vermögen bey bewandten[38] Umständen gnädig verhelfen, daß nicht allein die bereits angeordnete *Execution* des Herrn *General Major* von *Marwitz* aufgehoben, sondern mir auch die 3 Monathliche Frist allergnädigst verstattet werde, damit diese alte Sache überleget und dem Befinden nach ohne Schmählerung meines *Credits* abgethan werden könne.

---

33 (Lat.) Geschäft, Transaktion.
34 Wie sich (damals) alles abgespielt hat.
35 30 mille: 30.000.
36 Angezogener: oben erwähnter.
37 Sich ihm zuzuwenden.
38 Den geschilderten.

Wie denn Ew. *Excellenz* aus dem unterthänigsten *Memoriale* gnädig ersehen werden, dass ich zu Abthuung der Sache einen *Expressen*[39] nach Ansbach geschicket.

Ew. *Excellenz* gnädiger Hülffe alles überlaßend, verharre unter zu erzeigender *reeller* Erkendtlichkeit und *devotestem Respect*

Hochgebohrener Herr, Gnädiger Herr Geheimer *Etats-* und *Krieges-Ministre*
Ew. *Excellenz* unterthänigster Diener
Berendt Lehmann
Halberstadt d. 25 t. *Novembris* 1729

B 7: Drucker Gottschalk behauptet, Lehmann wolle ihn ruinieren

Brief des Druckers und Buchhändlers Michael Gottschalk an den preußischen König Friedrich Wilhelm I. vom 04.04.1727 – zu Kap. 5.1
Quelle: GStA PK Berlin, I. HA, Rep. 51, Nr. 66–67, o. Bl.

Allerdurchlauchtigster, Großmächtigster König, Allergnädigster König und Herr,

Ich habe im Jahr 1697 mit Bernt Lehmannen, Juden in Halberstadt, einen *Contract* getroffen, daß ich ihm innerhalb gewißer Zeit und gegen gewiße Zahlung 2000 Stück *Talmude* drucken und einbinden laßen solte, und habe zu deßen ehern Versicherung auch die von Kayserl. Majest. wie ingleichen die von Ihro Churfürstl. Durchl. Hochseel. Gedächtnis erhaltene *Privilegia* aushändigen müßen.

An statt nun daß ermelter Bernt Lehmann nachdem unserm *Contract* an beyden Seiten in soweit und insbesondere von mir gäntzlich und in allen Genüge geschehen, ich die 2000 Stück *Talmud* geliefert, mir nunmehr die *Privilegia* restituiren sollen, als wozu ich dieselbe vermöge itzt angeführtem *Contracts, n:b: A* verbindlich gemachet[40], hat derselbe nicht nur Selbe biß diese Stunde an sich behalten, sondern sich auch derselben, welches wohl unerhört ist, dergestalt gemißbrauchet, daß er aus Vorgeben, die *Privilegia* auf 20 Jahr an sich gebracht zu haben, solches sein offenbahr fälschlich vorgegebenes Recht einem anderen Juden, *Simon Schotten* aus Frankfurt am Mayn *cedirt,* und demselben verstattet, daß dieser Jude *Schott* den *Talmud* in Holland drucken laßen mochte, besage seiner eigenen Bekäntniß *B.* Mit welchem unrechtmäßigen Drucke auch bald der Anfang

---

39 Mit der wöchentlich verkehrenden *ordinari* Post an den dem Empfänger nächstgelegenen Postort befördert und von dort per (auch reitenden) Boten zugestellt.
40 Gottschalk fügt als Anlage „A" den Vertrag von 1697 bei.

gemachet, und hiervon eine ansehnliche Zahl nach Leipzig auf die Oster Meße 1715 gebracht worden; Nun habe ich zwar inständigst gesucht, daß die noch übrige unverkauffte *Exemplaria* dem Juden *Schott* abgenommen werden möchten, welchem Suchen auch der *Magistrat* in Leipzig *deferirt;* Auf beständiges im Grunde⁴¹ falsches und ertichtetes Vorgeben des Lehmans aber, daß nehmlich nicht ich, sondern er den *Talmud* drucken zu laßen berechtiget, habe ich in Leipzig meinen Zweck nicht erreichen können; und wie nun Lehmann dadurch, daß er die im *Contract n:b: C stipulirte* Strafe verwürcket, und also 2000. *Ducaten,* als die Hälfte der Obrigkeit und die andere Hälfte mir zu zahlen schuldig ist, also hat mir auch derselbe durch den unrechtmäßigen Nachdruck des *Talmuds* den größten Schaden, zu meinem *ruin,* zugefüget; und habe ich mir zwar daher und weil des Lehmann falsches Vorgeben und listiges ungerechtes Unternehmen aus dem *sub A allegirten Extract* unseres *Contracts* und sel. Dr. Beckmanns Attest D gantz hell und klahr erscheinet, bißher Hoffnung gemachet, daß *Lehmann* in sich gehen und mir würde gerecht werden; Nachdem aber alles vergeblich, und das höchste Unrecht von der Welt seyn würde, wann der Jude *Lehmann* bey seinem hochstrafbahren Verfahren leer ausgehen und *profitiren,* ich aber biß zu meinem gäntzlichen *ruin* darunter leiden solte, *cum deceptis non decipientibus subveriendum*⁴² gleichwohl mein Zustand nicht zuläßet, mich in einen weitläufigen *Prozeß* verwickeln zu laßen, die Sache auch an sich so bewant ist, daß mit Verhören daraus nicht zu kommen,

so ersuche Ew. Königl. Majest. allerunterthänigst, mir armen hintergangenen Manne die Gnade zu thun und zumahl wegen Ew: Königl. Majest. dabey mit *versirenden Interesse* dero *General-Fiscal Duhram* allergnädigst zu *committiren,* diese Sache in Berlin zu untersuchen und an Ew: Königl. Majest. davon Bericht abzustatten;⁴³ Getröste mich allergnädigster Erhörung, alß
    Ew: Königl. Majest. allerunterthänigster
    Michael Gottschalck
    Frankfurt an der Oder den 4. *April* 1727
    *George Christoph Erasmi. TitCom adr. ff*⁴⁴

---

41 Von Grund auf.
42 Um die Betrogenen, nicht den Betrüger, soll man sich Sorgen machen.
43 Gottschalk versucht den König dazu zu bewegen, dass er die Sache durch eine Kommission (einen „Auftrag", möglicherweise nur durch eine Einzelperson, nämlich den Generalfiskal Duhram) entscheiden lässt, vor der keine mündliche Verhandlung stattfindet, die also anhand der Akten verhandelt. Vorteil für den Fiskus wäre, dass dem König die Hälfte der eventuell von Lehmann zu bezahlenden Vertragsstrafe zufiele, das wäre das den König „versierende", d. h. ihn angehende finanzielle „Interesse".
44 Erasmi oder Erasmus ist der Anwalt, der den Schriftsatz verfasst hat.

B 8: Drucken erlaubt, unter engen Zensurbedingungen

Privileg Herzog Ludwig Rudolfs von Braunschweig und Lüneburg für Berend Lehmann vom 24. November 1717 – zu Kap. 6.2
Quelle: NLA-StA Wolfenbüttel, 112 Alt 277, Blatt 7–9.

Dem Durchleuchtigstem Fürsten und Herrn, Herrn Ludewig Rudolph, Hertzogen zu Braunschweig und Lüneburg *serenissimus*[45], ist unterthänigst vorgetragen, was an Dieselbe der *Resident Berend Lehmann* wegen *Etablirung* einer hebräischen Druckerey in hiesiger Residentz *supplicando* gelangen laßen und erklären sich darauf hiermit gnädigst, daß *Supplicanten* besagte Druckerey auf nachfolgende, von ihm eingewilligte *Conditiones*, daß nehmlich

1. In besagter Druckerey keine als nur hebräische und andere *orientalische*, keines weges aber teutsche, lateinische, frantzösische oder ander *Littern* gebraucht, auch

2. alles und jedes, so in derselben zu trucken vorfällt, es sey ein gantzer *tractat* oder ein einzelner Bogen, einem von Fürstl. *Consistorio* dahin[46] besonders zu verordnenden *Censori* vorher *ad censuram*[47] übergeben und demselben seine desfals habende Mühe von dem *Entrepreneur* der Buchdruckerey der Billigkeit nach bezahlet werden, weniger nicht[48]

3. der vorerwehnte *Censor* sothane Druckerey öfters zu *visitiren* und dahin zu sehen, daß nicht etwan unter der Hand etwas Verdächtiges, Anstößiges oder wohl gar *blasphem*isches gedruckt werden möge, befugt seyn solle, Gestalt denn zu dessen mehrerer Verhütung

4. *Expresse reserviret*[49] wird, dan und wann einige von denen getruckten Bogen auff des *Entrepreneurs* Unkosten an auswärtige *Universitäten* zu schicken und deren Guttachten darüber zu vernehmen, und wann dann dergleichen Unfug sich äußern und überwiesen[50] [?] werden würde, sodann der *Entrepreneur*[51] nachtrücklich zu bestraffen, wie auch über dem

---

45 (Lat.) wörtlich: Heiterster. In der frühen Neuzeit Anrede für den Herrscher, etwa: Erlauchtester.
46 Dafür.
47 Zum Zwecke der Zensur.
48 Außerdem.
49 Ausdrücklich vorbehalten wird.
50 Nachgewiesen.
51 Unternehmer.

5. bey oftbesagter Druckerey von Jüdischer *Nation* mehr nicht als 1 Drucker nebst 3 Jungen[52] gestattet, die übrige bey diesem Werck erfordernde Leute aber von Christen, und zwar so viel möglich von hiesigen Landeskindern zu nehmen und dazu zu *emploiiren*, auch endlich

6. von allen und jeden in dieser Druckerey verfertigten *Tractaten* oder auch einzelnen Bogen zwey wohl*conditionirte*[53] *Exemplaria*, und zwar eins zu Fürstl. *Bibliothec*, das andere aber zum Fürstl *Consistorio* ohne Entgeld zu senden, gegen Erlegung eines jährlichen *Canonis*[54] von fünfzig Thlr. auff zwey Jahr lang *concediret* und gestattet seyn soll,

Uhrkundlich Ihrer Durchl. Eigenhändiger Unterschrift und nebengetruckten Fürstl. Regierungs *Secrets*.[55]

Blankenburg den 24 *Novembris* 1717.

[Paraphe Ludwig Rudolfs] LR.

[Paraphe vermutlich Thomas Ludolf von Campens, daneben eine weitere, nicht identifizierte Paraphe]

B 9: Gutachten des akademischen Zensors

Schreiben des Professors Johann Dietrich Sprecher an den Konsistorialrat Eberhard Finen vom Januar 1718[56] – zu Kapitel 6.2
Quelle: NLA-StA Wolfenbüttel, 112 Alt 277, Bl. 2–4.
[Undatiertes unsigniertes Schreiben, durch Schrift- und Inhaltsvergleich Prof. Johann Dietrich Sprecher zuzuschreiben, ungefähr Januar 1718]

Dem Hochwürdigen und Hochgelahrten Herrn, Herrn Eberhard Finen, Hochfürstlich Braunschweig-Lüneburgischem Hochbestalten Consistorial Raht, wie auch Hochwürdigen Abt des Closters Michaelstein[57] in Braunschweig

---

52 Gehilfen.
53 Gut erhalten.
54 Einer Gebühr.
55 Geheimsiegel.
56 Ich verdanke Dirk Sadowski Erläuterungen zu den Hebraismen dieses Dokuments. In [...] jeweils die lateinische Umschrift des von Sprecher hebräisch Geschriebenen, in [[...]] Erläuterungen Sadowskis.
57 Das lange vernachlässigte Kloster Michaelstein bei Blankenburg/Harz war im Vorjahr, 1717, unter Finen in ein lutherisches Predigerseminar umgewandelt worden. Finen wohnte und wirkte aber meist in Braunschweig.

Das *Rabbin*ische Werck, welches zu Blankenburg soll *edi*ret werden, sind die *Rabboth* und ein *Complexus Commentazionum*[58] über die 5 Bücher *Mosis* und über die 5 *Megilloth*[59] als *Esther*, in *Threnos*[60] *etc.*, und weil das erste buch *Mosis* von dem ersten Wort *Breschith* bey den Juden daher *Breschith* gennenet wird, so wird auch der *Commentarius* von diesem Wercke genennet *Breschith Rabba*, davon mir der erste Bogen zugesandt worden, der wieder hiebeykömt[61], es gehöret aber noch ein Bogen dazwischen, den ich nicht empfangen. Wie das andere buch *Mosis* sich anfänget *Veeth Schemoth* und daher das 2. buch *Mosis Schemoth* genennet wird, so auch der *Commentarius* von diesem Werck über das andere Buch *Mosis* genennet *Schemoth Rabba*. Das dritte buch *Mosis* heißt bey den Juden *Vajikra*, daher dieser *Commentarius* über daßelbige [dasselbige] heißt *Vajikra Rabba*. Das 4. buch *Mosis* heist *Bemidbar* und dieser *Commentarius* darüber *Bemidbar Rabba*. Das 5. buch *Debharim*, und sein *Commentarius Debharim Rabba*. Das *Canticum canticorum*[62] wird bey den Juden genennet S*chir haSchirim*, und dieser *Commentarius Schir haSchirim Rabba*. Der *Commentarius* von diesem Wercke über das Buch *Ruth* heißt *Ruth Rabba*. Die *Threni* heißen *Echa* und der *Commentarius* darüber *Echa Rabba* oder auch *Eche Rabbathi etc.* Diese *Commentarii* zusammen sind die *Rabboth*.

Dem Namen nach werden sie zu Latein gegeben[63]: *Glossus magnus* von Rabh in *freminino Rabba* in Plurali *Rabboth magnæ vel maiores subintellige*. *Glossus vel Agadoth* daher aber ist es, daß mit dem *nomine Rabboth* gesehen wird auf ihren Autorem, welcher *Rabba* heißt von dem *nomine Rabh*, Chaldæisch in *statu emphatico* hier: *Rabba*, daß sie also *Rabboth* heißen, weil sie ein Werck sind von dem Autore, deßen Nahmen war Rabba. Dieser *Rabba*, Autor der *Rabboth*, heißt mit seinem gantzem Namen *Rabba bar Nachmani* und war Rector der Jüdischen Academie zu Pombeditha im Babylonischen Lande, zu welcher Würde er gelangete, da er 28 Jahr alt war, hat eben [?] gelebet 300 Jahr nach Christi Geburt.

Die Sachen, die in seinen *Commentariis* enthalten, sind *Aggadoth* oder *expositiones Allegoriæ*[64], die die Juden, welche im Jüdischen Lande lebeten und gelebt hatten, von einem geschlechte auff das andere und also auff ihre Nach-

---

58 Eine Kommentarsammlung.
59 *Megillah*, Pl. *megilloth* hebr. für (Schrift-),Rolle'. Bezeichnung für die fünf biblischen Bücher Ruth, Hohelied, Klagelied, Prediger, Esther.
60 Klagelieder des Jeremias.
61 Beigefügt wird.
62 Das Hohelied Salomos.
63 Auf Latein genannt.
64 Auslegungen des uneigentlich Gesagten (z. B. in Gleichnissen).

kommen hatten fortgepflantzet, welche dieser *Autor* zusammen getragen und ein jedes an seinen gehörigen Orth gebracht.

Der *stylus* dieser *Rabboth* kömt fast über ein mit dem *stylo Mischnico*⁶⁵ im *Talmud*, so wohl *propter concisum dicendi genus*⁶⁶ als auch *quoad Dialectum*, darinnen er der Chaldäischen Sprache nahe kömmt.⁶⁷

So finden sich auch viele *voces babbaræ* [?] *potissimu gradu*⁶⁸ darinnen, daher die *Rabboth* den Juden sowohl als Christen schwer fallen zu lesen.

Solche Schwierigkeit zu heben, haben einige Juden darüber *commenti*ret. Der eine *Commentarius* heißt *Mattanoth Kehünna*, der andere *Jede Mosche*, der dritte *Jephe Toar*, welchem letzten der Blankenburgische Jude, der die *Rabboth* mit einem neuen *Commentario* heraus geben will, auf der ersten *Columne* ein paar mahl *alligi*ret⁶⁹, als einmahl unter der Abbreviatur היפ״ית [HaJaFa„T] ist so viel als הבצל יפה תואר [Haba'al Jefe To'ar] [[Verfasser des „Schönen Antlitzes"]] Autor Commentarii in Rabboth, cujus titulus est Jephe Toar, und wiederum וביפ״ית [UVaJaFa „T] ובעל יפה תואר [U-va'al jefe to'ar] et Autor Commentarii Jephe Toar.

Bey den Juden sind diese *Rabboth* in großem Ansehen, daher, wenn Sie eine Erklärung bekräftigen wollen, *provoci*ren⁷⁰ hier auf diese *Rabboth*, wie eben die Christen auf die *patres priorum gentorum*⁷¹ zu *provoci*ren pflegen, werden deswegen öfters von den Juden *citi*ret. Auch pflegen die Christen wieder die Juden diese *Rabboth* öfters zu *allegi*ren.

Was nun betrifft des Juden sein *Rabbini*sches Werck zu Blankenburg, so sind es diese *Rabboth*, welche er mit einem neuen *Commentario* heraus zu geben gedencket, wenn er aber in solcher Weitschweifigkeit fort fährt, wie er angefangen hat, wird es ein Werck als meine Hand dicke⁷² werden.

Er thut wohl, wenn er bey denen *Rabboth in margine* die *loci scripturi* setzet⁷³, wie ich in beygehenden Bogen beygeschrieben habe, deren erstere Zahl das *Capittel*, die anderen den *vers* bedeutet, so wird die *edition* mehr *Grace*⁷⁴ finden.

Hienechst thut er nicht wohl, daß er so viele unnöthige *Abbreviaturen* machet, da er doch Platz genug hat; denn solches den Leser nur verdrießlich machet,

---

65 Im Stil der Mischna (frühe mündliche Fassung des Talmud).
66 Was die Kürze der Ausdrucksweise betrifft.
67 In Bezug auf den Dialekt. Chaldäisch: aramäisch.
68 Barbarische [?] Ausdrücke stärksten Grades.
69 Auf die er Bezug nimmt.
70 Berufen sich auf …
71 Die Urväter.
72 So dick wie meine Hand (breit ist).
73 Er täte gut daran, wenn er am Rand die Schriftstellen vermerken würde.
74 Gefallen, Gnade.

und der nicht sattsahm erfahren ist, kann nicht fort kommen. Diejenige, wo etwa ein Buchstabe hinten weg gelaßen ist, habe ich zum Zeichen im Anfang einige *corrigir*et; wo aber der erste Buchstabe ein gantzes Wort bedeutet, habe ich in Betreffs *Abbreviaturen* einige aufgeschlagen[75], die Buchstaff [?] zum Theil hat, einige aber hat er nicht.[76] Wer nun nicht *satis exercitatus*[77] ist, wie will der heraus kommen? Ich habe sie zwar *ex contextu* schließen[78] können, wer aber zur Genüge nicht darinne *versir*et ist, wie kann der heraus kommen? Thäte also der Autor beßer, wenn er die Wörter vollkommen [ohne Kürzung] setzen ließe, zumahl da ofte in der *linie* noch sattsahm Raum ist.

Dann auch hat sich der Setzer keine Gedancken gemachet, anstatt des ג ein נ zu setzen, zum *Exempel* in dem Worte פדגוג [padgog] *Pædagogus*, setzet er immer hin פדנוג [padnog]. Desgleichen *confundir*et[79] er auch vielfältig das ר et ד.

Nicht weniger sind die *suffixa* zu *regardir*en, daß das *genus* nicht so *indifferent*[80] hingesetzet werde. So findet sich im *text* אינה [ena] welches muß heißen אינו [eno] und zwar אינו בונה [eno bone] [[er erbaut]].

Es findet sich auch, daß die Buchstaben eingesetzet [versetzet?] sind als אמונתו [emunato] [[sein Glaube]].

[Textlücke durch Beschädigung des Blattes am unteren Rand]

[...] *Rabboth* wieder Christum, oder wieder die Christliche *religion* enthalten. Denn ich mich nicht rühmen kann, daß ich sie von Anfang bis zu Ende durchgelesen, weil es ein dickes Werck ist, auch der *Autor* nicht alles reine[81] *tractir*et, sondern, wenn er Gelegenheit findet, bringet er bald diese, bald jene *materie* an und handelt alsdann davon. Wir Christen gebrauchen dergleichen Bücher nur zum nachschlagen, und glaube ich, daß unter allen Christen kein eintziger sich rühmen könne, daß er diese *Rabboth* nach der Ordnung durchgelesen. Muß sich also dieses beym *edir*en finden, wenn Bogen bey Bogen durchgegangen wird, und so alsdann was anstößiges angetroffen wird, kann es ausgelaßen werden. Indeßen könnte man anschlagen[82] einige Wörter, die vom *Messia* handeln, und sehen, was er darüber schreibet. Weil aber einige Tage Zeit dazu erfordert wird, ich mich

---

75 Sprecher hat einige der Abbreviaturen in einem Lexikon nachgeschlagen.
76 Wo einige Buchstaben des Wortes fehlen.
77 Geübt genug.
78 Aus dem Zusammenhang erschließen.
79 Verwechselt.
80 Unachtsam.
81 Ohne Zusätze.
82 Beispielsweise heraussuchen.

aber bearbeiten[83] muß, weil das Halbejahr zu ende gehet, daß ich meine *Collegia*[84] zu Ende bringe, kan ich solche Untersuchung nicht vornehmen.

Außer dem kann ich nicht wißen, was der Jude in dem *Commentario*, welchen er bey die *Rabboth* will drucken lassen, will hinein bringen. Es kann wohl seyn, wenn er bey ein *dictum* kömt, das uns mit den Juden *controvers* ist, daß er daselbst seinen *Zelum Judaicum* ausschütte, welches so denn bey der *revision* muß *notir*et und nach Befinden *expungir*et werden.

Sonst verfahren auch die Christen im *censir*en der Jüdischen Schriften öfters zu hart besonders[?] in den alten Büchern, da die Juden noch mehrentheils unter den Heyden lebten und wieder dieselben hart schrieben, damit sie eigentlich die Heyden und nicht die Christen meinten, dieses wird von den Christen gleich für ehren rührig gehalten.

So findet sich in den *Rabboth*, gleich auf dem ersten Blatt diese *passage:* Gott [?][85] dem *Israelitischen* Volke, was am ersten und was am andernTage erschaffen sey, wegen die anderen Völker der Welt, daß sie nicht meinen sollen, das Jüdische Volck habe an der Erden keinen Antheil, und daher sagen: Ihr Juden seyd ein Volck von lauter Raubgesinde; die Juden auf solchen Fall [?] ihnen wieder antworten könnten: Ihr besitzet eure Länder mit weilen [?], indem ihr geringere Völker vertrieben habet, und ihr Land eingenommen, welches ihr nun besitzet.

Die unter den Christen sich für *Rabbinen* ausgeben[86], nehmen dieses an als eine Lästerung wieder die Christen, da es doch nichts weniger ist, sondern es wird hiermit gesehen auf die Einnehmung des Lande *Canaan* von den Juden, wenn diesen, nachdem sie es eingenommen, die Heyden würden aufrücken [?][87], daß sie als ein rauberisches Volck aus Ägypten gekomen wären, und hätten die alten und rechten Einwohner aus ihren Ländern vertrieben. Die Juden wißen, was sie hiermit zu antworten hätten, nehmlich sie sollten den Heyden sagen: Der Gott *Israels* ist der wahre Gott, und der Schöpfer der Erden, der die Erde samt allem, was darinnen ist, erschaffen hat, kann also als der Eigenthums [Herr?] die Erde austheilen, wem er will. Derselbe hat uns das Land *Canaan* gegeben etc. Wenn[88] diese Erklährung über die *Rabboths* Worte gemacht wird, sehe ich nicht, warum sie sollten ausgelaßen werden, weil sie nicht wider die Christen gerichtet sind.

---

83 Mit der Arbeit heranhalten.
84 Das Semester an der Universität Helmstedt geht zu Ende, Sprecher muss zusehen, dass er sein Kolleg zu Ende lesen kann.
85 Dem Sinne nach: verkündet.
86 Damit sind offenbar – ironisch – übereifrige christliche Zensoren gemeint, die sich nicht ganz so gut wie Professor Sprecher in der Materie auskennen.
87 Dem Sinne nach: behaupten.
88 In dem Kommentar des Halberstädter Rabbis.

Es scheinet, als wenn der Blankenburgische Jude besorget, [die]se *passage* mögte sein Werck verdächtig machen, da er nun den andern Bogen, der in den ersten muß eingeleget werden, weil er allemahl 2 Bogen zugleich wird drucken laßen, zurücke behalten. Diese und andere Stellen müßen dennoch bleiben und könten vom *Censore* in der *præfation*, welche Ihro Durchl. für das Werck wollen gemachet wißen, nach des Wercks Verfertigung erinnert werden.[89]

Zu den mir zugeschickten Bogen hatte ich auf der ersten *Columne* bey dem *Commentario* des Juden über die *Rabboth* ein NB bey den Eintrag [?] כוכבים ומזלות עובדי [*ovde kochavim u-mazalot*] [[Anbeter von Sternen und Sternbildern = Götzendiener]] *qui colunt stellas et astra*[90] gemachet, als welche man sonst annimmt als eine *perijphrasin Christianorum nomine idololatorum*[91], weil *aber* die Juden ihre *capita librorum*[92] *citiren* entweder unter die Anfangs Worte des *capitis,* und von solchen Worten das *caput*[93] also nennen, *e. g.*, wenn sich das *Capitul* anfinge : *et perfectus est*[94], heißt hernach das ganze *Capitul et perfectus est*. Oder sie benennen das *Capittel* von dem Inhalt des *Capittels;* als, wenn in einem *Capittel* gehandelt wird von der Besichtigung des Außatzes [Aussatzes], so heißt hernach das *Capittel* die Besichtigung des Außatzes. Also wird diesem nach das erste *Capittel* in dem *talmudischen Tractat de Idololatria*[95] genennet *Obhde cochabim umazaloth*[96], und weil es nur eine *citation* des *Capittels* ist, kan solches nicht weg gelaßen werden, *salvo honore Christi et Christianorum.*[97]

Muß also in solches Sachen nicht *quid pro quo*[98] *censiret* werden, sondern man muß sehen, ob Christus oder die Christen auch damit *pungiret* werden. Welches denn auch die Uhrsache ist, daß in den *libris Judæorum castratis*[99] man öfter solche wunderlichen *lichmen* [?] vorgenommen, daß kein *sensus* darin ge-

---

89 Könnten in dem Vorwort, das Sprecher auf Veranlassung Ludwig Rudolfs schreiben soll, erläutert werden. Die folgenden Äußerungen beziehen sich auf die Probeabzüge; vgl. Abb. 46. Die lateinischen Transkriptionen der Hebraismen [...] verdanke ich wiederum Dirk Sadowski; in [[...]] stehen seine Erläuterungen.
90 Das ist Sprechers lateinische Übersetzung des vorangegangenen Hebraismus: welche Sterne und Sternbilder anbeten.
91 Eine Umschreibung der Christen als Götzendiener.
92 Kapitelüberschriften.
93 Das Kapitel.
94 Und es ist vollbracht.
95 In dem Kapitel des Talmud über den Götzendienst.
96 Wie oben: Anbeter von Sternen und Sternbildern. Aus christlich zensierten Ausgaben des Talmud ist dieses Kapitel häufig wegzensiert worden, weil die Zensoren glaubten, es beziehe sich insgeheim abschätzig auf die Christen.
97 Wobei die Ehre Christi und der Christen nicht verletzt wird.
98 Eins wie das andere, pauschal.
99 In zensierten (wörtlich: entmannten) jüdischen Büchern.

blieben ist, denn, wann solche *citationes* der *Capittel* weg gelaßen werden, wie kann man wißen, ob es *citationes* sind oder die Worte in einem *context* fortgehen. *etc.*

Letztlich stehet nur einmahl מתילים [*metilim*] da es doch heißen müßte מתילים מתילים [*metilim metilim*] gleich wie also darauf folget ונקבים נקבים [*u-nekevim nekevim*] *foramina foramina i. e. plena foraminum.*[100]

Schließlich suchte der *Autor* wohl, weil die *Rabboth* vielmahls aufgeleget sind und daher die *editiones discrepant*, daß man diese *variantes et lectiones*[101], wann sich dann und wann eine finden solte, mit diesen Worten ließ *in margine* setzen אחר בופתא [*acher wufta*] *aliud exemplar legit hoc vel alio modo*[102], wie in den alten und *raren editiones* man findet, *etc.*

Ich habe zu erinnern vergessen, daß die Juden pflegen ein *punct* zu machen, wo wir ein *punctum colon*[103] und *semicolon* setzen, dieses ist auch etliche mahl in dem beygehenden Bogen versäumet.[104]

B 10: Der vernünftige Gutachter – zu spät

Brief des Professors Hermann von der Hardt an den Geheimrat der fürstlich-blankenburgischen Regierung, von Cramm, vom 11. April 1718 – zu Kap. 6.2
Quelle: NLA-StA Wolfenbüttel, 112 Alt 277, Bl. 33–34.

[Aktenvermerk: eingetroffen] Blankenburg den 13ten *Aprilis* 1718

Hochwohlgeborner Herr,
gestern abend hat der jüdische Blankenburgische Buchdrucker Ihrer Hochwohlgeboren geneigte Hand[105] gebracht, samt ersten Bogen eines *Rabbi*nischen Buchs, nebst Verlangen, wegen der *censur*, daß nichts wieder Christliche *religion* sich drin finde, mein Gutachten zu überschreiben.

In gehorsamster Folge berichte, daß dies Buch aus zwey Stücken bestehe, den *text* und einem *Commentario* über solchen. Der *text* ist selbst ein gar alt Jüdisch

---

100 Sprecher übersetzt den vorangegangenen Hebraismus ins Lateinische: Löcher, Löcher, d. h. voller Löcher.
101 Varianten und Lesarten.
102 Sprecher übersetzt wieder den vorangegangen Hebraismus: Ein anderes Exemplar liest so oder auf andere Weise.
103 Punkt auf halber Zeilenhöhe.
104 Der Brief ist offensichtlich unvollständig erhalten: Schlussformeln fehlen.
105 Handschreiben.

Buch, *Rabboth* genant, ein alter *Rabbin*ischer *Commentarius* über *Pentateuchum*. Dieses Buch ist bißher in *Europa* an vielen Orten unter Christen gedruckt, in *Italien*, Holland, Pohlen, ohne und mit anderer *Rabbinen Commentariis*, davon mehrere *exemplaria* selbst in Händen habe. Solches Buch, wie es von Jüdischen *Doctores* vor alten Zeiten gemacht, und in der Christen Händen aller Orten schon ist, kan nicht wohl im geringsten Stück in einiger neuen *edition* geändert oder *castrirt* werden, Sonst es nichts nütz, der alten *Rabbinen* Lehre daraus zu erkennen, welches nöthig.[106] Solche alte Jüdische Bücher haben hin und wieder freilich einiges, das Christen *touchirt*, sonst wären es keine Bücher *Jüdischer auctorum*, So auch diese alte *Rabboth* über *Pentateuchum*. So mag den nicht wohl in solchem *texte* dieses alten Buchs ichts [etwas] geändert werden, Sonst es nicht mehr gantzes altes Buch, welches dennoch zur *historie* von der lehre der alten Juden höchst nöthig gantz beyzubehalten. So würde über solches altes Buch, welches hier der *text* ist, keine *censur* dienlich oder nütz seyn, weil es zu laßen, wie es vor alten Zeiten geschrieben.

Das ander Stück in dieser neuen *edition* ist ein neuer *Commentarius* über jenes alte *monumentum*. In diesem habe gestern abend und heute früh die ersten 8 *columnen* durchgelesen. Wie nun die *censur* dahin gehen würde, daß *directe* und *aperte*[107] gegen Christliche *religion* nichts geschrieben sey, So ist für allen Dingen zu unterscheiden, Christliche Lehre *en general* und besonders Christi und Aposteln Benennung [?].

Daß Christliche Lehre insgemein nicht solle berühret werden, kan von keinem Jüdischen Buche, sey welches wolle, *prætendirt* werden, Sonst müßten alle Bücher der *Rabbinen* zu *aboliren* seyn. Kan also die *censur* nicht gehen *en general* über alle Jüdische Lehre, welche wieder Christliche gerichtet, *tecte*[108] oder *aperte*.

Als zum *exempel*, in diesem neuen *Commentario*, handelt der *autor* anfangs von der Fürtrefflichkeit des Gesetzes, welches an sich, nach Jüdischer *hypothesi* niemanden würde *touchiren*, unterdeß ist Christliche Lehre, nach Pauli Fürtrag, auff gewiße Maaße wieder Mosis Gesetz und dessen Krafft. So kan man alles und jedes deuten, daß es Christliche *religion*, wo nicht *proxime* doch *remote touchiret*. Solche Dinge aber *castriren*, würde alle Jüdische Bücher auffheben. Möchten demnach auch in diesem neuen *Commentario* solcherlei Dinge keine *censur* erfodern, welche *censur* und folgliche *castratio* oft sehr *subtil* seyn würde.[109] Solcherlei *castrationes* [sind] der Christlichen Kirche[n] *ratione notitiæ de doctrina*

---

106 Eine Dreiviertelseite später erklärt v.d. Hardt, wieso „nöthig".
107 Offen.
108 Verdeckt.
109 Genau und feinfühlig vorgenommen werden müsste.

Judæorum veteri et recenti[110], sehr nachtheilig, da Christliche Lehrer aus jenen eigenen Schrifften genau zu ersehen und zu erkundigen haben, was ihre ehemalige und etwa neuere Lehre sey.

Bliebe also übrig *censura specialißima*[111],wan in dem *Commentario* Christi oder der *Apostel* mit Nahmen schimpflich gedacht würde, wie einige grobe *Scribenten* [?] unter ihnen sich gefunden, welcherlei *exsecrables*[112] unternehmen, wie nicht eine schlechte Feder *censur* sondern Straffe erfodert, also verständigen *Rabbinen* heutzutage selbst verhaßet ist und an anderen unter ihrigen von selbst verdammen. Gegen solche *paßagen* Versicherung zu haben ist eine *continua censura*[113] eines solchen *voluminis* oder mehrerer *tomorum*[114] viel zu *labourieus* und doch kaum zulänglich. Deßhalb meines geringen Erachtens ein festerer Bund [Grund?] zu suchen der Auffrichtigkeit itzigen Jüdischen *auctoris, editoris* und *correctorum*[115], wan etwan Herr *Resident* Lehman gehöriger Maaßen *caution* warte [wahrte][116], daß in solchem neuen *Commentario autor* nichts wieder Christum und Aposteln schmähliges oder *Touchi*rendes wolle einfließen laßen. Welches *vinculum*[117] Hochfürstliche Regirung beßer [?] zu *reguliren* vermag.

Diß habe ohnmaßgeblich von der *censur* dieses Jüdischen Buchs in aller Kürtze anzumerken erachtet

Ihrer Hochwohlgeboren gehorsamster Diener

HvdHardt.

Helmstedt, den 11. *Aprilis* 1718

B 11: Geschäftlich mit dem Fürsten auf Augenhöhe

Protokoll einer Geschäftsverhandlung zwischen Herzog Ludwig Rudolf von Braunschweig und Lüneburg und Berend Lehmann vom 12. März 1720 – Zu Kap. 6.4
Quelle: NLA-StA Wolfenbüttel, 1 Alt 22, Nr. 503, Blatt 2–4.

Actum Blanckenburg auf fürstlichem Schloß, den 12. Martii 1720

---

110 Wegen der Kenntnisse von der alten und neuen Lehre der Juden.
111 Ganz spezielle Zensur.
112 Verdammungswürdiges.
113 Durchgehende.
114 Eines solchen Bandes oder mehrerer Bände.
115 Des jetzigen jüdischen Autors, Herausgebers und der Korrektoren.
116 Dafür garantieren würde ...
117 Fessel, Einschränkung, Kontrolle.

[am Rande] *Praesentes Serenissimi* Durchlaucht, *Ego* der von Cramm[118], *Resident* Behrend Lehman Jude

[Hauptspalte rechts] Es ließen *dato Serenissimus* den *Residenten* Behrend Lehman Juden vor sich fodern und eröffneten ihm, wie Sie 4 diamantene brilliantene Ringe, welche in Nürnberg vor 8000 Gulden besetzet gewesen[119], zu verhandeln gewillt, und wolten also ihn berufen, was er davor zu geben geneigt. Ille.[120]

Nachdem er die Steine gesehen, *declarirte* er, daß er mit dergleichen Wahre zu Genüge versehen und gar überladen wäre, er hätte jedoch einen Jubilirer, der ebenfalls ein Jude, bey sich, welcher einen Handelsman abgegeben könne, und als dieser die Ringe gleichfalls gesehen, *offerirte* er, davor 5000 Gulden zu geben.

Serenissimus wolten dieses Gebot nicht annehmen, sondern bestunden darauf, daß er wenigstens 6000 Gulden geben solte, und weil sie dem Alexander David, Jude in Braunschweig, 8000 Gulden zahlen müßten, verlangten Sie von dem *Resident* Lehman, daß er das *Residuum*[121] von 2000 Gulden gegen einen Aval-Brieff[122], auf instehender Braunschweiger *Laurentii* Meße zahlbar, herleihen mögte, damit der von erwähntem Agenten anhero geschickte Buchhalter befriedigt und ihm die von *Serenissimo* in Händen habenden *Documenta* abgenommen werden könten.

Der *Resident* Lehman war hierauf bereit, den verlangten Vorschuß herzugeben, blieb aber bey dem einmahl gethanen Gebot, vorführend, daß er wegen der mit den Jouwelen in Frankreich entstandenen Veränderung[123] ein mehrers nicht thun könte, zumal der Jude, welcher die 5000 Gulden geboten, 200 Gulden Reukauf geben wolte, um sein Wort zurückzunehmen.

Alß nun *Serenissimus* den Agent Riddern zu sich rufen laßen und ihn vernommmen, was er vor die Jouwelen zu verschaffen gemeint, hat er sich zu nichts gewißes verbindlich machen wollen, sondern sich erklärt, den Juden Alexander David vors erste zu befriedigen, und an seinen *Correspondenten* nacher Holland

---

118 Anwesende: Herzog Ludwig Rudolf, ich, der [Geheimrat] von Cramm ...
119 Für ... gekauft worden sind.
120 [Darauf antwortete] er [Lehmann].
121 Den Rest.
122 Wechsel, auf dem außer dem Aussteller ein Bürge mitunterschreibt. Möglichweise war beabsichtigt, wie in Dok. W 32 die Ehefrau Ludwig Rudolfs als Bürgin heranzuziehen.
123 In ihrer Verteidigungsschrift gegen den Vorwurf des betrügerischen Bankrotts führten die hannoverschen Brüder Isaak und Gumpert Behrens als einen der Gründe für ihre finanziellen Schwierigkeiten an, dass ein großer Posten Juwelen, den sie 1715 gekauft hatten, nicht absetzbar war, weil das vom Regenten Philippe d'Orléans (1674–1723) in Frankreich für Bürgerfrauen erlassene Verbot, Juwelen zu tragen, zum Preisverfall führte. Vgl. Strobach, *Liquidität* (wie Anm. 2), S. 40.

zu schreiben, um zu vernehmen, wie hoch die Jouwelen etwa auszubringen, und wolte er solche Summe auf seinen jetzigen Vorschuß annehmen.[124] Weil aber über solchen Handel woll 3 Monat verstreichen mögten, würden *Serenissimi* Durchlaucht sich gefallen laßen, ihm sein *Capital* mit ½ *per Cent per mese*[125] zu verzinßen, auch dasjenige, was von den Jouwelen nicht zu erheben, alsdann an *Intereße* nachzuleisten.

Serenissimus *resolvirten* daraufhin, daß dem *Residenten* Lehman die 4 Ringe gegen das gethane Gebot der 5000 Gulden zuzuschlagen und ihm ein Wechsel[?]-Brief über 3000 Gulden, welche in der künftigen *Laurentii* Meße nebst dem Intereße á 6 *per Cent*, von dato an zu rechnen zahlbar, ausgestellt werden sollte, dagegen er aber gehalten, diejenigen *Documenta*, welche Alexander David in Händen, sogleich zu *extradiren*, und wurde mir, dem von Cramm, gnädigst anbefohlen, dieses *negotium* auf obige maaße zum Stande zu bringen.

[Handzeichen Ludwig Rudolfs] L. R.

[Am Rand] *In presentia mei et*[126] Cammer Rath Matthiae

[Hauptspalte rechts] *Continuatio eodem die*[127] in des *Residenten* Lehmans Hause

Stellte ich dem *Residenten* nochmahls vor, wie sehr viel Schade *Serenissimus* leyden würden, wann Sie die 4 Ringe vor 5000 Gulden weggeben solte, und mögte es selbiger derohalben auf 3 Monat davor annehmen, als dann ihm diese *Summe* wieder erlegt werden solte[128], welches er aber gar nicht *acceptiren* wolte, dahero obiges mit ihm geschlossen wurde.

[Beiliegender Zettel]

„ Au Marechal de Cramm

Monsieur,

je permets que sans plus de délay l'on verse au Resident Lehmann, au juif, les juyaus, par 5000 florins et que payment se faße de 3000 florins á 6 pour cent [unleserlich, sinngemäß : contre] lettre de change.

je suis, Monsieur,

votre [unleserlich] *affective*

Louis Rudolphe[129]

---

124 D.h. von der Schuldsumme von 8.000 Gulden abziehen.
125 (Italienisch) *per mese:* pro Monat, was auf 6 % pro Jahr hinausläuft.
126 In meiner Anwesenheit und der von ...
127 Fortsetzung am selben Tag.
128 Lehmann sollte die Ringe also als Pfänder beleihen.
129 „An Marschall Cramm: Monsieur, ich erlaube, daß ohne weitere Verzögerung dem Residenten Lehman, dem Juden, die Juwelen ausgehändigt werden, für 5.000 Gulden, und daß man 3.000 Gulden gegen Wechsel gezahlt bekomme. Ich bin ..."

ich sähe gern, daß es mit dem Juden bliebe, wie es heute dießen Morgen ist abgeredt worden und kann er daß [?][130]

[Beigefügt auf halbem Blatt]

<u>2000 Rthlr.</u> Blankenburg d. 12 t. Martii 1720.

Von Gottes Gnaden Wir Ludewig Rudolph,

Hertzog zu Braunschweig und Lüneburg

geloben zu bezahlen dießen Unseren *sola*[131] Wechsel-Brieff mit *Zwey Tausendt Thalern, / 2000 Rthl.Courr.*[132] sambt denen *à dato* auffgelauffenen Zinsen *ad 6 pro Cent*, an den *Residenten Behrend Lehmann*, oder deßen *ordre* in künftiger Braunschweigischer *Laurentii*-Meße, *huius anni*.[133] des Wehrts sind wir von demselben *dato* vergnügt, und versprechen also richtige Zahlung.

    Ludewig Rudolph   [Siegel, Handzeichen]

    HzBuL

B 12: Religiös fundierter Protest: August der Starke soll den Judenbann in Sachsen nicht aufgeben

Schreiben des Rates der Stadt Leipzig an August den Starken vom 17. Oktober 1707 – zu Kap. 7.1
Quelle: SHSA Dresden, 10025 Geheimes Konsilium Loc. 5535/12, Bl. 93–96.

P.P.

    An

    Se. Königl. Majt und Churf. Dhlt.

    Leipzig am 17. *Octobris* 1707

Als Ew. Königl. Majt. von dem *Residenten* im Niedersächßischen Creyse, *Berndt Lehmann*, in Unterthänigkeit angelanget[134] worden, daß ihme nebenst seiner *Familie* und einem Bevollmächtigten hier und zu Dreßden gegen Erlegung eines leidtlichen SchutzGeldes wesentlich[135] aufzuhalten und seßhafftig niederzulaßen in Gnaden verstattet, zu dem Ende auch Er mit einem nachdrücklichen[136] SchutzBriefe versehen werden mögte, haben Dieselbe an Dero Hohen Stadthalters

---

130 Der Rest ist unleserlich.
131 Beim Sola-Wechsel ist der Aussteller gleich dem Begünstigten, beides also Lehmann.
132 Kuranttaler: ‚gängige', d. h. überall akzeptierte Talermünze, Wert identisch mit Reichstaler. Siehe https://de.wikipedia.org/wiki/Taler (11.12.2017).
133 Diesen Jahres.
134 Gebeten, aufgefordert.
135 Ohne jeden Aufenthalt einzeln beantragen und per *Leibzoll* bezahlen zu müssen.
136 Eindeutigen, vorbehaltlos gültigen.

Fürstliche Durchlaucht[137] und Uns gnädigst *rescribiret,* Sie und Wir sollten, zu Ergreiffung eines sicheren Entschlußes von der Sache und deren Einrichtung, die unvorgreifflichen[138] Gedancken eröffnen.

Allermaßen aber Ew. Königl. Majt.selbst allerhöchst erlaucht ermeßen, daß dergleichen Begünstigung unterschiedenen Bedencklichkeiten unterworffen, also mögen Wir in aller Unterthänigkeit nicht verhalten[139], wie allerdings sehr viele wichtige Umbstände sich hierbey ereignen, welche mehr das Suchen[140] abzuschlagen als dem selben statt zu geben veranlaßen.

Denn da ist das *petitum*[141], wie nur berühret[142], dahin eingerichtet, daß *Supplicanten* nicht alleine, sondern auch benebenst seiner gantzen *Familie* und einem Bevollmächtigten alhier und zu Dreßden sich wesentlich auffzuhalten, nachgelaßen werden mögte, worunter denn dessen Kinder und DienstGesinde, auch Eydtmänner[143] und SchwiegerTöchter sowohl andere Angehörige mehr, auch dergestalt eine ziemliche Anzahl Persohnen Zweiffels ohne verstanden werden, welche aber sowohl insgemein ihr Jüdisches böses Wesen zu treiben mit unzuläßlichem Wucher, Aufnehm- und Verparthirung[144] gestohlener Sachen undt dergleichen, alß insonderheit ihre *Synagogen* und verdammlichen Aberglauben mit erschröcklichen täglichen Lästerungen unseres Heylandes und Seeligmachers, desgleichen mit abscheulichen Verfluch- und Verwüntschungen derer Christen anzustellen und auszuüben nicht anstehen werden, welches um so viel weniger leidendtlich, als in Ew. Königl. Majt. Churfürstenthum und Landen auf das *crimen blasphemiæ*[145] so hartte und empfindliche Straffen gesetzet und das Hohe Churfürstliche Haus Sachßen durch die vor fast 200 Jahren beschehene Ausschaffung derer Juden[146] einen unsterblichen Nachruhm in der gantzen Christenheit erworben und biß diese Stunde damit erhalten hatt, daß kein Jude

---

137 August der Starke hatte wegen seiner häufig nötigen Residenz in Warschau für Kursachsen den Fürsten Anton Egon von Fürstenberg mit allen Vollmachten als seinen *Statthalter* eingesetzt, der das Land mit Hilfe der *Regierung* verwaltete.
138 Mit der hier geäußerten Meinung wollen die Schreiber der Ansicht des Kurfürsten nicht vorgreifen.
139 Verhehlen, Meinung zurückhalten.
140 Das Ansuchen, den Antrag.
141 Lat. für Bitte, Antrag.
142 Wie oben nur angedeutet.
143 Schwiegersöhne.
144 An- und Weiterverkauf.
145 Das Verbrechen der Gotteslästerung.
146 Die sächsischen Juden wurden sogar schon 1430, also fast 300 Jahre zuvor von Kurfürst Friedrich II., dem Sanftmütigen, aus dem Land vertrieben.

außerhalb derer Meßen in diesen Landen *commoriren*[147], am wenigsten aber sich darinnen seßhafft nähren dürffen, obgleich dann und wann darum mit *offerirung* großer Geld *Summen* angesuchet worden.

Hiernechst vermögen insonderheit die hiesigen *Statuta* und ein von Weyland ChurFürsten Moritzen dem Rathe ertheiltes *Privilegium,* daß niemand, als wer das BürgerRecht erlanget, zu Erkauffung eines Haußes oder sich damit ansäßig zu machen, zugelaßen werden solle; dahingegen den Juden ein solche BürgerRecht zu *conferiren* und sie mithin denen bürgerlichen Freyheiten und Befugnißen theilhafftig zu machen, beydes dem LandesHerrn und der Gemeinde zu großen Nachtheil gereichen würde, solches auch an denen Orthen, wo sie sonst geduldet werden, gantz ungewöhnlich und durch öffentliche LandesGesetze untersaget, maßen denn hierdurch die Bürgerschafften verächtlich gemachet und in einen solchen Zustand gesetzet werden, daß von frembden Orthen sich darein niemand begiebet[148], wie denn nicht wenigen denen übrigen Einwohnern betrübt fallen dürffte, wenn sie von ihren Häußern und Gewerbe schwere *onera* und Bürden abtragen müßten, der Jude hingegen bey einem leidlichen SchutzGelde über Haupt gelaßen würde. Wir wollen geschweigen, daß, wann die Juden an einem Orthe WahrenHandlung treiben, der Christen *commercia* damit unterdrücket und *ruiniret* werden.

Bey welcher Bewandniß wir, jedoch ohne unziemendes Maßgeben[149], in Unterthänigkeit bitten, *supplicirenden* Lehmann mit seinem Suchen abzuweisen und allenfalls bloß vor seine Person, als einen SchutzVerwandten, solange Ew. Königl. Majt. sich deßen gebrauchen, im Lande zu bleiben zu verstatten.

Und wir verharren in niemahls unterbrochener Treue und *Devotion* Ew. Königl. Majt.

 p.p.

Geben zu Leipzig den 17. *Octobris Anno* 1707

B 13: Ein Geschäft wird organisiert

Urkundenmappe zu einem Juwelenkauf durch August den Starken im Jahre 1718 – zu Kap. 7.5
Quelle: SHSA Dresden, OU 14487, Nr. 1–3.

---

147 Lat. *commorire* sich aufhalten (von *mora* Aufschub, Aufenthalt).
148 Die Briefschreiber spielen wahrscheinlich auf die konkurrierende Messestadt Frankfurt am Main an.
149 Ohne dem Kurfürsten Vorschriften machen zu wollen, was ihnen nicht zustünde.

1[150]

Carte Bianco zur Quittung wegen[151] an Seine Königliche Majestät von Pohlen und Churfürstliche Durchlaucht zu Sachsen *p p.* verkauffte *Joubeln* für Rthlr. Zwey Mahl hundert Tausendt *Courant,* welche unß durch Dero *Reßidentn, Behrend Lehmann* fällig [völlig?] bezahlt und vergnüget worden seyn.

Dreßden 27ten *Mærz Ao. 1718* –

[Siegel] *Emanuel Beer*

[Siegel] *Moses Meyers Erbe*

2

Uhrkunden und bekennen hiermit: Demnach Wir von den Franckfurther Juden Emanuel Beer und Moses Meyers Erben verschiedene *Jouwellen,* so Wir zu Unsern eigenen Handen erhalten, vor und umb Zweymahl Hundert Tausend Rthlr Sächs. *Courant* selbst behandelt[152] und erkauffet, der Zustand Unserer *Caßen* aber nicht gestatten will, sothane *Summa* vor der Hand an gedachte Juden baar abzuführen, dannenhero Wir an Unsern *Residenten* im Niedersächsischen Creyße, Berend Lehmann, gnädigst gesinnet[153], ins Mittel zu treten und diesen Vorschuß zu thun, selbiger auch solchen auf sich genommen und Eingangs bemeldte Juden Emanuel Behr und Moses Meyers Erben obige Zweymahl hundert Tausend Thaler statt Unser nach Innhalt der von jetzt besagte Juden Uns gestellten und gehändigten Quittung vergnüget,

alß haben Wir Uns mit ihm, dem *Resident* Berend Lehmann wegen wieder Bezahlung dieser Zweymahl hundert Tausend Rthlr dergestalt verglichen, daß solche *Summa* ihm, seinen Erben oder getreuen Innhaber dieses Versicherungs *Decrets* aus denen Einkünfften derer *Salinen* in Unserem Königreich Pohlen, dem Thaler daselbst zu Fünff *Tympf* gerechnet, wovon er jedoch das *agio* Uns jedes mahl, nach dem alsdann üblichen höchsten Wechsel *Cours* behörig zu berechnen und zurückzugeben hat[154], innerhalb vier Jahren, als nehmlich von und mit dem Ein Tausend Sieben hundert und zwanzigsten biß zu und mit dem Ein Tausend Sieben hundert und Drey und Zwanzigsten Jahre auf Acht *Terminen,* als nehmlich Fünff und zwantzig Tausend Rthlr dem Ersten *Aprilis* 1720, desgleichen Fünff und

---

150 Mit den jeweils vorangesetzten arabischen Ziffern sind die einzelnen Schriftstücke der Mappe bezeichnet.

151 *Carta blanca* ist eigentlich ein Blankoformular, das nur die Unterschriften enthält. Hier: Schriftstück zum Zweck der Quittierung.

152 Erhandelt.

153 Man hat es ihm angesonnen = vorgeschlagen.

154 Unklar, wieso der *Agio,* das ist die Vermittlungsgebühr für eine Finanzleistung, August zwar bei jedem Umtausch von Tympfen in Reichstaler berechnet, dann aber zurückgegeben wird.

zwantzig Tausend Rthlr den Ersten *Julii* 1720, Drey und Dreyßig Tausend Thaler den Ersten *Aprilis* 1721, Drey und Dreyßig Tausend Rthlr dem Ersten *Julii* 1721, Drey und Dreyßig Tausend Thaler den Ersten *Aprilis* 1722, Drey und Dreyßig Tausend Thaler dem Ersten *Julii* 1722, Drey und Dreyßig Thaler dem Ersten *Aprilis* 1723 und Zwey und Dreyßig Tausend Drey hundert und Sechzig Thaler den Ersten Julii 1723 als den Achten und letztern *Termin* nach Innhalt des von Uns unterschriebenen und von Post zu Post[155] von Uns Selbst nachgerechneten Anschlußes nebst *Intereßen à 6 pro Cento*, welche von und mit dem Ersten *Aprilis anni currentis* zu rechnen sind, baar und ohne Abzug entrichtet werden sollen.

Dannenhero haben Wir ihm, dem *Resident* Lehmann, nicht allein über obige *Summa* derer 200000 Rthlr *Capital* und Sieben und Viertzig Tausend Drey Hundert und Sechzig Rthlr *Intereßen* als so viel selbige vom 1ten *Aprilis a.c.* biß zum 1ten *Julii 1723* als den letztern Zahlungs*Termin* laut der *allegirten* Beylagen betragen, Acht unterschiedene, auf bemeldte Posten eingetheilte und gleichfalls auf angeregte Acht *Termine* gerichtete *Assignation[e]s* unter Unserer eigenhändigen Unterschrifft ausgestellet, welche Wir von dem Obristen Mier und dem Cammer Rath Steinhäußer als *arendatoribus* derer *Salinen* jedes mahl statt bahren Geldes anzunehmen hiermit *declariren*, sondern Wir versprechen auch hiermit und Krafft dieses, daß, wann wider beßeres Hoffen die *Salinen* durch Krieg, Pest oder andere Unglücks Fälle, sie mögen Nahmen haben, wie sie wollen, vor Abtrag besagter *assignationen* dergestalt *ruiniret* werden sollten, daß der *Resident* Berend Lehmann seine Befriedigung daher nach Innhalt offtbesagter *aßignationen* in denen gesetzten *Terminen* nicht erhalten könnte, ihm auf solchen Fall die gantze alsdann noch restirende *Summa* von anderen *Paraten*[156] Geldern von Uns und Unseren Nachkommen richtig bezahlet werden soll. Wie Wir denn auch hiemit allen *Exceptionen*, es mögen selbige Nahmen haben, wie sie wöllen, als unter anderen, daß die *Jouwellen* an sich selbst nicht so viel wert gewesen sind, als Wir sie behandelt, ausdrücklich *renunciren* und ihm, dem *Resident Lehmann*, seinen Erben oder getreuen Innhaber dieses Versicherungs *Decrets und dazugehörigen Aßignationen* die würckliche Befriedigung auf angeregte[157] Arth und Weise würcklich angedeyhen zu laßen und weder darauf zu *Compensiren*[158] noch sonst unter was Vorwand es auch sein möge, die Zahlung zu verhindern, hiermit bey Unserm Königlichen Worthe versprechen.

---

155 Jeder einzelne Posten.
156 Vorhandenen.
157 Auf die vorher beschriebene Art und Weise.
158 Hier: Abschläge zu machen.

Uhrkundlich Unserer eigenhändigen Unterschrifft und vorgedrückten Königlichen Innsiegel.

So geschehen und gegeben zu Dreßden den 28 *Martii 1718*
           Augustus Rex
  L.S.   *Manteuffel*

Versicherungs *Decret* für den *Resident Berend Lehmann* wegen der vom 1ten *April 1720* biß zu und mit dem 1ten *Julii 1723* auf 8 *Termine* aus denen Einkünfften derer *Salinen* für empfangenen *Jouwellen* zu zahlenden 200000 Rthlr *Capital* und *Intereßen à 6 pro Cent* gerechnet

[Nach Schriftstück „ 2)" folgt, hier nicht wiedergegeben, der Entwurf eines im Schriftstück „2)" enthaltenen Einschubes]

3

Daß mir, Endes benandtem, heute *dato*, von Seiner Königlichen Majestät von Pohlen und Churfürstlichen Durchlaucht zu Sachßen *tot.tit.*[159] wegen auf Dero an Mich allergnädigst Ansinnen [?], von *Emanuel Beer* und *Moses Meyers* Erben von Franckfurth vorgeschoßenen und bezahlten Zwey mahl hundert tausendt Reichsthlr. *Courant* nebst hirbey lauffende *Intreßens a 6 prC* Jährlich gerechnet, welche vermöge übergebener Rechnung auf thlr 47360 bis 1mo *Julii* 1723 sich belauffen[160]: 8 *Aßignationes* vom heutigen *dato* auf den Obersten Cammer Rath Steinhäußer an Mir, meine Erben oder Briefes Inhaber zahlbahr, alß nemblich

Thlr.
25000 fällig 1mo *April Ao.* 1720
25000 fällig 1mo *Julii Ao.* 1720
33000 fällig 1mo *April Ao.* 1721
33000 fällig 1mo *Julii Ao.* 1721
33000 fällig 1mo *April Ao.* 1722
33000 fällig 1mo *Julii Ao.* 1722
33000 fällig 1mo *April Ao.* 1723
32360 fällig 1mo *Julii Ao.* 1723

---

159 Hier wären *toti tituli* = die vollen Titel einzusetzen.
160 Die Summe von 47.360 Rtl. Zinsen ergibt sich exakt daraus, dass die Zinssumme pro Rückzahlungsrate jeweils auf die Restschuld berechnet wird.

Summa Rthlr Zwey mahl hundert Sieben und Vierzig Tausendt, Drey hundert und Sechtzig *Courant á* 5 Tünff für 1 thlr *Courant*, nebst einer *Genneral obligation* auf diese *Summa* von Hochgedachter Seiner Königlichen Majestät und Churfürstlichen Durchlaucht eigenhändig unterschrieben, Gegen *extradirung* einer Quittung von *Emanuel Beer* und *Moßes Meyer*, daß ich ihnen obige thlr 200 m *Capital* fällig [völlig?] bezahlet, richtig ein Gelieffert worden seyn, welches hirmit quittirendt bescheinige, Dreßden, den 30ten *Martii Ao.* 1718

[Siegel]   Berendt Lehman

4[161]

Demnach Ihro königl. Majt. in Pohlen und Churfürstl. Durchl. zu Sachßen allergnädigst gefällig gewesen, mich mit meiner an Selbige habende Anforderung von Acht und Sechzig Tausend und Fünffhundert Thaler *Capital* an die Einkünffte der Salzwercke in Pohlen zu verweisen, mir auch ein Versicherungs *Decret* unterm 6. *Maii a.c. und* Vier verschiedene *Assignationes* unter der eigenhändigen höchsten Unterschrifft und obigen *dato* auszustellen, alß nehmlich die erstern von Vier tausend und Zweyhundert Thaler den 1ten *Januarii* 1720 zahlbar, die andern von Sieben und Dreyßig Tausend Thaler, den 1ten *Januarii* 1721 zahlbar, die dritte von Neun und Zwanzig Tausend Siebenhundert und Achtzig Thaler den 1ten *Januarii* 1722 zahlbar und die Vierdte und letztere von Neun Tausend Einhundert und Neunzig Thaler den 1ten *October* 1722 zahlbar, gestalten Eingangs bemeldtes *Capital*, wenn die *Intereßen* bis auf diese *Termine* dazu gerechnet werden, den Inhalt der gesambten *Aßignation*, alß nehmlich Achtzig Tausend Einhundert und Neun und Siebenzig Thaler betragen.

So habe ich hiermit über den richtigen Empfang solcher Vier *Aßignationen* und *eventualen* Bezahlung dergestalt quittiren wollen, daß, nachdem solche *Assignationes* würcklich werden eingegangen seyn, an Ihro Königl. Majt. ich obiger *Summa* der Achtzig Tausend Einhundert Neun und Siebenzig Thaler Sächßisch Courant an *Capital* und *Intereßen* halber nicht die geringste *Prætension* mehr zu *formiren* berechtiget seyn will; wie ich dann hiermit allen *Exceptionen*, so mir etwa dießfalls möchten können zustatten kommen, wohlbedächtig *renuncire*. Zu mehrer Gewißheit habe ich diese Quittung eigenhändig unterschrieben und besiegelt.

---

161 Diese Assignation für Lehmanns Schwager Jonas Meyer stammt offenbar aus einem anderen Juwelenkauf Augusts. Das legt jedenfalls die Nachbarschaft der anderen beiden auf Juwelen bezüglichen Dokumente in der Mappe nahe.

Signatum Dreßden, den 9ten Maii 1718.

[Siegel] Jonas Meyer

5[162]

Demnach Ihro Königl. Majt. in Pohlen und Churfürstl. Durchlaucht zu Sachßen allergnädigst gefällig gewesen, mich mit meiner an Selbige habenden Anforderungen von Fünff und Zwanzig Tausend und Fünffhundert Thaler Sächß. *Courant Capital* an die Einkünffte derer Salzwercke in Pohlen zu verweisen, mir auch ein Versicherungs *Decret*, dem die *Specification*, woher diese meine *prætension* rühret, angefüget ist, unterm 4ten *Maii a.c.* und Zwey verschiedenen *Aßignationes* unter Dero eigenhändigen höchsten Unterschrifft und obigen *dato* auszustellen, als nehmlich die erstere DreyZehn tausend Neunhundert und Zwanzig Thaler den 1ten *Octobris* 1720 zahlbar und die andere von Siebenzehn Tausend Einhundert und Vierzig Thaler den 1ten *Octobris* 1721 zahlbar, gestalten Eingangs bemeltes *Capital*, wann die *Intereßen* bis auf diese *Termine* darzu gerechnet werden, den Innhalt derer gesambten *Aßignationes* alß nehmlich Fünfftausend Fünffhundert und Sechzig Thaler betragen, so habe ich hiermit über den richtigen Empfang solcher Zwey *Aßignationes* und *eventualen* Bezahlung dergestalt *quittiren* wollen, daß, nachdem solche *aßignationes* würcklich werden eingegangen seyn, an Ihro Königl. Majt. ich obige *Summa* derer Einunddreyßigtausend und Sechzig Thaler Sächß. *Courant* an *Capital* und *Intereßen* halber nicht die geringste *Prætension* mehr zu *formiren* berechtigt seyn will, wie ich denn hiermit auch allen *Exceptionen*, so mir etwa diesfalls möchten können zustatten kommen, wohlbedächtig *renuncire*. Zu mehrer Gewißheit habe ich diese *Quittung* eigenhändig unterschrieben und besiegelt.

Sign. Dreßden den 27. *Maii* 1718

Johann Melchior Dinglinger

B 14: Schwere Vorwürfe der sächsischen Finanzverwaltung gegen Meyer

Schreiben der kurfürstlich sächsischen Finanzinspektoren Pfüzner und Springsfeld an August den Starken vom 08.09.1724 – zu Kap. 7.6

---

162 Die Tatsache, dass auch der Goldschmied Johann Melchior Dinglinger mit einer Forderung und einem Abzahlungsplan in der Mappe vertreten ist, legt nahe, dass er die von Lehmann und Meyer besorgten und finanzierten Juwelen verarbeitet hat.

Quelle: SLHA Dresden, 10036 Finanzarchiv Loc. 41642 Rep. LVIII, V.-Nr. 4a, Bl. 220.

[Ablagevermerk oben auf dem Blatt]
Mich: 1724: allg: No: 147
Bericht ins Geh. *Consilium*
Dp. [*deponirt?*] 7. Octobr. 1724

Allerdurchlauchtigster Großmächtigster König und Churfürst,
Allergnädigster Herr!
Ew. Königl. Majt. und Churf.Durchl. haben auf Jonas Meyers beschehenes alleruntertthänigstes Vorstellen, wegen derer von denen ihme NeuJahresMeße 1723 und also zu spät bezahlten rückständigen KornGelder zu fordern habende *Interessen*, und Bitten, ihm das dieserwegen *liquidirte*[163] bezahlen zu laßen, unterm 15. *July a.c.*, weil das Land mit vielen sehr schlechten Getreyde bey der Lieferung versehen worden, mithin diese Forderung nicht billig scheine, allergnädigst uns anbefohlen:
Wir solten, wieweit solche Forderung bestehen könnte, unsern untertthänigsten Bericht nebst unmaßgeblichen Gutachten des förderlichsten gehorsamst erstatten, dabey zuförderst E.[iner] getreue[n] Landschafft[164] diesfalls beschehene Verwilligung und den darauf erhaltenen Abschied *de ao 1722* zum Grunde nehmen, auch nicht übergehen, was ehemahlen die Ober-RechnungsCammer darunter vor *Defecte* gemachet.[165]
Deme zu allergehorsamster Folge haben wir auf beschehenes Nachsuchen der von E.[iner] gesamten Landschafft beym allgemeinen Landtage 1722 alleruntertthänigsten Bewilligungs Schrifft vom 18.*May* 1722 gefunden, daß die Übernahme dieser Forderung § 13 desselben Inhalts der Anfüge *sub A* folgendergestalt geschehen,
Sie, E. gesammte Landschafft, bewilligte ingleichen das, was nach abgelegter und *justificirter* Rechnung der Jude Jonas Meyer wegen des *ao 1719* gelieferten Korns nach vorhergegangener *Examination* von der Ober-Rechnungs-Cammer mit Bestande zu fordern haben könnte, worbey gedachte gesammte Landschafft fernerweit §.18. angeführet:
Die Lieferung wäre nur einigen Personen der hiesigen Gegend, nicht aber dem gesammten Lande zustatten gekommen, es hätte darunter untüchtiges, in Sonderheit unter dem ins Land gebrachten SaamenGetreyde, sich befunden, welche

---
163 In Rechnung gestellte, geforderte.
164 Die Stände.
165 Was sie bemängelt hat.

der Jude nichts desto weniger denen armen Leuten zur Aussaat, und zwar den Scheffel Gerste um 3 Thaler 14 Groschen 9 Pfennige verkauffet, dadurch aber ihrer viele, weil es nicht aufgegangen, in bitteres Armuth versetzet worden, zu geschweigen, daß es dem *Lifferanten* nicht schwer würde gefallen seyn, mit dem übrigen Getreyde zu rechter Zeit vor der Ernde loßzuschlagen, daher, wenn er hierbey einigen Schaden erlitten, er sich solchen selbst zu *imputiren* hätte. Es hätte auch selbiger, dem Vernehmen nach, in der größten Theurung das Getreyde zurückgehalten und vielen derer von weiten herzugekommenen, wann sie einige Tage vergebens gewartet, endlich kaum einen Scheffel, so nur auf etliche Tage hinlänglich gewesen, ihren Hunger zu stillen gereichet, welches Ew.Königl. *Mayt.* und Churf. Durchl. in dem bey besagten Landtage 1722 ertheilten Abschiede, besage der Anfüge *sub B* in hohen Königl. Gnaden vor genehm gehalten und dieses *Puncts* halber sich also gnädigst herausgelaßen:

Sie erkennete mit Gnaden, daß E. getreue Landschafft endlich die Befriedigung des Juden Jonas Meyers wegen des im Jahre 1719 gelieferten Kornes gutherzig bewilligen wollen und befänden vor billig, daß der Jude wegen deßen, so er des angeschafften Getreides halber mit Recht zu fordern haben würde, nach *constituirten* endlichen *Liquido* bezahlet werden möchte.

Nachdem nun solchergestalt die Übernahme der Bezahlung des Judens von E. gesammten Landschafft anders nicht, als wenn deßen Rechnungen bey der Ober RechnungsCammer *examiniret* und *justificiret* wären, geschehen, Ew. Königl.*Mayt.* solches gleichfalls nicht anders *approbiret* und die Bezahlung nicht eher *accordiret*, als bis ein endliches *Liquidum constituiret*[166], welches besage der Beyfüge *sub C* am 12. *Dec. 1722* erst erfolget, worauf der Jude Meyer sich unterm 8. *Januarii 1723 sub D* sofort gemeldet und den folgenden 10. *Januarii* bemelten 1723. Jahres, laut der Anfüge *sub E* seine Bezahlung erhalten, so wird bey solcher Bewandtniß diejenige *Prætension* um so viel weniger bestehen können, da solche vorher angezogener Bewilligung und Ew.Königl. *Mayt.* und Churf. Durchl. Abschied schnurstracks entgegen, indem er die Rechnungen nach dem unterem 18. *April* beygebrachten *Decrete* und allergnädigsten Befehlen vom 9. *Octobr.* und 4. *Nov.*1722 vermittelst ausgestellten schriftlichen Eydes über verschiedne *Puncte* erstlich *justificiren* müßen, weshalb die aus solcher ausgefallenen Forderung, ehe die *Justification* geschehen, nicht *liquid* geachtet[167], noch die Bezahlung desselben

---

166 Eine endgültige Abrechnung vorliegt.
167 Meyers Forderung wurde nicht in Ordnung befunden, weil sie ungenügend begründet (justifiziert) war.

gefordert, viel weniger aber die Zinsen, als ob das ganze *ærarium in mora* seiner Vergnügung *versirete,* nunmehr davon *prætendiret* werden könne.[168]

Ob nun zwar der Jude Jonas Meyer hierwieder für sich anführen könnte, daß Ew.Königl.Mayt.und Churf. Durchl. Ober RechnungsCammer in dem ausgestellten *Attestate sub C* gesaget und bekennet, daß er bis OsternMeße 1722, da er seine Rechnungen geschloßen, 10367 Thaler. 3 Groschen. wegen dieses Getreyde *Negotii* zu fordern hätte, und er nach solchen würcklich vergnüget worden, so würde auch daher sich seine Anforderung nicht weniger *salviren* und die Bezahlung derer *Interessen* von Ostern 1722 bis NeuJahr 1723 auf drey Viertel Jahre ihm nicht abzuschlagen oder zu versagen seyn. Dieweil aber vorher gezeigter maßen die gesammte Landschafft sothanen Vorschuß unter der *Condition,* wenn die Rechnungen bey der Ober Rechnungs Cammer *examiniret,* bewilliget, Ew. Königl. Mayt. u. Churf. Durchl. Selbst auch nicht anders als nach *constituirten* endlichen *Liquido* seine Bezahlung vor billig gehalten, keines weges aber der Schluß deßen Rechnungen *pro termino a quo* der zu beschehenden Vergnügung ausgesetzet oder zu nehmen verwilliget, noch angeordnet und nach dem *Extract sub D* ihme nach *constituirten liquido* darüber auf jetzige Bewilligung Steuer Scheine ausgestellet werden sollen, so dürffte dieses Anziehen, woferne es auch von dem Juden erfolgen solte, von keiner Erheblichkeit seyn oder von selben etwas behaupten können, angesehen, wann der *terminus a quo* seiner *ad liquidum* gebrachten Forderung der Schluß seiner Rechnung einzig und alleine gewesen, hätte selbiger nicht, nach dem hierbey *sub F* befindlichen allergnädigsten Befehle in der OsterMeße 1722 zu Erhaltung seines *Credits* darauf etwas vorschußweise zu suchen [nicht][169] nöthig gehabt. Hiernechst haben auch, um allergnädigst anbefohlener maßen, nicht zu übergehen, was Ew. Königl. *Mayt.* u. Chrf. Durchlaucht Ober Rechnungs Cammer ehemahln vor *Defecte* hierunter *gemachet,* wir mit derselben *Communication* gepflogen, allein von derselben, weil alles vermöge der diesfalls ergangenen allergnädigsten Befehle und durch des Judens ausgestellten schrifftlichen Eydt abgesehen und *passirlich* gemachet[170] worden, nichts erhalten können, dahero auch von solcher alhier nichts anzuführen vermocht, und stehen solchem nach wir in denen allerunterthänigsten, wiewohl ganz unvorgreifflichen Gedanken, daß der Jude, aus vorher angeführten Ursachen, wider E. gesammten Landschafft Bewilligung und Ew. Königl. *Mayt.* und Chrf. Durchl.

---

[168] Schwer verständlich; Sinn: Meyer fordert Zinsen wegen einer verspäteten Zahlung (*mora*) aus der Staatskasse (*ærarium*). Die Forderung ist nach Meinung der Inspektoren unberechtigt, weil er die Verzögerung selbst verschuldet hat.
[169] Das „nicht" des Originals müsste aus logischen Gründen (überflüssige zweite Verneinung) getilgt werden.
[170] So arrangiert worden ist, dass es „passieren" (genehmigt werden) kann.

allergnädigst befohlene *approbation* von Ostern 1722 bis NeuJahr 1723 schlechterdings die Zinsen von dem noch der in *Decembr.* 1722 erfolgten endlichen *Justification* seiner Rechnungen verbliebenen und zu fordern behaltene Reste der 10367 Thaler 3 Groschen 6 Pfennige nicht zu *prætendiren* berechtiget, weil nach der Beylage *sub B* nach *constituirten* endlichen *Liquido* die Vergnügung erstlich erfolgen sollen, welche von der ganzen Forderung der 70367 Thaler 3 Groschen zu verstehen gewesen, und hat der Jude Meyer Ew.Königl. Mayt u. Churf. Durchl. allerhöchster Gnade zuzuschreiben, daß Dieselben in der Oster Meße 1722 zu Erhaltung seines *Credits* ihme 60000 Thaler vorschußweise darauf bezahlen laßen, auch über dieses, wie die Rechnungs *Examinatores* bey der Ober Rechnungs Cammer *discursive*[171] nach der Anfüge *subG* sich vernehmen laßen, der Vertretung derer von denen ihme zugewiesenen begangenen starcken Fehler gänzlich entkommen.[172] Und wenn auch gleich uneingeschränktenfalls obige *Praetension der 466 Th 12 Gr 6 Pf bestehen könte*, so sind doch davon fernerweit von NeuJahr 1723 bis Ultimo May 1724 auf 1 Jahr 5 Monathe liquidirte 39 Thaler 14 Groschen 9 Pfennige Zinß von Zinß sowohl bei dem Steuer-*ærario* als insgemein eine ganz ungewöhnliche und wider die Rechte selbst lauffende Forderung, weshalb solche als etwas ungebührliches und widerrechtliches von selbsten hinwegfallen müßten. Welcher also allergnädigst anbefohlener maßen wir hierdurch nebst WiederEinlieferung des Meyerischen *Supplicats* u Ew. Königl. *Mayt.* und Churf. Durchl. ferneren Entschließung allergehorsamst einberichten und erwarten sollen, weßen sich Dieselbe darauf zu *resolviren* geruhen werden, die wir unausgesetzt lebenslang verharren

Ew. Königl. *Mayt.* und Churf. Durchl.
H. Pfüzner
Chr. Springsfeld
Dreßden 8. *Sept. 1724*

B 15: Lehmann stellt seine bedrängte Situation in Dresden dar und fordert den Schutz des Kurfürsten/Königs ein

Schreiben Berend Lehmanns an August den Starken vom 20. Februar 1725 – zu Kap. 7.8 –
Quelle: SHSA Dresden, 10025 Geheimes Konsilium, Loc. 5535/12, Bl. 409–412.

Allerdurchlauchtigster, Großmächtigster König und Churfürst,

---

171 Gesprächsweise.
172 „Der Vertretung entkommen": er muss es nicht vertreten, nicht dafür einstehen.

Allergnädigster Herr,

Ew. Königl. Majt. und Churfürstl. Durchl. ruhet ohne Zweifel annoch in allergnädigstem Andenken, was maßen Dieselben mir nicht allein laut des *Anno 1708* ertheilten Schutzbriefes,

daß in Dero ResidenzStadt Dreßden ich mit Weib und Kindern und Gesinde mich wesentlich niederlaßen und auf meine und ihre LebensZeit meine nöthigen *negotia* ungehindert treiben möge

erlaubet, sondern auch mich, besage des 1723 erhaltenen *Special* Befehls in Abtragung der *General* Handlungs *Accise*, denen Dreßdnischen Kauffleuthen, *ratione* meiner Handlung, gleichgeachtet wißen wollten, welches nochmahls billig mit allerunterthänigsten Dank erkenne.[173]

Ob ich nun wohl durch höchstgedachte mir ertheilte allergnädigste *Concessiones* sattsam gesichret zu seyn vermeinet, in diesem Vertrauen auch einigen Vorrath von koßtbahren Waaren, dergleichen die Dreßdnischen KauffLeuthe zu führen fast nicht einmahl vermögend sind, außerhalb Landes anhero nach Dreßden auf meines Sohnes Lehmann Behrends Nahmen, um denselben in *Credit* zu setzen, verschrieben habe, davon dann auch etwas in Dreßden bereits angelanget, das übrige aber annoch auf meine Rechnung unterweges und wiederum zu *remittiren* unmöglich ist,

so habe doch nachgehends zu meinen großen Betrübniß erfahren müßen, daß auf widrige und ungegründete Vorstellungen der Dreßdnischen Kauffleuthe, als ob die mir allergnädigst *concedirte* Handlungs Freyheit denen Landes *Constitutionibus* wie auch ihren Innungs *Articuln*, nicht weniger meinen eigenen bey erhaltener Schutz-Freyheit ausgestellten *Reverse* zuwider wäre, worzu noch käme, daß so thane Handlungs-Freyheit den *Ruin* derer Dreßdnischen Kauff Leuthe, so doch Steuern und *Quatembern* geben müßten, da hingegen ich davon gäntzlich befreyet bliebe, mercklich befördern, meinen Sohn anfänglich zwar die Handlung gäntzlich *inhibiret*, sothane *Inhibition* iedennoch nachgehends dahin, daß der vorhandene Waaren Vorrath verkaufft, iedoch ferner keine Handlung verstattet werden sollten, *limitiret* werden.

Nachdem aber, allergnädigster König, Churfürst und Herr, eines iedweden Juden einzige *Profession* bekanter maßen in Handel bestehet, sogar daß, wenn ihnen diese Freyheit entzugen wird, er auf eine andere Art sein Leben zu *conserviren* nicht vermag, mithin nothwendig folgen muß, daß [zu ergänzen: die]

---

[173] Die für die Leipziger Messen wichtigen kursächsischen und Stadt-Leipziger Judenordnungen von 1668, 1675 und 1682 „setzten [...] für die jüdischen Kaufleute viel höhere Prozentsätze als für ihre christlichen Kollegen fest [...]." Freudenthal, *Messgäste* (wie Anm. 29), S. 10. Genaueres war nicht zu ermitteln.

durch den *Anno 1708* mir und denen meinigen verliehenen Schutz zugegebene Freyheit, mich alhier nebst Kindern und Gesinde niederzulaßen, auch auf meine und ihre LebensZeit meine *negotia* ungehindert zu treiben, mir zugleich die Handlungs Freyheit, als worinnen meine *negotia* mitbestehen, *tacite*[174] *concediret* worden sey, welches *de Anno 1723 in puncto* der Handlungs*Accise* allergnädigst mir ertheilter *Special*Befehl noch deutlicher an Tag leget. Denn wann, vermöge desselben in Entrichtung der *General*Handlungs*Accise* ich *ratione* meiner Waaren denen Dreßdnischen KauffLeuthen gleichergestalt werden soll, so ist ja ein unstreitiger Schluß, daß mir die Handlung müßte erlaubet gewesen seyn, oder daß mir wenigstens die Freyheit, selbige zu *exerciren* dadurch gegeben werde, maßen in Ermangelung der Handlung ich ja gar miteinander keine Handlungs-*Accise* zu geben nöthig hätte.

Zu Ew.Königl. Majt. und Churfürstl. Durchl. weltgepriesenen Huld und Gnade lebe demnach ich des allerunterthänigsten Vertrauens, Dieselben werden mich bey meiner einmahl erhaltenen Freyheit mächtigst zu schützen allergnädigst geruhen, und diese um so viel desto mehr, angesehen[175] die von denen Dreßdnischen Kauffleuthen gemachten vermeintlichen *objectiones* gar nichts *in Recessu* haben.[176]

Denn gleich wie niemand sich selbst ein Gesetze vorzuschreiben vermag, davon ihm nicht hinwiederumb abzugehen freystünde, also ist ein LandesFürst als GesetzGeber an die LandesGesetze, als welche bekannter maßen bloß die Unterthanen *obligiren*, keines weges gebunden, sondern es stehet ihm jederZeit frey, dieselben zu *limitiren*, zu *refringieren* oder ganz hinwiederum aufzuheben, welches denn *in præsenti* durch mehrgedachten Schutzbrief *de Anno 1708* und ertheilten *Special*Befehl *de Anno 1723 ratione* meiner auch mündlich geschehen und da sowohl von Ihrer Röm. Kaiserl. Majt. als anderen hohen Chur- und Fürsten des Heil. Röm. Reichs Juden in ihren Landen *toleriret* werden, kann ich nicht absehen, warum Ew. Königl. Majt. sich nicht auch diesfalls der von Gott Ihnen verliehenen Macht und Gewalt, zumahl mein Sohn zur Beförderung Dero Hohen Interesses gereichet, gebrauchen sollten. Gleiche Bewandtnüß hat es mit dem von den Dreßdnischen KauffLeuthen vorgeschützten und in ihren Innungs*Articuln* enthalten seyn sollenden *Privilegiis*. Denn gleich wie Ew. Königl. Majt. allen Rechten nach freystehet, dieselben nach Gefallen zum Theil oder auch ganz hinwiederumb zu *cassiren*, also haben dieselben in sothanen Innungs*Articuln* §.7. Sich ausdrücklich vorbehalten, an selbige nicht gebunden zu seyn, wenn Sie

---

174 Stillschweigend.
175 Angesichts der Tatsache, dass.
176 Letztendlich keinen Gehalt haben.

nehmblich einander den ein- oder anderen Hoff Bedienten mit der Handlungs Freyheit *privilegiren* wollten.

Wenn nun solches *ratione* meiner geschehen, kann dieses die Dreßdnischen Kauffleuthe unmöglich befremden, viel weniger haben sie *raison*, Ew. Majestät allergerechtesten Willen sich diesfalls zu widersetzen. Was den nun bey erhaltener Schutz-Freyheit ausgestellten *Revers* anlanget, so ist in demselben von der Handlung *ne jota quidem* enthalten, sondern er handelt bloß von Ankauffung liegender Gründe, und mithin gehöret er hierher gar nicht.[177]

Am allerwenigsten aber haben die Dreßdnischen Kauffleuthe, als ob sie durch meine Handlung *ruinirt* würden, zu klagen Ursache, anerwogen[178] ich niemahls ein offenes Gewölbe zu führen oder mit meinen Waaren *hausiren* zu laßen, wie sie fälschlich vorgeben wollen, verlangete, sondern mein Suchen gehet allein dahin, daß ich meine Waaren in einem verschloßenen Stübgen, 2 Treppen hoch in meinem Quartier bloß um der Nachfrage willen sowohl vor Ew: Königl. Majt. selbst als vor andere Hoff Bediente verwahrlich behalten, um *civilen* Preiß verkauffen und damit meines Sohnes gemachten*Credit conserviren*, auch weil er sonst keine andere *Profession* gelernet |: wie denn die Handlung aller und ieder Juden eintziger Acker und Pflug ist :| sein gäntzlicher *ruin* dadurch vermieden werden möge, und damit die Kauffleuthe von Entrichtung derer *quatember* nicht mehr so viele *dicentes* machen, mir hingegen meine Befreyung vorwerffen dürffen, so bin ich erböthig, solange von Ew. Königl. Majt. ich die *Concession* der bisanhero gesuchten HandlungFreyheit würcklich *in Effectu* genießen und gebrauchen werde, jährlich einen gewißen *Canonem*, welchen Ew. Königl. Majt. von selbst zu *determiniren* allergnädigst geruhen werden, in aller Unterthänigkeit zu übernehmen. Aber dieses so wollen Ew. Königl. Majt. allergnädigst beherzigen, daß meine vorhandenen Waaren, wann nicht andere dergleichen aufs neue mit angeschaffet werden dürffen, ins Geld zu setzen *pur* unmöglich und gantz *inpracticable* sey, in mehrerer Erwägung, daß in Ermanglung eines Sortiments, nach der bereits vorhandenen Waare niemand fragen, vielmehr selbige aus Beysorge, daß es lauter alte sey, wie *otiös* liegen bleiben, folglich ich in einen unwiderbringlichen Schaden dadurch gerathen würde. Dieweil nun dadurch meine Handlung obausgeführtermaßen weder denen Landes*Constitutionibus* noch denen Innungs *Articuln* derer Dreßdnischen Kauffleute viel weniger meinen eigenen

---

[177] Dieses hier ungünstig platzierte Argument ist nur im Zusammenhang mit dem weit vorher in diesem Schreiben geäußerten Hinweis verständlich, dass sich Lehmanns Recht, in Dresden Handel zu treiben, aus der Gleichstellung mit den „Dresdnischen Kaufleuten" ergibt. Lehmann gibt hier zu, dass in der Tat 1708 nicht ausdrücklich von Handel, sondern nur von Aufenthalt und Sesshaftigkeit die Rede ist.
[178] Abgesehen davon, dass ...

Reverse zuwidergehandelt, am allerwenigsten ich aber denen nur erwehnten Dreßdnischen Kauffleuthen einigen Schaden zugefüget, wohl aber mein und meines armen Sohnes wo nicht gäntzlicher *ruin* doch größten Schaden und Nachtheil vermieden wird, alß nehme zu Ew. Königl. Majt und Churfürstl. Durchl. geheiligten GnadenThron ich hiermit in aller Unterthänigkeit meine Zuflucht mit allergehorsamster Bitte, Dieselben wollen nebst obigen *Motiven* meine dem ChurHause Sachsen über 30 Jahre geleistete treue Dienste allergnädigst behertzigen und aus angebohrener Landes Väterlicher Huld und Gnade die bereits vergönnete Handlungs Freyheit mir und meinem Sohne gegen Entrichtung des versprochenen *Canonis* fernerweit zu verstatten in allerhöchsten königlichen Gnaden geruhen, in deßen Erwartung ich mit aller *devotester submißion* unausgesetzt verharre

 Ew. Königl. Majt.
 Allerunterthänig-gehorsamster
 Berendt Lehman
 Dreßden, den 20. Febr. 1725

B 16 : Lehmanns Plan in der Diplomatensprache des Geheimrats von Campen

Thomas Ludolf von Campen (Berend Lehmann)[179]**,** *Pro humillima informatione*[180]. – zu Kap. 8.3

Quelle: SHSA Dresden, 10026 Geheimes Kabinett, Loc. 3497/5, unpaginiert, undatiert, unsigniert. Das Dokument dürfte um den 26. Mai 1721 entstanden sein.

Es ist weltkundig, wie daß durch die in dem König-Reich *Pohlen* die letztern Jahre über ausgebrochene heftige innerliche Unruhe und unversöhnliche Zwiespalten selbige *Respublique* in eine solche *situation* versetzet sey, daß Sie in Ihrer bißherigen Verfaßung[181] wohl nicht länger bestehen, sondern endlich einen oder anderen von Ihren mächtigen Nachtbahrn zum Raube werden, am allerersten

---

[179] Die Anregung dazu, eine Teilung Polens zu diesem Zeitpunkt vorzuschlagen, stammt von Berend Lehmann, die Argumentation und die Formulierungen stammen von T. L. von Campen. Vgl. Kapitel 8.3.2.
[180] Zur untertänigsten Nachricht.
[181] Als Republik mit mehreren zigtausend adligen Wahlberechtigten.

aber unter Seiner Czarischen *Majestät* unbeschränckte *Protection* und gäntzliche *Dependentz* verfallen dürfte.[182]

Allermaßen zu Beförderung einer solchen *revolution* es dieser Rußischen *Puißance* außer dem in der *Respublique* bereits habenden *præpotenten Credit* in vielen anderen Mitteln, als Verheurathung seiner zweyten *Princeß* an einen oder anderen Pohlnischen *Magnaten* und was dergleichen die *Conjuncturen* sonst mehr an Hand geben möchten, nimmer fehlen kan und wird.[183]

Gleichwie nun aber bey dem Erfolg eines solchen *evenements*[184] sowohl Ihro Römisch-Kaiserl. *Majestät*.[185] an Pohlen gräntzenden Erb-KönigReiche und Lande als auch hiernechst das Römische Reich selbst[186], absonderlich aber des Königs in Preußen und Königs *Augusti* dem Königreich Pohlen nechstangelegene *status*[187] und *Provincien* ihre beständige *tranquillität* und Sicherheit von der *Præpotenz* eines solchen mächtigen Nachtbahrn sich wohl aber nicht jederzeit zuverläßlich zu versprechen, vielmehr, da ihnen sonst allerseits die Entfernung der Rußischen Macht zu wünschen im Gegentheil zu bestehen haben möchten, daß diese *Puißance* Ihre Gräntzen zu jener Nachtheil und beständigen *apprehension*[188] auch außer Pohlen mit der Zeit je länger je weiter fortrücken und erweitern dürffte: So ist dahero zu zeitlicher Vorkommung[189] einer solchen gefährlichen *Situation* sowohl von dem Könige in Pohlen unter der Hand so viel geäußert und *insinuiret* worden, daß, wenn man Ihrer Röm.-Kayserl. *Mt.* beytritt und *conformität* der *consiliorum*[190] nur einiger maßen versichert seyn könte,

So denn diesem bevorstehenden Übel, vermittelst einer zwischen kayserl. Mt., dem Könige in Pohlen, Könige in Preußen und dem Czar von Rußlandt über die Pohlnischen *Provintzien* zu errichtenden *partage Tractato* am füglichsten vorge-

---

182 Zar Peter I. (der Große) bezeichnete sich selbst als „Protektor" Polens. Campen nimmt diese „Protektion" ironisch (als Euphemismus) und übersetzt den Ausdruck als „Dependenz" = Abhängigkeit.
183 Wegen der zahlreichen Schwierigkeiten dieses Satzes erfolgt hier eine Gesamtübersetzung in modernes Deutsch: „Dabei wird der russischen Macht für einen solchen Umsturz ihr hohes Ansehen beim polnischen Adel zugute kommen; außerdem könnte der Zar seine zweitälteste Tochter an den einen oder anderen mächtigen polnischen Adligen verheiraten oder andere günstige Gelegenheiten ausnutzen."
184 Wenn sich die Dinge so zu Gunsten Russlands entwickeln würden.
185 „Römisch" weil Kaiser des immer noch so genannten Heiligen *Römischen* Reiches deutscher Nation.
186 Erstens die dem Kaiser selbst gehörenden habsburgischen Erblande, „nächstgelegen" an Polen: Schlesien, Böhmen, zweitens das gesamte Heilige Römische Reich.
187 Plural, *status*: Staaten.
188 Furcht, Bedrohung.
189 Um einer solchen Entwicklung rechtzeitig zuvorzukommen.
190 Übereinstimmung der Ansichten.

baut, für allen anderen aber der Röm.-Kayserl. *Majestät* zu mehrerer Bedeut- und auch Erweiterung Ihrer Hungarischen und Schlesischen *Provintzien* einen ansehnlichen Theil der Pohlnischen Lande darinnen überlaßen, weniger nicht[191] denen 3 übrigen *Potentzien,* was Ihren angräntzenden *Etats*[192] am *conventionabel*sten[193] aus denen Pohlnischen *Provintzien* und Woyewodschafften angewiesen und darüber zwischen allen 4 *alliirten* eine *mutuelle guarantie contra quoscunque*[194] aufgerichtet werden könte.

Gleichwie nun aber obgeredte beyde Könige von Pohlen und Preußen aus leicht zu erachtenden Ursachen, biß sie die von Sr. Kayserl. Mt. hierüber führende *sentiments*[195] versichert, bey sich allerdings anstehen müßen[196], obige Ihre Absicht sowohl unter sich als auch dem Kayserl. Hoffe *modo legali et consueto* zu entdecken[197], sondern sich darzu einer besonderen, kein Aufsehen erweckenden *Persohn* vorerst bedienet, dabey aber auch sich wohl vorstellen können, daß man hierunter am Kayserl. Hoffe nicht geringere *præcaution* und *Delicateße* gebrauchen – mithin der schwereste *Punct* dieser seyn werde, wie ein Theil dem andern seine Gedanken über die *Question* beybringen könne; So ist dafür gehalten und *concertiret*[198] worden, der Kayserin *Mt* allerunterthänigst Eröffnung davon zu thun.

Solcher gestalt daß, wenn Selbige von Wien aus zurück schreiben würde, daß diese *impresa*[199] eine *Chimere,* man sodann von dem Werck so gleich *abstrahi*ren;[200] fals aber die Erklährung dahin lauten sollte, wie man davon nähere *particularia* am Kayserl.Hoffe erwarten würde, daß man sich so dan an Seiten der Könige von Pohlen und Preußen vermittelst einer kein sonderliches Aufsehen erweckenden Persohn bey Kayserl. Mt. näher und deutlicher darüber erklähren wolle.

Und obwohl dabey leicht zum voraus zu *consideri*ren seyn möchte, daß Kayserl. Mt. in die *projectirte* Theilungs *convention*[201] Ihres allerhöchsten Orths mit einzugehen dahero bey sich anstehen dürffte[202], weilen das Königreich Pohlen

---

191 Und auch.
192 Ländern.
193 Am günstigsten.
194 Eines jeden gegen jeden anderen.
195 Die Meinung des Kaisers darüber.
196 Noch darauf verzichten müssen.
197 Auf rechtmäßige und gewohnte Weise offenlegen.
198 Vereinbart.
199 Dieses Unternehmen.
200 Auf ... verzichten.
201 Vereinbarung.
202 Zögern könnte, darauf einzugehen.

je und allerwegen eine Vormaur der Christenheit gegen die Ottomannische Pforte[203] gewesen, welche selbst zu *destruiren*[204] einmahl viel zu bedencklich, so ist jedoch hingegen weißlich [reiflich?] zu erwegen, wie daß die Christenheit von der ehemahligen Pohlnischen Vormauer bey der *Respublique* dermaliger und gestalten Sachen nach[205] schwehrlich zu verändernde *situation* sich schlechten Schutz zu versprechen, vielmehr durch deren Schwäche die Türcken durch selbige denen Hungarischen *Provincien* in den Rücken zu gehen veranlaßet werden dürften, deren *invasiones* aber durch die zu *mutueller guarantie* sich verbindende *Puissancen* mit beßerem Nachdruck zurückgehalten[206] werden könten, auch über dem nicht dabei außer *reflexion* laßen, was das eingangs besorgte *evenement*, wen nemlich der Czar sich von der *Respublique* Meister machen sollte, für weit gefährlicher Suiten [?] und nechstgelegenen österreichischen *Provincien* zuziehen möchte, welche mit dem Abgang einer solchen Vormauer in keine *proportion* zu stellen.

Dokument B 16 zusammengefasst und in modernes Deutsch übersetzt:

Es ist der ganzen Welt klar, dass das Königreich Polen wegen innerer Spannungen und unversöhnlicher Gegensätze mit seiner jetzigen Verfassung [als „Republik" von einigen zigtausend Adligen, die den König wählen, und dem Sejm mit seinem liberum veto] nicht weiter bestehen wird. Es wird vielmehr letzten Endes von einem seiner starken Nachbarn annektiert werden, am wahrscheinlichsten vom russischen Zaren, dessen angeblicher Schutz sich als völlige Abhängigkeit erweisen würde.

Dabei würde dem Zaren in jedem Fall das hohe Ansehen zugute kommen, das er beim polnischen Adel genießt. Er könnte auch seine zweitälteste Tochter [die spätere Zarin Elisabeth, 1709–1761] mit dem einen oder anderen mächtigen polnischen Adligen verheiraten oder eine andere günstige Gelegenheit ausnutzen.

Sollte ein solcher Fall eintreten, so wären Ruhe und Sicherheit gefährdet in den an Polen angrenzenden österreichischen Gebieten [Schlesien, Böhmen, Ungarn], im gesamten deutschen Reich, besonders aber in den Polen nahe liegenden Landesteilen Augusts des Starken und des preußischen Königs. Diese Mächte haben ein Interesse daran, die russische Macht, die ihre Herrschaft auch über die Grenzen Polens hinaus zu erweitern droht, von sich zu entfernt zu halten.

---

203 Den türkischen Sultan.
204 Zu zerstören.
205 Der Dinge, wie sie zurzeit sind.
206 Ferngehalten.

Um einer solchen gefährlichen Entwicklung zuvorzukommen, hat der König in Polen [August der Starke] unter der Hand angeregt, dass der Kaiser, der polnische und der preußische König sowie der Zar einen Teilungsvertrag abschließen könnten. In ihm würde vor allem dem Kaiser ein erheblicher Teil Polens zugeschlagen werden, der an Schlesien und Ungarn angrenzt. Die anderen drei Mächte würden polnische Teilgebiete bekommen, die zu ihrem eigenen Staatsgebiet günstig liegen. Alle vier Vertragspartner würden sich gegenseitig eine Garantie der neuen Besitzverhältnisse geben.

Bis sie die Einstellung des Kaisers kennen, müssen August der Starke und Friedrich Wilhelm I. noch darauf verzichten, sich gegenseitig und dem Kaiser ihre Pläne auf dem offiziellen diplomatischen Wege zu unterbreiten. Das ist der heikelste Punkt, und um dabei äußerst vorsichtig vorzugehen, hat man vereinbart, sich einer unauffälligen Mittelsperson zu bedienen, und so ist man an die Kaiserin herangetreten.

Und zwar will man den Plan aufgeben, falls die Kaiserin zurückmelden würde, dass man ihn in Wien für ein Hirgespinst halte. Falls der Kaiser aber nähere Erläuterungen haben wollte, so würde man sie durch eine unauffällige Person übermitteln lassen.

Der Kaiser sollte auf die Teilung eingehen, denn wenn Polen an den Zaren ginge, würde es seine Funktion als Vormauer gegen die Türken verlieren. In ihrem augenblicklichen schwachen Zustand wäre die Republik Polen ohnehin keine wirksame Vormauer. Diese Funktion könne in Zukunft das Bündnis der Teilungsmächte übernehmen.

B 17: In Berlin: Drei Diplomaten stellen Lehmann zur Rede

Bericht des Feldmarschalls Flemming an Friedrich August I., Kurfürst von Sachsen, König in Polen, vom 2. September 1721 (Auszug) – zu Kap. 8.3.2
Quelle: SHSA Dresden, 10026 Geheimes Kabinett, Loc. 3497/5, unpaginiert; der Ausschnitt beginnt auf der 15. Seite des Berichtes.

[Flemmings Brief an August den Starken wiederholt noch einmal die Vorgeschichte (hier ausgelassen) und kommt dann auf seinen zweiten Besuch im Jahre 1721 in Berlin zu sprechen, um den König Friedrich Wilhelm I. gebeten hat.

Nachdem Flemming mehrere Tage mit dem preußischen Minister Ilgen verhandelt hat und dieser immer noch nicht glauben will, daß Lehmanns Plan nicht aus Dresden stammt, erfährt Flemming, daß der Resident seinetwegen auf dem Weg nach Berlin ist.]

[...]

Le 26e. M. d'Ilgen me vint voir, et me dit qu'il avoit été chez M. Gollovkin et luy avoit parlé en gros de l'affaire et luy avoit dit que j'y contredisoit. Surquoy je convins avec luy que je luy en parlerois aussi.

Je retournay ce jour là chez M. d'Ilgen qui vint au devant de moy en riant avec Gumperts.

«Vous êtes de bien bonne humeur», luy dis-je.

Mais étant entré dans la chambre je vis que le juif ne nous y suivoit pas, ainsi je demanday apres luy et dis qu'on le fit entrer.

«Oh!» repondit M. d'Ilgen, «il sera déjà parti», et après avoir regardé hors la porte, il me dit qu'il n'y étoit plus.

Je luy contay lá dessus l'histoire de Lövenohr.[207]

Enfin nous parlames de la sottise de l'affaire et il s'échauffa un peu contre Lehman et quoy il m'eut dit le jour précédent qu'il ne falloit pas luy faire du mal, il me dit alors qu'il falloit pourtant luy faire payer sa sottise.

«A la bonne heure», repris-je, «j'y consens».

Sur ces entrefaites Gumperts revint, et je crus que c'étoit M. d'Ilgen qui l'avoit fait revenir qu'il me parlât.

M. d'Ilgen cependant sortit de la chambre, et rentra bientôt après, me disant que Lehman étoit arrivé, mais qu'il étoit terriblement allarmé et il craignoit que je ne fisse éclatter l'affaire et luy fis faire quelqu'affront.

«Vous voyez», repris-je, «quel B[âtard?] que c'est, hier vous me disiez qu'il venoit exprès par ce que j'étois icy, et à présent il craint ma présence; peutêtre a-t-il cru que je n'étois plus icy ou que je n'y viendrois pas.» «Je vous prie», répondit M. d'Ilgen, «de ne luy faire aucun affront, servez vous de tout votre phlegme; je ne voudrois pas cependant le malheur de ce coquin, et vous êtes trop généreux pour vouloir rendre des gens malheureux».

Ego. «Je feray ce que vous voudrez dans cette affaire, il nous importe peu qu'elle éclatte ou non, mais puisque vous le voulez je ne diray rien au juif qui puisse luy faire peur, qu'il vienne seulement et il nous conte l'affaire comme elle s'est passée, pour que nous la puissions débrouiller».

Ille [Ilgen]: «Cela suffit»; et là dessus il parla à Gumperts, et un demi quart d'heure après Lehman arriva fort tremblant et les larmes aux yeux; Je luy donnay le bon jour, et luy demanday pourquoy il trembloit tant, et ce qu'il avoit à craindre. Mais il ne put proférer aucune parole. Ainsi pour l'encourager, je luy dis: qu' il ne devoit rien craindre, et qu'il n'avoit que dire les choses comme elles s'étoient passées.

---

[207] Die mit Lehmann nichts zu tun hat.

Alors il les raconta à peu près comme elles se trouvent dans le récit que j'en ay fait, et que j'ay joint du commencement de cette relation sub A. A quoy il ajouta, qu'il avoit été depuis à Carlsbad, où il avoit fait parler de cette affaire au père de l'Impératrice régnante, qui en avoit parlé à l'impératrice; et qu'elle a promis d'en parler à l'Empereur, ce qu'elle avoit fait aussi, mais l'Empereur avoit traité la chose de sottise; que cependant l'Impératrice avoit écrit, du depuis qu'on envoyât quelqu'un.

Après quoy je luy demanday : Si Votre Majesté[208] luy a fait la proposition de cette affaire, ou si Elle luy en avoit parlé le premier ?

Il me répondit que non.

Ego. Si Votre Majesté avoit volu que Monsieur d'Ilgen fut exclu de cette négociacion?

Il répondit que non.

Ego. Si Votre Majesté s'étoit plaint à luy, les larmes aux yeux, d'une lettre que Monsieur d'Ilgen devoit avoir écrit, et qui avoit presque coûté la vie à Votre Majesté?

Il répondit que non.

Ilgen. «Eh bien! Monsieur Gumperts, que dites vous à cela?»

Gumperts. «Assurément si vous ne me l'avez pas dit je l'ay cependant dit de votre part à Monsieur d'Ilgen, autrement il faudroit que je me fusse diablement trompé, mais je ne puis désavouer la chose, je l'ay dit de votre part; cependant |: continuat-il d'un air mocqueur :| il se peut – que vous ne me l'ayez pas dit».

Je luy demanday encore si Votre Majesté ou moi savions quelque chose de ce projet qu'il avoit communiqué à cette Cour.

Lehman. «Non, mais j'ay volu venir à Dresden, pour vous le communiquer, et sur ce que j'ay entendu que vous étiéz allé icy, j'ay volu y venir pour vous en faire part, et c'est pourquoy j'ay été allarmé quand j'ay apris que vous en étiéz déjà informé».

Ego. «qui est-ce donc qui a fait cette pièce?»

Lehman. «Un nommé Rambke, Conseiller du Duc de Blankenburg.»

Je fis remarquer à Monsieur d'Ilgen que j'avois deviné juste; «Mais», luy dis-je à l'oreille, «cette commédie est cependant de conséquence, et il faudroit que Monsieur le Conte Gollovkin y fut présent.» Surquoy on envoya chez luy le prier de venir, et il vint; On luy conta toute l'affaire en gros, et le juif fut obligé de récapituler ce qu'il avoit dit.

Ensuite Monsieur d'Ilgen luy demanda d'où cette pensée luy étoit venue.

---

208 D.h. August der Starke.

<u>Lehman</u>. «Le Bon Dieu me l'a inspirée, et il a résolu de punir les Polonais, comme les plus méchantes gens du monde».

En cet endroit Monsieur d'Ilgen pensa de crever de rire et je ne crois pas que de sa vie il ait tant ris.

<u>Lehman</u> continua d'assurer que cela étoit résolu par le Bon Dieu à qui rien n'étoit impossible, et que les Polonais méritoient bien cette punition.

Le Conte Gollovkin rioit aussi, mais pas de cette force que le Baron d'Ilgen, et il demanda fort phlegmatiquement au juif comment il parloit avec Dieu.

«Oh», repondit le juif, «j'en suis tout à fait persuadé».

«Ouy», repris-je; «mais nous autres nous ne le sommes pas, et nous trouvons dans cette affaire beaucoup de difficultés à surmonter, de sorte que nous voudrions bien être aussi admis aux conférences du bon Dieu». Monsieur d'Ilgen continua de rire, et le juif prit courage, et demanda pourquoy Monsieur d'Ilgen rioit tant? «quoy je fait», continua-t-il, «mon intention n'at-elle pas été bonne? j'ay volu servir le Roy de Prusse et le Roy de Pologne; Dieu connoit mon cœur»; et là dessus il fondit en larmes pour nous assurer de ses bonnes intentions.

«Mais», répondit le Conte Gollovkin, «c'est ne pas la bonne intention qui fera l'affaire».

<u>Lehman</u>. «Il faudra sans doute la seconder; et je voudrois en savoir si l'Empéreur, le Czaar et les deux Roys soient d'accord sur cette affaire, qui les pouvoit empêcher de la mettre en exécution».

<u>Ego</u>. «Mon cher Lehman – il y a bien d'autre réflexions a faire là dessus dans lesquelles vous n'entrez point».

<u>Lehman</u>. «Je le sais bien, et c'est pour cela que j'ay toujours dit que je n'étois pas Ministre; c'est aux Ministres des Princes interessés à faire le reste».

C'est icy que Monsieur d'Ilgen redouble de rire, ce qui choqua terriblement le juif, et luy fit dire: «Mais mon Dieu je ne sais ce que c'est que ce rire»; et là dessus il fondit encore en larmes, et fit des protestations de sa bonne volonté, et comme quoy il n'avoit pas volu faire du mal.

<u>Ilgen</u>. «Mon Dieu, que devons nous penser de cette affaire, et que – diable, qu'en dira l'Empereur; ou plutôt que dira le Czaar de ce que nous avons pris nous mêmes la chose sérieusement? et vous, Monsieur Lehman. que dites vous, et que pensez vous de l' affaire»?

Comme Lehman ne répondit rien, je dis: «Je sais bien ce qu'il pense; il croit que nous autres Ministres sommes des fins bougres, et qu'après luy avoir tiré les vers du nez, nous ferons l'affaire sans luy».

Lehman d'un air sérieux répondit: «ma foy, vous avez dit ce que je pense».

Cecy fit rire encore extrêmement Monsieur d'Ilgen, et adressant la parole au Juif Lehman il luy demanda ce q'il diroit au Duc de Blankenburg.

Lehman. «Ma foy, je ne sais pas»; et après avoir pensé profondément, il répéta encore, «je ne sais pas».

Ego. «Je le sais bien. [Vous] dites luy que vous êtes assuré que votre projet est bon, que Dieu l'a résolu, et que rien ne luy est impossible, mais que, comme il ne fait rien que par des voyes naturelles, vous n'aviez pas cru vous être adressé a deux grands fols de Ministres, comme Ilgen et Flemming, qui bien loin de soutenir une affaire aussi avantageuse à leurs Maîtres se trouvoient trop foibles pour l'entreprendre, et pour cacher leur foiblesse il s'en mocqoient ouvertement».

Toute la compagnie éclatta de rire, mais Lehman garda son sérieux.

Là dessus on congédia les deux Juifs.

Je priay ensuite Messieurs Ilgen et Gollovkin de vouloir sur toutes choses rectifier le Czaar sur cette affaire; Que pour l'Empereur je n'en étois en peine; que je ne croyois pas q'on luy en eut fait la proposition, que l'Impératrice étoit trop prudente pour entrer dans une telle affaire, et que si Elle y avoit été séduite par le Duc son Père, Elle en reviendroit facilement, surtout si l'Empereur, comme de raison, avoit traité la chose de chimérique.

Ils me promirent de vouloir le faire. Mais ensuite Ilgen me dit qu'il en étoit un peu embarassé; que le Czaar n'auroit pas trop bonne opinion d'eux, de ce qu'ils avoient d'abord traité l'affaire si sérieusement.

[Es folgen mehrere Spalten Bericht Flemmings an August den Starken, die sich nicht auf Lehmann beziehen. Sie werden hier weggelassen. Tage später, bei der Verabredung einer Audienz Flemmings mit König Friedrich Wilhelm I., kommt die Rede noch einmal auf die Lehmann-Affäre.]

Monsieur Ilgen me dit par rapport à l'affaire du Juif, qu'il se défioit du Comte Gollovkin, qui n'avoit ri que du bout des dents pendant la scène que nous avions eu[t] là dessus avec le Juif.

[Nach einer weiteren kurzen Passage, die sich nicht auf Lehmann bezieht, berichtet Flemming:]

Etant retourné au logis, Lehman me vint voir, et m'assura que son affaire étoit bonne; qu'Ilgen étoit un traître qui luy avoit parlé tout autrement qu'il ne faisoit à présent, et qu'encore une fois l'affaire étoit bonne, et son intention encore meilleure.

[Flemming trifft aber dann König Friedrich Wilhelm I. in Wusterhausen; man diniert und raucht, und der König kommt auf Lehmann zu sprechen.]

Ensuite il me dit qu'Ilgen luy avoit fait raport de l'affaire du Juif et que ce Juif étoit un Sch...[Schuft? Schelm?].

Surquoy je luy racontay l'affaire, et il en rit extrêmement; et je luy dis qu'il a fort bien décidé que le Juif étoit un Sch... et qu'il riroit encore plus de cette affaire, s'il se faisoit raconter tout par Monsieur d'Ilgen, lequel j'en avois veu [vu] rire tellement que je ne croyois pas que de sa vie il eut tant ri.

[Es wird wieder über andere Personen geplaudert; der König verabschiedet Flemming auf das herzlichste.]

Übersetzung von Dokument B 17:

Am 26. [August] besuchte mich Herr von Ilgen und sagte, er sei bei Herrn Gollovkin[209] gewesen und habe mit ihm in groben Zügen über die Sache gesprochen und ihm gesagt, dass ich [Flemming] sie ablehnte. Woraufhin ich mit ihm [Ilgen] vereinbarte, dass ich ebenfalls mit ihm [Golovkin] darüber reden würde.

Ich kehrte an jenem Tag zu Herrn Ilgen zurück, der mir zusammen mit Gompertz lachend entgegenkam.

„Sie haben gute Laune", sagte ich zu ihm.

Aber nachdem ich ins Zimmer eingetreten war, sah ich, dass der Jude uns nicht folgte; deshalb fragte ich nach ihm und sagte, man solle ihn hereinkommen lassen.

„Ach", erwiderte Herr von Ilgen, „er wird schon gegangen sein". Und nachdem er vor der Tür nachgesehen hatte, sagte er mir, er sei nicht mehr da.

Ich erzählte ihm dann die Geschichte von Löwenohr.[210]

Schließlich redeten wir über die Torheit der [Lehmann-] Geschichte und er ereiferte sich ein bisschen über Lehman; und wie er mir schon am vorhergehenden Tag gesagt hatte, dass man ihm nichts antun solle, sagte er jetzt, man müsse ihn vor allem für seine Torheit zahlen lassen.

„Viel Glück", erwiderte ich, „ich bin damit einverstanden."

Unterdessen kam Gompertz zurück, und ich glaube, es war Herr von Ilgen, der ihn hatte zurückkomen lassen, damit er mit mir redete.

Währenddessen verließ Herr von Ilgen den Raum, kam bald darauf wieder und sagte mir, Lehmann sei angekommen, aber er sei furchtbar aufgeregt und fürchte, dass ich die Sache hochspielen und ihn beleidigen würde.

---

209 Der russische Gesandte am preußischen Hof, Golovkin, wird von Flemming und Ilgen separat informiert.
210 Sie hat nichts mit Lehmann/Gompertz zu tun.

„Sie sehen", erwiderte ich, was für ein B[astard ?] er ist. Gestern sagen Sie mir, dass er extra gekommen ist, weil ich hier bin, und jetzt fürchtet er meine Gegenwart. Vielleicht hat er gedacht, ich wäre nicht mehr hier oder wäre [gar] nicht hierhergekommen."

„Ich bitte Sie", erwiderte Herr von Ilgen, „ihn nicht zu beleidigen, bedienen Sie sich ihrer ganzen Gelassenheit; ich würde nicht das Unglück dieses Schurken wünschen, und Sie sind zu großzügig, um Leute unglückllich machen zu wollen."

Ego: „Ich werde in dieser Angelegenheit tun, was Sie wünschen. Es bedeutet für uns wenig, ob wir sie hochspielen oder nicht; aber da Sie es [so] wollen, werde ich zu dem Juden nichts sagen, was ihm Angst machen könnte. Er soll nur kommen und die Sache erzählen, wie sie sich zugetragen hat, damit wir sie klären können."

Er [Ilgen]: „Das genügt". Und danach sprach er mit Gompertz, und eine halbe Viertelstunde später traf Lehman ein, heftig zitternd und Tränen in den Augen. Ich sagte ihm Guten Tag und fragte ihn, warum er so zittre und was er zu fürchten habe. Aber er konnte kein Wort herausbringen. So sagte ich ihm, um ihn zu ermutigen, er habe nichts zu fürchten, und er müsse die Dinge nur berichten, wie sie sich zugetragen hätten.

Jetzt erzählte er sie in etwa so, wie sie sich in dem Bericht finden, den ich darüber angefertigt habe und den ich dem Anfang dieses Berichtes unter A angefügt habe.[211]

Worauf er hinzufügte, dass er seitdem in Karlsbad gewesen sei, wo er über die Sache mit dem Vater der regierenden Kaiserin gesprochen habe, der darüber mit der Kaiserin gesprochen habe, und dass sie versprochen habe, darüber mit dem Kaiser zu sprechen, was sie auch getan habe, aber der Kaiser hätte die Sache als Torheit behandelt, dass die Kaiserin indessen geschrieben habe, man solle jemand schicken [?].

Ich fragte ihn danach, ob Euer Majestät [August der Starke] ihm gegenüber diese Sache vorgeschlagen habe oder ob Sie davon als Erster gesprochen hätten.

Er antwortete mir: „Nein."

Ego [Flemming]: Ob Euer Majestät gewollt habe, dass Herr von Ilgen von dieser Verhandlung ausgeschlossen werden sollte.

Er antwortete mit Nein.

Ego: Ob Euer Majestät mit Tränen in den Augen über einen Brief geklagt habe, den Herr von Ilgen geschrieben haben müsse und der Euer Majestät fast das Leben gekostet hätte.[212]

---

211 Vgl. Dok. W 43.
212 Aus den Akten geht nicht hervor, was es mit diesem Brief für eine Bewandtnis hat.

Er antwortete mit Nein.

Ilgen: „Na, Herr Gompertz, was sagen Sie dazu?"

Gompertz: „Sicherlich, wenn Sie [Flemming] es mir nicht gesagt haben, dann habe ich es doch von Ihnen aus Herrn von Ilgen gesagt, andernfalls müsste ich mich teuflisch geirrt haben; aber ich will die Sache nicht abstreiten, ich habe es von Ihnen ausgesagt. Allerdings", sagte er mit spöttischer Miene, „es kann sein – dass Sie es mir nicht gesagt haben."

Ich fragte ihn noch einmal, ob Euer Majestät oder ich etwas von dem Entwurf gewusst hätten, den er diesem [dem preußischen] Hof übermittelt hat.

Lehman: „Nein, aber ich wollte nach Dresden kommen, um ihn Ihnen mitzuteilen, und als ich hörte, daß Sie hierher gekommen seien, wollte ich hierher kommen, um ihn Ihnen bekannt zu machen, und deshalb war ich erschrocken, als ich erfuhr, dass Sie darüber bereits informiert waren."

Ego: „Wer ist das denn, der dieses Schriftstück gemacht hat?"

Lehman: „Ein gewisser Rambke[213], Geheimrat des Herzogs von Blankenburg."

Ich wies Herrn von Ilgen darauf hin, dass ich richtig geraten hätte. „Aber", sagte ich ihm ins Ohr, „diese Komödie hat inzwischen Folgen, der Graf Gollovkin müsste hier dabeisein". Woraufhin er zu ihm schickte, um ihn herbeizubitten; und er kam. Man berichtete ihm die ganze Angelegenheit in groben Zügen, und der Jude musste wiederholen, was er bereits gesagt hatte.

Dann fragte Herr von Ilgen ihn, woher ihm der Gedanke gekommen sei.

„Der liebe Gott hat ihn mir eingegeben, und er hat beschlossen, die Polen zu bestrafen, als die bösesten Leute der Welt."

An dieser Stelle fing Monsieur Ilgen an, sich vor Lachen zu krümmen, und ich glaube nicht, dass er je im Leben so sehr gelacht hat.

Lehmann versicherte weiter, dass das vom lieben Gott beschlossen worden sei, dem nichts unmöglich sei, und dass die Polen diese Strafe wohl verdienten.

Graf Gollovkin lachte auch, aber nicht so stark wie Herr von Ilgen, und er fragte den Juden ganz ruhig, wie er mit Gott geredet habe.

„Oh", antwortete der Jude, „davon bin ich vollkommen überzeugt".[214]

„Ja", erwiderte ich [Flemming], „aber wir anderen sind es nicht, und wir finden in dieser Sache viele Schwierigkeiten zu verkraften, so dass wir auch gern zu diesen Konferenzen des lieben Gottes zugelassen sein möchten".

Herr von Ilgen lachte weiter, und der Jude fasste Mut und fragte, warum er so lache.

---

213 Lehmann hat den Namen ungenau im Kopf und vermischt die Namen der beiden blankenburgischen Geheimräte Cramm und Campen.
214 Gollovkin fragt „wie" und meint wahrscheinlich die Sprache. Lehmann scheint das nicht verstanden zu haben und antwortet auf „ob".

„Was habe ich getan", fuhr er fort, „meine Absicht – war sie nicht gut? Ich wollte dem König von Preußen und dem König von Polen dienen; Gott kennt mein Herz". Und darüber brach er in Tränen aus, um uns seiner guten Absichten zu versichern.

„Aber", erwiderte Graf Gollovkin, „es ist nicht die gute Absicht, welche die Angelegenheit in die Tat umsetzen wird".

Lehmann: „Sie wird ohne Zweifel betrieben werden müssen; und ich würde gern wissen, ob der Kaiser, der Zar und die beiden Könige in dieser Sache übereinstimmen, und was sie hindern könnte, sie auszuführen".

Ego: „Mein lieber Lehmann, es gibt durchaus andere Überlegungen, die man darüber anstellen muss, mit denen Sie nicht vertraut sind".

Lehmann: „Das weiß ich wohl, und deshalb habe ich immer gesagt, dass ich kein Minister bin; es liegt bei den Ministern der beteiligten Fürsten, das übrige zu tun".

An der Stelle lachte Herr von Ilgen noch mehr, was den Juden schrecklich schockierte und ihn veranlasste zu sagen: „Aber, mein Gott, ich weiß nicht, was es da zu lachen gibt", und danach brach er wieder in Tränen aus und gab wieder Versicherungen seines guten Willens ab, und dass er doch nichts Schlechtes habe tun wollen.

Ilgen: „Mein Gott, was sollen wir von dieser Sache halten, und was zum Teufel wird der Kaiser darüber sagen; oder vielmehr: Was wird der Zar dazu sagen, dass wir selbst die Sache ernst genommen haben? Und Sie, Herr Lehmann, was sagen Sie, und was halten Sie von der Sache?"

Da Lehmann nichts erwiderte, sagte ich [Flemming]: „Ich weiß wohl, was er denkt, er glaubt, dass wir anderen Minister saubere Schufte sind, und, nachdem wir ihm die Würmer aus der Nase gezogen haben, werden wir die Sache ohne ihn machen".

Mit ernster Miene antwortete Lehmann: „Meiner Treu, Sie haben gesagt, was ich denke".

Das brachte wieder Herrn von Ilgen außerordentlich zum Lachen, und, sich an Lehmann wendend, fragte er ihn, was er zum Herzog von Blankenburg gesagt habe.

Lehman: „Meiner Treu, ich weiß es nicht." Und nachdem er gründlich nachgedacht hatte, wiederholte er noch einmal, „ich weiß es nicht".

Ego: Ich weiß es wohl, Sie haben ihm gesagt, dass Sie sicher sind, dass ihr Projekt gut ist, dass Gott es beschlossen hat, dass ihm auch nichts unmöglich ist, da er aber alles nur auf natürlichem Wege tut, haben Sie es nicht für richtig gehalten, sich an zwei große Narren von Ministern wie Ilgen und Flemming zu wenden, die, weit entfernt, eine solche vorteilhafte Angelegenheit ihren Herrn zu unterbreiten, sich zu schwach fänden, um sie zu unternehmen, und um ihre Schwäche zu verbergen, offen darüber spotten würden.[215]

Die ganze Gesellschaft schüttete sich aus vor Lachen, aber Lehmann blieb ernst.

Danach entließ man die beiden Juden

Ich bat dann die Herren Ilgen und Gollovkin, sie sollten doch vor allem dem Zaren gegenüber die Angelegenheit richtigstellen. Wegen des Kaisers wäre ich nicht in Sorge, ich glaubte, dass man ihm den Vorschlag [überhaupt] nicht gemacht habe, dass die Kaiserin zu vorsichtig sei, um sich auf eine solche Sache einzulassen, und wenn sie von dem Herzog, ihrem Vater, dazu verleitet worden sein sollte, hat sie sich davon unschwer distanziert, besonders wenn der Kaiser, die Sache zu Recht als Hirngespinst betrachtet hat.

Sie versprachen mir, das tun zu wollen. Aber danach sagte mir Ilgen, es sei ihm ein bisschen peinlich, dass der Zar keine gute Meinung von uns haben werde, weil wir die Sache zuvor so ernsthaft behandelt hätten.

[Es folgen mehrere Spalten Bericht Flemmings an August den Starken, die sich nicht auf Lehmann beziehen. Sie werden hier ausgelassen. Tage später, bei der Verabredung einer Audienz Flemmings mit König Friedrich Wilhelm I. kommt die Rede noch einmal auf die Lehmann-Affäre.]

Herr von Ilgen sagte mir mit Bezug auf die Affäre des Juden, dass er dem Grafen Gollovkin misstraue, der während der Szene, die wir mit dem Juden hatten, nur mit der Zahnkante gelacht habe.

[Nach einer weiteren kurzen Passage, die sich nicht auf Lehmann bezieht, berichtet Flemming:]

Nach meiner Rückkehr in meine Wohnung suchte mich Lehmann auf und versicherte mir, seine Sache sei gut und Ilgen sei ein Verräter, der zu ihm völlig anders geredet habe, als er es jetzt getan habe, und nochmals: die Sache sei gut und seine Absicht noch besser.

[Flemming trifft aber dann König Friedrich Wilhelm I. in Wusterhausen; man diniert und raucht, und der König kommt auf Lehmann zu sprechen.]

Dann sagte er [König Friedrich Wilhelm I.] mir, Ilgen habe ihm über die Sache des Juden berichtet und dass der Jude ein Sch. [Schelm? Schurke?] sei.

Woraufhin ich ihm die Sache erzählte und er außerordentlich darüber lachte. Und ich sagte ihm, dass er vollkommen zu Recht überzeugt sei, dass der Jude ein Sch. sei. Und er lachte noch mehr über die Angelegenheit, er ließ sie sich ganz von

---

[215] Lehmann hatte sich ja *nicht* an diese Minister, sondern direkt an deren Herren wenden wollen.

Herrn von Ilgen erzählen, den ich so sehr darüber habe lachen sehen, dass ich nicht glaubte, dass er je im Leben so gelacht hat.

[Es wird wieder über andere Personen geplaudert; der König verabschiedet Flemming auf das herzlichste.]

B 18: Lehmann versucht, die „gute Absicht" seines Plans zu beweisen

Bericht Berend Lehmanns für die kurfürstlich-sächsische, königlich-polnische Regierung vom 11. Dezember 1721 – zu Kap. 8.3.3
Quelle: SHSA Dresden, 10026 Geheimes Kabinett, Loc. 3497/5, unpaginiert.
[Das Dokument ist am Rand beschädigt, deshalb zahlreiche Ergänzungen durch den Verfasser dieser Arbeit in eckigen Klammern. Um den Charakter des wichtigen Dokuments zu wahren, wurde hier gänzlich auf die Auflösung von Abkürzungen verzichtet.]

Species facti

Es ist vorhin bekandt, daß ich von geraumer Zeit her große *Capitalia* in Pohlen stehen habe, zu [welchen] zu gelangen, ich allzeit Mittel und Wege gerne erdacht hätte; [Ich bin] aber auf die Gedanken gerahten, daß durch einen gewißen p[artage]-*tractat* ged.[216] *Republic* Pohlen zwischen dem Kayser Czaren, beyde Könige in Pohlen und Preußen *Majestaeten* mithin[217] das [Meinige] mit Hülffe solcher *Potentaten* ein zu ziehen, der kürtzeste Weg wäre. Jedoch aber in all [er Vorsicht], da dieses an und vor sich gefährliches Werck nothw[endig] in dieser *importanten affaire* auf das Vorsichtig- und beh[ut]samste, damit |: so Gott verhütte :| von mir keiner aus [die]sen *Potentien* eine wiedrige *opinion* gegen den andern erwecke, sondern einzig u allein mein *fin*[ale][218] Absicht dahin gangen, eine gute [Har]monie und *alliance* unter *denselben*, als ohne welche mein gantzes *dessein*[219] null und nichtig mir ge[...] und *excitirt*[220] werden möge, zum Grunde genomen.

Ich habe zu dem Ende an Meinen Vettern, den Preußischen *Hofffactoren*, des Nahmens *Gompertz*, geschrieben, und meinen Vorschlag wegen des erfundenen *partage-tractats* in einem eigenhändigen aber ohne Unterschrifft geschriebenen Zettul vertrauet, denselben an den König in Preußen *Maj.* in allerhöchsten Person mündlich und an keinen *Ministre,* er sey auch wer Er wolle, zu *proponi*ren, darin

---

216 „Gedachter": der schon erwähnten.
217 Dadurch.
218 *Final:* zweckgerichtet.
219 (Französisch) Plan.
220 Angereizt, aufgeregt (?).

aber die *anteoccupation*[221] gebrauchet, mit *expressis verbis*[222], daß ich weder von dem König in Pohlen *Maj* weder *dero ministris* auch sonsten jemanden die geringste *ordre* noch Anleitung dazu hätte, sondern dieses blos für mich allein ersonnen und *agirte*, welches noch mit einem Theuren Eydt Schwur zu letzt *confirmirte*. nicht weniger in diesem Zettul so wohl als in allen anderen Briefen, daß nichts ohn S *Czari*sche *Maj*. gegebenes *Consentement*[223] zu unternehmen wäre, offters erinnert. Hierauff antwortete mir bemelter *Gomper[tz]* eigenhändig, daß er diese Sach[e] S K M[224] in Preußen vorgetragen. S K M verlangten sehr, mich [persön]lich zu sprechen, ich solte doch sofort u zwar mit einem *Creditiv* von dem König in Pohlen *Maj*. nacher *Berlin* kommen; da ich nun inzwischen mich unterwunden, S K M in Pohlen eines *projects* halben anzureden, so wollten S K M nicht[s] aus der Sache machen, sondern gaben zur Antwordt: ich könnte den *General FeldMarchal* Gra[f]en von *Flemming Excl.* bey seiner *retour* von Warscha[u] daraus sprechen, bei An[kunft] S *Excl.* habe mir Gelege[nheit] genommen, ein völliges *id[ee]* von dieße *affair* abzust[atten], da aber offt ged. S.*Excl.* dieses *project* nicht klar genug [fand], mir mündlich es zu *papier* schriftlich setzen wollte, warffen Sie die Feder weg, u sagten |: mit Erlaubniß zu sagen :| Sie wollten sich mit dem hundsföttischen Werck nicht *meli*ren u legten sich zu bette.

Ich antwortete wiederumb bemeltem *Gompertz* nacher *Berlin*, u *repetir*te des Königs in Pohlen *Maj*. nur erhaltene Antwort u insonderheit des jetzigen völligen *actum*[225] S Excl. dH. *General FeldM.* folglich kein *Creditiv* oder *paß* verlangter maßen zu erhalten stehet, mithin nicht absehen könne, was mein dasige Gegen warth anjetzo in der Sache beytragen würde, zumahlen, ehe u bevor S K M in Preußen nicht die *approbation* von S. *Czari*sche *Maj. Selbsten*, als wo auff doch sehr viel ankommet, versichert wäre. Hierauf reysete ich von hier nacher Halberstadt, ich war kaum 14 Tage zu Hauße, mußte ich die *fatalitaet*[226] des *panquerouts*[227] derer Hannövrische Juden *Behrens*, bey welcher ich mit einer *importanten Summa* jedoch gegen einige Versicherungen Cedirter *Effecten intereßirt*[228]

---

221 Eigentlich: die Wiederlegung selbst vorgebrachter Bedenken. Gemeint wohl eher: Vorsichtsmaßnahme, damit ihm niemand einen Vorwurf macht.
222 Ausdrücklich (das *mit* deutet darauf hin, dass er die Formel nicht als Ablativ durchschaut).
223 Zustimmung.
224 Seiner Königlichen Majestät, von Lehmann so abgekürzt.
225 Eigentlich: infolge von Flemmings endgültiger ‚Handlung', gemeint wohl: *dictum*, d. h. ‚Aussage'.
226 Den Schicksalsschlag.
227 Bankrotts.
228 Lehmann ist *interessiert*, d.h. finanziell betroffen. Er gibt *Versicherungen* ab, dass die Wertgegenstände, die er aus ehemals Behrensschen Eigentum besitzt, ihm vor Jahr und Tag *cedirt*, d. h. rechtmäßig überlassen worden sind. Vgl. Kapitel 9.2 dieser Arbeit.

wahrnehmen, man wolte mir aber das meinige zu Hannover *disputir*lich[229] machen, wie dan auch jetzt erwehnte *Cedirte effecten* alle mit *arresten* beschlagen[230], da durch mein *Credit* aber nicht wenig gefährdet wurde, umb nun nicht bey dieser Sache zu *mainteniren*[231], u da ich ohn dem dazumahlen mit dem *Herzog v Holstein* Durchlaucht Preußische statts in einer *obligation* verschriebene Pohlnische Gulden zu zahlen[232], in *proceß* belanget wurde, reyste ich, diese beyde Sache ins Reine zu bringen, aus der verwichenen Leipziger OsterMesse nacher *Berlin*, bey dieser Gelegenheit würde ich von S K M in Preußen wegen meines *projects* so ohnlängst von viel ged: *Gompertz* war *proponirt* worden, befraget, da ich dan |: alles dieses in allem Unterthänigen u treuesten *intention* gegen[233] alle 4 *potentien agirend* :| kein bedenken truge, S K M in Preußen es mündlich vor zu tragen, Dabey aber *in specie* die mir von dem König in Pohlen *Maj*. gegebene Antwort wie auch die von d/H. *General FeldM. Graff v Flemming Excl.* gegebene *resolution* überzeigte[r] *mine declariret*[234], daß ich weder von dem König in Pohlen *Maj. Selbsten* noch Dero *ministris* zu diesem *project* kein *ordre* und viel weniger *Creditiv*, dieses Werck zu *poussiren*[235], mir von dem Sächß. Hoff hätte geg[eben] werden wollen; *en fin*[236] gar auff die S K M in Pohlen, *in Vero*[237] dem *General FeldM.*, erhaltene vielged: Antw[ort] wieder hohlet dabey auch S *Czarische Maj.* besorgende Zufriedenheit, ohn welche nichts zu *tentiren* große erwehnung gethan. S K M in Preußen *Committirten* also, daß die Geheimte Rähte *Ilgen* und *Kniephausen* mit mir aus dieser *affaire* reifflich zu *deliberiren*[238], welche ich dan ebenen Maßen[239] *informirte*, beständig verharrend, wan nicht S K M in Preußen S Czarische Maj. zur voll kommenen *approbation disponiren*, würde dieses gantze Werck umb sonst u als ein *pure Chimerie* zu achten, ja von der Sache so vort vollig zu *abstrahiren*, u nichts geringstes mehr davon zu gedenken gar inständig und angelegentligst gebetten.[240] Machte Ihnen aber zugleich Hoffnung, daß ich bey

---

229 Streitig.
230 Beschlagnahmt.
231 Hier: beharren.
232 Die Polnischen Gulden (*złoty*) waren weniger wert. Zu dem Prozess s. Kap. 9.4 dieser Arbeit.
233 Gegenüber.
234 Da ihm Flemmings Gesichtsausdruck zeigte ...
235 Um dieses Projekt voranzutreiben.
236 (Fanzösisch) letzten Endes. Auch im Weiteren viele französische Ausdrücke.
237 Wörtlich: in Wahrheit. Sinn: eigentlich, genau gesagt.
238 Über diese Angelegenheit ... nachdenken.
239 In gleicher Weise.
240 In der Befürchtung, daß, falls ... nicht ... zustimmen, das Werk als Hirngespinst zu betrachten. Lehmann versucht, zusätzlich zu der Befürchtung, die er hatte, noch einen zweiten

dem Sächß. Hoffe durch meherer Vorstellung insonderheit vermittels eingezogener *approbation* S *Czari*schen Maj. zu *reussiren* gedachte; Dieselben Geheimte Rähte ermahnten[241] mich, dabey nicht außer Acht zu laßen, daß Kayserl. Seiths die Eintrettung ins *partage-tractat* von dem Sächß. Hoffe vermöge jetziger Freundschafft leicht könne *facilitiret*[242] werden; ich reysete wiederum mit nicht geringer *assistence* in Ansehung meiner obged: Hannovrischen Angelegenheit nacher Hauße, ungeacht mich zu *Berlin* noch einige Tage zu *arretiren*, von dH. Geheime Rath von *Kniephausen* angeredet wurde[243], ich versetzte aber dagegen, daß meine Gegenwarth vor eingehohlte *resolut[ion]* S *Czari*sche *Maj.* in der Sache nichts *contribuiren* könne.

Es wurde mir zu Hause wegen gespührten Kränklichen *accidentien*[244] von den *medicis*[245] die Baade *Chur* zu *Carlsbaade* gerahten, wohin ich mich, meiner Gesundheit zu pflegen, begeben, da selbst sich dazumahl die Kayserin *Maj* benebst Dero Elteren dH. *Herzog* von Blankenburg Durchl. u Dero Geheimte Raht von *Campen* anwesende befanden, weilen ich nun kurtz vorher von mehr bemelten *Gompertz* ferner weiters[246] eigenhändiges Schreiben erhalten habe, mit Vermelten: daß man *Czari*scher Seiths gute Vertröstung zu *Berlin* erlanget habe, so habe ich ged. H. Geheimte Raht von *Campen*, mit welchem ich insonderheit in guter *Connoissence* stehe[247], mein gantzes Vorhaben anvertrauet, welcher auch in der Absicht, ob Sr Durchl. d/H. *Herzog* das *praetendirte* Ambt Regenst[ein] bey dieser Gelegenheit wieder zu rück gegeben werden möge, ein *project* darüber eigenhändig auffgesetzet, mithin aller[höchst] ged: Kayserin *Maj*. übergeben worden.[248] welches *project* [der] Geheimte Raht in der festen Hoffung sowohl als ich der *flatirten*[249] *Czari*sche *approbation* vermöge nur erwähntes *Gompertz*isches

---

Gedanken in demselben Satz unterzubringen: ‚Wäre das Projekt gescheitert, hätte ich alle, die ich deswegen angesprochen hatte, bitten müssen, die Sache zu vergessen'.
241 Sinn: ermunterten.
242 Bewerkstelligt.
243 Kniphausen versucht ihn festzuhalten.
244 Krankheits-Vorfällen.
245 Ärzten.
246 Ein weiteres.
247 Mit dem ich gut bekannt bin.
248 Lehmanns Gedanken überstürzen sich, der Satzbau bricht endgültig auseinander. Das Projekt sollte ... übergeben werden. Der weitere Verlauf in verständlicher Reihenfolge und moderner Übersetzung: Campen und ich waren aufgrund des Gompertzschen Schreibens der festen Meinung, der Zar würde zustimmen. Beide meinten wir, nur der Kaiser müsse noch zustimmen. Und so dachte sich Campen – seinem Herzog zuliebe – irgendwelche („pro forma") Motive aus, mit denen er den Kaiser zur Zustimmung bewegen konnte.
249 Erhofften, eingebildeten.

Schreiben aus *Berlin* nicht weniger aber in der seinem Herrn, d/H. *Herzog* Durchl. zur *avantage* ereichenden *invention* mit welchen *motivis pro forma*, S. Kayserl *Maj.* |: als welche den Umbständen nach allein übrig den *partage-tractat* ein zu gehen :| dadurch auf die Seithen zu ziehen, angefüllet. Ich ließe mir die *Copiam* auch davon geben, und übersende selbe unter dem Anschein, als wenn es von mir zu *papier* wäre gesetzt, an den *Gompertz* nacher *Berlin*, umb da selbst an den Tag zu legen, wie ich bedacht gewesen S K M eben fals zum Zweck[e] zu bewegen, Theils auch in den unnöthigen Verstandt dadurch von mir blicken laßen wollen; da aber anjetzo die Warheit offenbahrt werden muß, so kann ich mit beystand meines Gewißens nicht anderst sagen, alß daß viel ged: *project* von diesem H. Geheimte Raht ist auffgesetzet worden, aber allerwegen mit allerbewußter *intention* durch solche *argumenta* den Kayser *Maj.* ebenfals darzu zu *persuadiren*.

Keines wegs aber sind die darin enthaltene starke *expreßiones* zu *praejudice* des *Czarens Maj.* geschehen[250], so habe ich auch keines Wegs zu dem End[251] es an den Preußischen Hoff abgehen laßen, daß es von da an den *Czaren* sollte gesand werden.

Dresden d. 11. Xbr.[252] 1721 Berendt Lehman.

B 19: Lehmann wirft dem englischen König Unmenschlichkeit vor

Schreiben des Residenten Berend Lehmann an König Georg I. vom 16. Juni 1724 – zu Kap. 9.2
Quelle: NLA Hannover, Hann. 92 Nr. 421, Bl. 228–232.

Allerdurchlauchtigster, großmächtigster König
Allernädigster König und Herr,

Eurer Königlichen *Majestät* wird es noch unentfallen sein[253], wie oft und vielmals ich über das harte Verfahren, womit man wider die zu Hannover inhaftirte Gebrüdere *Gumpert* und *Isaac* Behrends, deren der eine mein Schwieger-Sohn, der andere aber mein Anverwandter ist, *procedir*et, mich beschweret und umb dessen *Remedir*ung[254] leider! bis anhero vergeblich gebeten. Es sind diese

---

250 Der antirussische Grundton des Memorandums hat sich also, so Lehmann, als unbeabsichtigtes Nebenprodukt ergeben, weil man dem Kaiser nach dem Munde reden musste.
251 Zu dem Zweck.
252 Dezember.
253 Wird nicht vergessen haben.
254 Abstellung.

Leute in Euer Königlichen *Majestät* und Dero hannoverschen *Justitz*-Cantzelley Händen und Gewalt, also daß sie [sich] alles dasjenige gefallen laßen müßen, was man mit ihnen vornimbt, dieweil aber gleichwohl das Verfahren gar zu grausam, widerrechtlich und enorm wird, und dergleichen *durer*[255], alß man mit diesen Leuthen vorgenommen, also beschaffen, daß dergleichen in dem ganzen Römischen Reiche noch erhöret seyn mag.

Weilen Euer Königliche *Majestät* in der ganzen Welt den Ruhm haben, daß Sie die Gerechtigkeit lieben, dahingegen ein Feind von aller Grausamkeit und Ungerechtigkeit sind, so lebe ich auch der allerunterthänigsten Hoffnung, daß Euere Königliche Majestät mir es nicht ungnädig deuten, vielmehr zu höchsten Gnaden halten werden, daß Deroselben ich in tieffster *Submission* hiermit die erschröckliche *Proceduren*, welche nicht so sehr die Königliche *Justitz*-Cantzelley als vielmehr die der Sache verordneten *Commissarii*, der Hof-Rat Bernstorf und der an des Hoff-Raths Werners Stelle |: welcher daran keinen Teil nehmen wollen, sondern sich von der Sache losgesaget :| *substituirte*[256] Hoff-Rath Hattorf wider alles Recht und Gerechtigkeit, ja auch wider den Einhalt eingekommenen Urthels[257] wider diese arme unschuldige Leuthe vorgenommen, de- und wehmütigst vorstelle.

Es ist mehr als zu bekannt, daß, sobald als die Gebrüder Gumpert und Isaac Behrends ihrer Schuld halber in Haft geraten, die mächtige, wichtigste von ihren *Creditor*en damit umgegangen und sich überall genug vernehmen lassen, daß sie die arme Leute auf die *Tortur* bringen wolten; Sie haben auch überall in der Sache dahin antragen lassen und ihr Suchen dahin gerichtet. Durch die von der *Juristen*-Fakultät zu Ingolstadt eingeholte Urthel aber ist ihnen solches abgeschlagen und erkannt[258], daß die ermeldte Gebrüder Behrens ihrer Bande entlassen und auffer freien Fuß gesetzet werden sollen. Dieses aber ist denen *Creditor*en nicht anständig gewesen[259], sondern sie haben von solcher *Sentenz* an das Königliche Ober-*Appellations*-Gerichte nacher Zelle *appellir*et;[260] und weil dann, wie in allen Euer *Majestät Justitz-Collegiis*, also auch in diesem Gerichte einige vorhanden, welche entweder als *Debitores* oder *Creditores* selbst bei der Sache *interessir*et sind; So ist es geschehen, daß dasselbe die Ingolstädtische Urthel gänzlich *re-*

---

255 *Dur* (frz.) hart, davon abgeleiteter Komparativ: *durer*.
256 Vertretungsweise eingesetzte.
257 Die Urthel war ein als Grundlage für ein Urteil zu benutzendes akademisches Rechtsgutachten.
258 Erkennen: eine Rechtsentscheidung treffen.
259 Es hat ihnen nicht gefallen.
260 Das Gutachten aus Ingolstadt hätte als Urteil der hannoverschen Justizkanzlei übernommen werden können. Die Gläubiger haben sich aber dagegen gewehrt, indem sie ein Urteil von der obersten kurhannoverschen Instanz verlangten.

*formi*ret, dem Verlangen derer *Creditoren* stattgegeben, und denen armen unschuldigen Leuthen die *Tortur* zuerkannt; Und obgleich deren *Defensor* sich dawider des *beneficii Restitutionis in integrum*[261] bedienet, sich auch dafür erboten, alle diejenige *Puncte*, worin sie peinlich befraget werden sollen, ob sie nämblich keine Gelder oder andere *Effecten* auf die Seite gebracht, *item*[262]: ob sie keine *simuli*rte *cessiones* vorgenommen, durch Zeugen zu erweisen, daß solches unmöglich sein könne, daß beneben[263] auch durch ein bei ermeldten Ober-*Appellations*-Gerichte über sie ergangenes Urthel dargetan, daß dergleichen Zeugen zulässig seyen, so hat doch solches alles nichts verfangen wollen, sondern es ist die vorige Urthel *confirmi*ret, und, soviel ich in Erfahrung bringen können, denen armen Gefangenen in Ermanglung eines gütlichen Vergleichs mit denen *Creditoren* die Daumen-Stöcke und Spanischen Stieffeln zuerkannt.

Obwohl nun dieses Urthel[264] an sich sehr hart, und in denen Rechten keines Weges *justifici*ret[265] werden kann, als welche[266] da wollen, daß das Mittel, die Wahrheit herauszubringen, nicht härter sein müße, als die Straffe, welche auf die Mißhandlung erfolgen kann, so ist es dennoch dabei nicht geblieben, sondern die *Commissarii* haben wider den Einhalt der obgesprochenen Urthel, wieder die Peinliche Hals-Gerichts-Ordnung mit diesen armen unschuldigen Leuthen so grausamlich verfahren und *excedi*ret, auch dergleichen Arten von der *Tortur* mit ihnen vorgenommen, welche im Römischen Reiche noch nie erhöret, und die nicht einmal wider diejenigen, so die allergrausambsten Mord-Thaten und Totschlägerey ausgeführet, vorgenommen zu werden pflegen.

Dann ist also, wie in dem Urthel erkannt worden, die Güte unter denen *Creditoren* nicht versuchet, sondern, obgleich der *Defensor* zu der Zeit, als die Gebrüder Behrens in der Nacht zwischen den 31st. *Maii* und 1t. *Junii* auf das Alt-Städter Rath-Haus gebracht, bei der Königlichen *Justitz*-Cantzelley *ad protocullum* vorgestellet und gebeten, daß man mit Vollstreckung der *Tortur* innehalten möge, mit dem Erbiethen, daß, woferne man dieselbe abstellen würde, ich von denen an mich *cedir*ten *Posten* ein gewisses *Capital* abtreten, die Weiber ihre *illatîs renu-*

---

261 (Lat.) wörtlich: die Rechtswohltat der Wiedereinsetzung in den vorigen Stand. Hier: Es soll nicht gefoltert werden, sondern der „vorige Stand", d.h. die Frist, während der noch ein Vergleichsvorschlag vorgebracht werden kann, soll „wiederhergestellt" (also verlängert) werden.
262 (Lat.) und auch.
263 Obwohl.
264 Die Folter geht auf ein Urteil, nicht eine Urthel (ein Rechtsgutachten) des Oberappellationsgerichts Celle zurück.
265 Nach den Gesetzen nicht gerechtfertigt werden kann.
266 Die Rechte „wollen".

nci*iren*²⁶⁷, die Freunde noch eine *Summe* Geldes dazu hergeben, und wenn es zu Versuchung des Vergleichs käme, verschiedene von denen jüdischen *Creditor*en ihre Forderung fallen lassen würden, welches eine *Summe* von 300 *m*.²⁶⁸ Reichsthalern *importi*ren²⁶⁹ würde, maßen dann die jüdischen Schuldforderungen die *important*esten sind, und dahero ein jeder *Creditor* 80 bis 90 Reichsthaler *pro Cento* ohnfehlbar hätte erhalten können. So hat doch solches alles keinen *Ingreß* gefunden; ob auch gleich an dem selbigen Tage zweene Juden, namens Joseph David Oppenheimer und Samuel Hartig, bei denen *Commissariis* mit einem *Memorial* eingekommen, und, wie [dass] sie etwas zum besten derer *Creditor*en anzubringen hätten, vorgestellet, auch des Falls vorgelaßen zu werden verlangten, so hat man dieselbe dennoch nicht hören wollen.

Als auch die Gebrüder Behrens bei dem gütlichen Verhöre gebeten, daß man ihnen nur eine 4-tägige *Dilation*²⁷⁰ verstatten, und sie mit Vollstreckung der *Tortur* nicht beschimpfen möge, weil sie binnen der Zeit einen Entwurf verfertigen und zeigen wollten, wie und welcher Gestalt die *Creditores* befriediget werden könnten, endlich auch solches *in continenti*²⁷¹ zu bewerkstelligen sich anerboten, und zu solchem Behuf Feder und Dinte gefodert, so haben die *Commissarii* auch dafür ihre Ohren verstopffet; Und es haben dieselbe alles Bittens und Flehens ungehindert die *Tortur* vollstrecken laßen, bei derselben aber dergestalt *excedi*ret, daß sie nicht einmal den Hannoverischen Scharff-Richter gebrauchet, sondern auswärtige Halb-Meister²⁷² dazu *adhibi*ret²⁷³ und denselben gestattet, daß sie noch bey dem gütiglichen Verhör²⁷⁴ die Gebrüder Behrens geschlagen, gestoßen und ihnen die Haare ausgerißen und sie bey dem Baarthe gezupft.

Sie, die *Commißarii*, haben hierauff ferner

3. denen Halb-Meistern verstattet, daß er in Derer *Commißariorum* Anwesenheit, da sie mit dem ältesten noch im Verhör gewesen, den jüngeren Bruder, *Isaac* Behrens, auf das erschröcklichste gepeitscht. Hiernechst haben sie

4. denen armen Leuthen nicht allein die Daumen-Stöcke von hinten zu anlegen und mit denen Bein-Schrauben an verschiedenen Orthen zuschrauben laßen, besondern sie haben

---

267 Auf ihren Brautschatz, ihre Mitgift verzichten.
268 *Mille* = tausend.
269 Ergeben.
270 Aufschub.
271 Sofort.
272 Halbmeister: Scharfrichter, „Halb-", weil er nicht die vollen Rechte eines „ehrlichen" Handwerksmeisters hatte.
273 Herangezogen.
274 Bei der der Folterung vorangehenden „gütlichen" Ermahnung.

5. ihnen dabey die Augen verbunden, die Schnüre anlegen

6. sie mit Feuer und Schwefel so wohl an dem Leibe als im Gesichte bewerffen, absonderlich aber dem ältesten die Baarthaare abbrennen laßen, endlich aber

7. die elende Leuthe von hinten zu an die anderthalb Stunde in freyer Lufft so lange hengen laßen, daß die Scharff-Richter selbst gesaget, daß man auffhören müße, oder die arme Leuthe das Leben darbey einbüßen würden. Und bey solcher grausamen Peinigung hat man

8. bey drittenhalb Stunden mit einem jeden von ihnen zugebracht. Und obgleich die armen Leuthe dadurch also elendig zugerichtet, daß man sie in Back-Trögen nach ihrer Gewahrsam bringen müßen, also daß sie der Lebens-Gefahr noch nicht entgangen, so gehet dennoch

9. die Rede, daß, weil sie bey der *Tortur* dasjenige, was man von ihnen hören will, nicht ausgesaget, auch nicht sagen können, ob man dieselbe noch mit neuer Marter belegen wolle.

Ich bin zwar zu wenig. daß ich etwas dazu sagen kann, so viel ich aber von Rechts-Gelehrten vernommen, so ist dieses grausame Verfahren wider die Rechte und die Peinliche Halß-Gerichts-Ordnung Kayser *Caroli Vti*[275], wie sie im gantzen Römischen Reiche *approbir*et[276], also auch einem jeden Richter billig zu einer Richtschnur dienen muss. Und alle diejenige, welche von dieser greulichen *Execution* hören, können sich nicht genug darüber verwundern, daß dergleichen in eines Christlichen, bevorab[277] eines so Gerechtigkeit liebenden *Potentat*en Gebiethe und Landen gestattet wird.

Gleich wie ich nun dessen ganz gewiß versichert bin, daß Euer Königliche *Majestät* an diesen erschröcklichen *Procedur*en keinen Gefallen haben werden, also flehe Dieselbe ich nochmalen hiermit demütig und fußfällig an, daß Sie allergnädigst geruhen mögen, die *Commissari*en und alle diejenige, so an denen unerhörten Grausamkeiten teilgenommen, nach Anleitung derer Rechte nachdrücklich zu bestraffen, denen armen Leuthen aber rechtliche *Satisfaction* zu verschaffen und der Hannoverischen *Justitz*-Cantzelley anzubefehlen, daß Sie dieselbe mit weiterer Quaal und Marter nicht belegen lassen, sondern ohngesäumt auf freien Fuß stellen sollen. Euer Königlichen *Majestät* Welt-gepriesene Liebe zur Gerechtigkeit laßet mich an allergnädigster Erhörung dieses meines rechtmäßigen Gesuches gar nicht zweiffeln, und ich ersterbe

Eurer Königlichen *Majestät* alleruntertänigster Knecht

---

275 Karl des Fünften.
276 Anerkannt.
277 Vor allem.

Halberstadt, den 16ten *Junii* 1724. Behrendt Lehman.

B 20: Die Geschichte der Schuldverschreibung Stanisław Lesczyńskis über Lehmanns Tod hinaus

Beilage zum Schreiben des Elias Philipp Hirschel an König Friedrich II. von Preußen vom 8. Januar 1755 – zu Kap. 9.3.2 –
Quelle: GStA PK Berlin, I.HA, Rep. 11, Nr. 5785, o.Bl.

Kurtze *Species facti*, die dem Könige *Stanislao* von dem verstorbenen Behrend Lehmann *aniticipi*rte nahmhaffte *Summa* betreffend.

Als *Ao* 1707 der König *Stanislaus* mit dem Könige aus Schweden in Sachsen ging, suchte ersterer Gelder aufzunehmen und fand auch mit Vorwißen und Einwilligung des Königes *Augusti I* höchstseel. Gedächtniß[278] bey meinem Schwieger Vater[279], den *Residenten* Behrend Lehmann einen *Credit pr.* [?] 104533 ⅓ rthlr, worüber Hochgedachter König *Stanislaus* ihm Dero *Obligation* ausstellten und dem Lehman Dero eigen zugehörige Graff- und Herrschafft *Liβa pro Hypotheca* verpfändeten, zur Wiederbezahlung aber den 12. *Junii* 709[280] anberaumten.

Indeßen gingen die *Confœderations-Troublen* in Pohlen an[281], und der gesetzte Zahlungs *Termin* verstrich fruchtloß. Lehmann war also bemüßiget, sich an *seine Hypothec* zu halten und gelangte durch allerhöchste *Protection* Ihro *Kgl.* Mayt.*Augusti* vermittelst Dero Seel. *Premier Ministres* und Feld Marchals Grafen von *Flemmings Excell.*, wiewohl nicht unter seinen, des *Lehmanns*, Nahmen *Anno* 1717 zu der *Immission* in die Graffschafft *Lissa in genere, in specie* aber auf die Stadt *Liβa* selbst. Wornach sich einige sondere *Stanislaische Creditores* zwar gerühret, auch die *Revenues* einiger Dorfschafften überkommen haben.[282] Ob aber diese mit dem Lehmann im gleichen Recht stehen mögen, welches doch nicht füglich seyn könte, oder aber demselben vorzuziehen, und ihre erhaltene *Königl.*

---

278 Höchstseligen Gedächtnisses.
279 Schreiber des Briefes ist Markus (Marx, Mordechai) Hirschel, der mit Berend Lehmanns Tochter Chawa (Gnendel) verheiratet war. Gerichtet ist er, wie sich aus einer späteren Stelle dieses Dokuments ergibt, an den preußischen Botschafter am französischen Hof. Wie in Kap. 9.3.2 dieser Arbeit dargestellt, dürfte das Schreiben 1731 verfasst worden sein.
280 Mordechai Hirschel lässt an einigen Stellen des Schreibens, jüdischer Gepflogenheit entsprechend, die Tausenderziffer fort.
281 Obwohl August der Starke 1709 wieder als polnischer König anerkannt wurde, schlossen sich immer wieder einflussreiche polnische Adlige zu „Konföderationen" gegen ihn zusammen; die bekannteste war die „Konföderation von Tarnogrod", 1715/1716.
282 Erhalten haben.

Stanislauische Versicherungen auf die jetzt besitzende Dorffschaften *Specialissime* gewesen, davon kan man aus Mangel hinlänglicher Nachricht nichts melden.[283]

Es hat aber Lehmann sich mit seiner *Obligation* sicher genug zu stehen geglaubet, als in der [in ihr] alle Verbindlichkeiten, die man sonsten vor hinlänglich hält, enthalten sind. Es hat auch hiernechst gedachter *Lehmann* nicht unterlassen, *secundum stylum Curiae polonicum*[284] im Grad zu Frauenstadt[285] die Vermerckung machen zu laßen. Zur Einzieh- und Berechnung dieser *Liß*aischen Revenuen, welche anfänglich, ehe andere *Creditores immit*iret worden, m/30[286], nach diesen aber jährlich nur 8, 9, 10, auch mehr tausend Polnische Gulden abgeworfen, haben Ihre Königl. Maj. *Augustus 1* anfänglich den *General* Post Meister, Herr von Holtzbring und nachgehends den Hernn Obristen von *Unruh* und letzlich den Hoff Zahl Meister Herr *Essenius* allergnädigst aufgetragen. Wie ich in *Ao* 729 mit meinen verstorbenen Schwieger Vater Behrend Lehman, an welchen ich eine nahmhafte *Summa* zu fodern, *abrechnete*, wurde mir diese *Stanislau*ische *Obligation* gerichtlich *ced*iret, und obgleich mehrerwehnte *Lissa*ische *Intraden*[287] seit 1729 an mich *qua cessionarium*[288] hätten abgeführet werden sollen, ist mir dennoch hiervon bis *dato* kein Kreutzer zugekommen.

Weil nun die Graffschafft *Lißa* mit ihren *Appertinentien important,*und zur Abzahlung aller darauf gemachten Schulden hinlänglich seyn möchte, so hat man bereits in *Ao* 1726 den Antrag dahin gemacht, daß diese mit Einwilligung des Königes *Stanislaui* und *Aßistentz* Ihro Maj. Augusti 1 einen *Indigenat* fähiger[289] käuflich überlaßen werden möchte, welches aber, weil der König *Stanislaus* keine Antwort hierauf ertheilet, und man das Werck also liegen laßen, ohne *Effect* geblieben.

Es ist aber endlich dahin gekommen, daß der königl. Polnische und Churfürstl. Sächs. Geheimte Rath und *Premier Ministre* HErr Graff v. *Sulkowsky*[290] dem sicheren Vernehmen nach die Graffschafft *Lißa* an sich erkaufet und einige Königl. *Stanislau*ische *Creditores content*iret haben soll, worauf ich unter Assistentz des Königl. *Ambassadeurs*, HErrn Graffen von *Wratislaw Excell.*, mich genöthiget sahe, im Monat *Julie* dies Jahres nacher Frauenstadt zu der hierin angeordneten

---

283 Berend Lehmann selbst meinte, dass sein „Protektor", Jakob Heinrich von Flemming, ihn benachteiligte, indem er einen anderen, unberechtigten Gläubiger vorzog. Vgl. Dokument W 42.
284 Entsprechend dem polnischen Kanzleigebrauch.
285 Vgl. dazu Dokument Nr. W 42.
286 30.000.
287 Einkünfte.
288 Als Abtretungsbegünstigter.
289 Einem zahlungskräftigen (?) Einheimischen (Polen).
290 Alexander Józef Sułkowski (1695–1762), Staatsminister unter Friedrich August II. (III.).

Hochansehnlichen Königl. *Commission* mich zu verfügen und vermittelß denen vorgezeigten *Originalien* die Schuld von pr. rthlr 104533 ⅓ zu *liquidir*en und mich *qua cessionarium* zu *legitimiren*.

Da nun hierbey der Königl. *Stanislau*ische Gevollmächtigte, HErr Graff *Dombsky* sich nicht allerdings günstig vor mich gezeiget, so wurde diese Sache auf nächster *Commission*, die nach dem neuen Jahr gehalten werden soll, verschoben.

Das, warum Ew. Hochfürstl. Durchl. unterthänig bitten will, ist demnach dieses, daß Höchstdieselben, die als höchst ansehnlicher Königl. *Ambassadeur* an den Königl. Fräntzösischen Hoff für einen Königl. Allerunterthänigst getreuen Unterthan, Hoff- und Schutz Juden, der sich zeithero zu Ihrer Mayt allerhöchsten Diensten und *Anticipationen*[291] und Lieferungen willigst finden laßen und also ferner in aufrichtigen Stand zu erhalten wäre, die höchste Gnade haben, und entweder Ihro Königl. Mayt. *Stanislaum Directe* oder *Indirecte* durch Dero Herren *Ministres* dahin bewegen möchten, daß er in gnädigster Betrachtung deßen, daß mein Schwieger Vater Behrend Lehmann und ich höchst denenselben unterthänigst und in *Extremis* zu dienen gesucht, nunmehro aus Königl. Gnade und Großmuth auf die für gut erkennende Wege mir auch hinwieder zu den meinigen verhelfen möge. Und wäre ich nicht abgeneigt, mit Ihro Mayt. *p r* in Pausch und Bogen mich zu vergleichen, um einmal hiervon vollkommen loß zu werden und nicht nöthig zu haben, bey Einer Hochlöblichen *Commission* mich weiter zu melden und mehrere Unkosten aufwenden zu dürfen.

---

291 Vorschüsse = Darlehen.

Historische Abkürzungen

À, à	An...
A, Ao, ao	*annus* (Jahr), *anno* (im Jahre)
a.c.	*anni currentis* = dieses Jahres
ad art.	*ad articulum* = zu dem Artikel...gehörig
allerdurchl.	allerdurchlauchtigst
a.p.	*anni posterioris* = vergangenen Jahres
art. inquis.	*articulum inquisitionis* = Artikel der Befragung
cap.	*caput* = Kapitel
C.D.	kurfürstliche Durchlaucht
Chrf.	Kurfürst
churfürstl.	kurfürstlich
de dato	vom Datum des...an
D.	*Doctor Theologiæ*, Doktor der Theologie
Durchl.	Durchlaucht
E.	Eine („Eine getreue Landschaft")
etc.	*et cetera* = und so weiter
E.K.M	Euer königliche/kaiserliche Majestät
Ew.	Euer, Eures, Euerm usw.
Exc., Excell.	Exzellenz
Fl, fl.	*Florenus* = Gulden
Gen.	General
gr.	Groschen
ggr	Gutegroschen
H, Hr.	Herr, Herrn
hochfürstl.	hochfürstlich
it.	*item* = auch, genauso
Kays., Kayserl.	Kaiser, kaiserlich
Lbd.	Liebden. „Ew. Liebd." (gegenseitige Anrede unter Herrschern)
Loc.	*Locata*, Lokat (Verwahrplatz eines Archivale)
L.S.	*locus sigilli* ([hier ist der] Platz des Siegels)
Mr., M.	*Monsieur*
Mar., Mart.	*Martii* = des Monats März
May	*Maii* = des Monats Mai
Majest., Mayt.	Majestät
mpp	*manu propria* = eigenhändig
NB	*nota bene* = wohlgemerkt
pohln., polln.	polnisch
p., pp.	*præmissis præmittendis* = das Voranzusetzende vorangesetzt (in Briefentwürfen Platzhalter für Anreden und Floskeln)
octavo, 8vo	achter Teil (z. B. eines Papierbogens)
Rp. ad	*respondet ad* = antwortet auf...
Rthlr.	Reichstaler
Se., Sr.	seine, seiner, seinen, seinem usw.
Seindt, seind	(Abgekürzte Briefschlussformel), etwa: „und seyndt [sind] Wir Euch gewogen"

Sigl.	*Sigillum* = Siegel, *sigillatum* = gesiegelt
Sigl. ut supra	*Sigillatum ut supra* = So besiegelt wie oben geschrieben
Spec.	Speziestaler
Sub dato	Unter dem Datum vom...
Thl, Thlr.	Taler
tom., Tomus	Band (Buchreihe)
V. Msé	*Votre Majesté*, Euer Majestät

Chronologie

	Leben Berend Lehmanns (abgekürzt: „BL")	Eckdaten politischer Ereignisse	Wichtige Kulturereignisse
1648		Westfälischer Friede: Halberstadt wird brandenburgisch.	Heinrich Schütz: *Geistliche Chormusik*.
1650			Rembrandt (?): *Mann mit dem Goldhelm*.
1661	23. April: Issachar ben Jehuda haLevi, genannt Berend Lehmann, in Essen geboren.	Mazarin stirbt; Beginn der Alleinherrschaft Ludwigs XIV. Colbert Wirtschafts- u. Finanzminister.	Schlossbau Versailles begonnen.
1683		Türken vor Wien.	
1685		Nach Aufhebung des Edikts von Nantes: Massenflucht von Hugenotten, Edikt von Potsdam holt viele auch nach Brandenburg.	
1687	BL als Halberstädter Messebesucher in Leipzig.	Ungarn von den Türken befreit und an Habsburg angeschlossen.	Thomasius hält in Leipzig erste Vorlesung auf Deutsch. Isaac Newton: *Philosophiae naturalis principia mathematica*
1688	BL in Halberstadt nachweisbar, noch ohne eigenen brandenburgischen Schutzbrief.	Glorious Revolution: England wird konstitutionelle Monarchie. Tod des Großen Kurfürsten, Nachfolger: Friedrich III.	Jean de la Bruyère *Les Caractères de Théophraste*.
1689	BL bekommt, jetzt Schutzjude, Baustelle für eigenes Haus zugewiesen: Klein Venedig links.	Peter der Große wird Zar. Pfälzischer Erbfolgekrieg: französische Truppen zerstören Heidelberg.	Henry Purcells Oper *Dido und Äneas* uraufgeführt.
1690	Sohn Lehmann Behrend geboren.	Joseph I. Kaiser des Heiligen Römischen Reiches Deutscher Nation.	John Locke *An Essay Concerning Human Understanding*.
1692	BL handelt mit „verrufenen" Münzen.	Hannover wird 9. Kurfürstentum.	

Fortsetzung

	Leben Berend Lehmanns (abgekürzt: „BL")	Eckdaten politischer Ereignisse	Wichtige Kulturereignisse
1693	Geschäftsbeziehung BLs mit Kurfürst Johann Georg IV. von Sachsen.	Heidelberg erneut zerstört.	Verlegung des Reichskammergerichtes von Speyer nach Wetzlar.
1694	BL offizieller kurfürstlich-brandenburgischer Münzagent. BL kurfürstlich-brandenburgischer Hoffaktor.	Friedrich August I., der Starke, wird Kurfürst von Sachsen.	Universität Halle gegründet.
1695	BL finanziert Darlehen Augusts des Starken für Kaiser Joseph I.	August der Starke Oberbefehlshaber gegen Türken in Ungarn.	Franckesche Stiftungen in Halle gegründet.
1696		Polnischer König Johann Sobieski †.	Berliner Akademie der Künste gegründet.
1697	8. Januar: Vertrag BLs mit dem Drucker Gottschalk (Frankfurt a. d. Oder) über Talmud-Druck. 19. Juni: BL verhandelt den Verkauf der sächsischen Exklave Lauenburg an Hannover. BL an der Finanzierung der Polenkrone maßgeblich beteiligt. 9. August: BL von August dem Starken zum „Königlich Polnischen Residenten im Niedersächsischen Kreise" ernannt. September: BL verhandelt den Verkauf der sächsischen Exklave Quedlinburg an Preußen. 15. September: Kurfürst Friedrich III. von Brandenburg erlaubt BL den Kauf des „Schachtschen Hauses" in Halberstadt.	Karl XII. wird König von Schweden. 25./26. Juli: August der Starke zum König in Polen gewählt. 15. Sept.: Krönung Augusts des Starken in Krakau. Zar Peter I., der Große, bereist West-Europa.	Katholische Kirche (Bischof Jacques Bossuet) verbietet französischen Pietismus/ Quietismus der Mme. Guyon.

Fortsetzung

	Leben Berend Lehmanns (abgekürzt: „BL")	Eckdaten politischer Ereignisse	Wichtige Kulturereignisse
1698	Friedrich III. genehmigt BL die Gründung einer Thora-Talmud-Lehranstalt in Halberstadt.	Aufteilung des Spanischen Erbes zwischen Österreich und Frankreich.	Baubeginn des Berliner Stadtschlosses durch Andreas Schlüter.
1699	BL muss das „Schachtsche Haus" an die Hugenottengemeinde abtreten. 17. Juli: Druck der 12-bändigen Talmud-Ausgabe in Frankfurt a. d. Oder abgeschlossen.	Friede zu Karlowitz: Türkei anerkennt Österreichs Herrschaft über Ungarn. Kamieniec Podilski wird polnisch.	Leibniz und Newton streiten über Priorität der Infinitesimalrechnung.
1700	BL während des Nordischen Krieges als sächsischer Kriegsfinanzier und Heereslieferant im Baltikum.	Akute Phase des Nordischen Krieges zwischen Sachsen/Polen und Russland gegen Schweden beginnt.	Leibniz gründet Sozietät der Wissenschaften zu Berlin. Einführung des Gregorianischen Kalenders in den protestantischen Gebieten Deutschlands
1701		Kurfürst Friedrich III. von Brandenburg wird König in Preußen. Beginn des Spanischen Erbfolgekrieges (England und Österreich gegen Frankreich).	
1702	BL wird auch Königlich Polnisch/ Kurfürstlich Sächsischer „Münzentrepreneur". Er liefert einen Smaragd für für Augusts Kunstsammlung.	Schwedenkönig Karl XII besiegt August den Starken bei Kliszow.	Kaiser Josef I. gründet Universität Breslau.
1703	BL gründet die Halberstädter Thora-Talmud-Lehranstalt („Klaus").	Ungarn: Rákóczi-Aufstand gegen Habsburg.	Stahl veröffentlicht Phlogiston-Theorie (Vorstufe zur Entdeckung des Sauerstoffs).
1704	BL verhandelt den Verkauf der sächsischen Exklave Gommern an Preußen. BL versucht, Koalition gegen Karl XII zustande zu bringen.	August der Starke verliert polnische Krone an Stanisław Leszczyński.	

Fortsetzung

	Leben Berend Lehmanns (abgekürzt: „BL")	Eckdaten politischer Ereignisse	Wichtige Kulturereignisse
1706	BL kauft ein Haus in der Halberstädter Judenstraße von Levin Joel.	Friede von Altranstädt: Schweden besetzen Sachsen.	
1707	BL gibt Darlehen an Augusts Gegenkönig Leszczyński. Ehefrau Miriam geb. Joel stirbt. BL heiratet Hannle Beer, Tochter eines Vorstehers der jüdischen Gemeinde Frankfurt/M.	Herzog Ludwig Rudolf von Braunschweig (-Wolfenbüttel) wird Reichsfürst	
1708	BL ergänzt den Gesamtkomplex „Klein Venedig", baut gleichzeitg Gartenhaus neben „Schacht". BL eröffnet für Sohn Lehmann Behrend Geschäft in Dresden, bekommt dort Wohnrecht.	Prinz Eugen und Marlborough besiegen Franzosen bei Oudenaarde.	
1709	Wahrscheinlicher Beginn des Baus der neuen Halberstädter Synagoge. BL's „Schwedische Mission" in Hannover.	Nach russischem Sieg: August wieder König in Polen.	J. F. Böttger stellt in Dresden erstes europäisches Porzellan her.
1710	Behinderung von Jonas Meyers Gebetszusammenkünften.		Meißener Porzellanmanufaktur gegründet.
1711	Sohn Mordechai Gumpel Berend Lehmann geboren.	Regierungsantritt des Habsburgers Karl VI. als deutscher Kaiser. August der Starke wird Reichsvikar.	Erster Einsatz einer Dampfmaschine in englischem Bergwerk.
1712	Wahrscheinliche Einweihung der Halberstädter Synagoge.	Flemming wird Augusts des Starken „dirigierender Kabinettsminister".	Corelli: *12 Concerti grossi.*
1713	BL bekommt die Erlaubnis, vor den Toren Halberstadts einen landwirtschaftlichen Betrieb einzurichten und dafür Land zu erwerben.	Tod König Friedrichs I., König in Preußen. Nachfolger Friedrich Wilhelms I Ende des Spanischen Erbfolgekrieges.	Silberschmied Thomas Tübner, Halberstadt, schafft Chanukka-Lampe, wahrscheinlich für BL

Fortsetzung

	Leben Berend Lehmanns (abgekürzt: „BL")	Eckdaten politischer Ereignisse	Wichtige Kulturereignisse
1714	Darlehen BLs für den Bau der Berliner Synagoge in der Heidereuthergasse.	Kurfürst Georg Ludwig von Hannover wird König Georg I. von Großbritannien. Erneute Türkenbedrohung.	Leibniz veröffentlicht *Monadologie*.
1715	BL übernimmt als Pfand für nicht getilgtes Darlehen Leszczyńskis Erbbesitz Lissa (Leszno).	Tod Karls XII. vor Fredrikshall.	Franz Beer: Abteikirche Weingarten.
1718	BL besorgt August dem Starken für 200.000 Taler Juwelen.	John Law verspricht, Frankreich durch die Ausgabe von Papiergeld zu sanieren	
1719/ 1720	Jonas Meyers Aktion gegen die Brotgetreideknappheit in Sachsen.	1719: Wiener Allianz zwischen Österreich, Sachsen/ Polen, Hannover/Großbritannien gegen Russland und Preußen.	1719: Vier Wochen Festlichkeiten: Vermählung des sächsischen Kurprinzen mit Kaisertochter Maria Josepha.
1720	Der sächsische Kurprinz Gast BLs bei einem Fest in Lehmanns „Altem Posthaus".	Frieden von Stockholm: Preußen bekommt Vorpommern. John Laws Bankenkrach	Balthasar Neumann beginnt Würzburger Residenz.
1721	BLs Plan zur Teilung Polens löst diplomatische Verwicklungen aus, BL in Dresden unter Hausarrest, strenges Verhör. BLs Hannoveraner Schwiegersohn wegen angeblichen Konkursbetruges verhaftet; Vermögenswerte BLs beschlagnahmt. Hilfsversuche BLs. Preußische Regierung fordert Bericht, ob Wegzug BLs aus Halberstadt droht.	Frieden von Nystad beendet Großen Nordischen Krieg: Große Landgewinne für Russland im Baltikum.	Telemann wird Kantor der fünf Hamburger Hauptkirchen.
1722	BL erwirbt durch Reuegeschenk „Gnade" Augusts des Starken zurück.		Beginn von Zinzendorffs Herrnhuter Brüdergemeinde.
1722	BLs Haushalt in Dresden umfasst 30, der Meyers 40		Bach: *Wohltemperiertes Klavier*.

Fortsetzung

	Leben Berend Lehmanns (abgekürzt: „BL")	Eckdaten politischer Ereignisse	Wichtige Kulturereignisse
	Personen; BLs Haushalt in Halberstadt umfasst 38 Personen.		
1722	Beginnende Existenzbedrohung des Dresdner Geschäfts.		
1723		Preußische Verwaltungsreform etabliert Generaldirektorium.	Errichtung des Dresdner Grünen Gewölbes. Bach wird Leipziger Thomaskantor. Joachim Michael Saalecker schafft Söhne-Jakobs-Pokal, wahrscheinlich für BL
1725	BLs Klagebrief an August den Starken.	Tod Zar Peters des Großen; Nachfolgerin Katharina I.	Gottscheds Wochenschrift *Die vernünftigen Tadlerinnen*.
1727	Darlehen BLs für Augusts des Starken Sohn Moritz von Sachsen. *Berlinische Privilegirte Zeitung* meldet Konkurs BLs.	Tod Katharinas; Nachfolger Zar Peter II.	Friederike Karoline Neuber gründet Hofkomödianten.
1728	Die Firma Lehmann in Dresden muss nach Ablauf einer dreiwöchigen Frist den Warenverkauf einstellen.	Berliner Bündnisverträge Österreich/Preußen.	Joh. Christ. Pepusch: *The Beggar's Opera*.
1730	Januar/Februar: 10-tägiger Hausarrest für BL wegen einer Schuldforderung. 23. März: BL schenkt seinem Sohn Cosman u. a. die Klaus. 9. Juli: Berend Lehmann stirbt in Halberstadt.	Fluchtversuch des preußischen Kronprinzen Friedrich, Hinrichtung seines Freundes H.H. von Katte.	Zeithainer Lustlager, Manöver und großes Barockfest Augusts des Starken.
1733		Tod Augusts des Starken.	
1734/ 1736	Zwangsversteigerung der Berend-Lehmannschen Immobilien in Halberstadt.		1734: Bachs *Weihnachtsoratorium* in Leipzig uraufgeführt.

Fortsetzung

	Leben Berend Lehmanns (abgekürzt: „BL")	Eckdaten politischer Ereignisse	Wichtige Kulturereignisse
1737	Halberstadt hat 1.212 jüdische Einwohner (ca. 10% der Gesamtbevölkerung) und ist damit die judenreichste Stadt Preußens.	Stanisław Leszczyński wird Herzog von Lothringen.	Hannoversche Universität Göttingen gegründet.
1740		Tod Friedrich Wilhelms I., König in Preußen, Regierungsantritt Friedrichs II. (des Großen) Tod Kaiser Karls VI., Regierungsantritt Maria Theresias, Beginn des I. Schlesischen Krieges.	Gottsched beginnt Herausgabe der *Deutschen Schaubühne*.
1741	Endgültiger Verkauf von Berend Lehmanns Blankenburger Gut. Israel Abraham versucht, seine Druckerei nach Halberstadt zu verlegen.		

Stammtafeln

Stammtafel Berend Lehmann

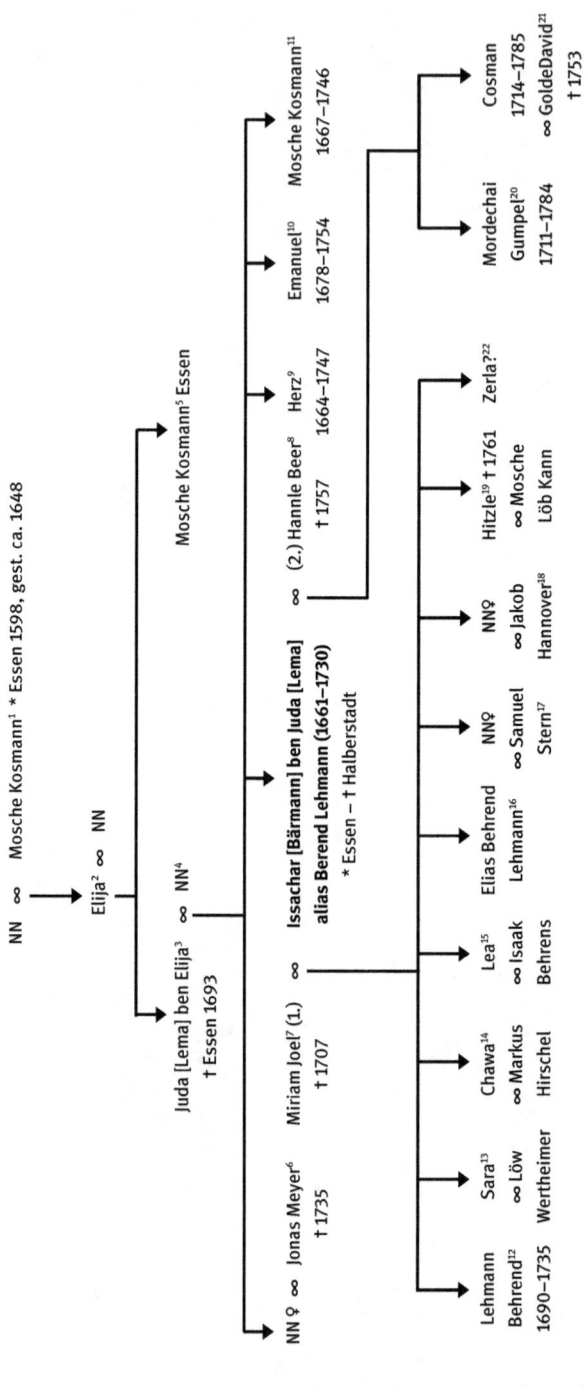

Stammtafeln

1 Samuel, Salomon: *Geschichte der Juden in Stadt und Synagogenbezirk Essen*. Frankfurt/M. 1913. S. 96–97.
2 Linnemeier, *Rätsel*, wie Anm. 109.
3 Linnemeier, *Rätsel*, wie Anm. 109.
4 Namentlich nicht bekannt, 1693 in Essen lebend identifiziert als Schwester von Leffmann Behrens in Linnemeier, *Rätsel* (wie Anm. 109), passim. Hans Kretz, Wien, benennt – ohne Quelle – Hanna Günzburg als Berend Lehmanns Mutter (kretz.hans@tele2.at).
5 Lehmann, *Schriften* (wie Anm. 33), S. 153; Raspe, *Ruhm* (wie Anm. 9), S. 207.
6 Berend Lehmanns Schwager und Geschäftspartner in Dresden. Vielfach belegt, vgl. Kapitel 7 dieser Arbeit. Der Name seiner Frau, einer Berend-Lehmann-Schwester, ist nicht bekannt.
7 Durch Memorbucheintragung, Ofenplatte (s. Abb. 48), Abrechnung wegen Schacht (s. Kapitel 4.4.2 dieser Arbeit) mehrfach belegt.
8 Auerbach, *Gemeinde* (wie Anm. 12), S. 48. In zweiter Ehe ∞ Michael David, Hannover. Über ihren Vater Emanuel Beer als Geschäftspartner Berend Lehmanns s. Kapitel 7.5 dieser Arbeit.
9 Bedeutender Wiener Hofjude. Münzunternehmer in Leipzig. S. dazu Kapitel 3.5 dieser Arbeit. Auch Auerbach, *Gemeinde* (wie Anm. 12), S. 57.
10 Später in Berlin (so Raspe, *Ruhm* [wie Anm. 9], S. 207). In Halberstadt belegt in LHASA Magdeburg, Rep. A 14, Nr. 1012, Bl. 26. Auch: Menachem, Mendel. So in Jost, *Megillah* (wie Anm. 380), S. 64.
11 Auerbach, *Gemeinde* (wie Anm. 12), S. 85; Lehmann, *Schriften* (wie Anm. 33), S. 153: „Daijan in Nikolsburg".
12 Vielfach belegt. S. Kapitel 7 dieser Arbeit. Über ihn führt die Abstammungslinie zu Emil Lehmann, Dresden, und zu Pierre Saville/Albert Lehmann, Paris (vgl. Kap. 1.2).
13 Vgl. Dokument Nr. 71: Berend Lehmanns Nachlass hat hohe Schulden bei Wertheimer. Dessen Vater, Samson Wertheimer ist, ähnlich Lehmann, Mitfinanzier der Polenkrone. Vgl. Kap.3.2 dieser Arbeit.
14 Dok. 78. Den Vornamen Chawa (jiddisch: Gnendel) findet man – ohne Quelle – in der Ahnentafel des Berend-Lehmann-Nachfahren Hans Kretz, Wien.
15 Isaak Behrens: Jost, *Megillah* (wie Anm. 380), passim. Lea: Strobach, *Liquidität* (wie Anm. 2), S. 13, 33, 38 und 61.
16 Költzsch, *Kursachsen* (wie Anm. 725), S. 268.
17 Kohnke/Braun, *Zentralbehörden* (wie Anm. 282), S. 117: Akte in GStA PK Berlin über Reisepässe für Berend Lehmann und Schwiegersohn Samuel Stern.
18 Auerbach, *Gemeinde* (wie Anm. 12), S. 86.
19 Name „Hitzle" laut Memorbuch der Halberstädter Klaus, CAHJP Jerusalem. S. Meisl, Josef: *Memorbuch der Halberstädter Klaus*. In: Reshumot, N.F. 3, Jg. 1947. S. 192. Eintrag Nr. 77.
20 Auerbach, *Gemeinde* (wie Anm. 12), S. 86. Sein Geburtsdatum auf dem Thorawimpel Abb. 23.
21 Vgl. Kapitel 6.1 dieser Arbeit und Strobach, *Liquidität* (wie Anm. 2), S. 52 und 53 (Anm. 182).
22 Mitgründerin Agudat Nashim, s. Kap. 5.5. Dass sie eine Tochter Berend Lehmanns ist, ist nicht völlig gesichert

Es gibt drei Nachfahrenstränge Berend Lehmanns, die sich bis in die Gegenwart verfolgen lassen:

1. Nicolas Berend, * 07.10.1970 Paris, dort auch wohnhaft, führt sich über folgende Personen (jeweils Söhne) auf Berend Lehmann zurück:
Berend Lehmann;
Cosman Berend Lehmann (Halberstadt, Hannover, vgl. Kap. 6.1);
Bermann Issachar Berend (Sohn von Cosman und Golde geb. David? Hannover);
Michael Berend (1766–1832) ∞ Rebekka Riess;
Meyer Berend (1818–1877, Hannover) ∞ Rose Mahler;
Michael Bérend (* 1851 Hannover, † 1915 Paris, Pére Lachaise) ∞ Emma Niederhofheim;
Paul Berénd (* 1894 Paris–1982 Paris, Père Lachaise) ∞ Aline Levy;
Michel Bérend (* 1937 Paris) ∞ Françoise Girard;
Nicolas Bérend (* Paris 1970).

2. Hans Kretz, Wien, führt seine Berend-Lehmann-Nachfahrenschaft auf Lehmanns Tochter Chawa zurück, die mit dem zeitweise in Wien tätigen Samuel Hirschel verheiratet war. Die Mitglieder dieser Linie ließen sich durchweg um 1800 taufen.
Berend Lehmann (1661–1730) ∞ Miriam Joel († 1707)
Sara Lehmann (1700–1763) ∞ Löb Wertheimer (1698–1763)
Samson Wertheimer (1736–1787) ∞ Anna Mandl († 1790)
(Maria) Viktoria Antonia W. (1767–1806) ∞ Franz Wolf Bobella (Heirat: 1791)
getauft (rk) 1802
Sophie Maria Anna Bobella (1798–1875) ∞ Franz Schaup (1796–1871)
getauft 1802
Wilhelm Heinrich Schaup (1838–1899) ∞ Amalie Burger (1837–1895)
Marie Sophie Schaup (1865–1925) ∞ Richard Kretz (1865–1920)
Johannes Kretz (1897–1979) ∞ Martha Ratz (1901–1933)
Hans Kretz (*1930) ∞ Brigitte Kolder (*1936)

3. Julien Petit, Paris, Musikjournalist und Antiquitätenhändler, führt seine Nachfahrenschaft über den Autor Pierre Schuman (Pseudonym: Pierre Saville), dessen Vorfahr im 19. Jahrhundert Albert Lehmann, und über den Dresdner Anwalt Emil Lehmann auf Berend Lehmanns Dresdner Sohn Lehmann Behrend zurück. Weitere Einzelheiten sind hier nicht bekannt.

Stammtafeln — 427

Stammtafel der Mutter Berend Lehmanns (Auszug) – die Doppelverbindung zu Leffmann Behrens und seinen Nachkommen[1]

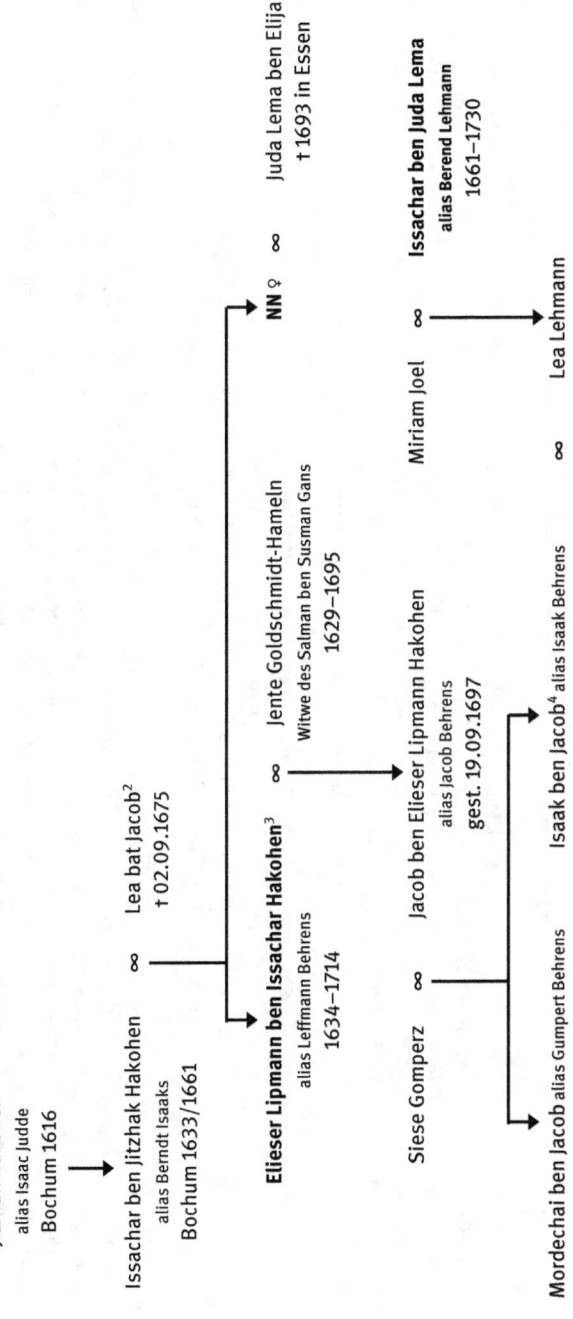

Jitzhak Hakohen
alias Isaac Judde
Bochum 1616

Issachar ben Jitzhak Hakohen
alias Berndt Isaaks
Bochum 1633/1661

∞ Lea bat Jacob[2] † 02.09.1675

Elieser Lipmann ben Issachar Hakohen[3]
alias Leffmann Behrens
1634–1714

∞ Jente Goldschmidt-Hameln
Witwe des Salman ben Susman Gans
1629–1695

Jacob ben Elieser Lipmann Hakohen
alias Jacob Behrens
gest. 19.09.1697

Siese Gomperz ∞

Mordechai ben Jacob alias Gumpert Behrens

Isaak ben Jacob[4] alias Isaak Behrens

NN ♀ ∞ Juda Lema ben Elija
† 1693 in Essen

Miriam Joel ∞ **Issachar ben Juda Lema**
alias Berend Lehmann
1661–1730

Lea Lehmann ∞

---

1 Die Tafel beruht im Wesentlichen auf Linnemeier, *Rätsel* (wie Anm. 109).
2 Die gemeinsame Großmutter von Leffmann Behrens und Berend Lehmann.
3 Der bedeutende Hannoveraner Hofjude; über seine Mutter Lea bat Jacob und seine namentlich nicht bekannte Schwester der Onkel Berend Lehmanns. Berend Lehmanns namentlich nicht bekannte Mutter, 1693 als Witwe in Essen lebend, vgl. Samuel, Salomon: *Geschichte der Juden in Stadt und Synagogenbezirk Essen*. Frankfurt/M. 1913. S. 6–7.
4 Zusammen mit seinem Bruder Mordechai Gumpert ab 1721 wegen angeblichen Konkursbetruges eingesperrt und gefoltert.

Nachfahren des Joel Alexander[1]

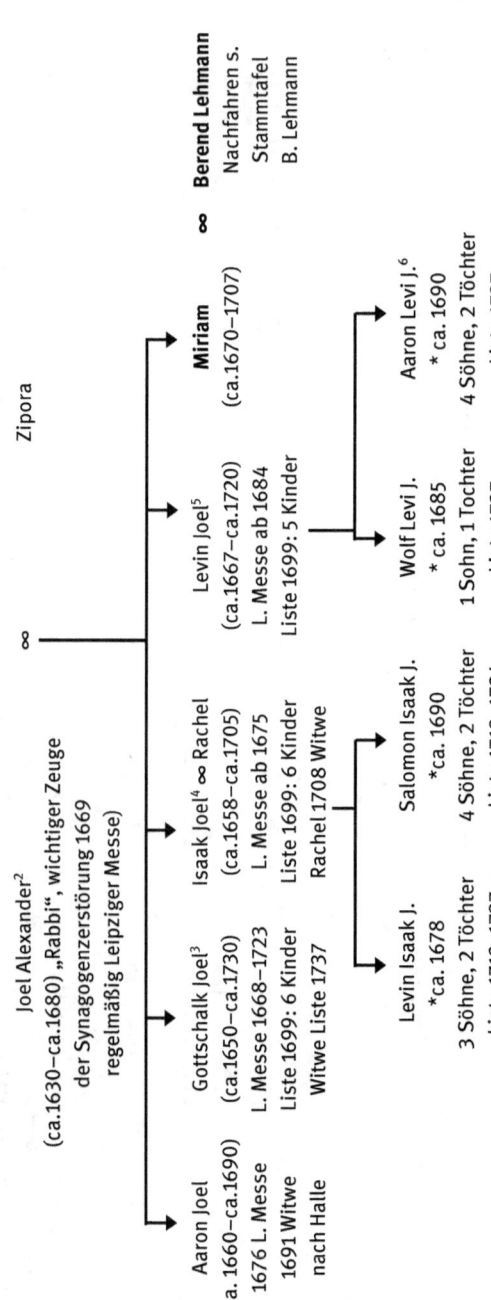

1 Die Daten der Besucher der Leipziger Messen stammen aus Freudenthal, *Messgäste* (wie Anm. 29) und wurden von Reiner Krziskewitz an den Originallisten überprüft (SHSA Dresden, Loc.9482 und 9483). Die Geburtsdaten der Joel-Alexander-Söhne sind annähernd gesichert durch die Altersangaben in Dok. B2.

2 Auerbach, *Gemeinde* (wie Anm. 12), S.35 gibt Berend Lehmanns Schwiegervater fälschlich als „Joel ben Jehuda", der korrekte Vatersname „Alexander" ist aber jetzt gesichert durch die gemeinsame Nennung der Lehmann-Schwäger (vgl. Dok. B2) und ihres Vaters in den Messelisten. Joel Alexander wird als „Rabbi" bezeichnet auf Lehmanns Ofenplatte (vgl. Kap. 6.5) sowie auf der Halberstädter Judenliste von 1669: LHSA Magdeburg, Rep. A13 Nr. 607, Laufende Nr. 18.

3 Gottschalk Joel wohnte in der Bakenstraße unmittelbar neben dem noch heute vorhandenen Hausdurchgang zur Judenstraße (Kaufbrief Halberstädter Domkapitel Christoph Schricken/Moses Noa vom 06.09. 1687, LHSA Magdeburg Rep. A 14, Nr. 709, Bl. 12.

4 Isaak Joel gibt während Lehmanns Abwesenheit Auskunft über ihn (vgl. Kap. 4.4.4, Bericht Lüttkens). Aus seinem nachgelassenen Kapital baut Lehmann ein Haus für einen der minderjährigen Enkel (?) Isaak Joels (vgl. Kap. 4.4.3)

5 Von Levin Joel kauft Lehmann ein Haus (vgl. Kap. 4.4.3). Levin Joel erhält 1714 zusammen mit seinem Sohn Wolff Levin Joel und seinem Neffen Salomon Isaak Joel die Konzession zum Markthandel in Blankenburg (vgl. Kap.6.6).

6 Über Aaron Levi Joel vermerkt die Judenliste 1737: „Handelt in Blankenburg". Wie in Kap. 6.6 dargelegt, heiratet er eine Tochter des Derenburgers Isaak Abraham.

Benutzte Literatur

Adelung, Christoph: *Grammatisch-kritisches Wörterbuch der hochdeutschen Mundart.* Bd. 4. Wien 1811.
Ahrens, Sabine: *Die Lehrkräfte der Universität Helmstedt.* Helmstedt 2004.
Allgemeine deutsche Biographie. 56 Bde. Berlin 1875 – 1912 [Reprint Berlin 1967 – 1971].
Anon.: *Gründliche Beantwortung derer zu Wien unter dem Nahmen derer Catholicorum im Fürstenthum Halberstadt angebrachten aber an sich unbegründeten unerfindlichen Gravaminum* [...]. Regensburg [1724]
Anon.: *Königl. Poln. Churfürstl. Sächsischer Hof- und Staats-Calender auf das Jahr 1735.* Leipzig 1735.
Anon.: *Odpowiedź Żyda Weythembera Dworow Cesarskiego y Bawarskiego Faktora na podanie przeciw iemu Przełożenie Sprawy od J. O. Xiążęcia Jmci Sapiehy Woiewody Połockiego, Hetmana Polnego W. X. Litt.* Druckschrift o.O., o.J.in der Biblioteka Narodowa Warschau, Signatur W.3.1939 adl.
Arnold, Paul: *Die Entwicklung des antiken und des deutschen Geldwesens. Führer zur ständigen Ausstellung des Dresdner Münzkabinetts.* [Dresden 1971].
Arnold, Ulli: *Die Juwelen Augusts des Starken.* München & Berlin 2001.
Auerbach, Benjamin Hirsch: *Geschichte der israelitischen Gemeinde Halberstadt.* Halberstadt 1866.
Auerbach, Hirsch Benjamin: *Die Geschichte der 3 Synagogen in Halberstadt. Steine erzählen.* In: Zeitschrift für die Geschichte der Juden. Jg. 9 (1972). S. 152 – 156.
Backhaus, Fritz, Raphael Gross & Liliane Weissenberg (Hrsg.): *Juden. Geld. Eine Vorstellung.* Frankfurt/M. & New York 2013
Backhaus, Fritz: Die Juden im Bistum Halberstadt. In: Siebrecht, Adolf (Hrsg.): *Geschichte und Kultur des Bistums Halberstadt. 804 – 1648. Symposium anlässlich 1200 Jahre Bistumsgründung Halberstadt, 24.–28.3.2004. Protokollband.* Halberstadt 2006. S. 505 – 513.
Bahlke, Joachim [u.a.] (Hrsg.): *Brückenschlag. Daniel Ernst Jablonski im Europa der Frühaufklärung.* Dößel 2010.
Balaban, Majer: *Historja Żydow w Krakowie.* Bd. 2 (1656 – 1868). Krakau 1931.
Bandau, Wilhelm (Hrsg.): *Das Ratslagerbuch von Halberstadt vom Jahre 1721.* Halberstadt 1930.
Battenberg, J. Friedrich: *Das europäische Zeitalter der Juden. Zur Entwicklung einer Minderheit in der nichtjüdischen Umwelt Europas. Teilband. 2: Von 1650 bis 1945.* Darmstadt 1990.
Battenberg, J. Friedrich: *Die Juden in Deutschland vom 16. bis zum Ende des 18. Jahrhunderts.* München 2001 (*Enzyklopädie deutscher Geschichte* 60).
Battenberg, J. Friedrich: *Ein Hofjude im Schatten seines Vaters – Wolf Wertheimer zwischen Wittelsbach und Habsburg.* In: Ries, Rotraud / J. Friedrich Battenberg (Hrsg.): *Hofjuden: Ökonomie und Interkulturalität: die jüdische Wirtschaftselite im 18. Jahrhundert.* Hamburg 2002 (*Hamburger Beiträge zur Geschichte der deutschen Juden* 25). S. 240 – 255.
Baumann, Walter: *Verfassungsgeschichte der Stadt Halberstadt. 1500 – 1808.* Halberstadt 1937.
Becker, Karl: *Chronik der Stadt Halberstadt. Harz.* Berlin 1941.
Becmann, Christoph: *Historische Beschreibung der Chur und Mark Brandenburg.* Bd. I. Berlin 1751.

Berg, Nicolas: *Juden und Kapitalismus in der Nationalökonomie um 1900.* In: Fritz Backhaus, Raphael Gross & Liliane Weissenberg (Hrsg.): *Juden. Geld. Eine Vorstellung.* Frankfurt/M. & New York 2013. S. 287–293.

Bernstorff, Hartwig Graf von: *Andreas Gottlieb von Bernstorff. 1649–1726. Staatsmann, Junker, Patriarch.* Bochum 1999 (Schriftenreihe der Stiftung Herzogtum Lauenburg 23).

Biblia, Das ist: *Die gantze Heilige Schrifft [...] D. Mart. Luth. [...]*, Wittenberg 1545. Faksimiledruck Stuttgart 1967.

Bodemann, Eduard (Hrsg.): *Briefe der Kurfürstin Sophie von Hannover an die Raugräfinnen und Raugrafen zu Pfalz.* Bd. I. Leipzig 1888 (Publikationen aus den Königlich Preußischen Staatsarchiven 37), Bd. I.

Boettcher, [Hermann]: *Halberstadt im Dreißigjährigen Kriege.* Aschersleben 1914.

Bömelburg, Hans-Jürgen: *Erinnerungsbrüche im polnisch-litauischen Hochadel. Neukonstruktionen familiärer Erinnerungen unter den Bedingungen egalitärer Adelsrhetorik und eines fehlenden Speichergedächtnisses.* In: Wrede, Martin und Carl, Horst: *Zwischen Schande und Ehre. Erinnerungsbrüche und die Kontinuität des Hauses. Legitimationsmuster und Traditionsverständnis des frühneuzeitlichen Adels in Umbruch und Krise.* Mainz 2007 (Veröffentlichungen des Instituts für europäische Geschichte Mainz. Abteilung für Universalgeschichte. Beiheft 73).

Bömelburg, Hans-Jürgen: *Polen-Sachsen und die Probleme einer deutsch-polnisch-jüdischen Verflechtungsgeschichte: Der Hoffaktor und Bankier Berend Lehmann*, Vortrag, 2015 in Warschau gehalten. Manuskript im Druck.

Brilling, Bernhard: *Geschichte der Juden in Breslau von 1454–1702.* Stuttgart 1960.

Brübach, Nils: *Die Reichsmessen Frankfurt am Main, Leipzig und Braunschweig (14.–18. Jahrhundert).* Stuttgart 1994. (Beiträge zur Wirtschafts- und Sozialgeschichte 55).

Brülls, Holger: *Synagogen in Sachsen-Anhalt.* Berlin 1998 (Arbeitsberichte des Landesamtes für Denkmalspflege Sachsen-Anhalt 3).

Bürgelt, Cathleen: *Der jüdische Hoffaktor Berend Lehmann und die Finanzierung der polnischen Königskrone für August den Starken.* In: medaon. *Magazin für jüdisches Leben in Forschung und Bildung* 1 (2007), S. 1–17; www.medaon.de.

Büsching, Anton Friedrich & Benjamin Gottfried Weinart: *Magazin für die neue Historie und Geographie 14.* Berlin 1780.

Chomicki, Grzegorz: *Opinia dyplomatòw brytyjskich w tzw. aferze Lehmanna,* [w] *Między Zachodem a Wschodem. Studia ku czci Profesora Jacka Staszewskiego.* T. 2 (Red.: J. Dumanowski [u. a.]). Toruń 2003.

Cohen, Daniel J.: *Die Landjudenschaften der brandenburgisch-preußischen Staaten.* In: Baumgart, Peter (Hrsg.): *Ständetum und Staatsbildung in Brandenburg-Preußen.* Berlin 2017 (Veröffentlichungen der Historischen Kommission zu Berlin 55). S. 216–218

Cohen, Daniel: *Die Landjudenschaften in Deutschland als Organe jüdischer Selbstverwaltung von der Frühen Neuzeit bis ins 19. Jahrhundert.* 3 Bde. Jerusalem 1996–2001.

Czok, Karl: *August der Starke und Kursachsen.* München 1988.

Czok, Karl: *August der Starke und seine Zeit. Kurfürst von Sachsen, König in Polen.* München 2006.

Czok, Karl: *Ein Herrscher– zwei Staaten: Die sächsisch-polnische Personalunion als Problem des Monarchen aus sächsischer Sicht.* In: Rexheuser, Rex (Hrsg.): *Die Personalunionen von Sachsen-Polen 1697–1763 und Hannover-England 1714–1837. Ein Vergleich.* Wiesbaden 2005.

Deeg, Peter: *Hofjuden.* Nürnberg 1939 (*Juden, Judenverbrechen und Judengesetze von der Vergangenheit bis zur Gegenwart.* Hrsg. v. Julius Streicher, Teil I, Band 1).

Desroches de Parthenay, Jean Baptiste: *Geschichte von Pohlen unter der Regierung Augustus des Zweyten durch den Herrn Abt von Parthenay: Aus dem Französischen übersetzt, und mit einigen erläuternden und berichtigenden Anmerkungen versehen.* Bd. 1. Mietau & Hasenpoth 1771

Desroches de Parthenay, Jean Baptiste: *Histoire de Pologne sous le règne d'Auguste II par l'Abbé de Parthenay.* Den Haag 1733.

Dick, Jutta: *Issachar Berman Halevi – Berend Lehmann, ‚Gründungsvater' der neuzeitlichen Jüdischen Gemeinde in Dresden.* In: *einst & jetzt. Zur Geschichte der Dresdner Synagoge und ihrer Gemeinde.* Hrsg. von der Jüdischen Gemeinde zu Dresden. Dresden 2001.

Dick, Jutta & Marina Sassenberg (Hrsg.): *Wegweiser durch das jüdische Sachsen-Anhalt.* Potsdam 1998 (*Beiträge zur Geschichte der Juden in Brandenburg, Mecklenburg-Vorpommern, Sachsen-Anhalt, Sachsen und Thüringen* 3).

Doering, Oskar: *Beschreibende Darstellung der älteren Bau- und Kunstdenkmäler der Kreise Halberstadt Land und Stadt.* Halle/Saale 1902.

Dotzauer, Winfried: *Die deutschen Reichskreise (1383–1806).* Stuttgart 1998.

Droysen, Gustav: *Geschichte der Preußischen Politik.* Bd. 4, Th. 2. Leipzig 1869.

Dunkel, Johann G. W.: *Historisch-kritische Nachrichten von verstorbenen Gelehrten und deren Schriften.* Bd. II. Dessau & Cöthen 1755/56.

Ebeling, Hans-Heinrich: *Die Juden in Braunschweig.* Braunschweig 1987.

Elkar, Rainer S.: *Die Juden und das Silber. Eine Studie zum Spannungsverhältnis zwischen Reichsrecht und Wirtschaftspraxis im 17. und 18. Jahrhundert.* In: Ehrenpreis, Stefan, Andreas Gotzmann & Stephan Wendehorst (Hrsg.): *Kaiser und Reich in der jüdischen Lokalgeschichte.* München 2013. S. 21–65 (*Bibliothek altes Reich* 7).

Erdmannsdörffer, Bernhard: *Meinders, Franz von.* In: *Allgemeine Deutsche Biographie* 21 (1885). S. 220.

Ersch, Johann Samuel & Johann Gottfried Gruber: Allgemeine Encyclopädie der Wissenschaft und Künste. 1. Section, Bd. Fabrik–Farvel. Leipzig 1845.

Fabian, Bernhard (Hrsg.): *Deutsches Biographisches Archiv 1960–1999* (DBA III; Microfiche-Ausgabe). München 1999–2002.

Fellmann, Walter: *Jakob Heinrich Graf Flemming. Nachwort.* In: Kraszewski, József Ignacy: *Feldmarschall Flemming.* (Neuausgabe) Berlin 2001. S. 287–290.

Förster, Friedrich: *Friedrich August II. „der Starke", Kurfürst von Sachsen und König von Polen geschildert als Regent und Mensch.* Leipzig [1839]

Fraenkel, Henry und Louis: *Genealogical Tables of Jewish Families. 14th–20th Centuries. Forgotten Fragments of the History of an Old Jewish Family* (Simon, Georg, Hrsg.). 2 Bde. München ²1999.

Frankl, Ernst: *Die politische Lage der Juden in Halberstadt von ihrer ersten Ansiedlung an bis zur Emanzipation.* In: *Jahrbuch der Jüdisch-literarischen Gesellschaft.* Jahrgang 19 (1928), S. 317–332.

Frantz, Klamer Wilhelm: *Geschichte des Bistums, nachmaligen Fürstentums Halberstadt [...].* Halberstadt 1853.

Freudenthal, Max: *Aus der Heimat Mendelssohns. Moses Benjamin Wulff und seine Familie, die Nachkommen des Moses Isserles.* Berlin 1900 (Nachdruck Dessau 2006).

Freudenthal, Max: *Leipziger Messgäste. Die jüdischen Besucher der Leipziger Messen in den Jahren 1675 bis 1764.* Frankfurt/Main 1928 (Schriften der Gesellschaft zur Förderung der Wissenschaft des Judentums 29).

Freudenthal, Max: *Zum Jubiläum des ersten Talmuddrucks in Deutschland.* In: Monatsschrift für Geschichte und Wissenschaft des Judentums. Jg. 42 Heft 2 (1898), S. 80–89, 123–143, 180–185, 229–236, 278–285.

Genest, Annekathrin & Susanne Marquardt (Bearb.): *Ehemalige preußische Provinzen: Pommern, Westpreußen, Ostpreußen, Preußen, Posen, Grenzmark Posen-Westpreußen, Süd- und Neuostpreußen.* München 2003 (Jersch-Wenzel, Stefi [Hrsg.]: *Quellen zur Geschichte der Juden in Polnischen Archiven* 1).

Gierowski, Józef Andrzej: *Die Juden in Polen im 17. und 18. Jahrhundert und ihre Beziehungen zu den deutschen Städten von Leipzig bis Frankfurt a.M.* In: Grözinger, Karl Erich (Hrsg.): *Die wirtschaftlichen und kulturellen Beziehungen zwischen den jüdischen Gemeinden in Polen und Deutschland vom 16. bis zum 20. Jahrhundert.* Wiesbaden 1992. S. 3–19.

Gierowski, Józef Andrzej: *Personal- oder Realunion? Zur Geschichte der polnisch-sächsischen Beziehungen nach Poltawa.* In: Kalisch, Johannes und Józef Andrzej Gierowski (Hrsg.): *Um die polnische Krone. Sachsen und Polen während des Nordischen Krieges 1700–1721.* Berlin 1962 (Schriftenreihe der Kommission der Historiker der DDR und Volkspolens 1).

Gierowski, Józef Andrzej: *The Polish-Lithuanian Commonwealth in the XVIIIth Century. From Anarchy to Well-Organised State.* Krakow 1996.

Göckingk, Leopold Friedrich Günther: *Briefe eines Reisenden an Herrn Drost von LB, 3. Brief.* In ders.: *Die Freud' ist unstet auf der Erde. Lyrik. Prosa. Briefe.* Berlin 1990.

Graetz, Michael: *Court Jews in Economics and Politics.* In: Mann, Vivian B. & Richard I. Cohen (Hrsg.): *From Court Jews to the Rothschilds. Art, Patronage and Power 1600–1800.* München / New York 1996. S. 27–44.

Grimm, Jacob & Wilhelm: *Deutsches Wörterbuch*, 32 Bde. Leipzig 1854–1960. Bd. 12 (1872); Bd. 14 (1893).

Grözinger, Karl Erich (Hrsg.): *Die wirtschaftlichen und kulturellen Beziehungen zwischen den jüdischen Gemeinden in Polen und Deutschland vom 16. bis zum 20. Jahrhundert.* Wiesbaden 1992.

Gründliche Beantwortung, s. unter Anon.

Grunwald, Max: *Samuel Oppenheimer und sein Kreis. Ein Kapitel aus der Finanzgeschichte Österreichs.* Wien & Leipzig 1913.

Guesnet, François: *Politik der Vormoderne – Shtadlanut am Vorabend der polnischen Teilungen.* In: Diner, Dan (Hrsg.): *Jahrbuch des Simon-Dubnow-Instituts* 1. 2002. S. 237–240.

Haake, Paul: *Die Wahl Augusts des Starken zum König von Polen.* In: Historische Vierteljahrsschrift. Jg. 9 (1906). S. 31–84.

Halama, Walter: *Autonomie oder staatliche Kontrolle? Ansiedlung, Heirat und Hausbesitz von Juden im Fürstentum Halberstadt und in der Grafschaft Hohenstein (1650–1800).* Diss. Ruhr-Universität Bochum [2004].

Hartmann, Werner (Hrsg.): *Juden in Halberstadt. Geschichte, Ende und Spuren einer ausgelieferten Minderheit.* Bd. 1. Halberstadt 1988; Neuauflage 1991 (auch vierte, korrigierte Nachauflage 2002).

Hartmann, Werner (Hrsg.): *Juden in Halberstadt. Zu Geschichte, Ende und Spuren einer ausgelieferten Minderheit.* Bd. 6. Halberstadt 1996.

Hasche, Johann Christian: *Diplomatische Geschichte Dresdens von seiner Entstehung bis auf unsere Tage, 4. Theil.* Dresden 1819.
Held, Wieland: *Der Adel und August der Starke. Konflikt und Konfliktaustrag zwischen 1694 und 1707 in Kursachsen.* Köln 1999.
Henschel, Gerhard: *Neidgeschrei. Antisemitismus und Sexualität.* Hamburg 2008.
Heyer, C. B. F.: *Fragmente zur Geschichte der Juden.* In: *Gemeinnützige Unterhaltungen.* Bd. 1. [Halberstadt] 1801. S. 244.
Hirsch, Samson Raphael: *Sidur tefilot Yisrael. Israels Gebete.* Frankfurt/M. 1895.
Holtze: *Rückerinnerungen von Urgroßvater Holtze.* Im Internet unter www.ping.de/sites/afu/holtze/erziehung.htm (19.09.2013).
Israel, Jonathan: *European Jewry in the Age of Mercantilism. 1550–1750.* 3. Aufl. Oxford 1998
Jarck, Horst-Rüdiger (Hrsg.): *Braunschweigisches biographisches Lexikon. 8.–18. Jahrhundert.* Braunschweig 2006.
Jarochowski, Kazimierz: *Dzieje panowania Augusta II.* Poznań 1856.
Jersch-Wenzel, Stefi & Reinhard Rürup (Hrsg.): *Quellen zur Geschichte der Juden in den Archiven der neuen Bundesländer.* 6 Bde. München 1996–2001
Jost, Marcus Isaak: *Eine Familien-Megillah.* In: *Jahrbuch für die Geschichte der Juden und des Judenthums.* Jg. 1861. S. 64–82.
Kafka, Franz: *Tagebücher* (Gerd Koch [u. a.], Hrsg.). Frankfurt/M. 1990.
Kalisch, Johannes und Józef Andrzej Gierowski (Hrsg.): *Um die polnische Krone. Sachsen und Polen während des Nordischen Krieges 1700–1721.* Berlin 1962 (Schriftenreihe der Kommission der Historiker der DDR und Volkspolens 1).
Kaufmann, David & Max Freudenthal: *Die Familie Gompertz.* Frankfurt/M. 1907.
Kaufmann, David: *Zur Geschichte jüdischer Familien I. Samson Wertheimer, der Oberhoffactor und Landesrabbiner (1658–1724) und seine Kinder.* Wien 1888.
Keuck, Thekla: *Kontinuität und Wandel im ökonomischen Verhalten preußischer Hofjuden – Die Familie Itzig in Berlin.* In: Ries, Rotraud & J. Friedrich Battenberg (Hrsg.): *Hofjuden – Ökonomie und Interkulturalität. Die jüdische Wirtschaftselite im 18. Jahrhundert.* Hamburg 2002 (Hamburger Beiträge zur Geschichte der deutschen Juden 25). S. 87–101.
Kisch, Guido: *Rechts- und Sozialgeschichte der Juden in Halle. 1686–1730.* Berlin 1970 (Veröffentlichungen der Historischen Kommission zu Berlin 32).
Kobrin, Rebecca & Adam Teller: *Purchasing Power. The Economics of Modern Jewish History.* Philadelphia 2015.
Köhler, Max: *Beiträge zur neueren jüdischen Wirtschaftsgeschichte. Die Juden in Halberstadt und Umgebung bis zur Emanzipation.* Berlin 1927 (Studien zur Geschichte der Wirtschaft und Geisteskultur 3).
Kohnke, Meta & Bernd Braun (Hrsg.): *Geheimes Staatsarchiv Preußischer Kulturbesitz. Ältere Zentralbehörden bis 1808/10 und Brandenburg-Preußisches Hausarchiv.* München 1999 (Jersch-Wenzel, Stefi & Reinhard Rürup [Hrsg.]:*Quellen zur Geschichte der Juden in den Archiven der neuen Bundesländer* 2,1).
Költzsch, Fritz: *Kursachsen und die Juden zur Zeit Brühls.* Diss. Leipzig. Engelsdorf-Leipzig 1928.
Königl. Poln. Churfürstl. Sächsischer Hof- und Staats-Calender, s. unter Anon.
Konopczyński, Wladisław: *Dzieje Polski Nowozytnej.* Warschau 1986.
Kosińska, Urszula: *Sondaż czy prowokacja? Sprawa Lehmanna z 1721 r., czyli o rzekomych planach rozbiorowych Augusta II.* Warszawa 2009.

Kraszewski, Józef Ignacy: *Gräfin Cosel.* Berlin (Ost) 1987.
Kruse, Karl Bernhard: *Erhalten, Erforschen, Sanieren.* In: *Dialog,* hrsg. von der Moses Mendelssohn Stiftung Potsdam. 29 (2005). S. 3.
Kunze, Konrad: *dtv-Atlas Namenkunde. Deutsche Vor- und Familiennamen.* München 1998.
La Bizardière, Michel-David: *Histoire de la scission ou division arrivée en Pologne le 27 juin 1697 au sujet de l'élection d'un roy.* Paris 1699.
Lehmann, Emil: *Der Deutsche jüdischen Bekenntnisses.* In: ders.: Gesammelte S*chriften, herausgegeben im Verein mit seinen Kindern von einem Kreis seiner Freunde.* Berlin 1899
Lehmann, Emil: *Der polnische Resident Berend Lehmann, der Stammvater der israelitischen Religionsgemeinde zu Dresden.* Dresden 1885. In Lehmann, Emil: *Gesammelte Schriften, herausgegeben im Verein mit seinen Kindern von einem Kreis seiner Freunde.* Berlin 1899
Lehmann, Emil: *Ein Halbjahrhundert in der israelitischen Religionsgemeinde Dresden. Erlebtes und Erlesenes.* Dresden 1890.
Lehmann, Emil: *Gesammelte Schriften, herausgegeben im Verein mit seinen Kindern von einem Kreis seiner Freunde.* Berlin 1899. (Auch als inhaltlich veränderte Neuauflage unter dem gleichen Titel. Dresden 1909)
Lehmann, Manfred R.: *Bernd Lehmann, Der König der Hofjuden.* In: Hartmann, Werner (Hrsg.): *Juden in Halberstadt. Zu Geschichte, Ende und Spuren einer ausgelieferten Minderheit.* Bd. 6. Halberstadt 1996. S. 6–12.
Lehmann, Manfred R.: *On My Mind.* New York 1996.
Lehmann, Marcus: *Der Königliche Resident. Eine historische Erzählung.* 2 Teile Mainz [1902] (Lehmann's jüd. Volksbücherei 26 und 27).
Leibrock, Gustav Adolph: *Chronik der Stadt und des Fürstenthums Blankenburg, der Grafschaft Regenstein und der Klöster Michaelstein und Walkenried. Nach urkundlichen Quellen bearbeitet.* 1. Bd. Blankenburg 1864.
Lemke, Heinz: *Die römische Mission des Baron Hecker im Jahre 1721. Ein abenteuerlicher Plan zur Einführung der sächsischen Erbfolge in Polen.* In: Kalisch, Johannes und Józef Andrzej Gierowski (Hrsg.): *Um die polnische Krone. Sachsen und Polen während des Nordischen Krieges 1700–1721.* Berlin 1962 (*Schriftenreihe der Kommission der Historiker der DDR und Volkspolens* 1). S. 292–304.
Liebs, Detlef: *Lateinische Rechtsregeln und Rechtssprichwörter.* München 1982.
Lindau, Martin Bernhard: *Geschichte der königlichen Haupt- und Residenzstadt Dresden von den ältesten Zeiten bis zur Gegenwart.* Dresden ²1885.
Linnemeier, Bernd-Wilhelm: *Eines Rätsels Lösung. Zur westfälischen Herkunft des hannoverschen Hof- und Kammeragenten Leffmann Behrens.* In: *Westfalen. Hefte für Geschichte, Kunst und Volkskunde* 90 (2012). S. 75–91.
Linnemeier, Bernd-Wilhelm: *Jüdisches Leben im Alten Reich. Stadt und Fürstentum Minden in der Frühen Neuzeit.* Bielefeld 2002.
Lucanus, Johann Henricus: *Notitia Principatus Halberstadiensis, oder Gründliche Beschreibung des alten löblichen Halberstadt. Dessen sonderbareste Merckwürdigkeiten und eigentliche Beschaffenheit im Politischen, Kirchen und Civil Wesen etc., sowohl in alten als auch denen neuen Zeiten. In IV. Theilen verfasset.* [Halberstadt o.J. bis 1744]. Manuskript im Historischen Stadtarchiv Halberstadt, Signatur 3617.
Lüdemann, Monika: *Quartiere und Profanbauten der Juden in Halberstadt.* Diss. TU Braunschweig 2003. Im Internet unter www.digib-tu.bs.de/?docid=00001635 (18.09.2013).

Mann, Vivian B. & Richard I. Cohen (Hrsg.): *From Court Jews to the Rothschilds. Art, Patronage and Power 1600–1800*. München & New York 1996.
Mann, Vivian B.: *A Court Jew's Silver Cup*. In: *Metropolitan Museum of Art Journal*. Jg. 43 (2008). S. 131–140.
Meisl, Josef: *Behrend Lehmann und der sächsische Hof*. In: *Jahrbuch der jüdisch-literarischen Gesellschaft*. Jg. 16 (1924), S. 227–252.
Meisl, Josef: *Memorbuch der Halberstädter Klaus*. In Reshumot, N.F. 3, Jg.1947. S. 191.
Miller, Marvin J: *Moses Benjamin Wulf – Court Jew*. In: *European Judaism*. 33 (2000). S. 61–71.
Moser, Johann Jakob: *Grund-Sätze des jetzt üblichen Europäischen Völcker-Rechts in Friedens-Zeiten* [...]. Frankfurt/Main 1763.
Müller, Michael: *Polen zwischen Preußen und Rußland*. Berlin 1983.
Müller, Reinhold: *Die Armee Augusts des Starken. Das sächsische Heer von 1730–1733*. Berlin 1984.
Neugebauer, Wolfgang: *Die Stände in Magdeburg, Halberstadt und Minden im 17. und 18. Jahrhundert*. In: Peter Baumgart (Hrsg.): *Ständetum und Staatsbildung in Brandenburg-Preußen*. Berlin & New York 1983 (Veröffentlichungen der Historischen Kommission zu Berlin 55).
Odpowiedź Żyda Weythembera Dworow Cesarskiego, s. unter Anon.
Piwarski, Kazimierz: *Das Interregnum 1696/97*. Kalisch, Johannes und Józef Andrzej Gierowski (Hrsg.): *Um die polnische Krone. Sachsen und Polen während des Nordischen Krieges 1700–1721*. Berlin 1962 (Schriftenreihe der Kommission der Historiker der DDR und Volkspolens 1). S. 9–44.
Polonsky, Antony (Hrsg.): *Focusing on Jewish Religious Life, 1500–1900*. (Polin. Studies in Polish Jewry 15. 2002).
Porazinski, Jarosław: *Menschen um den König. Polnische und sächsische Berater Augusts II. – ein Überblick*, in Weger, Tobias (Hrsg.): *Grenzüberschreitende Biographien zwischen Ost- und Mitteleuropa. Wirkung– Interaktion – Rezeption*. Frankfurt/M., Berlin, Bern etc. 2009 (Mitteleuropa – Osteuropa. Oldenburger Beiträge zur Kultur und Geschichte Ostmitteleuropas, Bd. 11)
Purin, Bernhard: *Berolzheimer as a Patron of the Arts*. In: Michael G. Berolzheimer (Hrsg.): *Michael Berolzheimer. His Life And Legacy*. Stockton CA 2014. S. 123–130.
Raspe, Lucia: *Individueller Ruhm und kollektiver Nutzen. Berend Lehmann als Mäzen*. In: Ries, Rotraud & J. Friedrich Battenberg (Hrsg.): *Hofjuden: Ökonomie und Interkulturalität: die jüdische Wirtschaftselite im 18. Jahrhundert*. Hamburg 2002 (Hamburger Beiträge zur Geschichte der deutschen Juden 25). S. 181–208.
Raz-Krakotzkin, Amnon: *The Censor, the Editor, and the Text. The Catholic Church and the Shaping of the Jewish Canon in the Sixteenth Century*. Philadelphia 2005.
Rexheuser, Rex: *Die Personalunionen von Sachsen-Polen 1697–1763 und Hannover-England 1714–1837. Ein Vergleich*. Wiesbaden 2005.
Ries, Rotraud & J. Friedrich Battenberg (Hrsg.): *Hofjuden – Ökonomie und Interkulturalität: Die jüdische Wirtschaftselite im 18. Jahrhundert*. Hamburg 2002 (Hamburger Beiträge zur Geschichte der deutschen Juden 25).
Ries, Rotraud: *Der Reichtum der Hofjuden*. In: *Juden. Geld. Eine Vorstellung*. Hrsg. von Fritz Backhaus, Raphael Gross & Liliane Weissenberg. Frankfurt/M. & New York 2013., S. 74–76.

Ries, Rotraud: *Hofjuden – Funktionsträger des absolutistischen Territorialstaates und Teil der jüdischen Gesellschaft. Eine Positionsbestimmung.* In: Ries, Rotraud & J. Friedrich Battenberg (Hrsg.): *Hofjuden – Ökonomie und Interkulturalität: Die jüdische Wirtschaftselite im 18. Jahrhundert.* Hamburg 2002 (Hamburger Beiträge zur Geschichte der deutschen Juden 25). S. 11–39.

Römer, Christof: *Der Kaiser und die welfischen Staaten 1679–1755. Abriß der Konstellationen und der Bedingungsfelder.* In: Klueting, Harm & Wolfgang Schmale (Hrsg.): *Das Reich und seine Territorialstaaten im 17. und 18. Jahrhundert.* Münster 2004 (*Historia profana et ecclesiastica. Geschichte und Kirchengeschichte zwischen Mittelalter und Moderne* 10). S. 43–67.

Sadowski, Dirk: *„Gedruckt in der heiligen Gemeinde Jeßnitz" – Der Buchdrucker Israel bar Avraham und sein Werk.* In: *Jahrbuch des Simon-Dubnow-Instituts* 7 (2008). S. 39–69.

Samuel, Salomon: *Geschichte der Juden in Stadt und Synagogenbezirk Essen.* Frankfurt/ M. 1913.

Sassenberg, Marina: *Selma Stern (1890–1981). Das Eigene in der Geschichte.; Selbstentwürfe und Geschichtsentwürfe einer Historikerin.* Tübingen 2004.

Saville, Pierre: *Le Juif de Cour. Histoire du Résident royal Berend Lehman (1661–1730).* Paris 1970.

Schedlitz, Bernd: *Leffmann Behrens. Untersuchungen zum Hofjudentum im Zeitalter des Absolutismus.* Hildesheim 1984 (*Quellen und Darstellungen zur Geschichte Niedersachsens* 97).

Schenk, Tobias: *Reichsjustiz im Spannungsverhältnis von oberstrichterlichem Amt und österreichischen Hausmachtinteressen.* In: Anja Amend-Traut [u. a.] (Hrsg.): *Geld, Handel, Wirtschaft. Höchste Gerichte im Reich als Spruchkörper.* In: *Abhandlungen der Akademie der Wissenschaften zu Göttingen.* Neue Folge Bd. 23 (2013). S. 103–219.

Schilling, Lothar: *Vom Nutzen und Nachteil eines Mythos.* In: *Absolutismus, ein unersetzliches Forschungskonzept?* Hrsg. von Lothar Schilling. München 2008 (*Pariser Historische Studien* 79). S. 13–32.

Schmidt, Michael: *Hofjude ohne Hof. Issachar Berman-ben-Jehuda ha-Levi, sonst Berend Lehmann genannt, Hoffaktor in Halberstadt (1661–1730).* In: Dick, Jutta & Marina Sassenberg (Hrsg.): *Wegweiser durch das jüdische Sachsen-Anhalt.* Potsdam 1998 (*Beiträge zur Geschichte der Juden in Brandenburg, Mecklenburg-Vorpommern, Sachsen-Anhalt, Sachsen und Thüringen* 3). S. 198–211.

Schmidt, Michael: *Interkulturalität, Akkulturation oder Protoemanzipation? Hofjuden und höfischer Habitus.* In: Ries, Rotraud & J. Friedrich Battenberg (Hrsg.): *Hofjuden: Ökonomie und Interkulturalität: Die jüdische Wirtschaftselite im 18. Jahrhundert.* Hamburg 2002 (*Hamburger Beiträge zur Geschichte der deutschen Juden* 25). S. 40–58.

Schnee, Heinrich: *Die Hoffinanz und der moderne Staat. Geschichte und System der Hoffaktoren an deutschen Fürstenhöfen im Zeitalter des Absolutismus.* 6 Bde. Berlin 1953–1967.

Schoeps, Hans-Joachim: *Jüdisches in Reiseberichten schwedischer Forscher.* In ders.: *Philosemitismus im Barock. Religions- und geistesgeschichtliche Untersuchungen.* Tübingen 1952. S. 170–213. Wiederveröffentlicht als dritter Teil mit unveränderter eigener Seitenzählung in ders.: *Gesammelte Schriften*, Abt. I, Bd. 3. Hildesheim/Zürich/New York 1998).

Schoeps, Julius H. (Hrsg.): *Neues Lexikon des Judentums.* Gütersloh 2000.

Scholke, Horst: *Halberstadt*. 2. Auflage, Leipzig 1977.
Schwab, Hermann: *Halberstadt in Wort und Bild*. Halberstadt ³1905.
Sotheby's [Auktionskatalog]: *Important Judaica* vom 15.12.2010, Lot no. 8691.
Staszewski, Jacek: *August II., Kurfürst von Sachsen und König in Polen*. Berlin 1996.
Staszewski, Jacek: *Begründung und Fortsetzung der Personalunion Sachsen-Polen 1697 und 1733*. In: Rexheuser, Rex (Hrsg.): *Die Personalunionen von Sachsen-Polen 1697–1763 und Hannover-England 1714–1837. Ein Vergleich*. Wiesbaden 2005. S. 37–50.
Staudinger, Barbara: *Von Silberhändlern und Münzjuden an der kaiserlichen Münze im 17. Jahrhundert*. Im Internet unter www.david.juden.at/kulturzeitschrift/66-70/68-stauding (27.08.2016).
Steinacker, Karl: *Die Bau- und Kunstdenkmäler des Kreises Blankenburg*. Wolfenbüttel 1922.
Stern, Selma: *Der Hofjude im Zeitalter des Absolutismus. Ein Beitrag zur europäischen Geschichte im 17. und 18. Jahrhundert*. Aus dem Englischen übertragen, kommentiert und herausgegeben von Marina Sassenberg. Tübingen 2001 (Originalausgabe Philadelphia 1950 unter dem Titel *The Court Jew. A Contribution to the History of the Period of Absolutism in Central Europe*, übersetzt aus dem deutschsprachigen Manuskript von Ralph Weiman).
Stern, Selma: *Der preußische Staat und die Juden*.
    Teil I: *Die Zeit des Großen Kurfürsten und Friedrichs I*.
        Abteilung 1: Darstellung. Berlin 1925, Neudruck Tübingen 1962.
        Abteilung 2: Akten. Berlin 1925, Neudruck Tübingen 1962.
    Teil II: *Die Zeit Friedrich Wilhelms I*.
        Abteilung 1: Darstellung,
        Abteilung 2: Akten. Tübingen 1962 (*Schriftenreihe wissenschaftlicher Abhandlungen des Leo-Baeck-Instituts 7,1 & 2 u. 8,1 & 2*).
    Teil III: *Die Zeit Friedrichs des Großen*.
        Abteilung 1: Darstellung,
        Abteilung 2.1 & 2.2: Akten. Tübingen 1971 (*Schriftenreihe wissenschaftlicher Abhandlungen des Leo-Baeck-Instituts 24,1–3*).
    Gesamtregister (Max Kreutzberger, Hrsg.). Tübingen 1975 (*Schriftenreihe wissenschaftlicher Abhandlungen des Leo-Baeck-Instituts 32*).
Stern, Selma: *Jud Süss. Ein Beitrag zur deutschen und zur jüdischen Geschichte*. Berlin 1929.
Strobach, Berndt: *„Den 18. März ist der Judentempel zerstört". Die Demolierung der Halberstädter Synagoge im Jahre 1669*. Berlin 2011.
Strobach, Berndt: *Bei Liquiditätsproblemen: Folter. Das Verfahren gegen die jüdischen Kaufleute Gumpert und Isaak Behrens in Hannover, 1721–1726*. Berlin 2013.
Strobach, Berndt: *Der Halberstädter Hofjude Berend Lehmann und seine Biographen*. In: *Harzzeitschrift für den Harz-Verein für Geschichte und Altertumskunde*. 58. Jg. (2006). S. 47–72.
Strobach, Berndt: *Der Judenvorsteher im Kirchenasyl*. In: *Hildesheimer Jahrbuch für Stadt und Stift Hildesheim* 85 (2013). S. 189–194.
Strobach, Berndt: *Dreimal Lehmann nach Berend Lehmann*. In: *medaon. Magazin für jüdisches Leben in Forschung und Bildung* 2. Dresden 2008. S. 1–11. Im Internet unter www.medaon.de (15.08.2017).

Strobach, Berndt: *Hebräischer Buchdruck zwischen Hofjuden-Mäzenatentum und christlicher Zensur. Wie die Harzstadt Blankenburg nicht zum jüdischen Publikationsort wurde.* In: Zeitschrift für Religions- und Geistesgeschichte, 60. Jg. Heft 3 (2008). S. 235–252.
Strobach, Berndt: *Privilegiert in engen Grenzen. Neue Beiträge zu Leben, Wirken und Umfeld des Halberstädter Hofjuden Berend Lehmann (1661–1730).* 2 Bde. Berlin 2011.
Stübner, Johann Christoph: *Denkwürdigkeiten des Fürstenthums Blankenburg.* Wernigerode 1788.
Studemund-Halevy, Michael: „Es residieren in Hamburg Minister fremder Mächte". In: Ries, Rotraud & J. Friedrich Battenberg (Hrsg.): *Hofjuden: Ökonomie und Interkulturalität: Die jüdische Wirtschaftselite im 18. Jahrhundert.* Hamburg 2002 (*Hamburger Beiträge zur Geschichte der deutschen Juden 25*). S. 159–176.
Syndram, Dirk, Vorwort. In Arnold, Ulli: *Die Juwelen Augusts des Starken.* München & Berlin 2001. S. 6–7.
Syndram, Dirk: *Die Schatzkammer Augusts des Starken.* Leipzig 1999.
Theatri Europæi [...] *15. Theil durch Weiland Carl Gustavs Merians Seel. Erben* [...]. Frankfurt am Main 1707.
Ury, Scott: *The Shtadlan of the Commonwealth: Noble Advocate or Unbridled Opportunist.* In: Polonsky, Antony (Hrsg.): *Focusing on Jewish Religious Life 1500–1900* (*Polin. Studies in Polish Jewry* 15. 2000). S. 267–300.
Vehse, Eduard: *Geschichte der deutschen Höfe seit der Reformation.* Abt. 5, Teil 4 & 5 (= Bd. 31 & 32): *Geschichte der Höfe des Hauses Sachsen.* Hamburg 1854.
Verdenhalven, Fritz: *Alte Maße, Münzen und Gewichte des deutschen Sprachgebiets.* Neustadt/Aisch 1968.
Verdenhalven, Fritz: *Alte Meß- und Währungssysteme aus dem deutschen Sprachgebiet.* Neustadt/Aisch ²1993 (*Grundwissen Genealogie* 4).
Voigt, Gabriele: *Blankenburg. Residenz. Lustgarten. Kleines Schloß.* Blankenburg 1996.
Vötsch, Jochen: *Kursachsen, das Reich und der mitteldeutsche Raum zu Beginn des 18. Jahrhunderts.* Diss. Erfurt 2001, Frankfurt/M. 2003.
Wallenborn, Hiltrud: *Sefardische Residentenfamilien in Amsterdam.* In: Ries/Battenberg, Hofjuden (wie Anm. 6). S. 115–133.
Watzdorf, Erna von: *Johann Melchior Dinglinger. Der Goldschmied des deutschen Barock.* 2 Bde. Berlin 1962.
Wedding, Hermann: *Eiserne Ofenplatten.* In: Festschrift zur 25-jährigen Gedenkfeier des Harzvereins [...] vom *25.–27.7.1892*. Wernigerode 1893.
Wendehorst, Stephan: *Geschichte der Juden in „Mitteldeutschland" zwischen Römisch-Deutschem Reich und Weimarer Republik: Forschungsstand, Methode, Paradigma.* In: Vetri, Giuseppe & Christian Wiese (Hrsg.): *Jüdische Bildung und Kultur in Sachsen-Anhalt von der Aufklärung bis zum Nationalsozialismus.* Berlin 2009. S. 21–66.
Winkler, Christiane: *Studien zur Versorgung des kurkölnischen Hofes zur Zeit des Kurfürsten Clemens August.* In: Zehnder, Frank Günter (Hrsg.): *Eine Gesellschaft zwischen Tradition und Wandel. Alltag und Umwelt im Rheinland des 18. Jahrhunderts.* Köln 1999. S. 273–288.
Winnig, G. C.: [Artikel mit unbekannter Überschrift über einen Vortrag]. In: Blankenburger Kreisblatt vom 05.01.1924.
Winnig, G. C.: *Alt-Blankenburg.* Blankenburg 1900.
Wurzbach, Constant von: *Biographisches Lexikon des Kaiserthums Österreich.* Bd. 9. (1863).

Zedler, Johann Heinrich: *Großes vollständiges Universal-Lexicon aller Wissenschaften und Künste, welche bishero durch menschlichen Verstand und Witz erfunden worden.* 64 Bde. und 4 Supplementbde. Leipzig 1732–1754.

Benutzte Archivalien

Central Archives for the History of the Jewish People, Jerusalem (CAHJP)

H III /13/1
H R 17, I, 1
H I 3 65
H I 30102
H VI 2/1

Geheimes Staatsarchiv Preußischer Kulturbesitz Berlin (GStA PK)

I. HA, Rep. 11, Nr. 3235
I. HA, Rep. 11, Nr. 5119–5122
I. HA. Rep. 11, Nr. 5785
I. HA, Rep. 21, Nr. 203, fasc. 18 (1700–1702)
I. HA, Rep. 33, Nr. 82b (1699)
I. HA, Rep. 33, Nr. 82b (1732)
I. HA, Rep. 33, Nr. 82b, Pak. 21 (1731–1732)
I. HA, Rep. 33, Nr. 82b, Pak. 22 (1733–1734)
I. HA, Rep. 33, Nr. 94–95, Pak. 1 (1627–1710)
I. HA, Rep. 33, Nr. 94–95, Pak. 2 (1698–1713)
I. HA, Rep. 33, Nr. 120a (1725–1728 [1758])
I. HA, Rep. 33, Nr. 120b, Pak. 1 (1650–1697)
I. HA, Rep. 33, Nr. 120b, Pak. 2 (1698–1712)
I. HA, Rep. 33, Nr. 120b, Pak. 3 (1713–1727)
I. HA, Rep. 33, Nr. 120b, Pak. 4 (1728–1739)
I. HA, Rep. 33, Nr. 120b, Pak. 5 (1740–1807)
I. HA, Rep. 33, Nr. 120c, Bd. 1 (1649–1701)
I. HA, Rep. 33, Nr. 120c, Bd. 2 (1702–1727)
I. HA, Rep. 34, Nr. 1859 (1693)
I. HA, Rep. 51, Nr. 66–67 (1595–1784)
I. HA, Rep. 97a
II. HA, Abt. 16, Tit. CVI, Nr. 3, Bd. 1 (1763)
II. HA, Abt. 33, Tit. XLII, Nr. 4

Historisches Stadtarchiv Halberstadt (StA Halberstadt)

Sammlung Augustin Nr. 1037
Sammlung Augustin Nr. 1041 LL 1
Nr. 3617a–d

Landeshauptarchiv Sachsen-Anhalt Magdeburg (LHASA)

Rep. A 13 II, Tit. 14
Rep. A 14, Nr. 709
Rep. A 14, Nr. 1012
Rep. A 17 Ia Nr. 82 & 162
Rep. A 17 III Nr. 143
Rep. A 17 III Nr. 1552
Rep. Cop-Nr. 660 II
Rep. 9713, Nr. 774

Niedersächsisches Landesarchiv – Staatsarchiv Wolfenbüttel – (NLA-Sta)

1 Alt 19, Nr. 5147
1 Alt 22, Nr. 493
1 Alt 22, Nr. 503
4 Alt 19, Nr. 5147
112 Alt 128
112 Alt 275
112 Alt 276
112 Alt 277
112 Alt 278
112 Alt 281
112 Alt 282
112 Alt 283
113 Alt 987
Slg 26 Nr. 93 H

Niedersächsisches Landesarchiv – Archiv des Oberbergamtes in Clausthal-Zellerfeld

Hann 184 Acc 21, Nr. 2

Niedersächsisches Landesarchiv, Hannover (NLA)

Cal. Br. 24, Nr. 6455
Cal. Br. 24, Nr. 7585
Hann. 27 Hild. Nr. 833
Hann. 92, Nr. 419–421

Österreichischen Staatsarchiv/Finanz- und Hofkammerarchiv

Niederösterreichische Herrschaftsakten, Konvolut *Lehman Hofjud*, K 15/A

Sächsisches Hauptstaatsarchiv Dresden (SHSA)

10015 Landtag, Nr. A79a,
10015 Landtag, Nr. 80a
10025 Geheimer Rat (Geheimes Archiv) Loc. 10381/48
10025 Geheimer Rat (Geheimes Archiv) Loc. 10464/6
10025 Geheimer Rat (Geheimes Archiv) Loc. 9814/5
10025 Geheimer Rat (Geheimes Archiv) Loc. 9995/10.
10025 Geheimes Konsilium, Loc. 5535/12
10026 Geheimes Kabinett, Loc. 01295/03
10026 Geheimes Kabinett, Loc. 3497/5
10026 Geheimes Kabinett Loc. 3006/9, Brief Nr. 170.
10036 Geheimes Finanzarchiv, Spezial 1716-I-S
10036 Geheimes Finanzarchiv, Loc. 33761, Rep. XI
10036 Geheimes Finanzarchiv, Loc. 41642 Rep. LVIII, V-Nr. 4a
10036 Geheimes Finanzarchiv Spezial 1716/I
10036 Spezialreskripte des Kammerkollegiums – Geheimes Finanzkollegium 1697
Loc. 959, vol. II
Loc. 10909, *Kgl. Rescripte Militärangelegenheiten betr.* […] (1697–1709)
OU 14487

Stadtarchiv Blankenburg

Z2 – 43/1

Stadtarchiv Leipzig

Tit. XLVI 289, 1715

Universitätsbibliothek Amsterdam

H. Ros. 82

Benutzte Internet-Ressourcen

Dokumente im Internet

Arbeitsgemeinschaft historischer Forschungseinrichtungen in der Bundesrepublik Deutschland e.V., Arbeitskreis Editionsprobleme der Frühen Neuzeit: *Empfehlungen zur Edition frühneuzeitlicher Texte*, www.heimatforschung-regensburg.de/280/ (15.08.2017). Ursprünglich zu finden unter www.ahf-muenchen.de/Arbeitskreise/empfehlungen.htm (17.08.2011).

Bereschit Rabba, englischer Text. www.sacred-texts.com/jud/tmm/tmm07.htm (12.12.2017).

Bobzin, Hagen: *Anmerkungen zum historischen Geldwesen in West- und Mitteleuropa*. www.hagen-bobzin.de/hobby/muenzen.html (11.12.2017).

Bürgelt, Cathleen: *Der jüdische Hoffaktor Berend Lehmann und die Finanzierung der polnischen Königskrone für August den Starken*. In: medaon. Magazin für jüdisches Leben in Forschung und Bildung 1. Dresden 2007. S. 1–17; www.medaon.de (15.08.2017).

Christie's: *Glace de debut du XVIIIème siècle*. www.christies.com/lotfinder/lot/glace-du-debut-du-xviiieme-siecle-4544155-details.aspx?intObjectID=4544155 (11.12.2017).

Deeg, Peter: *Hofjuden*. Nürnberg 1939 (*Juden, Judenverbrechen und Judengesetze von der Vergangenheit bis zur Gegenwart*. Hrsg v. Julius Streicher, Teil I, Band 1). www.archive.org/details/Deeg-Peter-Hofjuden (15.08.2017).

Furbach, Andreas (Hrsg.): *Rückerinnerungen von Urgroßvater Holtze, 1779–1858*. Abschnitt *Meine Erziehung im elterlichen Haus*. www.ping.de/sites/afu/holtze/erziehung.htm (11.12.2017).

Gmoser, Susanne: *Liste der Reichshofratagenten*. Aktualisierte Fassung Wien 2016. http://reichshofratsakten.de/wp-content/uploads/2016/11/RHR-AgentenPdf_Nov2016.pdf (08.12.2017).

Harzlife. Der Online-Reiseführer: *An der ehemaligen Birkentalmühle*. http://www.harzlife.de/bilder/muehlenwanderweg-birkentalmuehle.html (25.10.2017).

Klamroth, Sabine: Website *Juden im alten Halberstadt*. www.juden-im-alten-Halberstadt.de (11.12.2017).

Klinger, Gerwin: *Berend-Lehmann-Museum: Mikwe der Moderne*. Artikel vom 28.09.2001. www.tagesspiegel.de/kultur/berend-lehmann-museum-mikwe-der-moderne/259692.html (11.12.2017).

Laux, Stephan: *Schnee, Heinrich, Dr. phil*. www.lwl.org/westfaelische-geschichte/portal/Internet. Aufrufbar über den Menüpunkt „Finde!" (11.12.2017).

Loeb, Helen & Daniel: *The Loeb Family Tree. A Family History*. www.loebtree.com (12.12.2017).

Lüdemann, Monika: *Quartiere und Profanbauten der Juden in Halberstadt*. Dissertation TU Braunschweig 2003. Im Internet als PDF-Datei zugänglich unter www.digibib.tu-bs.de/?docid=00001635 (12.12.2017).

Salomon Ludwig Steinheim-Institut für deutsch-jüdische Geschichte an der Universität Duisburg-Essen: *Jüdische Symbolik*. http://spurensuche.steinheim-institut.org/jsymb.html (03.06.2017).

Salomon Ludwig Steinheim-Institut für deutsch-jüdische Geschichte an der Universität Duisburg-Essen: *epidat – epigraphsche Datenbank*. Ortseintrag Deutschlande/Halberstadt

Im roten Strumpf. www.steinheim-institut.de/cgi-bin/epidat?id=hbs-1&lang=de (11.12. 2017).
Schmittbetz, Michael: *Ein starker Typ.* Artikel vom 07.02.2011. http://lexi-online.de/themen/neuere_geschichte/august_der_starke/ein_starker_typ (11.12.2017).
Schoenberg, Randy: *Pierre Saville Schumann.* www.geni.com/people/Pierre-SCHUMANN/6000000012524072490 (11.12.2017).
Städtisches Museum Halberstadt: *Handwerker mit Goldenen Händen – Die Handschuhmacherwerkstatt im Museum.* www.museum-halberstadt.de/de/handschuhmacher.html (05.12.2015).
Staudinger, Barbara: *Von Silberhändlern und Münzjuden an der kaiserlichen Münze im 17. Jahrhundert.* www.david.juden.at/kulturzeitschrift/66-70/68-stauding (27.08.2016).
Strobach, Berndt: *Dreimal Lehmann nach Berend Lehmann.* In: *medaon. Magazin für jüdisches Leben in Forschung und Bildung* 2. Dresden 2008. S. 1–11; www.medaon.de (15.08.2017).
Strobach, Berndt: *Rezension. Christopher R. Friedrichs: A Jewish Youth in Dresden. The Diary of Louis Lesser.* In: *medaon – Magazin für jüdisches Leben in Forschung und Bildung*www.medaon.de. Dresden 2015. URL: http://www.medaon.de/pdf/medaon_17_Strobach.pdf (25.04.2018)
Thomas Gottfried EDV: www.zinsen-berechnen.de/online-rechner/zinseszins.php (11.12.2017).

Artikel der Online-Enzyklopädie Wikipedia und aus den Wikimedia

Aleinu: www.en.wikipedia.org/wiki/Aleinu (12.04.2015).
Behrens, Leffmann: https://de.m.wikipedia.org/wiki/Leffmann_Behrens (24.11.2017).
Calmer, Liefmann: https://en.wikipedia.org/wiki/Liefmann_Calmer (18.05.2017).
Deeg, Peter: de.wikipedia.org/wiki/Peter_Deeg (15.08.2017).
Eschwege, Helmut: https://de.wikipedia.org/wiki/Helmut_Eschwege (15.08.2017).
Korwin Gosiewska, Teresa: wikimedia.org/wikipedia/commons/thumb/7/7e/Teresa_Korwin_Gosiewska (08.06.2015).
Oppenheimer, Familie: https://de.wikipedia.org/wiki/Oppenheimer_%28Familie%29 (12.12.2017).
Palais Beichlingen: https://de.wikipedia.org/wiki/Palais_Beichlingen (03.11.2015).
Palais Flemming-Sulkowski: https://de.wikipedia.org/wiki/Palais_Flemming-Sulkowski (03.11.2015).
Pfälzer Kolonie: www.wikipedia.org/wiki/Pfälzer_Kolonie (05.12.2015).
Reisegeschwindigkeit: https://de.wikipedia.org/wiki/Reisegeschwindigkeit (11.12.2017).
Schlacht von Olasch: https://de.wikipedia.org/wiki/Schlacht_von_Olasch (02.06.2017).
Taler: https://de.wikipedia.org/wiki/Taler (11.12.2017).
Wschowa: www.wikipedia.org/wiki/Wschowa (Zugriff 12.12.2017).

Institutionelle Websites mit Bereitstellung digitalisierter Quellen

Central Archives for the History of the Jewish People (CAHJP), gescannte Dokumente der Halberstädter Jüdischen Gemeinde: http://www.a-z.digital/nli_archives/il-ahjp/?q=&arc_filter=IL-AHJP (19.11.2017).

Abbildungsnachweise

Abb. 1 und 2	Marcus Lehmann: Der königliche Resident, Mainz, o. J. [ca. 1870]
Abb. 3	Münzhandlung Dirk Löbbers, ID 14112301700852
Abb. 4	Johann Henricus Lucanus: Notitia Principatus Halberstadiensis oder gründtliche Beschreibung des alten löblichen Halberstadt [...], Halberstadt o. J. bis 1744. Historisches Archiv der Stadt Halberstadt, Sign. 1037
Abb. 5	Plan von Halberstadt und Umgebung mit Beschreibung. Herausgegeben von der Verkehrsvereinigung". [Halberstadt] o. J. [ca. 1920]. Verlag Louis Koch
Abb. 6	Historisches Archiv der Stadt Halberstadt
Abb. 7	Berend Lehmann Museum Halberstadt als Leihgabe des Städtischen Museums Halberstadt, Sign. C5 433
Abb. 8	Foto „Halberstadt, Judenstraße", Paul Schulz 1930. Deutsche Fotothek in der Staats- und Universitätsbibliothek Dresden, Hauptkatalog 041411
Abb. 9, 10	Carolina Friedrich, Rostock
Abb. 11	Geheimes Staatsarchiv Preußischer Kulturbesitz Berlin I. HA Rep. 33, Fürstentum Halberstadt, Nr. 120b, Paket 1713–1727
Abb. 12–14	Berndt Strobach 2009
Abb. 15	Historisches Archiv der Stadt Halberstadt, Foto ca. 1985
Abb. 16	Museum für Völkerkunde, Hamburg
Abb. 17	Pierre Saville: Le Juif de Cour, Paris 1970, S. XXIII, Verlag Societé Encyclodédique Francaise existiert nicht mehr. Bildrechte unklar
Abb. 18	Metropolitan Museum of Art, New York, public domain
Abb. 19	The Jewish Museum, New York, public domain
Abb. 20	Kunstgewerbemuseum Berlin Sign. 336 Foto Saturia Linke
Abb. 21	Moses Mendelssohn Akademie Halberstadt
Abb. 22	Technische Universität Braunschweig, Abt. Architekturgeschichte, Projekt Bet Tfila
Abb. 23	Aquarell Käte Lipke, Halberstadt, ca. 1930, Berend Lehmann Museum Halberstadt als Leihgabe des Städtischen Museums Halberstadt, Sign. K1 0038
Abb. 24	Holzmodell im Städtischen Museum Halberstadt (Erich Wolfram, 1937), Foto Berndt Strobach, 2017
Abb. 25	Foto Städtisches Museum Halberstadt, Sign. F 03565
Abb. 26	Uri Faber, Berlin
Abb. 27	Berndt Strobach 2008
Abb. 28	Niedersächsisches Landesarchiv, Staatsarchiv Wolfenbüttel, Sign. 112 Alt 128, Bl.22
Abb. 29	Braunschweigisches Landesmuseum Braunschweig, Repro I. Simon
Abb. 30	Herzog Anton Ulrich Museum Braunschweig
Abb. 31	Verlag Bild und Heimat, Berlin
Abb. 32	Berndt Strobach, 2008
Abb. 33	Pierre Saville: Le Juif de Cour, Paris 1970, S. XXVIII, vgl. Abb. 17
Abb. 34	Niedersächsisches Landesarchiv, Staatsarchiv Wolfenbüttel, Sign. 112 Alt 277, Bl.5
Abb. 35	Uri Faber, Berlin
Abb. 36	Pierre Saville, Le Juif de Cour, Paris 1970, S. XVIII, vgl. Abb. 17

Abb. 37   Sächsisches Hauptstaatsarchiv Dresden, Sign.10026 Geheimes Kabinett,
               Loc. 1295/3
Abb. 38   Landeshauptstadt Dresden, Stadtplanungsamt
Abb. 39   Staatliche Kunstsammlungen DresdenInv.Nr. VIII 135, Foto Jürgen Karpinski.
               bpk-Bildagentur
Abb. 40   Sächsisches Hauptstaatsarchiv Dresden, Sign.10036 Geheimes Finanzarchiv
               Loc. 41642 Rep. VIII Nr. 4a
Abb. 41 u. 42 Sächsisches Hauptstaatsarchiv Dresden, Sign.10025 Geheimes Konsilium,
               Loc. 5535/12
Abb. 43   Foto François Bernardin. Wikimedia Commons File F 54, public domain
Abb. 44   Foto: Foto Saucke, Blankenburg (Firma existiert nicht mehr)
Abb. 45   Sächsisches Hauptstaatsarchiv, Sign. 10026, Geheimes Kabinett, Loc.3497/5
Abb. 46   Residenzmuseum Schloss Celle, Foto: hajotthu. Wikimedia public domain.
Abb. 47   Stiftung preußische Schlösser und Gärten Berlin-Brandenburg, Sign. GK I 6067,
               Foto Jörg. P. Anders.
Abb. 48   Österreichisches Jüdisches Museum Wien, Wikimedia Commons.
Abb. 49   Louis and Henry Fraenkel: Genealogical Tables of Jewish Families. München
               1999, Bd.II, S. 28).

Personenregister

Aaron, Samuel 121
Abraham (bibl. Urvater) 9
Abraham, Aaron 89,112,122
Abraham, Isaak 221–224
Abraham, Israel 18, 200, 203–206, 208–216,
Adenauer, Konrad 37
Alexander, Joel 93, 114, 159, 219
Alexander, Samuel 121
Alexander, Zipora 114
Altenbockum, Ursula Katharina von (Gräfin Teschen) 15, 235
Amiens, Vicomte de *siehe* Calmer, Liefmann
Anna Sophia (Kurfürstin Sachsen) 61
Ansbach, Markgraf von 293, 321
Anton Ulrich (Herzog Braunschweig) 181, 186
Archenholtz, Georg Bernhard 185, 192, 193, 195, 332
Aquilar, Diego de 333
Arnim, Georg Dietloff von 211, 215
Arnold, Benjamin 312
Arnold, Ulli 238
Aron (bibl. Urvater) 9
Ascher, Markus *siehe* Marx, Assur
Auerbach, Benjamin Hirsch 10,11, 12, 14, 15, 16, 19–22, 29, 34, 36, 39, 90, 95, 116, 130, 147, 148, 156, 188, 190, 219, 324, 332, 343
Auerbach, Hirsch Benjamin 14, 15
August der Starke *siehe* Friedrich August I.

Bärmann Halberstadt *siehe* Berend Lehmann
Baer (Familie Halberstadt) 97
Baer, Yitzhak Fritz 97
Bahlke, Joachim 322
Balaban, Majer 174
Bartholdi (preußischer Minister) 319
Battenberg, J. Friedrich 330, 337
Bayern, Kurfürst von 260
Beck (Kammerkanzlist Halberstadt) 96, 104
Beckendorf (General) 73

Beckmann, Johann Christoph 11, 147, 149, 150, 152, 322, 343
Becman, Christoph *siehe* Beckmann, Johann Christoph
Beer, Emanuel 240
Beer, Schmaja 167
Behrend, Lehmann 25, 46, 112, 113, 129, 196, 216, 230, 235, 236, 237, 253, 254, 255, 294, 296, 313, 345
Behrens, Gumpert 193, 194, 216, 237, 296, 297, 304, 308, 336
Behrens, Herz 54, 296,
Behrens, Isaak 27, 41, 135, 136, 193, 194, 237, 241, 293, 296, 297, 299, 304, 308, 335, 336, 338
Behrens, Jakob 296
Behrens, Joel Löb 135
Behrens, Lea, geb. Lehmann 137, 296, 298
Behrens, Leffmann 4, 30, 39, 42, 45, 54, 59, 62, 66, 68, 194, 216, 218, 237, 296, 326
Beichlingen, Wolf Dietrich Graf von 56, 69, 73, 75, 77, 235, 238
Berlin, Abraham *siehe* Liebmann, Abraham
Bermann *siehe* Berend Lehmann
Bernard, Samuel 56, 64
Berndt, Simon *siehe* Beer, Schmaja
Bernstorff, Andreas Gottlieb Freiherr von 7, 262, 297, 298, 299, 301, 302, 304
Berolzheimer, Michael G. 143
Berthold, Johann Bernhard 237
Besse, Johann Rudolf 113, 122
Bizardière *siehe* La Bizardière
Bock (Hoffuttermeister Dresden) 247
Bodinus (Taschenmacher, Blankenburg) 224
Bollmann (Schlossermeister, Blankenburg) 191
Bömelburg, Hans-Jürgen 250, 269, 346
Bose, Christoph Dietrich, der Ältere
Bose, Christoph Dietrich, der Jüngere 19, 29, 40, 47, 48, 49, 53, 60, 71, 72, 261, 263

Bose, Johann Balthasar 60
Böttger, Johann Friedrich 15
Brühl, Heinrich von 257
Brülls, Holger 161, 162
Bürgelt, Cathleen 33

Calmer, Liefmann, 334
Campen, Thomas Ludolf von 113, 122, 203, 272, 273, 285, 294, 295
Cannegießer, Konrad 280
Castagnéres, Francois de siehe Chateauneuf
Celsius, Olof 67
Chateauneuf, Francois 64
Chomicki, Gregorz 279
Christian August (Prinz Sachsen-Zeitz, Bischof Raab [Györ]) 54
Christoph, Elisabeth 121
Christus, Jesus 94, 145, 231
Cieśla, Maria 250
Clemens August (Bischof) 315
Cniphausen siehe Inn- und Kniephausen
Cohen, Richard J. 33, 324, 326
Conti, Prinz Francois Louis de Bourbon de 52, 56–60, 63, 65, 66
Cosel, Anna Constantia von 15, 35, 235
Cosman Elias 44
Cosman, Moses 39, 44
Costa, Uriel da 337
Cramer von Klausbruch (Hüttenbesitzer) 220
Cramm, Geheimrat von (Blankenburg) 206, 216, 217
Czok, Karl 69, 227

Dąmbski, Stanisław 56, 60, 61, 63
Danckelmann Daniel Ludolf von, 44, 107
Danckelmann, Wilhelm Heinrich von 107
David (bibl. König) 9
David, Alexander 195, 196, 217, 326
David, Golde 190
David, Hannle siehe Lehmann, Hannle geb. Beer
David, Michael 190, 195, 303
David, Wolf (Wulff) 89, 120, 122
Deeg, [Hans-]Peter 24, 25
Denner, Balthasar 182

Desroches de Parthenay, Jean-Baptiste 52–64
Dick, Jutta 28, 32, 33
Diederich (Bürgermeister) 147
Dingelstedt (Canonicus) 195
Dingelstedt (Hüttenbesitzer) 220
Dinglinger, Johann Melchior 238, 240, 242
Döring, Oskar 131
Dolgorukov, Wassilij Lukič 281, 289
Duhram (Generalfiskal) 154

Ebeling. Hans-Heinrich 196
Eberhardine (Kurfürstin Sachsen) 61
Edzardus, Esdras 207
Eisellsberg, Nathan 133
Eisenmenger, Johann Andreas 215
Elia ben Isai 209
Elisabeth Christine (Kaiserin HRR) 265, 272, 275, 276
Emanuel, Aaron 112–115
Ephraim, Veitel-Heine 331
Ernst August (Kurfürst Hannover) 54
Eschwege, Helmut 1
Eugen von Savoyen, Prinz 65

Faber, Uri 172
Faßmann, David 243
Feuchtwanger, Lion 21
Francke, August Hermann 343
Friedrich August I. (König Polen, Kurfürst Sachsen) 4, 5, 7, 11, 15–19, 23, 26, 29, 31, 32, 42, 46–80, 98, 101, 145, 147, 150, 196, 226–264, 281–285, 287–290, 299, 310, 311, 315, 322, 324, 329, 333, 340, 342, 343
Friedrich August II. (König Polen, Kurfürst Sachsen) 236, 238, 257, 285
Finen, Eberhard 201, 202, 205, 208, 209
Finkenstein, von (preußischer Minister) 316
Fleischer, (Gottlob Heinrich?) 50
Flemming, Heinrich Jakob von 7, 53, 56, 57, 58, 61, 65, 66, 68, 69, 72, 228, 235, 253, 268–272, 275–279, 280, 282, 284, 285, 286, 291, 312, 316, 322, 345
Foque siehe Le Foque
Förster, Johann Heinrich 185, 189
Fram, Edward 324

Frankl, Ernst 21
Freudenthal, Max 12, 18, 19, 86, 147, 150, 153, 209, 283
Friedrich I. (König Preußen) 11, 44, 45, 80, 85, 87, 92, 95, 98, 101, 102, 108, 112, 123, 124, 128, 143, 144, 147, 152, 155, 157, 158, 259, 342
Friedrich II. (König Preußen, „der Große") 83, 92, 215, 310, 311, 313, 314, 316
Friedrich III. (Kurfürst Brandenburg) siehe Friedrich I. (König Preußen)
Friedrich IV. (König Dänemark) 72
Friedrich Wilhelm (Kurfürst Brandenburg, „der Große") 25, 80–83, 85, 91, 94, 125, 332, 342
Friedrich Wilhelm I. (König Preußen) 7, 69, 81, 82, 83, 92, 104, 132, 152, 153, 155, 169, 229, 268, 269, 270, 272, 273, 274, 277, 279, 284, 290, 291, 299, 300, 302, 303, 314, 320, 341, 342
Fuchs, von (hoher brandenburgischer Beamter) 80
Fürstenberg-Heiligenberg, Anton Egon von 50, 61, 68, 75, 230, 232, 235, 340, 345

Gatenstedt, Leonore Sophie 179, 185
G.H. (hoher preußischer Beamter) 167
Gatz, Bodo 2
Georg I. (König Großbritannien) 7, 55, 262, 297, 298, 300, 303, 305
Georg Ludwig (Kurfürst Hannover) siehe Georg I.
Gierowski, Józef 35, 176, 287
Gieße, Johann Adolph 231
Göcking, Leopold F. Günther 118
Golovkin, Alexander Gavrilovič 277, 278, 280
Gompertz, Moses Levin siehe auch Gumpert, Gumperts
Gompertz-Kleve, Simelie 268
Gordon (Hofjude, Litauen) 250
Gottschalk, Joel 122
Gottschalk, Michael 11, 19, 148–153, 197, 322, 334, 343
Graetz, Michael 284, 329
Grimm, Jakob und Wilhelm 284
Grofe (Hüttenbesitzer) 220

Grözinger, Karl Erich 176
Guesnet, Francois 176
Guldenberg (hannoverscher Agent beim RHR) 308
Gumpert siehe auch Gompert[z]
Gumpert (Familie) 22
Gumpert, Moses siehe Gompertz, Moses Levin
Gumperts, Jakob 44
Günther (Regierungsrat, Halberstadt) 193
Günther (Sekretär, Dresden) 275

Haake, Paul 53, 59, 66
Hahn, Levin Freiherr von 300, 302, 307–310, 332
Halama, Walter, 91
Hamrath, Fr. von (Regierungsrat Halberstadt) 220, 229
Hantelmann, von (Hüttenbesitzer) 220
Hardt, Hermann von der 8, 206, 207, 208, 322
Hartmann, Werner 32, 132
Häßler, Kaufmann (Magdeburg) 295
Hattorf (Amtmann Stiege) 216
Hattorf (Geheimrat Hannover) 262
Hauff, Wilhelm 21
Hayyum, Elias 326
Hecht, Ernst Peter 75
Heinrich, Katharina 122
Heister, Gottfried 89, 95, 96, 105–110
Heister, Hannibal Joseph 96
Heister, Sigbert 96
Held, Wieland 226, 345
Henning, Anton Adolph von (Rudolf?) 178
Henning, Engel von 178
Henning, Hedwig 179
Henning, Leonore Sophie 179
Henning, Sophie Antoinette 179
Herold, Gottfried Günter 191
Hertz, Lea 194
Hertzberg, von (preußischer Minister) 316
Hesse, Itzig 222, 223
Heßler siehe Häßler
Heyde, Hans von der 181
Heyer, Barthold 122
Hirschel, Elias Philipp 310, 311, 314
Hirschel, Markus (Mordechai, Marx) 237, 311, 313, 314, 333

Hirschel, Lazarus 75, 76, 77, 320
Hirschel, Philipp Lazarus 314
Hitler, Adolf 26
Hizla, Tochter des R. Lima 172, 173
Hönig, Israel 334
Hollwel, Nathanael 56, 64
Holstein- Sonderburg- Beck, Friedrich Ludwig von 319, 320, 321, 335
Holtze (Einwohner Halberstadt, Grauer Hof) 108
Hoym, Adolph Magnus Graf von 230, 235
Hoym, Ludwig Gebhard von 53
Hugenotten 99, 101–104, 108, 109

Ilgen, Heinrich Rüdiger von 7, 270, 272, 275, 277, 278, 279, 284, 288, 319
Inn- und Kniephausen, Friedrich Ernst von 272
Isaak (bibl. Urvater) 9
Isaak (Schulklopfer Halberstadt) 110
Isaak, Abraham 112
Isaak, Joel 118
Isabella von Spanien (Infantin) 144
Israel, David 89, 118, 120, 122
Isai, Elia ben 209
Issachar bar Jehuda haLevi *siehe* Berend Lehmann)
Issaschar (bibl. Urvater) 2
Itzig, Daniel 220

Jablonsky, Daniel Ernst 109, 322
Jacobs, Hanschel (Amschel) 223, 224
Jakob (bibl. Urvater) 9, 140
Jakob, Abraham 113, 122
Jakob, Jeremias 90
Jarochowski, Kazimierz 73, 265
Jehuda ben Elia Lema haLevi (Juda Lehmann) 15, 39, 44, 209, 219
Jesaja ben Isaak ben Jesaja 209
Jesuiten 54, 66
Jobst, Philipp *siehe* Jost, Philipp
Joel, Amschel Levin 113
Joel, Arnd (Aron) Levin 223, 224
Joel, Gottschalk 428
Joel, Hanna 114
Joel, Isaak 102, 112, 113, 168

Joel, Levin 89, 111, 120, 122, 222, 223. 224, 313
Joel, Levin Isaak 113
Joel, Markus 310
Joel, Rachel 113
Joel, Salomon Isaak 113, 222
Joel, Samuel Levin 39, 311
Joel, Wolf Levin 222
Johann Georg II. (Kurfürst Sachsen) 46
Johann Georg III. (Kurfürst Sachsen) 54, 238
Johann Georg IV. (Kurfürst Sachsen) 46, 238
Jonas, Daniel 122
Jonas, Salomon 89, 116, 120, 122, 168
Jordan (Hüttenbesitzer) 73
Joseph I. (Kaiser HRR) 47, 48, 50, 181, 262
Joseph, Michael 110
Joseph, Michel 221, 222
Jost, Philipp 89, 117, 118, 120, 122, 165, 168
Juda (bibl. Urvater) 140

Kafka, Franz 133
Karl Alexander, Herzog von Württemberg 326, 330, 333
Karl der Große (Kaiser HRR) 43, 265
Karl I. (Herzog Braunschweig-Wolfenbüttel) 192, 194, 224, 295
Karl VI. (Erzherzog Österreich, Kaiser HRR) 181, 273, 274, 276, 280, 333
Karl XII. (König Schweden) 72, 73, 175, 259, 261, 310, 311
Kaufmann, David 174
Kazmierczik, Dr. (Synagogenmuseum Krakau) 175
Kedem (Auktionshaus, Jerusalem) 172
Kees, Johann Jakob 235
Keydel (Forstschreiber Blankenburg) 185
Kindervater, Johann Heinrich 215
Kless(n)er, Friedrich Georg 209
Kniephausen *siehe* Inn- und Kniephausen
Koch, Johann Heinrich 105, 106, 107, 109, 127
Köhler, Johann Heinrich 240
Köhler, Max 20
Kölner, Johann 151, 153
Költzsch, Fritz 237, 257, 345

König Stanislaus *siehe* Lesczyński, Stanisław
Königsmarck, Aurora von   293, 323, 329
Konopczyński, Władysław   35, 265, 266
Korb, Hermann   178
Kosman, Mosche   44
Kosínska, Urszula   35, 266, 269, 275, 279, 290, 291
Kraszewski, Józef Ignacy   35
Kratzenstein (Grafiker, Halberstadt)   114
Krebs (Gärtnerei, Blankenburg)   185
Krupa, Jacek   175
Krziskewitz, Rainer   113
Kulenkamp (Regierungsrat Halberstadt)   300
Kurfürsten   145
Küster, Christian Gottlieb   320

La Bizardiere, Michel-David   52–65
Lämmel, Johann   49, 53, 55, 59, 60, 69, 33
Lagnasco, Robert Toparelli   288
Laux, Stephan   26
Le Foque (Botschafter)   279
Lehmann, Cosman Berend   144, 135, 156, 190–194, 294, 295, 303
Lehmann, Elias Behrend   230
Lehmann, Emanuel (Menachem, Mendel)   112, 135
Lehmann, Emil   16, 20, 22, 36, 149, 166, 171, 226, 235, 253, 254, 294, 296, 332, 345
Lehmann, Hannle (geb. Beer)   137, 190, 268
Lehmann, Herz   75, 76, 77, 333
Lehmann, „KinderLehrer" (Dresden)   231
Lehmann, Manfred Raphael   15, 19, 30, 31, 33, 34, 38, 66
Lehmann, Marcus   13, 14, 15, 19–22, 29, 30–34, 36, 122, 134, 175
Lehmann, Miriam (geb. Joel)   39, 93, 100, 134
Lehmann, Mordechai Gumpel   137, 303
Lehmann, Sara   48
Leibniz, Gottfried Wilhelm   20, 30
Leibrock, Gustav Adolph   24, 187, 265
Leopold I. (Herzog Anhalt-Dessau)   284
Leszczyński Stanisław   175, 197, 266–268, 283, 305, 310–317
Levi (bibl. Urvater)   140
Levi, Meschullam Salman ben Chaim   215

Levin, Amschel   113
Levin, Isaak
Levin, Joel   117, 120
Levin, Jost   117, 118, 122
Levin, Moyses   93
Liebmann, Abraham   155, 156, 167, 322
Liebmann Jost   22
Lindau, Bernhard Martin   242, 243
Lindt (Regierungsrat Halberstadt)   127, 319
Linnemeier, Bernd W.   22, 23, 39
Lochow, Georg Ludwig von   88, 89, 96, 105
Loeb, Jehuda Arje   151, 152, 153
Löwenhaupt   69, 323, 329
Löwenstein-Wertheim (Graf zu)   76
Lucanus, Johann Henricus   11, 79, 84, 85, 91, 96, 103, 130, 164
Lüdeken, J. (preußischer Jurist)   310
Lüdemann (Hofgerichtssekretär, Hannover)   193
Lüdemann, Monika   90, 118, 127, 133
Ludwig Rudolf (Herzog Braunschweig, Fürst Blankenburg)   7, 181–186, 200–206, 216–221, 265, 274, 275, 276, 283, 334
Ludwig XIV. (König Frankreich)   52, 56, 64, 67
Ludwig XV. (König Frankreich)   311
Ludwig, Conrad   62, 63
Lüttkens (Kammerrat Halberstadt)   102, 103

Manis (Lehmanns Koch)   135
Mann, Vivian   33, 138, 140, 146, 324, 326
Manteuffel, Ernst Christoph von   281, 286
Margalith, Esri Seelig   155, 156
Maria Josefa (Kurfürstin Sachsen)   236, 238, 285
Maria Theresia (Kaiserin HRR)   181
Marschall, S. (preußischer Jurist)   310
Marwitz, von (Garnisonkommandant Halberstadt)   293
Marx, Alexander   122
Marx, Assur   8, 77, 237, 297, 320
Maślak-Maciejewska, Alicja   174, 266, 318
Maximilian I. (Kaiser HRR)   70
Mayer, Assur   313–316
Mayer, Benedict (Bendix)   310, 311, 314, 315, 321
Meinders, Franz von   44

Meisenburg, Christian Ernst 107, 109, 319
Meisl, Josef 19, 20, 22, 23, 36, 37, 68, 71, 154, 260, 293, 329
Meschullam Salman ben, Chajim
Meyer, Abraham Samuel 114
Meyer, Jakob Nathan 89, 110, 113, 122
Meyer, Jonas 7, 17, 26, 33, 226, 230–233, 235–250, 255, 257, 263, 280, 281, 285, 343
Meyer, Levin, 168
Meyer, Magnus 169
Michael, Meyer 89, 117–120, 122
Michel, Jechiel 155, 156, 198, 202, 207, 210
Michel, Liebman 221, 222
Mniszech, Józef Wandalin 269
Moritz von Sachsen 293
Moser, Johann Jakob 70
Moses (bibl. Urvater) 9
Moses Meyers Erben 240
Moses, Samuel ben 155
Münchhausen, von (Finanzminister?) 220
Münchhausen, Christoph Friedrich von 98
Müntefort, Heinrich 222
Mylius, Otto 310

Nathan, Seckel 8, 306
Neugebauer, Wolfgang 81
Niemeck, Albert 310
Nierdt, Johann Jakob 69
Noa, Moses 122
Nostitz, Georg Sigismund von 263

Öttingen, Christine Luise von 272
Oldenbruch, Elias Christian 187
Oppenheimer, David 165
Oppenheimer, Emanuel 294
Oppenheimer, Isaak Jakob 331
Oppenheimer, Joseph Süß 4, 21, 22, 23, 32, 33, 326, 350, 333
Oppenheimer, Judith 129, 294
Oppenheimer, Samuel 4, 22

Parthenay siehe Desroches de Parthenay
Patkul, Reinhold von 72, 261
Paulus (neutestamentlicher Autor) 207
Paulus, Simon 123
Perłakowski, Adam 53

Peter der Große siehe Peter I.
Peter I. (Zar Russland) 72, 73, 262, 265, 272, 273, 274, 280, 281, 284, 286, 287, 289, 290, 310, 311
Pfüzner, H. (Steuerrat, Dresden) 248
Picquigny, Baron de siehe Calmer, Liefmann
Pindheim, von (Hüttenbesitzer) 220
Piwarski, Kazimierz 51, 57, 59
Podewils, Heinrich von 314, 315, 316
Poliakov, Léon 28, 37, 38
Polignac, Melchior de 32, 53, 56, 64, 68
Porazinski, Jarosław 53
Połocki, Feliks Kazimierz 56
Pott (Regierungsrat Halberstadt) 89, 95, 105–108, 110, 112, 127
Praun, Hieronymus von 307, 308, 309
Przebendowski, Jerzy 53, 56, 57

Radziejowski 52, 53, 56, 57, 58, 60, 65, 72
Raspe, Lucia 11, 31, 34, 38, 44, 150, 156
Redern (Graf, Grubenbesitzer) 220
Rexheuser, Rex 265
Richter, George 231
Rickmann, Johann Heinrich, 296, 304
Ridder (Handelsagent) 217, 218
Riemer, Nathanael 2
Ritthausen (Advokat, Blankenburg) 191
Rosenthal (Bürgermeister Blankenburg) 191, 192
Rossall, Pierre 103, 107–110
Rothschild, Meyer Amschel 4, 31
Ruben, Samuel 121
Ruben, Simon 168
Rudolf II. (Kaiser HRR) 144
Rüger, (Kammerschreiber, Dresden) 231
Rümohr (Geheimrat) 73

Sadowski, Dirk 9, 164, 215
Salecker, Joachim Michael 140, 141
Salomon (bibl. König) 9
Salomon, Emanuel 194
Salomon, Hertz 194
Salomon, Meyer 118
Samson, Philipp 194
Samuel, Joseph 39, 113, 122
Sander (Blumenhandlung, Blankenburg) 185

Sapieha (Familie) 318
Sapieha, Benedykt Paweł 56, 73, 318
Sapieha, Jan Kazimierz 319
Sapieha, Kazimierz 318
Sapieha, Michal 318
Sapieha, Teresa, geb. Korwin Gosiewska
    319, 321
Sassenberg, Marina 25
Saville, Pierre (Schuman, Pierre) 15, 19, 20,
    28, 32, 37, 64, 67, 138, 175, 219, 260,
    261, 285, 329, 332, 333
Schacht, Friedrich Levin von 88, 89, 96–
    102, 106, 107, 108, 110
Schacht (Töchter v. Friedr. Levin) 98, 100
Scheidt, Andreas 327
Schilling, Lothar 164
Schlippenbach (preuß. Minister) 170
Schlüter, Johann Philipp 186, 192, 193
Schmettau, Gottlob von 297, 299, 302
Schmidt, Gottlieb 25
Schmidt, Michael, 32, 33
Schnee, Heinrich 22, 26, 27, 29, 32, 37, 38,
    55, 59, 67, 69, 216, 237, 241, 312, 313,
    314, 324, 328
Schoeps, Hans-Joachim 67
Scholke, Horst 1, 437
Schöneburg, von (Finanzbeamter Sachsen)
    48, 49
Schöning, von (Feldmarschall) 48, 49
Schoonjans, Antoni 5, 325
Schotten, Samuel 151, 152, 153
Schotten, Simon 152
Schrader, Christoph 121, 122
Schrader, Sylvester Carl 301
Schricken, Heinrich 96
Schröder, Joachim Tobias 195
Schulze, Peter 221
Schumann, Pierre siehe Saville, Pierre
Schurig, D (Bewohner Dresden) 231
Schwab, Hermann 132, 157
Schwarz, Gesine 113
Schwarz, Ulrich 181
Scott, James 280
Siebrecht, Adolf 133
Silber, Jonas 144
Silber, Michael 334
Simon, Ruben 121

Sobieski, Jakob 52, 57, 59
Sobieski, Jan III. (König) 51
Sombart, Werner 26, 37
Sophie (Kurfürstin Hannover) 8, 41, 51, 322
Sophie Charlotte (Königin Preußen) 5
Sothebys 143
Speyer, Philipp Lazarus 170
Spielmann, Daniel 110
Spinoza, Baruch 337
Sprecher, Johann Dietrich 198, 202, 204–
    207, 214
Springsfeld, Chr. (Steuerrat, Dresden) 248
Stanislaus siehe Leszczyński, Stanisław
Starcke, Johann Georg 235
Staszewski, Jacek 56
Stedern, Jobst Ludolf von 181
Steinacker, Karl 186
Steinhäuser, Kammerrat (Salinendirektor Polen) 241, 335
Stern, Selma 20–23, 32, 33, 37, 38, 51, 59,
    124, 164, 167, 261, 329, 330, 336
Steyer, Philipp 168
Stiller (Offizier, Magdeburg) 319
Strauß, Franz-Josef 24
Streicher, Julius 24, 25
Strobach, Herbert 185
Stukenbrok, Johann Günther 203, 204
Suhm, Ulrich Friedrich 269, 272, 279
Süskind, Alexander 156, 198
Syndram, Dirk 238, 283

Tarło, Jan 268, 312,
Teixeira, Manoel siehe Texeira, Manuel Isaak
Teschen, Gräfin siehe Altenbockum, Ursula
    Katharina von
Tettenborn, Barthold 121
Tevje (Milchmann, ‚Anatevka') 287
Texeira, Abraham 333
Texeira, Manuel Isaak 31, 331
Thorbrügge, Heinrich 301
Toparelli Lagnasco, Robert 288
Triquet, Pierre 240
Tübner, Thomas 142, 143

Uhden, Johann Christian 211–215, 308

Vassé, Louis Claude 267

Vehse, Eduard 55, 59
Viesemeyer, Hieronymus Erdtmann 320
Virbickiene, Jurgita 175
Voigt, Gabriele 186

Wackerbarth, August Christoph von 228, 281, 345
Walter (Hüttenbesitzer) 220
Walter, Albrecht Ludwig 44
Watzdorf, Christian Heinrich von 248, 249
Watzdorf, Erna von 240
Weferling, Rgierungsrat Halberstadt 192
Weinryb, Bernard Dov 27
Weisberg (Gerichtsrat Oberappellationsgericht Celle) 193
Wendehorst, Stephan 33, 123
Werner (Gutsbesitzer Blankenburg) 181
Wertheimer, Löw 48, 142, 192, 295, 318
Wertheimer, Samson 4, 48, 49, 50, 67, 142, 143, 192, 331
Wertheimer, Sara 142
Wertheimer, Wolf 330, 333
Werthern, Georg Graf von 235
Weydemann, Hans 195

Wichmann (Baumeister Halberstadt) 112
Wieckowski, Bartosz 265
Wiener, Meier 302, 303
Winnig, G.C. 178, 183, 186, 189, 195, 220
Wittmann, Christoph 117
Wolf siehe auch Wulf[f]
Wolf, Zacharias 114
Wolff, Hertz 170
Wolfram, Erich 161
Wulf, Moses Benjamin 18, 22, 147, 149, 150, 214
Wulff, Besach 113, 122
Wulff, David 89, 116, 118, 119, 120, 122, 165, 168
Wulff, Elijah 136

Załuski, Andrzej Chrysostom 52–64
Zar siehe Peter I.
Zech, Bernhard 230, 232
Zech (sächsischer Gesandter Wien) 280
Zerla, bat haSchar (Zerla Lehmann?) 172, 173
Zilliger (Buchdrucker) 200, 201
Zschiesche, Karl-Ludwig 130

Geografisches Register

Ägypten 140
Altranstädt 261, 262, 310, 316
Amerika 22, 38, 337
Amsterdam 19, 41, 135, 150, 152, 197, 214, 217, 286, 339, 340,
Anhalt 26, 244, 338
Ansbach 293, 321
Archangelsk 33
Aschersleben 135, 136
Australien 145

Babylon 7, 30, 147
Baden 58
Baltikum 260, 261
Baltimore (USA) 30
Basel 149
Bayern 259, 260
Bega (Fluss) 50
Berlin 7, 8, 19, 22, 29, 39, 43, 44, 45, 73, 74, 79, 81, 85, 87, 95, 98, 103, 106, 107, 126, 127, 145, 151, 153, 155, 167, 168, 169, 176, 211–214, 22ß, 221, 260, 265, 269, 270, 272, 273, 275, 276, 279, 280, 282, 283, 286, 288, 289, 294, 295, 301, 303, 308, 309, 310, 312, 314, 315, 317, 319, 324, 325, 331, 335, 340
Bernburg 113
Beuthen (Bytom) 63
Blankenburg 24, 113, 123, 134, 156, 178–225, 265, 272, 275, 285, 295, 303, 331, 332, 334, 335, 342, 343
Bleckede 247
Bode (Fluss) 185
Böhmen 232, 242, 243, 253
Borna 74
Brandenburg 6, 11, 21, 25, 32, 42, 43, 45,58, 74–77, 79, 82, 85, 86, 87, 95, 98, 103, 106, 107, 126, 127, 145, 176, 257,308, 322, 338–342
Braunschweig 7, 26, 46, 78, 86, 116, 123, 158, 178, 181,182, 193, 195, 196, 201 202, 207, 217, 218, 220, 265, 268, 294, 300, 301, 303

Bremen 71
Breslau (Wrocław) 58, 59, 62, 67, 72, 167, 314
Brünn (Brno) 155

Cattenstedt 185, 203, 204
Celle 193, 218, 304, 305, 328
Cenei (Olaschin) 50
Clausthal 220
Cölln siehe Berlin

Dänemark 73
Danzig (Gdansk) 56, 64, 65, 73, 242, 281, 291
Darmstadt 151
Den Haag 63
Derenburg 221–224
Dessau 18, 22, 135, 136,147, 150,208, 214,244, 283, 284
Deutschland 5, 30, 36
Dithmarschen 71
Dreilützow 300
Dresden 7, 8, 12, 16, 17, 19, 23, 25, 27, 29, 43, 46–49, 50, 54, 58, 60, 61, 62, 68, 77, 101, 113, 123, 196, 226–257, 262, 265, 268, 270, 272, 275, 279, 280, 285, 289, 290, 295, 299, 331, 332, 335, 342, 343, 345

Eisenstadt 331
Elbe (Fluss) 242, 244, 245, 249
Ellrich 223
England 51, 240, 289,
Erez Israel siehe Israel
Erzgebirge 74, 243
Essen 4, 9, 15, 39, 43, 44, 86, 219
Estland 71
Europa 1, 4, 282

Finnland 73
Frankfurt/Main 19, 34, 46, 92, 150–153, 176, 240, 331

Geografisches Register —— 457

Frankfurt/Oder   11, 85, 147–151, 153, 197, 212, 213, 343
Frankreich   28, 29, 32, 38, 52, 58, 59, 64, 74, 96, 99, 102
Fraustadt (Wschowa)   311

Gernrode   223
Gerstorf (Amt)   64
Gießen   2
Glogau (Głogów)   155
Gnesen (Gniezno)   52, 72
Gommern   259
Görlitz   55
Gräfenhainichen   74
Grimma   55
Großbritannien   7, 55, 299
Großpolen   268, 290

Halberstadt   1, 2, 6–11, 13, 14, 15, 19–22, 24, 25, 27, 28, 30, 31, 32, 34, 39, 42, 43, 45, 50, 53, 61, 62, 63, 69, 71, 78–148, 152, 154, 156–164, 166, 167, 168, 170–173, 178, 181, 188, 192, 193, 194, 196, 200, 202, 209–212, 214, 216, 219, 222, 223, 224, 228, 229, 237, 272, 294, 297–302, 305, 306, 310, 311, 319, 320 322, 331, 340, 342–345
Halle (Saale)   8, 63, 92, 309, 343
Hamburg   31, 73, 118, 122, 137, 207, 230, 331, 339, 340
Hanau   26,37
Hannover   2, 4, 7, 8, 19, 23, 26, 30, 39, 41, 42, 45, 51, 54, 61–64, 74, 113, 115, 135, 136, 137, 190, 193, 194, 195, 216, 218, 228, 237, 241, 261, 262, 263, 296–305, 307, 308, 322, 329, 355
Harz   185, 220,
Harzgerode   223
Hasselfelde   224
Heiliges Römisches Reich   45, 71, 74, 145, 170, 259, 339, 346
Heimburg   185, 195, 218
Helmstedt   8, 202, 205, 206, 322
Hessen (Stadt)   192
Hildesheim   8, 44, 71, 298, 300, 301, 306
Hitzacker   247
Holland siehe Niederlande

Holstein   319, 321
Hornburg   161, 297
Höxter   44

Ilsenburg   220, 221
Ingermanland   290
Ingolstadt   304
Innsbruck   2
Israel   9, 177, 324

Jena   207
Jerusalem   9, 19, 39, 157, 207, 214, 344
Jeßnitz   18, 156, 199, 208, 210, 214, 333

Kamjanez Podilski (Kamieniec Podolski)   52, 56, 65
Karlowitz (Sremski Karlovci)   65, 324
Karlsbad (Karlovy Vary)   272, 275
Kärnten   264
Kassel   26
Kiew (Kyjiv)   174
Kleve   22, 44, 268
Kliszow (Kliszów)   73
Köln   74, 315
Kölln siehe Berlin
Köthen   197, 200,203, 208, 209, 214
Koło   54, 57
Krakau (Kraków)   35, 56, 63, 74, 71, 73, 174, 175, 258, 265
Kujawien (Kujawy)   56, 61, 63
Kulm (Chełmno)   53
Kumik   161

Landau   313
Lauenburg (Amt)   65
Lauenburg (Herzogtum)   42, 54, 59, 61, 63
Lausitz   63
Leipzig   12, 15, 33, 34, 42, 46–50, 58, 62, 63, 67, 74, 75, 77, 86, 93, 114, 129, 135, 136, 151, 152, 203, 209, 222, 227, 229, 237, 294, 296, 297, 311, 321, 335, 338, 341, 343
Lemberg (Lviv)   174
Lettland   71
Libanon   9
Lissa (Leszno)   110, 197, 268, 269, 290, 310,311, 312, 314, 322, 332

Litauen 61, 71, 175, 250, 282, 290, 318, 319
Livland 71
Löwenstein 76
London 279
Lothringen 267, 311, 313
Lübeck 71
Lublin 268
Lüneburg 71, 182, 218
Luschwitz (Włoszakowice) 268, 311

Magdeburg 46, 80, 8283, 86, 107, 111, 168, 220, 295, 302, 308, 309, 319, 344
Mainz 13, 44
Mansfeld 74, 197, 300
Marburg 20, 298
Marienburg (Malbork) 258
Marienstern (Kloster) 55
Mariental (Kloster) 55
Marktbreit 331
Masowien (Mazowsze) 57
Mecklenburg 71, 300, 302, 303, 307, 310, 315
Mecklenburg-Vorpommern 32
Merseburg 227
Meißen 55, 227
Michaelstein 99, 184, 186
Minden 80, 83
Minsk 155, 174
Mitau (Jelgava) 52, 72
Mitteldeutschland 34, 43
Moldau (Land) 57
Moskau 73, 275

Nancy 267
Narva 73
Naumburg 227
Nettlingen 306
Neumark 167
New York 12, 33, 38, 137, 140, 143, 145
Niederdeutschland 41
Niederlande 76, 151, 259, 260, 282, 339
Niederösterreich 50
Niederrhein (Gebiet) 42, 45
Niedersachsen 69, 70, 228, 336, 339
Nikolsburg (Mikulov) 150
Norddeutschland 26, 92, 181, 260
Nordhausen 64, 215

Nürnberg 18, 24, 144, 145, 217
Nystad 287

Oberdeutschland 41
Oberlausitz 55
Oder (Fluss) 243, 245
Oliva (Oliwa) 65
Österreich 91, 264, 266, 269, 274, 289, 290
Osterwieck 79
Osteuropa 161, 330
Ostfriesland 334
Ostpreußen 167, 281, 291
Ostsee 73
Oxford 165

Palästina 156, 163
Paris 279
Passau 58
Pforta 55
Pillnitz 60
Pirna 55
Polen 4, 5, 6, 9, 11, 15, 19, 23, 24, 28, 29, 32, 35, 41, 42, 47, 51–69, 71, 72, 101, 103, 154, 163, 167, 168, 172–176, 227, 237, 238, 240, 241, 242, 249, 250, 258, 260, 261, 262, 264–291, 299, 311, 312, 313, 316, 323, 329, 335, 336, 345, 346
Połock (Plotzkow) 52
Polregionen 145
Poltawa 261, 287, 311
Pommern 228, 262
Portugal 333, 339
Posen (Poznań) 72, 150, 290
Prag (Praha) 86, 155, 164
Preußen 7, 12, 21, 22, 37, 39, 74, 85, 87, 92, 102, 109, 128, 143, 163, 167, 170, 229, 253, 256, 259, 260, 264, 265, 266, 268, 269, 272, 274, 275 277, 281, 282, 284, 288, 290, 291, 294, 298, 300, 301, 303, 305, 307, 308, 309, 314, 329, 338, 340, 341, 346
Priegnitz 167

Quedlinburg 64, 300, 323, 329

Raab (Györ) 54

Ratzeburg 71
Rausnitz (Rousinov) 155
Regenstein 273, 274, 276
Reisen (Rydzyna) 311
Riga 19, 72, 73
Rügen 71, 262
Russland 23, 65, 161, 260, 261, 264, 266, 269, 272, 275, 278, 281

Sachsen 4, 6, 11, 15, 18, 26, 30, 32, 46, 47, 48, 50, 51, 53, 54, 55, 58, 61, 69, 71, 73, 74, 75, 77, 98, 101, 177, 217, 226–257, 260, 261, 263–266, 269, 270, 274, 275, 276, 279, 280, 282, 287, 288, 289, 290, 291, 297, 328, 330, 339, 340, 341, 345
Sachsen-Anhalt 32, 33, 34, 344
Salzburg 264
St. Petersburg 275, 335
Schirwindt (Širvintos, Szyrwinty) 175
Schlesien 242
Schleswig 71
Schnakenburg 247
Schweden 30, 65, 66, 67, 71, 73, 74, 75, 77, 98, 101, 259, 260, 261, 262, 266, 288, 330
Seeburg (Mansfeld) 197, 300, 307, 309, 310, 332
Sevekenberg 64
Skandinavien 260
Sorge 221
Spanien
Steiermark 264
Stettin 256
Stiege 216
Stuttgart 4, 322, 333

Tarnogrod
Tarnowitz (Tarnowskie Gory) 63
Temeswar (Timișoara) 47, 50
Teplitz (Teplice) 231, 232
Thorn (Torun) 73, 258
Thüringen 32, 223, 224
Tirol 264
Torgau 55
Trient 149
Türkei 51, 52, 65, 148, 274, 288, 289

Ungarn 48
Ukraine 52, 57

Vatikan 291
Velm 334
Venedig 156, 197, 208
Verden 262
Versailles 181
Voigtsfelde 220
Vojvodina 65
Vorpommern 256

Walachei (Valahia) 57
Wandsbek 214
Warschau (Warszawa) 52, 53, 54, 59, 60, 63, 64, 67, 72, 73, 76, 250, 258, 266, 273, 282 286, 289, 290, 318, 320, 324
Weimar 34
Wendendorf 300
Wernigerode 220
Wertheim 76
Wesel 43, 44
Westfalen 26, 39, 41, 45
Westpreußen 281, 291
Wien 22, 48, 54, 58, 67, 75, 76, 82, 140, 142, 153, 181, 191, 192 274, 275, 280, 294, 295, 306–309, 330, 333, 335
Wienrode 185
Wilna (Vilnius) 319
Wismar 71
Wissembourg 313
Wittenberg 227
Wola 56, 59, 61, 64
Wolfenbüttel 78, 179, 181, 216, 220, 300, 301, 303
Wotersen 300
Württemberg 22, 23, 330, 333
Wusterhausen 279

Zeitz 54, 227
Zelthain 256
Zenta 65
Zilly 113, 122
Zittau 55
Zrenjanin (Nagybecskerek) 48

Abstract

The Court Jew Berend Lehmann (1661–1730)
A Biography

Introduction: The book is about one of the prominent court Jews of Early Modern Times, best known for his services to the Elector of Saxony and King of Poland, Augustus the Strong (1670–1733). As opposed to the high degree of attention Lehmann has always enjoyed literature about him is scarce, out-dated, mostly biassed and poorly source-founded. The aim of the present project is to critically review what has been written about Lehmann and, on the basis of ample new archival material, fill in gaps in his biography and bring his image up to date.

The introduction describes the research situation as follows:

Mentions of Berend Lehmann in his lifetime and in the decades after his death stem almost exclusively from Jewish sources, and they are all positive. So his tombstone praises him as a great and almost saintly benefactor of the German and Polish Jewry and its *shtadlan* (advocate) at the princely courts. To the emancipated neo-orthodox rabbi historians of the 19th century he was a national model of halakhic piety and a commercially, but also politically proficient personality that could have been a foreign secretary or finance minister had he not been Jewish. His bankruptcy was taken no note of.

Not before the turn from the 19th to the 20th century were his activities examined in a matter-of-fact way. He was then found to be enterprising in various lines, ready to take considerable risks, successful in his heyday but failing in the end through bad luck and the adversity of the conservative estates. He was also recognized as a great fighter for his own privileges and for the rights of his coreligionists. In two relatively profound studies of the 1920s the remaining Jewish bias was slight, but still noticeable, understandably so as a reaction against German anti-Semites building up a propaganda figure of the court Jew as a criminal usurer.

Even in the post-war era anti-Semitic undertones subsisted in one widely received West German description of Lehmann's allegedly gigantic business activities and surreptitious promotion of Jewish settlement and influence. In the course of Jewish self-assertion after the Shoah, by several amateur historiographers Lehmann was again presented as an object of national pride. Not before the 1990s were the attempts at objective research from the 1920s resumed and court Jew studies began well away from unqualified veneration and prejudiced contempt. The survey of the changing Lehmann awareness is a mirror of attitudes determined by the precarious Jewish-Christian, Jewish-German relations of the past four centuries.

Chapter 1 is about Lehmann's origin from the regional Jewish elite of Westphalia and his early dealings there as a mint-agent. He frequented the Leipzig fairs (trading mainly jewels) and somehow got into contact with the Saxon electoral court, lending money to the previous elector's widow. Leipzig being *the* Jewish inter-regional meeting-place Lehmann may there have met people from his later residence, the 'holy community' of Halberstadt, a place of good prospects.

Chapter 3 is about the great time that started for him when he came to the attention of Augustus the Strong who must have recognised him as a banker of more than average credit in a network of coreligionist businessmen, and as a clever negotiator, too. When this prince hit on the adventurous idea of competing to be elected King of Poland it was clear that he needed large sums of money which the Polish Republic of Nobles demanded for the long outstanding pay of the army and to practically buy the votes of up to one hundred thousand noblemen.

Lehmann understood that serving the elector in this project was a worthwhile, though risky task. He was not the only provider of money (his uncle Leffmann Behrens was in it, and so were the Jesuits), but the most important one. He did not only lend the elector his own money, but tapped the net for more, and he negotiated the sale or pawning of territories that lay outside the Saxon mainland. He also personally saw to the prompt delivery of bribes in situations where they could effectually be delivered.

Not long after Augustus' coronation Lehmann's help was again welcome when Augustus allied himself with Czar Peter I and the two of them fought against Sweden in the Great Nordic War (1700–1721, acute 1700–1706). This time it was not only loans of money that he organized but he also provided the army with boots and horses. Though the repayment of the royal debts asked for Berend Lehmann's patience he did receive his due. During the Nordic War Augustus used Lehmann's minting connections to replace foreign coins of a poor silver content by even poorer Saxon ones.

Equally important for Lehmann was being conferred on the honourable title of "Resident", which singled him out from the crowd of ordinary "private Jews" and secured him the right of direct access to the king and his support in precarious situations.

Chapter 4 shows him living – just married to the daughter of a courageous and successful protected Jew – in the central German city of Halberstadt. As the newly appointed "Resident" (a semi-diplomatic title similar to 'consul') he owns several houses, which is a privilege he has had to fight for. One of the houses is a considerably representative building complex for his own living and business in the Jewish quarter. At least eight children are born there to Berend Lehmann and his first wife, who dies early. He remarries and the Lehmanns have another two sons. The chapter reconstructs the Lehmann family's everyday life and describes a number of precious works of art he possessed or sponsored.

Lehmann's situation is shown against the housing conditions of the moderately well-to-do Halberstadt Jews who in Lehmann's day outnumbered their co-religionists in Berlin. The description of still existing buildings in the former Jewish quarter is rather detailed to enable today's Halberstadt citizens to become aware of their Jewish heritage.

Chapter 5 describes how Berend Lehmann offered the traditional tribute of thanks of a Jew grown wealthy by performing three *mitzvot*, i.e. religious duties: He had a new edition of the Talmud printed, he founded a *yeshiva* (a theological seminary) and sponsored the edition of the works of its scholars, furthermore he financed the building of a sizable and richly adorned synagogue in Halberstadt. He of course took a leading position not only in the Halberstadt community, but also acted as a *shtadlan* (an advocate) for the Prussian and reputedly even the Polish Jewry.

Chapter 6 deals with Lehmann's activities in the petty principality of Blankenburg, a couple of miles away from Halberstadt. In compensation for financial services, Prince Ludwig Rudolph of Blankenburg allowed Lehmann the possession of an agricultural estate, whose stately mansion was of a high symbolic value to him. As Jews were traditionally barred from landed property, in his day he was a rare (if not the only) exception with riches not only in money but – like a Christian nobleman – in land. The prince granted him another privilege viz., the establishment of a Hebrew printing office where the publishing of a rabbinical commentary written by one of the Halberstadt yeshiva scholars was undertaken. It could, however, not be finished on account of heavy Lutheran censorship, and the printer had to move shop.

A short attachment has been added here describing what other Jews there were in Blankenburg. From the rich court Jew along to travelling market-stand dealers in cloth and fancy goods and pedlars down to wandering beggars, there is the whole gamut of Jewish presence in a typical small North German town of the day.

A second attachment to this chapter has the story of the printer after his failure trying his chance again in the same region, some twenty years later. He is refused a printing privilege in Halberstadt because he is alleged to be a runaway Catholic monk turned Jewish.

Chapter 7 deals with the branch business Lehmann established in the Saxon capital, Dresden, for his eldest son, Lehmann Behrend and his brother-in-law,

Jonas Meyer, in 1708. Although privileged by Augustus the Strong, this foundation was no easy affair because, apart from seasonally limited attendance at the Leipzig trade fairs, Jews had not been permitted in the electorate of Saxony for more than 200 years, and the estates, i.e. a chamber of representatives from the higher clergy, the landed gentry and the city burghers, were very much in favour of the continuation of the ban, and the elector's conservative ministers sympathized with them.

At first, during the second decade of the 18th century, Augustus defended "his" *Resident* against the estates so that the business (banking and luxury goods such as jewels and precious types of cloth) grew bigger than the Halberstadt base. Lehmann father and son and Jonas Meyer with their families had been allowed their own house and unspecified service personnel. These servants multiplied miraculously and tended to do business on their own accounts, and so the Dresden Jewish community was practically re-established, the Jew ban becoming threadbare. This caused the estates to reinforce their anti-Jewish efforts, and in the 1720s Augustus' support of his *Resident* slackened, presumably because he needed the backing of the landed gentry for his policy of remilitarizing the country. Step by step the privileges of the Lehmann firm were revoked to such a degree that only minor banking activities remained, and shortly after Berend Lehmann's death in 1730, his son's bankruptcy was declared.

The Dresden chapter contains two individual episodes. One is about Lehmann's and Meyer's special services as providers of jewels to be used by the famous Dresden goldsmith Dinglinger in his artifacts for Augustus the Strong's collections in his showroom *Grünes Gewölbe*.

The second one is about Jonas Meyer's supplying bread grain in a draught that hit Saxony in 1720. There have always been allegations against Lehmann and Meyer of having profited immensely from a pretended charitable action; research for the present book shows that the allegations are basically unfounded.

Chapter 8 is about Lehmann's political ambitions. In the heyday of his connection with Augustus the Strong, when money was badly needed to gain the Polish crown and to pay the cost of the Nordic War he had successfully negotiated the sale or lease of lands that lay outside the Saxon main territory to neighbouring princes. There were, however, two additional semi-private political initiatives of Lehmann's, viz. he suggested plans for an anti-Swedish coalition and sought the support of the electorate of Hanover for Augustus' reinstitution as king of Poland. Both projects were rather complicated and unsuccessful. They show Lehmann to be an amateur, diplomatically.

The main part of the chapter describes a political project that Lehmann pursued much later as a relatively old man and which goes back to a financial transaction of 1706. He had then lent the Polish magnate Stanisław Leszczyński a sum of over 100.000 talers against an obligation that secured for him in the event of non-repayment all of Leszczyński's possessions, above all the revenues of his large lands. Safe as the affair seemed it turned into a nightmare for Lehmann. After the Russian and Saxon defeat in the *Great Nordic War* Leszczyński had been installed by the victorious Swedes as the new king of Poland, and when the Swedes in turn were defeated by the Czar he had to flee the country and did not pay Lehmann's loan back on time. Lehmann in fact got part of the debt out of the revenues of the magnate's estates but then the repayment stopped.

In 1721 it occurred to Lehmann that if Poland were divided among Saxony, Prussia, Austria and Russia his own sovereign, the Prussian king, would have control of Leszczyński's lands and he, Lehmann, would get his loan fully repaid. None of the four supposedly benefitting powers wanted Poland partitioned at that point in history, so Lehmann was sharply censored for his initiative and only got away with high fines. This chapter shows Berend Lehmann at his most ambitious, though overestimating his capacities and thereby making a fool of himself in the eyes of the noble diplomats.

Chapter 9 tries to assess the reasons of Berend Lehmann's liquidity problems, which started in 1727 and led to the bankruptcy of his estate. The loss of money in the Lesczyński case certainly contributed to this. But there are more issues to consider.

At the same time as his partition-of-Poland project failed, in 1721, he was drawn into the bankruptcy of his son-in-law, Isaac Behrens, and his brother in Hanover. When letters of exchange of theirs were protested at the Leipzig Easter fair, 1719, Lehmann cashed them to save his relatives' credit. In compensation he got their IOUs, and in the course of the following years they had to concede to him obligations in the value of roughly 200.000 talers.

When their insolvency was declared the Hanoverian Chamber of Justice accused them of fraudulent bankruptcy, maintaining that they were not really insolvent but had embezzled their creditors' deposits and were hiding them at Lehmann's in Prussian Halberstadt. The only fact that he was Prussian and the King of Prussia would not extradite him saved him from persecution in the electorate of Hanover. The charges against him and his relatives were very probably wrong, but the money he had put in his son-in-laws' business was largely lost, which some biographers look upon as the beginning of his financial end.

One of the Hanoverian IOUs was declared valid by the Prussian king and it entitled him to the revenues of another estate. After his bad luck with the Lesczyński estate he decided to have the revenues officially assessed. He learned that it would take longer than his lifetime to get reimbursed. Luckily his opponents understood that they would have to pay to get the estate back. So he received at least part of what originally his son-in-law had owed him. But again there had been high advocates' and assessment costs.

A case that certainly contributed to his financial failure was a long-drawn suit the Duke of Holstein had with him for a comparatively small sum. Its history dates back to 1699, when after Augustus' coronation Lehmann did extensive business in Poland. So, e. g., against an advance sum of 6.000 talers he promised to deliver to the wife of the Lithuanian voivod Kazimierz Sapieha a set of silver table gear. After the death of his wife, Sapieha found the contract and claimed the delivery had never taken place. He gave the document to his friend, the Duke of Holstein, so that Lehmann owed the duke the 6.000 talers plus twelve years' interest. Lehmann insisted he had delivered the gear and tried to prove this from his account books and offered the testimony of his then book-keeper. The royal Prussian commission for the case did not accept this as proof, and after a suit of 14 years with increasing interest on the debt and high advocates' fees, ultimately he did have to pay, in high probability because of negligent book-keeping.

A similar piece of bad luck occurred with a more than 30-year-old claim of 6.000 talers from the margrave of Bayreuth, which reached him eight months before his death. For a sum which in his heyday would have been no problem at all he had to arrange a loan for himself in order to get a house arrest lifted that had been imposed on him.

As opposed to his Hanoverian son-in-law's insolvency which led to the "relegation" (expulsion) of the banker from the city and country of his birth, Berend Lehmann's insolvency had no such harsh consequences, it indeed does not even seem to have been officially declared. It became apparent when after his death in July, 1730, creditors turned up with claims for hundreds of thousands of talers, part of which could be cleared with wine from the resident's cellars and the revenue of the auctioning of his houses in Halberstadt, another part of which resulted in long-drawn suits against his sons and successors.

The failure of the Dresden branch due to heavy opposition from the estates plus decreasing support of Augustus the Strong was certainly the main issue in his bankruptcy.

He may have found consolation in the end in the certainty of early enough having provided his benevolent foundations with sufficient capital. The one for the *yeshiva* lasted to make Halberstadt a stronghold of German neo-orthodox Judaism until its annihilation by the Nazis at the beginning of the Second World War.

Chapter 10 summarizes the result of the new research, which is above all a re-assessment of Berend Lehmann's personality.

A resumé characterization of Berend Lehmann

In the awareness, after more than 300 years, with knowledge still incomplete, of being able to no more than approximate the personality of Berend Lehmann, his characterisation is attempted here.

He became well-known as a businessman. The fact that, unlike his father and his uncles, his sons and nephews who sought their livelihood in the middle ranks of the trading Jewry, he became a court Jew and at a relatively young age rose to be *Resident* of one of the leading German princes of his day he owed to his strong self-confidence and ambition. The high opinion he had of himself can be inferred from an artifact in the New York Metropolitan Museum of Art, viz., an adorned silver cup made in 1723 which Lehmann either commissioned himself or was given as a present. It shows the twelve sons of Jacob according to Gen.49 in an arrangement so unusual that Issakhar is placed before Yehuda and Levi, with the inscriptions underneath forming Lehmann's Hebrew name: *Issakhar bar Yehuda ha Levi*. In other words, he ranked himself (or someone tried to flatter him by ranking him) among the biblical progenitors.

His ambition was combined with farsightedness and the courage for projects out of the ordinary which involved high risks. He was probably not very well-trained in the formal sense of logical reasoning and arguing. He knew this and for communication with the authorities and with partners needing his services as a banker and provider of luxury goods he employed a number of legally and stylistically competent clerks.

In the company of his family and friends he must have been a convincing communicator so that his authority as an advocate and one of the leaders of the Ashkenasic Jewry of his day was unquestioned, the good matches he made for his several daughters being a clear indication of this.

In his private life we get to know him as a family man who left his spouse space for her own action and saw to the best opportunities for his children, in-laws, nephews and cousins, treating their possible shortcomings with leniency. There was certainly good living in his house, whereas in his restless activism one can hardly imagine him personally as a *bon vivant*. As a *mohel* (circumciser) he must have been a lover of great ritually founded festivities.

Considering his frequent business travels to distant places one understands his longing for settled property, and the care for his gardens and orangeries speaks well for a relationship with natural things as was not very usual in his time and ambiance.

He was a pious man in a traditional sense, whom we can assume to have lived according to the *halakha* wherever and whenever possible. His promotion of rabbinical learning can be understood as a compensation for the study of Tora and Talmud as he felt he himself should have performed. It was not only the great symbolic *mitzvot* for which he had "money flowing from his pockets" but his benevolence also extended to the Halberstadt poor and newly weds.

The fact that in his seventh decade commercial success failed him was not only to do with external constraints and restrictions, it was also a result of decreasing energy. He slept badly in constant worry about his credit, and there may have become apparent the dark sides of some of the traits which had formerly been responsible for his success, his strong self-confidence growing into the overestimation of his potentialities, the will to avert bad luck turning him into an obstinately litigious person and a project-monger.

As his historic quality there remains his determination as a Jew to exercise as much influence as if he had not been a Jew, and in as much one might be tempted to call him a forerunner of emancipation. However, intellectual concepts such as natural law and enlightened rationalism lay certainly beyond his horizon. His intentions were still more geared to his own person than meant fundamentally and generally for all Jews. So he should rather be labelled as a strong and ambitiously self-assured personality of the premodern intermediate era.

Apart from the reshaping of Lehmann's personal image the book contains a series of new findings in various fields of Christian-Jewish relations in the Holy Roman Empire of the Baroque age.

Residence problems for Jews
For Lehmann's Jewish contemporaries in Germany there prevailed very different conditions of residence. In none of the regions of Lehmann's activity did they enjoy a *natural* right of residence. The electorate of Saxony and the duchy of Brunswick-Wolfenbüttel on principle clung to the Jew ban of the late Middle Ages. There were, however, petty exceptions in so far as sojourn was allowed against heavy fees to Jews in Leipzig during the three periods of the trade fair, and a number of them was tolerated as day guests in the Dresden and Blankenburg weekly markets (no overnight stays). Serious public warnings against illegal Jewish presence in both territories demonstrate that as a consequence there must have been considerable numbers of pedlars and beggars living "unprotected" on the roads.

In both Saxony and Brunswick-Wolfenbüttel-appended Blankenburg Lehmann's state as a permanent inhabitant and house owner was an extraordinary exception, but whereas in Blankenburg even his ownership of land went without problems, in Saxony he was sharply criticized and attacked by the estates. In Prussian Halberstadt Christians had got used to having Jews as next-door co-inhabitants. Occasional attempts of the administration at minimizing Jewish house ownership failed so that most Halberstadt Jews lived pretty comfortably in their own houses, and Lehmann's veritable residence quarter was taken as a matter of course.

The Jews' scope of religious activity

In his surroundings Lehmann encountered rather different conditions in which Jews could exercise their religion. Average Christians generally considered the Jewish religion as false and anti-Christian. So, in the Saxon capital of Dresden by order of the clergy the police interrupted and forbade a round of private prayer and singing in Lehmann's brother-in-law's house. The rites of circumcision and burial were equally forbidden. In contrast with this in the Lehmann-sponsored great Halberstadt synagogue, which was richly built but modestly positioned, divine service was celebrated with all ceremony, and in his seminary rabbinic scholars taught Hebrew and wrote about and discussed Talmudic problems openly as the king did not react to burghers' protest. Religious scope, however, did not include the permission of Hebrew printing, although nobody but the Jews could have understood the allegedly heretic reading matter.

A prominent Jew in the eyes of his contemporaries

With his coreligionists Lehmann was highly respected, naturally for his credit but equally for his benevolence and his courage before Christian authorities. Occasional criticism refers to his frequent absence from Halberstadt, which meant that he neglected the routine business as head of the community. Christians' remarks were mainly derogatory describing him, e.g., as a prattler or inventor of precarious projects. There were, however, a few Christians who appreciated his personality, e.g. for his expertise in matters of religious custom, his favourable influence on the Jewish community, his entertaining conversation. One high Protestant clergyman called him his friend because he had helped Protestants in distress regardless of their religion. King Augustus the Strong did not only appreciate his commercial and diplomatic services, but his judgment of jewels, too.

The devaluation of coins

Jews customarily played a prominent role in rulers' mint policy. On account of their silver or gold content coins had originally been meant to be the equivalent to the goods they were traded against, but in the Early Modern Period the sovereign issuers of coins tended to reduce the precious metal content in them. Lehmann was a partner in this system in two qualities, viz., as a trader in devalued coins and as an agent of silver delivery for new coins of a poor silver content. The fraud was the issuers'; they just employed the connections and the experience of Jews like Berend Lehmann.

The value of the title of 'Resident'

The title of *Resident* gave the bearer certain privileges in the conditions of trading and travelling in the state whose prince had conferred it, but inter-regionally and internationally the character of a *Resident* was not precisely defined and its recognition arbitrary. It might or might not entail the right to a presentable house or to free passage at a border. In Lehmann's case the most valuable privilege was easy access to the king/elector and the good hope of prompt intercession with a subordinate official or a foreign ruler in an emergency.

The realisation of political decisions

Political decisions that affected Berend Lehmann rarely were the acts of an all-powerful ruler as the out-dated historical concept of absolutism implies (Jonas Meyer being spared the exact reckoning of his takings and expenditure in the bread-grain affair). More often they were the result of struggle or bargaining between the sovereign, his ministers and the estates. As the estates were still stronger in Saxony than in the Prussian principality of Halberstadt this applies more to Lehmann's Saxon than his Prussian activities, where the open-minded king met with obstructive tendencies in his own administration. By contrast the importance of the Berlin ministers as mitigators of the king's rash anti-Jewish measures must not be underestimated.

bibliothek altes Reich – baR

herausgegeben von Anette Baumann, Stephan Wendehorst und Siegrid Westphal

Als ein innovatives, langfristig angelegtes Forum für Veröffentlichungen zur Geschichte des Alten Reichs setzt sich die „bibliothek altes Reich – baR" folgende Ziele:

– Anregung zur inhaltlichen und methodischen Neuausrichtung der Erforschung des Alten Reichs
– Bündelung der Forschungsdiskussion
– Popularisierung von Fachwissen
– Institutionelle Unabhängigkeit

Inhaltliche und methodische Neuausrichtung

An erster Stelle ist die Gründung der Reihe „bibliothek altes Reich – baR" als Impuls für die interdisziplinäre Behandlung der Reichsgeschichte und deren Verknüpfung mit neuen methodischen Ansätzen konzipiert. Innovative methodische Ansätze, etwa aus der Anthropologie, der Geschlechtergeschichte, den Kulturwissenschaften oder der Kommunikationsforschung, wurden in den letzten Jahren zwar mit Gewinn für die Untersuchung verschiedenster Teilaspekte der Geschichte des Alten Reichs genutzt, aber vergleichsweise selten auf das Alte Reich als einen einheitlichen Herrschafts-, Rechts-, Sozial- und Kulturraum bezogen. Die Reihe „bibliothek altes Reich – baR" ist daher als Forum für Veröffentlichungen gedacht, deren Gegenstand bei unterschiedlichsten methodischen Zugängen und thematischen Schwerpunktsetzungen das Alte Reich als Gesamtzusammenhang ist bzw. auf dieses bezogen bleibt.

Bündelung der Forschung

Durch die ausschließlich auf die Geschichte des Alten Reichs ausgerichtete Reihe soll das Gewicht des Alten Reichs in der historischen Forschung gestärkt werden. Ein zentrales Anliegen ist die Zusammenführung von Forschungsergebnissen aus unterschiedlichen historischen Sub- und Nachbardisziplinen wie zum Beispiel der Kunstgeschichte, der Kirchengeschichte, der Wirtschaftsgeschichte, der Geschichte der Juden, der Landes- und der Rechtsgeschichte sowie den Politik-, Literatur- und Kulturwissenschaften.

Popularisierung von Fachwissen

Die „bibliothek altes Reich – baR" sieht es auch als ihre Aufgabe an, einen Beitrag zur Wissenspopularisierung zu leisten. Ziel ist es, kurze Wege zwischen wissenschaftlicher Innovation und deren Vermittlung herzustellen. Neben primär an das engere Fachpublikum adressierten Monographien, Sammelbänden und Quelleneditionen publiziert die Reihe „bibliothek altes Reich – baR" als zweites Standbein auch Bände, die in Anlehnung an das angelsächsische textbook der Systematisierung und Popularisierung vorhandener Wissensbestände dienen. Den Studierenden soll ein möglichst rascher und unmittelbarer Zugang zu Forschungsstand und Forschungskontroversen ermöglicht werden.

Institutionelle Unabhängigkeit

Zur wissenschaftsorganisatorischen Positionierung der Reihe: Die „bibliothek altes Reich – baR" versteht sich als ein grundsätzlich institutionsunabhängiges Unternehmen. Unabhängigkeit strebt die „bibliothek altes Reich – baR" auch in personeller Hinsicht an. Über die Annahme von Manuskripten entscheiden die Herausgeber nicht alleine, sondern auf der Grundlage eines transparenten, nachvollziehbaren peer-review Verfahrens, das in der deutschen Wissenschaft vielfach eingefordert wird.

Band 1:
Lesebuch Altes Reich
Herausgegeben von Stephan Wendehorst und Siegrid Westphal
2006. VIII, 283 S. 19 Abb. mit einem ausführlichen Glossar. ISBN 978-3-486-57909-3

Band 2:
Wolfgang Burgdorf
Ein Weltbild verliert seine Welt
Der Untergang des Alten Reiches und die Generation 1806
2. Aufl. 2008. VIII, 390 S. ISBN 978-3-486-58747-0

Band 3:
Die Reichsstadt Frankfurt als Rechts- und Gerichtslandschaft im Römisch-Deutschen Reich Herausgegeben von Anja Amend, Anette Baumann, Stephan Wendehorst und Steffen Wunderlich
2007. 303 S. ISBN 978-3-486-57910-9

Band 4:
Ralf-Peter Fuchs
Ein ‚Medium zum Frieden'
Die Normaljahrsregel und die Beendigung des Dreißigjährigen Krieges
2010. X. 427 S. ISBN 978-3-486-58789-0

Band 5:
Die Anatomie frühneuzeitlicher Imperien
Herrschaftsmanagement jenseits von Staat und Nation
Herausgegeben von Stephan Wendehorst
2015. 492 S. ISBN 978-3-486-57911-6

Band 6:
Siegrid Westphal, Inken Schmidt-Voges, Anette Baumann
Venus und Vulcanus
Ehen und ihre Konflikte in der Frühen Neuzeit
2011. 276 S. ISBN 978-3-486-57912-3

Band 7:
Kaiser und Reich in der jüdischen Lokalgeschichte
Herausgegeben von Stefan Ehrenpreis, Andreas Gotzmann und Stephan Wendehorst
2013. 321 S. ISBN 978-3-486-70251-4

Band 8:
Pax perpetua
Neuere Forschungen zum Frieden in der Frühen Neuzeit
Herausgegeben von Inken Schmidt-Voges, Siegrid Westphal, Volker Arnke und Tobias Bartke
2010. 392 S. 2 Abb., ISBN 978-3-486-59820-9

Band 9:
Alexander Jendorff
Der Tod des Tyrannen
Geschichte und Rezeption der Causa Barthold von Wintzingerode
2012. VIII. 287 S. ISBN 978-3-486-70709-0

Band 10:
Thomas Lau
Unruhige Städte
Die Stadt, das Reich und die Reichsstadt (1648–1806)
2012. 156 S. ISBN 978-3-486-70757-1

Band 11:
Die höchsten Reichsgerichte als mediales Ereignis
Herausgegeben von Anja Amend-Traut, Anette Baumann, Stephan Wendehorst und Steffen Wunderlich
2012. 231 S. ISBN 978-3-486-71025-0

Band 12:
Hendrikje Carius
Recht durch Eigentum
Frauen vor dem Jenaer Hofgericht (1648–1806)
2012. 353 S. 2 Abb., ISBN 978-3-486-71618-4

Band 13:
Stefanie Freyer
Der Weimarer Hof um 1800
Eine Sozialgeschichte jenseits des Mythos
2013. 575 S., 10 Abb., ISBN 978-3-486-72502-5

Band 14:
Dagmar Freist
Glaube – Liebe – Zwietracht
Konfessionell gemischte Ehen in Deutschland in der Frühen Neuzeit
2015. ISBN 978-3-486-74969-4

Band 15:
Anette Baumann, Alexander Jendorff (Hrsg.)
Adel, Recht und Gerichtsbarkeit im frühneuzeitlichen Europa
2014. 432 S. ISBN 978-3-486-77840-3

Band 16:
André Griemert
Jüdische Klagen gegen Reichsadelige
Prozesse am Reichshofrat in den Herrschaftsjahren Rudolfs II. und Franz I. Stephan
2014. 517 S. ISBN 978-3-11-035267-2

Band 17:
Alexander Denzler, Ellen Franke, Britta Schneider (Hrsg.)
Prozessakten, Parteien, Partikularinteressen
Höchstgerichtsbarkeit in der Mitte Europas vom 15. bis 19. Jahrhundert
2015. ISBN 978-3-11-035981-7

Band 18:
Inken Schmidt-Voges
Mikropolitiken des Friedens
Semantiken und Praktiken des Hausfriedens im 18. Jahrhundert
2015. 365 S. ISBN 978-3-11-040216-2

Band 19:
Frank Kleinehagenbrock
Das Reich der Konfessionsparteien
Konfession als Argument in politischen und gesellschaftlichen Konflikten nach dem Westfälischen Frieden
2017. ISBN 978-3-11-045043-9

Band 20:
Anette Baumann, Joachim Kemper (Hrsg.)
Speyer als Hauptstadt des Reiches
Politik und Justiz zwischen Reich und Territorium im 16. und 17. Jahrhundert
2016. 260 S. ISBN 978-3-11-049981-0

Band 21:
Marina Stalljohann-Schemme
Stadt und Stadtbild in der Frühen Neuzeit
Frankfurt am Main als kulturelles Zentrum im publizistischen Diskurs
2016. 508 S. ISBN 978-3-11-050145-2

Band 22:
Annette C. Cremer, Anette Baumann, Eva Bender (Hrsg.)
Prinzessinnen unterwegs
Reisen fürstlicher Frauen in der Frühen Neuzeit
2017. 310 S. ISBN 978-3-11-047371-1

Band 23:
Fabian Schulze
Die Reichskreise im Dreißigjährigen Krieg
Kriegsfinanzierung und Bündnispolitik im Heiligen Römischen Reich deutscher Nation
2018. 632 S. ISBN 978-3-11-055619-3

Band 24:
Anette Baumann
Visitationen am Reichskammergericht. Speyer als politischer und juristischer Aktionsraum des Reiches (1529–1588)
2018. 278 S. ISBN 978-3-11-057116-5

Band 25:
Volker Arnke
„Vom Frieden" im Dreißigjährigen Krieg. Nicolaus Schaffshausens „De Pace" und der positive Frieden in der Politiktheorie
2018. 308 S. ISBN 978-3-11-058062-4

Band 26:
Berndt Strobach
Der Hofjude Berend Lehmann (1661–1730). Eine Biografie
2018. 478 S. ISBN 978-3-11-060448-1

www.ingramcontent.com/pod-product-compliance
Lightning Source LLC
Chambersburg PA
CBHW051552230426
43668CB00013B/1827